石油石化职业技能培训教程

工程测量员

（上册）

中国石油天然气集团有限公司人事部　编

石油工业出版社

内 容 提 要

本书是由中国石油天然气集团有限公司人事部统一组织编写的《石油石化职业技能培训教程》中的一本。本书包括工程测量员应掌握的基础知识、初级工操作技能及相关知识、中级工操作技能及相关知识，并配套了相应等级的理论知识练习题，以便于员工对知识点的理解和掌握。

本书既可用于职业技能鉴定前培训，也可用于员工岗位技术培训和自学提高。

图书在版编目(CIP)数据

工程测量员.上册/中国石油天然气集团有限公司人事部编.—北京：石油工业出版社，2019.10

石油石化职业技能培训教程

ISBN 978-7-5183-3544-2

Ⅰ.①工… Ⅱ.①中… Ⅲ.①工程没量-技术培训-教材 Ⅳ.①TB22

中国版本图书馆 CIP 数据核字(2019)第 176868 号

出版发行：石油工业出版社

（北京市朝阳区安华里 2 区 1 号楼 100011）

网　　址：www.petropub.com

编辑部：(010)64243803

图书营销中心：(010)64523633

经　　销：全国新华书店

印　　刷：北京中石油彩色印刷有限责任公司

2019 年 10 月第 1 版　2019 年 10 月第 1 次印刷

787×1092 毫米　开本：1/16　印张：28.5

字数：726 千字

定价：85.00 元

(如发现印装质量问题，我社图书营销中心负责调换)

版权所有，翻印必究

《石油石化职业技能培训教程》

编 委 会

主 任：黄 革

副主任：王子云

委 员（按姓氏笔画排序）：

丁哲帅	马光田	丰学军	王正才	王勇军
王 莉	王 焯	王 谦	王德功	邓春林
史兰桥	吕德柱	朱立明	朱耀旭	刘子才
刘文泉	刘 伟	刘 军	刘孝祖	刘纯珂
刘明国	刘学忱	李忠勤	李振兴	李 丰
李 超	李 想	杨力玲	杨明亮	杨海青
吴 芒	吴 鸣	何 波	何 峰	何军民
何耀伟	邹吉武	宋学昆	张 伟	张海川
陈 宁	林 彬	罗昱恒	季 明	周宝银
周 清	郑玉江	赵宝红	胡兰天	段毅龙
贾荣刚	夏申勇	徐周平	徐春江	唐高嵩
常发杰	蒋国亮	蒋革新	傅红村	褚金德
窦国银	熊欢斌			

《工程测量员》编审组

主　　编：郑喜军

参编人员：王茂伟　李　微

参审人员：黄选成

PREFACE 前言

随着企业产业升级、装备技术更新改造步伐不断加快,对从业人员的素质和技能提出了新的更高要求。为适应经济发展方式转变和"四新"技术变化要求,提高石油石化企业员工队伍素质,满足职工鉴定、培训、学习需要,中国石油天然气集团有限公司人事部根据《中华人民共和国职业分类大典(2015年版)》对工种目录的调整情况,修订了石油石化职业技能等级标准。在新标准的指导下,组织对"十五""十一五""十二五"期间编写的职业技能鉴定试题库和职业技能培训教程进行了全面修订,并新开发了炼油、化工专业部分工种的试题库和教程。

教程的开发修订坚持以职业活动为导向,以职业技能提升为核心,以统一规范、充实完善为原则,注重内容的先进性与通用性。教程编写紧扣职业技能等级标准和鉴定要素细目表,采取理实一体化编写模式,基础知识统一编写,操作技能及相关知识按等级编写,内容范围与鉴定试题库基本保持一致。特别需要说明的是,本套教程在相应内容处标注了理论知识鉴定点的代码和名称,同时配套了相应等级的理论知识练习题,以便于员工对知识点的理解和掌握,加强了学习的针对性。此外,为了提高学习效率,检验学习成果,本套教程为员工免费提供学习增值服务,员工通过手机登录注册后即可进行移动练习。本套教程既可用于职业技能鉴定前培训,也可用于员工岗位技术培训和自学提高。

工程测量员教程分上、下两册,上册为基础知识,初级工操作技能及相关知识,中级工操作技能及相关知识;下册为高级工操作技能及相关知识,技师、高级技师操作技能及相关知识。

本工种教程由大庆油田有限责任公司任主编单位,参与审核的单位有川庆钻探工程有限公司,在此表示衷心感谢。

由于编者水平有限,书中不妥之处在所难免,请广大读者提出宝贵意见。

编 者

2018 年 10 月

CONTENTS 目录

第一部分 基础知识

模块一 测量学知识 3
　项目一　测量学简介和测量工作内容 3
　项目二　地面点位的确定方法 9
　项目三　水准测量知识 13
　项目四　角度测量知识 18
　项目五　距离测量与直线定向 24
　项目六　遥感测量知识 32
　项目七　GPS 测量知识 43

模块二 测量误差知识 56
　项目一　测量误差的理论知识 56
　项目二　测量工作中的误差分析 63

模块三 地形图知识 72
　项目一　地形图基本知识 72
　项目二　大比例地形图的绘制 83

模块四 航空摄影测量与数字地面模型 89
　项目一　航空摄影测量 89
　项目二　数字地面模型 101

模块五 HSE 与法律法规简介 106
　项目一　HSE 简介 106
　项目二　QC 简介 106
　项目三　法律法规简介 107

第二部分 初级工操作技能及相关知识

模块一 平面控制测量 ·················· 111
 项目一 相关知识 ·················· 111
 项目二 用经纬仪测定路线转角 ·················· 129
 项目三 用经纬仪测回法观测水平角 ·················· 130
 项目四 经纬仪采用角度交会法定点 ·················· 131
 项目五 检验经纬仪横轴垂直于竖轴 ·················· 132
 项目六 安置普通光学经纬仪并精确照准某点 ·················· 133

模块二 高程控制测量 ·················· 135
 项目一 相关知识 ·················· 135
 项目二 用水准仪计算厂房门口坡道坡度 ·················· 141
 项目三 布设闭合水准路线 ·················· 142
 项目四 检验与校正水准仪圆水准轴平行于竖轴 ·················· 144
 项目五 安置普通水准仪并读出塔尺读数 ·················· 145

模块三 公路路线测量 ·················· 147
 项目一 相关知识 ·················· 147
 项目二 经纬仪定曲线交点 ·················· 159
 项目三 根据丈量结果计算尺段实际长度 ·················· 160
 项目四 计算曲线要素及主点里程 ·················· 161

模块四 施工测量 ·················· 163
 项目一 相关知识 ·················· 163
 项目二 用水准仪由已知高程点测待求点高程 ·················· 177
 项目三 用水准仪放样已知高程点 ·················· 179
 项目四 经纬仪采用极坐标法放样点位 ·················· 180
 项目五 整理竖直角观测成果 ·················· 181

模块五 竣工测量 ·················· 183
 项目一 相关知识 ·················· 183
 项目二 整理闭合水准路线测量成果 ·················· 186
 项目三 整理附合水准路线测量成果 ·················· 188

模块六 测量相关知识及应用 ·················· 190
 项目一 相关知识 ·················· 190

项目二　根据已知坐标和距离计算点坐标 ································· 197
项目三　用水准仪配合挂线进行道路施工 ································· 198

第三部分　中级工操作技能及相关知识

模块一　平面控制测量 ··· 203
　项目一　相关知识 ··· 203
　项目二　安置普通光学经纬仪在边坡上 ······································· 224
　项目三　经纬仪和钢尺固定 JD 点 ·· 225
　项目四　全站仪采用极坐标放样已知坐标点位 ······························· 226

模块二　高程控制测量 ··· 228
　项目一　相关知识 ··· 228
　项目二　用水平视线法测设已知坡度的直线 ·································· 232
　项目三　变更仪器高法进行水准测量 ··· 234
　项目四　用全站仪放样已知坐标点 ··· 234

模块三　公路路线测量 ··· 236
　项目一　相关知识 ··· 236
　项目二　检验水准仪水准管轴平行于视准轴 ·································· 245
　项目三　用经纬仪放样曲线 ZY 点、YZ 点 ····································· 246
　项目四　根据给定交点位置及外距用全站仪确定曲线要素 ················ 247
　项目五　野外检定全站仪的加常数值 ··· 248

模块四　施工测量 ··· 250
　项目一　相关知识 ··· 250
　项目二　检验经纬仪横轴垂直于竖轴,并说明校正方法 ···················· 261
　项目三　安置全站仪并精确照准目标 ··· 262
　项目四　用全站仪测设两点间距离 ··· 263
　项目五　用全站仪测已知点到已知直线的最短距离 ······················· 264
　项目六　计算给定间距为 50m 两点连线中点的设计高程并放样该点 ···· 266

模块五　竣工测量 ··· 268
　项目一　相关知识 ··· 268
　项目二　整理基平测量成果 ·· 270
　项目三　整理中平测量成果 ·· 272
　项目四　计算等精度距离测量中误差 ··· 273

模块六　测量相关知识及应用 ·· 276
　　项目一　相关知识 ··· 276
　　项目二　计算闭合导线方位角 ·· 283
　　项目三　计算附合导线坐标方位角 ·· 285

理论知识练习题

初级工理论知识练习题及答案 ·· 289
中级工理论知识练习题及答案 ·· 344

附　录

附录1　职业技能等级标准 ··· 407
附录2　初级工理论知识鉴定要素细目表 ·· 415
附录3　初级工操作技能鉴定要素细目表 ·· 421
附录4　中级工理论知识鉴定要素细目表 ·· 422
附录5　中级工操作技能鉴定要素细目表 ·· 428
附录6　高级工理论知识鉴定要素细目表 ·· 429
附录7　高级工操作技能鉴定要素细目表 ·· 434
附录8　技师、高级技师理论知识鉴定要素细目表 ································ 435
附录9　技师操作技能鉴定要素细目表 ··· 441
附录10　高级技师操作技能鉴定要素细目表 ······································ 442
附录11　操作技能考核内容层次结构表 ··· 443

参考文献 ··· 444

第一部分

基础知识

模块一　测量学知识

项目一　测量学简介和测量工作内容

一、测量学简介

(一)测量学的含义

测量学是研究对地球整体及其表面和外层空间中的各种自然和人造物体上与地理空间分布有关的信息进行采集、处理、管理、更新和利用的科学和技术。它包括测定和测设两个部分。

1. 测定

测定是指使用测量仪器和工具,通过测量和计算,得到一系列测量数据,或把地球表面的地形缩绘成地形图,供经济建设、规划设计、科学研究和国防建设使用。

2. 测设

测设是指把图纸上规划设计好的建筑物、构筑物的位置在地面上标定出来,作为施工依据。

(二)测量学的任务

测量学的主要任务是为工程建设和科学研究服务。从测量学的含义上分析,其任务包括以下两层:

(1)研究地球的形状和大小。

(2)确定地面(包括空中、地下和海底)点的位置。

(三)测量学的分类

根据测量学研究的范围和对象不同,可分为不同的学科,见表1-1-1。

表1-1-1　测量学的分类

分类	研究范围和对象
普通测量学	普通测量学是研究地球表面小区域内测绘工作的理论、技术、方法和应用的学科,是测量学的基础。 它主要研究图根控制网的建立、地形图测绘及一般工程施工测量。具体工作有距离测量、角度测量、高程测量、观测数据的处理和绘图等
大地测量学	大地测量学是研究在广大区域内建立国家大地控制网,测定地球形状、大小和地球重力场的理论、技术与方法的学科。大地测量学又分为常规大地测量学和卫星大地测量学
摄影测量学	摄影测量学是研究利用摄影或遥感的手段获取被测物体的影像、辐射能和各种图像,经过对图像的处理、量测和判断,以确定物体的形状、大小和位置,并判定其性质的学科
工程测量学	工程测量学是研究工程建设的勘测、设计、施工和管理阶段所进行测量工作的理论、方法和技术的学科

续表

分类	研究范围和对象
地图制图学	地图制图学是利用测量获取的资料,研究地图及其制作的理论、工艺和应用的学科。其任务是编制与生产不同比例尺的地图
天文测量学	天文测量学是研究测定恒星的坐标,以及利用恒星确定观测点坐标(经度、纬度等)的学科
海洋测绘学	海洋测绘学是研究以海洋和陆地水域为对象所进行的测量和海图编制工作的学科

CAA004 测量学的应用

(四)测量学的应用

(1)测量信息是国民经济和社会发展规划中的基础信息,各种规划及地籍管理,首先要有地形图和地籍图。

(2)在各项工农业基本建设中,从勘测设计阶段到施工、竣工阶段,都需要进行大量的测绘工作。

(3)在国防建设中,军事测量和军用地图是现代大规模的诸兵种协同作战不可缺少的重要保障。

(4)在科学实验方面,对于空间科学技术的研究,地壳的形变、地震预报以及地极周期性运动的研究等,都要应用测绘资料。

(5)在国家各级管理工作中,测量和地图资料也是不可缺少的重要资料。

(6)在建筑各类专业中,测量学的作用如下:

①在勘测设计的各个阶段,要求有各种比例尺的地形图,供城镇规划、选择厂址、管道及交通线路选线以及总平面图设计和竖向设计之用。

②在建筑工程施工阶段,要将设计的建筑物、构筑物的平面位置和高程测设于实地,以便进行施工。

③在建筑工程施工结束后,还要进行竣工测量,绘制竣工图,供日后扩建和维修之用。

④对于某些大型及重要的建筑物和构筑物,在竣工以后,还要进行变形观测,以保证建(构)筑物的安全使用。

CAA005 测量学的发展阶段

(五)测量学工作划分

油气田建设工程设计阶段的测绘工作主要包括平面控制、高程控制、地形测量(比例尺1:500~1:5000)、厂库站址及线路测量等。

工程测量学包括规划设计阶段、施工建设阶段和运营管理阶段的测量工作。其中工程运营管理阶段的测量工作,主要是为了监视其安全,了解其设计是否合理,验证设计理论是否正确,需定期地对建筑物、构筑物进行位移、沉陷、倾斜以及摆动的观测,并及时反馈测量数据、图表等工作。

ZAA012 测量学的阶段划分方法

测绘技术设计,一般可分为项目设计和专业设计两类。

工程测量学按划分阶段分为工程勘测、施工测量和安全监测等测量工作。工程规划设计阶段的测量工作是提供工程地形资料,取得的方法是在所建立的控制测量基础上进行地面测图或航空摄影测量。工程运营阶段的测量工作主要有竣工测量、为监视工程安全状况的变形观测与维修养护等。工程施工建设阶段测量工作是按照设计要求在实地准确地标定建筑物各部分的平面位置和高程,作为施工和安装的依据。

二、测量学的发展概况

(一)中国测量学的发展概况

春秋时期,管仲在所著《管子》一书中已收集了早期的地图 27 幅。

战国时代,我国已有利用磁石制成最早的指南工具"司南"的记载,此外,甘德和石申还合编了《甘石星表》,被称为世界第一星表。

西汉时期,我国已有地图的存在,即 1973 年从长沙马王堆三号汉墓出土的《地形图》及《驻军图》;东汉时期,张衡创造了水运浑象仪和候风地动仪,还著有《灵宪》等书,总结了当时的浑天说。

两晋时期,刘徽著《海岛算经》论述了有关测量和计算海岛距离及高度的方法。西晋的裴秀提出了绘制地图的 6 条原则,即《制图六体》,是世界最早的制图理论。

唐代贾耽根据《制图六体》理论编著了《海内华夷图》,此后,僧一行主持进行了大规模的天文测量。其中最著名的是 724 年由太史监南宫说负责的,自滑县经浚仪、扶沟到上蔡直接丈量了长达 300km 的子午线弧长,并用日圭测太阳的阴影来定纬度。

宋代,有人根据唐代贾耽编著的《海内华夷图》原图制成《华夷图》和《禹迹图》;沈括绘制了《天下州悬图》,并使用水平尺和罗盘进行地形测量。

元代郭守敬倡议进行了大规模的天文测量,拟定了全国纬度测量计划,共实测了 27 个点。

清代初年,进行了大地测量,在这个基础上开展了全图测图工作,于 1708—1718 年间完成了《皇舆全图》。

中华人民共和国成立后,我国测量学进入了一个崭新的发展阶段。1956 年成立国家测绘总局,科学系统成立了测量及地球物理研究所,各业务部门也纷纷设立测绘机构,培养测绘人员的各级学校也相继成立,测绘事业飞速发展。到目前为止,全国绝大部分地区的大地控制网,完成了大量不同比例尺的地形图,各种工程建设工作也取得了显著的成绩。仪器制造方面从无到有,已能自制航空摄影机、红外摄影机、立体测图仪、多倍投影仪,以及大型纠正仪等航测仪器。电磁波测距仪方面也已生产不同类型的激光测距仪、微波测距仪及红外测距仪。经纬仪的生产已基本配套,高精度的 DJ07-1 经纬仪也已试制成功。水准仪方面除 DS_3 和 DS_1 均已生产外,自动安平水准仪也已批量生产。其他测绘仪器工具绝大部分已能自给。另外,在测绘工作的测图自动化、计算电子化及测量资料数字化等方面也取得了新成绩。

(二)世界测量学发展概况

世界各国测量学的发展是从 17 世纪初开始逐步发展起来的。当时兴起的资产阶级革命推动了生产力的发展,各种科学也在相互促进下得到发展。17 世纪初望远镜应用于天象观测,这是测绘科学发展史上一次较大的变革,以后望远镜普遍应用于各种测量仪器。1617 年三角测量方法开始应用。1683 年法国进行了弧度测量,证明地球确是两极略扁的椭球体。此后,世界测绘科学无论在测量理论、测量方法及测绘仪器各方面都有不少创造发明。

1899 年摄影测量的理论研究得到发展。

1903 年飞机的发明,促进了航空摄影测量学的发展,从而使测图工作部分地由野外转移到室内,特别有利于高山地区的测绘工作。

20世纪40年代,自动安平水准仪的问世,标志着水准测量自动化的开端。

20世纪50年代前后,电子学、信息论、相干光理论、电子计算机、空间科学技术等新的科学技术的迅速发展推动了测绘科学的发展。

20世纪60年代,利用氦氖激光器作为光源的电磁波测距仪的问世是量距工作的一次变革。

20世纪70年代,通过人造卫星应用黑白、单光谱段及彩色红外等拍摄地球的照片,使航天技术有了广泛发展和应用。由于卫星运行高度比飞机高几十倍到几百倍,故视野宽广,覆盖面积大,可以对同一地区重复摄影,便于监视自然现象变化,并且受地理及气候条件的限制,有利于对深山、荒漠及海洋的勘测。

20世纪80年代,利用电磁波测距仪进行的距离测量,其误差仅为厘米。

20世纪90年代,全球定位系统卫星全部成功发射,只要在地面欲测点安置接收卫星信号的测量设备,可很快地确定地面点的位置。

21世纪,测量机器人作为多传感器集成系统,在人工智能方面得到进一步发展,其应用范围已扩大,影像、图形和数据处理方面进一步增强。工程测量学的发展主要表现在从一维、二维到三维、四维,从点信息到面信息获取,从静态到动态,从后处理到实时处理,从人眼观测操作到机器人自寻观测,从大型特种工程到人体测量工程,从高空到地面、地下以及水下,从人工量测到无接触遥测,从周期观测到持续测量,测量精度从毫米级到微米乃至纳米级,工程测量学得到更大的发展。

(三)测量学的发展趋势

随着空间技术、计算机技术和信息技术的发展,测绘学同时也得到到飞速的发展。以"3S"为代表的现代测绘技术使测绘学在空间化、信息化和自动化方面发生了革命性变化。而其中,以"3S"集成为核心的地球空间信息科学是建立"数字地球"的基础。

1."3S"技术

"3S":全球卫星定位系统(GPS)、遥感(RS)和地球信息系统(GIS)。

全球卫星定位系统是美国军方于1973年开始发展的新一代卫星导航定位系统。苏联也于20世纪80年代开始建设了一套与GPS相似的GLONASS系统,另外,欧洲空间局和欧洲联盟于2002年也批准建设了新一代伽利略卫星导航系统。

遥感,是不接触物体本身,用传感器采集目标物的电磁波信息,经处理、分析后,得到目标物几何、物理性质的一项技术。

地理信息系统是一种以采集、存储、管理、分析和描述整个或部分地球表面与空间和地理分布有关的数据信息系统。

目前"3S"技术正趋于集成化。GPS主要用于实时、快速地提供目标的空间位置;RS用于实时、快速地提供大面积地表地物及其环境的几何与物理信息,以及它们的各种变化;GIS则对多种来源的时空数据与属性数据进行综合处理与分析应用。

2.数字地球与地球空间信息科学

数字地球是美国前副总统戈尔于1998年1月31日在"数字地球——认识21世纪我们这颗星球"报告中提出这一概念的。数字地球的支撑技术主要包括:信息高速公路和计算机宽带高速网络技术、高分辨率卫星影像技术、空间信息技术、大容量数据处理与存储技术、科学计算以及可视化和虚拟现实技术。

地球空间信息科学是实现数字地球的基础,是以全球定位系统、地理信息系统、遥感等空间信息技术为主要内容,并以计算机技术和通信技术为主要技术支撑,用以采集、量测、分析、存储、管理、显示、传播和应用与地球和空间分布有关数据的一门综合和集成的信息科学和技术。

3. 工程测量中的测绘新技术

目前,工程测量正趋于内外业一体化和自动化,即数据的外来获取和内业处理的自动化。

近年来,激光仪器在工程测量中得到了长足的发展和应用。例如,常规工程测量使用的激光扫平仪、激光垂准仪,大大方便了施工测量工作,提高了工程施工效率。在精密工程测量中,激光跟踪测量仪可以0.05mm的精度方便地进行各种高精度的工业测量。三维激光扫描仪可以进行近距离对地物海量点位的扫描,从而通过扫描获得的点云数据进行地物的三维建模。

三、测量的基本工作内容

> CAA016 测量的基本工作内容

(一) 测量工作原则

测量工作是一个多层次、多工序的复杂工作,在测量过程中不仅会有误差,还可能会出现错误。为了杜绝错误,保证测量成果准确无误,在测量工作中必须遵循"边工作边检核"的原则。在测量中,不管外业观测、放样,还是内业计算、绘图,每一步工作均应进行检核,上一步工作未做检核前不进行下一步工作。具体要求如下:

(1)测量工作中的测量和计算是两个环节。无论是实践操作或是计算有错,均在点位的确定上产生错误。因此,必须做到步步有校核,一定要坚持精度标准,保证各个环节的可靠性。

(2)测量仪器和工具是测量工作中不可缺少的生产工具,对其必须按规定的要求正确使用,精心检校和科学保养。

(3)测量成果是集体作业的结晶,要有互相协助、紧密配合的团队精神,共同完成测量任务的全局观念。

测量工作的基本原则是:从整体到局部,先控制后碎部,从高级到低级。

(二) 测量工作的基本步骤

1. 制定测量计划

测量计划的主要内容有任务概述、测区情况、已有资料及其分析、仪器配备、检查验收计划、安全措施等。

2. 控制测量

控制测量就是在测区内,先建立测量控制网,用来控制全局,然后根据控制网测定控制点周围的地形或进行工程施工放样测量。这样既可以保证整个测区有一个统一、均匀的测量精度,又可以增加作业面,从而加快测量速度。其主要内容有:选择控制点、做控制点标志、野外量测、室内计算等。

选择控制点时要勘察地形,两控制点之间应相互通视,控制点应选在视野开阔的地方,便于施测周围的地物、地貌。点位选在土质坚实处,便于安置仪器和保存标志。在控制测量中,每站观测完毕,要检查观测成果,符合精度要求以后,再迁站观测。

3. 碎部观测

测图时,碎部测量一般均应以控制点作为测站来测绘周围的地物、地貌。其主要内容有:碎部点的选择、碎部测量测定方法的选择、实施测量、地物和地貌的勾绘等。

碎部测量中测绘地物时应把握所测地图的性质和使用目的,重点、准确地表示那些具有重要价值和意义的地物,如突出的、有方位意义的地物,对经济建设的设计、施工、勘察和规划等有重要价值的地物;碎部测量中测绘地貌要尽量做到边测边绘等高线,等高线应互相协调一致,正确处理等高线与其他符号的关系,另外还要进行必要的高程注记。

4. 成果检测

在实际测绘工作中,应对成果经常进行检查,以确保成图成果质量,见表1-1-2。

表1-1-2 成果检测

项 目	检 测 内 容
室内检查	室内检查主要检查控制点的精度是否符合规范要求,计算有无错误,闭合差是否超限;原图上的地物、地貌是否清晰易读,符号注记是否正确,等高线勾绘有无错误,图边拼接有无问题等。如发现问题,应到实地进行检查验收
室外检查	室外检查是根据室内检查发现的错误,在需要的测站上安置仪器,对明显地物、地貌进行复测,并进行必要的修改。要携带原图板到现场进行实地对照,检查主要地物有无遗漏或变样,地貌是否真实、注记是否正确等。如发现错误过多时,则必须进行修测或重测,直到满足要求为止

【CAA023 测量常用术语】

(三)测量常用的技术名词

1. 测量常用术语

(1)测绘:是测量与制图的总称,是指用各种方法测量、编绘和出版,为国家经济建设、国防建设和科学研究提供测量成果和地图资料。

(2)测量标志:在地面上标定测量控制点,如三角点、导线点、水准点等位置的标石、觇标和其他标记的总称。

(3)测量规范:是测量工作所依据的立法技术文件之一,是使测量更加准确的方法。

【CAA024 民用建筑测量的技术名词】

2. 民用建筑测量技术名词

(1)横向:指建筑物的宽度方向。

(2)纵向:指建筑物的长度方向。

(3)横向轴线:沿建筑物宽度方向设置的轴线,用以确定墙体、柱、梁、基础的横向位置。

(4)纵向轴线:沿建筑物长度方向设置的轴线,用以确定墙体、柱、梁、基础的纵向位置。

(5)开间:两条横向定位轴线之间的距离。

(6)进深:两条纵向定位轴线之间的距离。

(7)层高:指包括结构层、抹面层在内的层间高度值。

(8)净高:指不包括结构层、抹面层在内的净空高度值。

(9)建筑面积:一般是指建筑物的长度、宽度总尺寸的乘积再乘以层数而得来的,单位为m^2。

(10)使用面积:常包括房间的净面积、走道净面积、楼梯间净面积等。

(11)居住面积:指住宅建筑中居住房间的净面积。

项目二　地面点位的确定方法

一、地球的形状与大小

地球两极略扁,赤道微凸,近似椭球体。它的自然表面极其复杂,有高山、深谷、丘陵、平原,还有江河、湖泊和海洋。地球表面水域面积占71%,陆地面积仅占29%。因此,地球总的形状可以认为是被海水包围的球体。

假想将静止的海水面在大陆内部形成一个封闭曲面,这个静止的海水面称为水准面。

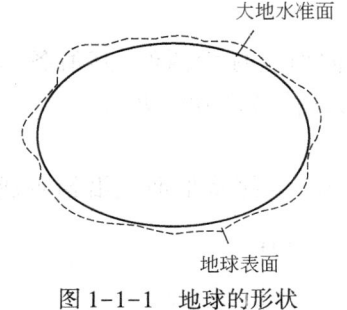

图1-1-1　地球的形状

由于海水有潮汐变化,时高时低,所以水准面有无数多个,其中通过平均海水面的一个水准面称为大地水准面(图1-1-1),它非常接近于一个两极扁平、赤道隆起的椭球。大地水准面的特性是处处与铅垂线正交。然而,由于地球内部的变化,使大地水准面成为一个不规则的复杂曲面,因此,大地水准面还不能作为测量成果的基准面。

想弄清上面这些概念,首先应知道水平面的规定,水平面是指完全静止的水所形成的平面。在水平面上,高程是处处相等的。

为了便于测量、计算和绘图,选用一个椭圆绕它的短轴旋转而成的椭球体来表示地球形体,称为参考椭球体。椭球体形状、大小与大地体非常接近,通常用这个椭球面作为测量与制图的基准面,并在这个椭球面上建立大地坐标系。

地球的形状确定后,还应进一步确定大地水准面与旋转椭球面的相对关系,才能把观测结果化算到椭球面上。所以需要做参考椭球的定位工作,根据定位的结果确定大地原点的起算数据,并由此建立国家大地坐标系。

二、点位的确定

(一)地理坐标系

地理坐标系属球面坐标系,依据采用的投影面不同,又分为天文地理坐标系和大地地理坐标系。

天文地理坐标系又称天文坐标,是用天文经度 λ 和天文纬度 φ 表示地面点投影在大地水准面上的位置。

大地地理坐标系表示地面点投影在地球参考椭球面上的位置,用大地经度 L 和大地纬度 B 表示(图1-1-2),其坐标原点并不与地球质心相重合。这种原点位于地球质心附近的坐标系,又称参心大地坐标系。确定球面坐标(L,B)所依据的基准线为椭球面的法线,基准面为旋转椭球面,A点的大地经度 L 是 A 点的大地子午面与首子午面所夹的二面角，A 点的大地纬度 B 是过 A 点的椭球面法线与赤道面的交角。大地经纬度是根据一个起始的大地点的大地坐标系，按大地测量所得的数据推算而得，而 A 点沿法线到椭球面的距离称为大地高，常用 $H_大$ 表示。

ZAA015 经纬度的划分方法

经纬度的划分方法：通过一点的大地子午面与首子午面所夹的二面角称为该点的大地经度，用 L 表示。在参考椭球体上过某点作一平面与椭球体相切，再过此点作一垂线，称铅垂线，该线与赤道平面的夹角称纬度，用 B 表示。在半径为 10km 的圆面积内进行长度的测量工作时，可以不考虑地球曲率的影响。经度由首子午面向东量为东经，向西量称为西经，其值各由 $0°\sim180°$；纬度由赤道面向北量称为北纬，向南量称为南纬，其值各由 $0°\sim90°$。

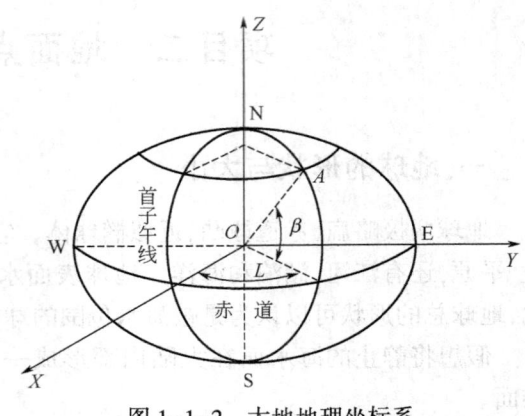

图 1-1-2　大地地理坐标系

GAA005 平面直角坐标系的含义

（二）独立平面直角坐标系

在较小的范围内进行测绘工作，可把地球表面看作水平面，直接将地面点沿铅垂线投影到水平面上，采用平面直角坐标表示地面点的位置。图 1-1-3 把通过原点的南北线为纵坐标轴（X 轴），与其垂直的方向为横坐标轴（Y 轴），两轴将周围分为 4 个象限，交点为坐标原点，由于测量中表示方向的角度是按顺时针方向计算的，因此测量中的象限顺序，也按顺时针方向排列。

任一地面点 A 的平面位置，可由该点到横、纵坐标的垂距 x、y 来确定，即 A 点的坐标表示为（x_A，y_A）。纵轴指北为正，指南为负；横坐标指东为正，指西为负。

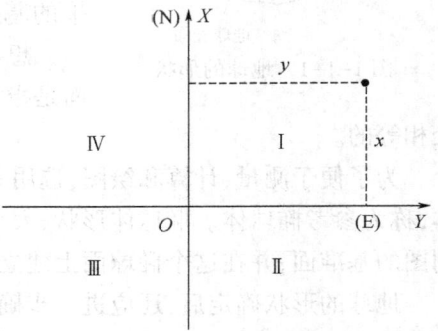

图 1-1-3　平面直角坐标系

ZAA014 坐标系统的含义

（三）坐标系统的含义

进行实用大地测量时，必须事先选定一个参考坐标系，将在该大地控制网中所测的全部数据归算至该坐标系进行数据处理，算得控制网点的坐标。对于比例尺小于 1∶10000 的地形图采用 6°带坐标。通过地面上任意一点，指向北极的方向称为真北。坐标系统是描述位置的一组数值，一般分为全球坐标系统和二维、三维坐标系统。

三、地面点的高程

地面点的高程是指地面点至高程基准面的垂距。

由于大地水准面具有物理特性，在地面任一点均可利用水面静止而不流动的特性，找出其平行于大地水准面的水平面，进而测出它对于大地水准面的垂距，即得该点的高程。因此，选择大地水准面作为地面点的高程基准面。

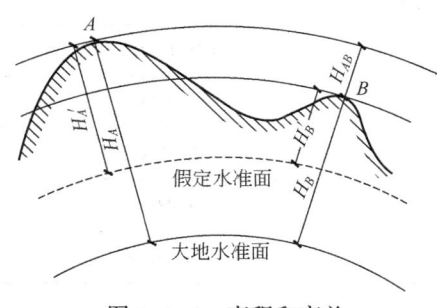

图 1-1-4 高程和高差

CAA013 绝对高程的规定

由高程原点推测出的高程，称为绝对高程、海拔或正高，通称高程。如图 1-1-4 所示，A,B 两点的高程分别为 H_A,H_B。

CAA014 相对高程的规定

在无法知道绝对高程的部分地区，可假定一个水准面作为高程起算面，地面点到假定水准面的垂直距离，称为假定高程或相对高程。A,B 两点的假定高程分别为 H'_A,H'_B。采用假定高程系时必须在成果表中加以说明。

CAA015 高差的规定

两地面点的绝对高程或假定高程之差，称为高差或比高，用 H 表示。

A,B 两点的高差为：$H_{AB}=H_B-H_A=H'_B-H'_A$。高差是相对的，其值可正可负，表示高差一定要冠以正负号，其算式是约定俗成的，如 $H_{BA}=H_A-H_B=H'_A-H'_B$，显然，$H_{AB}=-H_{BA}$。

ZAA013 假定水准面的含义

测量工作中，一般采用绝对高程，如果测区附近没有国家高程控制点时，可以假设水准面使用相对高程。一般测量工作中都以大地水准面作为基准面，地面上某点到大地水准面的铅垂距离称为该点的绝对高程。一个假想的与处于流体静平衡状态的海洋面重合并延伸向大陆且包围整个地球的重力等位面，称为大地水准面。实际工作中如无法找到大地水准面，可以采用假定水准面作为高程基准面，地面上一点 A，该点到假定水准面的垂直距离为 H_A,H_A 称为该点的相对高程或假定高程。

四、地球曲率对测量工作的影响

GAA010 地球曲率对距离的影响

（一）对距离测量的影响

如图 1-1-5 所示，地面上的 C、D 两点在大地水准面的投影点分别为 c、d。用过 c 点的水平面代替大地水准面，则 D 点在水平面上的投影为 d'。设 cd 弧长为 L，所对的圆心角为 θ，地球半径为 R，cd' 的长为 L'，则在距离上将产生误差 ΔL：$\Delta L=L'-L=R(\tan\theta-\theta)$，已知，$\tan\theta=\theta+\frac{1}{3}\theta^3+\frac{2}{15}\theta^5+\cdots$，因 θ 角很小，只取前两项代入上式，得：$\Delta L=\frac{L^3}{3R^2}$，则 $\frac{\Delta L}{L}=\frac{L^2}{3R^2}$，取地球半径 $R=6371\text{km}$。

图 1-1-5 水平面代替水准面的影响

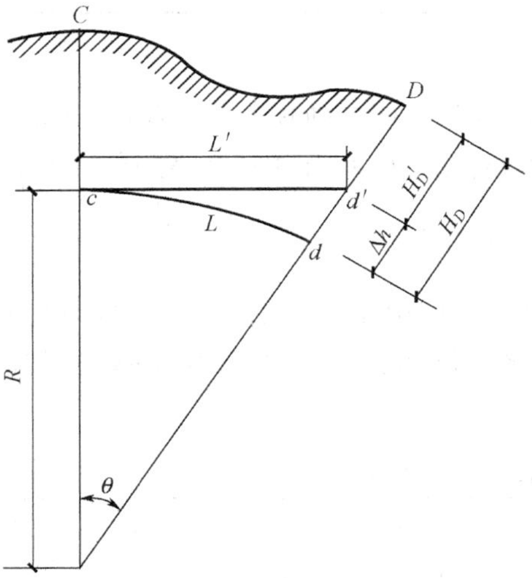

由表 1-1-3 可知，当 $L=10\text{km}$ 时，$\Delta L/L=1:1220000$，小于目前精密的距离测量误差，所以在 10km 为半径的圆面积内进行距离测量时，可以把水准面当作水平面看待，而不考虑地球曲率对距离的影响。

表 1-1-3 地球曲率对距离的影响

距离 L, km	距离误差 ΔL, mm	相对误差 ΔL/L
10	8	1:1220000
20	66	1:300000
50	1026	1:49000
100	8212	1:12000

(二)对水平角测量的影响

从球面三角形可知,同一空间多边形在球面上投影的各内角和比在平面上投影的内角和大一个球面角超值 ε。$\varepsilon = \rho \cdot \dfrac{P}{R^2}$,式中:$\varepsilon$ 为球面角超值(″);P 为球面多边形的面积(km^2);R 为地球半径(km);ρ 为弧度的秒值,$\rho = 206265″$。

地球曲率对水平角的影响见表 1-1-4。

当面积 P 为 $100km^2$,进行水平角测量时,可以用水平面代替水准面,而不必考虑地球曲率对水平角的影响。

表 1-1-4 地球曲率对水平角的影响

球面多边形面积 P, km²	球面角超值 ε, (″)
10	0.05
50	0.25
100	0.51
300	1.52

> GAA011 地球曲率对高程的影响

(三)对高程测量的影响

设地面点 D 的绝对高程为 H_D,用水平面代替水准面后,D 点高程为 H'_D,H_D 与 H'_D 的差值,即为用水平面代替水准面所产生的高程误差,用 Δh 表示,则 $(R+\Delta h)^2 = R^2 + L'^2$,$\Delta h = \dfrac{L'^2}{2R+\Delta h}$,式中,可以用 L 代替 L',Δh 相对于 $2R$ 很小可略去不计,则 $\Delta h = \dfrac{L^2}{2h}$。

地球曲率对高程的影响见表 1-1-5。由该表可知,用水平面代替水准面,对高程的影响是很大的。因此,在进行高程测量时,即使距离很短,也应考虑地球曲率对高程的影响。

表 1-1-5 平面代替曲面所产生高程误差

距离 L, km	0.1	0.2	0.3	0.4	0.5	0.6	0.7	0.8	0.9
高程误差 Δh, m	0.0008	0.003	0.007	0.013	0.02	0.08	0.31	1.96	7.85

项目三　水准测量知识

一、水准测量的仪器

(一)DS₃水准仪和水准尺

1. DS₃水准仪的构造

图1-1-6为DS₃(简称S₃)水准仪,主要由望远镜、水准器和基座三部分组成,其放大率一般为25~30倍。

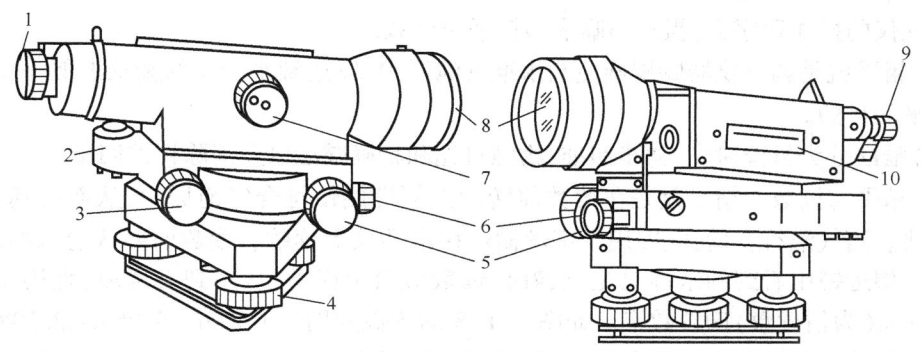

图1-1-6　DS₃水准仪

1—目镜对光螺旋;2—圆水准器;3—微倾螺旋;4—脚螺旋;5—微动螺旋;
6—制动螺旋;7—对光螺旋;8—物镜;9—水准管气泡观察窗;10—管水准器

(1)望远镜是用来瞄准不同距离的水准尺并进行读数的仪器,如图1-1-7所示,它由物镜、对光透镜、对光螺旋、固定螺旋、十字丝分划板以及目镜等组成。

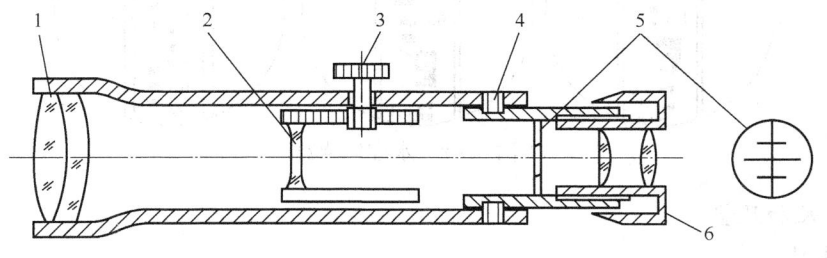

图1-1-7　望远镜

1—物镜;2—对光透镜;3—对光螺旋;4—固定螺旋;5—十字丝分划板;6—目镜

(2)水准器有水准管和圆水准器两种。其中水准管是一个管状玻璃管,其内壁磨成一定半径的圆弧,管内装满酒精或乙醚,加热后封闭冷却,在管内形成一个气泡。当气泡居中时,视准轴即水平,就得到了水平视线;圆水准器外形如圆盒状,顶部玻璃的内表面为球面,内装有酒精或乙醚,密封后留有气泡。球面中心刻有圆圈,其圆心即为圆水准器零点。由于圆水准器精度低,只用于水准仪的粗略整平。

（3）基座呈三角形，是由轴座、三个脚螺旋和连接板组成。仪器上部通过竖轴插入轴座内，由基座承托。转动脚螺旋调节圆水准器使气泡居中。整个仪器通过连接螺旋与三脚架相连接。

为了控制望远镜在水平方向转动，仪器还装有制动螺旋和微动螺旋。当旋紧制动螺旋时，仪器就固定不动，此时转动微动螺旋，可使望远镜在水平方向做微小的转动，用以精确瞄准目标。

为了使仪器精密水平，水准仪还装有微倾螺旋。当圆水准气泡居中后，转动微倾螺旋使水准管气泡影像符合，由于望远镜和水准管连成一个整体，且使水准管轴与视准平行，因此视线水平。

2. DS_3水准仪的使用

水准仪的操作程序为：粗平→瞄准→精平→读数。

（1）粗平就是调节仪器脚螺旋使圆水准气泡居中，以达到水准仪的竖轴近似垂直、视线大致水平的目的。

（2）瞄准分为目镜对光、初步照准、物镜对光和精确瞄准以及消除视差四步。

（3）精平与读数。精平就是在读数前转动微倾螺旋使符合气泡居中，从而得到精确的水平视线。当气泡符合后，立即用十字丝横丝在水准尺上读数。读数前要认清水准尺的注记特征。望远镜中看到的水准尺是倒像时，读数应自上而下，从小到大读取，直接读取 m、dm、cm、mm（为估读数）四位数字。如图1-1-8 的读数分别为 1.273m、5.958m、2.538m。读数后应立即检查气泡是否仍符合居中，否则，重新符合后读数。虽然精平与读数是两项不同的操作步骤，但在水准测量施测过程中，应把两项操作视为一个整体，即一边观察气泡，一边观察读数，当气泡符合稳定后立即读数。

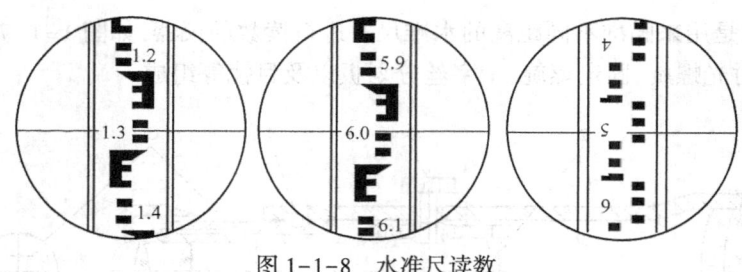

图1-1-8　水准尺读数

3. 水准尺和尺垫

CAA018 水准尺的分类

1）水准尺

水准尺是由干燥的优质木材、玻璃钢或铝合金等材料制成的。水准尺分为双面尺和塔尺两种如图1-1-9所示。

（1）双面水准尺多用于三、四等水准测量，长度为3m，为不能伸缩和折叠的板尺，且两根尺为一对，尺的两面均有刻划，尺的正面是黑色注记，反面为红色注记，故又称红黑尺。黑面的底部都从零开始，而红面的底部一般是一根为4.687m，另一根为4.787m。

（2）塔尺一般用于等外水准测量，长度有2m和5m两种，可以伸缩。尺面分划为1cm和0.5cm两种，每分米处注有数字，每米处也注有数字或以红黑点表示数，尺底为零。

2) 尺垫

尺垫由一个三角形的铸铁制成。上部中央有一突起的半球体,如图 1-1-10 所示,它是用来保证在水准测量过程中转点的高程不变,可将水准尺放在半球体的顶端。

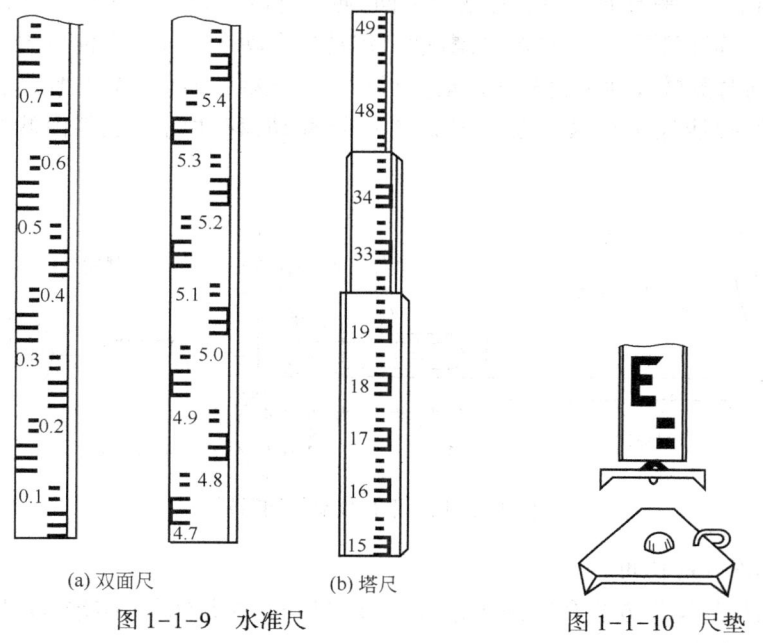

图 1-1-9　水准尺　　　　　　　　　图 1-1-10　尺垫

(二) DS_1 精密水准仪和精密水准尺

1. DS_1 精密水准仪构造特点

DS_1 精密水准仪(图 1-1-11)的构造特点如下:

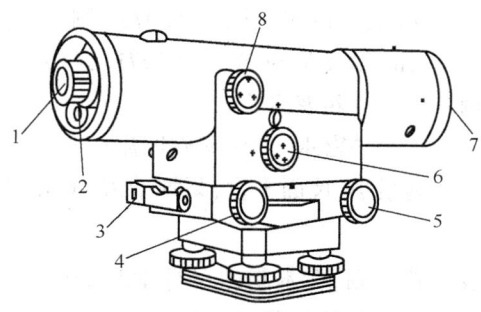

图 1-1-11　DS_1 精密水准仪

1—目镜;2—测微读数显微镜;3—十字水准器;4—微倾螺旋;5—微动螺旋;6—测微螺旋;7—物镜;8—对光螺旋

(1)望远镜性能好,物镜孔径大于 40mm,放大率一般大于 40 倍。

(2)望远镜筒和水准器套均用铟瓦合金铸件构成,具有结构坚固、水准管轴与视准轴关系稳定的特点。

(3)采用符合水准器,水准管的分划值为(6″~10″)/2mm;对于自动安平水准仪,其安平精度一般不低于0.2″。

(4)望远镜上装有平行玻璃板测微器,有利于提高读数精度,最小读数为0.1~0.05mm。

平行玻璃板测微器由平行玻璃板、测微分划尺、传导杆、测微螺旋和测微读数系统组成,如图1-1-12所示。平行玻璃板装在物镜前面,通过有齿条的传动杆与测微分划尺相连接,由测微读数显微镜读数。当转动测微螺旋时,传动杆带动平行玻璃板前后俯仰,而使视线上下平行移动,同时测微分划尺也随之移动。当平行玻璃板铅垂时,光线不产生平移;当平行玻璃板倾斜时,视线经平行玻璃板后则产生平行移动,移动的数值则由测微尺读数反映出来。

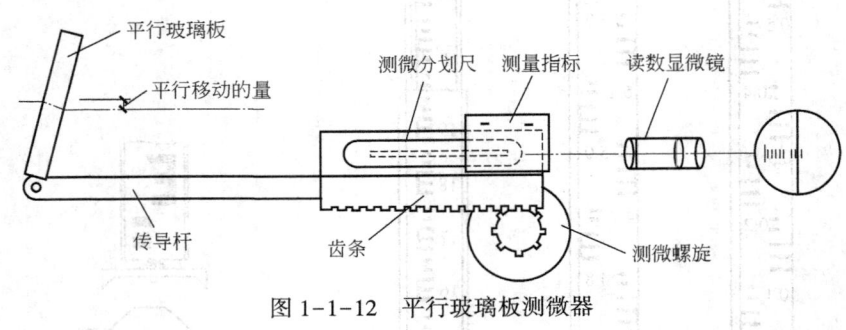

图1-1-12 平行玻璃板测微器

2.精密水准仪的使用

精密水准仪的操作方法和普通水准仪的基本相同,亦是粗平、瞄准、精平、读数四个步骤,但读数方法则不同。

读数时,先转动微倾螺旋。从望远镜内观察使水准管气泡影像符合。再转动测微螺旋,使望远镜中的楔形丝夹住靠近的一条整分划线。其读数分为两部分:厘米以上的数由望远镜直接在尺上读取;厘米以下的数从测微读数显微镜中读取,估读至0.01mm。如图1-1-13所示,水准尺读数为1.97m,测微器读数为1.54mm,而注记为1cm,故实际读数应为1971.54÷2=985.77mm。

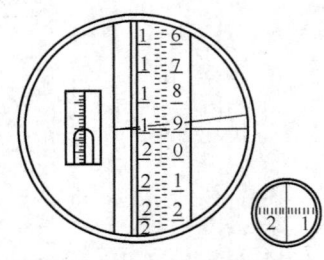

图1-1-13 精密水准仪读数

3.精密水准尺

精密水准尺(又称铟瓦水准尺)的长度受外界温度、湿度影响很小,尺面平直,刻划精密,最大误差每米不大于±0.1mm,并附有足够精度的圆水准器。

精密水准尺一般都是线条式分划,在木制的尺身中间凹槽内,装有厚1mm、宽26mm的铟瓦带尺,尺底一端固定,另一端用弹簧接紧,以保持铟瓦带尺的平直和不受木质尺伸缩的变化而变化。瓦带尺上有左右两排分划,右边为基本分划,左边为辅助分划,彼此相差一个常数K,相当于双面尺,以供校核之用。

(三)自动安平水准仪

1.自动安平水准仪的构造及原理

自动安平水准仪见图1-1-14。

DZS_3型自动安平水准仪的结构剖面图见图1-1-15。

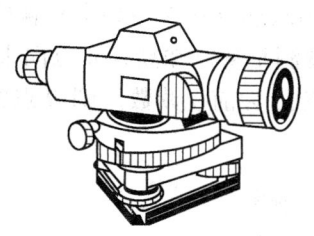

图 1-1-14　自动安平水准仪

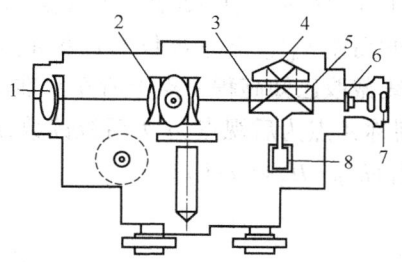

图 1-1-15　DZS_3 型自动安平水准仪

1—物镜；2—调焦镜；3—直角棱镜；4—屋脊棱镜；
5—直角镜；6—十字丝分划板；7—目镜；8—阻尼器

在对光透镜与十字分划板之间安装一个补偿器，这个补偿器由固定在望远镜上的屋脊棱镜以及用金属丝悬吊的两块直角棱镜组成。当望远镜倾斜时，直角棱镜在重力摆的作用下，作与望远镜相反的偏转运动，而且由于阻尼器的作用，很快会静止下来。

当视准轴水平时，水平光线进入物镜后经过第一个直角棱镜反射到屋脊棱镜，在屋脊棱镜内作三次反射后，到达另一直角棱镜，再经反射后光线通过十字丝的交点。

2. 自动安平水准仪的使用

自动安平水准仪的操作方法与普通水准仪方法不同的是，自动安平水准仪经过圆水准器粗平后，即可观测读数。

对于 DZS_3 型自动安平水准仪，在望远镜内设有警告指示窗。当警告指示窗全部呈绿色时，表明仪器竖轴倾斜在补偿器补偿范围内，即可进行读数。否则警告指示窗会出现红色，表明已超出补偿范围，应重新调整圆水准器。对于没有警告指示窗的自动安平水准仪，在使用中，如要检查补偿器功能是否正常，可按以下方法进行：在仔细将圆水准器气泡居中后，读取水准尺读数，再用手轻拍仪器，但不得使仪器变动，此时在望远镜中可看到读数有跳动，当静止后再行读数。如两次读数相同，说明补偿器功能正常。

（四）电子水准仪简介

1987 年，瑞士徕卡公司推出了世界上第一台电子水准仪 NA2000。

GAA013 电子水准仪简介

电子水准仪主要由光学机械部分、自动安平补偿装置和电子设备组成。电子水准仪也称数字水准仪，第一台电子水准仪首次采用数字图像技术处理标尺影像，并以 CCD 阵列传感器取代测量员的肉眼对标尺进行读数，实现了水准测量读数及记录的自动化。

电子数字水准仪操作步骤与自动安平水准仪基本相同，只是电子数字水准仪使用的是条码尺。

二、普通水准测量

（一）水准测量原理

ZAA016 水准测量原理

水准测量的原理是利用水准仪提供的水平视线，根据竖立在两点的水准尺上的读数，采用一定的计算方法，测定两点的高差，从而由一点的已知高程，推算另一点的高程。这是高程测量中精度较高且最常用的一种方法。

如图 1-1-16 所示，已知地面上 A 点高程为 H_A，欲求 B 点的高程 H_B，则必先测出 A、B 两点之间的高差 h_{AB}。将水准仪安置在 A、B 两点间，利用水准仪建立一条水平视线，在测量时用该视线截取已知高程 A 点上所立水准尺之高度 b，观测是从已知高程 A 点向未知高程 B 点进行，则称 A 点为后视点，a 为后视读数，B 点为前视点，b 为前视读数。则 B 点的高程 H_B 为：$H_B = H_A + h_{AB} = H_A + (a-b)$。

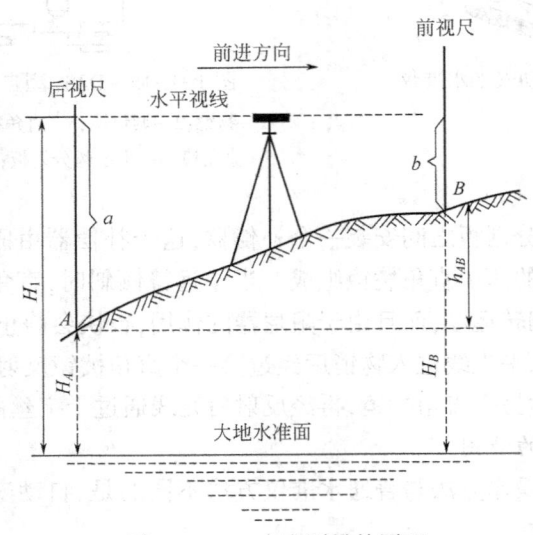

图 1-1-16　水准测量的原理

（二）水准点

CAA011 水准点的规定

为了统一全国高程系统和满足各种测量的需要，测绘部门在全国各地设立并用水准测量方法获得其高程的固定点，称为水准点，简记为 BM。水准点有永久性和临时性两种。

（1）永久性水准点一般用混凝土制成标石，标石的顶部嵌有半球形的金属标志，其顶部标记着该点的高程。水准点标石的埋设处应选在地质稳定牢固，便于长期保存又便于观测的地方。标石的顶部一般露出地面。但等级较高的水准点的标石顶面应埋于地表下，使用时，按指示标记挖开，用后再盖土。永久性水准点也可以用金属标志将其埋设在坚固稳定的永久性建筑物的基角上，称为墙上水准点。

（2）临时水准点可以用大桩打入地面，桩顶钉入顶部为半球形的铁钉。也可以利用地面上突出的坚硬岩石，或建筑物的棱角、电线杆、大枯树以及其他固定的、明显的、不易破坏的地物，并用红油漆作出点的标志："⊕ BM_i" 或 "⊙ BM_i"。

项目四　角度测量知识

一、角度测量原理与仪器

GAA014 角度测量的原理

（一）角度测量原理

CAA020 水平角的含义

角度测量是为了确定测量中点的位置，角度测量分为水平角和竖直角两种。水平角是为了确定平面位置,其是地面上从一点出发的两条直线之间的夹角在水平面上的投影所形成的夹角(通常以 β 表示)。假设地面上有高低不同的 A、O、B 三点,如图 1-1-17 所示,O 为测站点,A、B 为两个目标点,OA、OB 两方向线在水平面上的投影 O_1A_1、O_1B_1 的夹角 β 就是 A 点与 B 点的水平角。水平角的取值范围是 $0°\sim360°$。

> CAA022 竖直角的规定

竖直角是为了测定高差或将斜距换算成水平距离,其是在同一个竖直平面内倾斜视线与水平线间的夹角,通常以 α 表示。倾斜视线在水平线的上方,称为仰角,用正号表示;倾斜视线在水平线的下方,称为俯角,用负号表示。

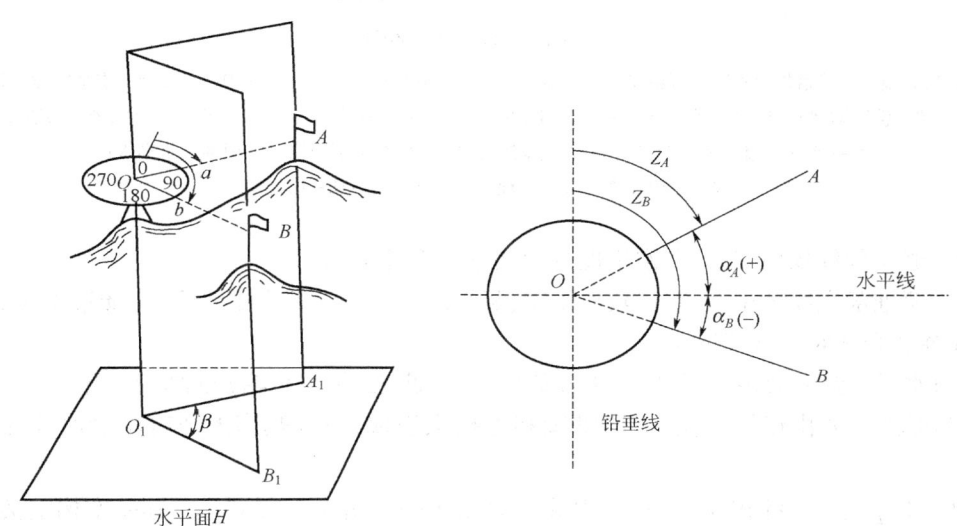

图 1-1-17 角度的表示方法

(二)光学经纬仪

工程上常用的光学经纬仪有 DJ_6、DJ_2 两类,如图 1-1-18 和图 1-1-19 所示。

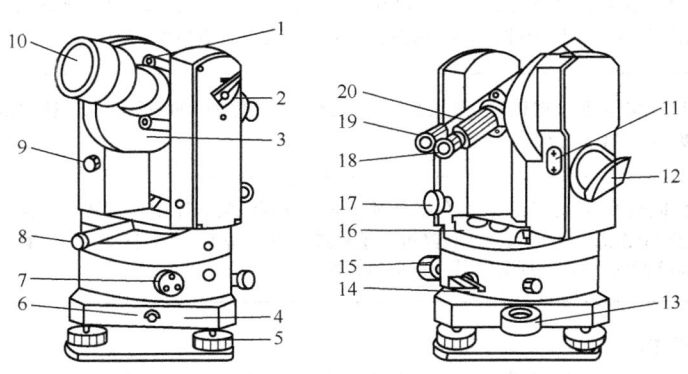

图 1-1-18 DJ_6 光学经纬仪

1—粗瞄器;2—望远镜制动螺旋;3—竖盘;4—基座;5—脚螺旋;6—固定螺旋;7—度盘变换手轮;8—光学对中器;9—自动归零旋钮;10—望远镜物镜;11—指标差调位盖板;12—反光镜;13—圆水准器;14—水平制动螺旋;15—水平微动螺旋;16—照准部水准管;17—望远镜微动螺旋;18—望远镜目镜;19—读数显微镜;20—对光螺旋

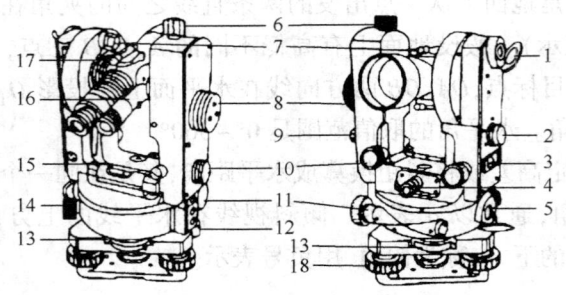

图 1-1-19 DJ$_2$ 光学经纬仪

1—竖盘反光镜；2—竖盘指标水准管观察镜；3—竖盘指标水准管微动螺旋；4—光学对中器目镜；5—水平度盘反光镜；6—望远镜制动螺旋；7—光学瞄准器；8—测微轮；9—望远镜微动螺旋；10—换像手轮；11—水平微动螺旋；12—水平度盘变换手轮；13—中心锁紧螺旋；14—水平制动螺旋；15—照准部水准管；16—读数显微镜；17—望远镜反光板手轮；18—脚螺旋

CAA021 DJ$_6$ 光学经纬仪的构造

DJ$_6$ 光学经纬仪由照准部、水平度盘和基座三部分组成。

(1) 照准部主要由望远镜、读数显微镜、竖直度盘、支架、照准部水准管、照准部旋转轴、横轴和光学对中器等组成。

(2) 水平度盘主要由水平圆盘、度盘旋转轴、复测盘(拨盘手轮)与轴套组成。

(3) 基座主要由仪器的基座、脚螺旋和连接板组成，另外基座上还有轴套座孔与固定螺丝。

由于 DJ$_2$ 光学经纬仪精度较高，因此一般用于一些精密工程测量。其基本构造类似于 DJ$_6$ 光学经纬仪，而与 DJ$_6$ 光学经纬仪的区别主要是读数设备和读数方法的不同(表1-1-6)。

表 1-1-6　DJ$_2$ 光学经纬仪的特点

序号	特点
1	DJ$_2$ 光学经纬仪采用对径分划线影像符合的读数装置，即取度盘对径(直径两端)相差180°处的两个读数的平均值，由此，可以消除照准部偏心误差的影响，从而提高读数精度
2	DJ$_2$ 光学经纬仪在读数显微镜中只能看到水平度盘或竖直度盘中的一种影像，但可以通过旋转仪器的换像手轮来转换两个度盘的影像
3	DJ$_2$ 光学经纬仪设置双光楔测微器，在度盘对径两端分划线的光路中各安装一个固定光楔和一个移动光楔，移动光楔与测微尺相连，入射光线经过一系列棱镜和透镜后，将度盘某一直径两端的分划影像同时反映到读数显微镜内，并被横线分隔开为正像和倒像

ZAA011 电子经纬仪简介

(三) 电子经纬仪

电子经纬仪电子测角度盘分为编码度盘、光栅度盘和格区式度盘。电子经纬仪的光栅度盘测角系统中，通常光栅的刻线宽度与缝隙宽度相同，二者之和称为栅距。电子经纬仪的光电编码度盘测角系统中，有透光和不透光区域，称之为黑白区，其组成的分度圈称之为码道。电子经纬仪的光栅度盘测角系统中，在圆盘上均匀地刻有许多等间隔的狭缝，称之为光栅。

二、水平角测量

水平角的测量方法很多,主要有测回法和方向观测法。

(一)测回法

1. 安置仪器

在测站点上安置经纬仪,对中、整平。同时,在测点分别设置观测标志,一般是竖立标旗或花杆。

2. 盘左观测

使仪器处于盘左状态,即当观测者面对望远镜时竖盘位于望远镜的左侧,此种仪器状态又称为正镜。观测时,先照准待测角左方目标(又称为后视点)A,读取水平度盘的读数见图1-1-20,记为$a_左$,并记入记录手簿。然后,松开照准部制动螺旋,顺时针转动望远镜照准左方目标(又称为前视点)B,记为$b_左$,并记入记录手簿。以上观测称为盘左半测回,又称上半测回。其水平角按下式计算:$\beta_左 = b_左 - a_左$。

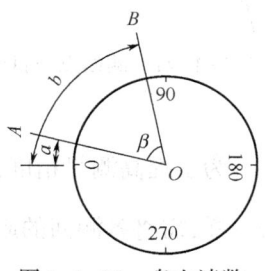

图1-1-20 盘左读数

3. 盘右观测

纵转望远镜转动照准部,使仪器处于盘右状态,即当观测者面对望远镜目镜时,竖盘位于望远镜的右侧,此种仪器状态又称为倒镜。观测时,先照准待测角右方目标B,读取水平度盘的读数,记为$b_右$,并记入记录手簿。然后,松开照准部制动螺旋,逆时针转动望远镜照准右方目标A,记为$a_右$,并记入记录手簿。以上观测称为盘右半测回,又称下半测回。其水平角按下式计算:$\beta_右 = b_右 - a_右$。需要指出的是:若$b_左$(或$b_右$)小于$a_左$(或$a_右$),则应在$b_左$(或$b_右$)上加360°。

4. 求水平角

盘左、盘右两个半测回合称为一个测回。在一般工程测量中要求两个半测回角值之差不得超过±40″(即$\Delta\beta = \beta_左 - \beta_右$,$\Delta\beta$不大于±40″),否则应重测。在满足要求的情况下,可取两个半测回角值的平均值作为一个测回的角值,即$\beta = \dfrac{\beta_左 + \beta_右}{2}$。当测角精度要求较高,需要对一个角观测若干个测回时,为了减少度盘分划误差的影响,在各测回之间进行水平度盘的配置,按测回数n,将度盘位置依次变换为$\dfrac{180°}{n}$(n为测回数)。

(二)方向观测法

1. 安置仪器

安置经纬仪于测站O点上,如图1-1-21所示,对中、整平后使仪器处于盘左状态。

2. 盘左观测

照准起始方向(又称零方向)A,将水平度盘配置为所需读数,精确照准后读取水平度盘的读数,并记入记录手簿。

松开水平制动螺旋,按顺时针旋转照准部,照准目标B,读取水平度盘读数,并记入记录手簿。同时依次观测目标C、D,并读取照准各目标时的水平度盘读数记入记录手簿。继续

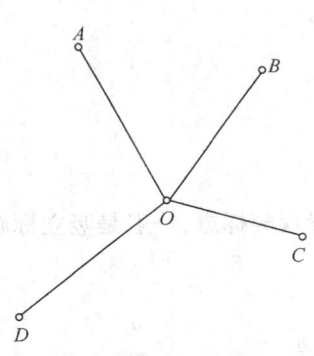

图 1-1-21　测站点与目标点

顺时针转动望远镜,最后再观测零方向 A,并读取水平度盘的读数记入记录手簿,此照准 A 称之为归零。此次零方向的水平度盘读数与第一次照准零方向的水平度盘读数之差称为归零差,若归零差满足要求(通常限定为 18″),即完成了上半测回的观测。

3. 盘右观测

纵转望远镜使仪器处于盘右状态,再按逆时针方向依次照准目标 A、D、C、B、A,称为下半测回。同上半测回一样,照准目标时,分别读取水平度盘的读数并记入记录手簿。下半测回也存在归零差,若归零差满足要求,下半测回也告结束。上、下半测回合称一个测回。

为了提高测量精度,有时要观测若干个测回,各测回的观测方法相同。但是,应和测回法一样,需将各测回的起始方向读数进行配置,使其为 $\dfrac{180°}{n}$(n 为测回数)。

4. 角值计算

观测完成后,需进行角值计算,方向观测法(全圆测回法)的计算步骤如下:

(1) 计算两倍的视准轴误差 2c 值,2c 值 = 盘左读数 -(盘右读数 ± 180°)。上式中,盘左读数大于 180°时取"+"号,盘左读数小于 180°时取"-"号。按各方向计算出 2c。2c 变动范围是衡量观测质量的一个指标,在不同精度的观测中有相应的规定,但对 DJ_6 经纬仪 2c 的变动范围只供参考,不作限差规定。

(2) 计算各目标的方向值的平均读数。照准某一目标时,水平度盘的读数,称为该目标的方向值。

方向值的平均读数 [盘左读数 +(盘右读数 ± 180°)/2](式中的加减号取法同前)。

需要说明的是:起始方向有两个平均值,应将此两均值再次平均,所得值作为起始方向的方向值的平均读数。

(3) 计算归零后的方向值。将起始目标的方向值理想为 00°00′00″,此时其他各目标对应的方向值称为归零方向值。计算方法可将各目标方向值的平均读数减去起始方向值的平均读数(括号内的数),即得各方向的归零方向值。

(4) 计算各测回归零方向值的平均值。当测回数为两个或两个以上时,从理论上讲,不同测回的同一方向归零后的方向值应相等,但由于误差的原因导致各测回之间有一定的差数,如该差在限差(通常定为 24″)之内,可取其平均值作为该方向的最后方向值。

(5) 计算各目标间的水平角值。后一目标的平均归零方向值减去前一目标的平均归零方向值,即为两目标间的水平角之值。

三、竖直角测量

(一)竖直角度盘的构造及竖直角计算

1. 竖直角度盘的构造

经纬仪的竖直角度盘(简称竖直度盘)用于测量竖直角度,竖直度盘部分包括竖盘、竖盘指标水准管和竖盘指标水准管调整螺旋。为了提高工作效率,新型经纬仪多采用自动归零装置替代竖盘指标水准管。竖盘固定在望远镜横轴的一端,其盘面与横轴垂直,如图 1-1-22 所示,当望远镜绕横轴转动时,读数窗上的竖盘影像也随之变动而指示是不动的,竖盘指标为分微尺的零分划线,它与竖盘指标水准管固连在一起。

当转动竖盘指标水准管调整螺旋,使竖盘指标水准管气泡居中时,竖盘指标即处于正确位置。仪器处于盘左状态且望远镜视线水平时,指标应正好指向 90°或 0°;仪器处于盘右状态且望远镜视线水平时,指标应正好指向 270°或 0°,竖盘亦

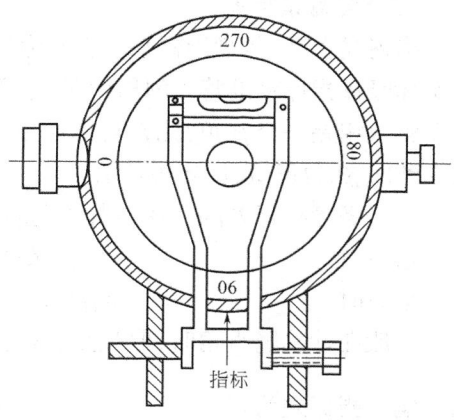

图 1-1-22　经纬仪竖盘构造

是玻璃圆盘,与水平度盘相似,但竖盘的刻划注记形式有顺时针全圆注记、逆时针全圆注记和对称注记几种,如图 1-1-23 所示。

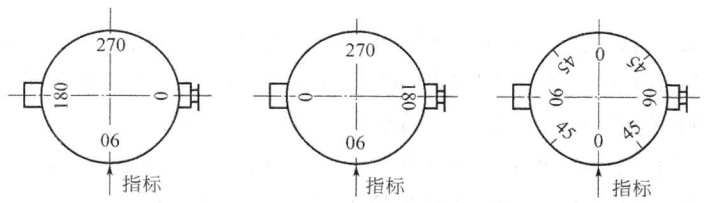

图 1-1-23　经纬仪竖盘刻划注记形式

2. 竖直角的计算方法

竖直角的大小可由倾斜视线的竖盘读数与水平视线的应用读数(盘左 90°、盘右 270°或盘左、盘右均为 0°)相减求得,但因竖直角有正、负之分,且各种仪器的竖盘注记形式又不相同,减数与被减数并非固定不变的。因此,在观测前必须按下述判定所用仪器的竖直角计算公式。

(1)架设仪器,首先使仪器处于盘左状态,目估使望远镜处于大致水平,此时可以观察出竖盘的读数,应为 90°左右(当视线水平时读数为 90°),然后慢慢抬高望远镜的物镜,观察竖盘读数 L 的变化是增大还是减少。若竖盘读数 L 增大,说明竖盘按逆时针全圆注记。由于仰角必须为正值,故盘左时,竖直角值应按下式计算:$\alpha_左 = L - 90°$。

若抬高物镜时,竖盘读数 L 减小,说明按顺时针全圆注记,则计算公式为:$\alpha_左 = 90° - L$。

(2)同法以盘右状态观察,当望远镜视线水平时的竖盘读数应为 270°,物镜抬高时竖盘读数 R 减小,由于仰角必为正值,故盘右时,竖直角值应按下式计算:$\alpha_右 = 270° - R$。

若 R 随抬高而增大,说明竖直盘按顺时针全圆注记,则 $\alpha_右 = R - 270°$。

在实地测量时无论盘左还是盘右首先判断物镜抬高(仰角)时,竖盘读数是增大还是减小。

物镜抬高,读数增大时:α = 照准目标时竖盘的读数 - 视线水平时竖盘的读数。

物镜抬高,读数减小时:α = 视线水平时竖盘的读数 - 照准目标时竖盘的读数。

(二)竖盘指标差

当视线水平,竖盘指标水准管气泡居中时,竖盘读数为 90°或 270°时,是一种理想状态。但实际竖盘指标水准管气泡居中时,竖盘指标不是正好指在 90°或 270°这个整数上,而是与这个整数相差一个 β 角,此 β 角称为竖盘指标差。竖盘指标的偏移方向与竖盘注记增加方向一致时,β 为正值,反之为负值。

由于竖盘指标差的存在,则计算竖直角的公式为:

盘左时　　　　　　　　$\alpha_左 = L - 90° - \beta ; \alpha_左 = 90° - L - \beta$

盘右时　　　　　　　　$\alpha_右 = 270° - R + \beta ; \alpha_右 = R - 270° + \beta$

一般在计算竖直角时,取盘左、盘右测得的竖直角的平均值,可以自动消除竖盘指标差的影响。指标差为:

$$\alpha = \frac{\alpha_左 - \alpha_右}{2}$$

(三)竖直角的观测

由于望远镜视准轴水平时的竖盘读数为已知常数(90°或 270°),故竖直角观测不必观测视线水平方向,只需观测目标点,并读得该倾斜视线方向的竖盘读数,即可按前述公式求得竖直角。

将经纬仪安置在测站点上,对中、整平及判定注记形式后,按下述步骤进行观测。

(1)盘左精确照准目标,使十字丝的中丝与目标相切。转动竖盘指标水准管调整螺旋,使竖盘指标水准管气泡居中。读取竖盘读数 L 并记入记录手簿。

(2)盘右精确照准目标,使十字丝的中丝与目标相切。转动竖盘指标水准管调整螺旋,使竖盘指标水准管气泡居中。读取竖盘读数 R 并记入记录手簿。

(3)根据竖盘注记形式选用竖直角计算公式。将 L、R 代入相应公式,便可计算出竖直角。为了消除仪器的误差,提高测量精度,应取盘左、盘右结果的平均值作为竖直角值。

一般情况下,竖盘指标差的变化很小,可视为定值,如果观测各目标时计算的竖盘指标差变动较大,说明观测质量较差。通常规定 DJ$_6$ 经纬仪竖盘指标差的变动范围应不超过 ±15″。

项目五　距离测量与直线定向

一、定位与放样工具

(一)钢尺与皮尺

(1)钢尺。钢尺是用宽 10~15mm、厚 0.4mm 的低碳薄钢带制成。其表面每隔 1mm 刻有刻划并隔 10mm 有数字标记,通过手柄卷入尺盒或置于带有手把的金属架上,端部有铜环,以便丈量时拉尺之用。使用时可从尺盒中拉出任意长度,用毕卷入盒内。

钢尺因材质引起的伸缩性小,故一般量距精度比较高,一般常用于精密基线丈量。钢尺长度有 20m、30m、50m 三种。使用钢尺量距时要有经纬仪、花杆和测钎的配合进行。丈量时分别在每尺段端点处钉木桩,并在桩顶上钉以用小刀刻痕的锌铁皮来准确读数,并在钢尺的两端使用拉力计。

(2)皮尺。皮尺是卷式量具尺,端部有一铜环,使用时可从尺盒中拉出任意长度,用完卷入盒内,方便携带,长度有 20m、30m、50m 三种。使用皮尺量距时,要有花杆和测钎的配合,当丈量距离大于尺长或丈量距离小于尺长但地面起伏较大时,用花杆支撑尺段两端量距可引导方向以免量歪。

(二)花杆与测钎

(1)花杆。花杆是定位放样工作中不可少的辅助工具,作用是标定点位和指引方向。它的构造为空心铝合金圆杆或实心圆木杆,直径约为 3cm 左右,长度约为 1.5~3m 不等,杆的下部为锥形铁脚,以便标定点位或插入地面,杆的外表面每隔 20cm 分别涂成红色和白色,称为花杆。

在实际测量中,花杆常被用于指引目标、定向、穿线。

(2)测钎。测钎由 8 号铅线制成,长度为 40cm 左右,下部削尖以便插入地面,上部为 6cm 左右的环状,以便于手握。每 12 根为一束,测钎用于记录整尺段和卡链及临时标点使用。

(三)方向盘与方向架

(1)方向盘。方向盘是在花杆顶部有一木质圆盘,圆盘上固定标有 0°~360°的分划,它的作用是概略测定角度,限于低精度的放样。

(2)方向架。方向架用于横断面测量或测横断面宽度时的定向。方向架一般为木质,有两根互相垂直弦杆,可上下转动,从而适应地形的变化。上、下弦杆彼此垂直;顶部有一活动指针称方向杆,可转动 360°。上、下弦杆和方向杆的两端分别钉以用以瞄准目标的小钉。

(四)边坡样板

边坡样板可用作边坡放样定位,也常用于检测已修筑成的路堤、路堑、沟槽、河渠等边坡坡度是否符合设计要求。

边坡样板一般由木料按边坡制成,可以适应各种不同边坡,常用的边坡坡度有 1:1.5 及 1:2 两种。

二、测距仪测距

(一)测距仪测距原理

设用测距仪测定 A、B 两点间距离 D,由仪器发射光波,经过距离 D 到达反射棱镜,再由反射棱镜返回仪器的接收系统。如果测出速度为 c 的调制光波在距离 D 上往返传播的时间 t,则距离 D 为:$D=\dfrac{1}{2}c \cdot t$,式中:D 为待测距离(m);c 为调制光在大气中的传播速度(m/s);t 为调制光在往返距离上的传播时间(s)。

> CAC019 DCH-2型红外测距仪的构造

(二)测距仪的构造

以 DCH-2 型红外测距仪为例,其最大测程为 2km,测距标准差为:$m=\pm(5+5\times10^{-6} \cdot D)$mm($D$ 为所测距离值,单位为 km)。DCH-2 型红外测距仪系统主要由照准头、控制器、反射镜棱镜、电池盒、经纬仪等几部分构成,见表 1-1-7。

表 1-1-7 测距仪的构造

名称	构造
照准头	照准头内装有发射和接收光学系统、调制器和光接收电路,还装有内外光路自动转换机构和光栏旋钮
控制器	控制器内装有电子线路系统,操作面板上有各种按钮及显示器,设有电子计算器,可以计算平距、高差及坐标等
反射镜棱镜	反射镜棱镜简称棱镜。构成反射棱镜的光学部分是直角光学玻璃锥体,它如同在正方体玻璃上切下的一角,ABC 为透射面,呈等边三角形;另外三个面 ABD、BCD 和 CAD 为反射面,呈等腰直角三角形。反射面镀银,面与面之间互相垂直。由于这种结构的棱镜,无论光线从哪个方向入射透射面,棱镜必将入射光线反射回入射光的发射方向。因此测量时,只要棱镜的透射面大致垂直于测线方向,仪器便会得到回光信号。棱镜常数:由于光在玻璃中的折射率为 1.5～1.6,而光在空气中的折射率近似等于 1,也就是说光在玻璃中的传播速度要比空气中慢,因此光在棱镜中传播所用的超量时间会使所测距离增大某一数值,称为棱镜常数。棱镜常数的大小与棱镜直角玻璃锥体的尺寸和玻璃的类型有关。 观测采用一块棱镜时,称为单棱镜。远距离观测时,可采用三棱镜或多棱镜。DCH-2 型测距仪用单棱镜的最大测程为 1.3km,用三棱镜时,其测程可达 2km。由于仪器型号不同,棱镜的形状、大小也不相同
电池盒	电池盒内装有可以充电的镍镉电池和熔断丝,一般可以挂在仪器的三脚架上,用电缆及插头与仪器连接。有的电池盒则通过弹簧插片直接卡装在仪器上,更为方便
经纬仪	一般短程光电测距仪均与经纬仪配套联装,既可测距又可测角,使用非常方便

(三) 测距仪误差和标称精度

考虑到大气折射率和仪器加常数 K,相位式测距的基本公式可写为: $D=\dfrac{c_0}{2fn}(N+\dfrac{\Delta\varphi}{2\pi})+K$,式中, c_0 为真空中的光速值; n 为大气的折射率,它是载波波长、大气温度、大气湿度、大气压的函数。

<small>CAB013 固定误差的含义</small>

由上式可知,测距误差是由光速值误差 m_{c_0}、大气折射率误差 m_n、调制频率误差 m_f 和测相误差 $m_{\Delta\varphi}$、加常数误差 m_K 决定的;但实际上,除上述误差外,测距误差还包括仪器内部信号窜扰引起的周期误差 m_A、仪器的对中误差 m_g 等。这些误差可分为两大类:一类与距离成正比,称为比例误差,如 m_{c_0}、m_n、m_f、m_g;另一类与距离无关,所产生的误差称为固定误差,如 $m_{\Delta\varphi}$、m_K。因此测距仪的标称精度表达式一般可写成为: $m_D=\pm(a+bD)$,式中, a 为固定误差(mm); b 为比例误差系数(mm/km); D 为距离(km)。

<small>ZAA007 测距仪的性能与使用要点</small>

(四) 测距仪的性能与使用要点

红外测距仪说明书中列出的主要技术性能及功能包括测程、标称精度、最小读数、测距时间与方式、气象修正、棱镜常数修正等内容。测距仪需专人保管、专人使用,测前应进行检验并配齐附件。使用测距仪时,对仪器的检视包括:外观检视、检查测距仪各个按钮是否灵活、按说明书检查使用步骤、通电检查仪器的功能。使用测距仪测距时,若测线与高压(35kV)输电线平行时,测线应离高压线 2m 以上,测站不应设在有电磁场影响的范围内。

（五）测距仪操作程序

使用测距仪时，应架设仪器与棱镜，利用光学对点器精确对中、整平，将棱镜对准仪器方向；需正确预置仪器的加常数和比例改正开关，做好各项准备工作。当测距仪无配套的经纬仪时，需量取仪器高和反光棱镜高，读至毫米。使用测距仪时，在测距的同时读取测站的温度、气压以及经纬仪竖盘读数，直接读至秒，以用于将仪器所测得的斜距，改正为水平距离。

（六）DCH-2 型红外线测距仪的使用

利用 DCH-2 型红外测距仪进行距离测量，按如下步骤操作：

(1) 测站点上安置仪器，并进行对中、整平。

(2) 打开电池盒上的电源开关，利用配用的经纬仪望远镜照准目标点的棱镜。

(3) 按 $\boxed{\dfrac{\text{TEST}}{6}}$ 键，仪器进行自检，自检合格后可以进行预置或调整。

(4) 测量斜距：单测时，按 $\boxed{\dfrac{\text{DIST}}{7}}$ 键；复测时按 $\boxed{\dfrac{\text{DIL}}{8}}$ 键；此时屏幕左侧显示测量次数，右侧显示测量结果的平均值，跟踪测量按 $\boxed{\dfrac{\text{TRK}}{9}}$ 键。

(5) 观测结束，关闭电源。

（七）电磁波测距的简介

电磁波测距技术是光电、微波、激光、红外等测距方法的总称。电磁波测距仪是用电磁波运载测距信号测量两点间距离的仪器，采用相位法测距或脉冲法测距。测距精度Ⅰ级的测距仪，其测距中误差 m_D 允许值为 $m_D<5\text{mm}$。建筑施工测量大多使用测程在 3~5km 范围的测距仪。

三、全站仪测量

（一）全站仪的构造

全站仪的种类很多，各种型号仪器的构造基本相同。现以日本拓普康公司生产的 GTS-310 型全站仪为例进行介绍。

GTS-310 型全站仪的外形和结构如图 1-1-24 所示，其结构与经纬仪相似。

仪器的键盘设置情况如图 1-1-25 所示，键盘分为两部分，一部分为操作键，在显示屏的右上方，共有 6 个键。另一部分为功能键，在显示屏的下方，共有 4 个键。

（二）全站仪功能

操作键功能见表 1-1-8。

表 1-1-8 操作键盘功能表

按键	名称	功能
↗	坐标测量键	坐标测量模式
◢	距离测量键	距离测量模式
ANG	角度测量键	角度测量模式

续表

按键	名称	功能
MENU	菜单键	在菜单模式和正常测量模式之间切换,在菜单模式下设置应用测量与照明调节方式
ESC	退出键	返回测量模式或上一层模式; 从正常测量模式直接进入数据采集模式或放样模式
POWER	电源键	电源接通/切断(ON/OFF)

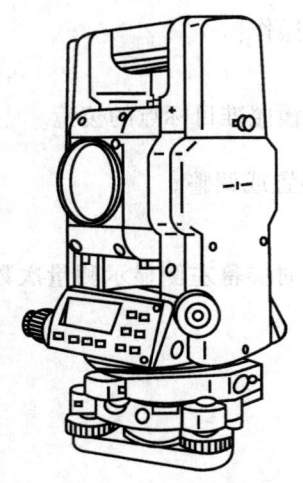

图 1-1-24　GTS-310 型全站仪

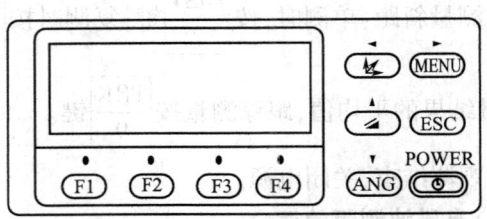

图 1-1-25　全站仪键盘

全站仪功能键信息显示在显示屏的底行,软件功能相当于显示的信息,有如下几种测量模式:(1)角度测量模式见表 1-1-9。

表 1-1-9　角度测量模式

页数	软键	显示符号	功能
1	F_1	OSET	水平角置为 0°00′00″
	F_2	HOLD	水平角读数锁定
	F_3	HSET	用数字输入设置水平角
	F_4	$P_1 \downarrow$	显示第 2 页软键功能
2	F_1	TILT	设置倾斜改正开或关(ON/OFF)(若选择 ON,则显示倾斜改正值)
	F_2	REP	重复角度测量模式
	F_3	V%	垂直角/百分度(%)显示模式
	F_4	$P_2 \downarrow$	显示第 3 页软键功能
3	F_1	H-BZ	仪器每转动水平角 90°是否要发出蜂鸣声的设置
	F_2	R/L	水平角右/左方向计数转换
	F_3	CMPS	垂直角显示格式(高度角/天顶距)的切换
	F_4	$P_3 \downarrow$	显示第 1 页软键功能

（2）坐标测量模式见表1-1-10。

表1-1-10　坐标测量模式

页数	软键	显示符号	功能
1	F_1	MEAS	进行测量
	F_2	MODE	设置测距模式
	F_3	S/A	设置音响模式
	F_4	$P_1\downarrow$	显示第2页软键功能
2	F_1	R.HT	输入棱镜高
	F_2	INS.HT	输入仪器高
	F_3	OCC	输入仪器站坐标
	F_4	$P_2\downarrow$	显示第3页软键功能
3	F_1	OFSET	选择偏心测量模式
	F_3	m/f/i	距离单位 m/ft/in 切换
	F_4	$P_3\downarrow$	显示第1页软键功能

（3）距离测量模式见表1-1-11。

表1-1-11　距离测量模式

页数	软键	显示符号	功能
1	F_1	MEAS	进行测量
	F_2	MODE	设置测距模式
	F_3	S/A	设置音响模式
	F_4	$P_1\downarrow$	显示第2页软键功能
2	F_1	OFSET	选择偏心测量模式
	F_2	S.O	选择放样测量模式
	F_3	m/f/i	距离单位 m/ft/in 切换
	F_4	$P_2\downarrow$	显示第1页软键功能

四、直线定向

直线定向是指确定一条直线方向的工作。直线方向的确定先要选定一个标准方向作为直线定向的基本方向，如果测出了一条直线与基本方向线之间的水平夹角，该直线的方向就被确定。

> CAC009 子午线的内容

（一）子午线

在工程测量工作中，通常是以子午线作为基本方向。子午线分真子午线、磁子午线、轴子午线三种。

> CAC017 真子午线的含义

1. 真子午线

真子午线是指通过地面上一点指向地球南北极方向的切线，一般是用天文测量的方法测定，也可以用陀螺经纬仪测定。地球表面上任何一点都有它自己的真子午线方向，各点的真子午线都向两极收敛而相交于两极。如图1-1-26所示，地面上两点真子午线间的夹角称为子午线收敛角。收敛角的大小与两点所在的纬度及经度的大小有关。

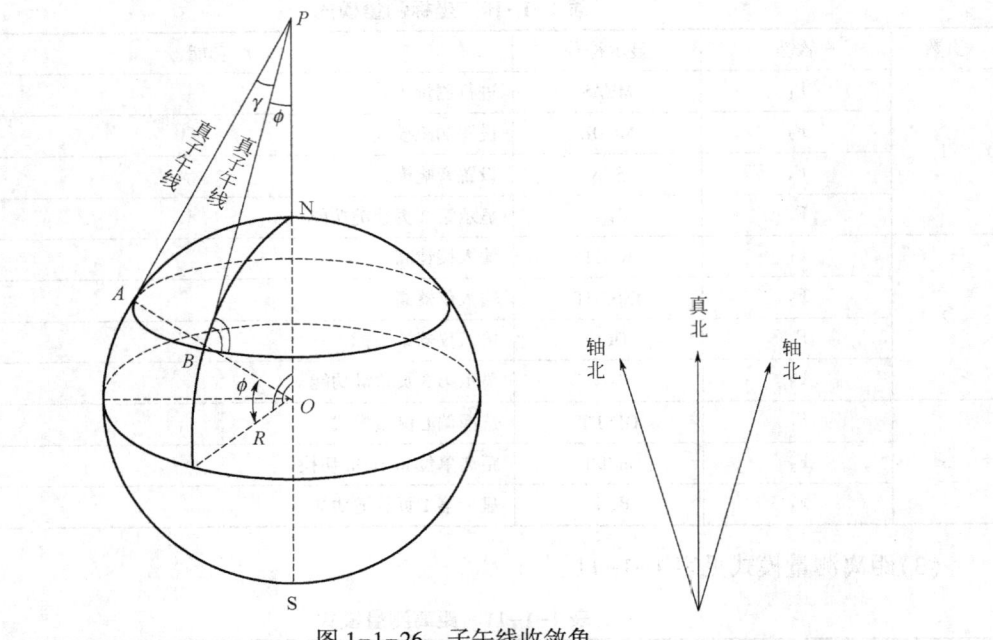

图 1-1-26 子午线收敛角

2. 磁子午线

CAC020 磁子午线的含义

在地面上某点上磁针静止时所指的方向线，就是该点的磁子午线方向，磁子午线方向一般用罗盘仪测定。由于地球的磁南、北极与地球南、北极不重合，因此地面上同一点的真子午线与磁子午线就有一定的夹角，其夹角称为磁偏角（用 δ 表示）。当磁子午线在真子午线东侧，称为东偏，δ 为正；磁子午线在真子午线西侧，称为西偏，δ 为负。磁偏角 δ 是随地点不同而变化，因此磁子午线不宜作为精密定向的基本方向线，但对于要求不高的低等级公路可以利用。

3. 轴子午线

轴子午线方向是指直角坐标系中的坐标纵轴所指的方向，又称为坐标子午线。由于地面上各点子午线都是指向地球的南北极，所以不同地点的子午线方向不是互相平行的，因此，为了便于计算，在普通测量中一般均采用轴子午线为标准方向。

中央子午线上，其真子午线方向和轴子午线方向一致，在其他地区，真子午线与轴子午线不重合，两者所夹的角即为中央子午线与某地方子午线所夹的收敛角 γ。当轴子午线在真子午线以东时，γ 为正；反之 γ 为负。

ZAA009 方位角的规定

（二）方位角

直线方向一般用方位角来表示。由子午线北方向顺时针旋转至直线方向的水平夹角称为该直线的方位角。方位角的角值范围为 $0°\sim360°$，如图 1-1-27 所示。

（1）以真子午线北端起算的方位角为真方位角（用 A 表示）；

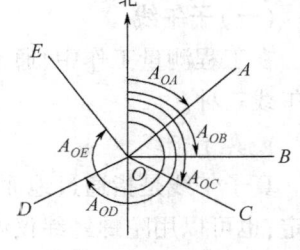

图 1-1-27 方位角

(2)以磁子午线北端起算的方位角称为磁方位角(用 A_m 表示);

(3)由坐标子午线(坐标纵轴)起算的方位角,称为坐标方位角(用 α 表示)。

根据真子午线方向、磁子午线方向、轴子午线方向三者的关系,三种方位角有以下关系:因 $A=A_m+\delta$;$A=\alpha+\gamma$,则 $A_m+\delta=\alpha+\gamma$,所以 $\alpha=A_m+\delta-\gamma$。

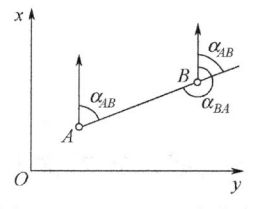

图 1-1-28　正、反方位角

设直线 AB 前进方向的方位角 α_{AB} 为正坐标方位角,如图 1-1-28 所示,其相反方向的方位角 α_{BA} 则为反坐标方位角,同一直线正、反坐标方位角相差 180°。

ZAA010 象限角的规定

(三)象限角

由坐标纵轴的北端或南端起,顺时针或逆时针至某直线间所夹的锐角,并注出象限名称,称为该直线的象限角,以 R 表示,角值范围为 0°~90°,见表 1-1-12。

表 1-1-12　坐标方位角与象限角的换算关系表

直线方向	由坐标方位角推算象限角	由象限角推算坐标方位角
北东,第Ⅰ象限	$R=\alpha$	$\alpha=R$
南东,第Ⅱ象限	$R=180°-\alpha$	$\alpha=180°-R$
南西,第Ⅲ象限	$R=\alpha-180°$	$\alpha=180°+R$
北西,第Ⅳ象限	$R=360°-\alpha$	$\alpha=360°-R$

(四)坐标增量的含义

地面上两点的直角坐标值之差称为坐标增量。用 Δx_{AB} 表示 A 点至 B 点的纵坐标增量,用 Δy_{AB} 表示 A 点至 B 点的横坐标增量。坐标增量有方向性和正负意义,Δx_{BA}、Δy_{BA} 则表示 B 点至 A 点的纵、横坐标增量,其符号与 Δx_{AB}、Δy_{AB} 相反。

ZAA004 坐标增量的含义

设 A、B 两点的坐标分别为 $A(x_A,y_A)$,$B(x_B,y_B)$,那么 A 点至 B 点纵坐标增量计算公式为:$\Delta x_{AB}=x_B-x_A$,横坐标增量计算公式为:$\Delta y_{AB}=y_B-y_A$。

而 B 点至 A 点的纵、横坐标增量计算公式则分别为:$\Delta x_{BA}=x_A-x_B$,$\Delta y_{BA}=y_A-y_B$。

很明显,A 点至 B 点与 B 点至 A 点的坐标增量,绝对值相等,符号相反。由于坐标方位角和坐标增量均带有方向性,务必注意下标的书写次序。

(五)象限角、方位角、坐标增量之间的关系

直线与坐标纵轴所成的锐角为象限角。由于用计算器进行反三角函数运算只能得到绝对值小于或等于 90°的象限角,因此必须进行象限角与方位角的换算。象限角、方位角、坐标增量之间的关系见表 1-1-13。

ZAA005 象限角、方位角、坐标增量之间的关系

表 1-1-13　象限角、方位角、坐标增量之间的关系

象限	象限角 R 与方位角 α 的关系	Δx	Δy
Ⅰ	$\alpha=R$	+	+
Ⅱ	$\alpha=180°-R$	−	+
Ⅲ	$\alpha=180°+R$	−	−
Ⅳ	$\alpha=360°-R$	+	−

项目六　遥感测量知识

一、遥感技术简介

遥感技术是20世纪60年代兴起的一种探测技术,是根据电磁波的理论,应用各种传感仪器对远距离目标所辐射和反射的电磁波信息,进行收集、处理,并最后成像,从而对地面各种景物进行探测和识别的一种综合技术。通过遥感技术,可查询到高分一号、高分二号、资源三号等国产高分辨率遥感影像。

（一）遥感的含义

> GAA005 遥感的含义

遥感技术是从人造卫星、飞机或其他飞行器上收集地物目标的电磁辐射信息,判认地球环境和资源的技术。它是60年代在航空摄影和判读的基础上随航天技术和电子计算机技术的发展而逐渐形成的综合性感测技术。任何物体都有不同的电磁波反射或辐射特征。航空航天遥感就是利用安装在飞行器上的遥感器感测地物目标的电磁辐射特征,并将特征记录下来,供识别和判断。把遥感器放在高空气球、飞机等航空器上进行遥感,称为航空遥感。把遥感器装在航天器上进行遥感,称为航天遥感。完成遥感任务的整套仪器设备称为遥感系统。航空和航天遥感能从不同高度、大范围、快速和多谱段地进行感测,获取大量信息。航天遥感还能周期性地得到实时地物信息。因此航空和航天遥感技术在国民经济和军事的很多方面获得广泛的应用,例如应用于气象观测、资源考察、地图测绘和军事侦察等。

（二）遥感的定义

遥感技术是从远距离感知目标反射或自身辐射的电磁波、可见光、红外线,对目标进行探测和识别的技术。例如航空摄影就是一种遥感技术。人造地球卫星发射成功,大大推动了遥感技术的发展。现代遥感技术主要包括信息的获取、传输、存储和处理等环节。完成上述功能的全套系统称为遥感系统,其核心组成部分是获取信息的遥感器。遥感器的种类很多,主要有照相机、电视摄像机、多光谱扫描仪、成像光谱仪、微波辐射计、合成孔径雷达等。传输设备用于将遥感信息从远距离平台（如卫星）传回地面站。信息处理设备包括彩色合成仪、图像判读仪和数字图像处理机等。

（三）遥感的类型

> ZAA002 遥感的类型

遥感技术根据工作平台层面,遥感技术可分为地面遥感、航空遥感和航天遥感。遥感技术按传感器工作方式,可分为主动式遥感和被动式遥感。遥感技术按工作波段层面区分,可以分为紫外遥感、可见光遥感、红外遥感、微波遥感和多波段遥感。遥感技术按应用空间尺度层面区分,可以分为全球遥感、区域遥感和城市遥感。

（四）航空遥感的特点

> ZAA003 航空遥感的特点

航空遥感是以飞机、气球等飞行于大气层中的飞行器作为遥感平台的遥感。

亘古以来,人们一直向往着能在天空飞翔和鸟瞰大地。古希腊神话中即有用羽毛和蜡做成翅膀的传说。在我国,明代科学家万户也有尝试乘坐火箭升空的伟大创举。

1858年法国人Gaspard Felix Tournachon乘坐热气球在离地80m的高度,拍摄了法国Bievre的相片,进行了人类历史上第一次航空摄影,开创了航空遥感的先河。其后Julius Neubronner于1903年用鸽子、George R. Lawrence于1906年用风筝和Alfred Maul于1912年用火箭进行了航空摄影。

航空遥感是很常用的遥感形式,与地面观测相比,有以下优点:

(1)可以居高临下地观察。

航空遥感可以提供大面积鸟瞰图,可以使人们看到空间脉络的地面特征。

(2)可以记录动态现象。

航空遥感可以通过连续记录将动态现象用图像的形式记录下来,这个特点被广泛地用于洪水、交通、溢油和森林火灾等动态现象的监测。

(3)扩大了光谱感应范围。

和肉眼相比,航空遥感通过特殊的胶片或雷达等其他传感器,可以记录更大波段范围的信息。

(4)可以提高空间分辨率和几何保真。

对于航空摄影而言,如果对摄影机、胶片和飞行参数选用得当,从航片上还可以获取地物的精确位置、距离、方位、高度、体积和坡度等量测数据。

JAA003 航天遥感的特点

(五)航天遥感的特点

借助于遥感平台的高低来划分航空和航天遥感,并常以100km为界线。常用的航天遥感平台有人造卫星、载人飞船、太空船和空间站。例如美国Landsat系列、法国SPOT系列、加拿大的ENVISAT和中巴资源卫星等。卫星通常是由服务舱和仪器舱两部分组成;载人飞船和空间站则由服务舱、仪器舱和工作舱(货舱)三部分组成,其中仪器舱专用于安装各种星上遥感装置。

和航空遥感一样,航天遥感多利用可见光、近红外、短波红外、热红外以及微波波段来获取地物的不同信息。但相比于航空遥感,航天遥感具有以下特点:

(1)具有更大的覆盖面积。根据几何原理,在同样的视场角下,航高越大,地面覆盖范围越大。

(2)"再访"观测能力。航天遥感器可以按照一定的时间频率对同一地面区域进行重复监测。

(3)地面特征的定量测量。经过地形配准、大气纠正和辐射定标以及地面同步测量数据,可以利用遥感数据反演地物的各个物理、化学和生物因素等参数。

(4)半自动处理和分析能力。航天遥感的数据获取介质采用了像元数字记录方式,并通过设置数字记录的位数来控制信息的辐射分辨率。

(5)相对低成本效益。尽管制造和发射卫星的绝对成本远高于航空遥感设备,但是航天遥感获取的海量数据使得相比成本远低于航空遥感。

JAA 019 EOS 计划的内容

(六)EOS计划的内容

EOS是Earth Observing Satellites的英文缩写,是美国新一代地球观测系统计划的组成部分,又称地球观测卫星,分为上午星和下午星。

1983年美国地球科学界和航空航天局明确提出以地球系统科学作为今后20年内的重

大科学目标,发展极地轨道平台,作为用于这一科学研究的最主要的地球观测系统(EOS)。

EOS 计划的目标,主要是科学认识全球尺度范围内整个地球系统及其各圈层之间的相互作用及其作用机理等,进而预测未来 10 年到 1 个世纪地球系统的变化及其对人类的影响。

EOS 计划由 EOS 科学计划、EOS 资料和信息系统、EOS 观测平台三部分组成。EOS 平台按 5 年寿命设计,为了完成 15 年的 EOS 计划,需要 3 组 6 个平台组成,其中包括 5 颗卫星和 1 个载人太空站。EOS 计划以 EOS-AM-1,EOS-PM-1,EOS-PM-2……的方式按 2~3 年间隔发射上天。这里 AM 和 PM 分别表示卫星通过赤道面的时间为上午 10:30 和下午 1:30,以求在地球云量少时更全面地获得不同时刻的对地观测数据。

1999 年 12 月,EOS-AM-1 发射成功,发射前按西方传统,需要给卫星取一个名字,最后一位中学生建议的名字中选,叫"Terra",源自希腊文"大地母亲"。

EOS 计划具有以下主要特点:

(1)一个史无前例的规模巨大的国际综合性空间计划;

(2)计划的提出和实施过程都以科技研究为先导;

(3)EOS 是空间、遥感、电子和计算机等世界领先技术的最高水平的集中体现。

(七)地物的空间特征与波谱特征

JAA020 地物的空间特征与波谱特征

全色波段(或称单波段)的遥感影像,是靠灰度的空间变化来表达地物的空间特征的。地物的空间特征分为:线状特征、点状特征和面特征。遥感图像中随机分布的点不能称为特征点,线性特征的交点通常可以作为特征点。

如果一个闭合的轮廓内灰度相对均一,或者只有简单的梯度,或者有相对均匀的纹理或图案,并且此外不包含明显的轮廓线,我们称这一闭合轮廓包围的区域为面特征。

遥感图像中相邻连接的特征面,以及它们的阴影,能给我们提供地面物体的三维结构信息。

地物空间的特征不仅是由单个像元的灰度和位置决定的,而且是由像元与像元之间的空间关系构成的,而这种空间关系,可以跨越很大的距离。

除了地物的空间特征,地物还有自己的波谱特征,由不同地物、不同波段的反射率、发射率、散射等的不同而构成不同的波谱特征。彩色影像提供了更多的地物信息。黑白图像由灰度级来表示,彩色图像由 R(红)、G(绿)、B(蓝)合成。

总之,从遥感影像中识别地物、提取有关特定地物的参数信息,就必须充分利用由地物的点状特征、线状特征、面特征及其空间关系等空间特征,加上波谱特征,构成的"地物识别的十项基本特征"即尺寸、形状、阴影、色调/颜色、纹理、图案、高程/深度、地形/地势、位置、相关布局。

二、遥感基本原理

任何物体都具有光谱特性,具体地说,它们都具有不同的吸收、反射、辐射光谱的性能。在同一光谱区各种物体反映的情况不同,同一物体对不同光谱的反映也有明显差别。即使是同一物体,在不同的时间和地点,由于太阳光照射角度不同,它们反射和吸收的光谱也各不相同。遥感技术就是根据这些原理,对物体作出判断。

遥感技术通常是使用绿光、红光和红外光三种光谱波段进行探测。绿光段一般用来探测地下水、岩石和土壤的特性;红光段探测植物生长、变化及水污染等;红外段探测土地、矿产及资源。此外,还有微波段,用来探测气象云层及海底鱼群的游弋。

(一)遥感平台的概念

遥感平台是指安装传感器的飞行器,是用于安置各种遥感仪器,使其从一定高度或距离对地面目标进行探测,并为其提供技术保障和工作条件的运载工具。

根据遥感目的、对象和技术特点(如观测的高度或距离、范围、周期、寿命和运行方式等),遥感平台大体可分为地面平台、航空遥感平台和航天遥感平台。

在遥感观测中,能够长期观测特定的地区,并能将大范围的区域同时收入视野的轨道是地球同步轨道。

在遥感观测中,遥感卫星的三轴倾斜是指滚动、俯仰和偏航。

(二)遥感图像的特征

在遥感观测中,得到的遥感图像的特征分类主要有光谱特征、边缘特征、纹理特征和形状特征等。

遥感图像特征可以归纳为几何特征、物理特征和时间特征,这三方面的表现特征为空间分辨率、光谱分辨率和时间分辨率。

光谱分辨率是指传感器所能记录的电磁波谱中,某一特定波长范围值,波长范围值越宽,光谱分辨率越低。

空间分辨率是指遥感图像上能够详细区分的最小单元的尺寸或大小,通常用地面分辨率和影像分辨率来表示。

(三)遥感系统的内容

遥感广义上泛指一切无接触远距离探测。

遥感按照工作方式分为主动遥感和被动遥感。

传感器特性影响的因素有几何分辨率、辐射分辨率、光谱分辨率和时间分辨率。

遥感系统包括被测目标的信息特征、信息的获取、信息的传输与记录、信息的处理和信息的应用。

(四)遥感信息地面接收

遥感信息传感器接收到目标地物的电磁波信息,并记录在数字介质上。

遥感信息是由地面站接收到遥感卫星发送来的数字信息。

接收或记录目标物电磁波特征的仪器称之为传感器或遥感器。

从遥感图像获取目标地物信息的过程称为解译遥感图像。

(五)遥感信息预处理

进入传感器的辐射强度反映在图像上就是亮度值。

引起遥感数据辐射畸变的原因有传感器本身产生的误差和大气对辐射的影响两种。

处理遥感图像时,一副图像的目视效果不好,或有用的信息不突出,就需要作图像增强处理。

遥感的图像处理的图像校正包括辐射校正和几何校正。

(六)遥感信息分析应用系统

数字图像是指能被计算机存储、处理和使用的图像。

遥感图像计算机分类算法设计的主要依据是地物光谱数据。

遥感图像的计算机分类方法包括监督分类和非监督分类。

遥感数字图像以二维数组来表示。

> JAA017 遥感数字图像的计算机分类

（七）遥感数字图像的计算机分类

遥感数字图像计算机解译的目的是将遥感图像的地学信息获取发展为计算机支持下的遥感图像智能化识别。

计算机遥感图像分类是统计模式技术在遥感领域中的具体应用。

遥感图像的分类主要依据是地物的光谱特征。

遥感数字图像分类中采用的统计特征变量包括全局统计特征变量和局部统计特征变量。

> JAA018 遥感影像地图的内容

（八）遥感影像地图

遥感影像地图是一种以遥感影像和一定的地图符号来表现制图对象地理空间分布和环境状况的地图。

在遥感影像地图中，图面内容要素主要由影像构成，辅助以一定的地图符号来表现或说明制图对象，与普通地图相比，影像地图具有丰富的地理信息，内容层次分明，图面清晰易读，充分表现出影像与地图的双重优势。

影像地图按其表现内容分为普通影像地图和专题影像地图。

提高影像制图质量与精度的关键是遥感影像的选择、处理和识别。

遥感影像几何纠正的目的是提高遥感影像与地理基础底图的复合精度。

> GAA007 遥感系统的构成

三、遥感系统的组成

遥感系统是由遥感器、遥感平台、信息传输设备、接收装置以及图像处理设备等组成。

（1）遥感器装在遥感平台上，它是遥感系统的重要设备，它可以是照相机、多光谱扫描仪、微波辐射计或合成孔径雷达等。遥感器是远距离感测地物环境辐射或反射电磁波的仪器，使用的有20多种，除可见光摄影机、红外摄影机、紫外摄影机外，还有红外扫描仪、多光谱扫描仪、微波辐射和散射计、侧视雷达、专题成像仪、成像光谱仪等，遥感器正在向多光谱、多极化、微型化和高分辨率的方向发展。遥感器接收到的数字和图像信息，通常采用三种记录方式：胶片、图像和数字磁带。其信息通过校正、变换、分解、组合等光学处理或图像数字处理过程，提供给用户分析、判读，或在地理信息系统和专家系统的支持下，制成专题地图或统计图表，为资源勘察、环境监测、国土测绘、军事侦察提供信息服务。

（2）遥感平台是遥感过程中乘载遥感器的运载工具，它如同在地面摄影时安放照相机的三脚架，是在空中或空间安放遥感器的装置。主要的遥感平台有高空气球、飞机、火箭、人造卫星、载人宇宙飞船等。

（3）信息传输设备是飞行器和地面间传递信息的工具。

（4）图像处理设备是对地面接收到的遥感图像信息进行处理，包括几何校正、滤波等，以获取反映地物性质和状态的信息。图像处理设备可分为模拟图像处理设备和数字图像处理设备两类，现代常用的是后一类。遥感平台信息提供给判释人员直接判释，或进一步用光学仪器或计算机进行分析，找出特征，与典型地物特征进行比较，以识别目标。地面目标特征测试设备测试典型地物的波谱特征,为判释目标提供依据。

四、遥感图像的数据处理

(一)多元信息复合

在遥感测量中,不同传感器获取的不同波段的影像数据在空间、时间、光谱等方面构成了同一区域的多元数据,对多传感器数据进行融合,从而充分发挥各种传感器影像自身的特点,从而得到更多的信息。

遥感影像数据融合可分为三个层次,分别是像元级、特征级和符号级。

在多元信息复合中,像元级融合的作用是增加图像中有用信息分布,以便改善如分割和特征提取等处理的效果。符号级融合的作用是允许来自多个数据源的信息在最高抽象层次上被有效地利用。

> GAA012 多元信息复合的含义

(二)遥感图像目视解译

遥感解译人员需要通过遥感图像获取三方面的信息:目标地物的大小、形状及空间分布特点,目标地物的时间特点,目标地物的变化动态特点。

遥感信息的提取主要有两个途径:一是目视解译,二是计算机的数字图像处理。

根据影像特征的差异可以识别和区分不同的地物,这些典型的影像特征称为影像解译标志。

影像解译标志分为直接解译标志和间接解译标志。

> GAA015 遥感图像目视解译的原理

(三)数字图像增强

数字航空摄影所获取的影像各通道灰度直方图大多接近正态分布,彩色影像不偏色。

影像增强中,一般采用滤波和地面分辨率的方法对原始影像进行增强处理,使影像直方图尽量呈正态分布,纹理清晰,无显著噪声。

对于航天遥感影像来说,当原图像某一灰度频率很高时,由于正态分布所对应的灰度值频率低,就会造成对该部分的压缩,丢失重要的信息,这时需要通过修改遥感图像频率成分来实现遥感图像数据的改变,达到抑制噪声或改善遥感图像质量的目的。

在航天遥感影像中,有些多光谱影像包含 4 个、8 个甚至更多的波段,可以根据需要选取必要的波段组合,做增强和降位处理,降低波段重叠。

> GAA016 数字图像增强的含义

(四)遥感图像监督分类的内容

遥感图像专题分类就是将遥感图像转换成专题地图的过程。

根据已知训练区提供的样本,通过选择遥感影像,建立判别函数,把图像中各个像元点归化到给定类中的分类处理,称为监督分类。

监督分类的常用方法有最小距离法、最大似然法、平行六面体、光谱角度制图、神经网络等。

监督分类方法中的最小距离法是按照模式与各类代表样本的距离进行模式分类的一种统计识别方法。进行最小距离分类首先要为每个类别确定它的代表模式的特征向量,这是用这种方法进行分类效果好坏的关键。最小距离分类中,常用的距离有欧几里得距离、绝对值距离等。

> JAA024 遥感图像监督分类的内容

相比与非监督分类,监督分类的优点有:
(1)地物控制点应按顺序编号,自上而下,自左而右;
(2)同名地物控制点编号必须一致,以避免配准过程中因同名地物控制点编号不一致出现错误。

监督分类的不足之处,主要是训练区的选取任务繁重且需要技巧,并要求分析者具有对目标区域的地理与遥感的先验知识。

> JAA 025 遥感图像非监督分类的内容

(五)遥感图像非监督分类的内容

根据图像数据本身的统计特征及点群的分布情况,从纯统计学的角度对图像数据进行类别划分的分类处理称为非监督分类。

非监督分类在不同种类的点样本中,定位特征矢量的集合。

非监督分类中常用的算法除了 K-均值聚类外,还有 ISODATA 等。

K-均值聚类法是将特征空间中特征矢量相近的对应图像中的像素分组,并形成 K 个聚类,每个聚类对应一个图像区域。非监督分类中 K-均值聚类法,能找到一个最优分割点,将数据分成指定数量的子区域。非监督分类与分类器算法极为类似,只是它不需要训练样本,是一种无监督的统计方法。

与监督分类相比,非监督分类的优势在于:
(1)不需要人工的选取训练区,操作更为简便;
(2)不需要分析者具备相关的先验知识,对分析者的要求较低;
(3)其数据的内在结构由算法决定,而不受外界知识的约束,也较少受人工主观因素的影响。

非监督分类缺点主要体现在:
(1)分类结果的精度依赖于所提供或生成的初始分割参数,一般低于监督分类的精度;
(2)非监督分类没有考虑空间关联信息,因此也对噪声更加敏感。

> JAA007 遥感的发展历史

五、遥感的发展历史

(一)发展的初期

1858 年用系留气球拍摄了法国巴黎的鸟瞰相片;1903 年飞机的发明,为遥感提供了很好的平台;1909 年完成第一张航空相片;1914—1918 年的第一次世界大战期间,形成独立的航空摄影测量学的学科体系;1931—1945 年第二次世界大战期间,完成了彩色摄影、红外摄影、雷达技术、多光谱摄影、扫描技术以及运载工具和判读成图设备。

(二)发展近现代时期

1957 年,苏联发射了人类第一颗人造地球卫星;20 世纪 60 年代,美国发射了 TIROS、ATS、ESSA 等气象卫星和载人宇宙飞船;1972 年,发射了地球资源技术卫星 ERTS-1(后改名为 Landsat Landsat-1),装有 MSS 遥感器,分辨率 79m;1982 年 Landsat-4 发射,装有 TM 传感器,分辨率提高到 30m;1986 年法国发射 SPOT-1,装有 PAN 和 XS 遥感器,分辨率提高到 10m;1999 年美国发射 IKNOS,空间分辨率提高到 1m。

(三)我国遥感的发展

1950 年组建专业飞行队伍,开展航空摄影剧院和应用;1970 年 4 月 24 日,第一颗人造地球卫星发射升空;1975年11月26日,发射返回式卫星,得到卫星相片;20世纪80年代空前活跃,"六五"计划遥感列入国家重点科技攻关项目;1988年9月7日中国发射第一颗"风云1号"气象卫星;1999年10月14日中国成功发射资源卫星。

六、遥感的划分范围

遥感技术广泛用于军事侦察、导弹预警、军事测绘、海洋监视、气象观测和互剂侦检等。在民用方面,遥感技术广泛用于地球资源普查、植被分类、土地利用规划、农作物病虫害和作物产量调查、环境污染监测、海洋研制、地震监测等方面。遥感技术总的发展趋势是提高遥感器的分辨率和综合利用信息的能力,研制先进遥感器、信息传输和处理设备以实现遥感系统全天候工作和实时获取信息,以及增强遥感系统的抗干扰能力。遥感按常用的电磁谱段不同分为可见光遥感、红外遥感、多谱段遥感、紫外遥感和微波遥感。现代遥感技术的发展趋势是由紫外谱段逐渐向X射线和γ射线扩展。从单一的电磁波扩展到声波、引力波、地震波等多种波的综合。

(一)可见光遥感

可见光遥感是应用比较广泛的一种遥感方式。对波长为 $0.4\sim0.7\mu m$ 的可见光的遥感一般采用感光胶片(图像遥感)或光电探测器作为感测元件。可见光摄影遥感具有较高的地面分辨率,但只能在晴朗的白昼使用。

(二)红外遥感

红外遥感又分为近红外或摄影红外遥感,波长为 $0.7\sim1.5\mu m$,用感光胶片直接感测。中红外遥感,波长为 $1.5\sim5.5\mu m$;远红外遥感,波长为 $5.5\sim1000\mu m$。中、远红外遥感通常用于遥感物体的辐射,具有昼夜工作的能力。常用的红外遥感器是光学机械扫描仪。

(三)多谱段遥感

利用几个不同的谱段同时对同一地物(或地区)进行遥感,从而获得与各谱段相对应的各种信息。将不同谱段的遥感信息加以组合,可以获取更多的有关物体的信息,有利于判释和识别。常用的多谱段遥感器有多谱段相机和多光谱扫描仪。

(四)紫外遥感

对波长 $0.3\sim0.4\mu m$ 的紫外光的主要遥感方法是紫外摄影。

(五)微波遥感

对波长 $1\sim1000mm$ 的电磁波(即微波)的遥感。微波遥感具有昼夜工作能力,但空间分辨率低。雷达是典型的主动微波系统,常采用合成孔径雷达作为微波遥感器。

七、电磁波介绍

> JAA021 电磁波的内容

(一)电磁波的内容

电磁辐射有双重本质,它既表现为辐射的离散量子又表现为电磁波形式。在量子方式的描述中,辐射以光子形式传播。光子也叫量子,它是由原子和分子状态改变而释放出稳定、不带电荷、没有质量、只能以光速存在的基本粒子。

在波的描述中,麦克斯韦方程表达了电磁辐射的规律,其中描述辐射传输介质的参数是

磁导率 μ、介电常数 ε、电导率 σ。

波长 λ 的单位根据观察窗口不同，分别以 m、μm 或 nm 表示；波频率 f 的单位是 Hz、MHz(兆赫兹或 10^6 Hz)、GHz(千兆赫兹或 10^9 Hz)。由于早期的光学实验者研究习惯的不同，波在不同波段用不同的单位描述。可见光和红外波段的波基本以波长为单位描述，微波波段的波长以频率为单位描述。同样，因为在第二次世界大战中雷达研发的保密原因，微波频率常常用字母来描述，如 C 频段和 K 频段。

卫星遥感所用的电磁波谱，特别是在微波部分非常拥挤，从而限制了遥感观测频率位置和带宽。10^5 Hz 附近频率范围，调幅(AM)无线电波长在千米级，并没有用在卫星遥感中；$10^7 \sim 10^8$ Hz 更高频率范围，包含调频(FM)、电视和移动电话波段；$10^9 \sim 10^{11}$ Hz 频率范围，包含被动、主动微波遥感和大量商业、军用的通信和地面雷达业务；$10^{13} \sim 10^{14}$ GHz 频率范围是红外波段；10^{15} GHz 附近频率范围是狭窄的可见光波段；更高的频率区域则是紫外(UV)波段。

(二)电磁波谱的内容

JAA022 电磁波谱的内容

电磁波谱中，可见光与红外(VIR)波长大约在 $0.4 \sim 20\mu m$，在遥感中广泛使用，但易受云和大气的干扰。可见光波谱位于 $0.4 \sim 0.7\mu m$，并且近似分成以下色段：400～440nm，紫色；440～500nm，蓝色；500～550nm，绿色；550～590nm，黄色；590～630nm，橙色；630～700nm，红色。紫外带(UV)的波长比可见光短。近红外(NIR)波长比可见光长，与可见光相似，主要是反射的太阳辐射。热红外(TIR)包括那些主要由地球表面热辐射构成的信号，可用来反演地表温度。

(三)辐射度学的基本参数

JAA023 辐射度学的基本参数

(1)立体角：一个半径为 r 的球面，从球心向球面作任意形状的锥面，锥面与球面相交的面积为 A，则 $\dfrac{A}{r^2}$ 就是此锥体的立体角，一般用符号 Ω 表示，单位为球面度 sr。例如，一个球面的面积为 $4\pi r^2$，因此球体的立体角是 4π。

(2)辐射通量：在单位时间内通过某一面积的辐射能，称为通过该面积的辐射通量，符号 Φ，单位为 W。

(3)辐射强度：点辐射源在某一方向上的单位立体角所发出的辐射通量，符号 I，单位为 W/sr。

(4)辐射出射度：对于面辐射元，其单位面积向半球空间内发射的辐射通量，符号 M，单位为 W/m²。辐射出射度是描述面元特性的，因此又称为辐射通量密度。

(5)辐照度：单位面积接收到的辐射通量，称为该处的辐照度，符号为 E，单位为 W/m²。在光学遥感中，有以下辐照度参数：

① 大气层外太阳辐射照度，符号 F_0；

② 地表入射辐射照度，符号 E_S；

③ 天空漫射辐照度，符号 E_{dif}；

④ 太阳直射辐照度，符号 E_{dir}。

(6)辐亮度：单位投影面积、单位立体角上的辐射通量，符号为 L，单位为 W/(m²·sr)。在水体光学及其遥感中，有以下辐亮度参数：

① 处于水表面以下的辐亮度，符号 $L_U(0^-)$；

② 剖面向下/向上辐亮度，符号 $L_U(z)$；

③ 辐亮度,符号 L_w;
④ 归一化离水辐亮度,符号 L_{wn}。

八、热红外遥感和微波遥感

JAA026 热红外遥感的含义

(一)热红外遥感的含义

所有的物质只要其温度超过 0K,就会不断发射红外辐射。辐射波长大于 $0.74\mu m$ 且小于 1mm 的波长范围称为红外波谱区,该谱区又可分为:近红外/短波红外($0.74\sim 2.5\mu m$),卫星传感器在该区域接收到的主要是地表对太阳辐射的反射能量,地球自身辐射的贡献非常小;中红外($2.5\sim 6.0\mu m$),地物自身的热辐射和太阳辐射对遥感图像都有贡献,且处于同一数量级;热红外($6.0\mu m\sim 1mm$),以地物的热辐射为主,反射太阳辐射的部分可以忽略。

热红外遥感就是利用星载或机载的传感器收集、记录地物的热红外信息,并利用这种信息来识别地物和反演地表参数的技术系统,在红外遥感研究中居于主导地位。

热红外遥感的发展可以从 1962 年第一台红外测温仪诞生算起。我国从 1975 年研制第一台红外测温仪以来,先后研制了包括多个热红外波段在内的多光谱扫描仪。1988 年 9 月我国首次发射太阳同步轨道试验气象卫星"风云一号",其上装有热扫描辐射计,它可以日夜观测云层、陆地和海面温度等。

目前,热红外遥感的应用研究有很多,在城市热岛效应、林火监测、旱灾监测、探矿、探地热、岩溶区探水等领域都取得了不少成果。

(二)微波遥感的含义

JAA027 微波遥感的含义

微波遥感是在 20 世纪 90 年代迅速发展起来的遥感技术。

微波是电磁波的一种。微波遥感,就是利用某种传感器接收地面各种地物发射或反射的微波信号,借以识别、分析地物,提取所需的信息。

微波同可见光、红外线、紫外线、X 射线、γ射线以及无线电波一样,实质上也是一种电磁波,它的波长为 $1\sim 1000$mm,一般分为毫米波、厘米波、分米波和米波。

微波遥感按照能量来源,有主动和被动之分。微波主动式传感器获得的图像常称为雷达图像。并不是所有微波遥感都成像,按照信息记录方式的不同,微波遥感可以分为成像和非成像两种。

微波遥感自 20 世纪 60 年代始,之所以受到各国普遍关注并在 90 年代迅速发展起来,和它所拥有的独特优势是分不开的。

(1)微波能穿透云、雾、雨、雪,具有全天候的工作能力;
(2)微波对地物有一定的穿透能力;
(3)微波可以提供不同于可见光和红外遥感所能提供的某些信息;
(4)主动微波遥感不仅可以记录电磁波的幅度信息,还可以记录电磁波的极化和相位信息;
(5)微波波段可以覆盖更多的倍频程;
(6)微波对某些目标的鉴别能力更强。

当然，微波也并不是十全十美的，它也有如下不足之处：

（1）除合成孔径雷达外，微波传感器的空间分辨率一般远比可见光和热红外传感器低；

（2）由于微波特殊的成像方式，其数据的处理和解译较为困难；

（3）不同于可见光，微波所携带的电磁信息与我们习惯的颜色信息很难匹配，从而不能记录与颜色有关的现象；

（4）微波数据与可见光、红外数据很难取得空间上的一致性。

JAA028 微波遥感的特征

（三）微波遥感的特征

微波的特征包括：微波的散射、微波的极化、微波的干涉。

1. 微波的散射

在表面散射中，同一性质的散射面的粗糙程度，直接决定了介质表面反射入射微波的方向及其离散程度，进而决定了后向散射的强度。

微波特征的体散射是指介质内部产生的散射，为地物内部经多路径散射后所产生的总有效散射。体散射和介质内部的复杂发射过程有关，可以出现在森林的不同植物层次和能被微波穿透的干土壤、沙和雪之中。

2. 微波的极化

在自由空间中传播的电磁波是平面波，是一种电场和磁场相互垂直的横波，并且电场和磁场的方向与电磁波传播的方向垂直。

由于雷达发射和接收的微波都有 V 或 H 的极化特征，这样就形成了 VV、HH、VH、HV 四种组合方式。

3. 微波的干涉

由两个（或两个以上）频率、振动方向相同，相位相同或相位差稳定的电磁波在空间叠加时，合成波振幅为各个波的振幅之和。

微波雷达图像上由于波的相干性，会出现颗粒状或斑点状特征，这是一般非相干的可见光像片所没有的特殊信息。

九、遥感的优越性

（1）探测范围大。摄影飞机高度可达 10km 左右；陆地卫星轨道高度达到 910km 左右。一张陆地卫星图像覆盖的地面范围达到 $3\times10^4 km^2$，约相当于我国海南岛的面积。我国只要 600 多张的陆地卫星图像就可以全部覆盖。

（2）获取资料的速度快、周期短。实地测绘地图，要几年、十几年甚至几十年才能重复一次；陆地卫星以紫外遥感和微波遥感为例，每 16 天可以覆盖地球一遍。

（3）受地面条件限制少。不受高山、冰川、沙漠和恶劣条件的影响。

（4）方法多，获取的信息量大。用不同的波段和不同的遥感仪器，取得所需的信息；不仅能利用可见光波段探测物体，而且能利用人眼看不见的紫外线、红外线和微波波段进行探测；不仅能探测地表的性质，而且可以探测到目标物的一定深度；微波波段还具有全天候工作的能力；遥感技术获取的信息量非常大，以四波段陆地卫星多光谱扫描图像为例，像元点的分辨率为 79m×57m，每一波段含有 7600000 个像元，一幅标准图像包括四个波段，共有 3200×10^4 个像元点。

项目七　GPS 测量知识

一、GPS 的含义

GPS 是全球定位系统的简称,其英文名称为 Global Positioning System。该系统由美国从 20 世纪 70 年代开始研制,历时 20 年,耗资 200 亿美元,于 1994 年全面建成。实际应用表明,GPS 具有全天候、高精度、自动化、高效益等显著特点,深受广大用户的信赖,并成功应用于大地测量、工程测量、航空摄影测量、运载工具的导航与管制、资源勘察、地球动力学等多个领域,给测绘学科带来了一场深刻的技术革命。

二、GPS 的组成

GPS 由三部分组成,即空间星座部分、地面监控部分和用户设备部分。

(一)空间星座部分

GPS 空间星座部分由 24 颗卫星组成,其中 21 颗工作卫星,3 颗备用卫星。卫星分布在 6 个轨道面上,每个轨道面上有 4 颗卫星,如图 1-1-29 所示。卫星轨道面相对地球赤道面的倾角约为 55°,各个轨道面之间交角为 60°,同一轨道上各卫星之间交角为 90°。轨道平均高度约为 20200km,卫星的运行周期为 11h58min,因而在同一观测站上,每天出现的卫星分布图形相同,只是每天提前约 4min。每颗卫星每天约有 5h 位于地平线以上,同时位于地平线以上的卫星数目,随时间和地点而不同,最小为 4 颗,最多可达 11 颗。GPS 卫星的上述时空配置,保证在地

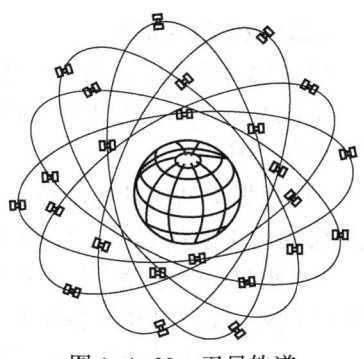

图 1-1-29　卫星轨道

球上任何地点、任何时刻均至少可以同时观测到 4 颗卫星,因而满足了精密导航和定位的需要。

GPS 卫星如图 1-1-30 所示,主体呈圆柱形,直径约 1.5m,质量约 774kg(其中包括 310kg 燃料),两侧各设有两块双叶太阳能板,能自动对日定向,以保证卫星正常工作用电。每颗 GPS 卫星上装有 4 台高精度的原子钟,两台铷钟,两台铯钟。原子钟为 GPS 定位提供。

高精度的时间标准。

GPS 卫星的基本功能是:

(1)接收并储存由地面监控站发来的导航信息,执行监控站的控制指令;

(2)向 GPS 用户发送导航电文,提供导航和定位信息;

(3)向 GPS 用户提供精密的时间标准;

(4)根据地面监控站的指令,调整卫星的姿态和启用备用卫星;

(5)利用卫星上设有的微处理机,进行一些必要的数据处理工作。

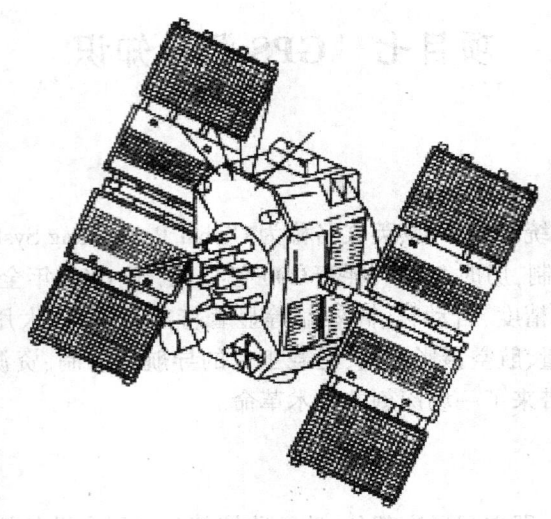

图 1-1-30 卫星

(二)地面监控部分

GPS 地面监控部分由 5 个地面站组成,其中包括主控站、信息注入站和监控站。

主控站设在美国本土科罗拉多州。主控站除协调和管理所有地面监控系统的工作外,其主要任务还有:

(1)根据本站的其他监控站提供的所有观测资料,推算编制各卫星的星历、卫星钟差和大气层的修正系数等,并把这些数据传送到注入站。

(2)提供全球定位系统的时间基准。各监控站和 GPS 卫星的原子钟,均应与主控站的原子钟同步,或测出其间的钟差,并把这些钟差信息编入导航电文送到注入站。

(3)调整偏离轨道的卫星,使之沿预定的轨道运行。

(4)启用备用卫星以代替失效的工作卫星。

注入站现有 3 个,分别设在印度洋的迭哥加西亚、南大西洋的阿松森岛和南太平洋的卡瓦加兰。注入站的主要设备,包括一台直径为 3.6m 的天线,一台 C 波段发射机和一台计算机。其主要任务是在主控站的控制下,将主控站推算和编制的卫星星历、钟差、导航电文和其他控制指令等注入相应卫星的存储系统,并监测注入信息的正确性。

监测站有 5 个,主控站和注入站兼作监控站,另外一个设在夏威夷。站内设有双频 GPS 接收机、高精度原子钟、计算机各一台和若干台环境数据传感器。接收机可对 GPS 卫星进行连续观测,以采集数据和监控卫星的工作状况。原子钟提供时间标准,而环境传感器收集有关当地的气象数据。所有观测资料由计算机进行处理,并存储和传送到主控站,为主控站编算导航电文提供观测数据。

(三)用户设备部分

全球定位系统的空间星座部分和地面监控部分,是用户应用该系统进行定位的基础,而用户只有通过用户设备,才能实现应用 GPS 定位的目的。

GPS 的用户设备部分由 GPS 接收机三硬件和相应的数据处理软件以及微处理机及其终端设备组成。GPS 接收机硬件包括接收机主机、天线和电源,它的主要功能是接收 GPS

卫星发射的信号,以获得必要的导航和定位信息及观测量,并经简单数据处理而实现实时导航和定位。GPS软件是指各种后处理软件包,它通常由厂家提供,其主要作用是对观测数据进行加工,以便获得精密的定位结果。

三、GPS 定位坐标系统

(一) WGS-84 大地坐标系

GPS 卫星定位测量所采用的坐标系是 WGS-84 协议地球坐标系。

一个坐标系统,是由坐标原点的位置、坐标轴的指向和尺度所定义的。在 GPS 定位测量中,坐标轴的原点取地球的质心,所以地球坐标系亦称地心坐标系。坐标轴的指向则具有一定的选择性,但是为了使用上的方便,国际上都通过协议来确定全球性坐标系统坐标轴的指向,所以这种确认的坐标系,就称为协议坐标系。

WGS-84 坐标系是协议地球坐标系,是美国国防部研制建立的大地坐标系,自 1987 年 1 月 10 日开始使用。

如图 1-1-31 所示,WGS-84 坐标系的原点为地球质心 M,是国际协议原点,简称 CIO,Z 轴指向 $BIH_{1984.0}$(BIH 为国际时间局的简称,地址在法国巴黎)定义的协议地极 CTP,X 轴指向 $BIH_{1984.0}$ 定义的零子午面与 CTP 相应的赤道的交点,Y 轴垂直于 ZXM 平面且与 Z、X 轴构成右手坐标系。

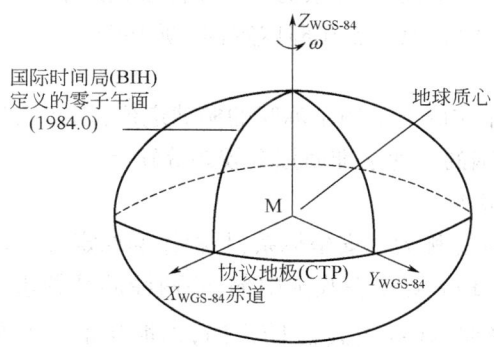

图 1-1-31　WGS-84 大地坐标系

一个大地坐标系对应一个地球椭球。WGS-84 坐标系采用的地球椭球,称为 WGS-84 椭球。其椭球参数采用国际大地测量学与地球物理学联合会(IUGG)第 17 届大会的推荐值,其中最常用的两个参数为:

长半轴　　　　　　　　　　　　$a=(6378137\pm2)\text{m}$

扁率　　　　　　　　　　　　　$f=\dfrac{1}{298.257223563}$

(二) 国家大地坐标系

2000 国家大地坐标系(CGCS)作为我国新一代坐标系已正式启用,它要求新建立的地理信息系统均应采用 CGCS2000 基准。在此之前一直采用 1980 年国家大地坐标系(简称 C_{80}),亦称西安坐标系。最早采用的 1954 年北京坐标系(简称 P_{54})。2000 国家大地坐标系又称为地心坐标系。1980 坐标系和 1954 坐标系均属参心坐标系。所谓参心,是指参考椭球的中心。由于参考椭球的中心一般与地球质心不相一致,故参心坐标系又称非地心坐标系、局部坐标系。

> ZAA017 1954 北京坐标系的含义

1. 1954 北京坐标系

中华人民共和国成立初期,为了迅速开发我国的测绘事业,鉴于当时的实际情况,将苏联 1942 年普尔科沃坐标系的坐标作为起算数据传算过来,建立了我国的大地坐标系,定名为 1954 北京坐标系。该坐标系采用的是克拉索夫斯基椭球体。其中几何参数为:

长半轴 $\qquad a = 6378245(\text{m})$

扁率 $\qquad f = \dfrac{1}{298.3}$

高程基准为 1956 年青岛验潮站求出的黄海平均海水面。

由于这种坐标系在我国沿用了数十年,因此其成果得到了广泛的应用。

全国天文大地网在 1980 国家大地坐标系上进行整体平差完成后,理应使用这一整体平差结果,但考虑到许多测绘部门和单位拥有大量北京坐标系测量成果,因而产生一种新的 1954 北京坐标系。

新 1954 北京坐标系是将 1980 国家大地坐标系的空间直角坐标平移至克拉索夫斯基椭球中心得到的。由于新 1954 北京坐标系仍采用克拉索夫斯基椭球,因此椭球参数和高程基准与原北京坐标系相同。而大地原点和椭球定向,新 1954 北京坐标系则与 1980 国家大地坐标系相同。

1954 北京坐标系由于实际上采用了苏联的椭球定位,因此在技术上存在着椭球参数不够精确、参考椭球面与我国的大地水准面拟合较差等缺点。

> ZAA018 1980 国家大地坐标系的含义

2. 1980 国家大地坐标系

1980 国家大地坐标系也称为西安坐标系,是根据椭球定位的基本原理和我国的实际地理位置而建立的。大地原点设在我国中部、陕西泾阳县的永乐镇。参考椭球的短轴 Z 轴平行于地球质心指向极原点($\text{JYD}_{1968.0}$)的方向,大地起始子午面平行于格林尼治平均天文台子午面,X 轴在大地起始子午面内与 Z 轴垂直指向经度 0° 方向,Y 轴与 Z 轴、X 轴构成右手坐标系。

参考椭球参数采用 IUGG1975 年第 16 届大会的推荐值,其中几何参数为:

长半轴 $\qquad a = (6378140 \pm 5)\text{m}$

扁率 $\qquad f = \dfrac{1}{298.257}$

椭球定位参数是以我国范围内高程异常值平方和为最小的原则求定。

3. 2000 国家大地坐标系

随着社会的进步,国民经济建设、国防建设和社会发展、科学研究等对国家大地坐标系提出了新的要求,迫切需要采用原点位于地球质量中心的坐标系统作为国家大地坐标系。采用地心坐标系,有利于采用现代空间技术对坐标系进行维护和快速更新,测定高精度大地控制点三维坐标,并提高测图工作效率。

2008年3月,由国土资源部正式上报国务院《关于中国采用2000国家大地坐标系的请示》,并于2008年4月获得国务院批准。自2008年7月1日起,我国全面启用2000国家大地坐标系,国家测绘局组织实施。

(1)基本系数:2000国家大地坐标系是全球地心坐标系在我国的具体体现,其原点为包括海洋和大气的整个地球的质量中心。Z轴指向$BIH_{1984.0}$定义的协议极地方向,X轴指向$BIH_{1984.0}$定义的零子午面与协议赤道的交点,Y轴按右手坐标系确定。其中几何参数为:

长半轴 $a = 6378137 m$

扁率 $f = \dfrac{1}{298.257222101}$

地心引力常数 $GM = 3.986004418 \times 10^{14} m^3/s^2$

自转角速度 $\omega = 7.292115 \times 10^{-5} rad/s$

> JAA005 2000国家大地坐标系的必要性

(2)必要性:空间技术的发展成熟与广泛应用要求高精度、地心、动态、实用、统一的大地坐标系作为各项社会经济活动的基础性保障,从技术和应用方面来看,1980西安坐标系的局限性主要表现在以下几点:

①二维坐标系统。1980西安坐标系是经典大地测量成果的归算及其应用,它的表现形式为平面的二维坐标。用它只能提供点位平面坐标,而且表示两点之间的距离精度也比用现代手段测得的低10倍左右。高精度、三维与低精度、二维之间的矛盾是无法协调的。比如将卫星导航技术获得的高精度的点的三维坐标表示在现有地图上,不仅会造成点位信息的损失,同时也将造成精度上的损失。

②参考椭球参数。随着科学技术的发展,国际上对参考椭球的参数已进行了多次更新和改善。1980西安坐标系所采用的IUGG1975椭球,其长半轴要比国际公认的WGS84椭球长半轴的值大3m左右,而这可能引起地表长度误差达10倍左右。

③随着经济建设的发展和科技的进步,维持非地心坐标系下的实际点位坐标不变的难度加大,维持非地心坐标系的技术也逐步被新技术所取代。

④椭球短半轴指向。1980西安坐标系采用指向$JYD_{1968.0}$极原点,与国际上通用的地面坐标系如ITRS,或与GPS定位中采用的WGS-84等椭球短轴的指向($BIH_{1984.0}$)不同。

> JAA005 2000国家大地坐标系的意义

(3)2000国家大地坐标系的科学意义,主要表现在以下几点:

①随着经济发展和社会的进步,我国航天、海洋、地震、气象、水利、建设、规划、地质调查、国土资源管理等领域的科学研究需要一个以全球参考基准为背景的、全国统一的、协调一致的坐标系统,来处理国家、区域、海洋与全球化的资源、环境、社会和信息等问题,需要采用定义更加科学、原点位于地球质量中心的三维国家大地坐标系。

②采用2000国家大地坐标系可对国民经济建设、社会发展产生巨大的社会效益。采用2000国家大地坐标系,有利于应用于防灾减灾、公共应急与预警系统的建设和维护。

③采用2000国家大地坐标系促进遥感技术在我国的广泛应用,发挥其在资源和生态环境动态监测方面的作用。比如汶川大地震发生后,以国内外遥感卫星等科学手段为抗震救灾分析及救援提供了大量的基础信息,显示出科技抗震救灾的威力,而这些遥感卫星资料都是基于地心坐标系。

④采用 2000 国家大地坐标系也是保障交通运输、航海等安全的需要。车载、船载实时定位获取的精确的三维坐标,能够准确地反映其精确地理位置,配以导航地图,可以实时确定位置、选择最佳路径、避让障碍,保障交通安全。随着我国航空运营能力的不断提高和港口吞吐量的迅速增加,采用 2000 国家大地坐标系可保障航空和航海的安全。

⑤卫星导航技术与通信、遥感和电子消费产品不断融合,会创造出更多新产品和新服务,市场前景更为看好。现已有相当一批企业介入相关制造及运营服务业,并可望形成较大规模的新兴高新技术产业。卫星导航系统与 GIS 的结合使得计算机信息为基础的智能导航技术,如车载 GPS 导航系统和移动目标定位系统应运而生。移动手持设备如移动电话和 PDA 已经有了非常广泛的使用。

(4)应用现代空间技术进行地形图测绘和定位,可以大幅度提高点位表达的准确性,并且可以快速获取精确的三维地心坐标;可以提高测量精度和工作效率;可广泛地应用于数字农业、数字林业,智能交通(车辆的导航、调度与监控),以及民航(飞机的导航、调度与监控)、海事(船舶的导航、调度与监控)、水利(数字黄河和数字长江)、渔政部门、城市物流(城市精细管理中的基于位置服务)、突发事故预警与快速响应系统、通信供电网络维护系统、旅游、科学考察与探险等。

四、GPS 定位

GPS 定位的基本原理就是以 GPS 卫星和用户接收机天线之间的距离观测量为基础,并根据卫星瞬时坐标,利用距离交会来确定用户接收机所在点的三维坐标。GPS 定位的关键是测定用户接收机天线至 GPS 卫星之间的距离。依据测距的原理,其定位原理与方法主要有码相位观测量、载波相位测量。按定位方式不同,GPS 定位又分为绝对定位和相对定位两种。

> JAA001 GPS 码相位观测量的内容

(一)按测距原理分类

1. 码相位观测量

码相位观测量是 GPS 卫星发射的测距码信号(C/A 码或 P 码)到达用户接收机天线(位于观测站)的传播时间,即时间延迟。

测量测距码信号的时间延迟,是在卫星发射的测距码到达用户接收机时,用户接收机内将产生一组结构完全相同的测距码——复制码,并通过接收机的时间延迟器使其延迟时间 Δt,以使复制码与接收到的测距码对齐(相关系数 $R(t)=1$)。复制码的延迟时间 Δt 就等于卫星测距码信号的传播时间。在卫星钟与接收机钟完全同步,并且忽略大气折射影响的情况下,所测卫星至观测站之间的几何距离为:$\rho = C \cdot \Delta t$,式中 C 为光速。

实际上,由于传播时间 Δt 中含有卫星钟与接收机钟不同步的误差、测距码在大气中传播的延迟误差等,因此求得的距离值并非实际的星、站几何距离,通常称为"伪距"。故其测量方法亦称伪距测量。

GPS 码相位观测的精度取决于测距码的波长以及码相关的精度。根据经验,接收机的复制码与其接收的测距码的相关精度(或称对齐精度),约为码元宽度(即码的波长)的 1%。C/A 码的码元宽度为 293.052m,其观测精度约为 2.9m;P 码的码元宽度为 29.305m,其观测精度约为 0.29m,所以伪距测量精度低,一般用于导航及低精度测量中。

2. 载波相位测量

载波相位测量是以 GPS 卫星发射的载波为测距信号,测量用户接收机收到的载波信号与接收机产生的参考载波信号之间的相位差。

由于载波的波长远小于测距码的波长,L_1 的波长为 19cm,L_2 的波长为 24cm,所以在量测精度同为 1% 的情况下,载波相位的观测精度远比码相位观测精度为高,其精度可达 1~2mm,是目前最精密的观测方法。

但是,由于载波信号是一种周期性的正弦信号,而相位测量又无法直接测定卫星载波信号在传播路线上相位变化的整周数,因而存在整周不确定性问题。此外,在接收机跟踪 GPS 卫星进行观测的过程中,常会由于诸如接收机天线被阻挡、外界噪声信号的干扰等原因,造成"失锁",产生整周跳变现象。这些问题的存在,使得载波相位测量的数据处理甚为复杂。

目前,解算整周未知数的方法甚多。如果按解算所需时间的长短来区分,则可分为经典静态相对定位法和快速解算法。经典静态相对定位法是将整周未知数作为待定量,与其他未知参数在平差计算中一并求解。为了提高解的可靠性,所需的观测时间较长,如 1~2h。整周未知数的快速解算法有交换天线法、P 码双频技术、滤波法、搜索法及模糊函数法等多种。快速解算法所需观测时间很短,一般只要几分钟。

关于载波相位观测值的周跳问题也已成功解决,如利用载波相位观测值的高次差或用双频 P 码伪距进行检验和修复等。

另外,由于在 GPS 信号中已用相位调制的方法在载波上调制了测距码和数据码,因而在接收到的载波的相位已不再连续。所以在进行载波相位测量之前,首先要进行解调,设法将调制在载波上的测距码和数据码去掉,重新获取载波。恢复载波的方法可采用码相关法和平方解调技术。

(二)按定位方式分类

1. 绝对定位

绝对定位亦称单点定位,它利用 GPS 独立确定用户接收机天线(观测站)在 WGS-84 协议地心坐标系中的绝对位置。

利用 GPS 进行绝对定位的基本原理是:以 GPS 卫星与用户接收机天线之间的几何距离观测量 ρ 为基础,并根据卫星的瞬时坐标 $(x_S、y_S、z_S)$,以确定用户接收机天线所对应的点位,即观测站的位置。

设接收机天线的相位中心坐标为 $(x、y、z)$,则有:$\rho = \sqrt{(x_S-x)^2+(y_S-y)^2+(z_S-z)^2}$。

卫星瞬时坐标 $(x_S、y_S、z_S)$,可根据收到的导航电文求得,所以式中只有 $x、y、z$ 是未知数,只要同时接收 3 颗 GPS 卫星,就能解出测站点坐标 $(x、y、z)$。因此,GPS 单点定位的实质,就是空间距离的后方交会,如图 1-1-32 所示。

但是,由于 GPS 采用了单程测距原理,而卫星钟与用户接收机钟又难以保持严格同步,因此,实际观测的测站至卫星之间的距离 ρ,均含有卫星钟与接收机同步差的影响,故为伪距。卫星钟差可以通过导航电文中所给出的有关钟差参数加以修正,但接收机的钟差却一般难以预先准确地确定。所以通常均把它作为一个未知数,与测站点坐标一起在数据处理中进行解算。这样,在一个观测站上要实时解出 4 个未知参数,即 3 个点位坐标分量和 1 个

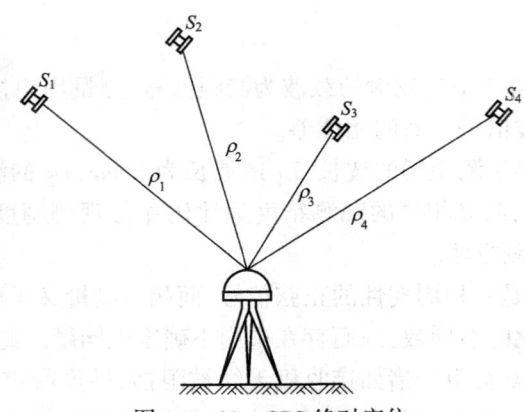

图 1-1-32　GPS 绝对定位

钟差参数,就至少需要 4 个同步伪距观测值,也就是至少得同时观测 4 颗卫星。

由于 GPS 绝对定位受卫星轨道误差、钟差及信号传播误差等诸多因素的影响,因而精度较低。目前定位精度只能达到米级。

2. 相对定位

GPS 相对定位,亦称差分 GPS 定位,是目前 GPS 定位中精度最高的一种定位方法。利用 GPS 进行相对定位的基本原理是:用两台 GPS 用户接收机分别安置在基线的两端,并同步观测相同的 GPS 卫星,以确定基线端点在协议地心坐标系中的相对位置或称基线向量,如图 1-1-33 所示。

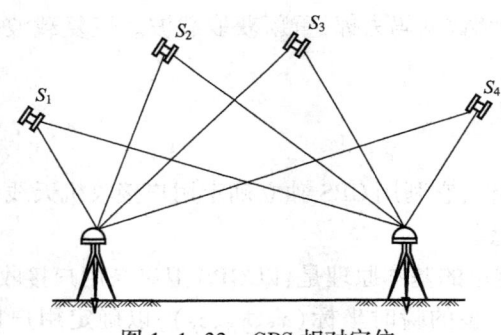

图 1-1-33　GPS 相对定位

在实际作业中,也有用多台接收机置于多条基线端点,通过同步观测 GPS 卫星以确定多条基线向量。

GPS 相对定位分为静态相对定位和动态相对定位两种,详见本工种高级工技能操作及相关知识。

JAA010 GPS 接收机的组成

五、GPS 接收机

GPS 用户设备主要包括 GPS 接收机及其天线、微处理机及其终端设备以及电源等。而其中接收机和天线是用户设备的核心部分,习惯上统称为 GPS 接收机。它的主要功能是接收 GPS 卫星发射的信号并进行处理和量测,以获取导航电文及必要的观测量。

GPS 接收机的基本结构由天线单元和接收单元组成。

（一）天线单元

GPS 接收机的天线单元由接收天线和前置放大器两部分组成。天线的基本作用是将来自卫星信号的微弱能量转化为相应的电流量，而经过前置放大器将 GPS 信号电流予以放大，并进行频率变换，将中心频率为 1575.42MHz（L_1 载波）与 1227.60MHz（L_2 载波）的 GPS 信号变换为低一两个数量级的中频信号。通常，GPS 接收机天线应满足以下要求：

（1）天线与前置放大器应密封为一体，以保障在恶劣的气象环境下也能正常工作，并减省信号损失；

（2）天线的作用范围应为整个上半天球，在天顶处也不产生死角，以保证接收到来自天空任何方向的卫星信号；

（3）天线应有适当的防护和屏蔽措施，以便尽量减弱信号的多路径效应，防止来自各个方向的反射信号干扰；

（4）天线的相位中心应保持稳定，并与其几何中心之间的偏差应尽量小。

目前，测量型 GPS 接收机一般均使用微波传输带型天线，即通常所说的微带天线。这种天线简单且坚固，其无线高度很低，宜于与振荡器、放大器、可变衰减器、调制器、混频器及移相器等固体器件设置在同一块介质基板上，使整机的体积和质量显著减小。它既可用于单频机，也可用于双频机。缺点是增益性较差，但可采用低噪声前置放大器来弥补。

（二）接收单元

GPS 接收机的接收单元主要由信号通道、存储、计算与显控及电源四个部分组成。

1. 信号通道

接收机的信号通道，是指 GPS 卫星发射的信号，经由天线进入接收机的路径。其主要作用是跟踪、处理和量测各卫星信号，以获得导航和定位所需要的数据和信息。

由于 GPS 接收机的天线，可以接收到来自天线水平面以上的所有卫星的信号，因此首先应把这些信号分离开，以便进行处理和量测。这种对不同卫星信号的分离，就是通过信号通道来实现的。

信号通道由硬件和相应的控制软件组成。每个通道在某一时刻只能跟踪一颗卫星的一种频率信号。由于测量型 GPS 接收机需要同步跟踪多个卫星信号，因此是多通道的接收机。这种接收机的每个信号通道只能连续跟踪一个卫星信号，来自不同卫星的信号，将分别在不同通道中进行处理和量测，以获得不同卫星信号的观测量。

目前，测量型 GPS 接收机一般均为 12 通道。

2. 存储

GPS 接收机内均设有存储器，简称内存，用于存储所解译的 GPS 卫星星历、伪距观测量和载波相位观测量，以及测站各种信息数据等。此外，在存储器内还装有多种工作软件，如自测试软件、天空卫星预报软件、导航电文解码软件及 GPS 单点定位软件等。

为了防止数据溢出，可通过数据传输接口，及时将内存中所存储的 GPS 定位数据输入微机中。

3. 计算与显控

计算与显控部分由微处理器和显控器构成。

微处理器及其相应软件是 GPS 接收机的控制与计算系统,GPS 接收机的一切工作,都是在微处理器的指令控制下自动完成的。微处理器完成的主要计算和处理工作为:

(1)接收机开机后,立即对各个通道进行自检,并显示自检结果,且测定、校正和存储各个通道的时延值。

(2)根据各通道跟踪环路所输出的数据码,解译出 GPS 卫星星历,连同所测 GPS 信号到达接收天线的传播时间,计算出测站的三维坐标,并按预置的位置数据更新率,不断更新测站点位坐标。

(3)根据已测得的测站点位近似坐标和 GPS 卫星历书,计算所有在轨卫星的升落时间、方位及高度角。

(4)记录用户输入的测站信息,如测站名、天线高、气象参数等。

显控器包括一个液晶显示屏和一个控制键盘,它们均安置在接收单元的面板上。显示屏向用户提供接收机工作状态信息。用户通过键盘操作以控制接收机的工作和显示所需要的数据和信息。

4.电源

GPS 接收机的电源一般为镍氢电池,在机内还装有锂电池,在关机后为 RAM 存储器供电,以防止数据丢失,并为机内时钟提供电源。

GPS 接收机分为导航型、测量型和授时型三类。测量型 GPS 接收机适用于各种测量工作,它采用载波相位观测量进行相对定位,因而精度高。

测量型 GPS 接收机有单频接收机和双频接收机。

单频接收机只能接收 L_1 载波信号。虽然可利用导航电文提供的参数,对观测量进行电离层影响的修正,但由于电离层修正模型目前尚不完善,影响了定位精度。因此,单频机主要用于基线较短的精密定位工作,以便采用双差模式有效消除电离层的影响。基线长度以不大于 15km 为宜。

双频接收机可以同时接收 L_1 和 L_2 载波信号,因而利用双频技术可以消除电离层的影响,提高了定位精度。双频接收机可用于基线长达数千千米的精密定位工作。

六、GPS 测量的实施

GPS 测量按其性质可分为外业和内业两部分。外业工作主要包括选点、野外观测工作以及成果质量检核等;内业工作主要包括 GPS 测量的技术设计、测后数据处理以及技术总结等。如果按照 GPS 测量实施的工作程序,则可分为 GPS 网的设计、选点与建立标志、外业观测、成果检核与处理等几个阶段。

由于目前 GPS 测量普遍采用以载波相位观测量为依据的相对定位法,所以这里仅就这种高精度定位法的工作程序作简要说明。

(一)GPS 网精度标准的确定

对于 GPS 网的精度要求,主要取决于网的用途。根据我国 1992 年 GPS 测量规范的规定,GPS 相对定位的精度划分为 5 级。

由于 GPS 网的精度指标定得高低,会直接影响 GPS 网的布设方案、观测计划、观测数据处理方法,以及作业的时间和经费等,因此,在实际工作中,要根据实际需要和可能慎重确定。

(二) GPS 网的图形设计

GPS 网的图形设计,主要取决于网的用途,但是与经费、时间和人力的消耗,以及接收机设备的类型、数量和后勤保障等条件必有很大关系。对此应充分加以考虑,以期在保证用途的条件下,尽可能减少消耗。

GPS 网的图形设计一般应遵循以下原则:

(1) GPS 网一般应布设成由独立观测边构成的闭合图形,如三角形、多边形或附合路线,以增加检核条件,提高网的可靠性。

(2) 网中相邻点间基线向量的精度应分布均匀。

(3) GPS 网点应尽可能与原有地面控制网点相重合。重合点一般不应少于 3 个,不足时应进行联测,而且重合点在网中的分布要均匀。这是为了可靠地确定 GPS 网与地面网之间的坐标转换参数。

(4) GPS 网点应考虑与水准点相重合,对于不能重合的点,可根据精度要求,用水准测量方法或三角高程测量方法进行联测,取得大地高与正常的转换参数。

(5) 为了便于 GPS 测量的实施和水准联测,GPS 网点一般应设在视野开阔和交通便利的地方。

(6) GPS 测量不要求 GPS 网点之间相互通视,但是为了便于以后传统测量方法进行联测和扩展,可在 GPS 网点附近布设通视良好的方位点,以建立联测方向。方位点与其网点之间的距离,一般应不少于 300m。

网形设计与参与作业的 GPS 接收机数量有关。目前,一套 GPS 装置一般配备三台接收机,故同步观测边构成的闭合图形即同步环可为三角形,这样对测量结果能进行检核。同步环之间可以通过点连式、边连式和网连式三种方式进行连接,如图 1-1-34 所示。三种方式中,以网连式连接的几何强度最高,自检能力和可靠性最强,边连式次之,点连式又次之。但网连式连接的观测工作量最大,观测时间最长,边连式次之,点连式工作量最小。因此,在网形设计时,应根据具体要求,作出选择。

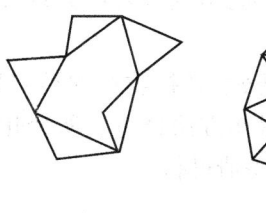 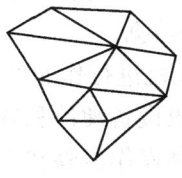

(a) 点连式　　　　　(b) 边连式　　　　　(c) 网连式

图 1-1-34　GPS 同步环之间的连接形式

(三) 选点与建立标志

由于 GPS 测量观测站之间不必相互通视,而且网的图形选择也比较灵活,所以选点工作远较传统的控制测量选点工作简便。但由于点位的选择对于保证观测工作的顺利进行具有重要意义,因此在选点工作开始之前,应充分收集和了解有关测区的地理情况,以及原有测量标志点的分布及保存情况,以便确定适宜的观测站位置。

选点工作通常遵守的原则是：

(1)观测站应远离大功率的无线电发射台和高压输电线，以避免其周围磁场对GPS卫星信号的干扰。接收机天线与其距离一般不得小于200m。

(2)观测站附近不应有大面积的水域或对电磁波反射或吸收强烈的物体，以减弱多路径效应的影响。

(3)观测站应设在易于安置接收机设备的地方，并且视场要开阔。在视场内周围障碍物的高度角，根据情况一般应小于$10°\sim15°$。

(4)观测站应选在交通方便的地方，并且便于用其他测量手段联测和扩展。

为了固定点位，以便长期利用GPS测量成果和进行重复观测，GPS网点选定后，一般应设置具有中心标志的标石，以精确标志点位。点的标石和标志必须稳定、坚固，以利于长久保存和利用。

(四) GPS 测量的观测工作

1. 天线安置

天线的妥善安置是实现精密定位的重要条件之一。其安置工作一般应满足下列要求：

(1)天线应尽可能使用三脚架，安置在标志中心上方直接对中观测。

(2)天线底板上的圆水准气泡必须严格居中。

(3)天线的定向标志线应指向正北。

(4)雷雨天气安置天线时，应注意将其底盘接地，以防止雷击。

天线安置后，应在各观测时段的前后，各量取天线高一次。量测的方法按仪器的操作说明进行。两次量测结果之差不应超过3mm，并取其平均值。

这里的天线高，是指天线的相位中心至观测点标志中心顶端的铅垂距离，一般分为上、下两段，上段从相位中心至天线底面的距离，此为常数，由厂家给出；下段是从天线底面至观测点标志中心顶端的距离，由观测者现场测定。天线高的量测值为上、下两段距离之和。

2. 观测作业

在观测工作开始之前，接收机一般须按规定经过预热和静置。

观测作业的主要内容是捕获GPS卫星信号，并对其进行跟踪、处理和量测，以获取所需的定位信息和观测数据。

使用GPS接收机进行作业的具体操作步骤和方法，随接收机的类型和作业模式不同而异。而且，随着接收设备硬件和软件的不断改善，操作方法也将有所变化，自动化水平将不断提高。因此，具体操作步骤和方法应按随机操作手册进行。

3. 观测记录

在外业观测过程中，所有的观测数据和资料均须完整记录，不得遗漏。记录内容分为两部分，一部分内容主要包括接收机收到的卫星信号、实时定位结果及接收机本身的有关信息等，由接收机自动保存在机内存储器中，供随时调用和处理；另一部分内容是如天线高、观测时的气象元素等有关信息，由观测者在作业过程中随时记入记录手簿中。

由于观测记录是GPS定位的原始数据，也是进行后续数据处理的唯一依据，所以必须妥善保存。

4. 成果检核与数据处理

观测成果的外业检核是确保外业观测质量、实现预期定位精度的重要环节。因此，当观测任务结束后，必须在测区及时对外业观测数据进行严格的检核，并根据情况采取淘汰或必要的重测、补测措施。

GPS 测量数据的测后处理，一般均可借助相应的后处理软件在计算机上自动完成。随着定位技术的不断发展，GPS 测量数据后处理软件的功能和自动化程度，将会不断增强和提高。

模块二　测量误差知识

项目一　测量误差的理论知识

一、测量误差的来源

当对某个确定的量进行重复观测时,所测得的这些结果之间往往存在着差异。例如,对同一段距离重复丈量若干次,其所得的长度并不完全相等。又如对一平面三角形三个内角进行观测,其和往往不等于180°。这就说明了测量误差的普遍存在。换句话说,一切观测成果都不可避免地含有误差。

测量误差主要来自三个方面:

(1) 观测工作通常是用专门的仪器进行的,尽管现代仪器可制造得相当精密,但也很难做到完美无缺。即使仪器经过极为严格的检验、校正,也绝对达不到理论上的要求。例如,水准仪的视准轴不能完全平行于水准管轴;经纬仪的视准轴误差、横轴误差及竖轴误差等。这些仪器误差的存在,必然会给测量结果带来误差。

(2) 人的感觉器官的鉴别能力有一定的局限性,无论如何认真、仔细地操作,也不能做到尽善尽美。例如观测时在仪器的安置、瞄准、读数等各个环节均会产生误差,而且是不可避免的。

(3) 观测时的外界条件,如温度、湿度、风力、大气等诸多因素的变化,都会对观测结果产生直接的影响。

以上三个方面的因素是引起误差的主要来源,所以把它们统称为观测条件。观测条件的优劣与观测结果的质量有着密切的关系。

二、测量误差的分类

为了清晰地理解测量误差,首先应清晰真误差的概念:误差是相对于绝对准确而言的。反映一个量真正大小的绝对准确的数值,称为这一量的真值。一个量的近似值与真值的差,称为真误差。

根据测量误差对观测结果的影响性质和误差产生原因不同,误差可分为系统误差、偶然误差和粗差三类。

1. 系统误差

在相同的观测条件下作一系列观测,如果误差的大小和符号呈现一致性,或按一定的规律变化,这类误差称为系统误差。例如,用一把名义长度为30m而实际长度为30.02m的钢尺丈量距离,每量一尺段就要少2cm,这2cm误差在数值和符号上都是固定的,而且随着丈量尺段数呈倍数的增加。又如水准测量中,水准仪视准轴不平行于水准管轴而产生的读数误差与水准仪至水准尺之间的距离成正比,亦属系统误差。系统误差对于测量结果的影响具有累积性,所以对测量成果质量的影响极为显著。在实际工作中,必须采取各种方法将系统误差消除,或者将其减小到足够小,使得实际上不会对测量成果造成影响,一般采用的方法可归纳为:

(1)测前应严格地检验、校正仪器,将仪器误差减小至最低程度。

(2)求取改正数,对观测结果进行改正。如钢尺丈量中的尺长改正、温度改正及倾斜改正等。

(3)采取对称的观测方法,使用权系统误差相互抵消或减弱。例如水准测量采用中间法,测角采用测回法,三角高程测量采用对向观测等。

2. 偶然误差

在相同的观测条件作一系列观测,如果误差的大小和符号呈现随机性,即从表面现象看,该列误差的大小和符号没有规律性,这类误差称为偶然误差,亦称随机误差。例如估读误差、瞄准误差、对中误差等。

虽然偶然误差就其逐个误差而言,看似没有规律性,但从整体而言呈现出一定的统计学规律,并服从正态分布。

一切观测成果中不可避免地含有偶然误差,故应采取以下措施减弱其影响:

(1)提高仪器的精度等级。

(2)对同一量进行多次重复观测,取其算术平均值。

(3)进行多余观测,使观测值的个数大于未知量的个数,从而产生条件闭合差。根据闭合差的限差,可对观测值进行筛选和取舍。通过对闭合差的分配,可求得观测量的最可靠值,即平差值。通过平差,还可评定观测值及平差值的精度,对测量成果的质量作出衡量。

3. 粗差

粗差产生的最普遍原因,是观测时仪器精度达不到要求,技术规格的设计和观测程序不合理,以及观测者粗心大意和仪器故障或技术上的疏忽等。

测量时含有粗差的测量数据,绝不能采用,必须制定有效的操作程序和检核方法去发现并将其剔除。

4. 观测值的含义

测量获得的数据称为观测值。

工程测量时,观测者不同,观测采用仪器和点位相同,观测值不一定完全相同。测量上的最或然误差就是观测值与最或然值之差。观测量的算术平均值与观测值之差,称为观测值改正数。在不等精度观测中,观测值的精度高,可靠性也强,权也大。若用等精度观测值进行观测值最或然值计算和精度评定时,它们在计算中将占有同样的份数。

三、偶然误差的特性

大量试验统计结果表明,偶然误差具有如下四个特性:

(1)在一定的观测条件下,偶然误差的绝对值有一定的限值,即超出该限值的误差出现的概率为零。

(2)绝对值较小的误差比绝对值较大的误差出现的概率大。

(3)绝对值相等的正、负误差出现的概率相同。

(4)偶然误差的算术平均值,随观测次数的无限增加而趋于零。

$$E(\Delta) = \lim_{n\to\infty}\frac{[\Delta]}{n} = \lim_{n\to\infty}\frac{\Delta_1+\Delta_2+\cdots+\Delta_n}{n} = 0$$

式中　Δ_i——偶然误差;

　　　n——观测次数;

　　　$E(\Delta)$——偶然误差的数学期望。

故可述为:偶然误差的数学期望为零。

偶然误差的分布曲线(概率分布曲线)为正态分布密度曲线,其函数式为:

$$f(\Delta) = \frac{1}{\sqrt{2\pi}\sigma}e^{\frac{-\Delta^2}{2\sigma^2}}$$

式中　e——自然对数的底,等于 2.7183;

　　　Δ——真误差,属偶然误差;

CAB003 标准差的规定

　　　σ——均方差,或称标准差。

$$\sigma = \pm\lim_{n\to\infty}\sqrt{\frac{[\Delta\Delta]}{n}}$$

$$[\Delta\Delta] = \Delta_1^2+\Delta_2^2+\cdots+\Delta_n^2$$

偶然误差分布曲线如图 1-2-1 所示。

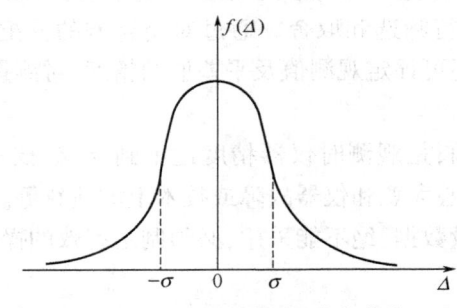

图 1-2-1　偶然误差的分布曲线

四、衡量精度的指标

GAB001 误差精度指标的规定

在测量工作中,通常采用中误差、极限误差和相对误差作为评定精度的指标。

CAB004 中误差的规定

(一)中误差

在一定的观测条件下进行一组观测,对应着一种确定的误差分布。如果这组误差集中在零的附近,则误差分布较为密集;反之则误差分布较离散。离散度小的表明观测质量好,也就是观测精度高;离散度大的则观测质量差,观测精度也就低。精度就是指误差分布的密集或离散的程度。

通过高等数学计算得出结论,用有限的观测次数只能求得标准差 σ 的近似值(或称估值),称为中误差,以 m 表示:

$$m = \pm\sqrt{\frac{[\Delta\Delta]}{n}}$$

中误差 m 代表了一组同精度观测中每一个观测值的精度。它是从一组误差平方的平均值这个概念来说明精度的,这样就避免了正、负误差的相消性及明显地反映出观测中的大误差。

> GAB003 中误差的含义

(二)极限误差

偶然误差第一特性表明,在一定的观测条件下,误差的绝对值不会超过一定的限值。如果某个观测值的误差超过这个限值,就认为这个观测值的质量差或出现错误而舍弃不用。这个限值称为极限误差。

根据概率论可以证明,在一定的观测条件下进行的一组观测中,其误差出现在 $(-\sigma, +\sigma)$、$(-2\sigma, +2\sigma)$、$(-3\sigma, +3\sigma)$ 区间的概率分别为:

$$P(-\sigma < \Delta < +\sigma) = \int_{-\sigma}^{\sigma} f(\Delta)d\Delta = 0.683$$

$$P(-2\sigma < \Delta < +2\sigma) = \int_{-2\sigma}^{2\sigma} f(\Delta)d\Delta = 0.955$$

$$P(-3\sigma < \Delta < +3\sigma) = \int_{-3\sigma}^{3\sigma} f(\Delta)d\Delta = 0.997$$

这就是说,绝对值大于标准差 σ 的偶然误差,出现的概率约为 31.7%;大于两倍标准差 2σ 的偶然误差,出现的概率约为 4.5%;大于三倍标准差 3σ 的偶然误差,出现的概率约为 0.3%。由于大于三倍标准差实际上是不可能出现的。因此,通常以三倍标准差的估值,即三倍中误差作为极限误差,即 $\Delta_{极} = 3m$。

在测量工作中,为了防止观测值存在较大的误差,规范常以两倍或三倍中误差作为观测误差的容许值,称为容许误差,即 $\Delta_{容} = 2m$ 或 $\Delta_{容} = 3m$。

> CAB005 容许误差的规定

> JAB003 容许误差的含义

如果某个误差超过了容许误差,则相应的观测值就认为出现错误而舍弃不用。

> CAB006 相对误差的规定

(三)相对误差

有一些测量结果,以中误差评定其精度不能完全表达观测的质量。例如,分别丈量 100m 和 200m 两条直线,其中误差均为 ±2cm。虽然两者的中误差相同,但其丈量精度显然是不同的。这是因为丈量精度除与中误差有关外,尚与观测量的大小有关。因此,当观测的精度与观测量的数值大小有关时,应该以相对误差表示。

误差(中误差、较差)的绝对值与观测值的平均值之比,并表示为分子为1的分式,即为相对误差。相对中误差可以用下式表示:

$$K = \frac{|m|}{L} = \frac{1}{\frac{L}{m}}$$

式中　m——观测值中误差;
　　　L——观测值的平均值。

在一般丈量中,通常以往、返丈量结果之差的绝对值与其平均值之比来评定丈量的精度,这也是相对误差的一种形式。

不是所有观测量的精度都可以用相对误差表示,如角度测量,因为它的精度与角值无关。相对误差无量纲。

五、误差的传播定律

> GAB007 误差传播定律的内容

在测量工作中,有一些量往往不能直接观测得到,而须通过其他观测计算得来,它们之间就构成了函数关系。由于观测值不可避免含有误差,它的函数必然也有误差存在,这种现象称为误差传播。阐明观测值与其函数值之间误差关系的定律,就称为误差传播定律。如果已知观测值的中误差,通过误差传播定律,就能求得其函数的中误差。

在测量工作中,常会遇到倍数函数、和差函数及线性函数等这样的简单函数,在应用误差传播定律时,可将函数式直接换成中误差的关系式。

> JAB004 倍数函数误差传播规律的计算方法

1. 倍数函数

设有一倍数函数 $Z=Kx$,K 为常数,无误差;x 为观测值(以下 K_i 和 x_i 亦同)。该倍数函数的中误差计算公式为:

$$m_Z = K m_Z$$

> JAB005 和差函数误差传播规律的计算方法

2. 和差函数

设有和差函数 $Z = x_1 \pm x_2 \pm \cdots \pm x_n$,该函数的中误差计算公式为:

$$m_Z^2 = m_{x_1}^2 + m_{x_2}^2 + \cdots + m_{x_n}^2$$

> JAB006 线性函数误差传播规律的计算方法

3. 线性函数

设有线性函数 $Z = K_1 x_1 \pm K_2 x_2 \pm \cdots \pm K_n x_n$,该函数的中误差计算公式为:

$$m_Z^2 = K_1^2 m_1^2 + K_2^2 m_2^2 + \cdots + K_n^2 m_n^2$$

六、直接观测平差

> CAB012 直接观测平差的内容

为了精确测定未知量的大小,往往对未知量进行多余观测。有了多余观测,就产生了应满足的条件,就需要对观测结果进行调整,称为平差。通过平差,求出未知量的最或然值,并评定其精度。对于一个未知量的平差,称为直接观测平差。直接观测平差分为同精度与不同精度两种情况。

> CAB011 同精度观测平差的内容

(一)同精度直接观测平差

1. 最或然值

设对某未知量进行 n 次同精度观测,观测值分别为 $L_1, L_2, \cdots, L_n$,其改正数为 $v_1, v_2, \cdots, v_n$,最或然值为 x,则经高等数学计算知:

$$x = \frac{[L]}{n}$$

同精度观测条件下,观测值的算术平均值就是该量的最或然值。

2. 观测值中误差

计算观测值中误差的计算公式为:

$$m = \pm \sqrt{\frac{[vv]}{n-1}}$$

式中 n——观测次数。

3. 算术平均值中误差

计算算术平均值中误差的公式为：

$$m_x = \frac{m}{\sqrt{n}}$$

可以看出算术平均值的精度比各观测的精度提高了 $\sqrt{n}$ 倍，所以增加观测次数能提高精度。但是，当观测次数增加到十几次后，其提高的效果就不明显了。因此，提高测量成果的精度，不能单纯依靠增加观测次数，还应设法提高观测值本身的精度。例如，采用精度较高的仪器，选择合理的观测方法，在良好的外界条件下进行观测等。

（二）不同精度直接观测平差

1. 权

（1）权的含义：若对某一未知量进行了 n 次不同精度的观测，在计算平均值时，精度高的观测值理应在平均值中占的分量要大些，精度低的占的分量要小些。这个分量如用数值表示，即称为观测值的权。观测得越好，权越大，中误差越小，故知权与中误差是密切相关的。

设观测值 L_i 的权是 P，中误差为 m_i，则：

$$P_i = \frac{\mu^2}{m_i^2} \quad (i = 1, 2, \cdots n)$$

式中 μ 是可以任意选定的常数，但在同一组观测值中应取同一数值。由此可见，权是衡量观测值间相对精度的，是与中误差平方成反比的一组比例数。

权为 1 的权称为单位权。如 $P_i = 1$，则 $\mu = m_i$，故 μ 可视为权为 1 的观测值中误差，称为单位权中误差。

（2）定权方法：由权的定义公式定权，必须先要知道各观测值的中误差。可是在实际测量工作中，往往要在观测值中误差尚未求得之前，就要确定观测值的权，以便计算最或然值。所以通常的做法是，通过造成观测值精度不同的主要因素来确定各观测值的权。

2. 加权平均值

设对某量进行了 n 次不同精度的观测，观测值分别为 $L_1, L_2, \cdots, L_n$，其相应的权为 $P_1, P_2, \cdots, P_n$，该量的最或然值为 x，则关于加权平均值的推导过程为：

各观测值的改正数分别为：$v_1 = x - L_1; v_2 = x - L_2; \cdots; v_n = x - L_n$；

根据最小二乘原理：$[Pvv] = P_1(x-L_1)^2 + P_2(x-L_2)^2 + \cdots + P_n(x-L_n)^2 = $ 最小；

要满足上式，取其一阶导数并令其等于零；加权平均值为：

$$x = \frac{P_1 L_1 + P_2 L_2 + \cdots + P_n L_n}{P_1 + P_2 + \cdots P_n}$$

3. 单位权中误差

（1）用真误差计算的公式：

$$\mu = \pm \sqrt{\frac{[P\Delta\Delta]}{n}}$$

式中　$\Delta_1, \Delta_2, \cdots, \Delta_n$——不同精度观测值 $L_1, L_2, \cdots, L_n$ 的真误差；
　　　$P_1, P_2, \cdots, P_n$——不同精度观测值 $L_1, L_2, \cdots, L_n$ 的权；
　　　n——不同精度观测值的个数。

（2）用改正数计算公式：

$$\mu = \pm \sqrt{\frac{[Pvv]}{n}}$$

4. 加权平均值的中误差

加权平均值为：

$$x = \frac{P_1}{[P]}L_1 + \frac{P_2}{[P]}L_2 + \cdots + \frac{P_n}{[P]}L_n$$

按线性函数误差传播定律加权平均值中误差为：

$$m_x^2 = \frac{P_1^2}{[P]^2}m_1^2 + \frac{P_2^2}{[P]^2}m_2^2 + \cdots + \frac{P_n^2}{[P]^2}m_n^2$$

由 $P_i = \frac{\mu^2}{m_i^2}$ 将上式中的 m_i 换去得：

$$m_x = \frac{\mu}{\sqrt{[P]}}$$

显然，$[P]$ 为加权平均值的权，即加权平均值的权等于各观测值的权的总和。

七、直方图

直方图是一种统计报告图，一般情况下，用横轴表示数据类型，如图 1-2-2 所示。
在数据质量管理中，直方图又称为质量分布图。
在摄影测量中，直方图横坐标表示亮度分布，纵坐标表示像素分布。
直方图的归一化也称为直方图均衡化。

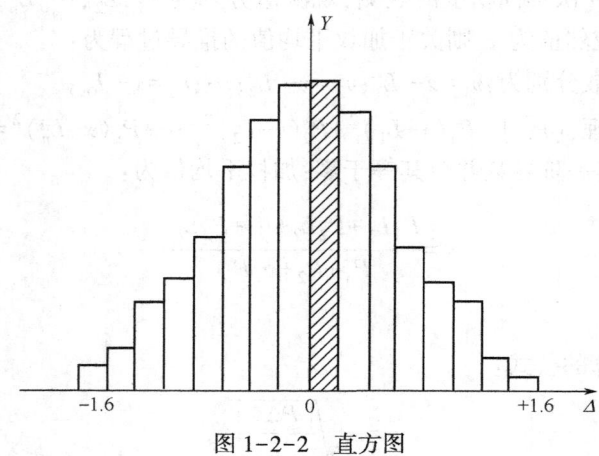

图 1-2-2　直方图

项目二　测量工作中的误差分析

一、钢尺测距误差及注意事项

(一)测距误差

钢尺量距的主要误差来源见表 1-2-1。

表 1-2-1　测距误差的原因及要求

来源	原　因　及　要　求
尺长误差	如果钢尺的名义长度和实际长度不符,则产生尺长误差。尺长误差是累积的,误差累积的大小与丈量距离成正比。往返丈量不能消除尺长误差,只有加入尺长改正才能消除。因此,新购置的钢尺必须经过鉴定,以求尺长改正值
温度误差	钢尺的长度随温度而变化,当丈量时温度和标准温度不一致时,将产生温度误差。钢的膨胀系数按 $1.25×10^{-5}$ 计算,即温度每变化 1℃ 其影响为丈量长度的 1/80000。一般量距时,当温度变化小于 10℃ 时,可以不加改正,但精度量距时,必须加温度改正
尺子倾斜或垂直误差	由于地面高低不平,钢尺沿地面丈量时,尺面出现垂曲而成曲线,将使量得的长度比实际要大。因此,丈量时,必须注意尺子水平,整尺段悬空时,中间应有人托一下尺子,否则产生不容忽视的垂曲误差
定线误差	由于丈量时的尺子没有准确地放在所量距离的直线方向上,使所丈量距离不是直线而是一组折线的误差称为定线误差。一般丈量时,要求花杆定线偏差不大于 0.1m,仪器定线偏差不大于 5~7cm
拉力误差	钢尺在丈量时所受拉力应与检定时拉力相同。否则将产生拉力误差,拉力的大小将影响尺长的变化。对于钢尺若拉力变化 70N,尺长将改变 1/10000,故一般丈量中,只要保持拉力均匀即可。而对较精密的丈量工作,则须使用弹簧秤
对点误差	丈量时,若用测钎在地面上标志尺端点位置时,插测钎不准,或前、后尺手配合不佳,或余长读数不准,都会引起丈量误差,这种误差对丈量结果的影响可正可负,大小不定,故在丈量中应尽力做到对点准确,配合协调

CAB014 钢尺测距误差的分析方法

ZAB013 量距尺长改正的要求

ZAB014 量距温度改正的要求

ZAB015 量距倾斜改正的要求

(二)钢尺的检定

1. 尺长的检定方法

(1)与标准尺比长。钢尺检定最简单的方法,就是将欲检定的钢尺与检定过的已有尺长方程式的钢尺进行比较(认定它们的膨胀系数相同),求出尺长改正数,再进一步求出欲检定钢尺的尺长方程式。

(2)将被检定钢尺与基准线长度进行实量比较。在测绘单位已建立的校尺场上,利用两固定标志间的已知长度 D 作为基准线来检定钢尺的方法。将被检定钢尺在规定的标准拉力下多次丈量(至少往返各三次)基线 D 的长度,求得其平均值 D'。测定检定时的钢尺温度,然后通过计算即可求出在标准温度 $t_0 = 25℃$ 的尺长改正数,并求得该尺的尺长方程式。

ZAB004 钢尺的检定方法

2. 尺长方程式

所谓尺长方程式,即在标准拉力下(30m 钢尺用 100N,50m 钢尺用 150N)钢尺的实长与温度的函数关系式。其形式为:

$$L_t = L_0 + \Delta L + \alpha L_0(t - t_0)$$

式中　L_t——钢尺在温度 t（℃）时的实际长度；

　　　L_0——钢尺的名义长度；

　　　ΔL——尺长改正数，即钢尺在温度 t_0 时的改正数，等于实际长度减去名义长度；

　　　α——钢尺的线膨胀系数，1.25×10^{-5}/℃；

　　　t_0——钢尺检定时的标准温度（25℃）；

　　　t——钢尺使用时的温度。

（三）钢尺使用注意事项

（1）钢尺易生锈，工作结束后，应用软布擦去尺上的泥和水，涂上机油，以防生锈。

（2）钢尺易折断，如果钢尺出现卷曲，切不可用力硬拉。

（3）在行人和车辆多的地区量距时，中间要有专人保护，严防尺被车辆压过而折断；不准将尺子沿地面拖拉，以免磨损尺面刻划。

（4）收卷钢尺时，应按顺时针方向转动钢尺摇柄，切不可逆转，以免折断钢尺。

（四）距离丈量精度的要求

量距的精度是采用相对误差的方法表示的。

距离测量中，钢尺因材质引起的伸缩性小，故一般量距精度比较高，多用于精密基线的丈量。

距离测量时，为了防止错误和提高丈量精度，一般需要往返丈量，在符合精度要求时，取往返丈量的平均距离为丈量结果，丈量精度是用相对误差表示的。一般情况下，平坦地区钢尺量距精度应高于 1/2000，在山区应不低于 1/1000。

二、水准测量误差及注意事项

在进行水准测量工作中，由于人的感觉器官反映的差异、仪器和自然条件等因素，使测量成果不可避免地产生误差，因此应对产生的误差进行分析，并采用适当的措施和方法，尽可能减少误差或予以消除，使测量的精度符合要求。

（一）仪器和工具误差

在测量工作之前，应对水准仪进行检验校正，但往往不可能校正得十分完善而残存少许误差，这主要是水准管轴与视准轴不平行的误差，这项误差可通过后视与前视距离相等予以消除。

水准尺的尺长变化、尺刻划不准确，都会在水准测量读数中带来误差。因此，水准尺必须使用符合技术要求的水准尺，经过检定符合要求方可使用。

（二）标尺和仪器的升沉误差

1. 尺子下沉（或上升）引起的误差

当往测与返测尺子下沉量相同，则由于误差符号相同，而往测与返测高差符号相反，因此，取往测和返测高差的平均值可消除其影响，如图 1-2-3 所示。

2. 仪器下沉（或上升）引起的误差

仪器下沉（或上升）的速度与时间成正比，如从读取后视读数 a_1 到读取前视 b_1 时，仪器下沉了 Δ，则有：$h_1 = a_1 - (b_1 + \Delta)$。

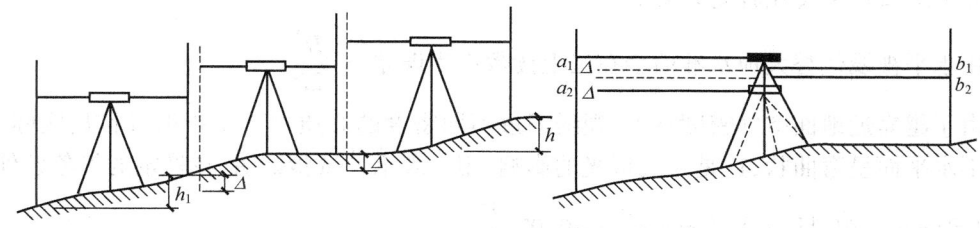

图 1-2-3 标尺和仪器升沉对误差的影响

为了减弱此项误差的影响,可以在同一测站进行第二次观测,而且第二次观测应先读前视读数 b_2,再读后视读数 a_2。则:$h_2=(a_2+\Delta)-b_2$。

取两次高差的平均值:$h=\dfrac{h_1+h_2}{2}=\dfrac{(a_1-b_1)+(a_2-b_2)}{2}$。

(三)观测误差

1. 整平误差

水准测量是利用水平视线测定高差的,当仪器没有精确整平,则倾斜的视线将使标尺读

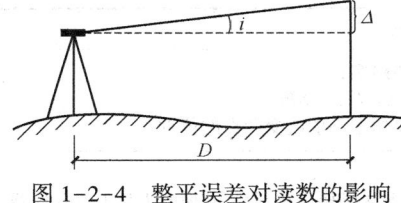

图 1-2-4 整平误差对读数的影响

数产生误差。计算公式为:$\Delta=\dfrac{i}{\rho}D$。由图 1-2-4 可知,设水准管的分划值为 30″,如气泡偏离半格(即 $i=15″$),则当距离为 50m 时,$\Delta=2.4$mm,误差随距离的增大而变大。因此,在读数前,必须使符合水准管气泡精确吻合。

2. 读数误差

视差和估读毫米数误差的存在与人眼的分辨力、望远镜的放大倍数及视线的长度有关,为了减少误差,要求望远镜的放大倍率在 20 倍以上,视线长度一般不得超过 100m。

3. 水准尺倾斜误差

测量时水准尺应扶直,当水准尺倾斜时,其读数总比尺子竖直时的读数大,而且视线越高,水准尺倾斜引起的读数误差越大,所以在高差大、读数大时,应特别注意将尺扶直。测量时可以采用"摇尺法"读数:在读数时,扶尺者将尺子缓缓向前后俯、仰摇动,尺上的读数也会缓缓改变,观测者读取尺上最小读数,即为尺子竖直时的读数。

(四)外界条件的影响

1. 仪器下沉的影响

由于测站处土质松软使仪器下沉视线降低,从而引起高差误差。减小这种误差的方法可采用:一是尽可能将仪器安置在坚硬的地面处,并将脚架踏实;二是加快观测速度,尽量缩短前、后视读数时间差;三是采用后、前、前、后的观测程序。

2. 转点下沉的影响

仪器搬到下一站尚未读后视读数一段时间内,转点下沉,使该站后视点读数增大,从而引起高差误差。所以,应将转点设在坚硬的地方,或用尺垫。

3. 地球曲率和大气折光的影响

用水平视线代替大地水准面会在尺上读数产生误差：$c=\dfrac{D^2}{2R}$。

由于越靠近地面空气密度越大，视线通过不同密度的介质而产生折射，所以，实际上视线并不水平而呈弯曲状，这是大气折光的影响，用 γ 表示。试验证明，在稳定的气象条件下，γ 约等于 c 的 1/7，且为负值：$\gamma=-\dfrac{c}{7}=-0.07\dfrac{D^2}{R}$。

消除地球曲率和大气折光的影响，同样应采用前、后视距相等，这样在计算高差时，可将其消除或减弱。

4. 温度影响

水准管受热不均匀，使气泡向温度高的方向移动，因此，观测时应注意给仪器撑伞遮阳，避免阳光不均匀暴晒。

（五）减小误差方法

为减小水准测量误差，在立尺、观测和记录中都应注意表1-2-2的方法。

表1-2-2 减小测量误差的方法

项目	注 意 事 项
立尺	（1）立尺员必须将尺立在土质坚硬处，若用尺垫必须将尺垫踏实； （2）水准尺必须立直，当尺上读数在1.5m以上时，应采用"摇尺法"读数； （3）水准仪迁站时，作为前视点的立尺员，在转动尺子时，要切记不能改变转点的位置
观测	（1）观测前，应对仪器进行认真的检验和校正； （2）仪器放到三脚架上后，应立即把连接螺旋旋紧，以免仪器从脚架上摔下来，并做到人员不离开仪器； （3）仪器应安置在土质坚硬的地方，并应将三脚架踏实，防止仪器下沉； （4）水准仪至前、后视水准尺的距离应尽量相等； （5）每次读数前，应严格消除视差，水准管气泡要严格居中，读数时要仔细、迅速、果断，大数（m、dm、cm）不要读错，mm数要估读正确； （6）晴天阳光下，应撑伞保护仪器； （7）迁站时，将三脚架合拢，用一只手抱住脚架，另一只手托住仪器，稳步前进，远距离迁站时，仪器应装箱，扣上箱盖，防止仪器受到意外损伤
记录	（1）记录员在听到观测员读数后，要正确记入相应的栏目中，并要边记边回报数字，得到观测员的默许，方可确定，记录资料不得转抄； （2）字体要清晰、端正，如果记录有误，不准用橡皮擦拭，应在错误数据上画斜线后再重新记录； （3）每站高差应当场计算，检核合格后，方可通知观测员迁站

（六）水准测量误差的要求

1. 水准测量测视距的要求

一等水准测量中，前后视距离互差应小于1m。四等水准测量中，前后视距累积差应小于10m。三等水准测量中，前后视距差应小于3m。三等水准测量中，前后视距累积差应小于6m。

2. 水准测量的双面尺法

双面尺法水准测量中，同一水准尺黑红面读数差值为一常数4.687或4.787。双面尺法水准测量中，视距等于下丝读数与上丝读数的差乘以100。水准测量记录时应注意记录要原始，记错或算错的数字不得擦去重写或在错数上涂改。精密水准测量在读数前应转动微倾螺旋,使水准器的气泡两个半边影像符合,读数时应一边观察气泡,一边观察读数。上丝读数为1470mm,下丝读数为1776mm,视距为30.6m。

3. 高差闭合差的调整方法

ZAB012 高差闭合差的调整方法

三、四等水准测量中,观测值和重复观测值之差称之为闭合差。三等水准测量路线往返测闭合差为$\pm 12\sqrt{L}$。四等水准测量路线往返测闭合差为$\pm 20\sqrt{L}$。普通水准测量路线往返测闭合差为$\pm 40\sqrt{L}$(L为相邻水准点间的距离)。

GAB004 水准测量精度的要求

4. 水准测量精度的要求

水准测量的测站检验中,变动仪器高法是在同一个测站上用两次不同的仪器高度,测得两次高差并进行检核。第一次仪器观测高差为h',第二次仪器观测高差为h'',两次高差的差应满足$\Delta h \leqslant \pm 5mm$条件,否则需重测。

水准测量中的允许高差闭合差是在研究误差产生的规律和总结实践经验的基础上提出的,在平原微丘区普通水准测量的允许高差闭合差为$f_{h容} = \pm 40\sqrt{L}$(mm)。

水准测量中的允许高差闭合差需根据测区所处的位置确定,在山岭重丘区普通水准测量的允许高差闭合差为$f_{h容} = \pm 12\sqrt{n}$(mm)。

CAB009 水准测量计算的检核方法

(七)水准测量的计算检核方法

为保证水准计算检核合格,普通水准测量中,测站检核只能检查每一个测站所测高差是否正确。

普通水准测量中,一般在已知高程的水准点上立水准尺,作为后视尺。仪器距离两水准尺的距离基本上相等,最大视距不大于150m。普通水准测量的每一测站上,两次仪器高测的两个高差值之差不应该大于20mm。

水准计算检核规定,在平原微丘区闭合水准路线的高差闭合差不应大于$\pm 40\sqrt{L}$(mm),在山区闭合水准路线的高差闭合差不应大于$\pm 12\sqrt{n}$(mm),其中n为测站数;L为相邻水准点间的距离。

GAB005 角度测量误差的来源

三、角度测量误差及注意事项

(一)角度测量误差来源及减小

角度测量的误差主要来自仪器误差、观测误差和外界条件影响三个方面。

1. 仪器误差

仪器误差主要来自仪器本身制造不完善和仪器校正不完善两个方面。

(1)仪器制造不完善。仪器制造误差主要包括照准部偏心差和度盘刻划误差。照准部偏心差是指照准部旋转中心与水平度盘中心不重合,导致指标在刻度盘上读数时产生误差。度盘刻划误差是指度盘分划不均匀所造成的误差。

照准部偏心差可采取盘左、盘右取平均值的方法来消除。

度盘刻划误差可在水平角观测中,采用不同测回之间变换度盘位置的方法来进一步减小其影响。

(2)仪器校正不完善。经纬仪各部件(轴线)之间,如果不满足应有的几何条件,就会产生仪器误差,如校正不完善就会存在残余误差。例如,视准轴不垂直于横轴、横轴不垂直于竖轴的残余误差对水平角观测的影响，以及竖盘指标差的残余误差对竖直角观测的影响等。通过分析研究可知，这些误差均可采用盘左、盘右两次观测，然后取两次结果平均值的方法来消除。十字丝竖丝不垂直于横轴的误差影响，均可采用每次观测时十字丝交点照准目标的观测方法予以消除。

对于无法用观测方法消除的照准部水准管轴不垂直于竖轴的误差影响，可在观测前进行严格的校正，来尽量减弱其对观测的影响。

由于采取这些措施，仪器误差观测结果的影响实际上是很小的。

2. 观测误差

观测误差主要包括对中误差、整平误差、照准误差、标杆倾斜误差和读数误差等几方面。

（1）对中误差。对中误差是指仪器安置完毕后，仪器的中心未位于测站点铅垂线上的误差，又称对中偏心差。对中误差对水平角观测的影响与待测水平角边长成反比。所以，当要测水平角的边长较短时，应注意仔细对中。对中误差对竖直角观测的影响较小。

（2）整平误差。整平误差可导致水平度盘不能严格水平，竖盘及视准面不能严格竖直。对测角的影响与目标的高度有关，若目标与仪器同高，其影响小；若目标与仪器高度不同，其影响将随高差的增大而增大。因此，在丘陵、山区观测时，必须精确整平仪器。

（3）照准误差。影响照准精度的因素很多，主要有人眼的分辨率、望远镜的放大率、十字丝的粗细、目标的形状与大小、目标影像的亮度、清晰度以及稳定性和大气条件等。所以此项误差无法消除，只能在其目标选择，目标的形状、大小、颜色和亮度的选择上多下功夫，改进照准方法，方可减少此项误差的影响。

（4）标杆倾斜误差。标杆倾斜误差又称目标偏心误差，是指在观测中，实际瞄准的目标位置偏离地面标志而产生的误差。

为了减小该项误差对水平角观测的影响，应尽量照准标杆的根部，标杆应尽量竖直，边长较短时，宜采用垂球对点，照准时以垂球线替代标杆。

标杆倾斜误差对竖直角观测的影响，与标杆倾斜的角度、方向、距离以及竖直角大小等因素有关。由于竖直角观测时通常照准标杆顶部，当标杆倾斜角大时，其影响不容忽略，故在观测竖直角时应特别注意竖直标杆。

3. 外界条件的影响

外界条件的影响很多，如风力、温度变化、大气折射、地面辐射、雾气、烈日及地面土质松软等。大风会影响仪器和标杆的稳定，温度变化会影响仪器的正常状态，大气折光会导致光线改变方向，地面辐射又会加剧大气折光的影响，雾气使目标成像模糊，烈日暴晒会使仪器轴系关系发生变化，地面土质松软会影响仪器的稳定。完全避免这些因素的影响是不可能的，为了削弱此类误差的影响，应选择有利的观测时间，设法避开不利的因素。

> ZAB007 角度测量中误差的含义

（二）角度测量中误差

角度测量中误差不同于各个观测值的真误差，它衡量的是一组观测精度的指标。它的大小反映一组观测值的离散程度。

在测量中，观测值中误差的绝对值和观测值的比称为相对误差。

城市图根三角网测角中误差的允许值为±20″。

(三)角度测量的注意事项

为保证测量精度要求,观测时应满足以下注意事项:

(1)观测前应先检验仪器,并在观测中采用盘左、盘右取平均值和用十字丝照准等方法,减小和消除仪器误差对观测结果的影响。

(2)安置仪器并对中整平,短边时应特别注意对中,地形起伏较大的地区观测时,应严格整平。

(3)目标处的标杆应竖直,并根据目标的远近选择不同粗细的标杆。

(4)观测时应严格遵守各项操作规定。水平角观测时,应以十字丝交点附近的竖丝照准目标根部。竖直角观测时,应以十字丝交点附近的横丝照准目标顶部。

(5)读数应准确,观测时及时记录和计算。各项误差值应在规定的误差限差以内,超限必须重测。

四、GPS 测量误差

(一)与 GPS 卫星有关的误差

与 GPS 卫星有关的误差主要包括卫星的轨道误差和卫星钟差,详见表 1-2-3。

GAB002 GPS 测量误差的内容

JAB009 与卫星有关的GPS测量误差的内容

表 1-2-3　GPS 卫星误差的内容和消除方法

名称	内容	消除方法
卫星钟差	由于卫星的位置是时间的函数,因此 GPS 的观测量均以精密测时为依据。而与卫星位置相对应的时间信息,是通过卫星信号的编码信息传送给接收机的。在 GPS 定位中,无论是码相位观测或是载波相位观测,均要求卫星钟与接收机钟保持严格同步。实际上,尽管 GPS 卫星均设有高精度的原子钟,但它们与理想的 GPS 时之间,仍存在着难以避免的偏差或漂移。这种偏差的总量约在 1ms 以内。 对于卫星钟的这种偏差,一般可由卫星的主控站,通过对卫星钟运行状态的连续监测确定,并通过卫星的导航电文提供给接收机。经钟差改正后,各卫星钟之间的同步差,即可保持在 20ms 以内	在相对定位中,卫星钟差可通过观测量求差(或差分)的方法消除
卫星轨道偏差	估计与处理卫星的轨道偏差较为困难,其主要原因是,卫星运行中要受到多种摄动力的复杂影响,而通过地面监测站,又难以充分可靠地测定这些作用力,并掌握它们的作用规律。目前,卫星轨道信息是通过导航电文得到的。应该说,卫星轨道误差是当前 GPS 测量的主要误差来源之一。测量的基线长度越长,此项误差的影响就越大	(1)忽略轨道误差。这种方法以从导航电文中所获得的卫星轨道信息为准,不再考虑卫星轨道实际存在的误差。所以广泛应用于精度较低的实时单点定位工作中。 (2)采用轨道改进法处理观测数据。这种方法是在数据处理中,引入表征卫星轨道偏差的改正参数,并假设在短时间内这些参数为常量,将其与其他未知参数一并求解。这种方法一般用于精度要求较高的定位工作,并且需要测后处理。 (3)同步观测值求差。该法是利用在两个或多个观测站上,对同一卫星观测量的影响,具有系统误差性质,所以通过上述求差的方法,可以明显减弱卫星轨道误差的影响,尤其当基线较短时,其效用更为明显。这种方法对于精密相对定位,具有极其重要的意义

(二)与信号传播有关的误差

与信号传播有关的误差,详见表1-2-4。

表1-2-4 信号传播误差的内容和消除方法

名称	内容	消除方法
电离层折射的影响	GPS卫星信号与其他电磁波信号一样,当其通过电离层时,将受到这一介质弥散特性的影响,使信号的传播路径发生变化。当GPS卫星处于天顶方向时,电离层折射对信号传播路径的影响最小;而当卫星接近地平线时,则影响最大	为了减弱电离层的影响,在GPS定位中通常采取以下措施: (1)利用双频观测。由于电离层的影响是信号频率的函数,所以利用不同频率的电磁波信号进行观测,便能够确定其影响值,而对观测量加以修正。因此具有双频的GPS接收机,在精密定位测量中得到广泛的应用。不过应当明确指出,在太阳辐射强烈的正午或在太阳黑子活动的异常期,应尽量避免观测,尤其是精密定位测量。 (2)利用电离层的影响,一般是采用由导航电文所提供的电离层模型,或其他适合的电离层模型对观测量加以修正。但这种模型至今仍在完善中,目前模型改正的有效性约为75%。 (3)利用同步观测值求差。该方法是利用两台或多台接收机,对同一组卫星的同步观测值求差,以减弱电离层折射的影响。尤其当观测站间的距离较近时(<20km),由于卫星信号到达各观测站的路径相近,所经过的介质状况相似,因此通过各观测站对相同卫星的同步观测值求差,便可显著地减弱电离层折射影响,其残差将不会超过10^{-6}。对单频GPS接收机而言,这种方法的重要意义尤为明显
对流层折射的影响	对流层折射对观测值的影响,可分为干分量和湿分量两部分。干分量主要与大气的温度与压力有关,而湿分量主要与信号传播路径上的大气湿度有关。对于干分量的影响,可通过地面的大气资料计算;湿分量目前无法准确测定。对于较短的基线(<50km),湿分量的影响较小	对流层折射的影响,一般有以下几种处理方法: (1)定位精度要求不高时,可不考虑其影响。 (2)采用对流层模型进行改正。 (3)引入描述对流层影响的附加待定参数,在数据处理中一并求解。 (4)采用观测量求差的方法。与电离层的影响相类似,当观测站间相距不远(<20km)时,由于信号通过对流层的路径相近,对流层的物理特性相似,所以对同一卫星的同步观测值求差,可以明显地减弱对流层折射的影响
多路径效应影响	多路径效应亦称多路径误差,是指接收机天线除直接收到卫星发射的信号外,还可能收到经天线周围地物一次或多次反射的卫星信号,两种信号叠加,将会引起测量参考点(相位中心)位置的变化,从而使观测量产生误差。而且该误差随天线周围反射面的性质而异,难以控制。根据实验资料的分析表明,在一般反射环境下,多路径效应对测码伪距的影响可达米级,对测相伪距的影响可达厘米级。而在高反射环境下,不仅其影响将显著增大,而且常常导致接收的卫星信号失锁和使载波相位观测量产生周跳。因此,在精密GPS导航和测量中,多路径效应的影响不可忽视	目前减弱多路径效应影响的措施有: (1)安置接收机天线的环境,应避开较强的反射面,如水面、平坦光滑的地面以及平整的建筑物表面等。 (2)选择造型适宜且屏蔽良好的天线,如采用扼流圈天线等。 (3)适当延长观测时间,削弱多路径效应的周期性影响。 (4)改善GPS接收机的电路设计,以减弱多路径效应的影响

(三)与接收设备有关的误差

与接收设备有关的误差,详见表1-2-5。

> GAB010 与接收设备有关的GPS测量误差的内容

表1-2-5　与接收设备有关误差的内容和消除方法

名称	内容	消除方法
观测误差	观测误差包括观测的分辨误差及接收机天线相对于测站点的安置误差等。根据经验,一般认为观测的分辨误差约为信号波长的1%。故知载波相位的分辨误差比码相位为小。由于此项误差属于偶然误差,可适当地增加观测量,将会明显地减弱其影响	接收机天线相对于观测站中心的安置误差,主要是天线的置平与对中误差以及量取天线高的误差,在精密定位工作中,必须认真、仔细操作,以尽量减小这种误差的影响
接收机钟差	尽管GPS接收机设有高精度的石英钟,其日频率稳定度可以达到10^{-11},但对载波相位观测的影响仍是不可忽视。处理接收机钟差较为有效的方法是将各观测时刻的接收机钟差间看成是相关的,由此建立一个钟差模型,并表示为一个时间多项式的形式,然后在观测量的平差计算中统一求解,得到多项式的系数,因而也就得到接收机的钟差改正	在精密相对定位中,通过利用观测值求差的方法,能有效地减弱接收机钟差的影响
天线的相位中心位置偏差	在GPS定位中,观测值是以接收机天线的相位中心位置为准的,因而天线的相位中心与其几何中心理论上应保持一致。可是,实际上天线的相位中心位置,随着信号输入的强度和方向不同而有所变化,即观测时相位中心的瞬时位置(称为视相位中心)与理论上的相位中心位置将有所不同。天线相位中心的偏差对相对定位结果的影响,根据天线性能的优劣,可达数毫米到数厘米。所以对于精密相对定位,这种影响是不容忽视的	在实际工作中,如果使用同一类型的天线,在相距不远的两个或多个观测站上,同步观测同一组卫星,那么便可通过观测值求差,以削弱相位中心偏移的影响。需要提及的是,安置各观测站的天线时,均应按天线附有的方位标进行定向,使其根据罗盘指向磁北极

模块三 地形图知识

项目一 地形图基本知识

地形图是指按一定法则,有选择地在平面上表示地球表面各种自然现象和社会现象的图。地形图不但表示地物的平面位置,还用特定符号和高程注记表示地貌情况。地形图客观形象地反映了地面的实际情况,可在图上量取数据,获取资料,方便设计和应用。特别是大比例尺(1∶500、1∶1000、1∶2000、1∶5000)地形图,是进行规划、设计和应用的重要基础资料。

一、参考椭球的规定

<small>CAC001 参考椭球的规定</small>

我们在第一模块已掌握了参考椭球的部分知识,知道引入参考椭球是为了更好地确定地面点位。人为地假想一个非常接近于大地水准面,并可用数学式表示的几何形体,椭球面用来代替地球形状,可以作为测量计算工作的基准面。地球椭球是一个椭圆绕其短轴旋转而成的形体,故地球椭球又称为旋转椭球,旋转椭球的基本元素是:长半轴 a、短半轴 b 和扁率 $\alpha = \dfrac{a-b}{a}$。

1980年我国国家大地坐标系采用了1975年国际椭球,该椭球的基本元素是:长半轴 $a=6378140m$,短半轴 $b=6356755m$,扁率 $\alpha=1/298.257$。

二、高斯平面直角坐标系

<small>CAC002 投影的分类</small>

(一)高斯投影的概念

为清晰地掌握高斯投影的概念,首先要明确投影的分类。投影与光源、物体、投影面三者有关。随着投影中心位置的不同与投影线对投影面投射角度的不同,则产生各种投影方法,可分为中心投影与平行投影两大类。其中平行投影,根据投影线与投影面的角度关系可分为正投影和斜投影。

<small>CAC003 高斯投影的内容</small>

高斯投影是设想用一个椭圆柱面套在地球椭球体的外面,与中央子午线相切,圆柱的中心轴线通过地球椭球的中心,然后按等角条件,将中央子午线东西两侧一定经差范围内的图形投影到椭圆柱面上,再沿着过极点的母线柱面剪开,得到一个投影面,这个平面称为高斯平面,如图1-3-1所示。

(二)高斯投影的特点

(1)等角。椭球体面上的角度投影到平面上之后,其角度相等,无角度变形。

(2)中央子午线投影后为直线且长度不变,其余子午线投影均为凹向中央子午线的对称曲线。

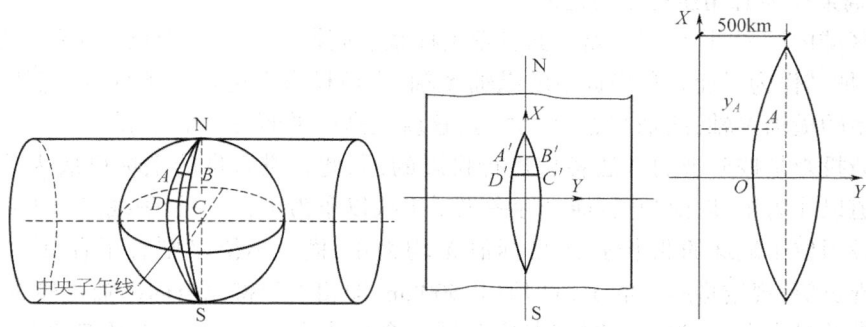

图 1-3-1　高斯平面直角坐标系

(3) 赤道投影后也是直线,并与中央子午线垂直,其余纬线的投影均为凸向赤道的对称曲线。

(三) 高斯投影带的划分

为了控制投影变形不影响测图精度的要求,采取分带投影的方法,把投影限制在中央子午线两侧的一定范围内,此范围称为投影带。对于 1∶250000~1∶500000 中小比例尺地形图采用 6°分带,1∶10000 及更大比例尺地形图采用 3°分带。

(1) 6°带的划分是由首子午线开始,自西向东每隔经差 6°为一投影带,将全球分为 60 个带,并进行编码,6°带每带中央子午线的经度顺序为 3°、9°、15°、…、357°,如图 1-3-2 所示。6°带中央子午线的经度,可按下式计算：$\lambda_0 = N \times 6° - 3°$,式中：$\lambda_0$ 为 6°投影带中央子午线的经度,N 为 6°投影带的带号。

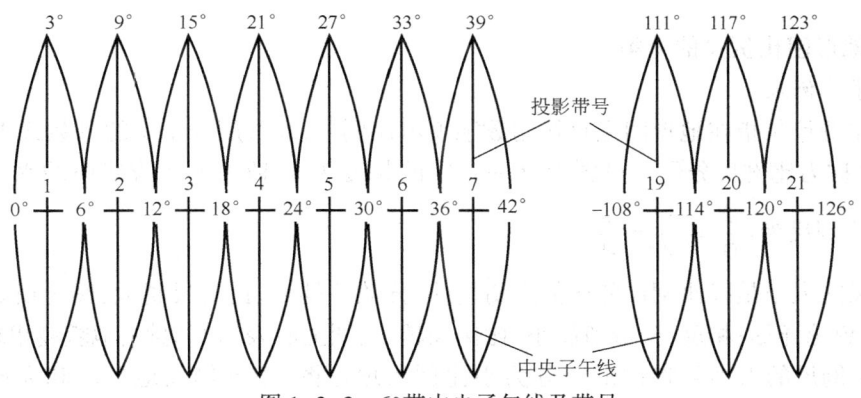

图 1-3-2　6°带中央子午线及带号

(2) 对于 1∶10000 及更大比例尺地形图,为了更好地控制长度变形,采用经差为 3°的分带方法。为了使 6°带与 3°带的换算方便,必须使 3°带的中央子午线部分与 6°带的中央子午线相重合,部分与 6°带的分带子午线重合。因此,3°带的划分不是从首子午线开始的,而从东经 1°30′开始,自西向东,每隔经差 3°为一投影带,将全球划分成 120 个投影带。3°投影带中央子午线的经度可按下式计算：$\lambda_0' = N' \times 3°$,式中：$\lambda_0'$ 为 3°投影带中央子午线的经度,N' 为 3°投影带的带号。3°投影带的带号可用下式计算：$N' = [L/3°]$（余数大于 1°30′要加 1）。

（四）高斯平面直角坐标系的建立

> CAC004 高斯平面直角坐标系的内容

在大区域内测图时，可用高斯平面直角坐标系。高斯投影带的中央子午线投影后是一直线，把其作为平面直角坐标系的纵轴 X 轴，赤道投影后也是一条直线，把其作为平面直角坐标系的横轴 Y 轴，两轴交点即为原点，这就是高斯平面直角坐标系。

因高斯投影是按分带的方法各自进行投影的，因此各投影带的坐标也成为独立系统。纵坐标赤道以北为正，以南为负；横坐标中央子午线以东为正，中央子午线以西为负。

由于我国位于地球的北半球，纵坐标值 X 均为正，横坐标值 Y 则有正有负。为了避免横坐标出现负值，规定将所有的 Y 值均加上 500km，即相当于将原坐标纵轴西移 500km。由于采用分带的投影方法，为了表明该点位于哪一个投影带，规定在一点的横坐标 Y 值前冠以所在投影带带号，这样的横坐标 Y 值称为通用坐标。

（五）中央子午线

> GAC003 中央子午线的含义

高斯投影是设想将一个椭圆柱面横套在地球椭球体的外面，并与椭球面上的一条子午线相切，该子午线称为中央子午线。

高斯投影平面直角坐标系是在高斯投影平面上，中央子午线和赤道的投影都是直线，而且相互垂直。

以中央子午线与赤道的交点 O 作为坐标原点，以中央子午线的投影为纵坐标轴 X，向北为正，向南为负。

由于我国领土均在赤道以北，因此 X 值均为正值，但 Y 值却有正有负。由于 Y 坐标的最大值约为 330km，为了避免出现负值，就将纵坐标轴向西移了 500km。

三、地形图比例尺

> GAC001 地图比例尺的分类

（一）地形图比例尺的分类

1. 数字比例尺

> ZAC006 数字比例尺的概念

数字比例尺是指在地形图上直接用数字表示比例尺，通常用分子 1 的分数式 $1/M$ 来表示，其中 M 称为比例尺分母。设图上某一直线的长度为 d，地面上相应线段的水平长度为 D，则图的比例尺为：$\dfrac{d}{D}=\dfrac{1}{D/d}=\dfrac{1}{M}$。

> CAC007 地图比例尺的含义

比例尺的大小是以比例尺的比值来衡量的，分数值越大，比例尺越大，图上所表示的地物、地貌越详尽；相反，分数值越小，比例尺越小，图上所表示的地物、地貌越粗略。

根据比例尺的大小可将地形图分为小比例尺地形图、中比例尺地形图和大比例尺地形图。

（1）小比例尺地形图。通常是指比例尺为 1∶1000000、1∶500000 和 1∶200000 的地形图。

（2）中比例尺地形图。通常是指比例尺为 1∶100000、1∶50000 和 1∶25000 的地形图。

（3）大比例尺地形图。通常是指比例尺为 1∶10000、1∶5000、1∶2000、1∶1000、1∶500 的地形图。

2. 图示比例尺

> ZAC007 图示比例尺的概念

为了用图方便，以及减弱由于图纸伸缩而引起的误差，在绘制地形图时，常在地形图的下方绘制图示比例尺,用以直接量度图内直线的水平距离,如图1-3-3所示。

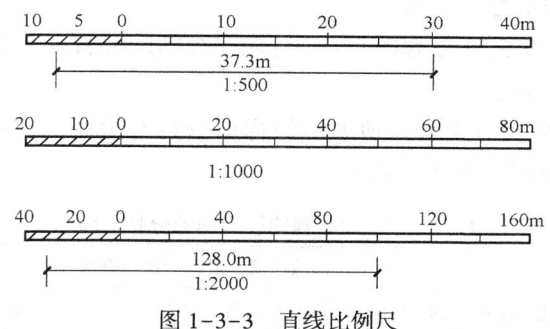

图1-3-3 直线比例尺

(二)地形图比例尺的精度

一般认为,人的肉眼能分辨的图上最小距离是0.1mm,因此,通常把图上0.1mm所表示的实地水平长度,称为比例尺的精度。

比例尺的精度=0.1mm×比例尺分母,几种常用大比例尺地形图的比例尺精度,见表1-3-1。

表1-3-1 大比例尺地形图的比例尺精度

比例尺	1:500	1:1000	1:2000	1:5000
比例尺精度,m	0.05	0.01	0.20	0.50

从表中可以看出,比例尺越大,其比例尺精度越小,地形图的精度就越高。

(三)地形图比例尺的选用

地形图测图比例尺,可根据工程的设计阶段、规模大小和管理的需要,按表1-3-2选用。

表1-3-2 大比例尺地形图的比例尺精度

比例尺	用 途
1:5000	可行性研究、总体规划、厂址选择、初步设计等
1:2000	可行性研究、初步设计、矿山总图管理、城镇详细规划等
1:1000	初步设计、施工图设计;城镇、工矿总图管理;竣工验收等
1:500	

四、地形图的分幅与编号

> CAC013 地形图分幅的内容

为了方便测绘、管理和使用地形图,需要各种比例尺的地形图进行统一的分幅与编号,并注在地形图上方的中间部位。

(一)地形图分幅与编号要求

> CAC014 地形图编号的方法

(1)地形图的分幅,可采用正方形或矩形方式。
(2)图幅的编号,宜采用图幅西南角坐标的千米数表示。
(3)带状地形图或小测区地形图可采用顺序编号。

(4)对于已施测过的地形图的测区,也可沿用原有的分幅和编号。

(二)地形图分幅与编号的方法

GAC004 地形图分幅的方法

地形图分幅和编号方法可分为两类:一类是按经纬线分幅的梯形分幅法;另一类是按坐标格网分幅的矩形分幅法。

(1)地形图的梯形分幅与编号。地形图的梯形分幅与编号的方法称为国际分幅,不同比例的地形图的分幅和编号,见表1-3-3。

表1-3-3 不同比例的地形图的分幅与编号

比例尺	地形图的分幅与编号方法
1∶100000	自赤道向北或向南分别按纬差4°分成横列,各列依次用A、B、…、V表示。自经度180°开始起算,自西向东按经差6°分成纵行,各行依次用1、2、…、60表示。每一幅图的编号由其所在的"横列纵行"的代号组成,将一幅1∶1000000的图,按经差30′、纬差20′分为144幅1∶100000的图
1∶50000 1∶25000 1∶10000	以1∶100000比例尺图为基础,将每幅1∶100000的图划分成4幅1∶50000的图,分别在1∶100000的图号后写上各自的代号A、B、C、D。每幅1∶50000的图又可分为4幅1∶25000的图,分别以1、2、3、4编号。每幅1∶100000的图分为64幅1∶10000的图,分别以(1)(2)…(64)表示
1∶5000 1∶2000	在1∶10000的图的基础上,将每幅1∶10000的图分为4幅1∶5000的图,分别在1∶10000的图号后面写上各自代码a、b、c、d。每幅1∶5000的图又分成9幅1∶2000的图,分别以1、2、…、9表示

(2)地形图的矩形分幅与编号。地形图的矩形分幅与编号方法适用于大比例地形图。图幅的大小见表1-3-4。当测区面积较大时,矩形图幅的编号一般采用坐标编号法,即由图幅西南角的纵、横坐标(用阿拉伯数字,以千数为单位)作为它的图号,表示为"x-y"。1∶5000、1∶2000地形图,坐标取至1km;1∶1000的地形图,坐标取至0.1km;1∶500的地形图,坐标取至0.01km。

表1-3-4 矩形分幅及面积

比例尺	矩形分幅		正方形分幅		一幅1∶5000图所含幅数
	图幅大小 cm×cm	实地面积 km²	图幅大小 cm×cm	实地面积 km²	
1∶5000	50×40	5	40×40	4	1
1∶2000	50×40	0.8	50×50	1	4
1∶1000	50×40	0.2	50×50	0.25	16
1∶500	50×40	0.05	50×50	0.0625	64

五、地形图的图形注记

GAC006 地形图图形注记的内容

(一)图廓

图廓是地形图的边界,由外图廓线和内图廓线组成。

(1)外图廓线。外图廓线是一幅图的最外边界线,以粗实线表示。

(2)内图廓线。内图廓线是测量边界线,是图幅的实际范围,内图廓之内绘有10cm间隔互相垂直交叉的5mm短线,称为坐标格网线。

内图廓线、外图廓线间隔12mm,其间注明坐标值,如图1-3-4所示。

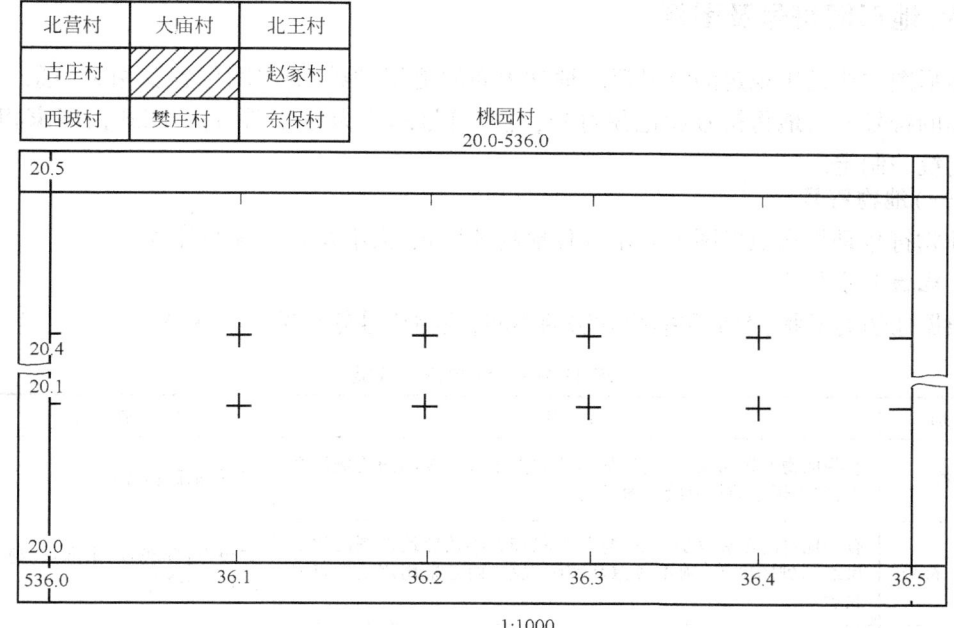

图 1-3-4 地形图廓和接图表

(二)图名和图号

(1)图名。图名即本幅图的名称,是以所在图幅内最著名的地名、厂矿企业和村庄的名称来命名。图名一般标注在地形图北图廓外上方中央。

(2)图号。图号是保管和使用地形图时,为使图纸有序存放、检索和使用而将地形图按统一规定进行的编号。图号通常注记在图名的正下方。大比例尺地形图通常是以该图幅西南角点的纵、横坐标公里数编号。对测区较小且只测一种比例尺图时,通常采用数字顺序编号,数字编号顺序是由左到右、由上到下的顺序编号。

(三)接图表

接图表是表示本图幅与相邻图幅之间位置关系的示意简表,通常是中间一格画有斜线的代表本图幅,四邻分别注明相应的图号或图名,并绘注在图廓的左上方。在中比例尺各种图上,除了接图表以外,还把相邻图幅的图号分别注在东、西、南、北图廓线中间,进一步表明与四邻图幅的相互关系,如图 1-3-4 所示。

ZAC011 三北方向图的含义

(四)三北方向关系图

三北方向关系图是指在中、小比例尺图的南图廓线的右下方,用于表明真子午线、磁子午线和中央子午线(坐标纵轴)方向三者间关系的图形。三北方向关系图的作用如下:

(1)利用三北方向关系图,可对图上任一方向的真方位角、磁方位角和坐标方位角进行换算。

(2)利用三北方向关系图,结合罗盘,可将地形图进行实地定向。

六、地形图符号及图例

> GAC005 地形图地物符号的内容
> CAC016 地形图图式的表示方法
> CAC010 地物的内容

地形图主要运用规定的符号反映地球表面的地貌、地物的空间位置及相关信息。地形图的符号分为地物符号和地貌符号,这些符号总称为地形图图式,图式由国家相关部门统一制定。

(一) 地物符号

地物符号是指在地形图上表示各种地物的形状、大小及其位置的符号。

1. 地物符号分类

根据地物的形状、大小和描绘方法的不同,地物符号分类见表1-3-5。

表1-3-5 地物符号分类

类别	内容	举例
比例符号	有些地物的轮廓较大,它们的形状和大小可以按测图比例尺缩小,并用规定的符号绘在图纸上	房屋;稻田;湖泊
非比例符号	有些地物的轮廓较小,无法将其形状和大小按照地形图的比例尺绘制到图纸上,则不考虑其实际大小,而是采用规定的符号表示	三角点;导线点;水准点;独立树;路灯;检修井
半比例符号	对于带状地物,长度方向依比例尺缩绘,宽度方向按规定尺寸绘出	围墙;篱笆;电力线;通信线
地物注记	对地物加以说明的文字或数字称为地物注记。配合符号说明地物的名称、数量和质量等特征	村镇;公路的名称;果树;森林的类别;塔的高度;楼房的层数及结构

> ZAC008 图例的内容

2. 地物符号的图例

"地形图图式"中的符号分为地物符号、地貌符号和建筑符号。地图图式是对地图上地物、地貌符号的样式、规格、颜色、使用以及地图注记和图廓整饰等所作的统一规定,是测绘标准之一。

在图上适当位置所印出的图内所使用的图式符号及其说明称为图例。

对测量产品的质量、规格以及测量作业中的技术事项所作的统一规定称为图例,它是测绘标准之一。

从地图的构成要素角度看,图例属于辅助要素,它是三要素中的整饰要素。图例是用一种符号表示地理信息。

> CAC011 地貌的内容

(二) 地貌符号——等高线

1. 地貌

地貌是地形图要表示的重要信息之一,种类千姿百态、错综复杂,但基本形态可以归纳为山头、山脊、山谷、山坡、鞍部、洼地、绝壁等。

典型地貌中,山脊是沿着一个方向延伸的高地,山脊的最高棱线称之为山脊线。而鞍部位于两山峰之间的低凹处,形似马鞍而得名。

> ZAC009 等高线的含义

2. 等高线的概念与分类

等高线是地面上高程相等的各相邻点连成的闭合曲线。如图1-3-5所示,有一高地被等间距的水平面 P_1、P_2、P_3 所截,故各水平面与高地的相应截线,就是等高线。

同一条等高线上各点的高程相同。等高线与山脊线、山谷线正交。等高线一般不重合或相交,只有在绝壁或悬崖处才会重合或相交,此时应使用特殊地貌符号表示。

> ZAC010 等高线的特征

在同一幅地形图上,等高距是相同的。等高线平距大表示地面坡度缓;等高线平距小则表示地面坡度陡;等高线平距相等则表示地面坡度较小。

地形图上的等高线分首曲线、计曲线、间曲线和助曲线四种,见图 1-3-6、表 1-3-6。

> CAC015 等高线的分类

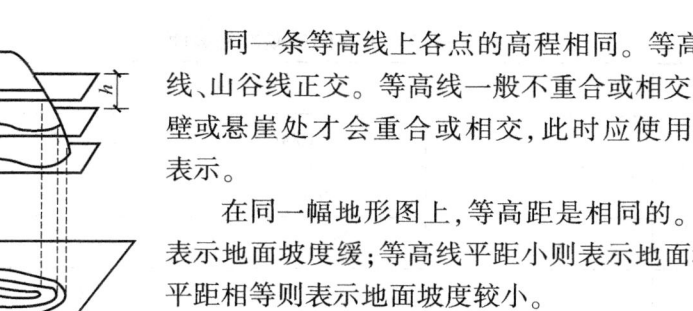

图 1-3-5 等高线示意图

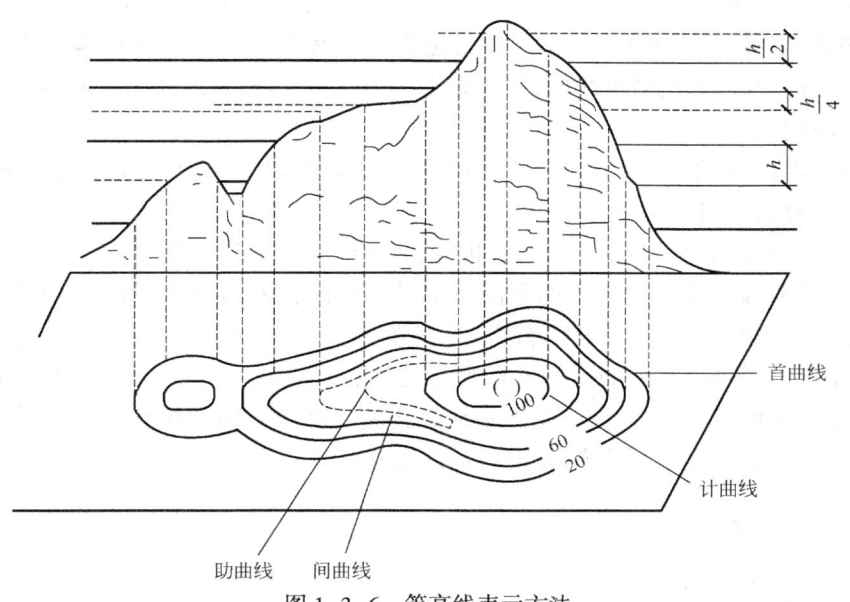

图 1-3-6 等高线表示方法

表 1-3-6 地物符号分类

类别	表 示 方 法
首曲线	按选定的基本等高距由零点起算描绘的等高线,用 0.15mm 细实线表示
计曲线	为了计算高程的方便而加粗的等高线,通常每隔 4 条首曲线描绘 1 条计曲线,用 0.3mm 粗实线表示
间曲线	为了表示首曲线不能反映而又重要的局部形态,以 1/2 基本等高距补充测绘的等高线,以长虚线表示,描绘时可不闭合
助曲线	为了表示别的等高线都不能表示的重要微小形态,以 1/4 基本等高距测绘的等高线,用短虚线表示

3. 等高距

等高距是指相邻两条等高线之间的高差,用 h 表示。在同一幅地形图上,等高距是相同的。地形图中的基本等高距应符合表 1-3-7 的规定。

表 1-3-7 地形图的基本等高距

m

地形类别	比例尺			
	1∶500	1∶1000	1∶2000	1∶5000
平坦地	0.5	0.5	1	2
丘陵地	0.5	1	2	5
山地	1	1	2	5
高山地	1	2	2	5

4. 等高线平距

等高线平距是指相邻等高线之间的水平距离,用 d 表示。由于在同一幅地形图上等高距是相同的,所以等高线平距的大小直接与地面坡度有关。等高线平距越大,地面坡度越小;平距越小,则坡度越大;坡度相同,平距相等。因此,可以根据地形图上的等高线的疏、密来判定地面坡度的缓、陡。

还可以看出:等高距越小,显示地貌就越详细;等高距越大,显示的地貌就越简略。

GAC010 等高线典型地貌的种类

5. 典型地貌的等高线

地面上地貌的形态是多样的,对其分析后,主要包括以下几种典型的地貌。

(1)山头和洼地。山头和洼地的等高线都是一组闭合的曲线,地形图上区分它们的方法是:等高线上所注明的高程,内圈等高线比外圈等高线所标注的高程大时,表示山头,如图 1-3-7 所示;内圈等高线比外圈等高线所标注的高程小时,表示洼地,如图 1-3-8 所示。另外,还可使用示坡线表示,示坡线是指示地面斜坡下降的方向的短线,一端与等高线连接并垂直于等高线,表示此端地形高,不与等高线连接端地形低。

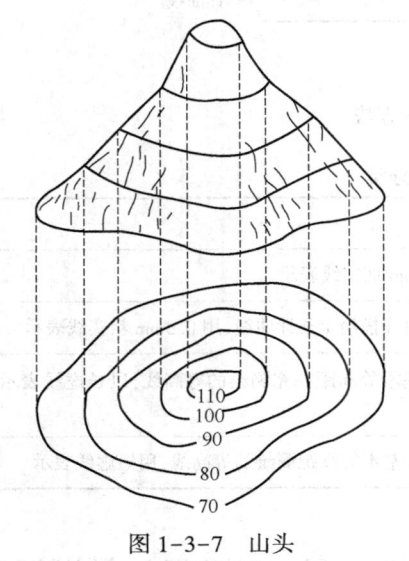

图 1-3-7 山头

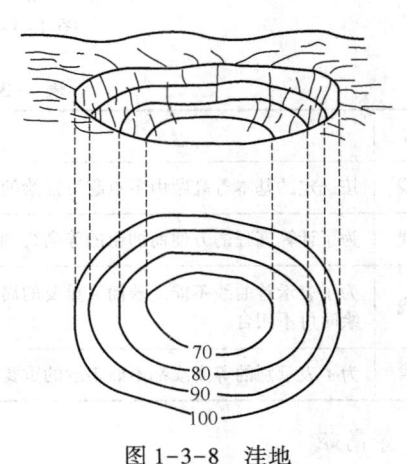

图 1-3-8 洼地

(2)山脊和山谷。山脊是沿着一个方向延伸的高地。山脊的最高棱线称为山脊线。山脊等高线表现为一组凸向低处的曲线,如图 1-3-9 所示。山谷是沿着一个方向延伸的洼地,位于两山脊之间。贯穿山谷最低点的连线称为山谷线。山谷等高线表现为一组凸向高处的曲线,如图1-3-10所示。

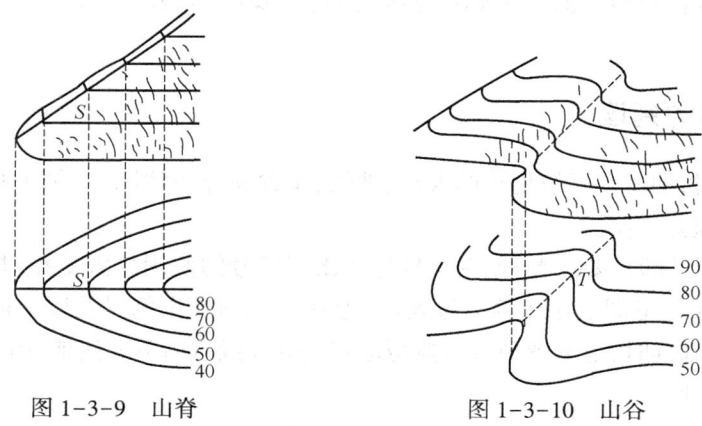

图1-3-9　山脊　　　　　　图1-3-10　山谷

（3）鞍部。鞍部是指相邻两个山头之间的低凹处形似马鞍的部分。通常来说鞍部既是山谷的起始高点,又是山脊的终止低点。所以鞍部的等高线是两组相对的山脊与山谷等高线的组合,如图1-3-11所示。

（4）悬崖和陡崖。悬崖是上部突出、下部凹进的陡崖。悬崖上部的等高线投影到水平面时,与下部的等高线相交,下部凹进的等高线部分用虚线表示。陡崖是坡度在70°以上的陡峭崖壁,有石质和土质之分。如用等高线表示,则是非常密集或重合为一条线,因此,采用陡崖符号来表示,如图1-3-12（b）（c）所示。

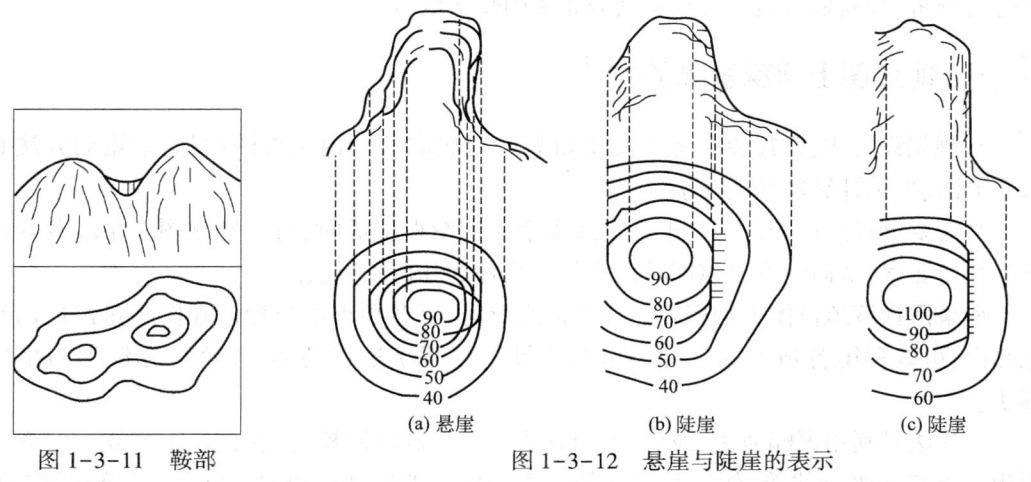

图1-3-11　鞍部　　　（a）悬崖　　（b）陡崖　　（c）陡崖

图1-3-12　悬崖与陡崖的表示

七、地图要素

CAC008 地图要素的内容

地图上的地图投影、比例尺、控制点、坐标网、高程系、地图分幅等,这些内容是决定地图图幅范围、位置,以及控制其他内容的基础。称这些内容为数学要素。

地图上表示具有地理位置、分布特点的自然现象和社会现象的内容,称为地理要素。地图上的地理要素分为自然要素和社会经济要素。

地图上的图名、图号、图例和地图资料说明,以及图内各种文字、数字注记等称整饰要素。

八、地形图的判读 `GAC007 地形图判读的内容`

地物判读的目的一是了解地物的大小、种类、位置和分布情况;二是了解各种地貌的分布和地面的高低起伏状况。

进行地形图判读时,要注意:比例符号与半比例符号的使用界限是相对的,如铁路等地物,1∶500 比例尺地形图上用比例符号表示,但在 1∶5000 比例尺及以上的地形图上用半比例符号表示。判读时,地形图中表示典型地貌的等高线有山头和洼地、山脊和山谷、鞍部、陡崖和悬崖等四种。

九、地形图识图的要求 `ZAC005 地形图识图的要求`

为了正确地应用地形图,首先要能看懂地形图。地形图识读主要是对地物、地貌的判读和图外注记的识读。地形图识读中,对图外注记的识读中不包括地物点坐标高程。

进行地形图识读的目的是通过这些符号或注记,使地形图成为展现在人们面前的实地立体模型。

通过对航测优质地图水系结构的判读,可分析许多形态与成因关系的问题。

地形图判读是对地形图上所表现的各种各样的制图现象,通过阅读、联想性推理或系统组合的分析,判断地物质量特征及其分布成因规律的方法。

十、地形图上面积量算的方法 `GAC008 地形图上面积的量算方法`

在规划设计中,常需要在地形图上量算一定轮廓范围内图形的面积,采用的方法有几何图形法、坐标计算法和模片法。

当需要量算的面积区域是由一个或多个几何图形组成时,可分别从图上量取各几何图形的几何要素,从而计算出该区域面积的方法称为几何图形法。

如果需计算地形图上的面积为任意多边形时,且各顶点的坐标已在图上量出或已在实地测出,可以利用各顶点的坐标用解析法计算任意多边形的面积,这种方法称为坐标计算法。

模片法是利用聚酯薄膜、玻璃、透明胶片等材料制成的模片,在模片上建立一组有单位面积的方格或平行线等,然后利用这种模片去覆盖被量测的面积,从而求得相应图上的面积,再根据地形图的比例尺,计算出所测图形的实地面积。

项目二 大比例地形图的绘制

一、测量上常用的度量单位

测量工作中常用的度量单位有长度单位、面积单位及角度单位三种。我国的法定计量单位以国际单位制(SI)为基础,测量中必须使用法定计量单位。

(一)长度单位

长度 SI 单位是米,符号为 m。测量中常用的长度单位还有毫米(mm)、厘米(cm)、分米(dm)和千米(km)。它们的换算关系:1m = 10dm = 100cm = 1000mm;1km = 1000m。

(二)面积单位

面积的 SI 单位是平方米,符号为 m^2。面积还通常用平方毫米(mm^2)、平方厘米(cm^2)、平方分米(dm^2)等表示。地面大面积可用平方千米(km^2)。表示土地面积的还可用公顷(hm^2)。它们的换算关系:$1m^2 = 10^2 dm^2 = 10^4 cm^2 = 10^6 mm^2$;$1km^2 = 10^6 m^2$;$1hm^2 = 10^4 m^2$。

(三)角度单位

表示平面角的 SI 单位是弧度,符号为 rad。测量上一般不直接以弧度为角度单位,而通常以度(°)为角度的单位。以度为单位时可以是十进制的度,也可按习惯以 60 进制的组合单位度(°)、分(′)、秒(″)。

为了使用方便,下面给出弧度、度的定义及换算关系。

1. 弧度

圆周上等于半径的弧长所对的圆心角值称为一弧度,即 1rad。如用 $\hat{\theta}$ 表示圆心角的弧度值,用 L 表示弧长,用 R 表示圆的半径,则有 $\hat{\theta} = \dfrac{L}{R}$,因圆的周长为 $2\pi R$,故圆周角为 2π rad。

2. 度、分、秒

将一圆周等分为 360 份,每一等份所对的圆心角值称为一度,即 1°。1°的 $\dfrac{1}{60}$ 为 1′,1′的 $\dfrac{1}{60}$ 为 1″,1° = 60′ = 3600″。

度及其衍生的分、秒,不是国际单位制(SI)单位,但是我国的法定计量单位之一,也是测量中表示角度的最常用的单位。

3. 弧度与度、分、秒的换算关系

测量计算中,有时要将度、分、秒化成弧度,或反过来将弧度化成度、分、秒。习惯上分别以 $\rho°, \rho′, \rho″$ 表示 1rad 对应的度、分、秒。

1rad = $\rho°$ = $(180/\pi)°$ ≈ 57.3°;1rad = $\rho′$ = $(180 \times 60/\pi)′$ ≈ 3438′;1rad = $\rho″$ = $(180 \times 3600/\pi)″$ ≈ 206265″。

如果单纯表示一个平面角的大小或计算其三角函数值,无论以弧度还是以度为单位都是一样的，在使用计算器计算时，注意设置相应的角度单位模式就可以了。但是，在误差分析中，角度的增量(误差)就必须以弧度为单位。也就是说，虽然多数情况下角度的误差是以秒或分给出的，计算时一定要将其化为弧度。

4. 冈

在西方一些国家，采用另一种角度单位"冈"(gon)。将圆周分为400等份，每一等份所对的圆心角值称为一冈，即1gon。更小的单位还有10^{-2}gon，10^{-4}gon。我国也有人将其分别称为"新度""新分""新秒"。这种100进制的单位虽然有其方便之处，但不是我国法定计量单位，在测量中也不使用。日本及欧美一些进口电子仪器中可能有此单位设置。

二、碎部点的选择

碎部点的正确选择是保证成图质量和提高测图效率的关键。碎部点应尽量选在地物、地貌的特征点上。

测量地貌时，碎部点应选择在最能反映地貌特征的山脊线、山谷线等地性线上，根据这些特征点的高程勾绘等高线，就能得到与地貌最为相似的图形。

测量地物时，碎部点应选择在决定地物轮廓线上的转折点、交叉点、弯曲点及独立地物的中心点等，如房的角点、道路的转折点、交叉点等。这些点测定之后，将它们连接起来，即可得到与地面物体相似的轮廓图形。由于地物的形状极不规则，故一般规定主要地物凹凸部分在图上大于0.4mm均应表示出来。在地形图上小于0.4mm，可用直线连接。

为了能将实地情况真实地反映出来，在地面平坦或坡度无显著变化地区，碎部点的间距和测碎部点的最大视距，应符合表1-3-8的规定。

表1-3-8　平坦地区碎部点的间距和测碎部点的最大视距

测图比例尺	地形点最大间距，m	最大视距，m	
		主要地物点	次要地物点和地形点
1∶500	15	60	100
1∶1000	30	100	150
1∶2000	50	130	250
1∶5000	100	300	350

三、地物的绘制

地物要按地形图图示规定的符号表示，各种地物绘制应符合要求。

(一)轮廓符号绘制

轮廓符号的绘制，应符合下列规定：

(1)依比例尺绘制的轮廓符号，应保持轮廓位置的精度。

(2)半依比例尺绘制的线状符号，应保持主线位置的几何精度。

(3)不依比例尺绘制的符号，应保持其主点位置的几何精度。

(二)居民地绘制

居民地绘制，应符合下列规定：

(1)城镇和农村的街区、房屋,均应按外轮廓线准确绘制。
(2)街区与道路的衔接处,应留出 0.2mm 的间隔。

(三)水系绘制

水系绘制应符合下列规定:
(1)水系应先绘桥、闸,其次绘双线河、湖泊、渠、海岸线、单线河,然后绘堤岸、陡岸、沙滩和渡口等。
(2)当河流遇桥梁时应中断;单线沟渠与双线河相交时,应将水涯线断开,弯曲交于一点。当两双线河相交时,应互相衔接。

(四)交通及附属设施绘制

交通及附属设施绘制,应符合下列规定:
(1)当绘制道路时,应先绘铁路,再绘公路及大车路等。
(2)当实线道路与虚线道路、虚线道路与虚线道路相交时,应实部相交。
(3)当公路遇桥梁时,公路与桥梁应留出 0.2mm 的间隔。

(五)境界线绘制

境界线的绘制,应符合下列规定:
(1)凡绘制有国界线的地形图,必须符合国务院批准的有关国界线的绘制规定。
(2)境界线的转角处,不得有间断,并应在转角上绘出点或曲折线。

四、等高线的绘制

等高线绘制应符合下列要求:
(1)应保证精度,线划应均匀,光滑自然。
(2)当图上的等高线遇双线河、渠和不依比例尺绘制的符号时,应中断。
(3)勾绘等高线时,首先用铅笔轻轻描绘出山脊线、山谷线等地性线,再根据碎部点的高程勾绘等高线。对于悬崖、峭壁、土堆、冲沟、雨裂等不能用等高线表示的地貌,应按图式规定的符号表示。
(4)由于相邻碎部点之间可视为均匀坡度,因此,可在两相邻碎部点的连线上,按平距与高差成比例的关系,内插出两点间各条等高线通过的位置。
(5)勾绘等高线时,要对照实地情况,先画计曲线,后画首曲线,并注意等高线通过山脊线、山谷线的走向。

五、各种注记的配置

各种注记的配置,应分别符合下列规定:
(1)文字注记,应使所指示的地物能明确判读。一般情况下,字头应朝北。道路河流名称,可随现状弯曲的方向排列。各字侧边或底边,应垂直或平行于线状物体。各字间隔尺寸应在 0.5mm 以上;远间隔的也不宜超过字号的 8 倍。注字应避免遮断主要地物和地形的特征部分。
(2)高程注记,应注于点的右方,离点位的间隔应为 0.5mm。
(3)等高线的注记字头,应指向山顶或高地,不应朝向图纸的下方。

六、地形图的拼接、检查与整饰

> ZAC001 地形图拼接的方法

(一) 地形图的拼接

测区面积较大时,整个测区必须划分为若干幅图进行施测,这种情况下,由于测量误差和绘图误差的影响,在相邻图幅的连接处,无论是地物轮廓线,还是等高线往往不能完全吻合。

地形图的拼接应符合下列要求:

(1) 拼接时,用宽 5~6cm 的透明纸蒙在左图幅的接图边上,用铅笔把坐标格网线、地物、地貌描绘在透明纸上,然后再把透明纸按坐标格网线位置蒙在右图衔接边上,同样用铅笔进行地物和地貌的描绘。

(2) 当用聚酯薄膜进行测图时,不必描绘图边,利用其自身的透明性,可将相邻两幅图的坐标格网线重叠。

(3) 若相邻处的地物、地貌偏差不超过表 1-3-9 中规定的 $2\sqrt{2}$ 倍时,则可取其平均位置,并据此改正相邻图幅的地物、地貌位置。

表 1-3-9 相邻处地物、地貌偏差

地区类别	点位中误差图上 mm	邻近地物点间距中误差,图上 mm	等高线高程中误差(等高距)			
			平地	丘陵地	山地	高山地
山地、高山地和设站施测困难的旧街坊内部	0.75	0.6	1/3	1/2	2/3	1
城市建筑区和平地、丘陵	0.5	0.4				

(二) 地形图的检查

地形图的检查包括室内检查、室外巡视检查和野外设站检查,内容见表 1-3-10。

表 1-3-10 地形图检查的内容

序号	项目	检查内容
1	室内检查	(1) 图上地物、地貌是否清晰易读; (2) 各种符号注记是否正确; (3) 等高线与地形点的高程是否相符,有无矛盾可疑之处; (4) 图边拼接有无问题等
2	室外巡视检查	根据室内检查的情况,有计划地确定巡视路线,进行实地对照查看,主要包括: (1) 检查地物、地貌有无遗漏; (2) 检查等高线是否逼真合理; (3) 检查符号、注记是否正确等
3	仪器设站检查	根据室内检查和巡视检查发现的问题,到野外设站检查,除对发现的问题进行修正和补测外,还要对本站所测地形进行检查,看原测地形图是否符合要求。仪器检查量每幅图一般为 10% 左右

> GAC002 地形图整饰的规定

(三) 地形图的整饰

当地形图原图经过拼接和检查后,为使图面更加合理、清晰、美观,还应进行清绘和整饰。地形图的整饰应按先图内后图外、先地物后地貌、先注记后符号的顺序进行。图上的注记、地物以及等高线均按规定的图式进行注记和绘制,但应注意等高线不能通过注记和地物。最后,应按图式要求写出图名、图号、比例尺、坐标系统及高程系统、施测单位、测绘者及测绘日期等。

七、地形图的修测和编绘

(一)地形图的修测

地形图修测应了解原图施测质量,收集有关资料,并到实地进行踏勘,从而制定修测方案,对于下列情况,应先补设图根控制点再进行修测:

(1)地物变动面积较大或周围地物关系控制不足。

(2)补测新建的住宅楼群或独立的高大建筑物。

(3)修测丘陵、山地及高山的地貌。

地形图修测应符合下列规定:

(1)新测地物与原有地物的间距中误差,不得超过图上0.6mm。

(2)地形图的修测方法,可采用全站仪测图法和支距法等。

(3)当原有地形图图式与现行图式不符时,应以现行图式为准。

(4)地物修测的连接部分,应从未变化点开始施测;地貌修测的衔接部分应施测一定数量的重合点。

(5)除对已变化的地形、地物修测外,还应对原有地形图上已有地物、地貌的明显错误或粗差进行修测。

(6)修测完成后,应按图幅将修测情况做记录,并绘制略图。

(7)纸质地形图的修测,宜将原图数字化再进行修测;如在纸质地形图上直接修测,应符合下列规定:

①修测时宜用实测原图或与原图等精度的复制图。

②当纸质图图廓伸缩变形不能满足修测的质量要求时,应予以修正。

③局部地区地物变动不大时,可利用经过校核、位置准确的地物点进行修测。使用图解法修测后的地物不应再作为修测新地物的依据。

(二)地形图的编绘

地形图的编绘,应选用内容详细、精度高的已有资料,包括图纸、数据文件、图形文件等进行编绘。

编绘图应以实测图为基础进行编绘,各种专业图应以地表图为基础结合专业要求进行编绘;编绘图的比例尺不应大于实测图的比例尺。

地形图编绘作业,应符合下列规定:

(1)原有资料的数据格式应转换成同一数据格式。

(2)原有资料的坐标、高程系统应转换成编绘图所采用的系统。

(3)地形图要素的综合取舍,应根据编绘图的用途、比例尺和区域特点合理确定。

(4)编绘图应采用现行图式。

(5)编绘完成后,应对图的内容、接边进行检查,发现问题应及时修改。

> JAA011 地形图测量的内容

八、地形图测量

地形测量作业的目的是获得精确的地形图和准确可靠的点位资料,供有关部门使用。

地形测量过程中,由于受各种条件的影响,不论采用何种方法、使用何种仪器,测量的成果都会含有误差。所以测量时必须采取一定的程序和方法,以防止误差的积累。

地形测量作业中必须遵循:在布局上"由整体到局部",在精度上"由高级到低级,分级布网,逐级控制",在程序上坚持先控制后测图的原则进行。

传统的地形测量作业概括起来可分为控制测量和地形图测图两大部分。

模块四　航空摄影测量与数字地面模型

项目一　航空摄影测量

一、摄影测量学的含义

摄影测量学是将来自目标物体反射的光线通过某种方式进行记录,然后基于记录的结果进行量测和解译。因此,摄影测量学的基本含义是基于像片的量测和解译。传统的摄影测量学是利用光学摄影机摄影的像片,研究和确定被摄物体的形状、大小、位置、性质和相互关系的一门科学的技术。它包括的内容有:获取被摄物体的影像,研究单张和多张像片的处理方法,包括理论、设备和技术,以及将所测得的成果以图解形式或数字形式输出的方法和设备。

ZAD001 摄影测量学的含义

二、摄影测量学的分类

摄影测量学的分类方法有多种,根据摄影机平台位置的不同可分为航天摄影测量、航空摄影测量、地面摄影测量和水下摄影测量;按摄影机平台与被摄目标的远近可分为航天摄影测量、航空摄影测量、地面摄影测量、近景摄影测量和显微摄影测量;按用途可分为地形摄影测量和非地形摄影测量,地形摄影测量的目的是测制各种比例尺的地形图,而非地形摄影测量的应用非常广,服务的领域和研究对象千差万别,如工业、建筑、考古、军事、生物、医药等;按处理技术的不同,摄影测量可分为模拟摄影测量、解析摄影测量和数字摄影测量。

ZAD002 摄影测量学的分类

三、摄影测量学的发展阶段

摄影测量学也经历了模拟摄影测量、解析摄影测量和数字摄影测量三个发展阶段,数字摄影测量代表了现代摄影测量学的发展方向。

由于现代航天技术和电子计算机技术的飞速发展,摄影测量的学科领域更加扩大了,可以这样说,只要物体能够被摄成影像,都可以使用摄影测量技术,以解决某一方面的问题。这些被摄物体可以是固体的、液体的,也可以是气体的;可以是静态的,也可以是动态的;可以是微小的,也可以是巨大的。这些灵活性使得摄影测量学成为可以多方面应用的一种测量手段和数据系集与分析的方法。由于具有非接触传感的特点,自20世纪70年代以来,从侧重于解译和应用角度,又提出了遥感一词。

ZAD003 摄影测量学的发展阶段

四、摄影测量学的应用

利用摄影测量学可以绘制和更新各种不同比例尺的地形图和专题图,为各种地理信息

ZAD005 摄影测量学的应用

系统建立地球表面的空间数据库。在工业、工程地质、变形观测、考古、文物保护、生物医学等方面的应用很广的是近景摄影测量。摄影测量由模拟摄影测量、解析摄影测量发展到数字摄影测量时代,已经从传统的测绘产业发展为新兴的信息产业。摄影测量与遥感技术、GPS 技术的联合应用,以及地理信息系统 GIS 的建立,更使其在国民经济和重大国情的调查研究资源与环境的调查研究、自然灾害的监测等诸多领域大有用武之地。

五、航空摄影测量测图的方法

> ZAD007 航空摄影测量测图的方法

航空摄影测量的综合法是航空摄影测量和平板仪测量相结合的方法。航空摄影测量的分工法是按照平面和高程分求的原则进行测图的一种方法。航空摄影测量的分工法又称为微分法。航空摄影测量的分工法使用的主要仪器是立体测量仪。

六、航摄比例尺选择

> ZAD011 航摄比例尺的选择方法

公路航空摄影应结合路线沿线的地形起伏情况和成图精度要求,合理选择镜头焦距。在选择航摄仪镜头焦距时,应根据摄区的地形和成图精度要求进行综合考虑,在保证飞机最低安全高度和避免摄影死角的前提下,应尽量选用短焦距镜头进行航空摄影。

航摄比例尺的选择,应综合考虑公路各测设阶段所用地形图的比例尺及相应精度要求,结合摄区的地形条件、成图方法及所用仪器的性能等因素。航摄比例尺分母与成图比例尺分母之比,以 4~6 为宜。航摄比例尺的具体值见表 1-4-1,对地形图精度要求高的工程宜选择较小值。

公路航摄应合理选择性能先进的航摄仪,宜选择使用像幅为 230mm×230mm 的航摄仪。

表 1-4-1 航摄比例尺

成图比例尺	航摄比例尺	成图比例尺	航摄比例尺
1∶500	1∶2000~1∶3000	1∶2000	1∶8000~1∶12000
1∶1000	1∶4000~1∶6000	1∶5000	1∶20000~1∶30000

七、航空飞行

> GAD002 航空像片重叠度的要求

进行航空测量时,像片重叠度应符合表 1-4-2 的规定。

表 1-4-2 像片重叠度

方 向	个别最小值,%	一般值,%	个别最大值,%
同一航带航向重叠	56	60~65	75
相邻航带旁向重叠	15	30~35	—

> GAD003 航空像片旋偏角的要求

其倾角应小于 2°,个别最大可为 4°。旋偏角应符合表 1-4-3 的规定。

表 1-4-3　旋偏角

航摄比例尺 M	一般值,(°)	个别最大值,(°)
$M \leqslant 1/8000$	≤6	≤8
$1/8000 < M \leqslant 1/4000$	≤8	≤10
$1/8000 \leqslant M$	≤10	≤12

同一航带上相邻像片的航高差应小于 20m;同一航带上最大航高与最小航高之差应小于 30m。航线的弯曲度应小于 3%。

分区的摄影覆盖范围应符合下列要求:

(1)沿路线走廊的纵向覆盖,航带两端应各超出分区范围 1 条基线以上。

(2)路线走廊的横向覆盖应满足设计要求,航迹线偏移应小于像幅的 10%。

漏洞补摄时,应根据原设计要求及时进行,宜采用与原摄影相同类型的航摄仪,纵向覆盖应超出漏洞 1 条基线以上。

八、航空摄影质量

进行航空摄影测量时,根据路线所经地域的地理纬度、气候条件及太阳高度角对地形、地物照射产生的阴影倍数,选择最佳的航摄季节和时间。平原、微丘区,太阳高度角应大于 20°,阴影应小于 3 倍;重丘、山岭区,太阳高度角应大于 45°,阴影应小于 1 倍;地形高差特大或陡峭的山区,航摄时间应控制在地方时正午前后 1h 内。底片的灰雾密度应小于 0.2;底片最大密度应在 1.4~1.8 之间,极个别的可为 2.0,底片最小密度至少应比灰雾密度大 0.2;底片的密度差宜为 1.0 左右,最大密度差应小于 1.4,最小密度差应大于 0.6。

因飞机地速产生的最大像点位移在底片上应小于 0.06mm,其值按下式计算:

$$\delta = T \frac{v}{m} \times 10^3$$

式中　δ——像点位移量,mm;

　　　T——曝光时间,s;

　　　v——飞机地速,m/s;

　　　m——最高地形点的航摄比例尺分母。

底片上的框标及其他各类注记标志应清晰、齐全、完整,底片不得有云、云影、划痕、斑痕、折伤、脱胶等缺陷。当发现有上述缺陷且对成图有影响时,应予以补摄。航摄像片索引图、透明正片、像片等航摄复制品应影像清晰,不宜有划痕、斑痕、折伤、脱胶等缺陷。

九、航空摄影分区

(一)航带设计

根据公路规划任务书、公路工程可行性研究报告、公路勘测任务书等技术文件,宜采用 1∶50000 地形图进行航带设计。

不同航带数在设计用图上的总宽度应按下式计算:

$$d_j = L \frac{m}{M} [1 + (j-1)(1-q_Y)] \times 10^{-3} (j = 1, 2 \cdots)$$

式中 d_j——航带设计用图上总的覆盖宽度,m;
　　L——像幅尺寸,mm;
　　m——航摄比例尺分母;
　　M——设计用图比例尺分母;
　　j——航带数;
　　q_Y——相对于平均基准面上的旁向重叠度,%。

(二)航摄分区的面积

(1)每个航摄分区的摄影面积应按下式计算:

$$A_i = S_{xi} S_{yi} M^2 \times 10^{-6}$$

式中 A_i——第 i 个分区的摄影面积,km²;
　　S_{xi}——第 i 个分区的图上长度,m;
　　S_{yi}——第 i 个分区的图上宽度,m;
　　M——设计用图比例尺分母。

当多航带分区中航带长不等时,应按不同航带数分段计算再取和。

(2)整个摄区的摄影总面积应按下式计算:

$$A = \sum_{i=1}^{n} A_i$$

式中 A——整个摄区的摄影总面积,km²;
　　A_i——各个分区的摄影面积,km²;
　　n——摄影分区总数。

(三)航摄分区的基本像片数

(1)各分区的航摄基线长按下式计算:

$$B_{xi} = mL(1 - q_{xi}) \times 10^{-3}$$

式中 B_{xi}——第 i 个分区航摄基线长,m;
　　q_{xi}——第 i 个分区的航向重叠度,%。

(2)各分区的基本像片数按下式计算:

$$C_i = \sum_{j=1}^{j_i} \left(\frac{S_{xij} M}{B_i} + 3 \right)$$

式中 C_i——第 i 个分区航摄基本像片数;
　　$S_{xij} M$——第 i 个分区第 j 条航带的图上长度,m;
　　j_i——第 i 个分区的航带数;
　　$\frac{S_{xij}}{B_i} + 3$——以航带为单位,向上取整。

(3)计算整个摄区的基本像片总数:

$$C = \sum_{i=1}^{n} C_i$$

式中 C——整个摄区的基本像片总数。

（四）航摄范围

航摄范围见表 1-4-4。

表 1-4-4　航摄范围

序号	航 摄 范 围
1	航摄范围横向每侧应覆盖成图区域以外一个航带 20% 以上的宽度，纵向各向外延伸 2~3 条摄影基线
2	大桥、特大桥的航摄范围：上游长度宜为河岸宽度的 3 倍，下游为河岸宽度的 2 倍，顺桥轴方向桥头引线终点以外 500m
3	大型互通式立交及服务区、管理区等，航摄范围应超出其区域范围每边 500mm 以上
4	短于 1000m 的隧道应按路线方案走廊处理；1000m 以上隧道的航摄范围应以隧道方案线控制，两侧各超出方案线的距离应大于 700m

（五）航摄分区

航摄分区的划分与组合应符合以下要求：

（1）航摄分区的划分应以路线方案的平面线形变化和纵断面地形高差变化为依据确定。

（2）在满足航摄范围要求的基础上，宜选用单航带形式布设航摄分区。

（3）航摄分区内的地形高差应符合下列规定：

①当航摄比例尺小于 1∶8000 时，应小于 1/4 摄影航高。

②当航摄比例尺大于或等于 1∶8000 时，应小于 1/6 摄影航高。

在地形困难地区，分区的结合部宜设置在地形较好地段，以利于像片联测时的作业。

（4）航摄分区接头的部分不应产生漏洞，其重叠部分至少应具有两条以上摄影基线。

（5）航摄分区的长度不宜短于 6.0km，并宜布设为规则矩形。

十、航空摄影测量工作

（一）航空测量外业

1. 航空测量布点

1）全野外布点

全野外布点应符合下列要求：

（1）对于像片平面图的全野外布点，每张隔号像片应布设 4 个平高点，如图 1-4-1 所示。

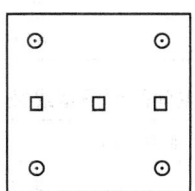
图 1-4-1　像片平面图的全野外布点

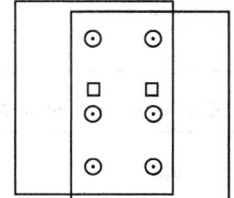
图 1-4-2　立体成图的全野外布点

（2）对于立体成图的全野外布点，每个立体像对应布设 4 个平高点。当航摄比例尺分母大于 4 倍成图比例尺分母时，宜在像主点附近增设 1 个平高控制点，如图 1-4-2 所示。

当控制点的平面坐标由内业加密得出时,增设的平高控制点可改为高程控制点。

> JAC003 航空测量航带布点的方法

2)航带布点

单航带布点应采用每一分段六点法。航带首末端点间的间隔基线数不应大于表1-4-5至表1-4-8的规定。两端的上、下两点宜选在通过像主点且垂直于方位线的直线上,相互偏离不应超过1/2条基线;中央一对点宜选在两端控制点的中间,左、右偏离不应超过1条基线,并避免上、下两点同时往一侧偏离。

表1-4-5 1∶500成图航带网布点首末端点间的间隔基线数

比例尺	焦距	地形类别			
		平原	微丘	重丘	山岭
1∶2000	305	10/ *	10/ *	14/12	14/12
1∶2500	305	8/ *	8/ *	12/8	12/8
1∶3000	305	6/ *	6/ *	10/6	10/6

表1-4-6 1∶1000成图航带网布点首末端点间的间隔基线数

比例尺	焦距	地形类别			
		平原	微丘	重丘	山岭
1∶4000	152	8/ *	8/ *	12/14	—/—
	210	8/ *	8/ *	12/12	12/16
1∶5000	152	6/ *	6/ *	10/10	10/16
	210	6/ *	6/ *	10/8	10/12
1∶6000	152	* / *	* / *	8/8	8/14
	210	4/ *	4/ *	6/6	6/10

表1-4-7 1∶2000成图航带网布点首末端点间的间隔基线数

比例尺	焦距	地形类别			
		平原	微丘	重丘	山岭
1∶8000	152	8/ *	8/ *	12/10	12/12
	210	8/ *	8/ *	12/8	12/12
1∶10000	152	6/ *	6/ *	10/10	10/10
	210	6/ *	6/ *	10/6	10/8
1∶12000	152	* / *	* / *	8/4	8/8
	210	4/ *	4/ *	6/ *	6/6

表1-4-8 1∶5000成图航带网布点首末端点间的间隔基线数

比例尺	焦距	地形类别			
		平原	微丘	重丘	山岭
1∶20000	152	8/ *	8/ *	12/10	12/12
	210	8/ *	8/ *	12/8	12/12

续表

比例尺	焦距	地形类别			
		平原	微丘	重丘	山岭
1:25000	152	6/*	6/*	10/8	10/10
	210	6/*	6/*	10/6	10/8
1:30000	152	*/*	*/*	8/4	8/8
	210	4/*	4/*	6/*	6/6

注：上述四个表中，分子为平面控制点间隔基线数，分母为高程控制点间隔基线数，*表示全野外布点。

3）区域网布点

当航带数为2条及以上时，宜采用区域网布点，其航带跨度应符合1-4-9的规定。控制点间基线数与单航带相同，并应保证区域四周至少有6个平高点。

JAC004 航空测量区域网布点的要求

表1-4-9 航带区域网允许的最大航带跨度数

比例尺	1:500	1:1000	1:2000	1:5000
航带数（条）	4~5	4~5	5~6	5~6

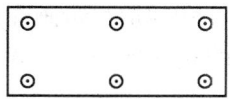

当成图范围不规则时，可采用不规则区域网布点。凸出处应布设平高点，凹进处应布设高程点。当凹角点与凸角点之间距离超过2条基线时，在凹角处应布设平高点，如图1-4-3所示。

图1-4-3 单航带布点

4）特殊情况布点

特殊情况布点应符合下列要求：

JAC005 航空测量特殊情况布点的要求

（1）航摄分区接合处像控点应布设在航带重叠区域，尽量使其公用。当不能满足公用要求时，应分别布点。

（2）当遇到像主点、标准点位落水，但落水范围的大小和位置不影响立体模型连接时，可按正常航带布点，否则落水像对应按全野外布点。

（3）海湾、岛屿、湖泊地区，应按全野外法布点，控制点位应能最大限度控制测绘区域。

2. 航空像控点

1）像控点的选刺

JAC006 航空像控点选刺的要求

航空测量像控点的选刺应符合下列要求：

（1）像片平面控制点应选择影像清晰、棱角分明的明显地物点，实地判点误差应小于图上0.1mm。刺点误差和刺孔直径不得大于0.1mm，且应刺透，不得有双孔。

（2）像控点宜选在近于直角的线状地物的交点或地物拐角上。在地物稀少地区，点位目标也可选在线状地物的端点或点状物的中心。弧形及不固定的地物，不得作为刺点目标。

（3）像片高程控制点的点位应选刺在高程变化较小的地方。

（4）像片高程控制点的点位宜选在线状地物交点和平山头，不应选在狭沟、尖山头或高程变化急剧的斜坡上。当点位刺在高于地面的地物顶部时，应量注顶部与地面的比高。

（5）像片平高控制点的点位目标，应同时满足平面和高程控制点对点位目标的要求。

2）像控点的整饰

JAC007 航空像控点整饰的要求

（1）像片控制点仅整饰刺点片，整饰应清晰、明了，同一测区不得有重号。

(2)刺有像控点的刺片,应在正面用直径为5~10mm的圆形整饰,并注记点名和高程。

(3)像片背面应用铅笔在现场详细绘制点位略图,注上点名或点号,简要说明刺点位置和比高、刺点者、检查者(对刺者)及刺点日期。文字说明中指示方位时,宜用"上、下、左、右"。

(4)航带间公用的点只在相邻航带的主片上转标,并应注上点号和说明刺点片号。当借用相邻测区的像片控制点时,必须转刺并按前述规定式样整饰。

3)像控点的测量

> JAC008 航空像控点测量的要求

(1)像控点的平面位置测量可采用导线测量、GPS测量等方法进行,其点位中误差不应超过重要地物点平面位置中误差的1/5。

(2)像控点的高程可采用三角高程测量、水准测量和GPS测量等方法进行,其中误差不应超过基本等高距的1/10。

(3)像控点测量时,其具体作业要求可按图根控制测量的要求执行。

4)航空测量像片的调绘

> JAC009 航空测量像片的调绘要求

航空测量像片的调绘应符合下列要求:

(1)调绘范围应覆盖测图区域,调绘像片宜采用隔号像片。相邻调绘片接边时,右、下调绘面积线宜采用直线,左、上调绘面积线应根据邻片立体转绘。调绘面积线应尽量画在航向重叠和旁向重叠的中线附近,并应尽量避免分割居民点和其他重要的独立地物。在调绘面积线以外,应注明邻接像片号,无接边处应注明"自由图边"。

(2)各种方位物、建筑物、管线、水系、道路、地貌、农田、植被、境界及各类名称等要素应准确调绘。

(3)房屋应调绘至屋檐滴水线。距路线100m外的成片毗连房屋内侧的凸凹在图上小于1.0mm,小块空院和空场在图上小于$25mm^2$以及在图上小于1.0mm的次要巷道和死胡同等,均可进行综合取舍,但大块空地应当画出。无毗连的房屋应逐个调绘,并对房屋的建筑材料和层数进行注记。

(4)地面、地下及架空管线除表示其位置外,应调绘输送物质。永久性的电力线、通信线、地下电缆的地面标志、铁塔如能在像片上判出,则以立体判读为准。在野外应区分出高压线、低压线或通信线,并在其转折处标明每条线路的走向。对于电杆位置不清的像片,除应标明其走向并逐个判刺电杆位置外,还应量出至相邻电杆的距离。居民区的管道和低压电力线可不表示。

(5)河流、湖泊、池塘应绘出摄影时的水涯线。池塘的水涯线与岸边线在图上距离小于1mm,水涯线可绘在岸边线位置上。上渠、贮水池的水涯线则以坎沿为准。水中和岸边的附属要素应调绘齐全,河流和沟渠还需标明流向。堤坝、河流、沟渠等在图上宽度大于1mm时,应用双线表示。缺水地区的井和泉应表示。

(6)道路除调绘铁路、公路、大车路、桥涵、隧道、渡口及其附属设施外,人烟稀少地区的小路亦应调绘。公路、铁路应注明等级、通向、路基和路面的宽度以及铺面材料。以双线表示的道路,当其边线不明显时,需调注路宽和路的一条边至明显地物点的距离。道路的宽度应按道路类型分别计算,有铺装的道路宽度,应量取路肩端点间的宽度;无排水沟的大车路,应以实际使用宽度为准。乡村路则应选择主要的加以表示。

(7)路堤、路堑、冲沟、陡坎、梯田坎等不能用等高线反映的天然或人工地貌元素,均应以相应符号调绘于像片上,其比高在1m以上时可在内业立体测图时予以测注,但在阴影遮盖的沟谷和隐蔽地区应由外业量注。

(8)对于大面积成片分布的植被,调绘时可在像片内用文字作简注说明。在密林灌木丛地区,应调绘平均树高,并且在平均树高有变化的地方分别量注。多种植被混生于同一范围内时,宜只选择其主要的表示。

(9)境界可只调绘县(旗)以上行政区界。除了通过实地询问调查外,亦可利用当地准确测绘的行政区划图。

(10)地理名称注记应参照当地地名资料调查核实,正确注记。其内容包括居民地、道路、桥梁、市镇街巷、工矿企业、机关学校、医院、农(林)场、大型文化教育建筑、名胜迹以及山岭、沟谷、河流、湖泊、港口等名称。

(11)对航摄后拆除的建筑物应在像片上划掉,增加的建筑物可不表示。

(12)当地物过于密集、地物间距离过小、无法在调绘片上按真实位置表示时应分清主次,可将次要地物移位表示,但不得改变地物间的相互关系;当移位后仍无法表示时,可将次要地物舍去。

> JAC010 航空像控转点与加密点的选定方法

(二)航空测量内业

1)像控转点与加密点的选定

航空测量内业作业时,野外像控点的转点与内业加密点的选定应符合下列要求:

(1)野外控制点不宜转刺,但应转标。需要转刺时,必须依据野外控制片上的刺孔、点位略图及点位说明综合判断,准确转刺。

(2)加密点的选点要求应按像控点选刺的相关规定执行。

(3)区域网平差时,当相邻航带像片重叠错位,点位不能达到6片公用时,应分别选点,互相转标。

(4)加密时,宜加入湖面、水库水面、GPS测量等辅助数据进行联合平差。

(5)航带沿河道、山谷布设时,应注意标准点间的高差,不应出现相对定向不定性。

(6)像控点宜有不易褪色的细绘图笔在透明正片上准确相互转标并进行整饰。需要刺点时,像对内点位刺孔只准刺一次,2、4、6点刺在右像片上,其余刺在左像片上,刺出的点位应整饰。

(7)加密点在同一测段或同一区域网中应统一编号,并注记于测绘面积外,点号不应重号。

2)加密点平面及高程误差估算

加密点平面及高程误差应进行估算,内业加密点相对于最近野外控制点的平面和高程中误差不得大于相应规定。

加密点平面及高程误差估算公式为:

$$m_c = \sqrt{\frac{[\Delta\Delta]}{n}},\ m_p = \sqrt{\frac{[dd]}{2n}}$$

式中　m_c——控制点中误差,m;
　　　m_p——公共点中误差,m;

Δ——控制点的不符值,m;
d——公共点较差,m;
n——评定精度的点数。

(三)影像图的制作与应用

影像图的应用与制作在各设计阶段路线、桥梁、隧道、互通立交方案研究、位置选定时,应按表1-4-10选用相应的影像图。

表1-4-10 影像图的用途

用途	种类	用途	种类
工程可行性研究	未纠正的像片平面图	施工图设计及山区初步设计	正射影像图
平微区初步设计	纠正或概略纠正的影像图	设计各阶段	正射影像地形图

平原地区宜采用纠正像片平面图,丘陵、山岭地宜采用正射影像图,并在影像图上加注千米格网及地名等工程设计中重要的应用信息。概略纠正的影像图或纠正像片宜以相应比例尺地形图作为底图,对像片进行比例尺概略归化,归化时应控制路线走廊内主要地物影像位移和变形。

像片纠正镶嵌时,各项限差应小于表1-4-11的规定。在纠正点控制的像片应用面积内,当高差符号立体模型连接要求时可不分带纠正;当分带纠正时,分带纠正的带数不宜超过3个带。高差按下式计算:

$$\Delta h \leq 0.01 \frac{f_k}{\gamma} M$$

式中 Δh——纠正点控制的像片应用面积内高差,m;
f_k——航摄仪主距,mm;
γ——辐射中心至最远纠正点的距离,mm;
M——成图比例尺分母。

表1-4-11 纠正镶嵌限差规定

项目	底片刺点误差	纠正对点	镶嵌、裁切线重叠、裂缝	片与片、带与带接边差
限差,mm	0.08	0.6	0.2	1.2

(四)全数字摄影测量限差

全数字摄影测量系统作业中各项限差应符合下列要求:

(1)透明正片的扫描分辨率不得大于25μm。

(2)当框标自动识别定位或人工交互方式进行内定向时,框标坐标量测误差应小于0.02mm。

(3)利用影像同名点匹配算法求解立体定向相对定向参数时,平原、微丘区相对定向的残余上、下视差应不小于0.005mm,重丘、山岭区应小于0.008mm。

(4)影像匹配后,立体模型的连接较差应满足下式的要求:

$$\Delta S \leq 0.06 M \times 10^{-3} ; \Delta Z \leq 0.04 \frac{Mf}{b} \times 10^{-3}$$

式中　ΔS——平面位置较差,m;

　　　ΔZ——高程较差,m;

　　　M——像片比例尺分母;

　　　f——航摄仪主距,mm;

　　　b——像片基线长度,mm。

(5)像控点坐标输入和影像匹配后,绝对定向的各项精度指标应符合相应的规定。

(6)片与片间拼接时,应选在像片上纠正点连线附近,偏离值应小于10mm。

(7)带与带间裁切线应以分带线为依据,裁切线应通过接边误差小、色调大致相同的地方,不宜通过重要地物。裁切线和线状地物交角宜正交,不宜沿河流、道路等处裁切,裁切线要光滑。

(8)正射影像扫描作业中,基本扫描片的平面定向误差合理配赋后,相对于像片平面应小于0.03mm。

(9)平原、微丘区正射影像的数据采集宜采用断面方式,重丘、山岭区宜采用等高线方式。等高线和地形特征点均应测绘在底图上。

① 采集格网点或断面点间的密度相对于正射影像图上的间距不得大于15mm。此外,在路堤、路堑、路肩、沟心、坎上、坎下等变坡处,应采集特征点。

② 沿等高线采集数据时,同一等高线在正射影像图上的点间距,对于平原、微丘区不得大于10mm,重丘区不得大于7mm,山岭区不得大于5mm。

(五)地物、地貌图的测绘

1)测绘要求

测绘地物、地貌应符合下列要求:

(1)数据应按相关的规定进行分类、分层采集。

(2)图面上人工修改的地物、地貌,必须在相应文件中同步进行修改。

(3)地物、地貌测绘及地形图接边的要求应符合相关规定。

(4)测绘范围宜在定向点连线以内,最大不得超过像片上定向点连线外10mm。

(5)地物与地貌要素的测绘应按照外业定性、内业定位的原则作业。

(6)每个像对测完后必须经检查才能从仪器上取下。每幅图测完后,应认真进行自检和互检。图历簿应填写完整并签名。

(7)测绘成果的图形文件宜采用DXF、DWG、DGN或ASCⅡ格式。

(8)在测绘依比例尺表示的地物时,应以测标中心切准轮廓线或拐角打点连线;在测绘不依比例尺表示的地物时,应以其定位点或定位线确定。测绘等高线时,应以测标立体切准模型描绘。宜先绘计曲线,再绘首曲线。当首曲线不能显示出地貌特征或平坦地区首曲线在图上间隔大于50mm时,应加绘间曲线。在等倾斜地段,当相邻两计曲线间距离在图上小于1mm时,可只测绘计曲线,首曲线可以插绘或不绘。

(9)对于路线、地质、水文各专业所需的专用点,路线附近的沟心、谷底,鞍部、山顶、变坡处、坎顶、坎底、公路路面与铁路轨面每隔一定的距离、道路交叉及不能用等高线表示出地貌特征的地区,主要河流、湖泊及较大水塘的水边均应测注高程注记点。高程注记应读2次,读数较差在测制1∶500地形图时宜小于0.1m,取中数注至0.01m;其他比例尺测图读数较差宜小于0.3m,取中数注至0.1m。

(10)地物符号库、线型符号库和汉字库必须按规定的图形符号和制图标准建立。

2)图形编辑

图形编辑时,地形图的各种符号、数字及文字注记位置恰当,不应与重要地物、地貌重叠。在交互式编辑等高线、水系等线状地物时,必须采用"捕捉"功能,曲线接头处应光滑圆顺。地类界、行政区划等封闭图形必须作闭合检查。

(六)航测内业成果成图的检查

航空测量内业成果成图的检查应分两级进行:

(1)首级检查为各工序内的过程检查、仪器上自查、各工序间资料交接时的自检和互检,对未达到精度要求的应作细致分析、查找原因,必要时重新上仪器补测或返工重做。工序内检查情况逐项记入图历簿中。

(2)第二级检查为基层单位检查。在工序检查的基础上采用重点抽样方式进行,包括对各工序作业过程检查和上仪器检查;并应对质量进行评价,检查结果记录于图历簿中。

> ZAD006 航空摄影资料提交的内容

十一、航空摄影资料的提交

(一)航带设计提交成果资料

航带设计应提交下列成果资料:

(1)公路路线方案地理位置图,图中以经纬度标注出航摄区域范围。

(2)航带设计略图,图中以适当比例尺绘制摄区 1:50000(或 1:25000、1:10000)地形图图幅结合图,注明图号,在结合图中概略标出各航摄分区范围并标注分区号。

(3)航带设计采用的航摄比例尺、设计用图比例尺、航摄仪像幅尺寸,航片的航向及旁向重叠度等基本参数。

(4)航带设计的路线名称、路线总长、航摄分区数,各航摄分区的航带数及航带长、航摄面积和基本像片数,整个摄区的航带总数及航带总长、航摄总面积和基本像片总数。

(二)航摄单位资料

航摄单位应提交下列成果资料:

(1)航摄实施情况报告书。

(2)航摄仪检定数据。

(3)航摄成果的移交清单及质量状况记录。

(4)航摄底片。

(5)航摄像片索引图。

(6)航摄像片。

(三)航测外业资料

(1)技术设计、技术总结。

(2)观测手簿或原始观测数据磁盘。

(3)控制像片、调绘像片及结合图。

(4)计算手簿、像控点联测略图、检查验收报告。

(四)航测内业资料

(1)像片类:控制刺点片、野外调绘片、作业缕纶正片或扫描像片数据。

(2)资料类:航测外业控制测量及像片联测成果、电算加密成果、图幅设计资料、路线方案资料、图历簿、检查记录、技术设计书、数据电子文档、检测成果及技术总结等。

(3)图纸类:地形图、影像图、路线方案及控制导线图、加密点位略图、分幅略图等。

项目二 数字地面模型

一、地面数据的获取

原始地面数据的采集以摄影测量方式为主,亦可通过野外地面实测或利用已有地图数据库数据、对原有地形图数字化等手段获取。数据采集宜以摄影像对、地形图图幅或按公路设计桩号以公里数为单元进行,数据记录以 m 为单位,小数取位根据采样记录设备的不同宜取至小数点后 2~3 位。数据点采样应根据地形起伏变化的实际情况采点,应优先准确采集测区内地形特征线和地形特征点,不得遗漏对构建 DTM 的精度起决定作用的地形三维特征信息的采集。沿地形特征采集数据时,应根据地形的实际起伏情况适当加密采样点。不同地形交界处的点位密度应逐渐过渡,并应用地形特征线的形式采集表达。

二、数据采集的要求

(1)当采用摄影测量方法进行数据采集时,在植被覆盖密集或阴影严重地区,应实地补测地面三维数据。野外补测数据时,应注意首先采集地形特征线、特征点的三维信息,地形离散点密度根据设计阶段及地形类别确定。

①对于顾及地形特征点、线三维信息的三角网模型(TIN),应以选择性采样为主。作业人员应首先准确采集测区内地形特征线、特征点的三维信息,以此为建立 DTM 的地形三维骨架信息,配合采集其他分布位置合理、密度适中的地面点数据,完成地面数据采集。

②对于格网与三角网的混合模型(GTID+TIN),地形三维数据的采集方法应以整体规则格网(局部地形起伏较大处用细格网加密)与交互式的地形特征线、断裂线采集的组合方式为主。

(2)当采用地形图数字化方法时,图纸定向过程中应选择目标清晰、控制范围大的定向控制点,数量不应少于 4 个,并应选择适量的格网交点进行检查。矢量化后采集地面三维数据时应根据地形类别,采用与摄影测量选择性采样相类似的方法,判断并采集图幅范围内的全部地形三维特征线、全部的高程注记点、部分等高线上点的三维数据。对于已有的数字化地形图文件,应检查相应电子文件中各种地形、地物要素表示的方式。

(3)当采用野外实测方法时,除可采用全站仪、光电测距仪或利用三维激光扫描方式外,在条件许可时,还可利用 GPS-RTK 方式采集地形、地物的三维坐标及属性信息。野外实测采集三维数据时应根据地形类别,采用选择性采样方式采集密度合理的三维数据。同时应特别注意实地采集地形特征线、特征点等重要的三维信息。

(4)利用地形图数据库数据时,应对数据库中数据的来源、内容、性质、比例尺及精度等进行检查。

(5)数据采集的形式应根据公路设计要求、外业或内业采集方式、采集设备等条件进行合理安排。采集形成的三维地形数据文件应记录地形及地物的多种属性信息,并包含采样点的 X、Y、Z 信息。原始数据应以下列各种采样方式或组合方式获取:

① 沿地形特征线采集线串的平面坐标及高程(X、Y、Z)。
② 采集地形三维特征点及离散点的平面坐标及高程(X、Y、Z)。
③ 全局规则格网加局部地形特征线及特征点的平面坐标及高程(X、Y、Z)。
④ 沿等高线采集线串的平面坐标(X、Y),并给定每一独立线串的高程 Z。
⑤ 按断面形式采集离散点的平面坐标及高程(X、Y、Z)。
⑥ 采集地物点的平面坐标及高程(X、Y、Z)。
⑦ 按规则格网形式采集点的平面坐标及高程(X、Y、Z)。

三、地面数据文件的内容及要求

地形、地物数据均应赋予特征信息码。特征信息码应统一格式,便于使用。公路工程各类地面数据文件的内容及要求如下:

(1)采样数据文件名宜包含工程名称和采样单位编号,其说明文件的内容应包括:

① 基本说明:工程名称、采样范围及其接边关系、平面及高程坐标系统、比例尺、采样方式及数据来源等。
② 附加说明:数据采样日期、单位、作业员、仪器说明以及记录格式和地物编码的补充规定等。

(2)原始采样数据以 ASCⅡ 码记录为宜,每一采样单位内的数据应按地形、地物分文件存放。在实际作业过程中,还可以根据任务书及建立 DTM 软件具体功能的要求,选择存储为 DWG 或 DGN 格式的三维图形文件。

四、数据采样

地物点、地形特征线或其他精度要求较高的数据点当采用摄影测量或地形图数字化方法时,应按离散点方式逐点采集。当采用野外测量方法采集数据时,跑点人员宜一次完成同一条地形特征线上点的测量并正确记录属性代码。采样点间距应符合表 1-4-12 的规定。

表 1-4-12 采样点间距

采样方式	地形类别	比例尺			
		1:500	1:1000	1:2000	1:5000
野外实测,m	平原、微丘	≤10	≤20	≤40	≤100
	重丘、山岭	≤5	≤10	≤20	≤50
摄影测量、地形图数字化,m	平原、微丘	≤5	≤10	≤20	≤50
	重丘、山岭	≤2	≤5	≤10	≤30

每一采样单位内应采集一定数量的检查点,检查点应均匀分布且应尽量靠近地形特征

线、特征点、检查点文件应单独存放。

五、数据编辑和预处理

数据录入应采用文件交换方式,并进行字符检校,少量的可采用人工键入,但应做校核,及时改正错码、误码,补入遗漏数据,并作备份、归档保存。

(一)地面数据的编辑

(1)对来源不同的多源数据除应进行文件格式统一性的检查外,还应进行坐标转换、数据分类、统一格式与编码、数据文件的综合或分割及接边处理,并按数据类别进行数据规格化管理或建立数据库。应重点检查地形特征线的属性代码是否统一、正确。对于建筑物、街区、道路、场地等规则地物,应对其垂直性、平行性及闭合性等内容进行检查和处理。

(2)对于来自等高线地形图的DEM原始三维数据,应利用等高线之间的扑关系来进行数据的粗差检测与剔除。

(3)对原始采样数据应进行粗差检查与剔除,可采用计算机自动挑错法、人机交互挑错法、分段预生成的DTM分层设色法、DTM内插的等高线与已有地形图等高线套合法等检查方法,排除错误后应及时更新原始三维地形数据文件。

(二)地面数据预处理

数据预处理时应对通过不同数据源所获取的各种数据进行坐标统一归算、数据分类、统一格式与编码、数据文件的综合(分割)和接边处理,并按数据类别进行数据规格化管理或建立数据库。

六、DTM数据编辑和预处理

> GAD008 数字地面模型DTM构建的内容

(一)地面模型的类型

公路数字地面模型宜采用考虑地形特征点、线三维信息的三角网模型(TIN)或格网与三角网的混合模型(GRID+TIN)的方式构建。对于中、小比例尺及工程项目工可阶段的应用,可采用规则格网模型(GRID)。

构建数字地面模型时,尤其是在工程设计阶段及大比例尺采集数据的实际应用时,应考虑对地形特征线、断裂线和地物的处理。

(二)三角网模型

三角网模型(TIN)可适用于以下方面:

(1)可适用于采集点精度及位置要求高、点数相对较少的工程项目测设的各阶段。

(2)三角网模型(TIN)的数据可用各种独立方法采集数据或多种方法联合采集的多源数据。

三角网模型(TIN)在构网时应按以下要求进行:

(1)地形三维特征线的线段在构建三角网模型(TIN)时,应优先作为三角形的边进行处理。

(2)构网时应首先将地形特征线、空白区域外边缘线和作业范围外缘线作为三角形的边。

(3)所有三角形均不得相交和重复。

(4)三角形的三个内角宜为锐角。

(5)空白区域内部和作业边缘区域外部应不构成三角形网络。

(6)建立三角网 DTM 时,应先对预生成的三角网进行优化处理,消除 DTM 内不应出现的平三角形以及 DTM 边界处的异常大三角形。

(三)格网与三角网混合模型

当用规则格网建模方法时,应首先将利用规则格网方式采集的地形点按矩表格网模型构图,其格网节点的高程也可通过其他模型内插计算获取。

矩形格网模型(GRID)可适用于以下方面:

(1)适用于地形图比例尺较大的工程项目,实际应用中可用于工可(工程可行性研究)及初测阶段。

(2)适用于全数字摄影测量方法采集或从既有数据库中提取规则格网的三维信息建立地面模型。

规则格网与三角网混合模型(GRID+TIN)可适用于以下方面:

(1)适用于工程项目的工可及初测阶段。

(2)利用全数字摄影测量系统采集的格网数据或从既有数据库中提取规则格网的三维信息,顾及地形特征线、离散点数据建立模型时,应采用规则格网与三角网的混合模型(GRID+TIN)。

矩形格网与三角网混合模型(GRID+TIN)应按以下要求进行:

(1)当用混合建模方法时,应首先将利用规则格网方式采集的地形点按矩形格网模型构网,其格网节点的高程可利用其他模型内插计算获取。

(2)当数据中包含地形三维特征线时,应将规则格网沿地形特征线两侧局部再分解成不规则三角网,且地形三维特征线的线段必须作为三角形的构网边进行处理。

(3)数据点呈规则分布时,独立点影响区域的边界可由格网网络或三角形网络决定。

(4)数据点呈不规则分布时,影响区域应由三角网络决定。

(四)DTM 的应用

(1)数字地面模型可应用于公路勘察设计的各个阶段,应用于施工图测设阶段时,原始三维地面数据必须野外实测采集,且 DTM 高程插值中误差应不大于±0.2m。

(2)点高程插值。待定点的高程插值计算方法宜根据原始地形三维数据的采集方法及工程设计人员所应用的 DEM 软件包的功能选用线性内插、双线性内插、逐点内插等方法。

(3)纵、横断面插值:

①纵、横断面高程内插值可通过线性内插和双线性多项式内插求取。

②当采用三角网模型计算高程时,待定点高程内插宜采用线性内插或双线性内插。

③当用矩形格网与三角网的混合模型计算高程时,待定点高程内插宜采用双线性内插。

④数字地面模型确定待定点高程时,应对畸义性插值结果进行探测与修正。

⑤利用各种地面模型计算公路纵、横断面地面线时宜采用等间距插点法,中桩桩距和横断面取值间距应符合相关规定。

⑥利用三角网模型、矩形格网与三角网的混合模型计算横断面地面线时,宜通过求取横断面线与各相交三角网、格网边线交点的方法获得横断面地面线上点的三维坐标;其他模型

可采用等间距逐点插值法生成。

⑦横断面地面线的计算宽度应满足公路设计的需要。

⑧内插生成的横断面地面线应进行适当的野外核查。

（4）在全数字摄影测量系统中，应依照划分的最小纠正单元，采用点元素纠正和线元素微分纠正方法获取正射影像。

（5）等高线可通过三角网模型或矩形格网与三角网的混合模型进行等值线自动追踪生成。利用 DTM 内插生成的等高线可与已有地物、地貌、各种注记、格网等数字图形信息叠加在一起生成数字地形图供工程设计使用。数字地形图的分层标准应按相关的规定执行。

（6）用 DTM 生成的各种图形应能进行交互式图形编辑，包括图形的显示、增补、修改、删除、平移、旋转、注记和接边等，并能进行按层编辑和层的叠加、剪裁及消隐等操作。

对图形数据的修改必须仅限于非测量数据。

模块五　HSE 与法律法规简介

项目一　HSE 简介

> CAD005 HSE 的含义

HSE 是健康（Health）、安全（Safety）、环境（Environment）管理体系的简称。HSE 管理体系是将组织实施分为健康、安全与环境管理的组织机构、职责、做法、过程和资源等要素有机构成的整体。这些要素通过先进、科学、系统的运行模式有机地融合在一起，相互关联、相互作用，形成动态管理体系。

健康是指人身体上没有疾病，在心理上保持一种完好的状态。安全是指在劳动生产过程中，努力改善劳动条件、克服不安全因素，使劳动生产在保证劳动者健康、企业财产不受损失、人民生命安全的前提下顺利进行。安全生产是企业一切经营活动的根本保证。环境是指与人类密切相关的、影响人类生活和生产活动的各种自然力量或作用的总和。它不仅包括各种自然因素的组合，还包括人类与自然因素相互形成的生态关系的组合。由于安全、环境与健康的管理在实际工作过程中有着密不可分的联系，因此把健康、安全和环境形成一个整体的管理体系。

HSE 管理体系由 7 个关键要素组成：

（1）领导和承诺。这是 HSE 管理体系的核心。承诺是 HSE 管理的基本要求和动力，自上而下的承诺和企业 HSE 文化的培育是体系成功实施的基础。

（2）健康、安全与环境方针。对 HSE 管理的意向和原则的公开声明，体现了组织对 HSE 的共同意图、行动原则和追求。

（3）策划。具体的 HSE 行动计划，包括计划变更和应急反应计划。该要素有 5 个二级要素。

（4）组织结构、资源文件。良好的 HSE 表现所需的人员组织、资源和文件是体系实施和不断改进的支持条件。它有 7 个二级要素。

（5）实施和运行。对 HSE 责任和活动的实施与控制，及必要时所采取的纠正措施。该要素有 6 个二级要素。

（6）检查和纠正措施。不作为单独要素列出，而是贯穿于循环过程和各要素中。

（7）管理与评审。对体系、过程、程序的表现、效果及适应性的定期评价。该要素有 2 个二级要素。

项目二　QC 简介

> CAD004 QC 的含义

QC（Quality Control）是质量管理的意思，全面质量管理最直接、最主要的基础工作是：质量教育工作、质量责任制、标准化工作、计量工作、质量信息工作等。

质量改进的基本方法简称为 PDCA 循环,见表 1-5-1。

表 1-5-1　PDCA 循环

阶段	步骤	主要办法
P	(1)分析现状,找出问题	排列图、直方图、控制图
	(2)分析各种影响因素或原因	因果图
	(3)找出主要影响因素	排列图、相关图
	(4)针对主要原因,制定措施计划	回答"5W1H": 为什么制定该措施(Why?); 达到什么目标(What?); 在何处执行(Where?);由谁负责完成(Who?); 什么时间完成(When?);如何完成(How?)
D	(5)执行、实施计划	
C	(6)检查计划执行结果	排列图、直方图、控制图
A	(7)总结成功经验,制定相应标准	制定或修改工作规程,检查规程及其他有关规章制度
	(8)把未解决或新出现的问题转入下一个 PDCA 循环	

全面质量管理是把过去的以事后检验和把关为主转变为以预防为主。

一个组织以质量为中心,以全员参与为基础,目的在于通过顾客满意和本组织所有成员及社会受益而达到长期成功的管理途径。

项目三　法律法规简介

一、行为准则的内容

> CAD001 行为准则的内容

测绘作业证的样式,由国家测绘局统一规定。测绘作业证在全国范围内通用。负责测绘作业证的统一管理工作的部门是国家测绘局。

损毁或者擅自移动永久性测量标志和正在使用中的临时性测量标志的,给予警告,责令改正,可以并处 5 万元以下的罚款。

应当采取有效措施加强测量标志的保护工作的单位是县级以上人民政府。

二、测绘法律的内容

> CAD002 测绘法律的内容

永久性测量标志的建设单位应当对永久性测量标志设立明显标记,并委托当地有关单位指派专人负责保管。

任何单位和个人不得妨碍、阻挠测绘人员依法进行测绘活动。

测绘作业证只限持证本人使用,不得转借他人。

测绘单位领取测绘作业证,应当交纳证件工本费。

三、测绘资质的内容

<small>CAD003 测绘资质的内容</small>

测绘单位变更名称、住所、法定代表人等,应当在变更后的 30 日内,向发证机关申请更换《测绘资质证书》,并提交有关的变更文件,由发证机关办理变更手续。

测绘单位在 2 年内未承担测绘项目的发证机关应当注销《测绘资质证书》。

《测绘资质证书》有效期为 5 年,有效期满 30 日前,测绘单位应当向原发证机关提出延期申请,依照本规定办理测绘资质延期手续。

根据国测发 204 号通知,我国国界线一律按照中国地图出版社 1989 年出版的 1∶4000000《中华人民共和国地形图》绘制。

第二部分

初级工操作技能及相关知识

模块一　平面控制测量

项目一　相关知识

一、平面控制网

(一)控制测量的定义与分类

> CBA001 国家平面控制网布设的种类

测量工作必须遵守"从整体到局部,先控制后碎部"的原则,即进行任何的测量工作,首先都要建立控制网,然后根据控制网进行碎部测量或测设工作。控制网分为平面控制网和高程控制网两种,控制测量便是为建立控制网而服务的。

控制测量是指在一定区域内,按测量任务所要求的精度,测定一系列地面标志点的平面位置和高程,建立控制网,控制测量按照工作内容进行分类可以分为平面控制测量和高程控制测量,测定控制点位置(x,y)的工作称为平面控制测量。测定控制点高程(H)的工作称为高程控制测量。控制测量按照用途进行分类可以分为大地控制测量和工程控制测量。大地控制测量是在全国范围内按国家统一颁布的法式、规范进行的控制测量。工程控制测量是为工程建设或地形图测绘,在小区域内,在大地测量控制网的基础上独立建立控制网的控制测量。

(二)平面控制测量的基本方法

平面控制测量的主要任务是建立平面控制网,根据精度要求的不同与测量现场实际情况的差异,进行平面控制测量的方法也各不相同,目前,常用的平面控制测量方法主要有导线测量、三角测量、三边测量和 GPS 测量等方法。

如图 2-1-1 所示,将测区内相邻控制点连成直线而构成的折线称为导线,导线测量就是依次测定各导线边的边长和转折角值,再根据起算数据,推算各导线点的坐标。

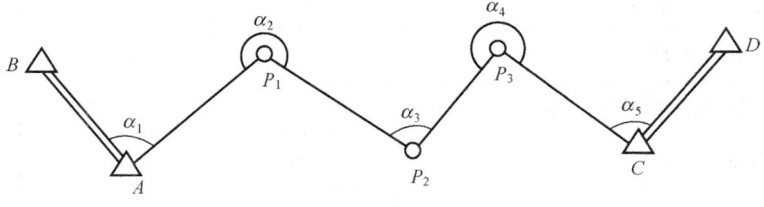

图 2-1-1　导线

三角测量是指将测区内各控制点组成相互连接的若干个三角形从而构成三角网,通过观测相联系三角形内各水平角,并利用已知起始边长、方位角和起始点坐标确定其他各三角点水平位置的测量技术和方法,如图 2-1-2 所示。

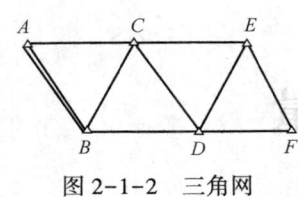

图 2-1-2 三角网

三边测量是指将测区内各控制点组成相互连接的若干个三角形构成三边网,测量三边网的边长,以确定网中各点平面位置的技术与方法。

全球定位系统 GPS 是由美国国防部研制的全球性、全天候、连续的卫星无线电导航系统,它可提供实时的三维位置、三维速度和高精度的时间信息。GPS 的测量工作提供了新的方法与技术。通常利用 GPS 静态测量或动态测量建立不甘落后同等级的测量控制网。

(三)图根控制网的内容

> CBA002 图根控制网的特点

测绘地形图之前所建立的控制点,精度比较高,但数量比较少(如四等控制点间距为 2~4km),远远不能满足大比例尺地形图的需要,为此,测图之前,必须进行图根控制测量。

其目的是以等级控制点为基础,加密精度低一级的,以能满足测图需要有一定数量的图根控制点(简称图根点)以供直接测图。测定图根点的过程,就是图根控制测量。

若测区面积较大,在等级控制与图根控制之间还需逐级控制,逐级加密。

由于电磁波测距仪的广泛应用,目前图根控制测量的平面控制多采用导线测量的方法,光电测距极坐标法或以测角交会的方法辅助。

图根点的密度应根据测图比例尺和地形条件而定。常规成图方法,平坦开阔地区图根点的密度不宜小于表 2-1-1 的规定。

表 2-1-1 平坦开阔地区图根点密度

测图比例尺	1∶500	1∶1000	1∶2000
图根点数量	8	12	15

地形复杂、隐蔽以及城市建筑区,应结合具体情况加大密度,以满足测图的需要。

(四)水平角观测基本原则

> CBA003 水平角观测的基本原则

1. 经纬仪的检验

水平角观测前,应对使用的经纬仪进行检验,其检验指标见表 2-1-2。

表 2-1-2 经纬仪检验的指标要求

项目	DJ_1	DJ_2	DJ_6
照准部旋转 180°,水准气泡读数差,格	≤2	≤1	—
光学测微器行差与隙动差,(″)	≤1	≤2	—
照准部旋转时,仪器底座位移所产生的系统误差,(″)	≤±0.3	≤±1.0	—
水平轴不垂直于竖轴之差,(″)	≤10	≤15	≤20
对点器对中误差,mm		≤±1.0	

2. 水平角观测技术要求

水平角观测的主要技术要求见表 2-1-3。

表 2-1-3　水平角观测的主要技术要求

测量等级	经纬仪型号	光学测微器两次重合读数差,(″)	半测回归零差,(″)	同一测回中 $2c$ 较差,(″)	同一方向各测回间较差,(″)	测回数
二等	DJ_1	≤1	≤6	≤9	≤6	≥12
三等	DJ_1	≤1	≤6	≤9	≤6	≥6
	DJ_2	≤3	≤8	≤13	≤9	≥10
四等	DJ_1	≤1	≤6	≤9	≤6	≥4
	DJ_2	≤3	≤8	≤13	≤9	≥6
一级	DJ_2	—	≤12	≤18	≤12	≥2
	DJ_6	—	≤24		≤24	≥4
二级	DJ_2	—	≤12	≤18	≤12	≥1
	DJ_6	—	≤24		≤24	≥3

3. 水平角观测要求

(1) 观测前应严格整平对中,对中误差应小于 1mm;观测过程中,气泡中心位置偏离不得超过 1 格;气泡偏离接近 1 格时,应在测回间重新整置仪器。

(2) 水平角观测方向数大于 3 个时应归零。各测回应均匀地分配在度盘和测微器的不同位置上。

(3) 水平角方向观测应在通视良好、成像清晰稳定时进行。二等及以上应分 2 个时段施测,每一时段的测回宜在较短的时间内测完。

(4) 在观测过程中,2 倍照准差($2c$)绝对值,DJ_1 经纬仪不得大于 20″,DJ_2 型不得大于 30″。

(5) 当方向总数超过 6 个时,可分两组观测,每组方向数应大致相等,且包括 2 个同方向(其中一个为共同零方向)。其共同方向之间的角值互差应不超过本等级测角中误差的 2 倍。

(6) 当面测方向多于 3 个,在观测过程中某些方向的目标不清晰时,可以先放弃,待清晰时补测。一测回中放弃的方向数不得超过应观测方向数的 1/3,放弃方向补测时,应在原基本测回测完后进行,可只联测零方向。如全部基本测回测完,有的方向一直没有观测过,对这些方向的观测应按分组观测处理。

(7) 四等以上导线水平角观测,应在总测回中以奇数测回和偶数测回分别观测导线前进方向左角和右角,其圆周角误差不应大于中误差的 2 倍。

4. 水平角观测应注意的问题

当水平角观测不符合要求时,应按下列规定处理:

(1) 因测回互差超限而重测时,应认真分析研究,除明显弧值外,一般应重测观测结果中最大和最小值的测回。

(2) $2c$ 较差或同一方向各测回较差超限时,应重测超限方向,并联测零方向。

(3) 零方向的 $2c$ 较差或下半测回的归零差超限时,该测回应重测。

(4) 若一测回中重测方向数超过本站方向数的 1/3 时,该测回应重测。重测的测回数超过总测回数的 1/3 时,该站应重测。

(5)因角度闭合差超限或平差计算中技术指标不能满足规定要求时,应进行认真分析,择取测站整站重测。

(五)方向观测法

把两个以上的方向合为一组依次进行观测的方法,称为方向观测法。这是观测水平角的一种方法。设测站上要观测的方向为 A、B、C、$\cdots$、N 等目标,在上半测回用望远镜盘左位置顺时针方向旋转照准部,从起始方向 A(零方向)依次照准各目标并读数;纵转望远镜盘右位置逆时针方向旋转照准部,依次按相反的次序照准目标并读数。若上半测回照准末方向后,再继续顺时针转动照准部,重新照准一次起始方向 A(称归零);下半测回也从 A 方向开始,逆时针方向旋转照准部观测,最后仍闭合到起始方向 A,这种半测回的方法称为全圆方向法。通常观测方向大于 3 个时采用此法。

方向观测法是一种程序简单、工作量小的观测方法。此法多用于二等以下三角观测。

详细内容查看第一部分模块一项目四。

二、导线测量

(一)导线测量概述

导线上的控制点,包括已知点和待定点,称为导线点。连接各导线点的折线边称为导线边。导线边之间所夹的水平角称为导线角,其中,与已知方向相连接的导线角称为连接角,也称定向角,不与已知方向相连接的导线角称为转折角。导线角按其位于导线前进方向的左侧或右侧而分别称为左角或右角。

导线测量中,由于各点上方向数较少,因此受通视要求的限制较少,易于选点定点,而且,导线网的图形非常灵活,选点时可以根据具体情况随时改变方案。鉴于以上优点,导线测量是建立小地区平面控制网和图根控制网的较为常用的一种方法。根据测区的不同情况和要求,导线可以布设成三种形式:闭合导线、附合导线、支导线。

(二)闭合导线

从一高级控制点,即已知点开始,经过若干导线点,最后又回到起始点,形成闭合多边形,这种导线称为闭合导线,如图 2-1-3 所示。闭合导线本身存在着严密的几何条件,具有较强的检核作用,常用于较为开阔的面状区域的控制测量。

(三)附合导线

从一高级控制点开始,经过各个导线点,附合到另一高级控制点上,形成连续折线,这种导线称为附合导线,如图 2-1-4 所示。附合导线由本身的已知条件构成对观测成果的校核作用,常用于带状区域的控制测量。

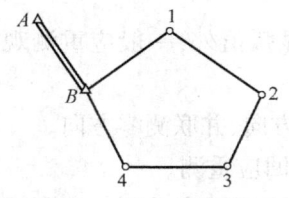

图 2-1-3 闭合导线

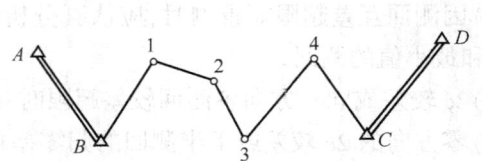

图 2-1-4 附合导线

（四）支导线

支导线是指从一高级控制点开始，既不闭合到起始点，又不附合到另一高级控制点的导线，如图 2-1-5 中 5、6 两点所示。

支导线没有检核条件，不易发现错误，一般不宜采用，通常只在导线点不能满足局部测图需要的时候才增设支导线，并且导线边数一般不能超过 4 条。

在较大区域内进行控制测量时，单一导线往往满足不了工作的需要，因此常布设成相互联系的多条导线，形成网状结构，这种由多条导线构成的控制网称为导线网，如图 2-1-6 所示。导线网有较多的检核条件，整体精度相对较高，但是计算较为复杂。

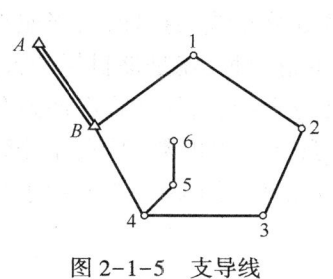

图 2-1-5　支导线　　　　　　　图 2-1-6　导线网

用导线测量的方法建立小地区平面控制网，通常分为一级导线、二级导线和三级导线，每一级导线都有相应的技术参数。

（五）导线点的选点要求

相邻导线点之间应通视良好，便于测角和量距，并且有利于加密控制点。导线边长宜大致相等，应避免相邻边长相差悬殊，以免影响测角精度。导线点应均匀地布设在测区内，有足够的密度，在重要构造物如桥梁、隧道附近应设有导线点。导线点选定后，即埋设标志加以固定，并统一编号，绘制导线点位置图。

（六）交桩

勘测设计人员向负责施工人员进行现场交桩的过程，也是中线踏勘的过程。对于建筑工程，由测绘部门向施工方交代轴线控制点和水平控制点的过程，简称交桩。工程交桩时，应用测量仪器对重要桩、点进行施测交接，做出详细记录。

（七）选点埋石

选点完成后，应该提供的资料包括三角点一览表、选点图、点之记。三四等三角点埋石过程中，必须是盘石和柱石上的标志位于同一铅垂线上。导线点应选在土质坚实、便于安置仪器的地方。测量觇标有多种类型，包括寻常标、双锥标和屋顶观测台。

三、普通经纬仪的性能和使用

（一）DJ_6 光学经纬仪的两种读数方法

1. 分微尺测微器的读数方法

这种类型的装置在 DJ_6 级仪器中广泛采用。它是按与眼睛的辨别角值相近似的原理，用估读法估读到测微尺间隔 1/10 的。

设置读数光路,使度盘刻划像通过一组棱镜、透镜的作用传递到读数显微镜内,如图 2-1-7 所示,为使用分微尺的 DJ_6 仪器读数显微镜中的视场情况。上格 Hz 是水平度盘和测微尺的影像,下格 V 是竖盘和测微尺的影像。

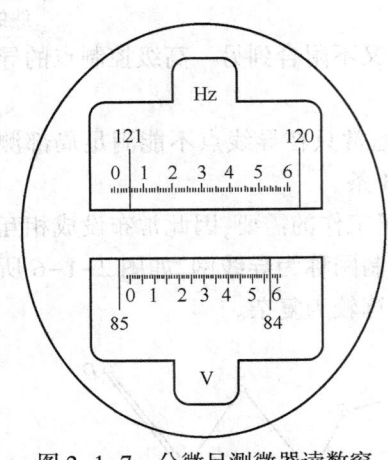

图 2-1-7 分微尺测微器读数窗

在分微尺上刻有 0~60 的分划线,这 60 格总的间隔即分微尺的总长与水平度盘及竖直度盘上 1°的间隔经放大后的影像等长。在度盘上的一格为 1°,而在分微尺上的一格为 1′。仪器的照准部在转动时,分微尺也随之同步转动。以分微尺的 0 分划线为指标线,当照准某一目标时,指标线所指的度盘分划,就是该目标的方向值。但是指标线不一定指在分划线上,往往指在两条分划线之间,读数时首先从度盘上读出度数,其次在分微尺上读取分数值,分数以下的小数是最后估读而成,由这三部分组成。图 2-1-7 所示水平度盘读数为:121°05′00″,竖直度盘读数为:84°57′00″。

读数方法:
(1)目标照准之后,度盘上那条分划线落在分微尺上,此条分划线的值,就是度。
(2)该条分划线所指分微尺上的分格数,即为分值。
(3)该条分划线距分微尺上相邻分格的十分之几,即为估读的十分之几分值。
(4)这三项相加就是此方向的全读数。

CBA012 DJ_6 经纬仪单平板玻璃测微器的读数方法

2. 单平板玻璃测微器的读数方法

光线由反光镜进入仪器,经过棱镜和透镜的作用,将水平度盘和竖直度盘的分划影像,通过平板玻璃和测微尺三者同时成像在刻有单、双两种指标线的读数窗视场内,如图 2-1-8 所示。测微盘与平行玻璃板固连,由测微轮操纵使三者绕同一轴转动。当测微尺读数为零且平板玻璃表面水平时,光线垂直通过平板玻璃而不发生位移。当转动光学测微器时,平板玻璃随着转动,光路产生平行位移。同时度盘分划影像移动,这度盘角值的微小值,通过平板玻璃的传动,其移动值在测微尺上可读出。

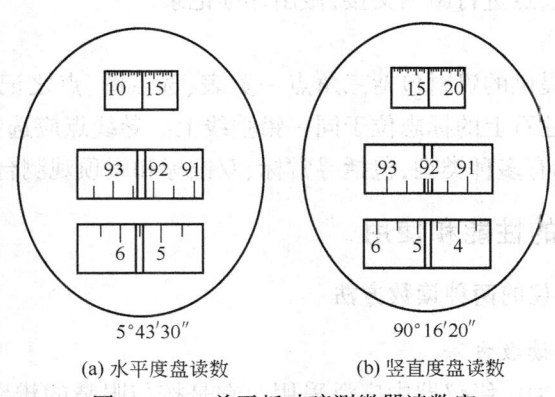

(a)水平度盘读数　　　(b)竖直度盘读数

图 2-1-8 单平板玻璃测微器读数窗

在图 2-1-8 中,同时看到三个读数窗,下方为水平度盘的分划像,中间为竖直度盘的分划像,上方为测微尺的分划像。图 2-1-8(a)为水平度盘读数为 5°43′30″,图 2-1-8(b)为竖直度盘读数为 92°16′20″。

度盘格值为 30′,测数尺为 90 格,故测微尺格值等于 30′/90 = 20′,一般能估读至 1/4 格即 5″左右。转动测微轮,当测微尺从 0′移到 30′时,度盘像正好移一格。中、下两个窗格中间的双线为指标线,上格的指标线为单线。中、下两个窗格采用双线标线(或将度盘分划线刻为双线,指标线用单线)是便于用平分法读取读数。也就是使一直线位于二条平行直线间隔的对称位置时,读取测微尺上的读数。当瞄准目标时,双线指标不会刚好夹准度盘上某一分划,每次读数前需先转动测微轮,使指标线与度盘分划线呈对称,先读出所夹分划的读数,再加上测微尺上的读数,即得完全的读数。

上述两种设备的读数方法,使用分微尺测微器是目前我国绝大多数产品所采用的,此法结构简单,度、分、秒读数可一次读出,性能也稳定,但刻划若较粗,读数不易精确估读到 0.1′。若使用单平板玻璃测微器,在读数前,必须转动测微轮,用双指标线夹准度盘上那一条分划线的度、分值后才可读数。需将上格中分、秒读数加到下格得水平度盘读数。夹准中格分划线,将上格中分、秒读数加到中格得竖直度盘读数。

(二)DJ_6 光学经纬仪使用要求

> CBA013 DJ_6 经纬仪的使用要求

(1)DJ_6 级经纬仪在初次使用前应对仪器、脚架进行全面仔细的检视。检视包括:

①仪器附件按说明书所列内容进行核对,看是否齐全。

②将仪器对照说明书外观图,逐个熟悉仪器每个部件所在的位置与作用,在了解其性能后,逐个检查所有部件的性能是否满足使用要求。

③在不具有检验、校正知识时,不得随意拆卸或拨动各部分的校正螺钉。

④经纬仪是一种精密的光学仪器,正确合理地使用和保管,对提高仪器的使用寿命和保证仪器的精度有着重要的作用。

⑤掌握仪器的校验知识是必需的,需要有个学习过程。初学时碰到检校调整工作应请具备这方面经验的同志给予指导,必要时要送维修部门或生产厂进行修理。

(2)要学习掌握经纬仪使用时的操作程序,熟悉每项操作的具体要求及其相互关系。其顺序是:调整三脚架腿长,使仪器安置高度合适,架好脚架踩实,拧紧脚架螺旋,用双手从仪器盒中取出仪器放到脚架上,随即拧紧脚架头下面的连接螺旋,用垂球或光学对中器进行测站对中,整平仪器,转动望远镜调焦手轮调节焦距,同时照准目标,进行读数。

注意:不要改变顺序;旋转照准部前需要松开制动螺旋,以免损坏部件;照准目标前要固紧制动螺旋,使用微动螺旋才有效。

(3)若仪器被碰动或发现长气泡偏离中心超过一格,应重新整置仪器进行观测。仪器不应受阳光直射,阳光会对气泡位置产生影响。

(三)DJ_2 光学经纬仪的特点

> CBA014 DJ_2 经纬仪的特点

在测量放线工作中,当 DJ_6 光学经纬仪测角精度不能满足要求时或所在单位有 DJ_2 级仪器希望提高精度时,就采用比 DJ_6 级测角中误差精度高的 DJ_2 级仪器。DJ_2 级光学经纬仪外形主要部分大多与 DJ_6 级类似,下面着重介绍 DJ_2 级仪器在读数设备方面所具有的特点:

（1）水平度盘和竖直度盘读数系统分开照明进光。在读数显微镜中只能看到水平度盘或竖直度盘其中之一的影像。设有换像手轮可根据需要进行变换，手轮上刻有两种状态的指标线。

（2）读数方法不同于 DJ_6 级仪器，DJ_2 级仪器采用光学测微器符合读数法。除从测微尺上直读得 $1''$、可估读到 $0.1''$ 外，由于将度盘对径分划线两端的影像同时经一系列棱镜、透镜反映在读数显微镜内，可以消除照准部偏心误差的影响，提高读数精度。

各种牌号的高精度光学经纬仪，普遍采用光学测微器符合法读数，下面着重介绍读数方法。

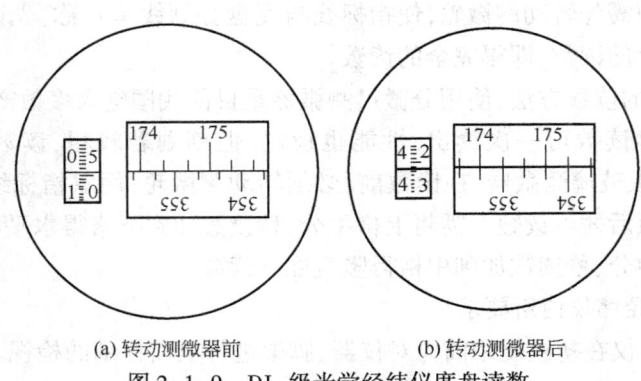

(a) 转动测微器前　　　　　　(b) 转动测微器后

图 2-1-9　DJ_2 级光学经纬仪度盘读数

（3）读数显微镜的视场：如图 2-9 所示，度盘上处于对径位置分划线的像，呈现在同一平面内，由中间一横线分隔为正像和倒像。度盘分划值为 $20'$，当转动光学测微器时，测微器由 $0'$ 转至 $10'$，度盘正像、倒像的分划线相对移动半格。如图 2-1-9 所示的读数为 $174°44'26.5''$。其中(a)为转动测微器前；(b)为转动测微器后。

（4）读数符合方法：转动测微器手轮，读数显微镜内见到度盘上、下两部分影像相对移动，直到上、下格精确符合为止。这时读数窗内所显出的就是读数。当符合时，必须使最后转动为同一顺时针方向。当转动测微手轮至测微尺刻划末端时，不宜再继续转动。

（5）读数方法：整度数由正像与倒像的度盘格线完全精确符合。读数时要注意：

① 找到正像与倒像相差 $180°$ 的两条分划线同时必须是正像在左、倒像在右，此时正像的度数就是所需读出的度数；

② 正像与倒像两分划间的格数乘以度盘分划值的一半（$10'$），即得整 $10'$ 数，不足 $10'$ 的分、秒数，需从小窗格中的测微器上读取；

③ 小窗左侧为分数，右侧为秒数。

图 2-1-10 所示为苏州第一光学仪器厂 DJ_2 级光学经纬仪采用数字化的读数示例，左图读数为 $150°01'54''$，右图读数为 $94°12'44.5''$。

CBA015 经纬仪的保养方法

（四）经纬仪的保养

正确合理地使用保管好仪器，对提高仪器的使用寿命和保证仪器的精度有很大的作用。

（1）仪器不使用时，应放在仪器箱内。箱内要放适量的干燥剂。箱子也应放在干燥、清洁、通风良好的房间内。

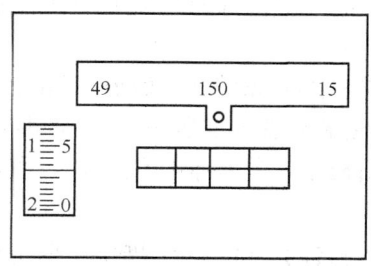
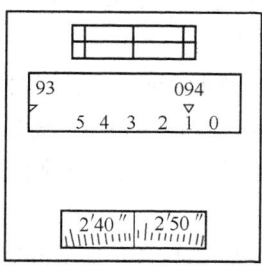

图 2-1-10　DJ₂ 级光学经纬仪数字化读数

（2）仪器放上三脚架后，要及时固紧，用毕松开中心螺旋要及时取下放入箱内。

（3）观测时，应避免阳光直接曝晒，也不应放在靠近热源的地方，使仪器部分受热。室内外温差大时，或温度突变也会对仪器有影响，仪器在现场放置一段时间后再进行观测。

（4）望远镜物镜或目镜上有灰尘时，应用软毛刷轻轻刷去。如有水汽或油污，可用干净的绒布或擦镜纸擦净。

（5）如仪器受潮，应使其干燥，并检查仪器内部有无水汽，待水汽排出后再放入仪器箱。尤其在雨季、霉季要特别注意保管室的干燥，箱内应放入经烘干的干燥剂，因光学仪器受潮后会发生霉点和脱膜，严重影响光学零件如望远镜、度盘的性能。若发现霉点和脱膜，应及时送工厂修理。

（6）仪器运输过程中，宜采取防震措施，并注意防潮。受震后会影响轴系的正确状态，如长途运输后应经检查后再投入作业。

四、光学经纬仪的检验与校正

经纬仪的主要轴线有：竖轴 VV、横轴 HH、望远镜视准轴 CC 和照准部水准管轴 LL。如图 2-1-11 所示，由测角原理可知，观测角度时，经纬仪的水平度盘必须水平；竖盘必须铅垂。

望远镜上下转动的视准面（视准轴绕横轴的旋转面）必须为铅垂；观测竖直角时，竖盘指标还应处于其正确位置。经纬仪的检验应满足以下条件：

（1）照准部水准管轴垂直于仪器的竖轴（$LL \perp VV$）；

（2）十字丝竖丝垂直于仪器的横轴；

（3）望远镜的视准轴垂直于仪器的横轴（$CC \perp HH$）；

（4）仪器的横轴垂直于仪器的竖轴（$HH \perp VV$）；

（5）光学对中器的视准轴经棱镜折射后，应与仪器的竖轴重合。

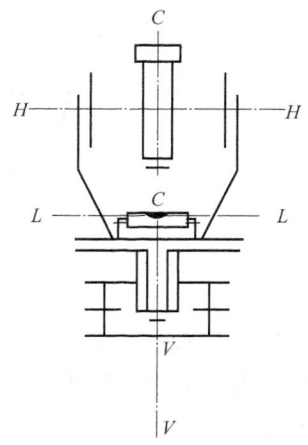

图 2-1-11　经纬仪主要轴线关系

在经纬仪使用前，必须对以上各项条件按顺序进行检验，如不满足应进行校正。对校正后的残余误差，还应采取正确的观测方法消除其影响。

（一）照准部水准管的检验与校正

CBA023 经纬仪水准管轴垂直于竖轴检验校正方法

照准部水准管轴垂直于仪器的竖轴，可以利用调整照准部水准管气泡居中的方法使竖轴铅垂，整平仪器。

（1）照准部水准管的检验。架设仪器并将其大致整平，转动照准部，使水准管平行于任意两个脚螺旋的连线，旋转这两个脚螺旋，使水准管气泡居中，此时水准管轴水平。将照准部旋转180°，若水准管气泡仍居中，则不用校正。若水准管气泡偏离中心，表明两轴不垂直，需要校正。

（2）照准部水准管的校正。校正时，首先转动上述两个脚螺旋，使气泡向中央移动到偏离值的一半，此时竖轴处于铅垂位置，而水准管轴倾斜。用校正拨针拨动水准管一端的校正螺丝（方法同水准仪水准管校正），使气泡居中，此时水准管轴水平，竖轴铅垂，即水准管轴垂直于仪器的竖轴的条件满足。

校正后，应再次将照准部旋转180°，若气泡仍居中，应按上法再进行校正。如此反复，直至照准部在任意位置时，气泡均居中为止。

（二）十字丝的检验与校正

观测水平角时，使竖丝垂直于横轴。可用竖丝的任何部位代替十字丝交点照准目标；观测竖直角时，可用横丝的任何部位代替十字丝交点照准目标。

（1）十字丝的检验。整平仪器后，用十字丝交点照准一固定的、明显的点状目标，固定照准部和望远镜，旋转望远镜的微动螺旋，使望远镜物镜上下微动，若从望远镜内观察到该点始终沿竖丝移动，则条件满足，不用校正。若目标点偏离十字丝竖丝移动如图 2-1-12 所示，说明十字丝竖丝不垂直于横轴，应进行校正。

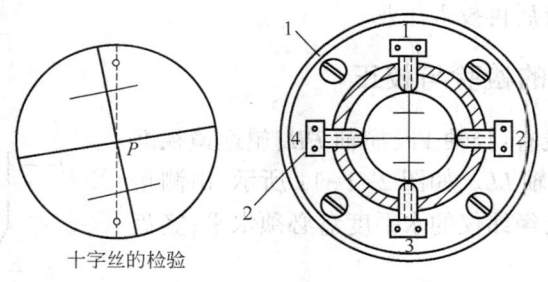

十字丝的检验

图 2-1-12 十字丝的校正
1—十字丝固定螺丝；2~4—十字丝校正螺丝

（2）十字丝的校正。在校正十字丝时，卸下位于目镜一端的十字丝护盖，旋松四个固定螺丝，微微转动十字丝环，再次检验，重复校正，直至条件满足，然后拧紧固定螺丝，装上十字丝护盖。

（三）光学对中器的检验与校正

GBA024 经纬仪十字丝、光学对中器检验校正方法

光学对中器的视准轴经棱镜折射后应与仪器的竖轴重合，否则会产生对中误差。

（1）光学对中器的检验。经纬仪整平后，在光学对中器下方的地面上放一张白纸，将对中器的刻划圈中心投绘到白纸上，设为 a_1 点；旋转照准部180°，再次将对中器的刻划圈中心投绘到白纸上，设为 a_2 点；若 a_1 与 a_2 两点重合，说明条件满足，若不重合则需要校正。

(2) 光学对中器的校正。校正时在白纸上定出 a_1 与 a_2 的连线的中心 a,打开两支架间的圆形护盖,转动光学对中器的校正螺丝,使对中器刻划圈中心前后、左右移动,直至对中器的刻划圈中心与 a 点重合为止。然后应反复进行校正。

光学对中器的校正螺丝随仪器类型而异,有些校正的是使视线转向的折射棱镜;有些校正的是分划板。

五、安全操作和测量指挥信号

(一)测量放线安全操作

施工现场高低不平,到处有工件、挖沟等,雨雪天气路滑,不得疏忽大意,还可能有落物,为确保安全,列出下面几点注意事项:

(1)新工人应接受施工放线的安全教育,牢记安全知识,持"上岗证"上岗。

(2)上班之前,要检查"三宝",即进入工地要戴安全帽,登高作业绑扎安全带,穿工作服;施工建筑物四周要设安全网。

(3)立尺员扶标尺应注意安全。楼梯口、阳台、楼板临边放线,放线员不要紧靠防护设施,预留口、通风口四周要设防护,作业人员不能从洞口上行走,防止人员滑掉下去。

(4)丈量距离钢尺通过机电设备时,防止电线漏电造成触电。工地上应防盗、防火。

(5)工地上的机电设备不得擅自动用。

(6)登高作业,先查看脚手架是否牢固,确认安全可靠时,才能上下。在脚手架板上行走,应防脚踩空或板悬挑,严防高空坠落。

(7)要注意仪器在使用和搬运中的安全,防止滑倒。仪器防日晒、雨淋和震动。

(8)如在桥式起重机梁上立尺、量距,作业员应系好安全带。不宜登高作业者应当严禁其登高作业。

(9)在深基础开挖基槽,应注意周围土方的变化情况,防止塌方造成事故。应及时采取有效措施,确保安全后,方可作业。

(10)在高层抄平、投测放线时,若碰到障碍物要挪动,不能掷向楼下,以免伤人。

(11)测量放线是多人共同作业,只有注意力集中全神贯注,才能防止差错和事故。

(12)服从现场安全人员的指挥。

(二)测量指挥信号

施工测量放线工作常由多人共同完成,互相联系协调十分必要,但工作时相互之间常有一定距离,为统一步骤,须有统一指挥。现在用对讲机、手机进行联系。下面介绍指挥手势、旗语等测量指挥信号。

1. 几种术语

(1)前进:指挥对方,远离观测仪器人员或量边的后测手人员。

(2)后退:指挥对方,走近观测仪器人员或量距后测手人员。

(3)前、后、左、右均以指挥人员所在位置为基准。

(4)停止:指仪器观测员暂停止观测。

(5)结束:对工作告一段落,结束此时的工作。

2. 指挥信号

(1)预备:单手臂伸直举过头顶,手心朝前,保持不动,如图 2-1-13 所示。

(2)开始:预备手势中,手臂向下,握拳,置于头上,如图 2-1-14 所示。

(3)前进:左手举过头,手心向指挥者前方,手臂向上曲起,远离指挥者,如图 2-1-15 所示。

图 2-1-13　指挥手势"预备"　　图 2-1-14　指挥手势"开始"　　图 2-1-15　指挥手势"前进"

(4)后退:右手举过头,手心向指挥者后方,手臂向下曲起,远离指挥者,如图 2-1-16 所示。

(5)向上移:标高测设中,标尺需向上移动,仪器观测员左手掌心朝上,做向上摆动之势,需大幅度移动,手即大幅度活动,需小幅度移动,只用手腕为轴活动即可,如图 2-1-17 所示。

(6)向下移:需要水准标尺向下移,观测员右手掌心朝下,向下摆动,做法同向上移相似,如图 2-1-18 所示。

图 2-1-16　指挥手势"后退"　　图 2-1-17　指挥手势"向上移"　　图 2-1-18　指挥手势"向下移"

(7)向右:右手举过头,伸直手臂,向右落下,如图 2-1-19 所示。

(8)向左:左手举过头,伸直手臂,向左落下,如图 2-1-20 所示。

(9)停止:两手臂从胸前微微挥向侧面,如图 2-1-21 所示。

(10)工作结束:双手五指伸直,在前额前交叉,如图 2-1-22 所示。

CBA022 旗语信号的内容

3. 旗语信号

(1)预备:单手握红白旗上举,举过头上方,如图 2-1-23 所示。

(2)开始:单手握红白旗向头上方曲起,把举旗手下曲头顶,如图 2-1-24 所示。

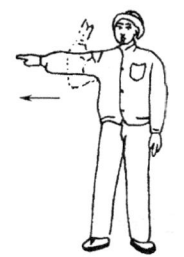　　　　

图 2-1-19　指挥手势"向右"　　图 2-1-20　指挥手势"向左"　　图 2-1-21　指挥手势"停止"

图 2-1-22　指挥手势"工作结束"　　图 2-1-23　指挥旗语"预备"　　图 2-1-24　指挥旗语"开始"

（3）前进：左手握红白旗举过头，将红白旗向指挥者前曲，如图 2-1-25 所示。

（4）后退：右手握红白旗，举过头，将红白旗向指挥者后曲，如图 2-1-26 所示。

（5）向右：右手握红白旗，向右伸直手臂，将红白旗向指挥者左曲，如图 2-1-27 所示。

图 2-1-25　指挥旗语"前进"　　图 2-1-26　指挥旗语"后退"　　图 2-1-27　指挥旗语"向右"

（6）向左：左手握红白旗，向左伸直手臂，将红白旗向指挥者右曲如图 2-1-28 所示。

（7）微微移动：指挥向前、向后、向左、向右时，一手持红白旗，手臂伸直指向移动方向，另一手持旗向移动方向微微挥动，如图 2-1-29 所示。

（8）停止：双手分别持红白旗，同时左右摆动，如图 2-1-30 所示。

（9）工作结束：双手分别持红白旗，交叉在前额，如图 2-1-31 所示。

用于旗语信号的红白旗，旗面分上、下各一半，一半是红色，一半是白色，为长方形的小旗。

4. 口哨信号

（1）一长声：表示预备、停止。

(2)一短声、断续短声：表示开始、微微动。

(3)一长一短：表示明白的意思。

(4)二短声：表示再来一遍。

(5)长声：表示注意的意思。

图 2-1-28　指挥旗语"向左"　　　　图 2-1-29　指挥旗语"微微移动"

图 2-1-30　指挥旗语"停止"　　　　图 2-1-31　指挥旗语"工作结束"

六、高层建筑物平面控制测量

（一）测量前的准备工作

<small>CBA018 建筑测量准备工作的内容</small>

1. 熟悉图纸

图纸是平面控制测量的依据，在对民用建筑进行测设前，应熟悉建筑物的设计图纸，了解施工建筑物与相邻地物的相互关系，以及建筑物的尺寸和施工的要求等。民用建筑测设前，应熟悉建筑总平面图、建筑平面图、基础平面图、基础详图、建筑立面图及剖面图等。

（1）建筑总平面图。建筑总平面图给出了建筑场地上所有建筑物和道路的平面位置及其主要点的坐标，标出相邻建筑物之间的尺寸关系，注明各栋建筑物室内地坪高程，是测设建筑物总体位置和高程的重要依据，如图 2-1-32 所示。

（2）建筑平面图。建筑平面图给出的是建筑物各定位轴线间的尺寸关系及室内地坪标高等，如图 2-1-33 所示。它是测设建筑物细部轴线的依据。

（3）基础平面图。基础平面图给出的是基础轴线间的尺寸关系和编号，如图 2-1-34 所示。它是测设基槽（坑）开挖线和开挖深度的依据。

（4）基础详图。基础详图（即基础大样图），给出了基础设计宽度、形式及基础边线与轴线的尺寸关系，如图 2-1-35 所示。它是基础定位及细部放样的依据。

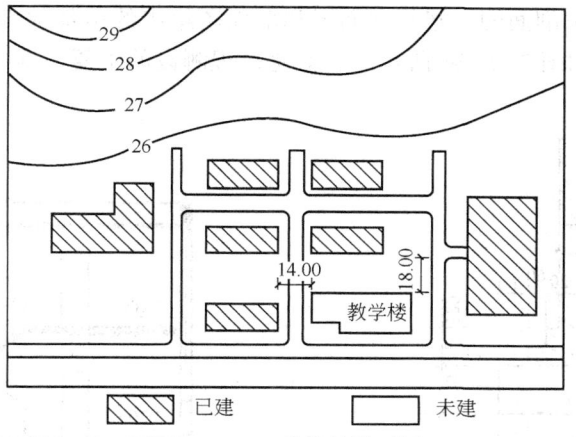

图 2-1-32　建筑总平面图

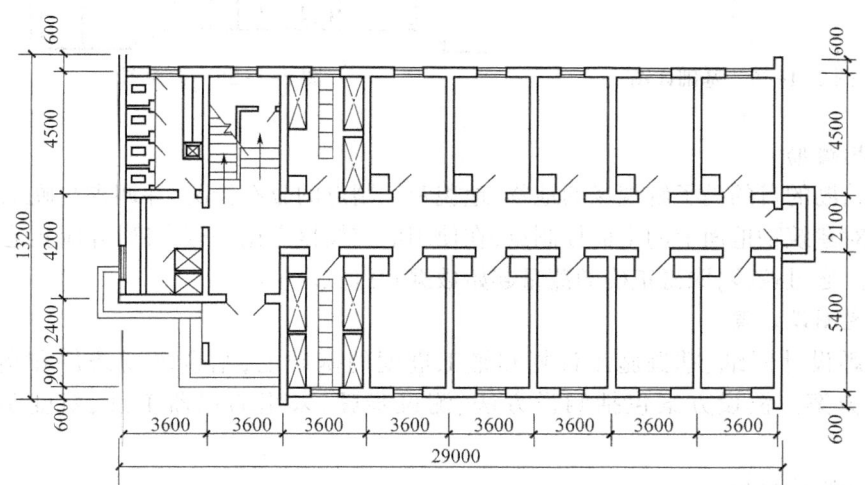

图 2-1-33　建筑平面图

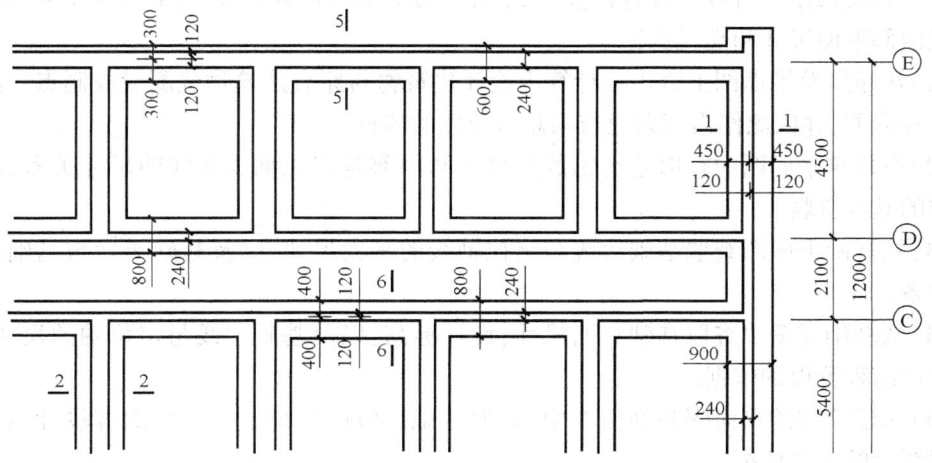

图 2-1-34　基础平面图

（5）建筑立面图及剖面图。建筑立面图和剖面图给出的是基础、地坪、门窗、楼板、屋架和屋面等设计高程，如图2-1-36所示。它们是高程测设的主要依据。

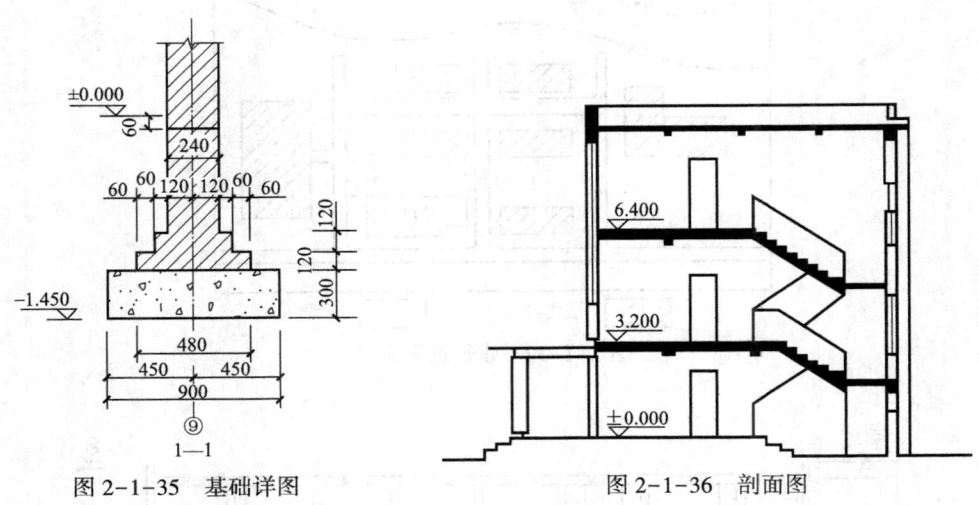

图2-1-35　基础详图　　　　　　　图2-1-36　剖面图

2. 现场踏勘

现场踏勘的目的是了解现场的地物、地貌及控制点的分布情况，并调查与施工测量有关的问题。对建筑物地面上的平面控制点，在使用前应校核点位是否正确，并应实地检测水准点的高程。通过校核，取得正确的测量起始数据和点位。

3. 确定测设方案

在熟悉设计图纸、掌握施工计划和施工进度的基础上，结合现场条件和实际情况，拟定测设方案。测设方案包括测设方法、测设步骤、采用的仪器工具、精度要求、时间安排等。

4. 准备测设数据

在每次对民用建筑进行现场测设之前，应结合设计图纸和测量控制点的分布情况，准备好相应的测设数据并对数据进行检核，除了计算必需的测设数据外，还需要从下列图纸上查取房屋内部平面尺寸和高程数据。

（1）从建筑总平面图上查出或计算出设计建筑物与原有建筑物或测量控制点之间的平面尺寸和高差，并以此作为测设建筑物总体位置的依据。

（2）在建筑平面图中查取建筑物的总尺寸和内部各定位轴线之间的尺寸关系，这是施工放样的基本资料。

（3）从基础平面图查取基础边线与定位轴线的平面尺寸，以及基础布置与基础剖面的位置关系。

（4）从基础详图中查取基础立面尺寸、设计标高、以及基础边线与定位轴的尺寸关系。这是基础高程测设的依据。

（5）从建筑物的立面图和剖面图中，查取基础、地坪、门窗、楼板、屋面等设计高程。这是高程测设的主要依据。

(二)高层建筑施工控制网

高层建筑施工测量,必须建立施工控制网。高层建筑施工方格控制网的建立,必须从整个施工过程考虑,打桩、挖土、浇筑基础垫层和建筑物施工过程中的定轴线均能应用所建立的施工控制网。高层建筑建立施工方格网点,一般要经过初定、精测和检测三步。高层建筑施工方格网布设应与总平面图相配合,以便在施工过程中能够保存最多数量的控制点标志。

(三)高层建筑平面控制点的确定

由于高层建筑的基础尺寸较大,因而不得不在高层建筑基础表面上作出许多要求精确测定的轴线,而所有这一切都要求在基础上直接标定起算轴线标志,使定线工作转向基础平面,以便在其表面上测出平面控制点。建立平面控制点时,可将建筑物对称轴线作为起算轴线,如果基础面上有了平面控制点,那就能完全保证在规定的精度范围内进行精密定线工作。

高层建筑物平面控制点的建立方法多采用串线法。串线法是根据三点成一直线的原理进行平面控制点的确定。如图 2-1-37 所示,根据施工控制轴线 M、N、D 主要轴线,仪器架设在 M,后视 M' 投点,架在 D',后视 D'' 投点,此交点为 O。以同样的方法交出 O'。

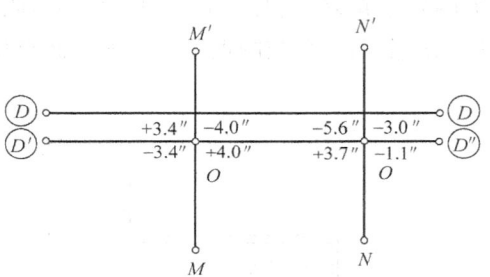

图 2-1-37 轴线放样图

O、O' 两个主要轴线点定出后,必须检查测出之交角是否满足精度要求 $180°\pm10''$ 和 $90°\pm6''$,再用精密丈量的方法求得实际定出的距离,再与设计距离比较是否满足精度要求,如果超限则必须重测。

当高层建筑施工到一定高度后,地面控制点无法直接投线时,则可利用事先在做施工控制网时投至远方高处的红三角标志进行控制。

(四)轴线投测方法

高层建筑物轴线的投测,一般分为经纬仪引桩投测法和激光垂准仪投测法两种。

1. 经纬仪引桩投测法

随着建筑物不断升高,要逐层将轴线向上传递,将经纬仪安置于轴线控制桩上,严格对中整平,盘左照准建筑物底部的轴线标志,往上转动望远镜,用其竖丝指挥在施工层楼面边缘上画一点,然后盘右再次照准建筑物底部的轴线标志,同法在该处楼面边缘上画出另一点,取两点的中间点作为轴线的端点。

当楼层逐渐增高,而轴线控制桩距建筑物又较近时,经纬仪投测时的仰角较大,操作不方便,误差也较大,此时应将轴线控制桩用经纬仪引测到远处(大于建筑物高度)稳固的地方,然后继续往上投测。如果周围场地有限,也可引测到附近建筑物的屋面上。如图 2-1-38 所示,先在轴线控制桩 M_1 上安置

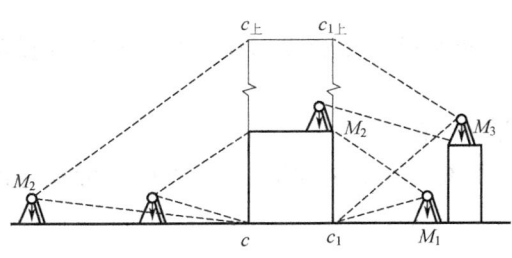

图 2-1-38 经纬仪引桩投测法

经纬仪,照准建筑物底部的轴线标志,将轴线投测到楼面上点 M_2 点处,然后在 M_2 上安置经纬仪,照准 M_1 点,将轴线投测到附近建筑物屋面上 M_3 点处,以后就可在 M_3 点安置经纬仪,投测更高楼层的轴线。注意上述投测工作均应采用盘左盘右取中法进行,以减少投测误差。

所有主轴线投测上后,应进行角度和距离的检核,合格后再以此为依据测设其他轴线。

2. 激光垂准仪投测法

激光垂准仪是一种铅垂定位专用仪器,适用于高层建筑的铅垂定位测量。该仪器可以从两个方向(向上或向下)发射铅垂激光束,用它作为铅垂基准线,精度比较高,仪器操作也比较简单。

激光垂准仪投测法必须在首层面层上做好平面控制,并选择四个较合适的位置作控制点,如图 2-1-39 所示,或用中心"十"字控制,在浇筑上升的各层楼面,必须在相应的位置预留 200mm×200mm 与首层层面控制点相对应的小方孔,保证能使激光束垂直向上穿过预留孔。在首层控制点上架设激光垂准仪,调置仪器对中整平后启动电源,使激光垂准仪发射出可见的红色光束,投射到上层预留孔的接收靶上,查看红色光斑点离靶心最小之点,此点即为第二层上的一个控制点。其余的控制点用同样的方法向上传递。

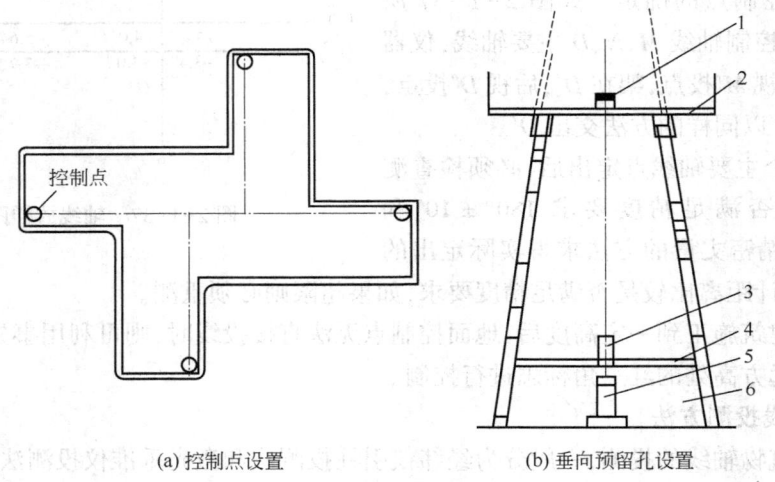

(a) 控制点设置　　　　(b) 垂向预留孔设置

图 2-1-39　内控制布置

1—中心靶;2—滑模平台;3—通光管;4—防护棚;5—激光垂准仪;6—操作间

(五)轴线投测注意事项

为了保证轴线投测的精度,无论采用哪种轴线投测方法,都应注意以下几点:

(1)轴线标志要明显,延长控制点要准确。

(2)尽量选用望远镜放大倍率大于 25 倍、有光学投点器的经纬仪,以 T_2 经纬仪投测为好。

(3)用于轴线投测的仪器要进行严格的检验和校正。

(4)轴线投测应尽量选在早晨、傍晚、阴天、无风的气候条件下进行,以减少旁折光的影响。

项目二　用经纬仪测定路线转角

测定路线转角操作平面图如图 2-1-40 所示。

一、准备工作

(1)设备。

DJ$_2$ 级经纬仪 1 套。

(2)材料、工具。

粉笔 2 根、2m 花杆 2 根。

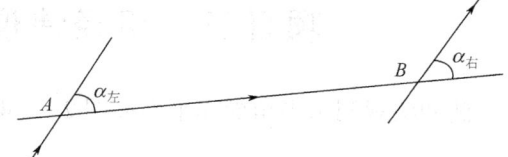

图 2-1-40　测定路线转角

(3)场地准备。

在考核场地上给定导线点 A、B,并给出路线的来向和去向。

二、操作步骤

(1)A 点安置仪器。

在 A 点安置仪器,踩实三脚架,对中,整平,以线路方向定向,将水平度盘置零。

(2)A 点观测。

在 A 点安置仪器,以线路方向定向后,顺时针拨动照准部,照准 B 点读数并记录,此转角为 $α_左$。

(3)B 点安置仪器。

在 B 点安置仪器,踩实三脚架,对中,整平,以 A 点定向,将水平度盘置零。

(4)B 点观测。

在 B 点安置仪器,以 A 点定向后,顺时针拨动照准部,照准 B 点读数并记录,此角为 $β$ 角。

(5)处理结果。

在 A 点测得的角为 $α_左$;在 B 点测得的角:$α_右 = 180° - β$。

三、技术要求

(1)熟悉路线转角定义,当偏转后的方向位于原方向左侧为左转角,位于原方向右侧为右转角。

(2)清楚 DJ$_2$ 级经纬仪与 DJ$_6$ 级经纬仪中区别,2 表示观测水平方向时,一测回方向中误差不大于 ±2″。

(3)观测时仪器必须置于交点上,且仪器中心必须位于角顶铅垂线上。

(4)采用光学测微器符合读数法读数。

四、注意事项

(1)使用 DJ$_2$ 级经纬仪时,应注意其读数方法,转动测微器手轮,直到上、下格精确符合为止。

(2)读数时必须是正像在左,倒像在右。

(3)DJ_2级经纬仪水平度盘和竖直度盘读数系统分开照明进光,设有换像手轮可根据需要进行变换。

(4)为了保证测角的精度,还须进行路线角度闭合差的检核。

项目三 用经纬仪测回法观测水平角

测回法观测水平角操作平面如图2-1-41所示。

一、准备工作

(1)设备。

DJ_2级经纬仪1套。

(2)材料、工具。

粉笔2根、2m花杆1根、测角记录1份。

(3)场地准备。

在考核场地上给定点O,以及目标A、B。

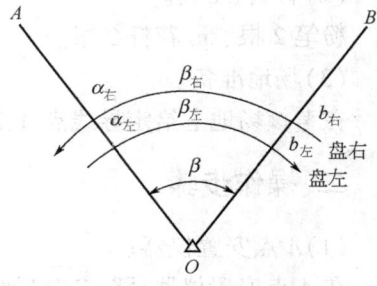

图2-1-41 测回法观测水平角

二、操作步骤

(1)安置仪器。

在O点安置仪器,踩实三脚架,对中,整平。

(2)盘左观测。

① 将仪器置于盘左位置,用十字丝中心照准目标A,锁紧水平制动螺旋,将水平读盘置零,读数$a_左$,并记录。

② 松开水平制动螺旋,顺时针方向转动照准部,用十字丝中心照准目标B,锁紧水平制动螺旋,读数$b_左$并记录。

(3)盘右观测。

① 松开水平制动螺旋,倒转望远镜置于盘右位置,逆时针转动照准部,锁紧水平制动螺旋,用十字丝中心照准B,读数$b_右$并记录。

② 松开水平制动螺旋,逆时针转动照准部,用十字丝中心照准A,读数$a_右$并记录。在B点安置仪器,踩实三脚架,对中,整平,以A点定向,将水平度盘置零。

(4)处理结果。

取上下两个半测回平均角值作为水平角的值。

三、技术要求

(1)应清楚测回法是水平角测量的一种方法。

(2)应清楚当观测者面对望远镜目镜时,竖盘位于望远镜的左侧,此种仪器状态为盘左,又称正镜;纵转望远镜转动照准部,使仪器处于盘右状态,又称倒镜。

(3)盘左、盘右两个半测回合称为一个测回。

(4)在满足要求的情况下,可取两个半测回角值的平均值作为一个测回的角值。

(5)在一般工程测量中要求两个半测回角值之差不得超过±40″。

四、注意事项

(1)观测员与记录员密切配合,重视记录的准确。

(2)当观测精度要求较高,需要对一个角观测若干个测回时,为了减少度盘分划误差的影响,在各测回之间进行水平度盘的配置,按测回数 n 计,将度盘位置依次变换为 $\dfrac{180°}{n}$。

项目四 经纬仪采用角度交会法定点

角度交会法放样操作平面图如图 2-1-42 所示。

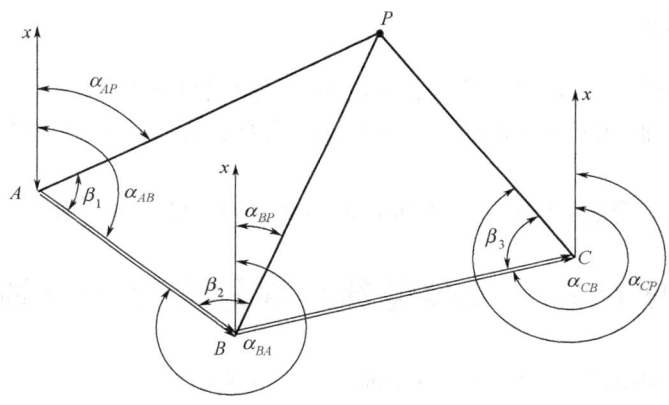

图 2-1-42 角度交会法放样

一、准备工作

(1)设备。

DJ_2 级经纬仪 1 套。

(2)材料、工具。

粉笔 2 根、2m 花杆 2 根、记录纸 1 份。

(3)场地准备。

在考核场地上给定已知点 A、B,以及交会角度 α、β。

二、操作步骤

(1)A 点安置仪器。

将仪器置于 A 点,踩实三脚架,对中,整平。

(2)A 点拨角放点位。

以 B 点定向,将水平度盘置零,拨 α 角;在交点 P 附近标出两点,并用细线连接。

(3)B 点安置仪器。

将仪器置于 B 点,踩实三脚架,对中,整平。

(4)B 点拨角放点位。

以 A 点定向,将水平度盘置零,拨 β 角;在交点 P 附近标出两点,并用细线连接。

(5)确定点位。

在两条细线交叉处用粉笔标记。

三、技术要求

(1)应清楚角度交会是点的平面位置测设的一种方法。

(2)观测前应检验仪器,并在观测中采用盘左、盘右取平均值和用十字丝照准等方法,减小和消除仪器误差对观测结果的影响。

(3)在交点附近标注点时,均应考虑 α、β 角值可能方向,确保两个方向线能相交。

四、注意事项

(1)水平角观测时,应以十字丝交点附近的竖丝照准目标根部。

(2)读数应准确,观测时应及时记录和计算。各项误差值应在规定的限差以内,超限必须重测。

(3)此法适用于受地形限制或量距困难的地区测设点的平面位置测设。

项目五　检验经纬仪横轴垂直于竖轴

横轴垂直于竖轴的检验操作平面图如图 2-1-43 所示。

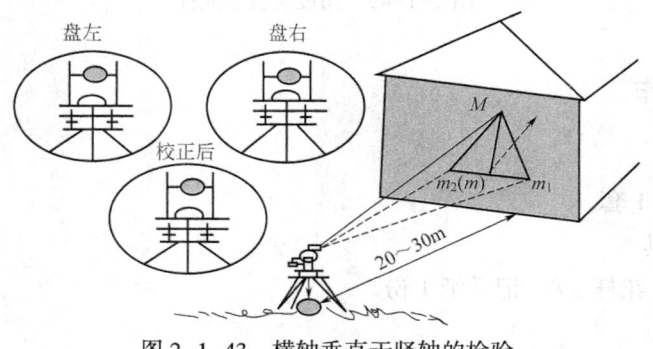

图 2-1-43　横轴垂直于竖轴的检验

一、准备工作

(1)设备。

DJ_2 级经纬仪 1 套。

(2)材料、工具。

粉笔 2 根。

(3)场地准备。

选择附近有高墙的平整场地,将经纬仪安置在离墙约 20~30m 处,地面上用粉笔画好测站点 A。

二、操作步骤

(1)安置仪器。

将经纬仪安置在测站点 A,脚架踩实,对中整平。

(2)盘左观测。

用盘左照准高处的一明显点 M,仰角宜在 30°左右,固定照准部,然后将望远镜大致放平,指挥另一人在墙上标出十字丝交点的位置 m_1。

(3)盘右观测。

将仪器变换为盘右状态,再次照准目标点 M,大致放平望远镜后,用与盘左观测同样方法在墙上标出十字丝交点的位置 m_2。

(4)判断横轴情况。

如果 m_1、m_2 两点不重合,说明横轴不垂直于竖轴,存在横轴误差,需要校正。

三、技术要求

(1)目标点不应设置太远或太近,以 20~30m 为宜,且仰角宜在 30°左右。
(2)操作时应先盘左观测,后盘右观测。
(3)标注 m_1 或 m_2 位置时,应将望远镜大致放平。

四、注意事项

光学经纬仪的横轴是密封的,一般仪器均能保证横轴垂直于竖轴的正确关系,若发现较大的横轴误差,一般应送仪器检修部门校正。

项目六　安置普通光学经纬仪并精确照准某点

一、准备工作

(1)设备。
DJ_2 级经纬仪 1 套。
(2)材料、工具。
粉笔 2 根、花杆 1 根。
(3)场地准备。
在场地上选点 A,用粉笔中间画十字,做标记,并在远处立一花杆。

二、操作步骤

(1)支架。
根据观测者确定架脚长度,张开脚架安置在测站上,注意架头大致水平,将仪器放到架头上,拧紧固定螺旋。

(2)对中。

移动架腿,调节光学对中器,目镜使目标影像清晰,用光学对中器中心对准站点,将架腿尖踩实。

(3)整平。

调整脚螺旋使仪器管水准器气泡居中,旋转仪器照准部,调节第三个脚螺旋使管水准器气泡居中。

(4)检查对中。

检查光学对仪器的中心对中。

(5)重新对中。

松开仪器固定螺旋,移动仪器使其对中后,重新拧紧,重复检查对中和重新对中,直到完成为止。

(6)照准目标。

转动物镜大致照准远处花杆,使用微调螺旋精确照准该花杆。

三、技术要求

(1)对中的目的是把仪器的纵轴安置到测站的铅垂线上,首先使三脚架架头大致水平和目估初步对中,然后转动对中器目镜对光螺旋,使地面标志点的影像清晰,最后旋转经纬仪的脚螺旋,使测站点中心的影像精确位于圆圈中心。

(2)整平的目的是使经纬仪的纵轴铅垂,从而使水平度盘和横轴处于水平位置,垂直度盘位于铅垂平面内,即利用基座上的三个脚螺旋,使照准部水准管在相互垂直的两个方向上气泡都居中。

(3)照准目标时,以望远镜目镜中的十字丝的纵丝瞄准目标。

四、注意事项

(1)只有确认经纬仪的纵轴铅垂时,才能应用光学对中器对中。

(2)整平工序是经纬仪使用前必须进行的,要牢记整平方法。

(3)瞄准时要求目标像与十字丝平面重合,以消除视差。若有视差就不可能精确地瞄准目标。因此进行物镜对光,使目标像清晰之后,还应左、右微动眼睛,以观察目标像与十字丝有否相对移动。若发现存在视差,则需要重新进行物镜对光,直至消除视差现象为止。

模块二　高程控制测量

项目一　相关知识

一、黄海高程系

路线高程控制网应全线贯通、统一平差。高程控制测量一般采用水准测量或三角高程测量的方法进行,高程异常变化平缓的地区可使用 GPS 测量的方法进行,但应对作业成果进行充分的检核。

在基础知识中,我们已经知道了绝对高程的基准面是大地水准面。我国的绝对高程采用青岛验潮站经长年观测求得的黄海平均海水面作为高程基准面,其高程为零,并在青岛观象山设立水准原点,根据 1987 年开始使用的"1985 年国家高程基准",水准原点的高程为 72.260m。在此之前采用"1956 年黄海高程系",水准原点高程为 72.289m。

目前公路高程系统采用 1985 年国家高程基准。同一个公路项目应采用同一个高程系统,并应与相邻项目高程系统相衔接。不能采用同一系统时,应给定高程系统的转换关系。独立工程或三级以下公路联测有困难时,可采用假定高程。

> CBB001 高程控制的方法
> CBB002 黄海高程系的规定
> CBB003 国家高程基准的规定

二、精密水准仪的使用与检验

(一)精密水准仪的使用方法

(1)使用精密水准仪进行测量前,要根据测量需要达到的精度,结合所采用的仪器型号和水准标尺,来进行全面的检验。检验的项目、方法和要求等,应参照规范中的有关规定执行。

水准观测要得到较高的观测精度,对仪器检验的项目比普通水准仪相应增加,限差的允许值比普通水准仪要小,如对 i 角,一般要求不得大于 15″,应尽可能校正到最小值。

(2)在安置仪器前,应采取措施以保证所安置的仪器满足进行精密水准测量时有关对视线长度≤50m、前后视距差≤1m、前后视距累计差≤3m、视线离地面距离≥0.5m 等要求,并应通过读数检查是否全面符合要求。这样,可消除或减小与距离有关的各种误差对观测高差的影响,如 i 角误差和垂直折光等影响。

(3)在高精度观测中,两相邻测站上,应按奇、偶数测站的观测程序进行观测,即分别按"后前前后"和"前后后前"的观测程序,在相邻测站上交替进行。这样可以消除或减小与时间成正比均匀变化的误差对观测高差的影响。例如 i 角的变化可以较好地消除仪器脚架在观测过程中产生垂直位移的误差影响。

(4)在一测段的水准路线上,测站数宜安排成偶数。

> CBB004 精密水准仪的使用方法

(5)高精度的观测,应进行往、返观测,以消除或减小性质相同、正负号也相同的误差影响。例如水准标尺垂直位移的误差影响,在往、返测高差平均值中可以得到减小。

(6)为保证观测精度,对基本分划与辅助分划的读数差和所测高差的差,一般不应分别小于 0.5mm 和 0.7mm。

(二)精密水准仪的使用要点

(1)为了达到精密水准测量或对建筑物进行高精度沉降观测所需的精度,需对精密水准仪和水准标尺,参照有关规范进行全面检验。因为只有定期按规定进行 i 角的检验,平时注意保管和维护,使仪器和标尺保持良好状态,在观测时,从严要求,仔细操作,遵守各项限差要求,相互密切配合,才能达到高精度。

(2)吃透工程的具体要求,熟悉掌握精密水准仪的基本性能、构造和用法,例如,限制和缩短视距长度,限制前后视距差、累计差、校正 i 角至最小值、完善观测程序等,都能有效地提高水准测量精度。

(三)精密水准测量的一般操作程序

(1)在视线长度、前后视距差等满足限差的地点,架设仪器。

(2)用圆水准整平仪器时,还要求望远镜在任何方向,符合水准气泡两端影像的分离值都不超过 1cm,才允许使用微倾螺旋。

(3)一般精密水准测量中,在相邻测站上,按奇、偶数测站程序进行观测。

(四)精密水准仪的检验

1. 精密水准仪的检验项目

对质量情况不明的仪器,应做以下几项检验与校正:

(1)水准仪的检视。

(2)望远镜光学性能的检验。

(3)圆水准器安置正确性的检验校正。

(4)符合水准器分划值、符合精度的测定及符合水准器质量的检验。

(5)倾斜螺旋效用正确性和分划值的测定。

(6)十字丝的检查及视距丝上、下丝不对称差与视距常数的测定。

(7)光学测微器效用正确性和分划值的测定。

(8)调焦透镜运行正确性的检验。

(9)视准轴与水准轴相互关系的检验与校正。

全面检验精密水准仪性能的方法与步骤,可以参阅国家一、二等水准测量规范(GB/T 12897—2006)、国家三、四等水准测量规范(GB/T 12898—2009)、建筑变形测量规范(JGJ 8—2016)中的有关条款进行。

针对沉降观测时的特点,因前视与后视距离不等,需考虑 i 角和进行调焦时其调焦透镜运行这两项误差对读数的影响,当观测精度要求较高时,需进行这两项检验。

2. 水准仪视准轴与水准轴相互关系的检验与校正

水准仪的水准轴与视准轴,是两条空间直线,通常将其在竖直面上投影的交角,称为 i 角误差;将其在水平面上投影的交角,称为 φ 角误差,也称交叉误差。

(1) i 角误差的检验与校正。测定 i 角的方法很多,其基本原理都是相同的,即利用 i 角对水准标尺上读数的影响与距离成比例,通过比较在不同距离的条件下水准标尺上读数的差别,求出 i 角。

(2)交叉误差的检验与校正。如果有交叉误差存在,当仪器垂直轴略有倾斜时,即使水准轴水平,视准轴也可能不水平,视准轴与水准轴在竖立面上的投影也不能平行,从而产生 i 角。此 i 角是由交叉误差在垂直轴倾斜时转化形成的。

如仪器存在交叉误差,则整平仪器后,使仪器绕视准轴左右倾斜时,水准气泡就会发生移动,交叉误差就是根据这一特征进行检验的。

三、水准仪的检验与校正

水准仪必须提供一条水平视线。其主要轴线之间的几何关系如图 2-2-1 所示,水准仪应满足下列条件:

(1)圆水准器轴 $L'L'$ 平行于仪器的竖轴 VV。
(2)十字丝横丝垂直于竖轴 VV。
(3)水准管轴 LL 平行于视准轴 CC。

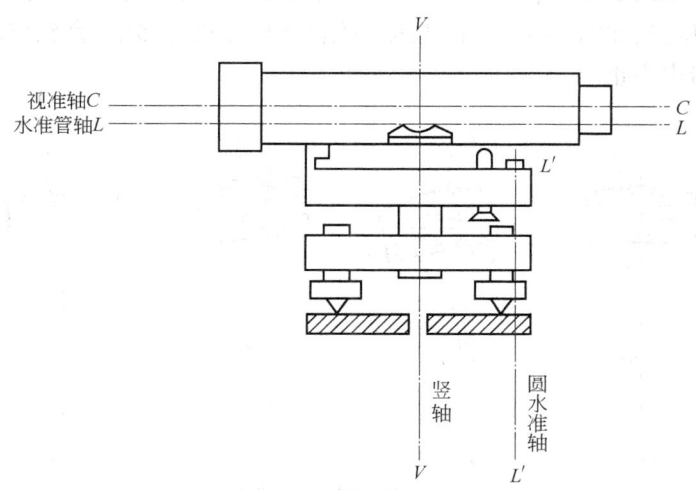

图 2-2-1 水准仪的轴线关系

在水准测量之前,必须对上述多项条件进行检验校正,使仪器各轴线满足上述关系。

仪器在出厂前,对水准仪各轴线的几何关系经过了严格的检查,满足水准仪几何轴线条件。由于长时间使用仪器或仪器受到震动、碰撞等原因,有的螺丝会有变化,影响到仪器轴线的变化,从而使轴线不能满足条件,直接影响测量成果的质量。因此,在使用水准仪之前,应对仪器进行检验和校正。

(一)圆水准器轴 $L'L'$ 平行于仪器的竖轴 VV 的检验与校正

1. 检校目的

检校目的是使竖轴处于铅垂位置,使圆水准轴平行于仪器竖轴。若两轴平行,当圆水准气泡居中时,则竖轴就处于铅垂位置。

2. 检验及校正方法

安置水准仪,转动脚螺旋使圆气泡居中,然后将仪器绕竖轴转180°,此时若气泡居中,说明圆水准轴平行于竖轴;如果气泡偏离一边,说明圆水准器轴 $L'L'$ 不平行于竖轴 VV,需要校正。

校正时转动脚螺旋,使气泡向圆水准器中心移动偏离中点的一半,然后用校正针旋转圆水准器底部的校正螺丝,使气泡完全居中。圆水准器的校正螺丝在水准器的底部,中间的大螺丝为连接螺丝,其余3个小的螺丝为校正螺丝。校正针为几厘米长的金属细杆,可插入校正螺丝的小孔拨动螺丝而调整圆水准器的高低。

3. 检核原理

圆水准轴不平行竖轴,当圆水准气泡居中时,表示圆水准轴处于铅垂位置,如图2-2-2(a)所示,而竖轴对铅垂线倾斜了 α 角,α 角也就是两轴的交角。当仪器绕竖轴转180°后,如图2-2-2(b)所示,由于竖轴仍处于倾斜 α 角的位置,但圆水准轴从竖轴的左侧转到了竖轴右侧,这样,圆水准轴就倾斜了两倍 α 角,所以气泡偏离中点,也就是说,偏离的大小反映了两轴不平行误差 α 角的两倍。这时,转动脚螺旋,使圆气泡退回偏离中点的一半,竖轴就处于铅垂位置了,如图2-2-2(c)所示,余下的偏离部分就是圆水准轴的误差,最后改圆水准轴线处于正确位置,如图2-2-2(d)所示。校正要反复进行多次,直到仪器旋转到任何位置,圆气泡始终居中为止。

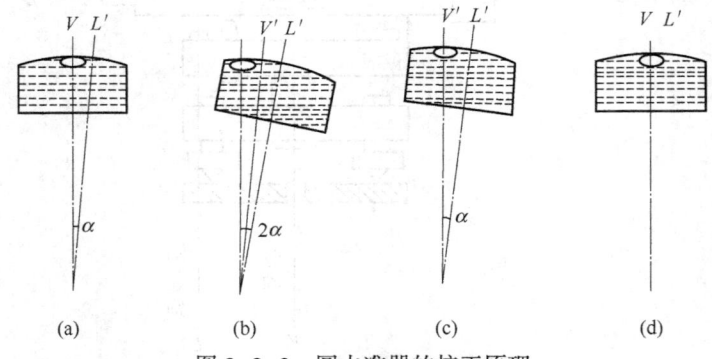

图 2-2-2 圆水准器的校正原理

(二)十字丝横丝垂直于竖轴的检验校正

CBB007 水准仪十字丝垂直于竖轴的检验校正方法

1. 检校目的

检校目的是使横丝垂直于仪器竖轴。当仪器整平后,使十字丝的横丝处于水平状态,则横丝垂直仪器竖轴。

2. 检验及校正方法

将横丝一端对准远处一明显标志,旋紧制动螺旋,转动微动螺旋,如果标志始终在横丝上移动,则说明横丝水平,不需校正,如图2-2-3(a)所示,若点偏离横丝,如图2-2-3(b)所示,则应进行校正。

校正时卸下目镜十字丝分划板间的护盖,松开压环固定螺丝,如图2-2-4所示,转动十字丝环至正确位置,最后旋紧压环固定螺丝,并旋上护盖。目前不少仪器,校正方法是松动目镜座上的 3 个沉头螺丝,转动目镜座使十字丝处于正确位置,然后旋紧 3 个沉头螺丝即可。

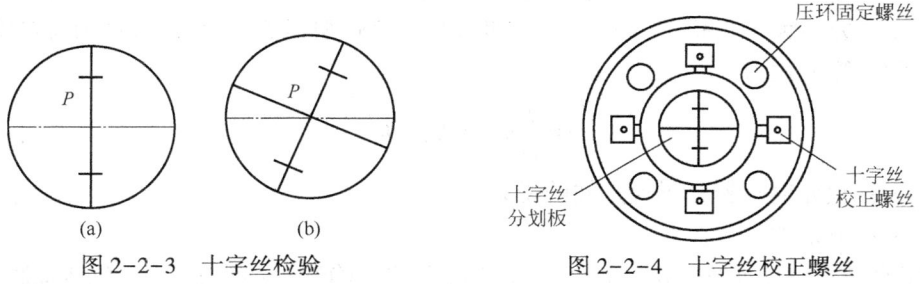

图 2-2-3　十字丝检验　　　　　图 2-2-4　十字丝校正螺丝

(三)水准管轴 LL 平行于视准轴 CC 的检验校正

1. 检校目的

检校目的是为水准仪提供一条水平视线,检校时使水准管轴平行于视准轴,当仪器水准管气泡居中时,视准轴水平。

2. 检验及校正方法

在较平坦的地面上选定相距 $L(60\sim80\mathrm{m})$ 的 A、B 两点,打下木桩,在木桩上立水准尺。如图 2-2-5 所示,将水准仪安置于 A、B 之中点 C,水准管气泡居中时读数为 a_1 和 b_1。若水准管轴不平行于视准轴,但由于前后视距相等,视线倾斜相同,则读数 a_1 和 b_1 都包含同样的误差 x。A、B 两点间的正确高差为:

$$h_{AB}=(a_1-x)-(b_1-x)=a_1-b_1$$

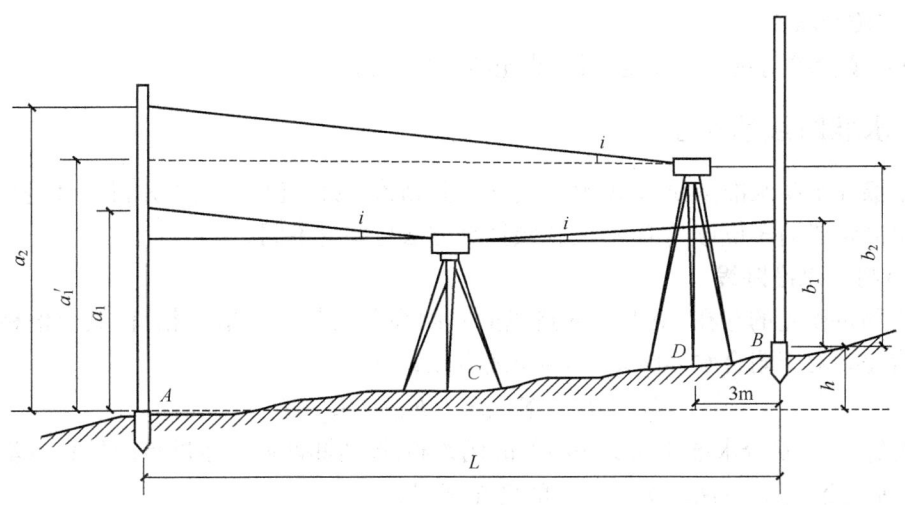

图 2-2-5　十字横丝垂直于竖轴的检验校正

为了校核仪器在 A、B 中点的测量高差,在原测站上改变仪器高度 10cm 以上,再重读两尺读数 $a_1'b_1'$,则第二次测量高差为:

$$h_{AB}'=a_1'-b_1'$$

当两次测量高差之差不大于 3mm 时,则取两次测量高差的平均值作为 A、B 两点间的正确高差,即 $h=\frac{1}{2}(h_{AB}+h'_{AB})$,然后在离 B 点约 3m 的 D 点安置仪器,读数为 a_2 和 b_2,两点间的高差为:$h_{BA}=(a_2-b_2)$。若 $h_{AB}=h_{BA}$,则说明水准管轴平行于视准轴;若 $h_{AB}\neq h_{BA}$,但 h_{AB} 与 h_{BA} 之差不大于 5mm 或 i 角小于 20″时,对于 DS_3 型仪器符合要求,否则需要校正。

i 角的计算公式为:

$$i=\frac{\Delta}{D}\rho, \Delta=h_{AB}-h_{BA}$$

式中　D——偏站时仪器至远尺点间的距离;
　　　ρ——206265″。

校正水准管时先计算出水平视线在 A 点尺上的正确读数:$a'_2=b_2+h$。转动微倾螺旋使十字丝中丝读数从 a_2 变为正确读数 a'_2,视准轴水平。由于转动微倾螺旋使中丝读数为正确读数,视准轴水平了,但是水准管气泡不居中了,此时,根据水准管气泡的偏离情况,用校正针拨动水准管目镜端的上、下两个校正螺丝,使水准管两端的影像符合,即水准管轴平行于视准轴。仪器校正后要进行检查,检查方法即在校正时的仪器位置,升高或降低仪器再次进行测量,当求出的 A 尺应读数与实读数之差在允许范围内,校正结束。

校正十字丝时首先卸下十字丝分划板的外罩,用校正针拨动上、下两个校正螺丝,横丝上、下移动,使中丝对准 A 点尺上正确读数 a'_2,视准轴水平,满足条件。校正时既要保持水准管气泡居中,又要中丝读数正确,最后旋上十字丝分划板的外罩。

(四)水准仪检验校正注意事项

(1)检验校正时应按规定的顺序进行检验校正,不得颠倒顺序。

(2)拨动校正螺丝时,不能用力过猛,应按先松后紧的方法,校正完毕,校正螺丝不应松动,应处于旋紧状态。

(3)每项检验与校正应反复进行,直至符合要求为止。

四、水准路线的布设

为了保证整条水准路线的观测质量,除了测站检核外,还应对整个水准路线的成果进行检核。水准路线的布设形式不同,其检核计算方法也略有不同。

(一)附合水准路线

由于测量误差的存在,使得水准路线的实测高差值与应有值不相符,其差值称为高差闭合差。对于附合水准路线,其高差闭合差:

$$f_h=\sum h_{测}-\sum h_{理}=\sum h_{测}-(H_{终}-H_{终})$$

式中　$\sum h_{测}$——附合水准路线实测高差的代数和,即所测两高级水准点间的总高差;
　　　$\sum h_{始},\sum h_{终}$——两高级水准点的已知高程。

《工程测量规范》(GB 50026—2007)中图根水准高差闭合差的容许值规定为:

　　平地　　　　　　　　　　　$f_h=\sum h_{往}+\sum h_{返}$
　　山地　　　　　　　　　　　$f_h=\sum h_{往}+\sum h_{返}$

式中　L——水准路线长度,km;
　　　n——测站数。

由于在平原地区,影响水准测量精度的主要因素是水准路线的长度,长度越长,精度越低,故必须采用前式计算;而在山区,影响水准测量精度的主要因素是安置测站的数目,数目越多,精度越低,故采用后式计算,两者不能随意选用。

当 $f_h \leqslant f_{h容}$ 时,则各测段水准路线的改正数为:

$$v_i = -\frac{f_h}{\sum L}L_i \text{ 或者 } v_i = -\frac{f_h}{\sum n}n_i$$

式中　L_i, n_i——附合水准路线各测段的长度和测站数;
　　　$\sum L, \sum n$——附合水准路线的总长度和总测站数。

改正数的计算式为:

$$\sum v = -f_h。$$

(二)闭合水准路线

闭合水准路线实际上是附合水准路线的一个特例。当两已知水准点(起点和终点)为同一点时,附合水准路线就成了闭合水准路线。此时有:

$$\sum h_{理} = H_{终} - H_{终} = 0$$

因此高差闭合差简化为:

$$f_h = \sum h_{测}$$

其他计算与附合水准路线相同。

(三)支水准路线

支水准路线一般要采取往返观测。从理论上讲,往、返测的高差 $\sum h_{往}$ 和 $\sum h_{返}$ 绝对值相等而符号相反。因此,往、返测的高差的代数和理论上为零。实际上,由于测量误差的存在,所测往、返高差的代数和不等于零,就产生了高差闭合差:

$$f_h = \sum h_{往} + \sum h_{返}$$

以此计算的高差闭合差大小同样反映了观测质量,也不能大于规范的规定要求,但计算容许闭合差时,L、n 则为支水准路线单程的长度和测站数。

当 $f_h \leqslant f_{h容}$ 时,取其往、返测高差绝对值的算术平均值,高差符号取往测高差的符号,作为最后观测结果。

项目二　用水准仪计算厂房门口坡道坡度

测厂房门口坡道坡度操作平面图如图 2-2-6 所示。

一、准备工作

(1)设备。
DS_3 水准仪 1 套。
(2)材料、工具。
彩色粉笔 2 根、50m 钢尺 1 把、塔尺 1 个、记录纸 1 张。

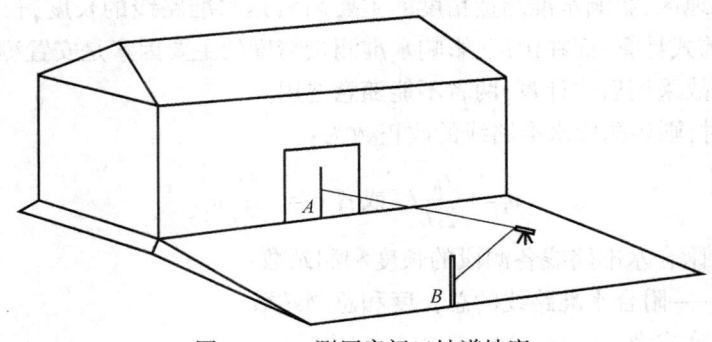

图 2-2-6　测厂房门口坡道坡度

二、操作步骤

（1）安置仪器。

在土质坚硬场地安置水准仪，踩实三脚架，整平。

（2）测设坡顶高程。

先测出坡顶高程 A，水准尺要竖直。

（3）测设坡底高程。

测出坡底高程 B，水准尺要竖直。

（4）丈量坡道距离。

丈量坡道水平距离 S，使用钢尺要拉直。

（5）计算坡度值。

计算坡道坡度为 $(A-B)/S\times100\%$。

三、技术要求

（1）应熟悉水准测量方法。

（2）应熟悉工程中坡度的表示方法。

（3）水准测量时应减少仪器误差、观测误差和外界条件等三方面影响。

四、注意事项

（1）计算要经复核，测设点高程用高差法进行复核。

（2）观测时水准气泡应严格居中。

（3）用彩色粉笔代替木桩，标记要清楚、准确。

（4）丈量坡道长度时应量平距，不能量斜距。

项目三　布设闭合水准路线

闭合水准路线操作平面图如图 2-2-7 所示。

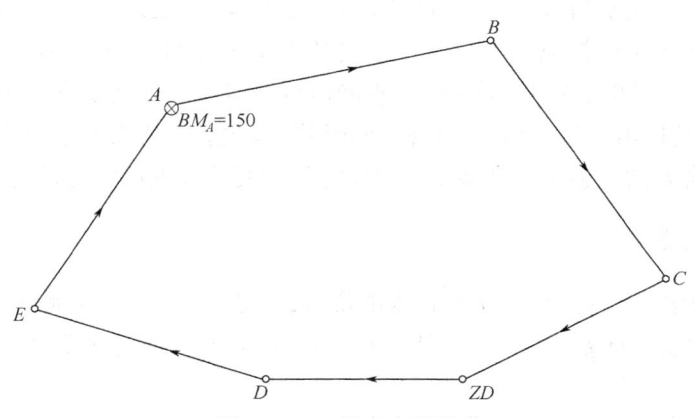

图 2-2-7 闭合水准路线

一、准备工作

(1) 设备。

DSZ$_3$ 水准仪 1 套。

(2) 材料、工具。

彩色粉笔 2 根、塔尺 1 个、记录纸 1 份。

(3) 场地准备。

选择 500m^2 的考核场地 1 处。

二、操作步骤

(1) 选择场地。

在场地上选择 A、B、C、D、E 五点组成一个闭合环,长度为 200m,已知 A 点高程 H_A = 150m,按图导线计算闭合水准路线上各点高程,场地所限要求设 2 个测站。

(2) 安置仪器。

安置仪器,踩实三脚架,整平。

(3) 选择测设顺序。

从已知 A 点起按 B、C、ZD、D、E 的顺序依次测出各点尺读数,要立直,最后回到 A 点。

(4) 整理测量成果。

计算所测导线闭合差:$f_h = \sum h_{测}$;$f_{h容} \leq \pm 40\sqrt{L}$(L 为路线长度)如 $f_h \leq f_{h容}$ 则进行平差,如 $f_h > f_{h容}$ 则进行重测。

三、技术要求

(1) 由已知点高程出发,进行水准测量,最后又回到已知点上,这样的水准测量称为闭合水准路线。

(2) 应确定所选场地为平原微丘区,容许高差闭合差为 $f_{h容} \leq \pm 40\sqrt{L}$(mm),否则不能使用该公式。

(3)应进行水准测量的检验,包括计算检验、测站检验、成果检验。计算检核只能发现计算是否有错,而测站检核只能检核每一个测站上是否有错误,不能发现立尺点变动的错误,更不能评定测量成果的精度,同时由于观测时受到仪器、人、外界条件等的影响,随着测站数的增多使误差积累,有时也会超过规定的限差,因此应对其成果进行检核。

(4)高差闭合差的调整可将高差闭合差反符号按测段长度成正比进行分配。

四、注意事项

(1)为了减少测量误差,观测量安置水准仪时,应尽量选在距两观测点等距离处。

(2)注意在转点 ZD 处立尺时,应保证塔尺立点不动,只需将尺面反转过来,便于仪器观测。

(3)观测的数据应及时准确地填写到水准测量成果表中。

(4)当高差闭合差在容许误差范围内时,认为精度合格,成果可用。若超过容许值,应查明原因,进行重测,直到符合要求为止。

项目四　检验与校正水准仪圆水准轴平行于竖轴

检验与校正水准仪圆水准轴平行于竖轴操作平面图参考相关知识中图 2-2-2。

一、准备工作

(1)设备。

DSZ_3 水准仪 1 套。

(2)工具准备。

校正针 1 个。

(3)场地准备。

布置好考核场地。

二、操作步骤

(1)安置仪器。

在场地安置水准仪,转动脚螺旋使圆水准气泡居中,然后将照准部绕竖轴转 180°,此时若气泡居中,说明圆水准轴平行于竖轴,如果气泡偏离一边,说明仪器需要校正。

如圆水准轴不平行于竖轴,当气泡居中时,圆水准轴处于铅垂,而竖轴对铅垂线倾斜 α 角,当仪器绕竖轴转 180°后,圆水准轴就倾斜了 2α 角,所以气泡偏离中点。

(2)校正。

转动脚螺旋,使气泡向圆水准器中心移动偏离中点的一半,然后用校正针旋转圆水准器底部的校正螺钉,使气泡完全居中。校正针为几厘米的金属细杆,可插入校正螺钉的小孔拨动螺钉而调整圆水准器的高低。

三、技术要求

(1)若圆水准器轴与竖轴不平行,则竖轴与铅垂线之间出现倾角 δ。

(2)当望远镜绕倾斜的竖轴旋转 180°后,仪器的竖轴位置并没有改变,而圆水准器却转到了竖轴的另一侧,这时圆水准器轴与铅垂线夹角为 2δ。

(3)使用校正针,利用这个倾角调整圆水准器下面的三个校正螺钉。

四、注意事项

(1)由于仪器在长期使用和运输过程中受到振动和碰撞等,使各轴线之间的关系发生变化,若不及时检验校正,将会影响测量成果的质量。

(2)校正时,一般要反复进行数次,直到仪器旋转到任何位置,圆水准器气泡都居中为止。

(3)校正结束后,要注意拧紧固紧螺钉。

项目五　安置普通水准仪并读出塔尺读数

一、准备工作

(1)设备。

DS_3 型水准仪 1 套。

(2)工具准备。

3m 塔尺 1 把。

(3)场地准备。

在目标附近选择平整坚实的地面,架设仪器的位置不能选在车辆通行的车道上。

二、操作步骤

(1)支架。

根据风力或身高确定架脚长度,安置时注意架头大致水平,用脚踩实架腿,将仪器放到架头上,拧紧固定螺旋。

(2)整平。

调整脚螺旋使仪器水准气泡居中,旋转仪器照准部,确定仪器无论旋转到任何位置气泡都居中为止。

(3)读数。

调整目镜读出塔尺读数。

(4)仪器装盒收仪器架。

操作结束后,应把仪器装盒并收好仪器架。

三、技术要求

（1）应弄清水准仪各部位的名称、作用，尤其要弄清水平制动与水平微动的关系，照准目标前要松开制动螺旋，精确瞄准时要旋紧制动螺旋再用微动螺旋微调。

（2）安置水准仪需将三脚架撑开，将仪器从箱内取出，一手拿住基座，一手拿住照准部，放上脚架后，立即旋紧连接螺旋。

（3）认识水准标尺的刻划规律，弄清标尺面中 1 格是 1cm 还是按 0.5cm 来分划尺面，以便准确读数。

四、注意事项

（1）弄清望远镜是正像，还是倒像。

（2）注意仪器的使用安全。

（3）弄清标尺每厘米处标注尺寸的数字是正写还是倒写，防止呈倒像后读错数字，同时要习惯倒像读尺，从小往大读，防止读尺方向错误。

（4）注意检查读数。

模块三　公路路线测量

项目一　相关知识

一、测量准备工作

(一)测量前的准备

测量前的准备工作,一般包括以下几方面的内容:

(1)根据工作实际需要选择测量人员;全面熟悉设计文件,领会设计意图及要求。

(2)熟悉测量设备与工具,并按有关规定进行测量仪器设备的常规检验和校正。

(3)对测量人员进行培训交底,公布工作纪律和标志设置要求,明确桩志书写方式和其他注意事项。

(4)对原设桩志进行现场核对,了解移动、丢失情况;拟定新测设或补加桩志计划。

> CBC001 路线勘测阶段测量工作内容

(二)路线勘测阶段测量工作

在线路勘测设计阶段的测量工作,称之为线路勘测测量。在线路施工阶段进行的测量工作,称之为线路施工测量。对公路勘测而言,可分为踏勘测量和详细测量两个阶段。

桥梁勘测阶段,需要进行桥渡线长度测量,并测绘桥址纵断面图、桥渡位置图、桥址地形图、水下地形图以及水面纵断面图,为优选桥址和进行桥梁设计提供必要而详细的测绘资料。

(三)交接桩的范围

交接桩的范围主要有路线控制桩、工程控制桩和水准基点等。

> CBC002 交接桩的范围

(1)路线控制桩,包括直线转点桩、交点桩、缓和曲线和圆曲线的起讫点桩等;当原测的中线由导线控制时,应交接沿着选线走廊布设的导线点桩,与线路有联系的"国家三角点",包括等级、编号、坐标和地点。

(2)工程控制桩,如桥隧两端的控制桩、导线网、三角网以及间接测量所布设的控制桩等。

(3)水准基点及与其有联系的"国家水准基点",包括等级、编号、高程和地点。

(四)交接桩的程序

(1)根据设计单位提供的原设桩点的有关资料,进行室内审核和现场查对。

> CBC003 交接桩的程序

(2)用测量仪器对重要桩、点进行施测交接,做出详细记录。

(3)交接中发现的问题,如误差超限、错误、漏项以及需补测或精测等事项,应明确处理办法及负责施测单位。

(4)写出"交接纪要",交接双方签字。

(五)测量制度的建立

1. 测量分工责任制

技术人员负责仪器测量和计算工作;领工员和测量工或工长等分工负责工程放线和放样,做到分工负责签名。

2. 桩志使用保护制

施工测量过程中所设的控制性桩志,在测量作业结束时应立即向领工员或工长交桩,由其负责保护和使用。

3. 测量记录正规化

测量记录应使用规定的格式,不得涂改和乱画,文字应正楷清晰,记录有误者应划去另写一格。桩志位置应在记录上绘图示意。

4. 测量仪器保管制

测量仪器、工具、设备,应分别规定使用操作守则、保管养护守则、定期检定守则,明确责任制度。

二、导线复测

(一)导线复测内容

当路线的线形主要由导线控制时,导线的点位精度及密度直接影响施工放线的质量,因此,路基施工前,对导线进行认真复测是十分重要的。导线复测的内容主要包括:

(1)检查导线是否符合规范及有关规定要求,平差计算是否正确,精度是否经过有关方面检查与验收。

(2)导线点的密度是否满足施工放线的要求,必须时应进行加密,以保证在道路施工的全过程中,相邻导线点间能相互通视。

(3)检查导线点是否丢失、移动、并进行必要的点位恢复工作。

(二)导线复测的外业工作

> CBC005 导线水平角复测的内容

1. 水平角的测量

导线的水平角测量应使用不低于 DJ_6 级经纬仪,按测回法进行观测。在附合导线中,可以测量左角或右角,在闭合导线中均测内角。

导线起终点应与国家大地点或其他单位不低于四等的大地点联测。

> CBC006 导线边长复测的要求

2. 导线边长测量

导线边长应优先采用光电测距仪测量,无此条件时,也可采用钢尺及经纬仪视距等仪器工具测量。

采用光电测距仪测量导线边长时,距离和竖直角应往返观测各一测回,距离一测回读数两次,边长采用往测平距,返测平距仅作参考。

采用钢尺丈量时,导线边长应丈量两次,其较差在限差之内时,取平均值。

> CBC007 导线点加密的方法

3. 导线点加密

当原有导线点不能满足施工要求时,为保证在道路施工的全过程中,相邻导线点间能互相通视,应进行导线点加密,加密导线点可以采用传统的方法,如线形三角锁、图根导线、交会法等,然而,随着红外测距仪的广泛使用,特别是全站仪的使用,采用支导线法加密导线点更为方便。

三、道路中线测量

(一) 路线中线测量

无论是公路,还是城市道路,平面线形均要受到地形、地物、水文、地质及其他因素的限制而改变路线方向。在直线转向处要用曲线连接起来,这种曲线称为平曲线。

平曲线包括圆曲线和缓和曲线两种。圆曲线是具有一定曲率半径的圆弧;缓和曲线是在直线和圆曲线之间加设的,曲率半径由无穷大逐渐变化至圆曲线半径的曲线。缓和曲线我国公路采用辐射螺旋线,亦称回旋线。

中线测量是通过直线和曲线的测设,将道路的中线具体地测设到地面上,并测出其里程。

> CBC010 路线中线测量的内容

(二) 路线交点测设

导线就是将选定的控制点组成连续折线,折线的转折点就是所选定的控制点,称为导线点。测量所有的折线(导线边)的边长和转折角(左角或右角),然后根据起点的已知坐标和起始的已知坐标方位角,即可求出各导线点的坐标。

> CBC013 路线导线的含义

道路工程中,导线点称为交点,在路线测设时,选定出路线的转折点就是确定了路线交点,它也是中线测量的控制点。交点的测设根据既定的技术标准,结合地形、地质条件,在现场反复比较,直接定出路线交点的位置。这种方法适用于等级较低的公路。对于高等级公路或地形复杂、现场标定困难的地段,应采用纸上定线的方法,先在实地布设导线,测绘大比例尺地形图,在图上定出路线,再到实地放线,把交点在实地标定出来。

1. 放点穿线法

放点穿线法是利用地形图上的测图导线点与图上定出的路线之间的角度和距离关系,在实地将路线中线的直线段测设出来,然后将相邻直线延长相交,定出交点桩的位置。具体测设步骤如下:

1) 放点

(1) 如图 2-3-1 所示,欲将纸上定线的两直线 JD_1—JD_2 和 JD_2—JD_3 测设于地面,只需在地面上定出 1、2、3、4、5、6 等临时点即可。这些临时点可选择垂直于导线边、垂足在导线点的直线与纸上定线的直线相交点即支距点,如 1、2、4、6;可选择测图导线边与纸上定线的直线相交的点,如 3 点;或能够控制中线位置的任意点,如 5 点,用极坐标法放样。为便于核对,一条直线应选择三个以上的临时点,并且一般应选在地势较高、通视良好、距导线点较近、便于测设的地方。

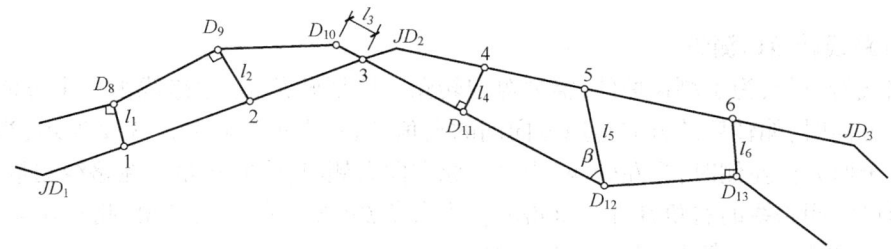

图 2-3-1 放样

(2)临时点选定后,可在图上用比例尺和量角器量取放点所用的距离和角度,如图 2-3-1 中距离 l_1、l_2、l_3、l_4、l_5、l_6 和角度 β。然后绘制放点示意图,标明点位和数据作为放点的依据。

(3)放点时,在现场找到相应的导线点。临时点如果是支距点,可用支距法放点,用方向架定出垂线方向,再用皮尺量出支距定出点位;如果是任意点位,则用极坐标法放点,将经纬仪安置在相应的导线点上拨角定出临时点方向,再用皮尺量距定出点位。

2)穿线

由于测量仪器、测设数据及放点操作存在误差,在图上同一直线上和各点放于地面后,一般均不能准确位于同一直线上。因此需要通过穿线,定出一条尽可能穿过或靠近临时点的直线。

(1)采用目估法,先在适中的位置选择 A、B 点竖立花杆,一人在 AB 延长线上观测,看直线 AB 是否穿过多数临时点或位于它们之间的平均位置。否则移动 A 或 B,直到达到要求为止。最后在 A、B 或其方向线上打下两个以上的控制桩,称为直线转点桩 ZD。

(2)采用经纬仪穿线时,仪器可置于 A 点,然后照准大多数临时点所靠近的方向定出 B 点。也可将仪器置于直线中部较高的位置,瞄准一端多数临时点都靠近的方向,倒镜后如视线不能穿过另一端多数临时点所靠近的方向,则将仪器左右移动,重新观测,直到达到要求为止,最后定出转点桩。

3)交点

当相邻两直线在地面上定出后,即可延长直线进行交会定出交点,一般采用正倒镜分中法。

> CBC011 路线拨角放线法的内容

2. 拨角放线法

拨角放线法是先在地形图上量出纸上定线的交点坐标,反算相邻交点间的直线长度、坐标方位角及转角。然后在野外将仪器置于路线中线点或已确定的交点上,拨出转角,测设直线长度,依次定出各交点位置。

这种方法的特点是工作迅速,但拨角放线的次数越多,误差累积也越大,故每隔一定距离应将测设的中线与测图线联测,以检查拨角放线的质量。

路线测量中,当相邻两交点互不通视时,需要在其连线或延长线上定出一点或数点以供交点、测角、量距或延长直线时瞄准之用。

(三)路线转点的测设

相邻两交点互不通视,或相距甚远,常需在其连线或延长线上测定一点或数点,供测角和量距之用,称为转点。测设分两种,一是在两交点之间设转点;二是在两交点的延长线上设转点。

> CBC012 路线的转角测设方法

(四)路线转角的测设

在路线转折处,为了测设曲线,需要测定转角。所谓转角,是指路线由一个方向偏转至另一方向时,偏转后的方向与原方向间的夹角,以 α 表示。如图 2-3-2 所示,当偏转后的方向位于原方向左侧时,为左转角;当位于原方向右侧时,为右转角。在路线测量中,转角通常是通过观测路线的右角 β 计算求得的。当右角 $\beta<180°$ 时,为右转角,此时 $\alpha_y=180°-\beta$;当右角 $\beta>180°$ 时,为左转角,则 $\alpha_r=\beta-180°$。

由于测设曲线的需要,在右角测定后,保持水平度盘不变,在路线设置曲线一侧定出分角线方向,如图 2-3-3 所示。则分角线方向读数为 c(设后视为 a、前视为 b),$c=a+b/2$。

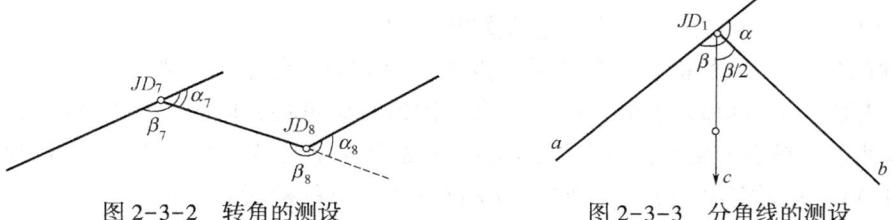

图 2-3-2　转角的测设　　　图 2-3-3　分角线的测设

需要注意的是,当转动照准部使水平度盘读数为 c 时,望远镜所指的方向有时会指在相反的方向,这时需倒转望远镜,在设置曲线一侧定出分角线方向。

为了保证测角精度,还须进行路线角度闭合差的检核。当路线导线与高级控制点连接时,可按附合导线计算角度闭合差。如在限差之内,则可进行闭合差的调整。当路线未与高级控制点联测时,可每隔一段距离,观测一次真方位角来检核角度。为了及时发现测角错误,可在每日作业开始与收工前用罗盘仪各观测一次磁方位角,与以角度推算的方位角相核对。

此外,在角度观测后,还须用视距测量方法测定相邻交点间的距离,以检核中线测量钢尺量距的结果。

(五) 纸上定线的方法

道路定线方法有纸上定线和现场定线。纸上定线就是在地形图上具体设计路线的走向和坡度。

平原、微丘陵地区,地形平坦,路线一般不受高程限制,定线主要是正确绕避平面上的障碍,力争控制点间路线顺直短捷。

山岭、重丘陵地区,地形复杂,横坡陡峻,纸上定线时除考虑利用有利地形,避让已建建筑物、不良地质地段或地物外,关键要考虑的是调整好纵坡。

道路纸上定线后的测量工作,主要是把设计在图纸上的中线,在实地标定出来和沿实地标出的中线测绘纵横断面图。

道路工程测量是指在道路的勘察设计、工程施工、道路竣工各阶段所涉及的各种测量工作。

四、竖曲线的要求

竖曲线有凹形和凸形两种。竖曲线的两种形式中,顶点在曲线上面的称为凸形竖曲线;顶点在曲线下面的称为凹形竖曲线。两相邻坡段的交点称为变坡点。

由于竖曲线一般采用圆曲线,故相邻坡度都很小。一级公路在微丘、平原地形中,其凹形竖曲线半径一般最小值为 10000m。

五、路线横断面测量

(一) 路面横坡度

沥青混凝土路面的路拱平均横坡度为 1%~2%。半整齐石块路面的路拱平均横坡度为 2%~3%。碎石、砾石路面的路拱平均横坡度为 2.5%~3.5%。

(二)横断面方向的确定

(1) 直线段。直线段横断面方向与路线中线垂直,一般采用方向架测定。如图 2-3-4 所示,将方向架置于桩点上,方向架上有两个相互垂直的固定片,用其中一个瞄准该直线上任一中桩,另一个指向即为该桩点的横断面方向。

(2) 圆曲线上一点的横断面方向是该点的半径方向。测定时一般采用求心方向架,向架上安装一个可以转动的活动片,并有一固定螺旋可将其固定。如图 2-3-5 所示,欲测圆曲线上桩点的横断面方向,将求心方向架置于 ZY(或 YZ)点上,用固定片 ab 瞄准切线方向,则另一固定片 cd 所指方向即为 ZY(或 YZ)点的横断面方向。

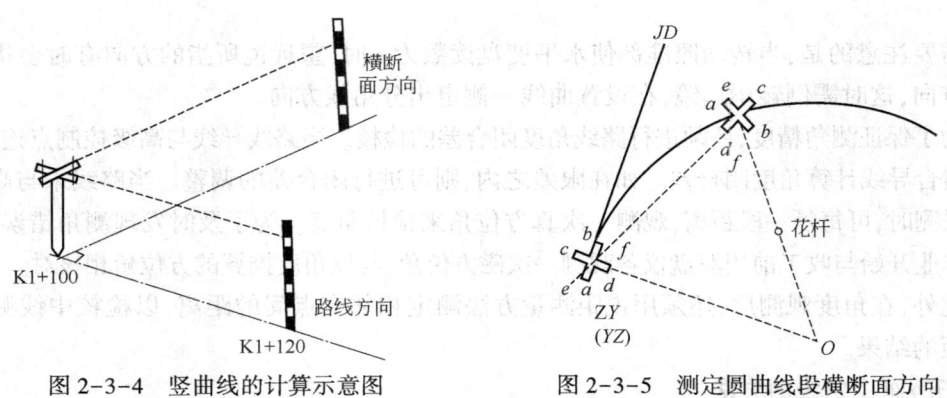

图 2-3-4 竖曲线的计算示意图　　图 2-3-5 测定圆曲线段横断面方向

(3) 缓和曲线段。缓和曲线上任一点的横断面方向,就是该点的法线方向,或者说是该点切线的垂线方向。因此,只要求出该点至前视点或后视点的偏角值,即可定出该点的法线方向,如图 2-3-6 所示。

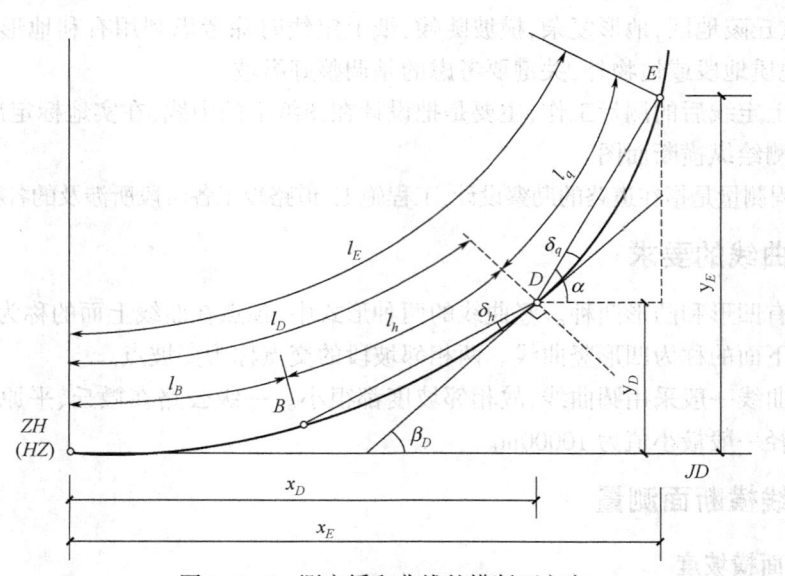

图 2-3-6 测定缓和曲线的横断面方向

欲测定缓和曲线上 D 点的横断面方向，B 为 D 点的后视点，E 为前视点，l_B、l_D、l_E 分别为 B、D、E 至缓和曲线 ZH(或 HZ)的曲线长，l_h 为后视点 B 至 D 点的曲线长，l_q 为前视点 E 至 D 点的曲线长，β_D 为 D 点的切线角。由图可知，D 点至前视点的偏角为：$\delta_q = \alpha - \beta_D$；又 $\tan\alpha = \dfrac{y_E - y_D}{x_E - x_D}$，实际上 α 很小，这里取 $\tan\alpha = \alpha$，并将缓和曲线上坐标式代入上式可得：

$$\delta_q = \frac{l_q}{6Rl_s}(3l_D + l_q)$$

同理，D 点至后视点的偏角为：

$$\delta_h = \frac{l_h}{6Rl_s}(3l_D + l_h)$$

施测时，将经纬仪置于 D 点，以 $0°00'00''$ 照准前视点 E(或后视点 B)，再顺时针转动照准部使水平度盘读数为 $90° + \delta_q$(或 $90° - \delta_q$)，此时经纬仪的视线方向即为 D 点的横断面方向。

(三)横断面测量方法

横断面测量方法有多种，见表 2-3-1。

表 2-3-1 横断面测量要求

方　法	施　测　要　求
花杆皮尺法	如右图所示，A、B、C、…横断面方向上所选定的变坡点，将花杆立于 A 点，从中桩处地面将尺拉平量出到 A 点的距离，并测出皮尺截于花杆的高度，即 A 相对于中桩地面的高差。同法可以测得 A 至 B、B 至 C…的距离和高差，直至所需要的宽度为止。中桩一侧测完后再测另一侧
经纬仪视距法	仪器置于中线点或横断面方向线上某一合适点，瞄准横断面方向。依次在各地形变化点上立尺，读取视距、竖直角，再换算成相对中桩的高差和水平距离。适用于地形变化大，断面大的山区
斜距法	用倾斜仪或带角手水准，以中桩为测站，分别测出各变坡间的倾斜角 α 并用尺量出斜距 l，据以定出各变坡点的位置，绘出横断面图，如右图所示。此法与抬杆法结合使用
手水准仪	观测者持手水准立于中桩处，分别观测各测点上的水准尺，以测得高差，同时用皮尺量出各测点距中桩的距离。这种方法一般多用于地面横坡较平缓的地段

CBC019 花杆皮尺法

方法	施测要求	
钓鱼法	在山区,经常遇到悬崖或陡峭河岸,如右图所示。可在皮尺头上系一重物,将皮尺从花杆端吊至测点,而且使花杆水平,即可读出平距与高差,据以确定各测点的空间位置	
交会法	如右图所示,对于不可攀登的陡壁,如 C 点,可用交会法测量,即在已测定点位 A、B 各用带角手水准或经纬仪分别对准 C 点观测仰角,然后在图上定出 C 点	
水准仪法	如右图所示,置水准仪于一合适点 A,依次测得横断面方向上各变化点的高程,然后再换算成高差,水平距离可用皮尺量取。这样可同时测得 K0+500,K0+520 等几个断面	

CBC 020 钓鱼法

CBC021 横断面面积的计算方法

(四)横断面面积的计算

横断面面积常用的计算方法有积距法和坐标法。

1. 积距法

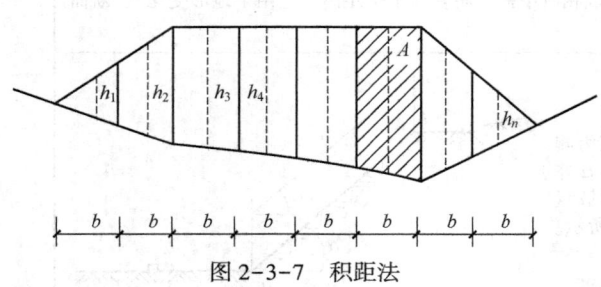

图 2-3-7 积距法

如图 2-3-7 所示,将断面按单位横宽划分为若干个梯形与三角形条块,每个小条块的近似面积为:$F_i = bh_i$,则横断面面积为:

$$F = bh_1 + bh_2 + \cdots + bh_n = b\sum_{i=1}^{n} h_i$$

当 $b=1\text{m}$ 时,则 F 在数值上等于各小条块平均高度之和 $\sum h_i$。

要求得 $\sum h_i$ 的值,可以用卡规逐一量取各条块高度的累积值。当面积较大卡规张度不够用时,也可用米厘纸折成窄条代替卡规量取积距。该法计算面积简单、迅速。若地面线较顺直,也可增大 b 值。

2. 坐标法

如图 2-3-8 所示,已知断面图上各转折点坐标 (x_i, y_i),则断面面积为:

$$F = \frac{1}{2} \sum_{i=1}^{n} (x_i, y_{i+1} - x_{i+1}, y_i)$$

当横断面面积计算后,可计算开挖或网填的土石方量。

若相邻两断面均为填方或均为挖方且面积大小相近,则可假定两断面之间为一棱柱体,如图 2-3-9 所示,其体积的计算公式为:

$$V = \frac{1}{2}(F_1 + F_2)L$$

式中　V——土石方体积,m^3;

F_1,F_2——相邻两断面的面积,m^2;

L——相邻的两断面之间的距离,m。

F_1 和 F_2 相差甚大,则与棱台更为接近。其计算公式为:

$$V = \frac{1}{3}(F_1 + F_2)L\left(1 + \frac{\sqrt{m}}{1+m}\right)$$

$$m = \frac{F_1}{F_2}$$

其中 $F_2 > F_1$。

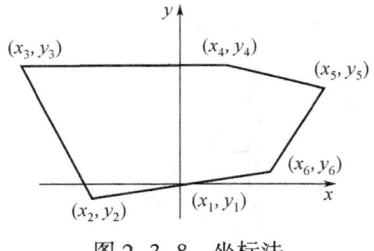

图 2-3-8　坐标法

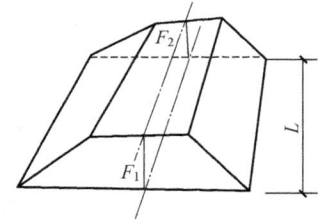

图 2-3-9　土石方计算示意图

> CBC014 路基边线的放样方法

(五)路基边桩的放样方法

首先,确定横断面的方向,然后确定填方断面的坡脚点、挖方断面的坡顶点或半填半挖断面的坡脚点和坡顶点,放置边桩,画出作业界线,有了边桩后还要按照设计的边坡坡度、高度确定边坡位置。

路基边桩放样的方法有图解法、解析法、逐次逼近法和坡度板法等。

1. 图解法

傍山路基放样多用图解法,用此法必须有准确的横断面图。利用供施工用的路基横断面图,确定中桩与边桩实际水平距离,沿横断面方向测量定点并打桩。

2. 解析法

原地面平坦时,一般多用解析法;当只知道现场的填挖高度,而缺乏横断面图时,可参照下述坡度板法放边桩。当地面平坦时,先按下式求出中桩至边桩的距离,如图 2-3-10 所示。

路堤： $L=B/2+mH$

路堑： $L=B_1/2+mH$

式中　B——路基设计宽度，m；

　　　B_1——路基与侧边沟宽度之和，m；

　　　m——边坡的设计坡度，m；

　　　H——路基中心设计填挖高度，m。

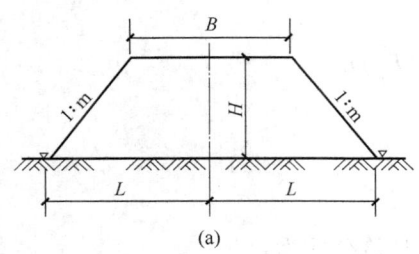
(a)

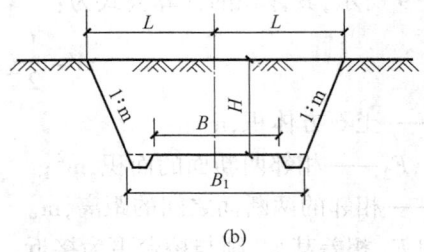
(b)

图 2-3-10　解析法放样示意图

CBD017 路基放样的坡度样板法

3. 坡度样板法

坡地上放边桩，简单的方法是利用坡度板进行。路堤放样时先用十字架定出横断方向，如图 2-3-11 所示。路堑放样时，可用与路堤放样类似方法定出坡顶位置，如图 2-3-12 所示。

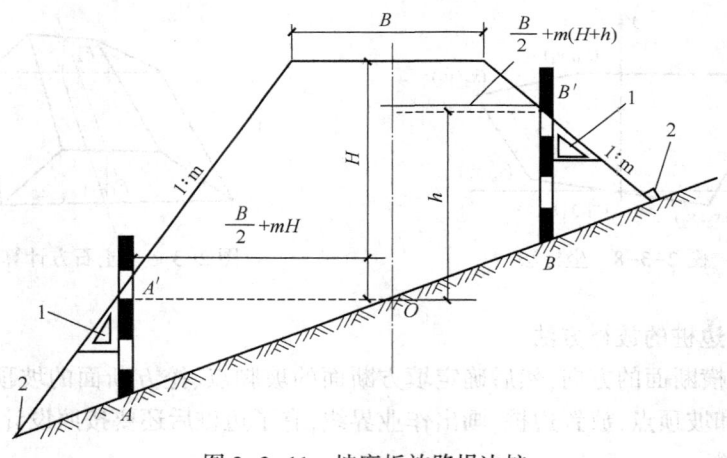

图 2-3-11　坡度板放路堤边桩

4. 逐次逼近法

在山坡上路基边桩的测设，自然地面往往是起伏不平的，山坡的路基横断面如图 2-3-13 所示。

$$D_{左}=\frac{b}{2}+S+mh_{左}；D_{右}=\frac{b}{2}+S+mh_{右}$$

式中，路基宽度 b、边沟顶宽 S 及路基边坡率 m 均为已知，故 $D_{左}$、$D_{右}$ 随 $h_{左}$、$h_{右}$ 而变，由于 $h_{左}$ 及 $h_{右}$ 是边桩处地面距路基面的高度，而边桩位置是待求之值，故两者均不能得知，因此在实际工作中采用逐点接近的方法测设边桩。测设时,首先用方向架或仪器定出横断面方向,然后逐点施测。

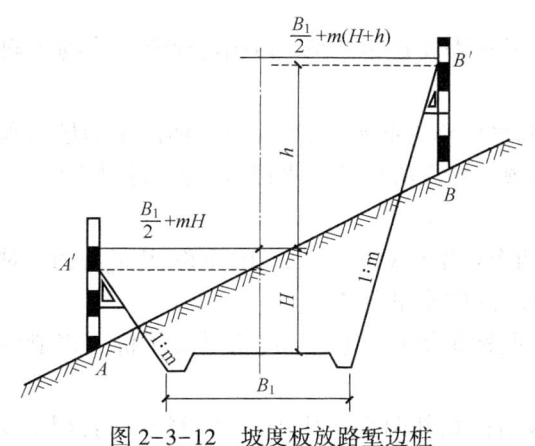
图 2-3-12 坡度板放路堑边桩

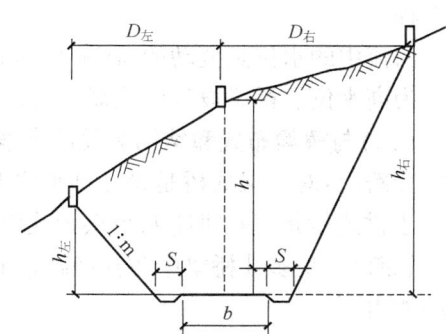
图 2-3-13 坡度板放路堑边桩

(六)公路排水沟测量的内容

排水沟主要用于排除来自边沟、截水沟或其他水源的水流,并将其引至路基范围以外的指定地点。

排水沟的断面形式一般为梯形,底宽不应小于 0.5m,深度可按流量计算确定,但不宜小于 0.5m。边坡坡度视土质而定,一般土层可用 1∶1.5。沟底纵坡以 1%~3% 为宜,纵坡大于 3% 时,需进行加固,大于 7% 时,应设跌水或急流槽。排水沟的长度根据实际需要而定,通常宜在 500m 以内。

排水沟距路基坡脚的距离一般不宜小于 3~4m。当排水沟中的水流流入河道或沟渠时,应使原水道不产生冲刷或淤积,一般应使排水沟与原水道两者水流的流向成锐角相交,并力求小于 45°,保证汇流处水流顺畅。

六、路线桥涵测量

(一)桥梁的基本组成

桥跨结构是在线路中断时跨越障碍的主要承载结构。当需要跨越的幅度比较大,并且除恒载外要求安全地承受很大车辆荷载的情况下,桥跨结构的构造比较复杂,施工也相当困难。

桥墩和桥台是支撑桥跨结构并将恒载和车辆等活载传至地基的建筑物。通常设置在桥两端的称为桥台,它除了上述作用外,还与路堤相衔接,以抵御路堤土压力,防止路堤填土的滑坡和坍落。单孔桥没有中间桥墩。对于两端悬出的桥跨结构,则往往不用桥台而设置靠近路堤边坡的岸墩。桥墩和桥台中使全部荷载传至地基的底部奠基部分,通常称为基础。它是确保桥梁能安全使用的关键。由于基础往往深埋于土层之中,并且需在水下施工,故也是桥梁建筑中比较困难的一个部分。

通常人们还习惯地称桥跨结构为桥梁的上部结构,称桥墩或桥台为桥梁的下部结构。

一座桥梁中在桥跨结构与桥墩或桥台的支撑处所设置的传力装置,称为支座,它不仅要传递很大的荷载,并且要保证桥跨结构能产生一定的变位。

在路堤与桥台衔接处,一般还在桥台两侧设置石砌的锥形护坡,以保证迎水部分路堤边坡稳定。

在桥梁建筑工程中,除了上述基本结构外,根据需要还常常修筑护岸、导流结构物等附属工程。

河流中的水位是变动的,在枯水季节的最低水位称为低水位,洪峰季节河流中的最高水位称为高水位。桥梁设计中按规定的设计洪水频率计算所得的高水位,称为设计洪水位。

(二) 与桥梁布置和结构有关的术语名称

> CBC023 桥梁结构的术语名称

净跨径:对于梁式桥是设计洪水位上相邻两个桥墩(或桥台)之间的净距,用 l_0 表示;对于拱式桥是每孔拱跨两个拱脚截面最低点之间的水平距离。

总跨径:是多孔桥梁中各孔净跨径的总和,也称桥梁孔径($\sum l_0$),它反映了桥下宣泄洪水的能力。

计算跨径:对于具有支座的桥梁,是指桥跨结构相邻两个支座中心之间的距离,用 l 表示。对于拱式桥,是两相邻拱脚截面形心点之间的水平距离。因为拱圈(或拱肋)各截面形心点的连线称为拱轴线,故也就是拱轴线两端点之间的水平距离。桥跨结构的力学计算是以 l 为基准的。

桥梁全长简称桥长,是桥梁两端两个桥台的侧墙或八字墙后端点之间的距离,以 L 表示。对于无桥台的桥梁为桥面系行车道的全长。在一条线路中,桥梁和涵洞总长的比重反映它们在整段线路建设中的重要程度。

桥梁高度简称桥高,是指桥面与低水位之间的高差,或为桥面与桥下线路路面之间的距离。桥高在某种程度上反映了桥梁施工的难易性。

> CBC024 桥梁测量需要掌握的技术名称

桥下净空高度是设计洪水位或计算通航水位至桥跨结构最下缘之间的距离,以 H 表示,它应保证能安全排洪,并不得小于对该河流通航所规定的净空高度。

建筑高度是桥上行车路面(或轨顶)标高至桥跨结构下缘之间的距离,它不仅与桥梁结构的体系和跨径有大小有关,而且还随行车部分在桥上布置的高度位置而异。公路(或铁路)定线中所确定的桥面(或轨顶)标高,对通航净空顶部标高之差,又称为容许建筑高度。显然,桥梁的建筑高度不得大于其容许建筑高度,否则就不能保证桥下的通航要求。

净矢高是比拱顶截面下缘至相邻两拱脚截面形心之连线的垂直距离,以 f_0 表示。

计算矢高是从拱顶截面形心至相邻两拱脚截面形心之连线的垂直距离,以 f 表示。

矢跨比是拱桥中拱圈(或拱肋)的计算矢高 f 与计算跨径 l 之比,也称拱矢度,它反映拱桥受力特性的一个重要指标。《公路工程技术标准》(JTG B01—2014)中规定,对于标准设计或新建桥涵跨径在 60m 以下时,一般均应尽量采用标准跨径。对于梁式桥,它是指两相邻桥墩中线之间的距离,或墩中线至桥台台背之间的距离;对于拱桥,则是指净跨径。

> CBC025 桥梁的其他分类

(三) 桥梁其他分类

按桥梁的用途来划分,有公路桥、铁路桥、公铁两用桥、农桥、人行桥及其他专用桥梁;按桥梁长度的不同,可分为特大桥、大桥、中桥和小桥;按桥梁承重结构所用的材料划分,有圬工桥、钢筋混凝土桥、预应力混凝土桥、钢桥和木桥;按跨越障碍的性质,可分为跨河桥、跨线桥、高架桥和栈桥。

(四)涵洞的分类与选择

1. 涵洞分类

涵洞按构造形式可分为圆管涵、盖板涵、拱涵及箱涵四种。

圆管涵是具有足够填土高度的小跨径暗涵,适用于流量较少,路基又有一定填土高度的地方。圆管涵对其基础的适应及受力性能较好,不需设计墩台,圬工数量少,便于预制,造价低。

当涵洞设计流量较大,洞顶填土较少时,可采用盖板涵。盖板涵可做成矮路堤上的明涵或一般路堤上的暗涵。盖板涵的构造比较简单,维修容易。

箱涵适用于软土地基,其整体性强,但用钢量多,施工较困难,造价高,一般不常用。

在跨越深沟或路基填土高度较高时可设置拱涵,拱涵可做成较大的孔径,能通过较大的设计流量,并且超载能力较大,但由于自重引起的恒载也较大,因此要求地基均匀并具有较大的承载力,而且拱涵的施工工序较繁多。

2. 涵洞形式的选择

桥涵应根据所在公路等级和将来的发展需要、地形、水文、材料和施工条件,按照因地制宜、就地取材、便于施工和养护的原则合理地选择类型。

项目二　经纬仪定曲线交点

经纬仪定曲线交点操作平面图如图 2-3-14 所示。

一、准备工作

(1)设备。

DJ_2 级经纬仪 1 套。

(2)材料、工具。

粉笔 2 根、2m 花杆 1 根、记录纸 1 张、细线绳 30m。

(3)场地准备。

在考核场地上给定导线 ZY 点和 YZ 点,及圆曲线起点和终点方向。

二、操作步骤

(1)安置仪器。

将仪器安置在 ZY 点上,踩实三脚架,对中,整平。

(2)定点

以线路起点方向定向,倒镜,指挥一人用花杆在交点附近定出前后两点,要分布在交点的两侧,用粉笔做标记。

(3)搬站安置仪器。

将仪器搬动到 YZ 点上安置仪器踩实三脚架,对中,整平。

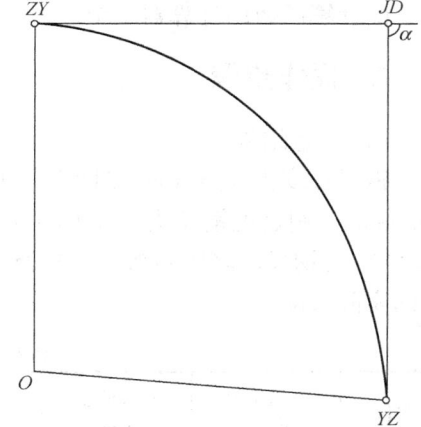

图 2-3-14　圆曲线交点测设图

(4)定点。

以线路终点方向定向,倒镜,指挥一人用花杆在交点附近定出前后两点,用粉笔做标记。

(5)定交点。

分别用线连接定出的两点,线要拉紧,两直线的交点即为所求交点,粉笔做标记。

三、技术要求

(1)应熟悉圆曲线的要素及主点测设。

(2)应清楚 ZY 与交点连线为起点方向线;YZ 与交点连线为终点方向线。

(3)在 ZY 点安置仪器时,应根据偏角的大小标记交点附近两点,保证两方向线能相交。

四、注意事项

(1)经纬仪在使前应检查,保证视准轴垂直于横轴,横轴垂直于竖轴。

(2)用彩色粉笔代替木桩,标记要清楚、准确。

项目三 根据丈量结果计算尺段实际长度

一、准备工作

(1)材料。

准备已丈量好的成果 1 份、铅笔 1 支、橡皮 1 块。

(2)工具。

能计算函数的计算器 1 个。

二、操作步骤

(1)丈量结果。

钢尺长度为:$l_0 = 30$m,在标准拉力、标准温度(100N,20℃)下检定,其实际长度为:$l' = 29.988$m。用这把钢尺丈量了两个尺段的距离,丈量施加的拉力仍为 100N,丈量结果见表 2-3-2,钢尺的膨胀系数:$\alpha = 1.25 \times 10^{-5}$,操作要求进行尺长、温度及倾斜改正,求两个尺段的实际长度。

表 2-3-2 计算尺段实际长度

尺段	丈量结果 d_0,m	尺长改正 mm	温度 ℃	温度改正 mm	高差 m	倾斜改正 mm	改正后尺段长度 m
1	29.987		6		0.11		
2	29.905		25		0.85		

(2)计算尺长改正数。

根据公式分别计算尺段 1、2 的尺长改正数:

$$\Delta l = \frac{l' - l_0}{l_0} d_0$$

(3)计算温度改正数。

根据公式分别计算尺段1、2的温度改正数：
$$\Delta t = \alpha(t-t_0)d_0$$

(4)计算倾斜改正数。

根据公式分别计算尺段1、2的倾斜改正数：
$$\Delta h = \frac{h^2}{2d_0}$$

(5)计算尺段实际长度。

根据公式分别计算尺段1、2的实际长度：
$$D = d_0 + \Delta l + \Delta t + \Delta h$$

式中　　l'——钢尺实际长度；

l_0——钢尺标定长度；

d_0——钢尺丈量结果；

α——钢尺的线膨胀系数；

t——钢尺量距时的温度；

t_0——钢尺量检验时的温度；

Δh——量距起终点高差。

三、技术要求

(1)应清楚钢尺的标定长度，是在标准拉力、标准温度(100N,20℃)下检定的。

(2)在实际使用时，应进行尺长、温度及倾斜改正。

(3)应清楚计算钢尺改正数公式中符号的物理意义。

四、注意事项

(1)钢尺的标定长度与实际长度不是一回事。

(2)两次丈量结果应分别做尺长改正计算。

(3)计算时应注意单位的换算，避免错误。

(4)计算时注意正负号。

项目四　计算曲线要素及主点里程

已知一圆曲线，交点里程桩号为 K5+800，测得转角为右偏 $32°46'$，圆曲线半径 $R=600\mathrm{m}$，技能操作要求根据测得的数据，计算曲线要素及主点里程。

一、准备工作

(1)材料。

准备圆曲线测量成果1份、铅笔1支、橡皮1块。

(2)工具。

能计算函数的计算器 1 个。

二、操作步骤。

(1)计算切线长。

根据曲线半径及测设的偏角 α,计算切线长:

$$T = R\tan\frac{\alpha}{2}$$

(2)计算曲线长。

根据曲线半径及测设的偏角 α,计算曲线长:

$$L = R\alpha\frac{\pi}{180°}$$

(3)计算切曲差。

根据曲线切线长和曲线长计算切曲差:

$$D = 2T - L$$

(4)计算曲线主点里程。

根据曲线要素计算曲线的主点里程:

$$ZY = JD - T;\ YZ = ZY + L;\ QZ = ZY + \frac{L}{2}$$

(5)校核。

对计算结果进行校核:

$$JD = QZ + \frac{D}{2}$$

三、技术要求

(1)应清楚曲线要素指的是切线长、曲线长、外距及切曲差。

(2)应熟悉各曲线要素之间的相互关系。

(3)应清楚曲线加桩汉语拼音缩写 ZY、YZ、QZ、JD 的名称和物理意义。

四、注意事项

(1)曲线要素计算的正确与否直接关系到主点里程计算结果,应保证值的准确。

(2)计算时角度的度、分、秒均应换算为度。

(3)主点里程校核不正确应重新检查计算,应找到出错的位置。

模块四 施工测量

项目一 相关知识

一、施工测量概述

(一)施工测量内容

施工测量是指各种工程在施工阶段所进行的测量工作,也称定线放样,或放样。

施工测量的内容主要包括:施工控制网的建立,将图纸设计好的建筑物或构筑物的平面位置和高程标定在实地上的放样工作,工程竣工后,各种建筑物或构筑物建成的实际情况的竣工测量,以及在施工期间测定建筑的平面和高程方面产生的位移和沉降的变形观测等。

施工测量的基本任务,是根据施工需要将设计图纸上的构筑物、建筑物等位置,按照设计要求以一定精度测设到地面上,提供标志,作为施工依据。

工程设计阶段所提供的图纸、资料、有关文件和测量标志,都是施工测量依据。因此,在施工测量的准备工作中,首先必须认真地熟悉和阅读设计图纸及有关文件,并对技术、测量交底时移交的测量标志进行必要复测校核,重要的测量点位还要妥善保护。

施工阶段的测量工作,一般可以分为工程施工前的测量工作和施工过程中的测量工作。

(1)施工前的测量工作包括施工控制点、网的建立;场地布置;构筑物定位和基础放线等。

(2)施工过程中的测量工作包括每道工序前所进行的细部测设和放线,从而保证每道工序施工顺利实施;当每道工序完成后,应及时进行施工验收测量,以检查施工质量,然后进行下道工序的施工。

总的来说,施工测量是每道工序的先导,而竣工验收测量又是各工序的最后环节,施工测量贯穿于整个工程施工的始终,是确保施工顺利进行的重要手段,对保证工程质量和施工进度起着重要的作用。因此要求测量人员在施工测量工作中,要主动了解施工方案、掌握施工进度,根据工程实际情况和现场的条件,来决定施测方案和具体方法,使测量工作准确无误、及时,起到指导施工的作用。

(二)施工测量的特点

施工测量具有以下特点:

(1)施工测量将设计图纸上的构筑物、建筑物等按其设计位置测设到地面上,为施工提供依据。

(2)在施工全部过程中进行一系列的测量工作,用以衔接和指导各工序间的施工。它所测设的数据是施工的依据,与工程质量及施工进度有着密切的联系。因此,测量人员必须了解设计意图和内容、性质及其对精度的要求,熟悉图纸上尺寸和高程数据,并掌握施工全过程、进度及现场变动情况等,才能使施工测量工作与施工密切配合。

(3)施工测量的测设精度主要取决于构筑物的用途、性质、大小、材料、结构和施工方法等因素。例如公路工程中,高级路面要比一般结构的路面高;施工测量的精度以满足设计、施工要求为准,以求做到既保证质量又节省人力。

(4)由于施工现场工种多,交叉作业时相互干扰大,使测量标志被损毁。为此,要求测量标志埋设要牢固,并妥善保护,经常进行检核,如发现损坏,应及时恢复。

(三)施工测量的原则

> CBD004 施工测量的原则

施工测量的原则是先整体后局部,先高级后低级,先控制后细部。也就是在施工现场先建立统一的平面和高程控制网,作为测设构筑物的依据;再以此为基础,测设出构筑物定位轴线及细部的位置。在具体实施中,仍要及时复核。

二、工业建筑施工测量

(一)施工测量准备工作

> CBD008 工业厂房施工测量的准备工作

工业厂房测设前的准备工作包括:制定测设方案、计算测设数据和绘制测略图。

1. 制定测设方案

厂房矩形控制网的测设方案,通常是根据厂区的总平面图、厂区控制网、厂房施工图和现场地形情况等资料来制定的。其主要内容为:确定主轴线位置、矩形控制网位置、距离指示桩的点位、测设方法和精度要求。

在确定主轴线点及矩形控制网时,应注意以下几点:

(1)要考虑到控制点能长期保存,应避开地上和地下管线。

(2)主轴线点及矩形控制网位置应距厂房基础开挖线以外 1.5~4m。

(3)距离指示桩即沿厂房控制网各边每隔若干柱间距埋设一个控制桩,故其间距一般为厂房柱距的倍数,但不要超过所用钢尺的整尺长。

2. 计算测设数据

根据测设方案要求测设方案中要求测设的数据。

3. 绘制测设略图

根据厂区的总平面图、厂区控制网、厂房施工图等资料,按一定比例绘制测设略图,为测设工作做好准备。

(二)不同类型工业厂房的施工测量

> CBD009 不同类型工业厂房施工测量的内容

1. 中小型工业厂房控制网的测设

如图 2-4-1 所示,根据测设方案与测设略图,将经纬仪安置在建筑方格网点 E 上,分别精确照准 D、H 点。自 E 点沿视线方向分别量取 $Eb=35.00m$ 和 $Ec=28.00m$,定出 b、c 两点。然后,将经纬仪分别安置于 b、c 两点上,用测设直角的方法分别测出 $b\text{Ⅳ}$、$c\text{Ⅲ}$方向线,沿 $b\text{Ⅳ}$方向测设出Ⅳ、Ⅰ两点,沿 $c\text{Ⅲ}$方向测设出Ⅱ、Ⅲ两点,分别在Ⅰ、Ⅱ、Ⅲ、Ⅳ四个点上钉上木桩,做好标志。最后检查控制桩Ⅰ、Ⅱ、Ⅲ、Ⅳ各点的直角是否符合精度要求,一般情况下其误差不应超过±10″,各边长度相对误差不应超过 1/10000~1/25000。

2. 大型工业厂房控制网的测设

对于大型或设备基础复杂的厂房,由于施测精度要求较高,为了保证后期测设的精度,

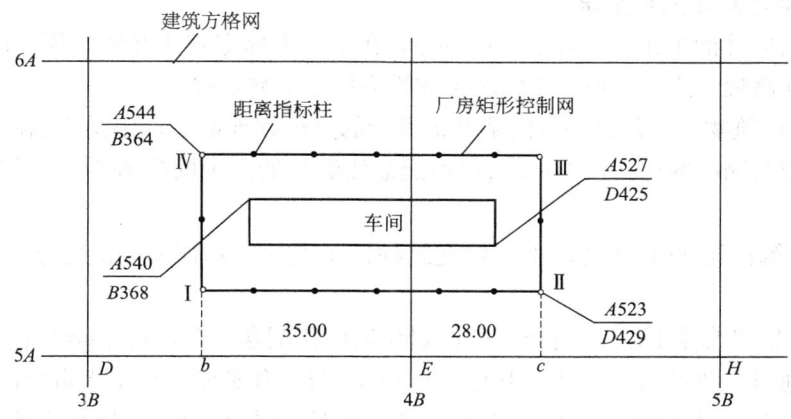

图 2-4-1 矩形控制网示意图

其矩形厂房控制网的建立一般分两步进行。首先依据厂区建筑方格网精确测设出厂房控制网的主轴线及辅助轴线,当校核达到精度要求后,再根据主轴线测设厂房矩形控制网,并测设备边上的距离指示桩,一般距离指示桩位于厂房柱列轴线或主要设备中心线方向上。最终应进行精度校核,直至达到要求。大型厂房的主轴线的测设精度,边长的相对误差不应超过 1/30000,角度偏差不应超过 ±5″。

如图 2-4-2 所示,主轴线 MON 和 HOG 分别选定在厂房柱列轴线ⓒ和③轴上,Ⅰ、Ⅱ、Ⅲ、Ⅳ为控制网的四个控制点。

测设时,首先按主轴线测设方法将 MON 测设于地面上,再以 MON 轴为依据测设短轴 HOG,并对短轴方向进行方向改正,使轴线 MON 与 HOG 正交,限差为 ±5″。主轴线方向确定后,以 O 点为中心,用精密丈量的方法测定纵、横轴端点 M、N、H、G 的位置,主轴线长度相对精度为 1/5000。主轴线测设后,可测设矩形控制网,测设时分别将经纬仪安置在 M、N、

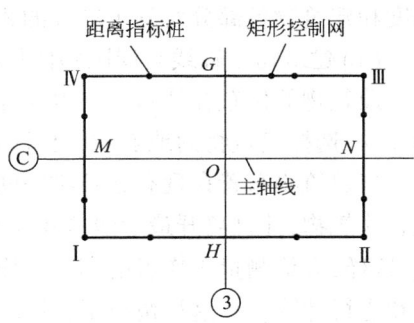

图 2-4-2 大型厂房矩形控制网

H、G 四点上,精密丈量 MⅠ、MⅣ、NⅡ、NⅢ、HⅠ、HⅡ、GⅣ、GⅢ的长度,精度要求同主轴线,不满足时应进行调整。

(三)厂房扩建与改建控制测量

在对旧厂房进行扩建或改建前,最好能找到原有厂房施工时的控制点,作为扩建与改建时进行控制测量的依据;但原有控制点必须与已有的吊车轨道及主要设备中心线联测,将实测结果提交设计部门。

对于原厂房控制点已不存在时,应按下列不同情况恢复厂房控制网:

(1)厂房内有吊车轨道时,以原有吊车轨道的中心线为依据。

(2)扩建与改建的厂房内的主要设备与原有设备有联动或衔接关系时,应以原有设备中心线为依据。

(3)厂房内无重要设备及吊车轨道,可以原有厂房柱子中心线为依据。

(四)工业建筑物放样要求

工业建筑放样的工作主要包括:直线定向、在地面上标定直线并测设规定的长度、测设规定的角度和高程。进行工业建筑物施工放样应符合下列要求:

(1)工业建筑物放样是以一定的精度将设计的点位在地面上标定出来,在测图时,测量工作的精度应与测图的比例尺相适应,尽可能地使测量所产生的误差不大于相应比例尺的图解精度。

(2)在建筑物放样时,在地面上标定建筑物每个点的绝对误差不决定于建筑物设计图的比例尺。

(3)建筑物的放样工作,应与施工的计划和进度相配合。在进行放样以前,应当在建筑工地上妥善地组织测量工作。对于小型建筑物的放样工作通常由施工人员自己进行。对于建筑物结构复杂、放样精度要求较高的大、中型建筑物的放样工作,应用精密的测量仪器,由经验丰富的测量工作者进行。

(五)工业建筑物放样的精度

工业建筑物放样精度是一个重要的、基本的问题,常要进行深入、细致的研究:

(1)设计和施工部门,应根据他们自己公布的精度标准和实践经验进行广泛的讨论。

(2)当设计和施工部门在规定某建筑物的放样精度时,必须具有足够的科学依据。

在工业建筑物的设计过程中,其尺寸的精度分为建筑物主轴线对周围物体相对位置的精度和建筑物各部分对其主轴线的相对位置的精度两种。

(1)建筑物主轴线与周围物体相对位置的精度。

建筑物的位置在技术上与经济上的合理性,与其所在地区的地面情况有密切的关系。因此,在选择建筑物的地点前,要进行一系列综合性的技术经济调查。

当建筑物布置在现有建筑物中间时,可能会遇到各种情况,如建筑轴线的方向应平行于现有建筑物,并且离开最近建筑物要有规定的距离;也可能要求在实地上定出建筑物的主轴线,这样,会给测量工作者的实际工作带来困难。为了进行此项工作,必须预先拟定放样方案和进行计算。在这种情况下,轴线放样的精度取决于控制点相互位置的精度。

(2)建筑物各部分与其主轴线的相对位置的精度。

建筑物各部分与其主轴线的相对位置的精度决定于表 2-4-1 中各类因素的影响。

表 2-4-1 建筑物各部分与其主轴线相对位置的精度决定因素

序号	决定因素	分析内容
1	建筑物各元素尺寸的精度	在设计过程中,建筑物各元素的尺寸和建筑物各部分相互间的位置,可以用不同的方法求得,如进行专门的计算、根据标准设计或者用图解法进行设计等,其中: (1)专门计算所求得的尺寸精度最高; (2)根据标准图设计时,建筑物各部分尺寸精度达到 0.5~1.0cm; (3)用图解法设计时,所求得的尺寸精度最低
2	建造建筑物的材料	建造建筑物的材料对于放样工作的精度具有很大的影响。例如,对于土工建筑物的尺寸精度是难以做到精确的。因此,确定这些建筑物的轴线位置和外廓尺寸的精度要求是不高的。对于木料和金属材料建造的建筑物,其放样精度较高。对于砖石和混凝土建造的建筑物,其放样精度居中
3	建筑物所处的位置	对于空旷地面上的建筑物,往往较建筑物处在其他建筑物中间的精度要求低。对于城市里的建筑物通常要求较高的放样精度

续表

序号	决定因素	分析内容
4	建筑物之间有无传动设备	工业建筑物中往往有连续生产用的传动设备,这些设备是在工厂中预先造好而运到施工现场进行安装的。显然,要在现场安装这种设备的建筑物,其相对位置及大小必须精确进行放样,否则将会给传动设备的安装带来困难
5	建筑物的大小	建筑物的尺寸决定放样的相对精度,通常是随着建筑物尺寸的增加而提高,并且总是成正比例的增加,这是为了保证点位的绝对精度
6	施工程序和方法	新的施工方法大部分的工作都是平行进行,而通常是将预制的建筑物构件在工地上进行安装。显然,旧的逐步施工方法,其放样的精度是不高的,因为后面建造的建筑物各部分尺寸,可以根据前面已采用的尺寸来确定。而同时施工时,建筑物各部分的尺寸同时相互影响,这就要求较高的放样精度
7	建筑物的用途	永久性建筑物比临时性建筑物在建造和表面修饰上要仔细,因此,这些建筑物放样的精度也要提高
8	美学理由	美学上的考虑也常影响放样的精度。有些建筑物,在施工过程中,它对放样的精度并不要求很高,可是为了某种美学上的理由往往要求提高放样精度

(六)工业建筑物放样允许偏差

工业建筑物放样允许偏差不应超过表 2-4-2 的规定。

> CBD012 工业建筑物放样允许偏差

表 2-4-2 工业建筑物施工放样允许偏差

项目	内容		允许偏差,mm
基础桩位放样	单排桩或群桩中的边桩		±10
	群桩		±20
各施工层上放样	外廓主轴线长度 L	$L \leq 30\text{m}$	±5
		$30\text{m} < L \leq 60\text{m}$	±10
		$60\text{m} < L \leq 90\text{m}$	±15
		$L > 90\text{m}$	±20
	细部轴线		±2
	承重墙、梁、柱边线		±3
	非承重墙边线		±3
	门窗洞口线		±3

三、特殊建筑施工测量

> CBD005 特殊建筑工程测量的内容

(一)三角形建筑施工测量

1. 三角形建筑简介

三角形建筑也可称为点式建筑。三角形的平面形式在高层建筑中最为多见,有的建筑平面直接为正三角形,有的在正三角形的基础上又有变化,从而使平面形式多种多样。正三角形建筑物的施工放样其实并不复杂,首先应确定建筑物的中心轴线或某一边的轴线位置,然后放出建筑物的全部尺寸线。

2. 三角形建筑施工测量步骤

如图 2-4-3 所示为某大楼平面呈三角形点式形状。该建筑物有三条主要轴线,三轴线

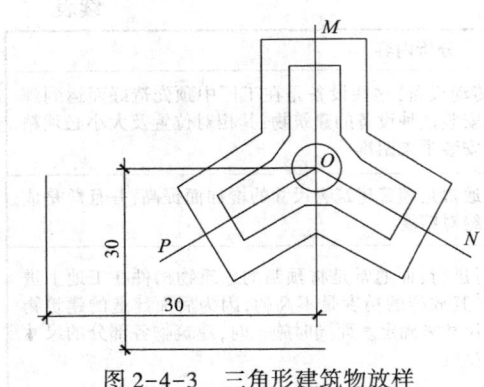

图 2-4-3 三角形建筑物放样

交点距两边规划红线均为 30m,其施工放样步骤如下:

(1)根据总设计平面图给定的数据,从两边规划红线分别量取 30m,得此点式建筑的中心点。

(2)测定出建筑物北端中心轴线 OM 的方向,并定出中点位置 $M(OM=15m)$。

(3)将经纬仪架设在 O 点,先瞄准 M 点,将经纬仪以顺时针方向转动 120°,定出房屋东南方向的中心轴线 ON,并量取 $ON=15m$,定出 N 点。再将经纬仪以顺时针转动 120°,同样的方法定出西南中心点 P。

(4)因房屋的其他尺寸都是直线的关系,根据平面图所给的尺寸,测设出整个楼房的全部轴线和边线位置,并定出轴线桩。

(二)圆弧形建筑施工测量

1. 圆弧形建筑简介

圆弧形建筑应用较为广泛,住宅建筑、办公楼建筑、旅馆饭店建筑、医院建筑、交通性建筑等常有采用,形式也极为丰富多彩,有的是整个建筑物为圆弧平面图形,有的是建筑物平面为一组圆弧曲线形,有的是圆弧形平面与其他平面的组合平面图形,有的是建筑物局部采用圆弧形,如乐池、座位排列、楼层挑台、顶棚天花等。

2. 圆弧形平面曲线图形现场施工放线

圆弧形平面曲线图形的现场施工放线,方法较多,有直接拉线法、几何作图法、坐标计算法以及经纬仪测角法等。

(1)直接拉线法适用于圆弧半径较小的情况。根据设计总平面图,先定出建筑物的中心位置和主轴线;再根据设计数据,即可进行施工放样操作。

(2)几何作图法又称直接放样法、弦点作图法,即在施工现场采用直尺、角尺等作图工具直接进行圆弧平面曲线的放样作图。该方法不需要进行任何计算就能在施工现场直接放出具有一定精度的圆弧形平面曲线的大样。一般放样人员容易掌握。

(3)坐标计算法适用于当圆弧形建筑平面的半径尺寸很大,圆心已远远超出建筑物平面以外,无法用直接拉线法时所采用的一种施工放样方法。

坐标计算法一般是先根据设计平面图所给条件建立直角坐标系,进行一系列计算,并将计算结果列成表格后,根据表格再进行现场施工放样。因此,该法的实际现场的施工放样工作比较简单,而且能获得较高的施工精度。

(三)抛物线形建筑施工测量

建筑工程中用于拱形屋顶大多采用抛物线形式。用拉线法放抛物线方法如下:

(1)用墨斗弹出 x、y 轴,在 x 轴上定出已知交点 O 和顶点 M、准点 d 的位置,并在 M 点钉铁钉作为标志。

(2)作准线:用曲尺经过准线点作 x 轴的垂线 L,将一根光滑的细铁丝拉紧与准线重合,两端钉上钉子固定。

(3)将等长的两条线绳松松地搓成一股,一端固定在 M 点的钉子上,另一端用活套环套在准线铁丝上,使线绳能沿准线滑动。

(4)将铅笔夹在两线绳交叉处,从顶点开始往后拖,使搓的线绳逐渐展开,在移动铅笔的同时,应将套在准线上的线头徐徐向 y 方向移动,并用曲尺掌握方向,使这股绳一直保持与 x 轴平行,便可画出抛物线。

(四)双曲线形建筑施工测量

(1)根据总平面图,测设出双曲线平面图形的中心位置点和主轴线方向。

(2)在 x 轴方向上,以中心点为对称点,向上、向下分别取相应数值得相应点。

(3)将经纬仪分别架设于各点,作 90°垂直线,定出相应的各弧分点,最后将各点连接起来,即可得到符合设计要求的双曲线平面图形。

(4)各弧分点确定后,在相应位置设置龙门桩。

另外,对于双曲线来讲,也可以用直接拉线法来放线。因为双曲线上任意一点到两个交点的距离之差为一常数。这样,在放样时先找到两个交点,然后做两根线绳,一条长一条短,相差为曲线交点的距离,两线绳端点分别固定在两个交点上,作图即可。

四、椭圆形建筑物放样方法

椭圆形建筑结构新颖、造型美观,在城市建筑、体育设施、广场设计中常被采用。放样方法如下。

(一)坐标放线法

椭圆的标准方程为:

$$\frac{x^2}{a^2}+\frac{y^2}{b^2}=1$$

按照公式,如图 2-4-4 所示,以长轴为坐标系的 x 轴,短轴为 y 轴,交点为椭圆中心,计算椭圆上各点坐标,然后分别计算各点极坐标值,列出放样数据表备用。

放样时,置经纬仪于交点,以 y 轴为零方向,以极坐标分别定出各点,连接各标定点即得椭圆。

(二)焦点放线法

取一段定长的测绳(长度为 $F_1P+F_2P=$ 常数 M),将测绳的两端分别固定在焦点 F_1 及 F_2 上,然后接紧动点 P 滑动划线,其轨迹即为椭圆,如图 2-4-5 所示。

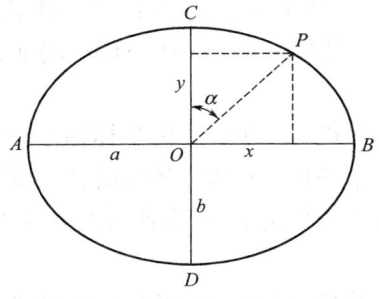

图 2-4-4 坐标放线法

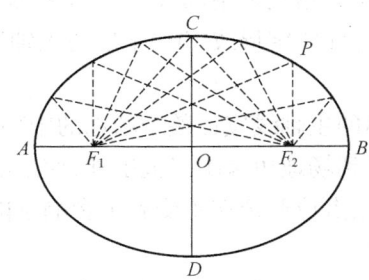

图 2-4-5 焦点放线法

在焦点上用经纬仪放线。根据坐标法计算的椭圆坐标和焦点法计算的焦点 F_1 及 F_2 的坐标,进行边长及方位角反算,用坐标法进行放线,即可获得较高的精度。

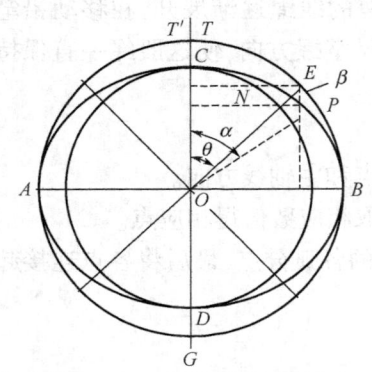

图 2-4-6 同心圆放线法

（三）同心圆放线法

利用同心圆作椭圆如图 2-4-6 所示。设椭圆长轴为 AB（长半轴为 a），短轴为 CD（短半轴为 b），方法如下：

(1) 以 AB、CD 为直径作同心圆。

(2) 根据精度要求在同心圆上作若干直径。

(3) 自直径与大圆（半径为 a）的交点作垂线；与小圆（半径为 b）交点作水平线。垂线与水平线交点即椭圆轨迹点。各点连线即得椭圆。

（四）经纬仪交会法

椭圆建筑在水中或高处放线和检查时操作有困难,可采用经纬仪交会法解决。

椭圆形建筑物升高时,可用经纬仪交会法在外部逐点检查。

五、建筑施工测量方法

CBD025 建筑轴线的测设方法

（一）建筑轴线的测设

在布置建筑轴线时,主要根据是建筑物的分布、场地地形以及原有控制点的位置。轴线位置应邻近且平行于主要建筑物的边线或轴线,以便采用直角坐标法放样。其布置形式一般为几条基准线的组合。为了便于检查,每个建筑轴线上的轴线点不得少于 3 个,为了放样的方便,尚需在轴线上适当位置布设基本点。

在城市建设中,由于建筑用地的界址点是由规划部门确定,并由城市测绘部门根据城市控制点或原有建筑物在实地拨定的,由界址点组成的范围边线通称为建筑线。此时,可以建筑线为基准测设建筑轴线,条件适当时,也可以建筑线作为建筑轴线。

在新建筑区无建筑线依据时,则要根据设计总图上所设计的建筑轴线上点的坐标,以附近原有的控制点或实地固定点进行现场测设,但要注意坐标系统的统一。

对于改建或扩建工程,条件许可时,也可根据原有建筑位置来测设建筑轴线。

CBD026 建筑方格网的测设方法

（二）建筑方格网测设

布置方格网时,一般是根据设计总平面图上各种建筑物、构筑物的布置情况,结合现场地形,先定出方格网之主轴线,再全面扩展方格网。当场地面积较大时,须分级布设,即先布设"+"字形、"口"字形或"田"字形的主轴线,然后再进行加密。对于小区域场地,可进行一次布设。

方格网的主轴线应在整个场地的中部,方向应与设计总平面上的坐标轴方向平行,其各端点应延伸到场地边缘施工范围外,使之能控制整个场地。布置主轴线时,应由场地中心向四周扩展,其点位要选在不受施工影响且能长期保存的稳定地点,桩顶高程应与场地设计地坪高相适宜。

主轴线选定之后,即可根据整个场地内各建筑物的设计位置,布置方格网的各个轴线。民用建筑方格网的边长多取 50~200m,工业建筑方格网的边长根据厂房的大小多取 100~

400m 间的整十米的长度。格网的布置要实用、简单,点数应尽量节省,点位要适宜地形,且能长期保存。

方格网的测设方法,随着工程要求、所在地区、原有控制点的分布以及场地地形等条件而异,建筑方格网常用的测设方法有附合法、轴线法和归化法。

附合法是根据导线网逐级加密的原则进行测设,适用于城市建筑区。其以场地建筑线作为控制来测设方格网,这样既解决了方格网的控制,又简化了施工定位工作。

轴线法适用于独立测区。测设时,首先定出主轴线上三个点,一条直线上的主点或互相垂直的两条直线的上主点,然后实地检测各轴线点是否符合设计的几何条件,如若误差超出精度要求,则予以改正。

归化法是根据建立的主轴线,按设计图在场地内进行方格网点的放样,然后用导线测量或三角测量的方法测定这些网点的坐标,将实测坐标与设计坐标进行比较,得到网点的点位改正数,依此对各网点进行归化改正。

(三)等高线法平整场地测量

施工场地平整测量,主要在施工前按竖向规划意图对整个场地进行平整;有时在施工接近收尾时,配合绿化还要进行一次场地平整。场地平整测量的内容是实测场地地形,按土方平衡原则进行竖向设计,作为施工放样的依据。场地平整测量常用方法有三种:方格法、等高线法、断面法。

1. 方格法

适用于场地高低起伏小,地面坡度变化均匀的场地。其步骤如下:

(1)测设方格网,一般是将现场的方格网用普通测法加密成全面的方格网,方格的大小根据地形情况和施工方法而定,机械施工常用 50m×50m 或 100m×100m 的方格,人力施工多用 20m×20m 的方格。

(2)计算地面平均高程,当在填土与挖土方量平衡的情况下,若将场地整成水平面,则此水平面的设计高程应等于该场地现状地面的平均高程。

(3)计算定坡场地方格点设计高程,为了节省土方工程和场地排水的需要,在填挖土方平衡的原则下,一般场地按地形现状整成一个或几个有一定坡度的斜面。

(4)填挖边界和填挖方量的计算。

(5)填挖边界和填挖数的测设。

2. 等高线法

当现场地面高低起伏较大,且变坡较多时,用方格网点计算地面平均高程不但困难而且精度低,此时使用等高线法效果较好,尤以存有原有等高线精度较高的大比例尺地形图的场地为佳。

此法是根据等高线计算土方量,其基本步骤和方格法大体相同,首先在现场测设方格网,并实地校对原有地形图的等高线位置。然后,根据校对后的等高线图,计算场地平均地面高程。计算时先在地形图上求出各条等高线所围成的面积,乘上其间隔高差,算出各等高线间的土方量,并求总和,即得场地内最低等高线 H_0 以上土方量 V。

3. 断面法

此法用于场地为狭窄的带状地区,其基本测法与道路工程中的纵、横断面图测法相同,即沿场地纵向中线每隔一定距离(20m或50m)测一横断面,然后将横断面图上的地形点,转绘到场地平面图上中线的两侧,则可根据横断面上的地形点勾绘等高线,按等高线法进行场地平整。也可直接根据中心上各点高程和各横断面图的设计地面坡度和高程,计算填挖方量。

另外,对于大面积的场地平整,可利用激光水平仪进行。

CBD028 拨地测量的含义

(四)拨地测量

当建筑用地审批确定后,进行的建筑用地界址的测设,称为拨地测量,即是根据城市规划、要求将建筑用地范围测设在实地,作为城市建设和工程设计、施工的依据,以及土地使用权的法律依据。

建筑用地界址一般是由城市规划管理部门按照城市总体规划要求,并依据已定的规划道路位置、已建的建、构筑物或其他要求确定的,这些具体的要求称为拨地条件。

一般情况下,建筑用地的界址组成一定的几何图形,并与邻近的规划道路以及建、构筑物有一定的几何关系。因此按拨地条件所确定的位置、几何图形所计算的各用地界桩的坐标称为条件坐标。

拨地界桩主要用于标定用地的范围,并可作为建筑物定位、施工放样和验线的控制桩。测量时可以采用解析实钉法和解析拨定法两种。

CBD029 建筑定位方法

(五)建筑物的定位

建筑物的定位是根据设计要求将房屋的主要角点标定在实地上,作为基础开挖和细部施工的依据。根据施工现场具体情况,定位方法主要有以下三种:

(1)根据已有建筑物进行房屋定位。

在建成区内新增建筑物时,一般设计图上都是绘出新建筑物和附近原有建筑物的相互关系,从而进行房屋定位。此法多用于现场开阔、通视良好的建成区。

(2)根据建筑方格网定位。

在新建区已有建筑方格网的场地中,可根据建筑物和附近方格网点的坐标,用直角坐标法进行测设。

(3)根据控制点的坐标定位。

在山区多根据场地附近的导线点、三角点或原测图控制点,用极坐标法或角度交会法测设建筑物位置。

CBD030 测设建筑物龙门桩的方法

(六)建筑物的龙门桩

建筑物放线是根据定位的主轴线桩(或角桩),详细测设建筑物各轴线的交点桩(或称中心桩),然后根据中心桩,用石灰撒出的基槽边界线。由于施工挖槽时,角桩和中心桩均要挖掉,因此在开槽前要把各轴线延长到开挖及堆土范围外,做好标志,作为开槽后各阶段施工中恢复轴线的依据。延长轴线的标志有龙门桩和轴线控制桩。

在建筑物基槽外,钉设两两和基槽轴线平行或垂直的大木桩称为龙门桩,在龙门桩侧面钉设水平木板称为龙门板,用以控制基槽施工。测设时,先在建筑物四角和中间隔墙两端基槽外1.0~1.2m处,钉设龙门桩。然后根据附近水准点,用水准仪在每根龙门桩的外侧面上测设±0标高线,沿桩±0标高线钉设龙门板,使龙门板顶面在±0水平面上,用以控制挖槽深度。最后用经纬仪将各轴线引测到龙门板上,用小钉标志。并用钢尺沿龙门板顶面实量各钉间距离是否正确,作为测设校核。校核合格后,以中心钉为准,将墙宽、基础宽标在龙门板上,并按基槽上口宽度拉上小线撒出基槽灰线,作为挖槽的依据。

(七)小三角测量角度闭合差的计算方法

小三角测量的近似平差计算只考虑角度闭合差和边长闭合差。小三角测量内业计算的目的是计算各三角点的坐标。三角形内角之和应为180°。若角度闭合差 f_i 不超过规范规定的,那么则将 f_i 反符号平均分配到各内角观测值上。

> CBD016 小三角测量角度闭合差的计算方法

六、桥梁的施工方法

(一)先张法简支梁桥

> CBD006 先张法简支梁桥的内容

先张法的制梁工艺是在灌筑混凝土前张拉预应力筋,将其临时锚固在张拉台座上,然后立模浇筑混凝土,待混凝土达到规定强度时,逐渐将预应力筋放松,这样就因预应力筋的弹性回缩通过其与混凝土之间的黏结作用,使混凝土获得预压应力。

先张法生产可采用台座法或机组流水法。采用台座法时,构件施工的各道工序全部在固定台座上进行。采用机组流水法时,构件在移动式的钢模中生产,钢模按流水方式通过张拉、灌筑、养护等各个固定机组完成每道工序。机组流水法可加快生产速度,但需要大量钢模和较高的机械化程度,且需配合蒸汽养护,因此只用于工厂内预制定型构件。台座法不需要复杂机械设备,施工适用性强,故应用较广。

1. 台座

台座是先张法生产中的主要设备之一,要求有足够的强度和稳定性。台座由台面、承力架、横梁和定位钢板等组成。

2. 预应力筋的制备

先张法预应力混凝土梁可用冷拉Ⅲ、Ⅳ级螺纹粗钢筋、高强钢丝、钢绞线和冷拔低碳钢丝作为预应力筋。

3. 预应力筋的张拉

预应力筋的张拉工作,必须严格按照设计要求和张拉操作规程进行。

粗钢筋的在台座上主要利用各类液压拉伸机进行张拉。张拉可分单根张拉和多根整批张拉两种。

4. 混凝土工作

预应力混凝土梁的混凝土工作,除了因所用标号较高而在配料、制备、浇筑、振捣和养护等方面更应严格要求外,基本操作与钢筋混凝土结构中相仿。此外,在台座内每条生产线上的构件,其混凝土必须一次连续灌筑完毕;振捣时,应避免碰击预应力筋。

5. 预应力筋张拉力的放松

预应力筋的放松是先张法生产中的一处重要工序,放松方法选择得好坏和操作是否正确,对构件的质量都将有直接的影响。

预应力筋的放松必须待混凝土养护达到设计规定的强度(一般为混凝土标号的70%~80%)以后才可以进行。放松过早会造成较多的预应力损失,或因混凝土与钢筋的黏结力不足而造成预应力筋弹性收缩滑动和在构件端部出现水平裂缝的质量事故;放松过迟,则影响台座和模板的周转。放松操作时速度不应过快,尽量使构件受力对称均匀。只有待预应力筋被放松后,才能切割每个构件端部的钢筋。

（二）后张法简支梁桥

> CBD007 后张法简支梁桥的内容

后张法制梁的步骤是先制作留有预应力筋孔道的梁体，待其混凝土达到规定强度后，再在孔道内穿预应力筋进行张拉并锚固，最后进行孔道压浆并浇筑梁端封头混凝土。

后张法工序较先张法复杂，且构件上耗用的锚具和埋设件等增加了用钢量和制作成本，但鉴于此法不需要强大的张拉台座，便于在现场施工，而且又适宜于配置曲线形预应力筋的大型和重型构件制作，因此目前在公路桥梁上得到了广泛的应用。

1. 预应力筋的制备

后张法预应力混凝土桥梁常用高强碳素钢丝束、钢绞线和冷拉Ⅲ、Ⅳ级粗钢筋作为预应力筋。对于跨径较小的T形梁桥，也可采用冷拔低碳钢丝作为预应力筋。

2. 预应力筋孔道成型

孔道成型是后张法梁体施工中的一项重要工序。它的主要工作内容有：选择和安装制孔器、抽拔制孔器和孔道通孔检验等。

3. 预应力筋的张拉

当梁体混凝土的强度达到设计强度的70%以上时，才可进行穿束张拉。穿束前，可用空压机吹风等方法清理孔道内的污物和积水，以确保孔道畅通。

预应力筋张拉时，应按顺序对称地进行，以防过大偏心压力导致梁体出现较大的侧弯现象。分批张拉时，先张拉的预应力筋应考虑因嗣后张拉其他预应力筋所引起弹性压缩的预应力损失。

预应力筋的具体张拉程序和操作方法与所用的预应力筋形式、锚具类型和张拉机具有关。

后张法张拉预应力筋所用的液压千斤顶按其作用可分为单作用、双作用和三作用等三种形式；按其构造特点可分为锥锚式、拉杆式和穿心式等三种形式。

4. 孔道压浆

孔道压浆是为了保护预应力筋不致锈蚀，并使力筋与混凝土梁体黏结成整体，从而既能减轻锚具的受力，又能提高梁的承载能力、抗裂性能和耐久性。孔道压浆用专门的压浆泵进行，压浆时要求密实、饱满，并应在张拉后尽早完成。

5. 封端

孔道压浆后应立即将梁端水泥浆冲洗干净，并将端面混凝土凿毛。在绑扎端部钢筋网和安装封端模板时，要妥善固定，以免在灌筑混凝土时因模板走动而影响梁长。封端混凝土的强度应不低于梁体的强度。浇完封端混凝土并静置 1~2h 后，应按一般规定进行浇水养护。

（三）桥梁施工的悬臂浇筑法

> CBD014 桥梁施工的悬臂浇筑法

悬臂浇筑施工系利用悬吊式的活动脚手架（或称挂篮）在墩柱两侧对称平衡地浇筑段混凝土（每段长 2~5m），每浇筑完一对梁段，待达到规定强度后就张拉预应力筋并锚固，然后向前移动挂篮，进行下一梁段的施工，直到悬臂端为止。

悬臂浇筑一般采用由快凝水泥配制的 400~600 号混凝土。在自然条件下，浇筑后 30~36h，混凝土强度就可达到 30000kPa 左右，这样可以加快挂篮的移位。目前每段施工周期约为 7~10d，视工作量、设备、气温等条件而异。

悬臂浇筑法施工的主要优点是：不需要占地很大的预制场地；逐段浇筑，易于调整和控制梁段的位置，且整体性好；不需要大型机械设备；主要作业在设有顶棚、养生设备等的挂篮内进行，可以做到施工不受气候条件影响；各段施工属严密的重复作业，需要施工人员少，技术熟练快，工作效率高等。主要缺点是：梁体部分不能与墩柱平行施工，施工周期较长，而且悬臂浇筑的混凝土加载龄期短，混凝土收缩和徐变影响较大。

最常采用的悬臂浇筑法施工的跨径为50~120m。

（四）桥梁施工的悬臂拼装法

悬臂拼装法施工是在工厂或桥位附近将梁体沿轴线划分成适当长度的块件进行预制，然后用船或平车从水上或从已建成部分桥上运至架设地点，并用活动吊机等起吊后向墩柱两侧对称均衡地拼装就位，张拉预应力筋。重复这些工序直至拼装完悬臂梁全部块件为止。

预制块件的长度取决于运输、吊装设备的能力，实践中已采用的块件长度为1.4~6.0m，块件质量为14~170t。但从桥跨结构和安装设备统一来考虑，块件的最佳尺寸应使质量在35~60t范围内。

预制块件要求尺寸准确，特别是拼装接缝要密贴，预留孔道的对接要顺畅。为此，通常采用间隔浇筑法来预制块件，使得先完成块件的端面成为浇筑相邻块件时的端模。

悬臂拼装法施工的主要优点是：梁体块件的预制和下部结构的施工可同时进行，拼装成桥的速度较现浇的快，可显著缩短工期；块件在预制场内集中制作，质量较易保证；梁体塑性变形小，可减少预应力损失，施工不受气候影响等。缺点是：需要占地较大的预制场地；为了移运和安装需要大型的机械设备；如不用湿接缝，则块件安装的位置不易调整等。

七、地下管道的施工测量

管道工程也是地下工程的一部分，同时也是工业建设和城市建设的重要组成部分，其种类较多，包括给水、排水、煤气、热力、输油和其他工业管道工程等。为了合理地敷设各种管道，应首先进行规划设计，确定管道中线的位置并给出定位的数据，即管道的起点、转向点及终点的坐标和高程。然后将图纸上所设计的中线测设于实地，作为施工的依据。管道施工测量的主要任务是根据工程进度的要求向施工人员随时提供中线方向和标高位置。

（一）选择方案

城市地下管线的敷设应在城市规划的基础上进行，当管线的起点、止点和必经点确定后，便可选择路径。设计管线方案时，可参考以下几点：

（1）了解所设管线的衔接性质及转向规格。如上、下水管道铸铁管弯管转角有90°、45°、22.5°、11.25°等规格。当设计管线转角点间距较短时，管径大于500mm的线路转角与其定型弯管的转角差不应超过1°，管径小于500mm时，可放宽至2°，但以不影响施工质量为原则，选线时应予以考虑。

（2）城市地下管线一般均与规划道路平行敷设，尽量不设置在交通频繁的车行道下面，另外，埋设较深及易燃有害管线应远离建筑物。

（3）由于各种管线的性质和施工方法不同，其对测量的要求也是各有其特点。例如城市下水管道坡度小，靠重力自流排水，对高程精度要求较高；而有压力管道极易弯曲的电力、通信电缆等对高程精度要求不高。于一条道路上同时有多条管线时，应以控制精度要求高者为准。

(4) 城市管线带状地形图的宽度应以能满足各种管线的布置为原则。对城市道路及两侧较平坦者,可不测带状地形图。

(5) 采用城市控制系统,以保证各种地下管线平面位置和竖向标高按规划意图测设在实地,方便于城市规划建设。

这样,根据地物、地貌以及管道的连接方式和布置特点,便可选定管线的行径、转点和主要交叉点。

(二) 中线测量

> CBD018 地下管道中线测设的内容

管线的中线测量包括中线的设置和里程桩的测设。

1. 中线测设

城市地下管线一般与规则道路平行敷设。当实地有规则道路中线控制桩时,可按其几何关系移轴测定管线位置。

当规划道路中线只有其线路的解析坐标资料时,可根据设计管线和规划道路中线的关系,推算出设计管线中线点的坐标,然后沿线布设工程导线,再根据导线点测设管线中线点。

> CBD019 地下管线里程桩测设要求

2. 里程桩测设

中线量距钉设里程桩时,应注意不同性质管线的里程起算点是不同的。例如下水管道的下游出水口为里程起点;上水管道以水源为里程起点;电力、电信则以电源作为里程起点。在建筑区,通常为20m或30m钉一整里程桩,一般地区每50m钉一整里程桩。当设计给定管线的检修井间距或以各种构筑物作为控制中线位置时,可以检修井或构筑物作为中线里程桩,一般不钉整里程桩。当地形变化和穿越其他工程时,应设加桩。

量距一般可用测距仪或钢尺,自管线起点开始向终点方向丈量,用钢尺时要丈量两次,以防差错。

测角一般用 DJ_6 级经纬仪,读至 0.1′。

> CBD020 地下管线纵、横断面图测绘方法

(三) 纵、横断面图测绘

纵断面图的绘图比例尺在建筑区一般为纵向 1∶50,横向 1∶500;一般地区为纵向 1∶100,横向 1∶1000。当线路较长或地形变化较大时,也可采用纵向 1∶200,横向 1∶2000。纵断面图的横向比例尺应与线路带状地形图比例尺一致。

由于地下管线埋设不深或开挖较窄,一般不测绘其横断面图。

(四) 地下管道施工测量

在纵断面图上完成管道设计之后,即着手进行管道施工测量,在破土动工之前,应做好一切准备工作,包括:熟悉图纸和现场情况;校核中线位置;为恢复中线而测设施要控制桩;为引测高程方便而进行水准点加密。

> CBD021 地下管道的槽口放线法

1. 槽口放线

槽口放线是根据挖土深度、地形情况、管径大小以及土质情况,计算开槽宽度,并在地面上定出槽口边线位置,作为开槽的依据。

当地面平缓时,开槽宽度 B 计算公式为:

$$B = b + 2m \cdot h$$

当地面有起伏时,中线两侧槽口并不一致,半槽口宽度计算公式分别为:

$$B_1 = \frac{b}{2} + m \cdot (h-h_1) \ ; B_2 = \frac{b}{2} + m \cdot (h-h_2)$$

2. 施工控制桩的测设

管道施工测量的主要任务是根据工程进度要求,测设控制管道中线和高程位置的施工控制桩。其方法有坡度板法和平行轴腰桩法。

> CBD022 地下管道施工控制桩测设方法

(五)顶管施工测量

当地下管线要穿过地面建筑物时,为了维护原有的建筑物,或不影响正常的交通,常采用顶管法施工。其是先在暗挖道的两端开挖工作基坑,并于工作坑内安装管道导轨,将顶管放在导轨上,用顶镐将顶管沿管道中线方向顶进土中,然后将管内土方挖出,砌筑成管道。

> CBD023 顶管施工测量步骤

1. 中线桩测量

先挖顶管工作坑,然后将管道中线引测到坑壁上,并打入大铁钉,以标志中线位置。

2. 高程测量

在工作坑内顶进端两侧引测两个临时水准点,其高程误差不大于±5mm,以确定顶进管的高程与坡度。

3. 安置导轨

如顶管半径为 R,导轨间距为 A,则可求得轨道接触处到顶管中心的高差 h,或到管底的高差 $R-h$,由此可求得轨道顶高程应为:

$$轨顶高程 = 管底设计高程 + (R-h)$$

据此,便可确定导轨的高程和坡度,再根据中线钉确定导轨中线位置。

4. 顶进过程中测量工作

> CBD024 顶进过程中测量方法

1)中线测量

在两中线钉上系一小绳绷紧,间隔适当距离于其上挂两垂线,两垂线连线方向即为管道中线方向。于管内置一水平尺,其上有刻划和中心钉,适当高拉一直线,使紧切两垂球线,水平线方向即为管道中线方向,则该直线和水平尺上的中心钉比较,可知管道中线是否在设计方向上。为了及时发现并进行改正,应每掘进 0.5m 量测一次。

2)高程测量

将仪器安置在工作坑内,后视临时水准点,前视尺立于管内待测点上,即可测得各点高程,并与相应的管底设计高程比较,便可知道校正顶管坡度的数值。

项目二　用水准仪由已知高程点测待求点高程

该项目操作平面图如图 2-4-7 所示。

一、准备工作

(1)设备。

DS_3 水准仪 1 套。

(2)材料、工具。

粉笔 2 根、塔尺 1 把、记录纸 1 张。

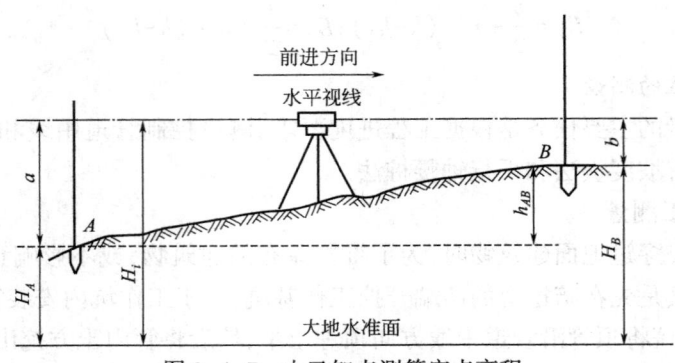

图 2-4-7　由已知点测等定点高程

(3) 场地准备。

在考核场地上给定已知 A 点高程及待测点 B 的位置,两点相距一定距离。

二、操作步骤

(1) 安置仪器。

置水准仪于已知点 A 点与待测 B 点连线的中点处,调节三脚架长度及顶部角度,安置水准仪,踩实三脚架。

(2) 仪器整平。

调整仪器脚螺旋,使圆水准器气泡居中。

(3) 读取已知高程点水准尺读数。

先测已知点 A 水准尺数读数 a,水准尺要竖直。

(4) 读取待测高程点水准尺读数。

测出待测 B 点水准尺读数 b,水准尺要竖直。

(5) 计算待测点高程。

计算待测点高程为:

$$H_B = H_A + (a-b)$$

三、技术要求

(1) 前后视线应尽量等长,以消除仪器误差。

(2) 后视读数读完后,不得重新整平仪器,若发现圆气泡偏离中心,应重新整平仪器后,再重新读后视读数。

(3) 读数前应注意消除视差,并要弄清仪器与尺子的特点,以防读错。

四、注意事项

(1) 水准测量中如有一项操作有差错,如某一读数时气泡未居中、转点碰动、仪器的视准轴与水准轴不平行等情况发生,就会导致整个测量工作的返工。

(2) 测量员与立尺员要密切配合,各负其责,在每项工作中都要掌握要领、注意检核、防止错误、减少误差、提高精度。

(3)记录过程中的各项计算,如加、减、取平均值、测站检查等都应在现场随记随算,并做好校核。

项目三　用水准仪放样已知高程点

该项目操作平面图如图2-4-8所示。

一、准备工作

(1)设备。

DSZ$_3$水准仪1套。

(2)材料、工具。

红蓝铅笔1支、塔尺1把、记录纸1张、铁架子1个。

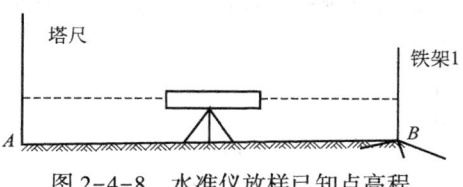

图2-4-8　水准仪放样已知点高程

(3)场地准备。

在考核场地上给定已知A点高程及放样点B的位置,两点相距一定距离。

二、操作步骤

(1)安置仪器。

置水准仪于已知点A点与欲放样点B点连线的中点处,踩实三脚架,调节仪器的圆水准气泡至居中位置。

(2)后视尺读数。

已知点上的立尺,调节仪器管水准器气泡使其居中,读出塔尺读数a,记录读数。

(3)放样高程。

在欲放样点处立一铁架子,转动望远镜,前视欲放样点,点上立尺,调节仪器管水准器气泡使其居中,使尺缓缓上、下移动,当尺读数恰为$b=h_A+a-h_B$时尺底B点高程即为设计高程h_B。

(4)做标记。

用红蓝铅笔在铁架子上和尺底的对应处画一条水平直线。

三、技术要求

(1)根据已知点高程,加后视读数,求得仪器的视线高,减去设计高程就是前视标尺应有的读数。

(2)仪器架设在已知高程点与测设点中间,将水准标尺竖立在需要测设设计标高处的铁架子侧面,测量员指挥立尺员将水准标尺上下缓慢移动,当中丝读数恰好为计算的前视标尺读数时停住水准尺,在铁架子上画一条水平线,这就是需放样的高程点。

四、注意事项

(1)计算要经复核,测设点高程用高差法进行复核。

(2)观测时水准管气泡应严格居中。
(3)用铁架子代替施工现场用的木桩。
(4)铁架子要放稳,划线要清楚、准确。

项目四　经纬仪采用极坐标法放样点位

该项目操作平面图如图2-4-9所示。

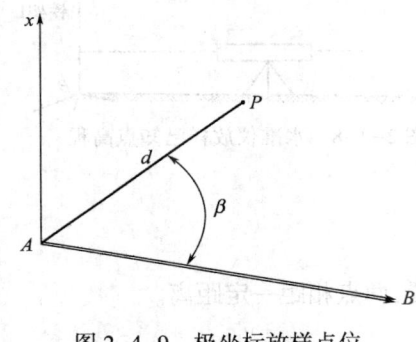

图2-4-9　极坐标放样点位

一、准备工作

(1)设备。
DJ_2 经纬仪1套。
(2)材料、工具。
粉笔2根、花杆1根、记录纸1张、50m钢尺1把。
(3)场地准备。
在考核场地上给定已知 A 点及定向点 B 的位置,两点相距一定距离。

二、操作步骤

(1)安置仪器。
将仪器置于 A 点,踩实三脚架,对中,整平。
(2)定向。
以 B 点定向,用十字丝中心精确照准 B 点,将水平度盘置零。
(3)拨角。
顺时针拨角 β,得到 P 点的方向,锁紧水平制动螺旋。
(4)放样点位。
沿 P 点方向从 A 点量取长度 d,放样 P 点,用粉笔做标记。

三、技术要求

(1)应熟练地掌握经纬仪测角的技能。
(2)应清楚极坐标法是根据一个水平角和一段水平距离,测设点的平面位置的一种方法。
(3)观测过程中应避免仪器误差、观测误差、仪器对中误差及照准点偏心误差等,还有一些气候、温度等外界条件。

四、注意事项

(1)极坐标法适用于量距方便,且待测设点距控制点较近的施工场地。
(2)首先要弄清测设用的数据、起始方向,有条不紊地进行操作。
(3)在指挥拉尺人员拉尺时,钢尺应保持水平,不能量斜距,应距水平距离。

项目五　整理竖直角观测成果

在测站 O 观测 A、B 两竖直角,观测成果见表 2-4-3,技能操作要求根据数据整理竖直角观测成果。

表 2-4-3　竖直角观测成果

测站	目标	盘位	竖盘读数	半测回竖直角	指标差	一测回竖直角	备注
O	A	左	59°29′48″				顺时针全圆注记
		右	300°29′48″				
	B	左	93°18′40″				
		右	266°40′54″				

一、准备工作

(1)材料。

准备竖直角观测成果 1 份、铅笔 1 支、橡皮 1 块。

(2)工具。

能计算函数的计算器 1 个。

二、操作步骤

(1)计算 A 的半测回竖直角。

由于经纬仪为顺时针全圆注记,计算 A 点半测回竖直角计算公式为:

$$\alpha_{A左} = 90° - L; \alpha_{A右} = R - 270°$$

指标差计算公式为:

$$\alpha'_A = \frac{\alpha_{A左} - \alpha_{A右}}{2}$$

(2)计算 A 的测回竖直角。

测回竖直角计算公式为:

$$\alpha_A = \frac{\alpha_{A左} + \alpha_{A右}}{2}$$

(3)计算 B 的半测回竖直角。

由于经纬仪为顺时针全圆注记,计算 B 点半测回竖直角计算公为:

$$\alpha_{B左} = 90° - L, \alpha_{B右} = R - 270°$$

指标差计算公式为:

$$\alpha'_B = \frac{\alpha_{B左} - \alpha_{B右}}{2}$$

(4)计算 B 的测回竖直角。

测回竖直角计算公式为:

$$\alpha_B = \frac{\alpha_{B左}+\alpha_{B右}}{2}$$

三、技术要求

（1）经纬仪竖盘的刻划注记形式有顺时针全圆注记、逆时针全圆注记和对称注记几种。若抬高物镜时，竖盘读数 L 减小，则说明按顺时针全圆注记。

（2）竖盘指标的偏移方向与竖盘注记增加方向一致时，竖盘指标差为正值，反之为负值。

（3）竖直角应为盘左、盘右两半测回的平均值。

四、注意事项

（1）竖直角观测成果的整理需要认真仔细，弄清盘左和盘右，选用不同的计算公式，不能盲目套用。

（2）竖盘指标差是衡量观测精度的重要指标，应引起重视。

（3）整理数据时，如发现错误，应认真检查，判断是观测成果的错误还是计算错误，加以修改。

模块五　竣工测量

项目一　相关知识

一、竣工测量概述

(一)竣工测量的含义和内容

城市建设经规划、设计、施工后,逐步进入竣工和运营阶段。竣工测量主要是检查工程竣工部位的平面位置与高程位置是否符合规划设计的要求,作为工程验收和运营管理的基本依据。让设计、施工和生产管理人员掌握工程建筑场地及全部建(构)筑物的现状而进行的测量称竣工测量。

竣工测量可分为施工过程中的竣工测量和工程全部完成后的竣工测量。前者包括各工序完成后的检查验收测量和各单项工程完成后竣工验收测量,其直接关系到下一工序的进行,应与施工测量相互配合;后者则是整个工程全部完成后,全面性的竣工验收测量,是在前者的基础上完成的,其包括全部资料的整理,并建立竣工档案,作为有关部门进行工程验收的以后扩建、改建的依据。

竣工测量资料是工程的技术档案,是生产管理和将来改、扩建的重要依据。竣工现状图的内容是需要表示出地面、地下和架空的各种建(构)筑物的位置,表示工程建筑场地的地形情况,还要在图上表示出重要细部点的坐标、高程等元素。当1∶500比例尺的竣工现状图难以表示时,可作分图或更大比例尺的辅助图。

(二)竣工测量的目的

路线竣工测量的目的是最后确定路线中线,检查建筑限界及标高是否满足设计要求。要让设计、施工和生产管理人员掌握工程建筑场地及全部建(构)筑物的现状,是竣工测量的目的。竣工验收报告是指工程项目竣工后,经过相关部门成立的专门验收机构,组织专家进行质量评估验收后形成的书面报告。

(三)竣工测量的要求

施工中的竣工测量包括各工序完成后的检查验收测量和各单项工程完成后的竣工验收测量。工程全部完成后的竣工测量是全面性的竣工验收测量。管道竣工测量是将施工成果和原有管线通过测量记录下来,绘制成图,作为规划、施工、维修和管理的依据。竣工测量图的比例尺主要应考虑图面负荷、用图方便及图解精度,一般选择1∶500的比例尺,与设计总平面的比例尺一致。

(四)竣工测量的方法

在施工过程中进行竣工测量时,由于其直接关系到下一工序的进行,应与施工测量相互配合。全面性的竣工验收工作也称为竣工档案,包括资料的整理,并建立竣工档案,作为有关部门进行工程验收的依据。

竣工现状图可采用实测现状或以复制、转绘、透写等手段作总图编绘。竣工图的坐标系统应与原有的系统保持一致。

二、建筑物竣工测量

在进行细部测量时,若控制网为方格网,则采用直角坐标法较为方便;若控制网为导线网,则采用极坐标解析法进行细部测设。

(一)细部的平面位置测量

(1)矩形建筑物要测绘三个以上的角点。

(2)行列整齐的非生产性建筑物,可测其周围坐标,其间相对位置,可用丈量距离的方法测定。

(3)对于不可直接测定中心位置的圆形建筑物,可根据圆形的大小,采用三点法或切线法测定其位置。

(4)较大的钢结构,测其基础顶面外角三个以上的测点。

(5)铁路应测量车档、岔心交点及进厂房点之坐标,必要时要测算曲线元素。

(6)公路应测定干线、中线之交点和尽头中点之坐标。

(7)各种管线除测出其中线位置外,尚需以一定的符号标示管线性质。

(二)细部的高程位置测量

细部高程的测量,可以用水准仪进行,也可以用三角高程进行。在测量时,应注意以下几点:

(1)一般建筑物应测出其基础地面三个角点的高程;较大建筑物则各个角点的高程均应测出。

(2)对于烟囱、水塔等建筑物,应测基础地面的高程,如需实测其高度,可据两个测站用间接方法测定取其平均值。

(3)互相跨越的工业管线及跨越交通干道的高压线路,均应测定其最低层的凌空高度及其相应的地面高程。

(4)铁路除了测定车档岔心高程外,直线每隔50m、曲线上每隔20~30m测一轨顶高程。

(5)地坑、水池测其地面、池顶和池底的高程。

(6)公路沿中线每隔50m测一高程点,变坡点应加测高程,如有需要尚应测其横断面图。

三、隧道竣工测量

在进行隧道竣工测量时,首先进行中线测量,从隧道一端测至另一端。

工程验收时,检测隧道中心线,在隧道直线段每隔50m、曲线段每隔20m检测一点。地下永久性水准点至少设置两个,长隧道中,每千米设置一个。

隧道竣工图测绘中包括纵断面测量和横断面测量。纵断面应沿中垂线方向测定底板和拱顶高程，每隔10~20m测一点，绘出竣工纵断面图，把设计坡度套画在图上进行比较。直线隧道每隔10m、曲线隧道每隔5m测一个横断面。横断面测量可以采用直角坐标法或极坐标法。

四、道路竣工测量

在道路施工结束后，要进行竣工测量。竣工测量用于检验施工质量与测设是否符合技术要求。竣工测量要进行路线中线测量、纵断面和横断面测量。由竣工测量所取得的路线标高、路基宽度、路面宽度和边坡坡度与原设计比较，其差值都应在相应的允许范围之内。最后要用竣工测量成果编绘竣工图。

五、桥梁竣工测量

桥梁竣工后，为检查墩、台的各部尺寸、平面位置及高程正确与否，并为竣工资料提供数据，需进行竣工测量。桥梁竣工测量的主要内容有：

(1)测定墩距。

测定各桥墩、台中心的实际坐标，检查各墩、台之间的跨距，并评定其精度；根据各跨的距离计算出桥长，与设计桥长进行比较。

(2)丈量墩、台各部尺寸。

墩、台各部尺寸的丈量，是以墩、台顶已有的纵横轴线作为依据。丈量内容有墩、台顶的长度与宽度，支承垫石的尺寸及位置。

(3)测定支承垫石顶面的高程。

竣工测量结果应编写出墩、台中心距离表，墩、台顶水准点及垫石高程表和墩、台竣工平面图。

六、管道竣工测量

管道工程竣工后，为了准确地反映管道的位置，评定施工质量，同时也为了给以后管道的管理、维修和改建提供可靠的依据，必须及时整理并编绘资料和竣工图。

管道竣工测量包括管道竣工带状平面图和管道竣工断面图的测绘。

竣工平面图主要测绘管道的起点、转折点和终点，检查井的位置关系，管道转折点及重要构筑物的坐标等。平面图的测绘宽度依需要而定，一般应至道路两侧第一排建筑物外20m，比例尺一般为1:500~1:2000。

管道竣工纵断面图反映管道及其附属物的高程和坡度，应在管道回填土之前进行，用水准测量测定检查井口和管顶的高程。管底高程由管顶高程和管径，管壁厚度计算求得，检修井之间的距离可用钢尺丈量。

七、厂区竣工测量

工业建设场地施工测量内容，包括施工控制网的建立、工程的施工放样以及竣工测量。厂房施工中，多采用柱轴线控制桩组成的厂房矩形控制网，测设方法有角桩测设法和主轴线测设法。建筑物放样常用的方法有极坐标法、直角坐标法、方向线交会法。施工控制网在精度上一般要高于测图控制网。

八、竣工总平面图的编绘

(一)编绘准备工作

进行竣工总平面图编绘前,应做好以下准备工作:

(1)确定竣工总平面的比例尺。竣工总平面图的比例尺,应根据企业的规模大小和工程的密集程度参考以下规定:小区内为1:1000;小区外为1:1000~1:5000。

(2)绘制竣工总平面图图底坐标方格网。为了能长期保存竣工资料,竣工总平图应采用质量较好的图纸。聚酯薄膜具有坚韧、透明、不易变形等特性,可用作图纸。

(3)展绘控制点。以图底上绘出的坐标方格网为依据,将施工控制网点按坐标展绘在图上。展点对所邻近的方格而言,其允许偏差为±0.3mm。

(4)展绘设计总平面图。在编绘竣工总平面图之前,应根据坐标格网,先将设计总平面图的图面内容按其设计坐标,用铅笔展绘于图纸上,作为底图。

(二)现场实测

对于以下情况,应经过现场实测后再进行竣工总平面图的编绘:

(1)由于未能及时提供建筑物或构筑物的设计坐标,而在现场指定位置的工程。

(2)设计图上只标明工程与地物的相对尺寸而无法推算坐标和标高。

(3)由于设计多次变更而无法查对设计资料。

(4)竣工现场的竖向布置、围墙和绿化情况,施工后尚保留的大型临时设施。

(三)竣工总平面图绘制

绘制竣工平面图时,应注意以下几点:

(1)根据设计资料展点成图。凡按设计坐标定位施工的工程,应以测量定位资料为依据,按设计坐标和标高编绘。

(2)根据竣工测量资料或施工检查测量资料展点成图。在工业及民用建筑施工过程中,在每一个单位工程完成后,应该进行竣工测量,并提出该工程的竣工测量成果。

(3)展绘竣工位置时的要求。根据上述资料编绘成图时,对于厂房应使用黑色线绘出该工程的竣工位置,并应在图上注明工程名称、坐标和标高及有关说明。对于各种地上、地下管线,应用各种不同颜色的线绘出其中心位置,注明转折点及井位的坐标、高程及有关注明。

项目二 整理闭合水准路线测量成果

在某山区一建筑工地布设闭合水准路线,测量成果见表2-5-1,已知水准点A的高程$H_A=44.330$m,技能要求根据测设数据整理闭合水准路线测量成果。

一、准备工作

(1)材料。

准备闭合水准路线成果表1份、铅笔1支、橡皮1块。

(2)工具。

能计算函数的计算器 1 个。

表 2-5-1 闭合水准路线测量成果

点号	测站数	实测高差,m	高差改正数 mm	改正后高差,m	高程 m
BM_5					44.330
BM_1	10	+1.224	+5	+1.229	45.559
BM_2	8	-1.424	+4	-1.420	44.139
BM_3	8	+1.781	+4	+1.785	45.924
BM_4	11	-1.714	+6	-1.708	44.216
BM_5	12	+0.108	+6	+0.114	44.330
Σ	49	-0.025	+25	0	

二、操作步骤

(1)计算实测高差的和。

根据闭合水准路线测量成果,各点高差求和,然后各测站数求和。

(2)计算高差闭合差。

各点高差的和等于高差闭合差,$f_h = \Sigma h_测$;因为测区在山区,所以高差容许闭合差公式:

$$f_容(\text{mm}) = \pm 12\sqrt{n}$$

(3)判断观测精度并分配闭合差。

因为 $f_h < f_容$,说明测量成果符合精度要求,分配闭合差,并计算改正后高差:

$$\Delta h = \frac{f_h}{n}$$

(4)计算各水准点高程。

按着改正后的高差,计算各水准点的高程。

三、技术要求

(1)通过测区为山区,判断高差容许闭合差公式为 $f_容 = \pm 12\sqrt{n}$。

(2)分别计算出总测站数及总实测高差。

(3)判断观测精度是否符合要求,并分配闭合差。

四、注意事项

(1)分配闭合差时应根据测站数进行分配,且保证改正后高差合计零。

(2)通过闭合水准路线计算后,BM_5 应为已知高程。

项目三　整理附合水准路线测量成果

有一附合水准路线,BM_1、BM_2 为两个已知高程的水准点,$H_1 = 210.250\text{m}$,$H_2 = 214.543\text{m}$,各测段的高差见表 2-5-2,技能操作要求整理该附合水准路线的测量成果。

表 2-5-2　附合水准路线测量成果

测段编号	点名	距离 km	实测高差 m	改正数 m	改正后高差 m	高程 m
1	BM_1	1.6	+5.331			
2	A	2.1	+1.813			
3	B	1.7	-4.244			
4	C	2.0	+1.430			
Σ	BM_2	7.4	+4.330			

一、准备工作

(1)材料。

准备附合水准路线成果表 1 份、铅笔 1 支、橡皮 1 块。

(2)工具。

能计算函数的计算器 1 个。

二、操作步骤

(1)计算高差闭合差。

根据符合水准路线测量成果,计算高差闭合差:

$$f_h = \sum h_{测} - (H_2 - H_1)$$

(2)计算容许闭合差。

高差容许闭合差计算公式:

$$f_{容}(\text{mm}) = \pm 40\sqrt{L}$$

(3)判断观测精度并分配闭合差。

因为 $f_h < f_{容}$,说明测量成果符合精度要求,分配闭合差,并计算改正后高差:

$$\Delta_i = -\frac{f_h}{\sum L} \cdot L_i$$

(4)计算测点高程。

按着改正后的高差,计算 4 测点的高程。

三、技术要求

(1)通过附合水准路线,判断高差容许闭合差公式为 $f_{容} = \pm 40\sqrt{L}$。

(2)分别计算出每一测段公里数及总实测高差。

(3)判断观测精度是否符合要求,并分配闭合差。

四、注意事项

(1)分配闭合差时应根据测段公里数进行分配,并计算改正后高差。
(2)通过符合水准路线计算后,BM_2 点的高程应为所给值。

模块六　测量相关知识及应用

项目一　相关知识

> CBF001 工程沉降水准点的测设方法

一、变形测量

(一)工程沉降水准点测设的要求

沉降观测水准点的形式与埋设要求,一般根据现场的具体条件、沉降观测在时间上要求等决定。

(1)观测急剧沉降的工程结构物时,若不能及时建造水准点,可在已有的结构物上设置标志作为水准点,但这些结构物的沉降必须证明已经达到终止。

(2)在山区工程建设中,建筑物附近常有基岩,可在上凿一洞,用水泥砂浆直接将金属标志嵌固于岩层之中(但岩石必须稳固)。

(3)当场地为砂土或处在其他不利情况下,应建造深埋水准点或专用水准点。

(4)钢筋混凝土结构物上的沉降观测点,事先应确定好其位置,最好在该结构物浇筑混凝土时埋入。可在结构上凿洞用1:2高强度水泥砂浆固定观测标志。

沉降观测是根据工程结构物附近的水准点进行的,所以水准点必须坚固稳定。水准点的数目应尽量不少于3个。对水准点要定期进行高程检测,以保证沉降观测成果的正确性。

在布设水准点时应注意以下问题:

(1)水准点应尽量与观测点接近,其距离不应超过100m,以保证观测的精度;

(2)防止受到振动的影响,水准点应布设在受振区域以外的安全地点;

(3)水准点埋设应离开公路、铁路、地下管道和滑坡至少5m,避免埋设在低洼易积水处及松软土地带;

(4)水准点的埋设深度至少要在冰冻线下0.5m,防止水准点受到冻胀的影响。

一般情况下,可以利用工程施工时使用的永久水准点,作为沉降观测的水准基点。如果由于施工场地的水准点离建筑物较远或条件不好,为了便于进行沉降观测和提高精度,可在建筑物附近另行埋设水准基点。

(二)观测点的形式与布置

为全面精确地查明沉降情况,须合理布设观测点。观测点的布置由设计单位或施工技术部门负责确定。如观测点的布置不便于观测时,测量人员应与设计人员协商,选择合理的布置方案。所有观测点应以1:100~1:500的比例绘出平面图,并加以编号,以便进行观测和记录。

其具体要求如下:

(1)观测点应牢固稳定,点位安全并能长期保存;

(2)观测点的上部应为突出的半环形状或有明显的突出之处,与柱身或墙身保持一定距离;

(3)要有良好的通视条件,且能垂直放置尺。

沉降观测点的形式和设置方法应根据工程性质和施工条件来确定,见表2-6-1。

表2-6-1 沉降观测点的形式和设置方法

工程性质	形式	要求	布置要点
工程建筑	预制墙式观测点	预制墙式观测点是由混凝土预制而成,其大小可做成普通黏土砖规格的1~3倍,中间嵌以角钢,角钢棱角向上,并在一端露出50mm。这种形式的观测点多用于砖石结构的实体(如住宅楼、石砌涵洞工程),观测点是在砌砖墙勒脚时,将预制块砌入实体内,角钢露出端与实体面夹角50°~60°	一般工程建筑沉降观测点,设置在外实体脚处。观测点埋在实体内的部分应大于露出实体外部分5~7倍,以便于保持观测点的稳定性
	燕尾形观测点	利用直径20mm的钢筋,一端弯成90°,一端制成燕尾形埋实体内	
	角钢埋设观测点	用长120mm的角钢,在一端焊一铆钉头,另一端埋入观测实体内	
设备基础	垫板式	采用长约60mm、直径20mm的铆钉,下焊40mm×40mm×5mm的钢板	如观测点使用期长,应埋有保护盖的永久性观测点,对于一般工程,如施工紧张而观测点加工不及时,可用直径20~30mm的铆钉或钢筋头(上部锉成半球状)埋置于混凝土内作为观测点,观测点外露部分涂银粉或采取其他防锈措施。设备基础观测点的埋设:(1)铆钉或钢筋埋在混凝土中露出部分,不宜过高或过低,避免水准尺置于点上时会与混凝土面接触,影响观测质量。(2)观测点应垂直埋设,与基础边缘间距不得小于50mm,埋设后将四周混凝土压实,待混凝土凝固后用红油漆编号。(3)埋点应在基础混凝土将达到设计标高时进行。如混凝土凝固后须增设观测点时,可用钢凿在混凝土面上确定的位置凿一洞,将标志埋入,再以1:2水泥砂浆灌实
	弯钩式	采用长100mm、直径20mm的铆钉一端弯成直角	
	燕尾式	采用长80~100mm、直径20mm的铆钉,在尾部中间劈开,做成夹角为30°左右	
	U字式	直径20mm,长约200mm左右的钢筋变成"U形",倒埋在混凝土之中	
柱基础及柱身	钢筋混凝土柱	在柱子±0.000s标高以上10~50mm处预制时将直径20mm以上的钢筋或铆钉制成弯钩形。亦可采用角钢作为标志,埋设时使其与柱面成50°~60°的倾斜角	柱基础沉降观测点的形式和埋设方法与设备基础相同。当柱为预制安装形式时,在柱子安装后进行二次灌浆时,原设置的观测点将被砂浆埋掉,因而必须在二次灌浆前,及时在柱身上设置新的观测点。在柱子上设置新的观测点时应注意事项:(1)对于预制安装的柱式结构,新的观测点应在柱子校正后二次灌浆前,将高程引测至新的观测点上,以保持沉降观测的连贯性。(2)新旧观测点的水平距离不应大于1.5m,以保证新旧点的观测成果的相互联系。新旧点的高差不应大于1.5m,以免由旧点高程引测于新点时,因增加转点而产生误差。(3)观测点与柱面应有30~40mm的空隙,以便于放置水准尺。(4)在混凝土柱上埋标时,埋入柱内的长度应大于露出的部分,以保证点的稳定
	钢柱	将角钢的一端切成使脊与柱面成50°~60°的倾斜角,将此端焊在钢柱上,或者将铆钉弯成钩形,将其一端焊在钢柱上	

二、识图的基本知识

CBG001 建筑识图基本知识

为了便于绘制与建筑识图,一张图纸的大小、内容以及线条的粗细、轴线坐标的表示方法、尺寸标注、比例和符号等在《房屋建筑制图统一标准》(GB/T 50001—2017)中都作了相应的规定。建筑识图是一门实践性很强的课程,在掌握识图基本知识的基础上,只有通过多看、多想、多读才能逐渐掌握识图的本领。建筑工程施工图是将一个三维的建筑物,用一组二维的图纸精确地表达出来,所以应熟悉图纸所运用的原理与图示方法。建筑施工图中,每根线条、每个字都表示某个工程项目中的具体内容。本部分讲述识图中的一些基本概念。

(一)正投影图

CBG002 正投影图

为了把建筑物的形体和构造准确表达出来,房屋建筑的图样,应按直接正投影法绘制。有一组相互平行的投射线垂直于投影面对物体进行投射,这种投影方法,称为正投影法。在工程制图中,把光源称为投影中心。物体在光源的照射下会出现影子,投影的方法就是从这自然现象中抽象出来,并随着科学技术的发展而发展起来的。

在建筑工程中,无论是一幢房屋,或者是一个构件,都具有长、宽、高三个方向的尺寸,如果仅用一个投影图,一般只能反映出物体两个方向的大小。常将物体放在三个(或六个)相互垂直的平面为投影面的空间中,分别以三组(六组)垂直于投影面的投射线,透过物体上的各点投射到投影面上,所画得的图形称为三面(或六面)正投影图。

(二)三视图

CBG003 三视图

工程制图中的视图就是画法几何中通称的投影。在国家标准 GB/T 5001—2017《房屋建筑制图统一标准》中对图样画法中规定房屋建筑的视图,应按正投影法,并用第一角画法绘制。在建筑视图中,光源自上方投射称平面图。在一张图纸上绘制若干个视图时,各视图的位置应按着正立面图、左侧立面图、右侧立面图、平面图、底面图、背立面图的顺序进行配置。

正方体的六个面就是六个视图的六个角度,也就是上面所说的正立面图、左侧立面图、右侧立面图、平面图、底面图、背立面图。在工程上常使作三视图,就是一个零件从三个不同角度的投影图:主视图、俯视图和左视图。

(三)图纸目录

CBG004 图纸目录

根据工程的大小及其复杂程度的不同,每项建筑工程的图纸,少则几张、几十张,多则数百张,为了使用及寻找的方便,对图纸要分类别,标明图纸的名称并按次序编号,将这些总的情况表示在图纸目录上。建筑工程图纸目录包括建设单位、设计单位与设计编号、工程总称与编号、图纸类别及图纸的名称与编号。目前图纸目录是由各个设计单位自行制定的。建筑工程图纸目录编排顺序应按专业顺序编排。

(四)标题栏及会签栏

CBG005 标题栏及会签栏

图纸的横式幅面,标题栏的尺寸应为长 240mm,高 40mm。图纸的立式幅面,标题栏的尺寸应为长 200mm,高 40mm。图纸的会签栏尺寸应为长 100mm,高 20mm。图纸的会签栏内应填写会签人员所代表的专业、姓名、日期等。

(五)图线种类

CBG006 图线的种类

工程制图时,采用的线宽比为:粗线:中粗线:细线 = 4:2:1。图纸的图线线型有实线、虚线、单点长画线、双点长画线、折断线、波浪线等。工程制图时,如粗单点长画线的宽度为 b,则细单点长画线的宽度为 0.25b。工程制图时,如粗线采用的线宽为 1.40mm,按着线宽组合,中线采用的线宽就应为 0.7mm,细线采用的线宽就应为 0.35mm。

CBG007 图线的用途

(六) 图线的用途

工程制图时,表示新设计的各种排水管线、总图及运输图中的地下建筑物或构筑物等,需采用线型为粗虚线。

工程制图时用来表示建筑物的外轮廓线、地面线、剖面图中被剖部分的轮廓线、剖切位置线、结构图中的钢筋线、新设计的各种给水管线、总图中的公路或铁路等需采用线型为粗实线。

工程制图时,用来表示可见轮廓线、剖面图中未被剖着但仍能看到而需划出的轮廓线、原有的各种给水管线等,需采用的线型为中实线。

工程制图时,表示可见较次要的轮廓线、图例线、重合断面的轮廓线、尺寸线与尺寸界线、引出线、标高符号线、较小图形中的中心线等,需采用的线型为细实线。

CBG008 图样的比例

(七) 图样的比例

图样的比例,应为图形与实物相对应的线性尺寸之比。图样的比例一般注写在图形的右侧,字的基准线应取平。图样比例,前面的数字表示图线的长度,后面的数字表示实际尺寸相对于它的倍数。

CBG009 图中符号

(八) 图中符号

图纸中,剖视的剖切符号是由剖切位置线及投射方向线组成,均应以粗实线绘制。一套完整的施工图纸,包括很多图样,图样中的某一局部或构件,如需另见详图,应采用索引符号。绘制图时,如索引出的详图与被索引的详图不在同一张图纸内,应在索引符号的下半圆中用阿拉伯数字注明该详图所在图纸的编号。绘制图时,如索引出的详图采用标准图,应在索引符号水平直径的延长线上加注标准图册的编号。

CBG010 图中引出线

(九) 图中引出线

制图时,引出线应以细实线绘制。制图时,引出线宜采用水平直线或与水平方向成 30°、45°、60°、90°对于图纸上某一部位的说明性文字、如尺寸、标高、做法等,由于受图面大小的限制,无法在原处注明,此时用引出线到适当的位置加以注解。制图时,索引详图的引出线,应与水平直径线相连接。

CBG011 图中的对称符号与连接符号

(十) 图中的对称符号与连接符号

对称符号的对称线是用细单点长画线绘制的。对称符号的平行线是用细实线绘制的,其长度为 6~10mm。对称符号的对称线垂直平分两对平行线,两端超出平行线宜为 2~3mm。制图时,连接符号应以折断线表示需要连接的部位。

CBG012 坐标标注的方法

(十一) 坐标标注的方法

制图时,坐标网格应以细实线表示。测量坐标网应画成交叉十字线,坐标代号宜用"X、Y"表示。建筑坐标网应画成网格通线,坐标代号宜用"A、B"表示。建筑物、构筑物的坐标应标注在定位轴线上。

CBG013 标高标注的方法

(十二) 标高标注的方法

建筑图中,应以含有±0.00 标高的平面作为总平面图。挡土墙应标注墙顶、墙趾的标高。铁路的标高应标注轨顶的标高。建筑物室内地坪,应首先标注建筑图中±0.00处的标高,对不同高度的地坪,还应分别标注其标高。

> CBG014 建筑定位轴的内容

(十三) 建筑定位轴的内容

定位轴线应用细单点长画线线绘制,结合轴线端部圆内的编号表示。定位轴线端部的圆应用细实线绘制,直径为11~13mm。在施工图中承重墙、柱、梁、屋架等主要承重构件所处的位置,都应给出定位轴线,并进行编号。对于较复杂的建筑平面图中的定位轴线也可以采用分区编号。

> CBG015 尺寸界线、尺寸线及尺寸起止符号

(十四) 尺寸界线、尺寸线及尺寸起止符号

图样上的尺寸包括尺寸界线、尺寸线、尺寸起止符号和尺寸数字。尺寸界线应用细实线绘制,其中一端不宜超出尺寸线1~2mm。尺寸起止符号一般用中粗斜短线绘制,长度宜为2~3mm。尺寸单位除标高和总平面以m为单位外,其他必须以mm为单位。

> CBG016 尺寸排列与布置

(十五) 尺寸排列与布置

图样轮廓线以外的尺寸界线,距图样最外轮廓之间的距离,不宜小于9mm。平行排列的尺寸线的间距,宜为2~3mm,并应保持一致。半径的尺寸线应一端从圆心开始,另一端画箭头指向圆弧,半径数字前应加符号 R。标注球的直径尺寸时,应以尺寸数字前加注符号 $S\Phi$。

三、测量数据处理

> CBH010 角度换算的方法

(一) 角的度量与换算

整个圆周的 $\dfrac{1}{360}$ 的弧称为含有1°的弧,而1°的弧所对的圆心角称为1°的角,1°=60′,1′=60″,这种用度来度量角的方法称为角度制。

把等于半径长的弧称为含有1弧度的弧,而1弧度的弧所对的圆心角称为1弧度的角,用符号 rad 表示,这种用弧度来度量角的方法称为弧度制。

度与弧度的换算见表2-6-2。

表2-6-2 特殊角度与弧度的换算

度	360°	180°	90°	60°	45°	30°
弧度	2π	π	$\dfrac{\pi}{2}$	$\dfrac{\pi}{3}$	$\dfrac{\pi}{4}$	$\dfrac{\pi}{6}$

> CBH001 三角函数的计算方法

(二) 三角函数

定义:设角 α 的终边与单位圆交于 $P(x,y)$,则 $\sin\alpha = \dfrac{y}{\sqrt{x^2+y^2}}$, $\cos\alpha = \dfrac{x}{\sqrt{x^2+y^2}}$, $\tan\alpha = \dfrac{y}{x}$ ($x\neq 0$)。

几何表示:三角函数线可以看作是三角函数的几何表示。正弦线起点都在 x 轴上,余弦线的起点都是坐标原点,正切线的起点都是单位圆与 x 轴的交点。

> CBH006 正弦函数的计算方法

正弦、余弦、正切函数值符号的规律为"一全正,二正弦,三正切,四余弦"。一、二、三、四分别指第一象限、第二象限、第三象限、第四象限。

特殊角三角函数值见表2-6-3。

表 2-6-3 特殊角三角函数值

α	sinα	cosα	tanα	cotα	secα	cscα
0°	0	1	0	∞	1	∞
30°	$\frac{1}{2}$	$\frac{\sqrt{3}}{2}$	$\frac{\sqrt{3}}{3}$	$\sqrt{3}$	$\frac{2\sqrt{3}}{3}$	2
45°	$\frac{\sqrt{2}}{2}$	$\frac{\sqrt{2}}{2}$	1	1	$\sqrt{2}$	$\sqrt{2}$
60°	$\frac{\sqrt{3}}{2}$	$\frac{1}{2}$	$\sqrt{3}$	$\frac{\sqrt{3}}{3}$	2	$\frac{2\sqrt{3}}{3}$
90°	1	0	∞	0	∞	1

三角函数关系基本公式:

$$\sin^2\alpha + \cos^2\alpha = 1, \tan\alpha = \frac{\sin\alpha}{\cos\alpha}, \cot\alpha = \frac{\cos\alpha}{\sin\alpha}$$

$$\tan\alpha \cdot \cot\alpha = 1, \sin\alpha \cdot \csc\alpha = 1, \cos\alpha \cdot \sec\alpha = 1$$

(三) 正弦定理的计算方法

在 $\triangle ABC$ 中边长分别为 a、b、c,三边所对应的角度分别为 A、B、C,则正弦定理为:

$$\frac{a}{\sin A} = \frac{b}{\sin B} = \frac{c}{\sin C} = 2R$$

(四) 代数中实数的运算规则

加减法规则:同号两数相加,绝对值相加,符号与加数同;异号两数相加,绝对值相减(大的减小的),符号与绝对值大的加数同;任何数和零相加,等于实数本身。减法是加法的逆运算,两个数相减只要把减数变成同它符号相反的数,即可按加法规则运算。

乘除法规则:同号两数相乘,绝对值相乘,符号为正;异号两数相乘,绝对值相乘,符号为负;任何数与零相乘等于零;任何数与 1 相乘等于它本身。除法是乘法的逆运算,同号两数相除,绝对值相除,符号为正;异号两数相除,绝对值相除,符号为负;任何数除以 1 等于它本身;零除以任何不等于零的数等于零;零不能做除数。

四则混合运算规则:先乘除,后加减;先括号内,后括号外。

根式运算法则:同次根式相乘(除),把根式前面和系数相乘(除),作为积(商)的系数,把被开方数相乘(除),作为被开方数,根指数不变,然后再化简成最简根式;非同次根式相乘(除),应先化成同次根式后,再按同次根式相乘(除)的法规运算。

(五) 因式分解

定义:把一个多项式在一个范围(如有理数范围内分解,即所有项均为有理数)化为几个整式的积的形式,这种式子变形称为这个多项式的因式分解,也称为把这个多项式分解因式。

因式分解常用的方法:因式分解主要有提公因式法、运用公式法、分组分解法、十字相乘法、待定系数法、双十字相乘法、换元法、对称多项式法等方法。

常用的公式:

$$(a\pm b)^2=a^2\pm 2ab+b^2, (a+b)(a-b)=a^2-b^2$$
$$(a\pm b)^3=a^3\pm 3a^2b+3ab^2\pm b^3, a^3\pm b^3=(a\pm b)(a^2\mp ab+b^2)$$

> CBH004 平方和公式的计算方法

(六) 常用数学符号

> CBH007 常用数学符号

数学中的圆周率 π 表示圆周长 c 与直径 d 之比。数学中常用 V 符号表示体积。数学中常用 $\sin^{-1}$ 符号表示反正弦函数。数学中常用 $f(x)$ 符号表示 x 的函数。

(七) 两点间距离公式的计算方法

> CBH003 两点间距离公式的计算方法

平面上有两点的坐标是 $P(x_1,y_1)$ 和 $Q(x_2,y_2)$,则两点间的距离公式为:

$$d=\sqrt{(x_1-x_2)^2+(y_1-y_2)^2}$$

(八) 多边形内角和的计算方法

> CBH005 多边形内角和的计算方法

多边形内角和的计算公式为:

$$\alpha=180°(n-2)$$

其中 n 为多边形的边数。

(九) 电子计算器的使用

电子计算器是测量中常用的重要计算工具,其最大特点是操作简单、计算准确而迅速。按计算器的功能从简单到复杂可分为三类:普通计算器、科学计算器和程序计算器。下面以 fx-3600 型计算器为例举例说明操作方法。

> CBH011 计算器简单函数的计算方法

1. 简单函数的运算

首先定角制,如度分秒制"DEG",开机后应在显示屏的副显示行上显示出来。如果显示不是 DEG 制,应按 MODE4 键,使显示为"DEG"。然后输入角度,并将度、分、秒转换为以十进制为单位的角度,再按相应的三角函数键即可。

计算 $\cos 20°26'36''$ 的操作步骤是 20 ° ′ ″ 26 ° ′ ″ 36 ° ′ ″COS。

计算 $\cot 20°26'36''$ 的操作步骤是 20 ° ′ ″ 26 ° ′ ″ 36 ° ′ ″TAN1/X。

计算 arc cot0.87654321 的操作步骤是 0.87654321 1/XTAN⁻¹←。

> CBH012 计算器寄存器的使用方法

2. 寄存器的使用

fx-3600 型程序计算器有 6 个常数寄存器。

fx-3600 型程序计算器,将 2678 存入 K1 寄存器里,输入程序是 2678 Kin 1。

fx-3600 型程序计算器,将存入 K1 寄存器里的数据 2678 取出来 Kout 1。

fx-3600 型程序计算器,当把一个新值赋予某 K 寄存器后,原有值即被顶替,通过将 0 赋予某 K 寄存器,可以达到清除该寄存器中数据的目的。

> CBH013 计算器保留常数的计算方法

3. 保留常数的计算

当 fx-3600 型程序计算器设定了保留常数时,显示屏左上方显示 K 记号。

fx-3600 型程序计算器的开机键是 ON。

fx-3600 型程序计算器的关机键是 OFF。

fx-3600 型程序计算器的清除键是 AC 或 C。

4. 计算器分类

计算器是测量中常用的重要的计算工具,按着计算器的功能从简单到复杂可分为三类:普通计算器、科学计算器、程序计算器。

普通计算器,只能进行普通的加减乘除等运算;科学计算器,除具有普通计算器的功能外,还可以进行常见函数计算、统计运算及坐标转换等;程序计算器,在科学计算器的基础上,增加了简单的程序功能,可以进行较复杂的计算。

工程测量中,科学计算器使用较多。科学计算器按照按键使用类型可分为八类,其中不属于普通用键的是记忆键,属于普通用键的是正负转换键。

5. 直角坐标与极坐标的互换方法

科学计算器虽然操作简单、计算迅速,但是当出现数字溢出而死机并拒绝接受任何输入时,只能按 $\boxed{AC}$ 键重新开始运算或关机。当科学计算器屏幕上显示 E 时,应该按 $\boxed{AC}$ 键重新开始运算或关机。

已知点的直角坐标 $x=3, y=4$,用科学计算器计算其极坐标的过程为 3 $\boxed{R \to P}$ 4 $\boxed{=}$ $\boxed{X \leftrightarrow Y}$ $\boxed{\leftarrow}$。已知点的极坐标 $r=5, a=53°07'48.37''$,用科学计算器计算其直角坐标的过程为 5 $\boxed{P \to R}$ 53°07'48.37'' $\boxed{=}$ $\boxed{X \leftrightarrow Y}$。

6. 程序的运行方法

使用科学计算器编写计算公式时,在变量之前应要加按 $\boxed{ENT}$ 。

使用科学计算器编写计算公式完成后,按 $\boxed{MODE.}$ 键可使计算器转入运算状态。

使用科学计算器编写计算公式时,如果需要显示中间结果,则可在运算到相应结果后加按第二功能 $\boxed{SHIFT HLT}$ 键。

科学计算器调试程序时,每到暂停结束,都要按 $\boxed{RUN}$ 使程序继续运行。

项目二 根据已知坐标和距离计算点坐标

有 4 组导线 AB 的观测数据,A 点坐标、导线长度以及方位角测量数据见表 2-6-4,技能要求确定 B 点坐标。

表 2-6-4 已知坐标和距离计算点坐标

编号	x_A, m	y_A, m	D_{AB}, m	α_{AB}	Δx, m	Δy, m	x_B, m	y_B, m
1	1000.00	1000.00	298.26	71°39'30''				
2	500.00	650.00	287.26	179°58'00''				
3	6471.02	3488.39	74.61	226°29'30''				
4	4900.00	5200.00	156.96	327°43'42''				

一、准备工作

(1) 材料。

准备导线坐标测量成果 1 份、铅笔 1 支、橡皮 1 块。

(2)工具。

能计算函数的计算器 1 个。

二、操作步骤

(1)计算纵坐标增量。

根据公式分别计算纵坐标增量：

$$\Delta x_{AB} = D\cos\alpha_{AB}$$

(2)计算横坐标增量。

根据公式分别计算横坐标增量：

$$\Delta y_{AB} = D\sin\alpha_{AB}$$

(3)计算 B 点坐标。

根据公式分别计算 B 点坐标：

$$x_B = x_A + \Delta x_{AB}; y_B = y_A + \Delta y_{AB}$$

三、技术要求

(1)应熟悉导线坐标计算的基本公式。

(2)应清楚坐标增量的数值与直线长度和方向有关。

(3)坐标增量有正负，纵坐标增量在Ⅰ、Ⅳ象限为正，Ⅱ、Ⅲ象限为负；横坐标增量在Ⅰ、Ⅱ象限为正，Ⅲ、Ⅳ象限为负。

四、注意事项

(1)方位角 α_{AB} 可以是 0°~360°角值，所以方位角正余弦值的正负是计算的关键。应熟悉方位角的定义，由子午线北方向顺时针旋转至直线方向的水平夹角称为该直线的方位角。

(2)应清楚坐标增量计算是在直角坐标系下进行的。

项目三　用水准仪配合挂线进行道路施工

该项目操作平面图如图 2-6-1 所示。

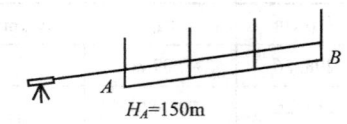

图 2-6-1　水准仪配合挂线进行道路施工

一、准备工作

(1)设备。

DSZ$_3$ 水准仪 1 套。

（2）材料。

红蓝铅笔 1 支、细线绳 30m、记录纸 1 份。

（3）工具准备。

5m 塔尺 1 把、3m 钢卷尺 1 把、自制铁架子 3 个（代替木桩）。

（4）场地准备。

有一段道路 AB，长度 15m，底基层已施工完，准备施工基层，厚度 h = 20cm，路面纵坡 i = 1%，A 点高程 H_A = 150m，为最低点，每隔 5m 一点计算所要施工层的设计高程 $H_i = H_A + h + di$。

二、操作步骤

（1）安置仪器。

安置水准仪，踩实三脚架，整平仪器。

（2）安放铁架子。

按桩号在现场选好点，安放铁架子。

（3）计算读数。

安置完水准仪，算出仪器高，再算出各桩点对应的尺上读数。

（4）做标记。

一人在铁架边上立尺上下移动，当达到该点尺读数时，用红笔在尺底对应铁架子上做一记号。

（5）连线。

用线将各铁架子上的记号位置连接起来，来控制基层的施工厚度。

三、技术要求

（1）应根据所给的已知条件求出预放样点位的设计高程，并推算出尺读数。

（2）用所给的铁架子代替木桩，利用水准仪放样底基层顶面控制点。

（3）应清楚当仪器高不变时，读数越大，所放样的点位越低的道理。

四、注意事项

（1）该项技能是道路施工中经常用到的，放样的质量好坏直接影响工程质量和经济效果，应杜绝错误的发生。

（2）仪器要架稳，观测结束前不得碰动。时刻注意仪器安全。

（3）读数时，符合气泡要精确置平，要消除目镜视差，方可读数。

第三部分

中级工操作技能及相关知识

模块一 平面控制测量

项目一 相关知识

一、平面控制网的内容

(一) 国家平面控制网概况

在全国范围内建立的控制网称为国家控制网。它是全国各种比例尺测图的基本控制,并为确定地球的形状和大小提供研究资料。国家控制网按照精度从高到低可以分为一、二、三、四这四个等级。

一等三角锁是国家平面控制网的骨干,其作用是在全国范围内建立一个统一坐标系的框架,为其他等级控制网的建立以及地球的形状和大小提供研究资料。如图 3-1-1 所示,一等三角锁一般沿经纬线方向构成纵横交叉的网状,锁段长度一般为 200km,纵横锁段构成锁环。在山区,三角形的平均边长一般为 25km,平原地区三角形的平均边长一般为 20km。

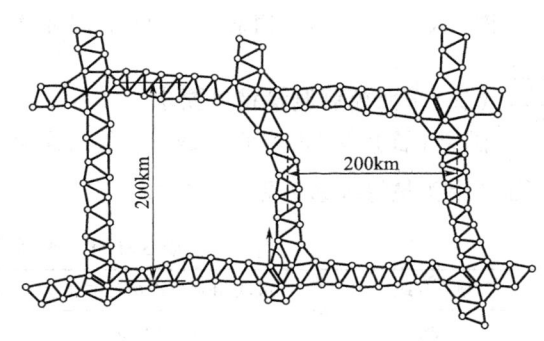

图 3-1-1 国家一等三角锁

二等三角网是在一等锁控制下布设的,它既是加密三、四等三角网的基础,同时又是地形测图的基本控制。因此,必须兼顾精度和密度两个方面的要求。

我国二等三角网的布设有两种形式。

1958 年之前,采用两级布设二等三角网的方法,如图 3-1-2 所示,即在一等锁环内首先布设纵横交叉的二等基本锁,然后再在每个部分中布设二等补充网。此种方法布设的二等网基本锁平均边长为 15~20km,二等补充网的平均边长为 13km。

1958 年后,改用二等全面网,即在一等锁环内直接布满二等网,如图 3-1-3 所示。采用此种方法布设的二等网平均边长为 13km 左右。

三等、四等三角网是在一等、二等网控制下布设的,是为了加密控制点,以满足测图和工程建设的需要。三等、四等点以高等级三角点为基础,尽可能采用插网方法布设,即在高等级控制网内布设次一级的控制网,也可采用插点方法布设,即在高等级三角网内插入一个或两个低等级的新点,还可以越级布网,即在二等网内直接插入四等全面网。三等网的平均边长为 8km,四等网的边长在 2~6km 范围内。

由于全国性的控制点的密度较小,远远不能满足大比例尺地形测图和工程建设测量的需要。因此,在进行大比例尺地形测图或进行工程建设时,需要根据任务要求对控制点进行加密,这些测量的工作通常都是在小地区(面积小于 $10km^2$)内进行,不用考虑地球曲率等因素的影响,方法相对较为简单。

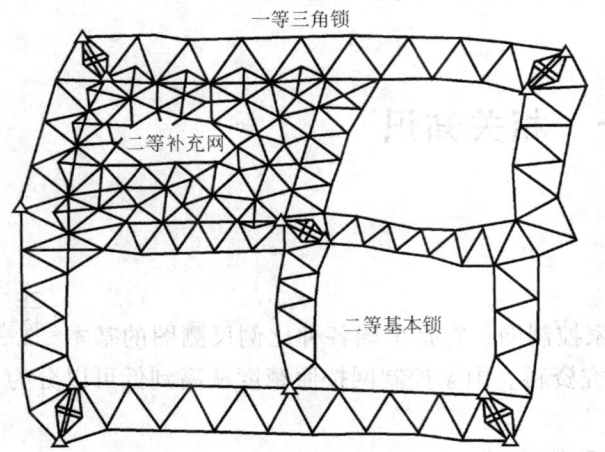

图 3-1-2　1958 年前国家二等三角网布设形式

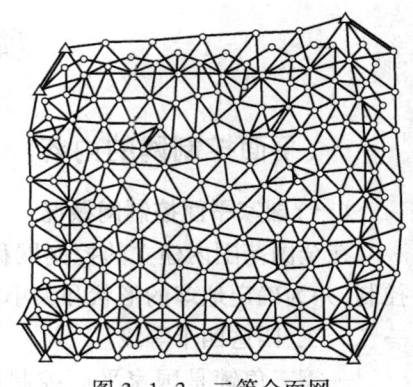

图 3-1-3　二等全面网

ZBA002 平面控制网的精度要求

(二)平面控制测量精度要求

国家平面控制网的精度分成二、三、四等和一级、二级,平面控制测量精度要求见表 3-1-1,平面控制测量等级选用见表 3-1-2。

表 3-1-1　平面控制测量精度要求

测量等级	最弱相邻边长相对中误差	测量等级	最弱相邻边长相对中误差
二等	1/100000	一级	1/20000
三等	1/70000	二级	1/10000
四等	1/35000		

表 3-1-2　平面控制测量等级选用

高架桥、路线控制测量	多跨桥梁总长 L,m	单跨桥梁 L_K,m	隧道贯通长度 L_G,m	测量等级
—	$L \geqslant 3000$	$L_K \geqslant 500$	$L_G \geqslant 6000$	二等
	$2000 \leqslant L < 3000$	$300 \leqslant L_K < 500$	$3000 \leqslant L_G < 6000$	三等
高架桥	$1000 \leqslant L < 2000$	$150 \leqslant L_K < 300$	$1000 \leqslant L_G < 3000$	四等
高速、一级公路	$L < 1000$	$L_K < 150$	$L_G < 1000$	一级
二、三、四级公路	—			二级

(三)控制点的选择

选择路线平面控制测量坐标系时,应使测区内投影长度变形值小于 2.5cm/km;大型构造物平面控制测量坐标系,其投影长度变形值应小于 1cm/km。由测区所处的地理位置、平均高程等因素按下列方法选择坐标系:

(1) 当投影长度变形值满足要求时,应采用高斯正形投影3°带平面直角坐标系。

(2) 当投影长度变形值不足要求时,可采用:

① 投影于抵偿高程面上的高斯正形投影3°带平面直角坐标系。

② 投影于1954年北京坐标系或者1980年西安坐标系椭球面上的高斯正形投影任意带平面直角坐标系。

③ 抵偿高程面上的高斯正形投影任意带平面直角坐标系。

④ 当采用一个投影带不能满足要求时,可分为几个投影带,但投影分带位置不应选择在大型构造物处。

⑤ 假定坐标系。

(3) 当采用独立坐标系、抵偿坐标系时,应提供与国家坐标系的转换关系。坐标的数字取位应符合表3-1-3规定。

表3-1-3 角度、长度和坐标的数字取位要求

测量等级	角度,(″)	长度,m	坐标,m
二等	0.01	0.0001	0.0001
三、四等	0.1	0.001	0.001
一、二级	1	0.001	0.001

(四) 控制测量的要求

1. GPS测量

GPS基线测量中误差应小于下式计算的标准差,各等级控制测量固定误差 a 与比例误差系数 b 的取值见表3-1-4。计算GPS测量大地高差的精度时,a、b 可放宽至2倍。

$$\sigma = \pm\sqrt{a^2 + (b \cdot d)^2}$$

式中 σ——标准差,mm;

a——固定误差,mm;

b——比例误差系数,mm/km;

d——基线长度,km。

表3-1-4 GPS测量的主要技术要求

测量等级	固定误差 a,mm	比例误差系数 b,mm/km
二等	≤5	≤1
三等	≤5	≤2
四等	≤5	≤3
一级	≤10	≤3
二级	≤10	≤5

2. 导线测量

将测区内的相邻控制点用直线连接而构成的连续折线称为导线,转折点称为导线点,导线测量的技术要求见表3-1-5。

表 3-1-5　导线测量的主要技术要求

测量等级	附(闭)合导线长度,km	边数	每边测距中误差 mm	单位权中误差(″)	导线全长相对闭合差	方位角闭合差,(″)
三等	≤18	≤9	≤±14	≤±1.8	≤1/52000	≤$3.6\sqrt{n}$
四等	≤12	≤12	≤±10	≤±2.5	≤1/35000	≤$5\sqrt{n}$
一级	≤6	≤12	≤±14	≤±5.0	≤1/17000	≤$10\sqrt{n}$
二级	≤3.6	≤12	≤±11	≤±8.0	≤1/11000	≤$16\sqrt{n}$

注：(1) 表中 n 为测站数；
(2) 以测角中误差为单位权中误差；
(3) 导线网节点间的长度不得大于表中长度的 0.7 倍。

3. 三角测量

对于三角网的主要技术要求见表 3-1-6，其布设要求如下：

(1) 定点后组成的各三角形的边长应接近相等，其平均边长应符合相应等级的规定，各内角值宜在 30°～120° 之间，最好为 60° 左右；如受地形条件限制时，个别角可适当放宽要求，但亦不应小于 25°。

(2) 三角点应选在土质坚实、视野开阔、通视良好、作业安全并便于保存的点位和便于测图的地方。

(3) 为桥梁、隧道布设的小三角网，应尽量将桥梁轴线的端点和隧道的进出口控制点选为三角点。

(4) 若起始边(基线)采用精度量距法测量，则应将其选在地面平坦的地方。

表 3-1-6　三角测量的主要技术要求

测量等级	测角中误差(″)	起始边边长相对中误差	三角形闭合差(″)	测回法		
				DJ_1	DJ_2	DJ_6
二等	≤±1.0	≤1/250000	≤3.5	≥12	—	—
三等	≤±1.8	≤1/150000	≤7.0	≥6	≥9	—
四等	≤±2.5	≤1/100000	≤9.0	≥4	≥6	—
一级	≤±5.0	≤1/40000	≤15.0	—	≥3	≥4
二级	≤±10.0	≤1/20000	≤30.0	—	≥1	≥3

4. 三边测量

三边测量的主要技术要求见表 3-1-7，其布设要求如下：

(1) 三边网布设为近似等边三角形为宜，各三角形的内角值宜在 30°～120° 之间；如受地形条件限制时，个别角可适当放宽要求，但亦不应小于 25°。

表 3-1-7　三边测量的主要技术要求

测量等级	测距中误差,mm	测距相对中误差
二等	≤±9.0	≤1/330000
三等	≤±14.0	≤1/140000
四等	≤±10.0	≤1/100000

续表

测量等级	测距中误差,mm	测距相对中误差
一级	≤±14.0	≤1/35000
二级	≤±11.0	≤1/25000

(2)三边网选点时应考虑组成中点多边形或大地四边形,以增加检核条件。

5.城市平面控制网的主要技术要求

《城市测量规范》(CJJ/T 8—2011)中,对城市平面控制网的主要技术要求见表3-1-8和表3-1-9。

表3-1-8 城市三角网的主要技术要求

测量等级	测角中误差(″)	三角形最大闭合差,(″)	平均边长 km	起始边相对中误差	最弱边相对中误差	测回法		
						DJ₁	DJ₂	DJ₆
二等	≤±1.0	≤±3.5	9	≤1/300000	≤1/120000	12	—	—
三等	≤±1.8	≤±7.0	5	≤1/200000(首级) ≤1/120000(加密)	≤1/80000	6	9	—
四等	≤±2.5	≤±9.0	2	≤1/120000(首级) ≤1/80000(加密)	≤1/45000	4	6	—
一级	≤±5.0	≤±15.0	1	≤1/40000	≤1/20000	—	2	6
二级	≤±10.0	≤±30.0	0.5	≤1/20000	≤1/10000	—	1	2

表3-1-9 城市导线的主要技术要求

测量等级	附(闭)导线长度 km	平均边长,m	测距中误差,mm	测角中误差,(″)	导线全长相对闭合差	测回法			方位角闭合差,(″)
						DJ₁	DJ₂	DJ₆	
二等	15	3000	≤±18	≤±1.5	≤1/60000	8	12	—	≤±3√n
三等	10	1600	≤±18	≤±2.5	≤1/40000	4	6	—	≤±5√n
四等	3.6	300	≤±15	≤±5	≤1/14000	—	2	4	≤±10√n
一级	2.4	200	≤±15	≤±8	≤1/10000	—	1	3	≤±16√n
二级	1.5	100	≤±15	≤±12	≤1/6000	—	1	2	≤±24√n

(五)平面控制网的布设要求

1.GPS网布设

GPS网的点位不应选在大功率发射台或高压线附近(距离高压线不应小于100m,距离大功率发射台不宜小于400m),且避开由于地面或其他目标反射所引起的多路径干扰的位置。高度角为15°的上方,应无妨碍通视的障碍物。GPS控制网同附近等级高的国家平面控制网点联测点数不少于3个,并力求分布均匀,且能覆盖本控制网范围。当GPS控制网较长时,还应增加联测点的数量;二、三、四等GPS控制网应采用网连式、边连式布网;一、二级GPS控制网可采用点连式布网。GPS控制网中不应出现自由基线。GPS控制网由非同步GPS观测边构成多边形闭合环或附合路线时,其边数要求见表3-1-10的规定。

表 3-1-10　闭合环或附合线路边数的规定

测量等级	二等	三等	四等	一级	二级
闭合环或附合路线的边数,条	≤6	≤8	≤10	≤10	≤10

2.三角网布设

三角网的布设要求如下：

(1)各等级三角网各内角值宜接近 60°，一般不小于 30°，受限制时不应小于 25°。

(2)加密网可采用插点的方法。交会插点点位应在高等点组成的三角形的中心附近。同一插点各方向距离之比不得大于 1∶3。

对于单插点至少应有 3 个方向测定，四等以上点应有 5 个交会方向；对于双插点，交会方向数应 2 倍于上述规定(其中包括两待定点间的对向观测方向)。

3.三边网布设

三边网的布设要求如下：

(1)各等级三边网的起始边至最远边之间的三角形个数不宜多于 10 个。

(2)三边网宜布设为近似等边三角形，各三角形的内角值宜大于 100°和小于 30°，受限时不应小于 25°。

(3)四等以上的三边网，宜在一些三角形中，以相应等级三角测量的观测精度观测 1 个较大的角度以资检核。

(4)点位的布设应满足下列测距边的要求：

测距边应选在地面覆盖物相同的地段，不宜选在烟囱、散热塔、散热池等发热体的上空。测线上不应有树枝、电线等障碍物，测线应离开地面或障碍物 1.3m 以上。测线应避开高压线等强电磁场的干扰，并宜避开视线后方反射物体。

测距边的测线倾角不宜太大，若采用对向三角高程测定，则高差应小于下式计算的限差。当采用水准测量测定高差时，高差的大小可不受限制。

$$h \leqslant \frac{8D}{T} \times 10^3$$

式中　h——测距边两端点的高差限值,m；

　　　D——测距边边长,m；

　　　T——测距边要求的相对中误差分母。

4.导线测量的布设

(1)各级导线应尽量布设成直伸形状。

(2)点位的布设应符合上述测距边的布设要求。

(六)平面控制观测要求

1.GPS 测量

GPS 测量的观测应注意以下几点：

(1)观测组必须执行调度计划，按规定的时间进行同步观测作业。

(2)观测人员必须按照 GPS 接收机操作手册的规定进行观测作业。

(3)天线安置在脚架上直接对中整平时，对中误差不得大于 1mm。

(4)每时段观测应在测前、测后分别量取天线高，2 次天线高之差应不大于 3mm，并取平均值作为天线高。

(5)观测时应防止人员或其他物体触动天线或遮挡信号。

(6)接收机开始记录数据后,应随时注意卫星信号和信息存储情况。当接收或存储出现异常时,应随时进行调整,必要时及时通知其他接收机调整观测计划。

(7)在现场应按规定作业顺序填写观测手簿,不得事后补记。

(8)经检查所有规定作业项目全部完成,且记录完整无误后方可迁站。

(9)每日观测结束后,应将外业数据文件及时转存到存储介质上,不得作任何剔除或删改。

GPS 测量的主要技术要求见表 3-1-11 的规定。

表 3-1-11　GPS 测量的主要技术要求

项目测量等线		二等	三等	四等	一级	二级
卫星高度角,(°)		≥15	≥15	≥15	≥15	≥15
时段长度	静态,min	≥240	≥90	≥60	≥45	≥40
	快速静态,min	—	≥30	≥20	≥15	≥10
平均重复设站数,次/点		≥4	≥2	≥1.6	≥1.4	≥1.2
同时观测有效卫星数,(个)		≥4	≥4	≥4	≥4	≥4
GDOP		≤6	≤6	≤6	≤6	≤6

2. 距离测量

(1)仪器的选用。三角网的基线边、测边网、一级及二级以上导线的边长,应采用光电测距仪施测。二级小三角和导线的边长测量,可采用普通钢尺进行测量。

光电测距仪应按表 3-1-12 选用。

表 3-1-12　光电测距仪的选用

测距仪精度等级	每公里测距中误差 m_D,mm	适用的平面控制测量等级
Ⅰ级	$m_D ≤ ±5$	所有等级
Ⅱ级	$±5 < m_D ≤ ±10$	三、四级、一、二级
Ⅲ级	$±10 < m_D ≤ ±20$	一、二级

(2)距离测量要求。光电测距的主要技术要求见表 3-1-13 的规定。

表 3-1-13　光电测距的主要技术要求

平面控制网等级	观测次数		每边测回数		一测回读数间较差,mm	单程各测回较差,mm	往返较差
	往	返	往	返			
二等	≥1	≥1	≥4	≥4	≤5	≤7	$≤\sqrt{2}(a+b·D)$
三等	≥1	≥1	≥3	≥3	≤5	≤7	
四等	≥1	≥1	≥2	≥2	≤7	≤10	
一级	≥1	—	≥2		≤7	≤10	
二级	≥1	—	≥1		≤12	≤17	

注:(1)测回是指照准目标一次,读数 4 次的过程;
　　(2)表中 a 为固定误差,b 为比例误差系数,D 为水平距离,km。

采用普通钢尺丈量导线边长时,其主要技术要求应见表 3-1-14。

表 3-1-14 普通钢尺丈量导线边长的主要技术要求

定线偏差 mm	每尺段往返高差之差,mm	最小读数 mm	三组读数之差,mm	同段尺长差,mm	外业手簿计算取值,mm		
					尺长	各项改正	高差
≤5	≤1	1	≤3	≤4	1	1	1

注:每尺段指 2 根同向丈量或单尺往返丈量。

(3)光电测距的要求。

① 测距前仪器应严格整平对中,对中误差应小于 1mm。测距时,应在成像清晰、气象条件稳定时进行,雨、雪和大风天气不宜作业,不宜顺光或逆光且与太阳呈小角度观测,严禁将仪器照准头对准太阳。当反光镜背景方向有反射物时,应在反光镜后方遮上黑布。

② 测距过程中,当视线被遮挡出现粗差时,应重新启动测量。

③ 当观测数据超限时,应重测整个测回。当观测数据出现分群时,应分析原因,采取相应措施重新观测。

④ 温度计宜采用通风干湿温度计,气压表宜采用高原型空盒气压表。

⑤ 测量四等及其以上的边时,应量取测边两端点始末的气象数据,计算时应取平均值。测量温度时应量取空气温度。通风干湿温度计悬挂在距地面和人体 1.5m 以外的地方。气压表应置平,指针不应受阻。

二、导线复测

(一)导线复测的外业工作

ZBA015 导线复测的外业工作

导线测量的外业工作主要包括选点、测边、测角三项工作。

1. 选点

选点是在测区内选定导线点的位置,并建立标志。实地踏勘选点前,应收集测区的已有的各种比例尺的地形图和已有的高等级控制测量成果,并了解控制点标志的保存完好情况。同时还应了解有关测区的气象、地址、行政区划、交通状况、风俗习惯等信息,为后续工作打下良好的基础。

收集资料之后,应先把高等级的控制点展绘在地形图上,然后在图上初步拟定导线点的位置和导线的布设形式。图上设计完成后,再到实地进行踏勘,最后选定导线点的位置。如果测区内没有可供参考的地形图,可以直接到实地踏勘,根据测区的基本情况直接在实地拟定导线的布设方案,并确定导线点的位置。

在进行实地选点时,应注意以下几个方面:

(1)要确保相邻导线点之间通视良好,尽量远离障碍物,以便于测距和测角。

(2)导线点应选在土质坚实,易于保护之处,以利于点位的稳定和仪器的安置。

(3)导线点要有一定的密度,并且应选在视野开阔处,便于实施碎部测量。

(4)为了确保测距、测角的精度,导线点应尽可能远离强磁场、高电压、重水汽的环境。

(5)导线边长应大致相等,不能相差过于悬殊。

导线点选定后,要根据导线的不同等级采用不同的方式在地面上把点标定出来。导线点的标志分为临时标志和永久标志两种。临时性的标志一般多用于图根控制网,若土质较为松软,可以在点位上打一较大的木桩,然后在木桩顶端钉一钢钉,作为点的标志,若地面为水泥等较为坚实的表面,可以直接在地面上钉入一个钢钉,以钢钉作为点的标志。如果导线点需要长期保存,则需要建立永久性标志。永久性标志一般埋设于地下,标志由混凝土桩或石桩构成,在桩的顶部设置一铜帽或钢筋,在铜帽或钢筋的顶端刻"十"字,以"十"字中心作为点的标志。临时标志和永久性标志的埋设形式与水准点类似。

无论是临时标志还是永久性标志,导线点埋设后,要在桩上或附近用红油漆写明点号或编号,同时还要做好点之记,以便于查找与使用控制点。点之记指的是记载等级控制点位置和结构的资料。包括点名、等级、点位略图及与周围固定地物的相关尺寸等。

2. 测边

目前,导线的边长测量一般利用光电测距仪或全站仪进行测定,直接测量导线点间的水平距离。对于图根导线或精度要求不高的时候,也可以采用钢尺量距的方法进行测量,若采用钢尺丈量,钢尺必须经过检定,而且要进行往返丈量,取往返测量的平均值作为最终成果,一般要求钢尺的相对误差不大于1/3000。

3. 测角

导线测量需要测定每个转折角和连接角的水平角值,对于闭合导线,应测其内角,而对于附合导线,一般应测其左角。测角时应采用测回法进行测量,不同等级的测角要求列于表2-13中。图根导线中,一般采用DJ_6级光学经纬仪或普通全站仪施测一个测回,若盘左、盘右测得的角值相差不大于40″,取其平均值作为最终结果。

> ZBA014 导线复测的内业计算

(二) 导线复测的内业计算

导线测量内业计算的目的是分配外业测量中产生的各项误差,计算各导线点的平面坐标(x,y),并评定其测量精度。

内业计算之前,应该全面检查导线测量的外业记录,看其数据是否完整,有无记错、算错等情况,成果是否符合相应等级的精度要求,起算数据是否准确等。然后绘制导线略图,把各项数据标注在图上的相应位置,如图3-1-4所示。

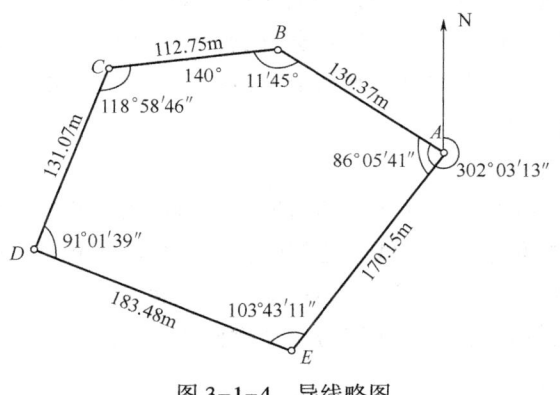

图 3-1-4 导线略图

1. 内业计算中数字取位的要求

导线的内业计算必须合理地对数字进行取位,既不能因取位过少损失测量精度,又不能因取位过多增大内业计算量。

通常情况下,以于四等导线,角值取至秒,边长和坐标值取至毫米。而图根导线角值取至秒,边长和坐标值取至厘米。

2. 内业计算的基本公式

(1)方位角计算。

方位角的计算已在前面详细介绍,此处不再赘述。

(2)坐标计算。

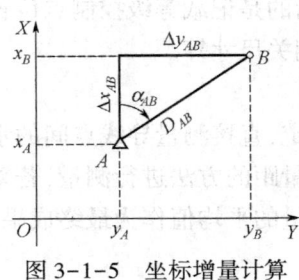

图 3-1-5 坐标增量计算

根据直线起点的坐标、直线长度及其坐标方位角计算直线终点的坐标,称为坐标正算。如图 3-1-5 所示,已知直线 AB 的起点 A 的坐标为 (x_A, y_A),AB 的边长和坐标方位角分别为 D_{AB} 和 α_{AB},需要计算直线 AB 终点 B 的坐标 (x_B, y_B)。直线两端点 A、B 的坐标之差称为坐标增量,分为 x 坐标增量和 y 坐标增量,分别用 Δx_{AB} 和 Δy_{AB} 表示。可以看出坐标增量的计算公式为:

$$\Delta x_{AB} = x_B - x_a = D_{AB}\cos\alpha_{AB}; \Delta y_{AB} = y_B - y_a = D_{AB}\sin\alpha_{AB}$$

3. 闭合导线的坐标计算

闭合导线坐标计算步骤如下:

(1)准备工作。

将检核后的外业距离观测数据、角度观测数据以及已知坐标、已知坐标方位角等起算数据,填入"闭合导线坐标计算表"的相应栏内,起算数据要用下划双线标明。

(2)角度闭合差的计算与调整。

由几何原理可知,多边形内角和的理论值为:$\sum\beta_\text{理} = (n-2) \times 180°$,式中 n 为多边形内角数。

由于观测角不可避免地含有误差,致使实测的内角和并不等于理论值。实测的内角和 $\sum\beta_\text{测}$ 与理论内角和 $\sum\beta_\text{理}$ 之差称为闭合导线角度闭合差,用 f_β 表示,即 $f_\beta = \sum\beta_\text{测} - \sum\beta_\text{理}$。

各级导线对角度闭合差的容许值 $f_{\beta\text{容}}$ 有着不同的规定,若角度闭合差超限,则需要重新检测角度。反之,则可以对角度闭合差进行分配,分配时按照"反符号平均分配"的原则进行,即角度闭合差以相反符号平均分配到每个内角中去。如果不能均分,闭合差的余数应依次分配给角值较大的几个内角。

(3)推算各边的坐标方位角。

角度闭合差调整完成后,用改正之后的角值,根据起始边的已知坐标方位角,推算各导线边的坐标方位角,并将推算出的导线各边的坐标方位角填入相应表中。

闭合导线各边坐标方位角的推算完成后,要推算出起始边的坐标方位角,它的推算值应与原有的已知坐标方位角值相等,以此作为一个检核条件,如果不等,应重新检查计算。

(4)坐标增量的计算。

利用各导线边的边长观测值和坐标方位角,分别计算每条导线边两端点间的坐标增量。

(5)坐标增量闭合差的计算与调整。

从图 3-1-6(a)可以看出,闭合导线所有的 x 坐标增量与 y 坐标增量代数和的理论值都应为零,即 $\sum\Delta x_\text{理} = 0$,$\sum\Delta y_\text{理} = 0$。

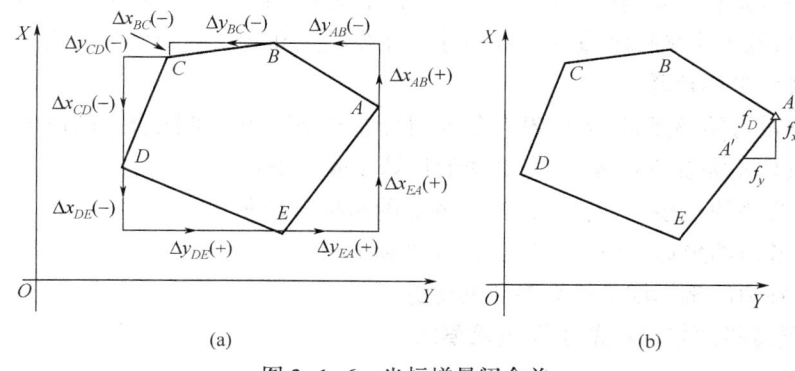

图 3-1-6 坐标增量闭合差

但实际上由于边长的测量误差和角度闭合差调整后的残余误差,往往使实测的坐标增量代数和 $\sum \Delta x_{测}$ 和 $\sum \Delta y_{测}$ 不等于零,从图 3-1-6(b)看出,产生了纵坐标增量闭合差 f_x 和横坐标增量闭合差 f_y,使得导线不能闭合,使 A 点落到 A' 点,两点间的长度 f_D 称为导线全长闭合差,即 $f_x = \sum \Delta x_{测}$,$f_y = \sum \Delta y_{测}$,$f_D = \sqrt{f_x^2 + f_y^2}$。

单纯通过 f_D 的大小无法准确衡量导线测量的精度,所以一般利用导线全长相对闭合差 K 来衡量。导线全长相对闭合差是导线全长闭合差 f_D 与导线全长 $\sum D$ 之比,以分子为 1 的分数形式来表示,即 $K = \dfrac{f_D}{\sum D} = \dfrac{1}{\dfrac{\sum D}{f_D}}$。

以导线全长相对闭合差 K 来衡量导线的精度,K 值的分母越大,精度越高。不同等级的导线对导线全长相对闭合差有不同的容许值 $K_{容}$,若 $K > K_{容}$ 则成果不符合精度要求,需要检查外业成果,或返工重测;反之则符合精度要求,需要对坐标增量闭合差进行调整。

(6)计算各导线点的坐标。

根据起始点已知坐标以及改正后的坐标增量值,利用下式依次推算各点坐标。

4. 附合导线的坐标计算

附合导线的坐标计算步骤与闭合导线基本相同,仅在角度闭合差的计算与调整以及坐标增量闭合差的计算方面稍有不同。

附合导线的纵、横坐标增量的代数和在理论上应等于导线两端已知点坐标差($x_{终} - x_{始}$)、($y_{终} - y_{始}$)。

由于量距及测角的误差,使坐标增量的代数和不能符合理论条件,其产生的坐标增量闭合差为:

$$f_x = \sum \Delta x_{测} - (x_{终} - x_{始}) ; f_y = \sum \Delta y_{测} - (y_{终} - y_{始})$$

则导线闭合差为:

$$f = \sqrt{f_x^2 + f_y^2}$$

相对闭合差为:

$$K = \frac{f}{L} = \frac{1}{\dfrac{L}{f}}$$

当相对闭合差在限差范围以内时,将增量闭合差以相反的符号按边长比例分配到各个边中,使调整后的各个坐标增量的代数和等于导线起点和终点已知坐标之差。

5. 支导线的坐标计算

支导线中没有检核条件,因此没有角度闭合差与坐标增量的闭合差的产生,导线的转折角和坐标增量均不需要进行改正,支导线的计算步骤如下:

(1)根据观测的连接角与转折角推算各边的坐标方位角。

(2)根据各边的坐标方位角和边长计算坐标增量。

(3)根据各边的坐标增量推算各点的坐标。

ZBA013 钢尺量距图根导线的主要技术要求

(三)钢尺量距图根导线的主要技术要求

钢尺量距导线要求,三级导线方位角闭合差为$\pm24\sqrt{n}$。

钢尺量距导线要求,二级导线往返丈量较差的相对中误差为1/15000。

钢尺量距导线要求,三级导线长度为1200m。

钢尺量距导线要求,二级导线长度为1800m。

钢尺量距导线要求,一级导线测角中误差为±7″。

钢尺量距导线要求,一级导线测角中误差为±5″。

钢尺量距导线要求,图根导线测角中误差为±20″。

ZBA016 小三角网的布设方法

(四)小三角网的布设形式

根据测区的地形条件、已有高等级控制点的分布情况以及工程要求,小三角网可以布设成单三角锁、中点多边形、大地四边形、线形三角锁四种形式,分别如图3-1-7至图3-1-10所示。

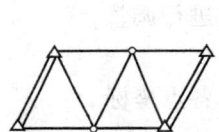 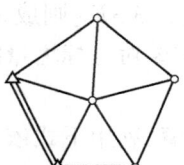 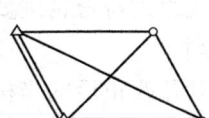 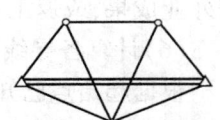

图3-1-7 单三角锁　　图3-1-8 中点多边形　　图3-1-9 大地四边形　　图3-1-10 线形三角锁

小三角形网的布设形式中,三角形一个接一个向前延伸的三角锁称为单三角锁。

小三角形网的布设形式中,图形是具有同一顶点的各三角形所组成的多边形称为中点多边形。

小三角形网的布设形式中,图形是具有两条对角线的四边形,称大地四边形。

线形三角锁是在两个高级控制点之间布设的三角锁,不需要丈量基线,只测三角形内角和两个定向角,就可以计算出各点的坐标。

适用于控制点加密的小三角网布设形式是线形三角锁。

单三角锁适用于带状地区及隧道控制。

ZBA017 光电测距三角高程测量的内容

(五)光电测距三角高程测量

光电测距三角高程测量时,如采用四等测量,测距边长 L 应 $L \leq 600m$。

光电测距三角高程测量在测距时,气压计应置平、防暴晒,温度计应悬挂在离地面1.5m

以上。

光电测距三角高程测量施测过程中,宜变换一次仪器和反射镜高度,高度变化值应大于3cm。

用于高程测量的光电测距仪,其垂直度盘测微器行差不得大于2.0″。

用于高程测量的光电测距仪,其一测回垂直角观测中误差不得大于3.0″。

光电测距三角高程测量时,仪器和反射镜高度应使用仪器配置的测尺和专用测杆进行测量,严禁使用钢尺斜拉。

(六)三、四等水准测量的技术要求

三等水准网城市水准测量要求,路线长度L应满足$L≤45km$。

三、四等水准测量除用于国家高程控制网的加密外,还用于建立小地区首级高程控制网。

四等城市水准测量要求往返较差、附合或环线闭合差在平地为$±20\sqrt{L}$(mm)。

图根城市水准测量要求,路线长度L应满足$L≤5km$。

三、四等水准测量的起始高程一般从一、二级水准点引测。

四等水准网城市水准测量要求,每公里高差中误差应为±10mm。

三、交会定点的方法

交会定点的方法有前方交会、侧方交会、单三角形、后方交会及测边交会等,其中前四个属于测角交会法,最后一个属测边交会法。

(一)基本计算公式

在图3-1-11中,α、β和$A(x_A,y_A)$,$B(x_B,y_B)$均为已知,求P点坐标$P(x_P,y_P)$:

$x_P = x_A + \Delta x_{AP} = x_A + S_{AP}\cos\alpha_{AP}$;$y_P = y_A + \Delta y_{AP} = y_A + S_{AP}\sin\alpha_{AP}$

由图3-1-11知$\alpha_{AP} = \alpha_{AB} - \alpha$,根据正弦定理得$(x'_P, y'_P)$,将两式代入上面$P$点坐标公式得:

$$x_P = \frac{x_A\cot\beta + x_B\cot\alpha - y_A + y_B}{\cot\alpha + \cot\beta}; y_P = \frac{y_A\cot\beta + y_B\cot\alpha - x_B + x_A}{\cot\alpha + \cot\beta}$$

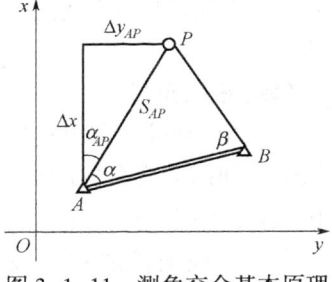

图3-1-11 测角交会基本原理

该计算公式是前方交会、侧方交会和单三角形计算的基本公式,常称为前方交会的余切公式或戎格公式。应用该公式进行计算时,必须注意A、B、P三点的相互位置应与图3-1-11情形相一致,即A、B、P是按逆时针依次编号的,同时还应保持α、β与相应已知点对应。

(二)前方交会

图3-1-12为前方交会的基本图形,它是在三个已知点A、B、C上观测了四个角α_1、α_2、β_1、β_2,分两组计算P点坐标,即先在$\triangle ABP$中,由已知点A、B的坐标(x_A,y_A),(x_B,y_B)和α_1、β_1,按戎格公式计算出P点的一组坐标(x'_P,y'_P);再在$\triangle BCP$中,由已知B、C的坐标(x_B,y_B),(x_C,y_C)和α_2、β_2,计算出P点的另一组坐标(x''_P,y''_P)。当两组坐标的较差在允许限差内时,则取它们的平均值作为P点的最后坐标。

$$x_P = \frac{1}{2}(x'_P + x''_P); y_P = \frac{1}{2}(y'_P + y''_P)$$

一般测量规范中规定允许的最大位移 e 不大于测图比例尺精度的2倍，即 $e = \sqrt{\delta_x^2 + \delta_y^2} \leq 2 \times 0.1M(\mathrm{mm})$ 式中 $\delta_x = |x'_P - x''_P|$，$\delta_y = |y'_P - y''_P|$；$M$ 为测图比例尺分母。

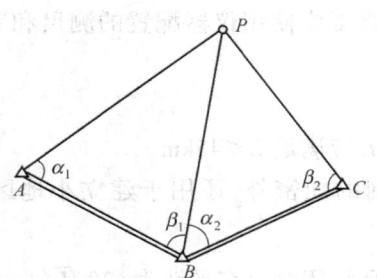
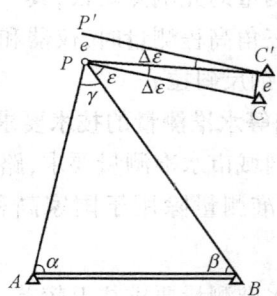

图 3-1-12　前方交会　　　　图 3-1-13　侧方交会

（三）侧方交会

ZBA020 侧方交会的放样方法

图 3-1-13 是侧方交会的基本图形。它是在一已知点 B（或 A）与待定点 P 上设站，分别观测 β（或 α），再由已知点 A、B 的坐标和 α、β，应用戎格公式计算 P 点的坐标。

为了检查观测角和观测成果的正确性，侧方交会常采用检查角法检核。根据已知点 B、C 的坐标和求得的 P 点坐标，求出角 $e_{计} = \alpha_{PB} - \alpha_{PC}$，与观测值 $e_{观}$ 进行比较作为检核。检查角 $e_{观}$ 与 $e_{计}$ 较差为：$\Delta e = e_{计} - e_{观}$，如果 Δe 过大，则说明有错误。规范规定允许的最大横向位移 e 不大于测图比例尺精度的2倍。如果 $\Delta e \leq \Delta e_{允}$ 时，由 ΔABP 求得 P 点坐标认为是合格的。

（四）单三角形

ZBA021 单三角形的放样方法

单三角形的图形如图 3-1-14 所示。由图可以看出，单三角形的图形和前方交会的图形基本上是一致的。所不同的是单三角形在 ΔABP 中多观测了一个 γ 角，加之观测值都带有误差，所以，三个内角的观测值之和一般不等于 $180°$，即存在三角形闭合差 f_β。$f_\beta = \alpha' + \beta' + \gamma' - 180°$，式中 α'、β'、γ' 分别为 α、β、γ 的观测值。

为了使三角形三内角之和等于 $180°$，就必须消除三角形的闭合差。为此，须将闭合差反号平均分配，以作为各个观测角的改正数。当不能平均分配时，一般将多一秒或少一秒的改正数分给较大的那个观测值。

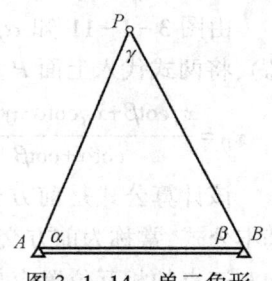

图 3-1-14　单三角形

最后由已知点 A、B 的坐标 (x_A, y_A)，(x_B, y_B) 和 α、β 以及相应的角度 β、γ 来计算 A 点坐标。若所得到 A 点坐标与已知点一致，则证明 P 点坐标计算结果是正确的。

（五）后方交会

ZBA022 后方交会的放样方法

后方交会的图形如 3-1-15。它的特点是仅在未知点 P 上设站，向三个已知点 A、B、C 进行观测，测得水平角 α、β。然后根据 A、B、C 三点坐标和 α、β 计算 P 点坐标。

计算后方交会点坐标的实用公式很多，这里也采用戎格公式计算后方交会的方法。

用后方交会法求未知点时,一个需要特别注意的问题是危险圆。过三个已知点构成的圆称为危险圆(图 3-1-16),当 P 点位于危险圆上时,无论采用何种计算公式,其结果均无确定解。

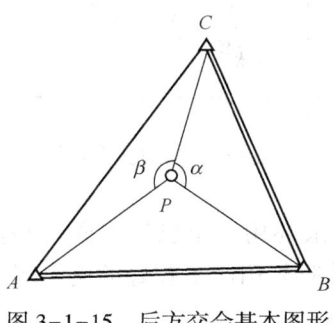

图 3-1-15　后方交会基本图形　　图 3-1-16　后方交会危险圆

测量上,后方交会点不能布设在危险圆上,也不能靠近危险圆。规定未知点 P 离开危险圆的距离不得小于该圆半径的 1/5。

为了防止 α、β 观测错误或内业计算中的已知点坐标抄错,与前方交会、侧方交会相同,需进行多余观测作为检核。实际作业中,应观测 4 个已知点,由 4 个已知点求得三个水平角,分成两组后方交会图形进行计算,由两组图形计算的 P 点坐标相互比较,其 P 点的位限差同前方交会。

ZBA023 测边交会的放样方法

(六)测边交会

测边交会是在已知点或待定点上设站,用电磁测距测定已知点与待定点之间的距离,来交会确定待定点的坐标,其计算方法主要有两种。

(1)根据观测边反求角度计算坐标。

如图 3-1-17 是测边交会的原理图形。图中 A、B 为已知点,P 为待定点,a、b 为观测边,c 为已知边,首先根据边长 a、b、c,由余弦定理反求出 α、β 为:$\alpha = \arccos \dfrac{c^2+b^2-a^2}{2bc}$,$\beta = \arccos \dfrac{c^2+a^2-b^2}{2ac}$,然后再使用戎格公式计算 P 点的坐标。

(2)利用观测边直接计算坐标。

如图 3-1-18,设自 P 点向 AB 边作垂线,垂足为 Q,令 $PQ=h$,$AQ=b_1$,$BQ=a_1$。在 $\triangle APQ$ 中,$\cot\alpha = \dfrac{b_1}{h}$,在 $\triangle BPQ$ 中,$\cot\beta = \dfrac{a_1}{h}$,将两式代入戎格公式,得变形戎格公式:

$$x_P = \dfrac{a_1 x_A + b_1 x_B - h(y_A - y_B)}{a_1 + b_1},\ y_P = \dfrac{a_1 y_A + b_1 y_B + h(x_A - x_B)}{a_1 + b_1}$$

$$b_1 = \dfrac{c^2+b^2-a^2}{2c},\ a_1 = \dfrac{c^2+a^2-b^2}{2c},\ h = \sqrt{a^2-a_1^2} = \sqrt{b^2-b_1^2}$$

使用变形戎格公式时,必须注意 A、B、P 是按逆时针方向编排,并使 ∠A、∠B、∠P 所对的边分别记为 a、b、c。

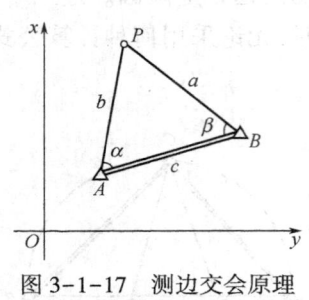

图 3-1-17　测边交会原理　　　　图 3-1-18　测边交会计算

在实际作业中,为了检核和提高交会精度,一般要用三个已知点向未知点测定三条边长,然后每两条观测边组成一组计算图形,共三组图形,用两组较好的交会图形计算 P 点坐标。当两组算得的点位较差 e 小于 $\dfrac{M}{5000}$ (M 为测图比例尺分母)时,取其平均值作为 P 点坐标。

四、全站仪及其使用

(一)全站仪的概念

电子全站仪是由光电测距仪、电子经纬仪和数据处理系统组合而成的测量仪器。可以在一个测站上完成角度测量、距离测量、坐标测量和放样测量等工作。由于只要一次安置仪器,便可以完成在该站上所有的测量工作,故被称为全站型电子速测仪,简称"全站仪"。

早期的全站仪,是将电子经纬仪与光电测距仪装在一起,并可以拆卸,分离成经纬仪和测距仪两个独立部分,后来又改进为将光电测距仪的光波发射接收系统的光轴和经纬仪的视准轴组合为同轴的整体式全站仪,并且配置了电子计算机的中央处理单元(CPU)、储存单元和输入输出设备(I/O),能根据外业观测数据,实时计算并显示出所需要的测量成果,如点与点之间的方位角、平距、高差或点的三维坐标等。通过输入输出设备,可以与计算机交互通信,使测量数据直接输入计算机,进行计算、编辑和绘图。测量作业所需要的已知数据也可以从计算机输入全站仪。这样,不仅使测量的外业工作高效化,而且可以实现整个测量作业的高度自动化。

电子全站仪主要由测量、中央处理单元、输入、输出以及电源等部分组成,其结构原理如图 3-1-19 所示。

(1)测角部分相当于电子经纬仪,可以测定水平角、竖直角和设置方位角。

(2)测距部分相当于光电测距仪,一般采用红外光源,测定至目标点的斜距,并可归算为平距及高差。

(3)中央处理单元接受输入指令,分配各种观测作业,进行测量数据的运算,如多测回取平均值、观测值的各种改正、极坐标法或交会法的坐标计算,它还包括运算功能更为完备的各种软件,在全站仪的数字计算机中还提供有程序存储器。

(4)输入、输出部分包括键盘、显示屏和接口。

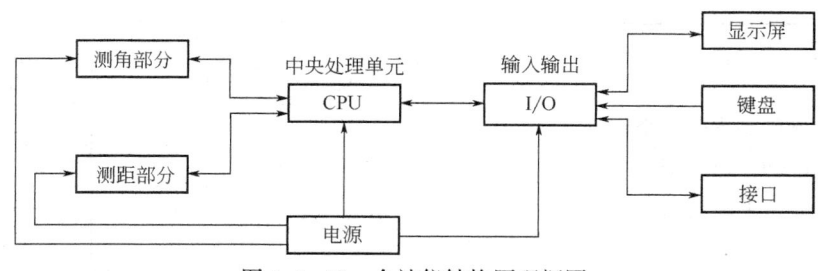

图 3-1-19　全站仪结构原理框图

（5）电源部分有可充电式电池，供给其他各部分电源，包括望远镜十字丝和显示屏的照明。

> ZBA007 全站仪的分类

（二）全站仪的分类

目前，世界上有许多著名的测绘仪器厂生产全站仪，全站仪的类型非常多，但大致可分为普通型和电脑型两类。普通型全站仪可进行角度、距离、高差、坐标测量及放样等一般工作。电脑型全站仪是将全站仪与微电脑结合在一起，除具备普通型全站仪的基本功能外，并具有较强的电脑功能，通过程序卡上的软件，使计算和处理数据的功能更强。尽管全站仪的品牌、型号很多，但仪器的主要结构却基本相同；虽然各种仪器的键盘设置差异很大，但其功能基本相同。

（三）全站仪的特点

> ZBA009 全站仪的特点

全站仪有以下主要特点：

（1）采用先进的同轴双速制、微动机构，使照准更加快捷、准确。

（2）具有完善的人机对话控制面板，由键盘和显示窗组成，除照准目标以外的种种测量功能和参数均可通过键盘来实现。仪器两侧均有控制面板，操作方便。

（3）设有双轴倾斜补偿器，可以自动对水平和竖直方向进行补偿，以消除竖轴倾斜误差的影响。

（4）机内设有测量应用软件，能方便地进行三维坐标测量、放样测量、后方交会、悬高测量、对边测量等多项工作。

（5）具有双路通视功能，仪器将测量数据转输给电子手簿式计算机，也可接受电子手簿和计算机的指令和数据。

（四）全站仪的技术指标

> ZBA010 全站仪的技术指标

全站仪的主要技术指标见表 3-1-15。

表 3-1-15　GTS-310 系列全站仪的主要技术指标

项目	仪器类型		
	GTS-311	GTS-312	GTS-313
放大倍数	30×	30×	30×
成像方式	正像	正像	正像
视场角,(°)	1.5	1.5	1.5
最短视距,m	1.3	1.3	1.3

续表

项目		仪器类型		
		GTS-311	GTS-312	GTS-313
角度(水平角、竖直角)最小显示,(″)		1	1	1
角度(水平角、竖直角)标准差,(″)		±2	±3	±5
自动安平补偿范围,(′)		±3	±3	±3
测程,km	单棱镜	2.4/2.7	2.2/2.5	1.6/1.9
	三棱镜	3.1/3.6	2.9/3.3	2.4/2.6
	九棱镜	3.7/4.4	3.6/4.2	3.0/3.6
测距标准差,mm		$\pm(2+2\times10^{-6}D)$		
测距时间(精测),s		3.0(首次 4s)		
水准器分划值,mm	圆水准器	10′/2		
	长水准器	30″/2		
使用温度范围,℃		−20~+50		

ZBA011 全站仪的操作方法

(五)全站仪的操作方法

(1)测量准备。

① 仪器的安置。首先安装电力充足的配套电池,也可使用外部电源。然后将仪器安置在一脚架上,精确对中和整平。在操作时应使用中心连接螺旋直径为 5/8in 的拓普康宽框木制三脚架。其具体操作方法与光学经纬仪的安置相同。

② 仪器的开机。首先确认仪器已经整平,然后打开电源开关,仪器开机后应确认棱镜常数(PSM)和大气改正值(PPM)方可调节显示屏。然后根据需要进行各项测量工作。

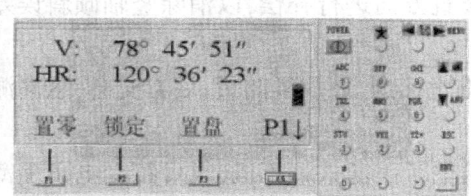

图 3-1-20 角度测量模式

(2)角度测量。

Topcon GTS330N 全站仪开机后显示为默认角度测量模式,如图 3-1-20 所示,也可按"ANG"键进入角度测量模式,其中"V"为垂直角数值,"HR"为水平角数值。"F_1"键对应"置零"功能,"F_2"键对应"锁定"功能,"F_3"键对应"置盘"功能。通过按"P↓""F_4"键进行功能转换,"F_1""F_2""F_3"键分别对应"倾斜、复测、V%"和"H-峰鸣、R/L、竖角"功能。

(3)距离测量。

按"◢"键进入距离测量模式,如图 3-1-21 所示,其中"SD"为斜距,可通过按"◢"键在斜距、平距(HD)、垂距(VD)之间进行转换。

(4)坐标测量。

通过按"✕"键进入坐标测量模式,如图 3-1-22 所示。N、E、Z 分别表示北坐标、东坐标、高程,"F_1"键对应"测量"功能,"F_2"键对应"模式"功能,"F_3"键对应"S/A"功能,通过按"P↓""F_4"键进行功能转换,"F_1""F_2""F_3"键分别对应"镜高、仪高、测站"和"偏心、一(无)、m/f/i"功能。

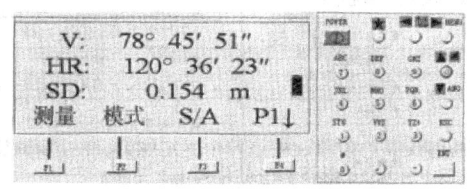

图 3-1-21　距离测量模式

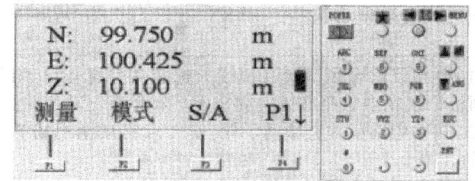

图 3-1-22　坐标测量模式

(5) 全站仪操作注意事项。

全站仪一般操作应注意以下几个方面：

① 使用前应结合仪器，仔细阅读使用说明书，熟悉仪器各功能和实际操作方法。

② 望远镜的物镜不能直接对准太阳，以避免损坏测距部的发光二极管。

③ 在阳光下作业时，必须打伞，防止阳光直射仪器。

④ 迁站时即使距离很近，也应取下仪器装箱后方可移动。

⑤ 仪器安置在三脚架上之前，应旋紧三脚架的三个伸缩螺旋。仪器安置在三脚架上时，应旋紧中心连接螺旋。

⑥ 运输过程中必须注意防震。

⑦ 仪器和棱镜在温度的突变中会降低测程，影响测量精度。要使仪器和棱镜逐渐适应周围温度后方可使用。

⑧ 作业前检查电压是否满足工作要求。

（六）全站仪的检验方法

(1) 长水准器的检验和校正方法见表 3-1-16。

ZBA012 全站仪的检验方法

表 3-1-16　长水准器的检验与校正

检　验	校　正
用长水准器精确整平仪器	(1) 若长水准器的气泡偏离中心，先用与长水准器平行的脚螺旋进行调整，使气泡向中心移近一半的偏离量。剩余的一半用校正针转动水准器校正螺丝进行调整至气泡居中。 (2) 将仪器旋转 180°，检查气泡是否居中。如果气泡仍不居中，重复步骤(1)直至居中。 (3) 将仪器旋转 90°，用第二个脚螺旋调整气泡居中。重复检验与校正步骤直至照准部转至任何方向气泡均居中为止

(2) 圆水准器的检验和校正方法见表 3-1-17。

表 3-1-17　圆水准器的检验与校正

检　验	校　正
长水准器检验校正后，若圆水准气泡亦居中就不必校正	若气泡不居中，用校正针或内六角扳手调整气泡下方的校正螺钉使气泡居中。校正时，应先松开气泡偏移方向对面的校正螺钉(1或2个)，然后拧紧偏移方向的其余校正螺钉使气泡居中。气泡居中时，三个校正螺钉的紧固力均应一致

(3) 望远镜分划板检验和校正方法见表 3-1-18。

表 3-1-18　望远镜分划板的检验与校正

检验	校正
(1)整平仪器后在望远镜视线上选定一目标点 A，用分划板十字丝中心照准 A 并固定水平和垂直制动手轮。 (2)转动望远镜垂直微动手轮，使 A 点移动至视场的边沿(A'点)。 (3)若 A 点沿十字丝的竖丝移动，则十字丝不倾斜不必校正。如 A' 点偏离竖丝中心，则十字丝倾斜，需对分划板进行校正。	(1)首先取下位于望远镜目镜与调焦手轮之间的分划板座护盖。 (2)用螺钉旋具均匀地旋松该四个固定螺钉，绕视准轴旋转分划板座，使 A' 点落在竖丝的位置上。 (3)均匀地旋紧固定螺钉，再用上述方法检验校正结果。 (4)将护盖安装回原位

(4)视准轴与横轴的垂直度($2c$)的检验和校正方法见表3-1-19。

表 3-1-19　视准轴与横轴垂直度的检验与校正

检验	校正
(1)距离仪器同高的远处设置目标 A，精确整平仪器并打开电源。 (2)在盘左位置将望远镜照准目标 A，读取水平角 L。 (3)松开垂直及水平制动手轮中转望远镜，旋转照准部盘右照准同一 A 点，照准前应旋紧水平及垂直制动手轮，并读取水平角 R。 (4)$2c=L-(R\pm 180°)$，该值如 $\geqslant \pm 20''$，需校正	(1)用水平微动手轮将水平角读数调整到消除 C 后的正确读数。 (2)取下位于望远镜目镜与调焦手轮之间的分划板座护盖，调整分划板上水平左右两个十字丝校正螺钉，先松一侧后紧另一侧的螺钉，移动分划板使十字丝中心照准目标 A。 (3)重复检验步骤，校正至$|2c|<20''$，符合要求为止。 (4)将护盖安装回原位

(5)竖盘指标零点自动补偿的检验和校正方法见表3-1-20。

表 3-1-20　竖盘指标零点自动补偿的检验与校正

检验	校正
(1)安置和整平仪器后，使望远镜的指向和仪器中心与任一脚螺旋 X 的连线相一致，旋紧水平制动手轮。 (2)开机后指示竖盘指标归零，旋紧垂直制动手轮，仪器显示当前望远镜指向的竖直角。 (3)朝一个方向慢慢转动脚螺旋 X 至 10mm 圆周距左右时，显示的竖直角由相应随着变化到消失出现"b"信息，表示仪器竖轴倾斜已大于 3′，超出竖盘补偿器的设计范围。当反向旋转脚螺旋复原时，仪器又复现竖直角在临界位置，可反复试验观其变化，表示竖盘补偿器工作正常	当现仪器补偿失灵或异常时，应送厂检修

(6)光学对中器的检验和校正方法见表3-1-21。

表 3-1-21　光学对中器的检验与校正

检验	校正
(1)将仪器安置在三脚架上，在一张白纸上画一个十字交叉并放在仪器正下方的地面上。 (2)调整好光学对中器的焦距后，移动白纸使十字交叉位于视场中心。 (3)转动脚螺旋，使对中器的中心标志与十字交叉点重合。 (4)旋转照准部，每转 90°，观察对中点的中心标志与十字交叉点的重合度。 (5)如果照准部旋转时，光学对中器的中心标志一直与十字交叉点重合，则不必校正	(1)将光学对中器目镜与调焦手轮之间改正螺钉护盖取下。 (2)固定好十字交叉白纸并在纸上标记出仪器每旋转 90°时对中器中心标志落点(A、B、C、D点)。 (3)用直线连接对角点 AC 和 BD，两直线交点为 O。 (4)用校正针调整对中器的四个校正螺丝，使对中器的中心标志与 O 点重合。 (5)重复检验步骤(4)，检查校正至符合要求。 (6)将护盖安装回原位

(7)仪器常数(K)的检验和校正方法见表3-1-22。

表 3-1-22　仪器常数的检验与校正

检　验	校　正
仪器常数在出厂时进行了检验,并在机内作了修正使$K=0$。仪器常数很少发生变化,但建议此项检验每年进行一至二次。此项检验适合在标准基线上进行,也可以按以下简便方法进行。 (1)选一平坦场地在 A 点安置并整平仪器,用竖丝仔细在地面上标定出同一直线上间隔50m的 B、C 两点,并准确对中安置反射棱镜。 (2)仪器设置了温度与气压数据后,精确测出 AB、AC 的平距。 (3)在 B 点安置仪器并准确对中,精确测出 BC 的平距。 (4)可以得出仪器测距常数:$K=AC-(AB+BC)$,应接近0,若$\|K\|$ $\geqslant 5mm$ 应送标准基线进行严格的检验,然后依据检验值进行校正	经严格检验证实仪器常数 K 不接近于0已发生变化,用户如果须进行校正,将仪器加常数按综合常数 K 值进行设置(按F_1键开机)。 (1)应使用仪器在竖丝进行定向,严格使 A、B、C 三点在同一直线上。B 点地面要有牢固清晰的对中标记。 (2)B 点棱镜中心与仪器中心是否重合一致,是保证检测精度的重要环节,因此,最好在 B 点用三脚架和两者能通用的基座,如三爪式棱镜连接器及基座互换时,三脚架和基座保持固定不动,仅换棱镜和仪器的基座以上部分,可减少秒重合误差

(8)视准轴拨射电光轴平行度的检验和校正方法见表3-1-23。

表 3-1-23　视准轴拨射电光轴平行度的检验与校正

检　验	校　正
(1)在距仪器50m处安置反射棱镜。 (2)用望远镜十字丝精确照准反射棱镜中心。 (3)打开电源进入测距模式按 MEAS 键作距离测量,左右旋转水平微动手轮,上下旋转垂直微动手轮,进行电照准,通过测距光路畅通信息闪亮的左右和上下区间,找到测距的发射电光轴的中心。 (4)检查望远镜十字丝中心与发射电光轴中心是否重合,如基本重合即可认为合格	如望远镜十字丝中心与发射电光轴中心偏差很大,则须送专业修理部门校正

五、经纬仪的检验与校正

> ZBA004 经纬仪视准轴的校验方法

(一)视准轴的检验与校正

视准轴垂直于横轴才能使视准面成为平面,为其成为铅垂面奠定基础。否则,视准轴将成为锥面。

(1)视准轴的检验。由于视准轴是物镜光心与十字丝交点的连线,仪器的物镜光心是固定的,而十字丝交点位置是可以变动的。所以,视准轴是否垂直于横轴,取决于十字丝交点是否处于正确位置。当十字丝交点偏向一边时,视准轴与横轴不垂直,形成视准轴误差,即视准轴与横轴间的交角与90°的差值,称为视准轴误差,通常用 c 表示。

视准轴检验时,先整平仪器,以盘左状态精确照准一与仪器高度大致相同的远处明显目标 P,读取水平度盘的读数 $\alpha_{左}$。然后,将仪器换为盘右状态,仍精确照准目标 P,读取水平度盘的读数 $\alpha_{右}$,比较盘左、盘右两次的水平度盘读数,若 $\alpha_{左}=\alpha_{右}\pm180°$,说明视准轴垂直于横轴,不用校正;如 $\alpha_{左}\neq\alpha_{右}\pm180°$,说明视准轴不垂直于横轴,其差值为两倍的视准轴误差 $2c$,$2c=\alpha_{左}-(\alpha_{右}\pm180°)$。一般情况下,若 $2c$ 不大于20″时,不用校正;反之需要校正。

(2)视准轴的校正。当 $c=0$ 时,水平度盘的正确读数 $\alpha=(\alpha_{左}+\alpha_{右}\pm180°)/2$。在检验结束时,仪器处于盘右状态,则应转动照准部的微动螺旋,使水平度盘的读数等于 $\alpha\pm180°$。此时,十字丝的交点必偏离原照准的目标 P,卸下位于目镜一端的十字丝护盖,旋松固定螺丝,调节十字丝环左右两个校正螺丝,使十字丝交点精确照准目标 P,这样,视准轴便与横轴垂直了。此项检验应反复进行。

> ZBA005 经纬仪横轴的校验方法

(二)横轴的检验与校正

横轴垂直于竖轴时,仪器整平后竖轴铅直、横轴水平、视准面为一个铅垂面,否则,视准面将成为斜面。

(1)横轴的检验。在离高墙约 20~30m 处安置经纬仪,用盘左照准高处的一明显点 M(仰角宜在 30°左右),固定照准部,然后将望远镜大致放平,指挥另一人在墙上标出十字丝交点的位置,设为 m_1。

将仪器变换为盘右状态,再次照准目标 M 点,大致放平望远镜后,用同前的方法再次在墙上标出十字丝交点的位置,设为 m_2。

如果 m_1、m_2 两点不重合,说明横轴不垂直于竖轴,即存在横轴误差,需要校正。

(2)横轴的校正。取 m_1 和 m_2 的中点 m,并以盘右(或盘左)状态照准 m 点,固定照准部,抬高望远镜物镜使其拟照 M 点,从望远镜内,可以观测到,此时的视线偏了目标点 M,即十字丝交点与 M 点发生偏离,调节横轴偏心板,使其一端抬高或降低,则十字丝交点与 M 点即可重合,横轴误差被消除。

光学经纬仪的横轴是密封的,一般仪器均能保证横轴垂直于竖轴的正确关系,若发现较大的横轴误差,一般应送仪器检修部站校正。

项目二　安置普通光学经纬仪在边坡上

一、准备工作

(1)设备。

DJ_2 经纬仪 1 套。

(2)材料、工具。

彩色粉笔 2 根、花杆 1 根。

(3)场地准备。

在场地上找一处较陡的斜坡模拟路边坡,用粉笔标记测站点,并在远处立一花杆。

二、操作步骤

(1)支架。

根据边坡确定架脚长度,张开脚架安置在测站上,注意架头大致水平,将仪器放到架头上,拧紧固定螺旋。

(2)对中。

移动架腿,调节光学对中器,目镜使站点影像清晰,用光学对中器中心对准测站点,将架腿尖踩实。

(3)整平。

调整脚螺旋使仪器管水准器气泡居中,旋转仪器照准部,调节第三个脚螺旋使管水准器气泡居中。

(4)检查对中。

观察光学对中器,检查对中情况,偏离测站点重新对中。

(5)重新对中。

松开仪器固定螺旋移动仪器使其对中后重新拧紧,重复检查对中和重新对中操作,直到完成为止。

(6)照准目标。

转动物镜大致照准花杆,使用微调螺旋精确照准目标。

三、技术要求

(1)应根据边坡坡度的大小调节架腿,在边坡底部的架腿长,其余两个短,旋紧架腿的固定螺旋,然后将三个架腿安置在以测站为中心的等边三角形的角顶上。这时架头平面要概略水平,且中心与地面点约略在同一铅垂线上。

(2)从仪器箱中取出经纬仪放在三脚架架头上,另一只手把中心螺旋旋进经纬仪的基座中心孔中,使经纬仪牢固地与三脚架连接在一起。

(3)使用光学对中器对中,一面观察光学对中器一面移动脚架,使光学对中器的分划圈中心与地面点对准,这时仪器架头可能倾斜很大,则根据圆水准气泡偏移方向,伸缩相关架腿,使气泡居中。

(4)整平时只需用脚螺旋使管水准器精确整平,待仪器精确整平后,仍要检查对中情况。

四、注意事项

(1)利用三脚架的伸缩螺旋调整架腿的长度,使圆水准气泡居中。

(2)用光学对中器观察测站点是否偏离分划板圆圈中心。如果偏离中心,稍微松开三脚架连接螺旋,在架头上移动仪器,圆圈中心对准测站点后旋紧连接螺旋。

项目三 经纬仪和钢尺固定 *JD* 点

该项目操作平面图如图 3-1-23 所示。

一、准备工作

(1)设备。

DJ_2 经纬仪 1 套。

(2)材料、工具。

彩色粉笔 2 根、花杆 2 根、50m 钢尺 1 把。

(3)场地准备。

在场地上用彩色粉笔做好已知 *JD* 点位置。

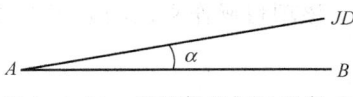

图 3-1-23 经纬仪和钢尺固定 *JD*

二、操作步骤

（1）选点。

在 JD 点附近选取两个点位 A 和 B，最好选取已有的建筑物或水泥台，不变形或不易丢失处。

（2）定点。

在选定点上用粉笔作出标记。

（3）安置仪器。

在其中一点 A 上安置仪器，踩实三脚架，整平仪器。

（4）测角。

测出另一固定点 B 与 JD 在 A 点的夹角 α，并做记录。

（5）测距。

测出 JD 到 A 点的距离 L，并做记录，这样就可在 JD 丢失的情况下，重新恢复 JD 点。

三、技术要求

（1）正确安置仪器。

（2）以 B 点定向，水平度盘置零，松开水平制动螺旋，顺时针转动照准部，瞄准 JD，测出两点间夹角。

（3）钢尺量距时，应量平距。

（4）正确收放仪器并放置仪器箱内。

四、注意事项

（1）实际工作中，A、B 点应尽量选择不易下沉的建筑物，并用红油漆做标记。

（2）通过对中、整平、松开、固定、微动、制动螺旋，固定所测角值，重复操作逐步熟练。

（3）测得的夹角和距离应及时记录，作为以后测设的依据。

项目四　全站仪采用极坐标放样已知坐标点位

该项目操作平面图如图 3-1-24 所示。

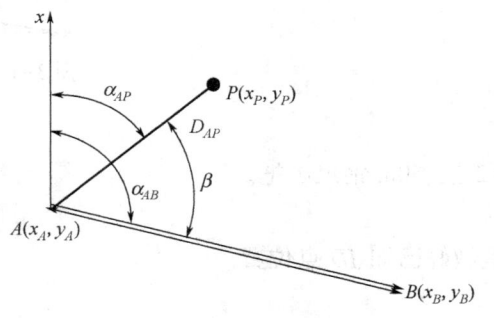

图 3-1-24　极坐标放样已知点坐标

一、准备工作

(1) 设备。

莱卡 TSO2 型全站仪 1 套、棱镜 1 个。

(2) 材料、工具。

彩色粉笔 2 根、记录纸 1 张、花杆 4 根、能计算函数计算器 1 个、棱镜架 1 套。

(3) 场地准备。

在场地上用彩色粉笔给出已知点 A 的位置。

二、操作步骤

(1) 选择场地。

现场有已知控制点 A 和 B：$x_A = 14.220\text{m}, y_A = 186.710\text{m}; x_B = 89.371\text{m}; y_B = 56.894\text{m}$。$P$ 点的设计坐标为：$x_P = 42.340\text{m}; y_P = 185.000\text{m}$，采用极坐标法放样点 P，设 AB 的方位角为 α_{AB}；AP 的方位角为 α_{AP}；AP 与 AB 夹角为 β。

(2) 计算测设数据。

利用已知坐标利用公式分别计算 α_{AB}、α_{AP}、β 及 AP 距离：

$$\alpha_{AB} = \arctan\frac{y_B - y_A}{x_B - x_A}, \alpha_{AP} = \arctan\frac{y_P - y_A}{x_P - x_A}$$

$$AP = \sqrt{(x_P - x_A)^2 + (y_P - y_A)^2}, \beta = \alpha_{AP} - \alpha_{AB}$$

(3) 放样 P 点。

在 A 点安置全站仪，对中整平，在 B 点立花杆，用十字丝对准花杆，水平度盘置零，旋转照准部，转至 β 角，旋紧水平制动螺旋，在此方向上用全站仪测距 AP，即得到 P 点位置并做好标记。

三、技术要求

(1) 极坐标法是根据一个水平角和一段水平距离，测设点的平面位置。

(2) 已知条件给出了已知点和待测点的坐标，因此需要利用坐标方位角的公式、两点间距离公式分别求出 AB 和 AP 的夹角 β，AP 的距离。

(3) 用全站仪以 B 点定向，拨 β 角，然后指挥配合人员按 AP 的距离大致位置立棱镜，先试测距，再根据数值与 AP 值的差，前后移动棱镜，直到找到 P 点为止。

四、注意事项

(1) 应熟练掌握用坐标求方位角和两点间距离的计算方法。

(2) 测前应检查内部电池的充电情况，如电力不足要及时充电，充电方法及时间要按使用说明书进行，不要超过规定的时间。测量前装上电池，测量结束应卸下。

(3) 全站仪安置完毕，应先开机，然后选定对中/整平模式后，用激光对中器对中，再进行相应的操作。

(4) 测角应进入角度测量模式，测距应进行距离测量模式。

模块二　高程控制测量

项目一　相关知识

ZBB001 高程控制测量的技术要求

一、高程控制的技术要求

若干条单一水准路线相互连接构成的网状水准路线称为水准网;由确定的基准面起算的地面点的高度叫高程,高程又分为绝对高程和相对高程两种;高程测量,一般采用黄海高程系统。小测区联测有困难时,亦可用假定高程。

路线高程控制网应全线贯通、统一平差。高程控制测量一般采用水准测量或三角高程的方法,高程异常变化平缓地区可使用 GPS 测量的方法进行,但应对作业成果进行充分的检核。

(1)各等级路线高程控制网最弱点高程中误差不得大于±25mm,用于跨越水域和深谷的大桥、特大桥的高程控制网最弱点高程中误差不得大于±10mm,每公里观测高差中误差和附合水准路线长度应小于表 3-2-1 的规定。当附合(环线)水准路线长度超过规定时,应采用双摆站的方法进行测量,但其长度不得大于表 3-2-1 的规定的 2 倍。每站高差较差应小于基辅(黑红)面高差较差的规定。一次双摆站为一单程,取其平均值计算的往返较差、附合闭合差应小于相应限差的 0.7 倍。

表 3-2-1　高程控制测量的技术要求

测量等级	每公里高差中数中误差,mm		附合或环线水准路线长度,km	
	偶然中误差,M_Δ	全中误差,M_W	路线、隧道	桥梁
二等	±1	±1	600	100
三等	±1	±1	60	10
四等	±1	±1	25	4
五等	±1	±1	10	1.6

(2)各级公路及构造物的高程控制测量等级不得低于表 3-2-2 的规定。

ZBB002 多跨桥梁按长度高程控制等级的要求

表 3-2-2　高程控制测量等级选用

高架桥、路线控制测量	多跨桥梁总长 L,m	单跨桥梁 L_K,m	隧道贯通长度 L_G,m	测量等级
—	$L \geqslant 3000$	$L_K \geqslant 500$	$L_G \geqslant 6000$	二等
—	$1000 \leqslant L < 3000$	$150 \leqslant L_K < 500$	$3000 \leqslant L_G < 6000$	三等
高架、高速、一级公路	$L < 1000$	$L_K < 150$	$L_G < 1000$	四等
二、三、四级公路	—	—	—	五等

(3) 高程测量数字取位,应符合表 3-2-3 的规定。

表 3-2-3　高程测量数字取位的要求

测量等级	各测站高差,mm	往返测距离总和,km	往返测距离中数,km	往返测高差总和,mm	往返测高差中数,mm	高程,mm
各等	0.1	0.1	0.1	0.1	1	1

二、精密水准仪在高程控制测量中的应用

精密水准仪 DS1,"S"和"D"分别为水准仪和大地测量的汉语拼音的第一个字母,1 是指水准仪每公里水准测量高差中数的偶然中误差;水准网平差是消除水准网中由于多余观测使各观测结果间产生矛盾所进行的测量平差,三角高程网平差是消除三角高程网中由于多余观测使各观测结果间产生矛盾所进行的测量平差。

精密水准仪主要用在三方面:(1)一等水准测量;(2)二等水准测量;(3)高精密的工程测量。

三、高程控制点布设要求

高程控制点应沿公路路线布设。高程控制点距路线中心线的距离应大于 50m,宜小于 300m。相邻控制点之间的间距以 1~1.5km 为宜;重丘、山岭区可根据需要适当加密;大桥、隧道口及其他大型构造物两端应增设水准点,特大型构造物每一端应埋设 2 个(含 2 个)以上高程控制点。

四、高程控制测量的观测

(一)仪器的选择

水准测量所使用的仪器应符合下列规定:

(1)水准仪视准轴与水准管轴的夹角 i,在作业开始的第一周内应每天测定一次,i 角稳定后可每隔 15d 测定一次,其值不得大于 20″。

(2)水准尺上的米间隔平均长与名义长之差,对于线条式钢瓦尺不应大于 0.1mm,对于区格式木质标尺不应大于 0.5mm。

(二)观测方法

水准测量的观测方法见表 3-2-4,观测要求如下:

表 3-2-4　水准测量的观测方法

测量等级	观测方法	观测程序	
二等	光学测微法	往返	后→前→前→后
	中丝读数法		
三等	光学测微法	往返	后→前→前→后
	中丝读数法		
四等	中丝读数法	往	后→后→前→前
五等	中丝读数法	往	后→前

(1)观测过程中尺垫应踩实,水准尺应立直,三脚架的两腿应交替平行于路线方向,一测回应尽量在较短时间内完成。

(2)四等水准测量当采用"后→后→前→前"观测顺序时,后尺垫必须在全部观测作业完毕并检验合格后方可挪开。

(3)中间休息时应设定 2 个以上的间歇点,重新开始测量前应检测 2 个间歇点之间的高差,2 个间歇点之间的高差之差应小于基辅(黑红)面高差较差,否则应从上一固定点开始测量。

(三)观测结果

观测结果超限必须进行重新测量。测站观测超限也必须立即重测,否则从水准点或间歇点开始重测。测段往、返测高差较差超限必须重测,重测后应选用往、返合格的成果。如重测结果与原测结果分别比较,较差均不超过限差时,取 3 次结果的平均值。

五、GPS 高程测量的要求

> ZBB008 GPS 高程测量的要求

GPS 高程测量应按以下的要求进行。

(1)高程异常变化平缓的地区可使用 GPS 方法施测高程控制测量,数据采集应采用静态相对定位方法,时间应大于相应等级的平面测量所需时间。

(2)当采用拟合的方法求解高程值时,应在测区周围和测区内联测高一级的水准点。平原地区,联测的水准点不宜少于 6 个;丘陵或山地不宜少于 10 个点。未知点较多时,联测点宜大于未知点点数的 1/5 或联测点间的距离不应大于 5km。联测的水准点应均匀分布于网中,外围水准点连成的多边形应包含整个测区。测区明显分几种地形时,应在地形变化部位联测几何水准。

(3)根据求得的 GPS 点间的正常高程差,在已知点间组成附合或闭合高程导线,其闭合差应符合水准测量主要技术要求的规定。

(4)应选取大于未知点数量 10% 的未知点进行检核,其与已知点间的高差之差应符合水准测量主要技术要求的规定。

六、三、四等水准测量

> ZBB009 三、四等水准测量的要求

(一)三、四等水准路线的布设

三、四等水准路线一般沿道路布设,尽量避开土质松软地段,水准点间的距离一般为 2~4km,在城市建筑区为 1~2km。水准点应选在地基稳固,能长久保存和便于观测的地方。

三、四等水准测量的技术要求见表 3-2-5。

表 3-2-5　往返测高差不符值与环线闭合差的限差

等级	测段、路线往返测高差不符值	附合路线闭合差	环线闭合差	检测已测测段高差之差
一等	$\pm 25\sqrt{L}$	—	$\pm 2\sqrt{F}$	$\pm 3\sqrt{R}$
二等	$\pm 4\sqrt{K}$	$\pm 4\sqrt{L}$	$\pm 4\sqrt{F}$	$\pm 6\sqrt{R}$

续表

等级	测段、路线往返测高差不符值	附合路线闭合差	环线闭合差	检测已测测段高差之差
三等	$\pm 12\sqrt{K}$	平原$\pm 12\sqrt{L}$；山区$\pm 15\sqrt{L}$	平原$\pm 12\sqrt{F}$；山区$\pm 15\sqrt{F}$	$\pm 20\sqrt{R}$
四等	$\pm 20\sqrt{K}$	平原$\pm 20\sqrt{L}$；山区$\pm 25\sqrt{L}$	平原$\pm 20\sqrt{F}$；山区$\pm 25\sqrt{F}$	$\pm 30\sqrt{R}$

注：K 为测段或路线长度；L 为附合路线长度；F 为环线长度；R 为检测测段长度，单位均为 km。

（二）三、四等水准测量的观测方法

三、四等水准测量的观测应在通视良好、望远镜成像清晰稳定的情况下进行，并需采用 DS_3 及更高精度的水准仪进行观测。观测时，一般采用双面尺法进行观测。双面尺法采取的是"后→前→前→后"观测顺序，即在每个测站上的观测顺序为：

（1）后视黑面，依次读下丝、上丝和中丝。
（2）前视黑面，依次读下丝、上丝和中丝。
（3）前视红面，读中丝。
（4）后视红面，读中丝。

每个测站观测及计算的先后次序及记录表中填写的位置见表 3-2-6。

表 3-2-6　三等和四等水准记录表

测站编号	后尺 下丝 上丝 后视距 视距差 d	前尺 下丝 上丝 前视距 $\sum d$	方向及尺号	水准尺读数 黑面	水准尺读数 红面	K+黑-红	高差中数	备注
	（1）	（4）	后	（3）	（8）	（14）		
	（2）	（5）	前	（6）	（7）	（13）		K 为水准尺常数，即尺底红面分划读数
	（9）	（10）	后→前	（15）	（16）	（17）	（18）	
	（11）	（12）						

四等水准测量的观测顺序也可采用"后→后→前→前"。四等水准测量还可采用单面尺进行观测，其观测顺序为"后→前→变更仪器高→前→后"。

（三）三、四等水准测量的技术要求

工程测量规范对四等水准测量的主要技术要求见表 3-2-7。

表 3-2-7　三等和四等测量主要技术要求

等级	水准仪的型号	视线长度,m	前后视距差,m	前后视距累积误差,m	视线离地面最低高度,m	基本分划、辅助分划（黑红面）读数,mm	基本分划、辅助分划（黑红面）所测高差之差,mm
三	DS_3	75	3	6	0.3	2.0	3.0
	DS_1					1.0	1.5
四	DS_3	80	5	10	0.2	3.0	5.0

七、三角高程测量

在一点设站向另一点观测竖直角(或天顶距)和其间的距离,就可求得这两点间的高差,这种方法称为三角高程测量。全站仪采用三角高程原理测量高程,目前已很普遍。

(一)三角高程测量的基本原理

三角高程测量的基本原理是根据测站点和目标点间的水平距离以及其竖直角来计算两点的高差。如图 3-2-1 所示,假设 A 点高程已知为 H_A,需要求未知点 B 的高程 H_B。在 A 点安置仪器,照准 B 点的目标顶端,测得其竖直角为 α,A、B 两点的水平距离为 S,同时量取仪器高为 i,目标高为 v,则可以得到两点的高差 h_{AB} 为:$h_{AB} = S\tan\alpha + i - v$。

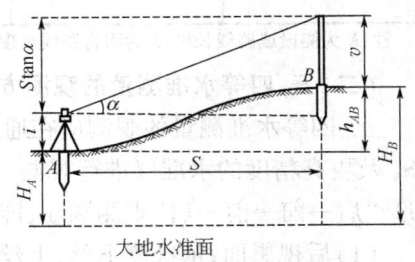

图 3-2-1 三角高程测量原理

上述方法适用于两点间距离小于 300m 时的观测。如果两点间距离大于 300m,则必须考虑地球曲率带来的影响,需要加上地球曲率的改正数,称为球差。同时,由于大气密度不同,造成观测视线受大气折光的影响而形成了向上凸起的弧线,产生误差,必须加入大气垂直折光差改正,称为气差改正。

(二)三角高程测量的观测和计算

三角高程测量分为一、二两级,其对向观测较差不应大于 $0.02S(\text{m})$ 和 $0.04S(\text{m})$。若符合要求,取两次高差的平均值。

对图根小三角点进行三角高程测量时,竖直角 α 用 DJ_6 级经纬仪进行 1~2 个测回。为了减少折光差的影响,目标高不应小于 1m,仪器高 i,目标高为 v 用钢尺量出。

三角高程测量路线应组成闭合或附合路线,每边均取对向观测。观测结果列于三角高程路线略图上,其路线高差闭合差的容许值计算公式为:$f_{h容} = \pm 0.05\sqrt{\sum S^2}(\text{m})$。

若 $f_h \leq f_{h容}$,则将闭合差按与边长成正比反符号分配给各段高差,再按照调整后的高差推算各点的高程。

项目二 用水平视线法测设已知坡度的直线

该项目操作平面图如图 3-2-2 所示。

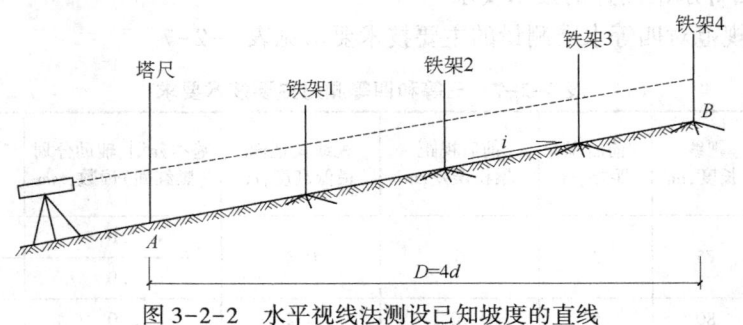

图 3-2-2 水平视线法测设已知坡度的直线

一、准备工作

(1) 设备。

DSZ$_3$ 水准仪 1 套。

(2) 材料、工具。

彩色粉笔 2 根、3m 塔尺 2 把、A4 记录纸 1 张、铁架子(ϕ8mm 钢筋焊接,高 50cm) 5 个。

(3) 场地准备。

在考核场地上选择 8m 长直线 AB,给定已知 A 点高程及直线的设计坡度,按间距 2m,放样其余点位。

二、操作步骤

(1) 计算测设点设计高程。

已知直线 AB 水平距离 D,起点 A 高程,设计坡度 i,将 D 分成 4 段,间距为 d,利用公式 $H_设 = H_A + i \cdot d$ 分别计算 5 桩点的设计高程,用 $H_B = H_A + i \cdot D$ 检核。

(2) 现场定出中间点位。

沿 AB 方向,按间距 d 定出 1、2、3、终点铁架的点位。安置水准仪,读后视读数 a,计算出仪器视线高程 $H_视 = H_A + a$。

(3) 计算各桩位前视读数。

利用公式 $b_应 = H_视 - H_设$,计算各桩位对应的前视读数。

(4) 指挥定桩。

指挥尺人员,上下移动塔尺直至读数与该桩计算读数一致时止,并在铁架上做好标记,同法依次测设 2、3 和终点设计线。

三、技术要求

(1) 该项目是道路施工经常用到的技能,首先要清楚已知高程、设计高程、直线坡度的定义,掌握根据已知高程和直线坡度计算设计高程的方法。

(2) 熟悉设计高程放样的操作方法。

(3) 由于人的感觉器官反映的差异、仪器和自然条件等因素,使测量成果不可避免地产生误差,在操作过程中应有意识地采用一些措施和方法,尽可能减少误差或予以消除,使测量的精度符合要求。

四、注意事项

(1) 水准尺必须立直,当尺上读数在 1.5m 以上时,应采用"摇尺法"读数。

(2) 水准仪至前、后视水准尺的距离应尽量相等。

(3) 水准记录字体要清晰、端正,如果记录有误,不准用橡皮擦拭,应在错误数据上画斜线后再重新记录。

(4) 晴天阳光下,应撑伞保护仪器。

项目三　变更仪器高法进行水准测量

一、准备工作

（1）设备。

DSZ$_3$ 水准仪 1 套。

（2）材料、工具。

3m 塔尺 2 把、尺垫 2 个。

二、操作步骤

（1）安置仪器。

在 A、B 两点间安置仪器，踩实架脚，整平。

（2）施测。

测定出两转点之间的高差，使用尺垫，水准尺要立直。

（3）变更仪器高。

变动仪器高，变动大小在 0.1m 以上，重新安置仪器，踩实三脚架，整平。

（4）变更仪器高后施测。

重新安置仪器后测定出两转点之间的高差，使用尺垫，水准尺要立直。

（5）计算结果。

当两次高差在 5mm 之间时，取两次平均值作为观测结果，未在 5mm 之间重测。

三、技术要求

（1）应熟悉测量地面上两点间的高差及其校核方法。

（2）在每个测站安置两次仪器，即利用两个不同高度的仪器来测定两点间的高差，根据两次测得的高差在理论上应相等的原理进行操作。

四、注意事项

（1）变更仪器高法在实际工作中仅适用于 A、B 两点较近时进行施测。

（2）立尺员必须将尺立在土质坚硬处，使用尺垫时必须将尺垫踏实。

（3）仪器应安置在土质坚硬的地方，并应将三脚架踏实，防止仪器下沉。

（4）填写水准记录表时，应认真学习并逐项计算，对记录数字、位置及计算数字均要认真对待，不可有差错。

项目四　用全站仪放样已知坐标点

一、准备工作

（1）设备。

莱卡 TSO2 型全站仪 1 套、棱镜 1 个。

（2）材料、工具。

彩色粉笔 2 根、棱镜架 1 套。

（3）场地准备。

在场地上用彩色粉笔给出已知点 A 的位置。

二、操作步骤

（1）设置测站点。

在现场给定的已知 A 坐标点上安置全站仪，打开电源开关，对中整平，打开放样界面，按"设置测站点坐标"键，跳过仪高输入，按"坐标"键，输入 A 点 $x=100,y=100$。

（2）输入后视点坐标。

按"确定"返回放样界面，按"设置后视点"键，按"坐标"键，输入 $x=110,y=110$，按"确定"键，瞄准在 B 点位置的棱镜，按"设置"键，按"确定"键。

（3）放样坐标点位。

在放样界面，按"放样"键，按"坐标"键，输入 C 点坐标 $x=120,y=120$，按"设置"键，按"角度"键，转动照准部使 dHR=0.000，指挥立棱镜人员移动棱镜，按"距离"键，使 x、y 的误差在允许范围内，做好标记。

三、技术要求

（1）选择测量模式，设置棱镜常数、输入仪器高、输入棱镜高。

（2）输入测站点坐标：通过操作键盘找到输入测站点坐标的位置，然后依次将测站点坐标 N、E、Z 的数字输入。

（3）输入后视点坐标：通过操作键盘找到输入后视点坐标的位置，然后依次将后视点坐标的数字输入。

（4）设置起始坐标方位角：在输入测站点和后视点坐标后，瞄准后视点，然后通过操作键盘，水平度盘读数所显示的数值就是后视方向的坐标方位角。

（5）输入大气温度和气压：在测量坐标之前，应输入当时的温度和气压。

（6）通过操作键盘找到输入放样点坐标的位置，然后依次将放样点坐标的数字输入，并放样该点。

四、注意事项

（1）键盘的键要轻按，以免损坏键盘。

（2）仪器应保持干燥，遇雨后应将仪器擦干，放在通风处，待仪器完全晾干后才能装箱。仪器箱应保持清洁、干燥。由于仪器箱一般密封程度很好，因而箱内潮湿会损坏仪器。

（3）反射棱镜应保持干净，不用时要放在安全的地方，如有箱子，应装在箱内，以避免碰坏。

（4）电池应按规定的充电时间充电。电池如果长期不用，也应一个月之内充电一次。存放温度以 0~40℃ 为宜。

模块三　公路路线测量

项目一　相关知识

> ZBC015 单圆曲线要素的组成

一、曲线主点测设

（一）单圆曲线的要素

圆曲线测设要素有半径 R、转角 α、切线长 T、曲线长 L、外矢距 E 及切曲差 D。其中 R 与 α 均为已知数据。R 是在设计中按线路等级及地形条件等因素选定的；α 是路线定测时测出的。其余要素可按下列关系计算得到：

> ZBC001 切线长的计算方法
> ZBC002 曲线长的计算方法

$$\text{切线长 } T = R\tan\frac{\alpha}{2}; \text{ 曲线长 } L = R\alpha\frac{\pi}{180°}$$

$$\text{外矢距 } E = R\left(\sec\frac{\alpha}{2} - 1\right); \text{ 切曲差 } D = 2T - L$$

> ZBC021 外距的计算方法
> ZBC022 切曲差的计算方法

缓和曲线测设要素有半径 R、转角 α、切线长 T_H、曲线长 L_H、外矢距 E_H、切曲差 D_H、切线角 β_0、内移值 p、缓和曲线长 l_s 及切线增值 q。曲线测设元素可按下列公式计算：

$$\text{切线长 } T_H = (R+p)\tan(\alpha/2) + q; \text{ 曲线长 } L_H = R(\alpha - 2\beta_0)(\pi/180°) + 2l_s$$

$$\text{外矩 } E_H = (R+p)\sec(\alpha/2) - R; \text{ 切曲差 } D_H = 2T_H - L_H$$

$$\text{切线角 } \beta_0 = \frac{l_s}{2R} \cdot \frac{180°}{\pi}; \text{ 内移值 } p = \frac{l_s^2}{24R}; \text{ 切线增值 } q = \frac{l_s}{2} - \frac{l_s^3}{240R^2}$$

> ZBC016 单圆曲线主点测设方法

（二）主点里程计算

圆曲线主点里程是根据交点 JD 里程推算的。若已知交点里程，便可计算出各主点的里程如下：

$$ZY \text{ 里程} = JD \text{ 里程} - T; YZ \text{ 里程} = ZY \text{ 里程} + L$$

> ZBC018 ZY 点的计算方法
> ZBC019 QZ 点的计算方法
> ZBC020 YZ 点的计算方法

$$QZ \text{ 里程} = ZY \text{ 里程} + \frac{L}{2}; JD \text{ 里程} = QZ \text{ 里程} + \frac{D}{2}(\text{检核})$$

分别求得 ZY、QZ、YZ 点里程。

缓和曲线主点里程可按下列各式计算：

$$ZH \text{ 里程} = JD \text{ 里程} - T_H; HY \text{ 里程} = ZH \text{ 里程} - l_s$$

> ZBC003 ZH 点的计算方法
> ZBC004 HY 点的计算方法
> ZBC005 YH 点的计算方法

$$YH \text{ 里程} = HY \text{ 里程} + l_s; QZ \text{ 里程} = HZ \text{ 里程} - \frac{L_H}{2}$$

$$JD \text{ 里程} = QZ \text{ 里程} + \frac{D_H}{2}(\text{检核})$$

分别求得 ZH、HY、YH、HZ 点里程。

(三) 路线里程桩的测设

在路线交点、转点及转角测定后，即可进行实地量距、设置里程桩、标定中线位置。里程桩亦称中桩，桩上写有桩号，表示该桩至路线起点的水平距离。里程桩分为整桩和加桩两类。

(1) 整桩是按规定每隔 20m 或 50m，桩号为整数而设置的里程桩。百米桩和公里桩均属于整桩。

(2) 加桩分为地形加桩、地物加桩、曲线加桩和关系加桩。地形加桩是于中线地形变化点设置的桩；地物加桩是在中线上桥梁、涵洞等人工构造物处，以及与公路、铁路交叉处设置的桩；曲线加桩是在曲线起点、中点、终点等设置的桩；关系加桩是在转点和交点上设置的桩。

钉桩时，对起控制作用的交点桩、转点桩以及一些重要的地物加桩，如桥位桩、隧道定位桩等均应用方桩。将方桩钉至与地面齐平，顶面一小钉表示点位。在距方桩 20cm 左右设置指示桩，上面书写桩的名称和桩号。钉指示桩时要注意字面应朝向方桩，在直线上应钉设在路线的同一侧，在曲线上则应设在曲线的外侧。除此之外，其他桩一般不设方桩，直接将指示桩钉在点位上，桩号要面向路线起点方向，并露出地面。

(四) 平交道口转弯半径

一正交平面交叉口，转弯半径 $R=6m$，加铺转角铺装面积为 $15.45m^2$。

有一斜交平面交叉口，交角 $\alpha=78°/102°$，已知锐角一侧半径 $R=6m$，则另一侧转弯半径为 9m。

城市主干路平面交叉口转弯半径应为 20~30m。有消防功能的道路，平面交叉口转弯半径最小应为 12m。

二、偏角法

偏角法是以曲线起点 ZY 或终点 YZ 至曲线任一待定点 P_i 的弦线与切线 T 之间的弦切角（偏角）Δ_i 和弦长 c_i 来确定 P_i 点的位置，如图 3-3-1 所示。

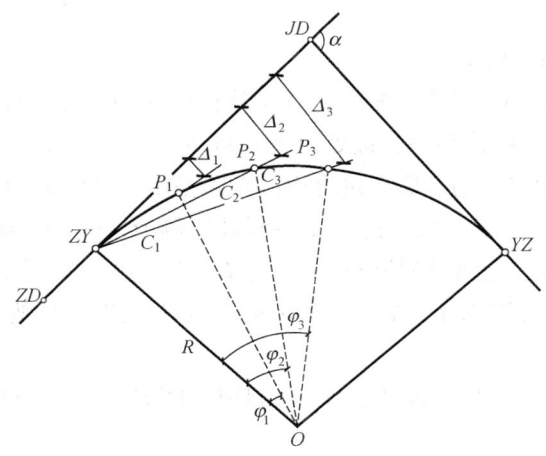

图 3-3-1 偏角法测设单圆曲线

偏角 Δ_i 和弦长 c_i 的计算公式为：

$$\Delta_i = \frac{\varphi_i}{2} = \frac{l_i}{R}\frac{90°}{\pi}; c_i = l_i - \frac{l_i^3}{24R^2} + \cdots$$

式中 l_i——弧长 P_i 点至 ZY 或 YZ 的距离。

$$弧弦差 \delta_i = l_i - c_i = \frac{l_i^3}{24R^2}$$

由于经纬仪水平度盘的注字是顺时针方向增加的，因采用偏角法时，如果偏角的增加方向与水平度盘一致，也是顺时针方向增加，称为正拨；反之称为反拨。对于右转角仪器置于 ZY 点上测曲线为正拨，置于 YZ 点则为反拨。对于左转角则与上述情况相反。正拨时，望远镜照准切线方向，如果水平度盘读数配置在 0°，各桩的偏角读数就等于各桩的偏角值。但在反拨时则不同，各桩的偏角读数应等于 360° 减去各桩的偏角值。

三、根据路基中心填挖高放样路基边桩

ZBC008 根据路基中心填挖高放样路基边桩的方法

（一）平坦地段路基边桩的测设

填方路基称为路堤，如图 3-3-2 所示，平坦地段一路堤，路基设计宽度为 B，填方高度为 h，边坡坡度为 $1:m$，那么路堤边桩至路基中心的距离 D 为：$D = B/2 + mh$。

挖方路基为路堑，如图 3-3-3 所示，平坦地段一路堑，路基设计宽度为 B，挖方深度为 h，路堑边沟顶宽 S，边坡坡度为 $1:m$，那么路堑边桩至路基中心的距离 D 为：$D = B/2 + S + mh$。

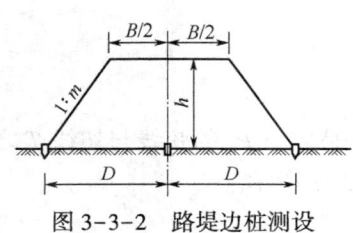

图 3-3-2　路堤边桩测设

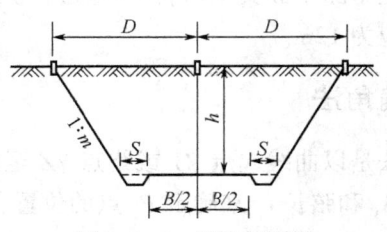

图 3-3-3　堑边桩测设

（二）倾斜地段路基边桩的测设

在倾斜地段，边桩至中桩的距离随着地面坡度的变化而变化。如图 3-3-4 所示坡地段一路堤，路基设计宽度为 B，路基中心桩处填方高度为 $h_{中}$，斜坡上、下侧边桩与中桩的高差分别为 $h_{上}$、$h_{下}$，边度坡度为 $1:m$，那么路堤边桩至路基中心的距离为：

$$斜坡上侧\ D_{上} = B/2 + m(h_{中} - h_{上})；斜坡下侧\ D_{下} = B/2 + m(h_{中} + h_{下})$$

如图 3-3-5 坡地段一路堑，路基设计宽度为 B，路基中心桩处挖方深度为 $h_{中}$，斜坡上、下侧边桩与中桩的高差分别为 $h_{上}$、$h_{下}$，路堑边沟顶宽 S，边度坡度为 $1:m$，那么路堑边桩至路基中心的距离为：

$$斜坡上侧\ D_{上} = B/2 + S + m(h_{中} + h_{上})；斜坡下侧\ D_{下} = B/2 + S + m(h_{中} - h_{下})$$

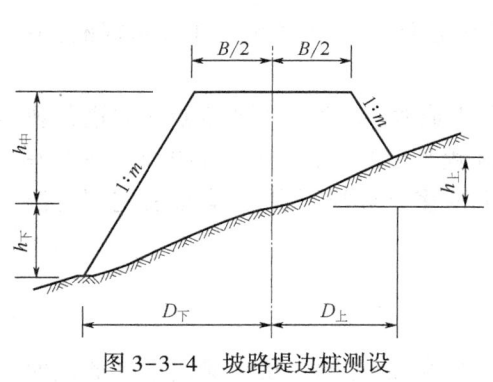

图 3-3-4 坡路堤边桩测设

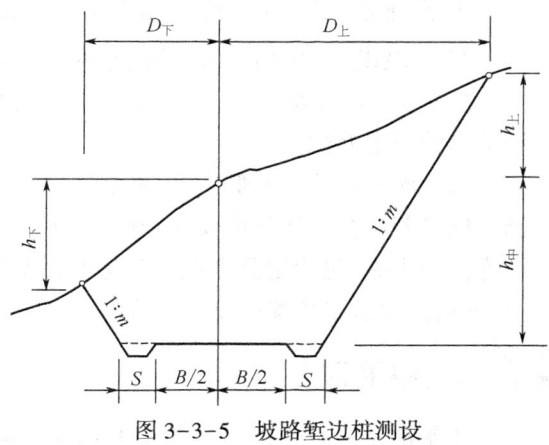

图 3-3-5 坡路堑边桩测设

四、基平测量

(一)设置路线水准点

ZBC009 基平测量的要求

水准点路线高程测量的控制点,在勘测和施工阶段都要使用,根据需要和用途可以分为永久性水准点和临时性水准点两种。一般设置在路线的起点、终点、大桥两岸、隧道两端以及一些需要长期观测高程的重点工程附近。在一般地区也应每隔 5km 设置一个永久性水准点。永久性水准点要埋设标石,或在永久性建筑物上或用金属标志嵌在基岩上。为便于引测,还需沿线布设一定数量的临时性水准点。临时性水准点可埋设大木桩,顶面钉入大铁钉作为标志,也可利用电线杆等地物。

一般在山岭重丘区每隔 0.5~1km 设置一个水准点;平原微丘区每隔 1~2km 设置一个水准点。大桥、隧道口、垭口及其他大型构造物附近,还应增设水准点。水准点位应选择在稳固、醒目、易于引测以及施工时不易遭受破坏的地方。

(二)路线水准测量

(1)测量步骤。

① 会同设计单位验收水准点,办理交接手续,准备、检验校正仪器和工具。

② 用水准仪进行水准点高程复测,同时加密施工用的临时水准点。并检验水准点的精度是否达到要求,超出允许误差范围时,应查明原因并及时报告有关部门。

③ 用水准仪或光电测距仪等作中桩高程测量。计算中桩的填挖高,测设边桩。

④ 施工过程中,根据情况检测中桩高程,同时复查临时水准点高程有无变化。

⑤ 竣工后埋设永久水准点,交付营运单位。

(2)测量方法与要求。

基平测量时,应获取绝对高程即将起始水准点与附近国家水准点进行联测。如有可能,应构成附合水准路线。当路线附近没有国家水准点或引测困难时,可参考地形图选定一个与实地高程接近的作为起始水准点的假定高程。

(3)基平测量的精度要求。

① 高速公路和一级公路的水准点闭合差为 $\pm 20\sqrt{L}$ (mm)。

② 二级以下(包括二级)公路水准点闭合差为 $\pm 20\sqrt{L}$ (mm)。

L 为水准路线长度,以千米计,大桥附近的水准点闭合差按《公路桥涵施工技术规范》关于编号的规定办理。

基平测量应使用不低于 S_3 级水准仪,采用一组往返或两组单程在两水准点之间进行观测。成果若符合上述精度要求,则取其平均值,复测高程与定测高程相比,其闭合差在误差允许范围内时,仍用定测高程。若超出误差允许范围,应多方寻找原因,只有证实定测有误时,才通知交桩单位修改定测高程。

> ZBC010 中平测量的要求

五、中平测量

中平测量一般是以两相邻水准点为一测段,从一个水准点开始,逐个测定中桩的地面高程,直至闭合于下一个水准点上,如图 3-3-6 所示每一个测站上,应尽量多地观测中桩,还需在一定距离内设置转点。中平测量时在测站上应先观测转点,后观测中间点。转点读数至毫米,视线长不应大于 150m,中间点读数到厘米,视线也可适当放长。

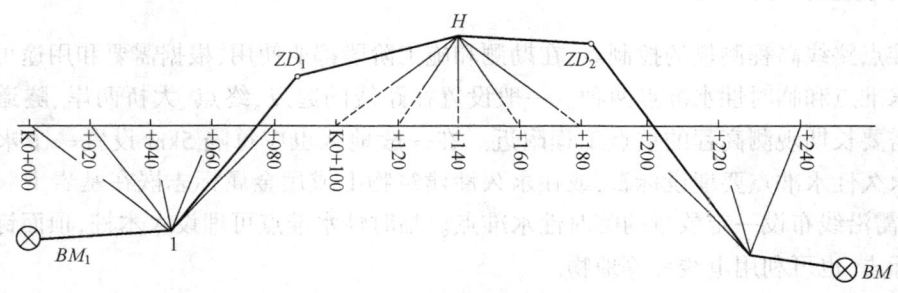

图 3-3-6 全站仪三角高程测量

当路线经过沟谷时,一般可采用沟内沟外分开的方法进行测量。如图 3-3-7 所示,当测至沟谷边缘时,仪器置于测站Ⅰ,同时设两个转点 ZD_6 和 ZD_A,后视 ZD_5,前视 ZD_6 和 ZD_A。此后沟内、沟外即分开施测。测量沟内中桩时,仪器下沟置于测站Ⅱ,后视 ZD_A,观测沟谷内两侧的中桩并设置转点 ZD_B。再将仪器迁至测站Ⅲ,后视 ZD_B,观测沟底各中桩。至此沟内观测结束。然后仪器置于测站Ⅳ,后视 ZD_6,继续前测。使用这种测法使沟内、沟外高程传递各自独立,互不影响。但由于沟内的测量为支水准路线,缺少检核条件,故施测时

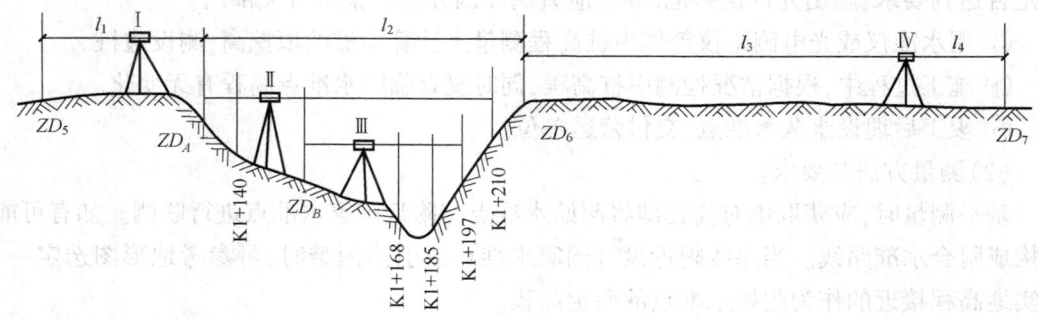

图 3-3-7 中平测量

倍加注意,记录时也应分开单独记录。另外,为了减少Ⅰ站前、后视不等所引起的误差,仪器置于Ⅳ时,尽可能使 $l_3=l_2$,$l_1=l_1$,或者 $(l_1-l_2)+(l_3-l_4)=0$。

用全站仪进行中平测量的要求和步骤如下:
(1)中平测量在基平测量的基础上进行,并遵循先中线后中平测量的顺序。
(2)测站应选择公路中线附近的控制点且高程应已知,测站应与公路中线桩位通视。
(3)测量前应准确丈量仪器高度、反射棱镜高度、预置全站仪的测量改正数。
(4)将测站高程、仪器高及反射棱镜高输入全站仪。
(5)中平测量仍须在两个高程控制点之间进行。

六、竖曲线测设

ZBC011 凸竖曲线的含义

纵断面上两相邻坡度线的交点称为变坡点,两相邻坡度线之间的夹角 α 称为变坡角,α 在数值上等于相邻两纵坡坡度的代数差,$\alpha = i_1 - i_2$,式中 $i_1 i_2$ 分别为前后两坡度线的坡度值(上坡为正,下坡为负)。

ZBC012 凹竖曲线的含义

为了保证行车舒适平顺、安全、视距良好及满足平、竖曲线组合的要求,在变坡点处均应设置竖曲线。竖曲线有凸形和凹形两种:当 α>0 时为凸形竖曲线,当 α<0 时为凹形竖曲线如图 3-3-8 所示。竖曲线可选用圆曲线和抛物线两种形式,为了便于计算,工程上一般采用抛物线形式。

竖曲线一般采用二次抛物线,如图 3-3-9 相邻纵坡的坡度分别为 i_1、i_2,竖曲线半径为 R。

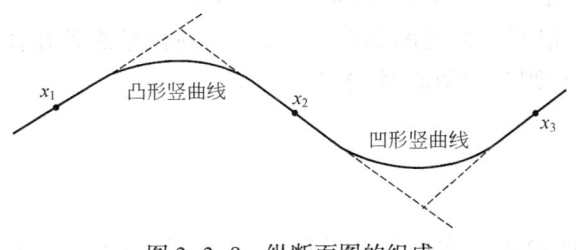

图 3-3-8 纵断面图的组成

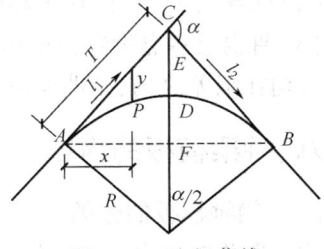

图 3-3-9 竖曲线

则曲线长:$L=\alpha R$,由于竖曲线的转角 α 很小,故可认为 $\alpha=i_1-i_2$,则 $L=R(i_1-i_2)$,切线长 $T=R\tan\dfrac{\alpha}{2}$,由于 α 很小,$\tan\dfrac{\alpha}{2}=\dfrac{\alpha}{2}$,则有 $T=\dfrac{1}{2}R(i_1-i_2)$,$E=\dfrac{T^2}{2R}$。同理可导出竖曲线上任一点 P 距切线的纵距(高程改正值)计算公式:$y=\dfrac{x^2}{2R}$,式中:x 为竖曲线任一点 P 至竖曲线起点或终点的水平距离;y 值在凹形竖曲线中为正号,在凸形竖曲线中为负号。

七、切线支距法

ZBC017 切线支距法的内容

切线支距法是以曲线的起点 ZY 或终点 YZ 为坐标原点,以切线为 x 轴,如图 3-3-10 所示按曲线上各点坐标 x、y 设置曲线。设 P_i 为曲线上欲测设的点位,该点至 ZY 点或 YZ 点的弧长为 l_i,φ_i 为 l_i 所对的圆心角,R 为圆曲线半径,则 P_i 的坐标可按下式计算:$x_i=R\sin\varphi_i$;

$y_i = R(1-\cos\varphi_i)$,其中 $\varphi_i = \dfrac{l_i 180°}{R\pi}$。

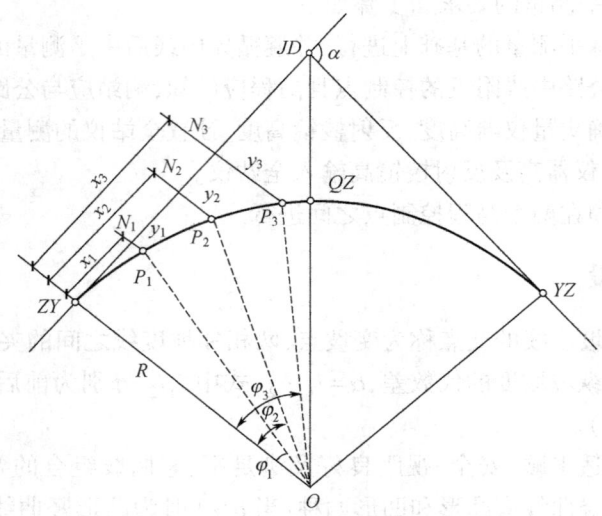

图 3-3-10 切线支距法测设单圆曲线

切线支距法测设曲线方法适用于平坦开阔的地区,具有测点误差不累积的优点。测设步骤如下:

(1)从 ZY(或 YZ)点开始用钢尺或皮尺沿切线方向量取 P_i 的横坐标 x_i,得垂足 N_i。

(2)在各垂足 N_i 上用方向架定出垂直方向,量取纵坐标 y_i,即可定出 P_i 点。

(3)曲线上各点设置完毕后,应量取相邻各桩之间的距离,与相应的桩号之差作比较,若较差均在限差之内,则曲线测设合格;否则应查明原因,予以纠正。

八、桥梁模板的内容

(一)梁桥模板的分类

ZBC023 梁桥模板的分类

按着制作材料分类,桥梁施工常用的模板有木模板、钢模板和钢木结合模板。按着模板的装拆方法分类,可分为零拼式模板、分片装拆式模板和整体装拆式模板。

芯模是形成空心所必需的特殊模板,其结构形式直接影响到制作是否简便经济,装拆是否方便,周转率是否高的问题。

将钢模板中的钢制壳板换成水平拼装木壳板,用埋头螺栓连接在角钢竖肋上,在木壳板上再钉一层薄铁皮,这样就做成钢木结合模板,这种模板成本低,而且有较大的刚度和紧密稳固性。

目前 T 型梁预制模板常采用分片装拆木制模板结构。

目前我国公路桥梁上用得最多的还是木模板。

(二)梁桥模板的构造

ZBC024 梁桥模板的构造

木模板的基本构造由紧贴于混凝土表面的壳板、支承壳板的肋木和立柱或横档组成。木模板肋木的间距一般为 0.7~1.5m。

分片装拆式钢模板是由钢壳板、水平肋和竖向肋、直撑、斜撑、顶横杆、底部拉杆及安装在壳板上的振捣架等组成。木模壳板的厚度一般为 2~5mm，宽度 15~18mm。

芯模的骨架和活动撑板，每隔 70cm 一道。

在拼装钢模时，所有紧贴混凝土的接缝内都用止浆垫使接缝密闭不漏浆，止浆垫一般采用柔软、耐用和弹性大的 5~8mm 橡胶板或厚 10mm 左右的泡沫塑料。

九、桥梁的施工方法

（一）梁桥的陆地架设方法

在桥不高，场地内可设置行车便道的情况下，用自行式吊车架设中、小跨径的桥梁十分方便。自行式吊车架梁时，一般吊装能力为 150~1000kN。

对于桥不太高，架桥孔数又多，沿桥墩两侧铺设轨道不困难的情况，可以采用一台或两台跨墩门式吊车来架设。

对于高度不大的中、小跨径的桥梁，当桥下地基良好能设置简易轨道时，可采用木制或钢制的移动支架架梁。

在水深不超过 5m、水流平缓、不通航的中小河流上，也可以搭设便桥并铺设轨道后用门式吊车架梁。

摆动排架架梁法是用木排架或钢排架作为承力的摆动支架点，由牵引绞车和制动绞车控制摆动速度，当预制梁就位后，再用千斤顶落梁就位。

（二）梁桥的浮吊架设方法

从架梁的工艺类别来分，有陆地架设法、浮吊架设法和利用安装导梁或塔架、缆索的高空架设等，每一类架设工艺中，按起重、吊装等机具的不同，又可分成各种独具特色的架设方法。

在海上和深水大河上修建桥梁时，用可回转的伸臂式浮吊法架梁比较方便。

在缺乏大型伸臂式浮吊时，也可用钢制万能杆件或贝雷钢架拼装的固定式悬臂浮吊进行架梁。

国外目前采用浮吊的吊装能力已达 30000kN。浮吊架梁时需在岸边设置临时码头来移运预制梁。

在河流的流速不大，桥墩不高的情况下，用固定式悬臂浮吊法架设 30m T 梁、T 型刚构的挂梁都很方便。

（三）梁桥的高空架设方法

架设中、小跨径的多跨简支梁桥，多采用联合架桥机架梁，其优点是不受水深和墩高的影响，并且在作业过程中不阻塞通航。

在梁的跨度不大、重量较轻、且预制梁能运抵桥头引道上时，直接采用自行式吊车来架梁甚为方便。

在桥高、水深的情况下，也可用闸门式架桥机来架设多孔中、小跨径的装配式梁桥。

高空架设法中的宽穿巷式架桥机，其结构特点是：在吊机支点处用强大的倒 U 形支承横梁来支承间距放大布置的两根安装梁，横截面内所有主梁都可由起重横梁上的起重小车横移就位，而不需要墩顶横移的费时工序。

采用联合架桥机架梁，用于孔数多，桥较长的桥梁比较经济。

采用闸门式架桥机架梁，由于有两根安装梁承载，起吊能力大，可以架设跨度较大较重的构件。

（四）拱桥的有支架施工方法

> ZBC028 拱桥的有支架施工方法

石拱桥、现浇混凝土拱桥以及混凝土预制块砌筑的拱桥，都采用有支架的施工方法修建，其主要施工工序有材料的准备，拱圈放样，拱架制作与安装，拱圈及拱上建筑的砌筑等。

砌筑石拱桥及就地浇筑混凝土拱圈等时，需要搭设拱架，以支承全部或部分拱圈和拱上建筑的重量，并保证拱圈的形状符合设计要求。

水深流急、漂流物较多及要求通航的河流上不能采用满布式拱架。

修建拱圈时，为了保证在整个施工过程中拱架受力均匀，变形最小，使拱圈的质量符合设计要求，必须选择适当的砌筑方法和顺序。

拱上建筑的施工，应在拱圈合拢，混凝土或砂浆达到设计强度30%后进行。

拱架制作时，为了使拱架具有准确的外形和各部尺寸，在制作拱架前，一般要在样台上放出拱架大样。

（五）拱桥的缆索吊装施工方法

> ZBC029 拱桥的缆索吊装施工方法

在峡谷或水深流急的河段上，或在通航河流上需要满船只的顺利通行，或在洪水季节施工并受漂流物影响等条件下修建拱桥，宜考虑采用缆索吊装的施工方法。

在采用缆索吊装的拱桥上，为了充分发挥缆索的作用，拱上建筑也应尽量采用预制装配构件，这样就能提高桥梁的工业化施工水平，并有利于加快桥梁的建设速度。

拱桥缆索吊装施工大致包括：拱肋的预制、移运和吊装，主拱圈的砌筑，拱上建筑的砌筑和桥面结构的施工等主要工序。

缆索吊装设备，按其用途和作用可以分为：主索、工作索、塔架和锚固装置等四个基本组成部分。

目前，缆索吊机的最大单跨跨径已达492m。

缆索架桥设备由于具有跨越能力大，水平和垂直运输机动灵活，适应性广，施工也比较稳妥方便等优点，因此目前在修建公路拱桥时较多采用缆索吊装的方法。

（六）拱桥的其他施工方法

> ZBC030 拱桥的其他施工方法

由于拱架费用高，为了提高支架的重复利用率，减少支架数量和费用，于是对于宽桥可以沿桥宽方向分几次施工。这种拱桥的施工方法称为支架横移法。

采用斜吊式悬臂施工法修建大跨径拱桥时，施工技术管理方面值得重视的问题有斜吊钢筋的拉力控制、斜吊钢筋的锚固和地锚地基反力的控制，预拱度的控制和混凝土应力的控制等几项。

拱桥的钢骨架施工法是用劲性钢材作为拱圈的受力钢材，在施工过程中，先把这些钢骨架拼装成拱，作施工钢拱架使用，然后再现浇混凝土，把这些钢骨架埋入拱圈混凝土中，形成钢筋混凝土拱。

竖向转体施工法是在竖直位置浇注拱肋混凝土，或者单孔拱桥利用桥台两岸斜坡地形作支架浇筑拱肋混凝土，然后再从两边逐渐放倒预制拱肋搭接成桥。

支架横移法属有支架施工方式。

拱桥转体施工法可按转动方向分为竖向转体施工法和平面转体施工法。

项目二　检验水准仪水准管轴平行于视准轴

该项目操作平面图如图 3-3-11 所示。

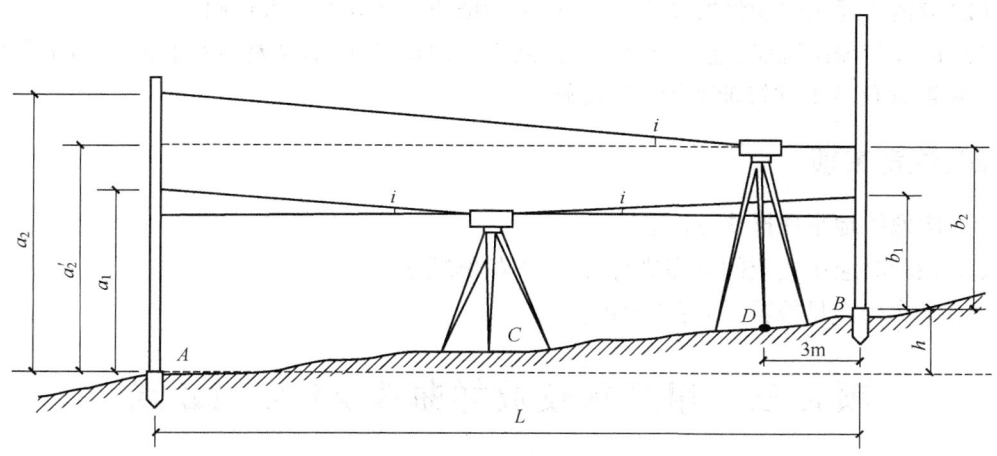

图 3-3-11　水准管轴平行于视准轴的检验方法

一、准备工作

(1) 设备。

DSZ_3 水准仪 1 套。

(2) 材料、工具。

彩色粉笔 2 根、3m 塔尺 2 把、A4 记录纸 1 张。

(3) 场地准备。

在较平坦地面上选定两点 A、B，相距 60~80m，做好标记，在标记上分别立塔尺。

二、操作步骤

(1) 第一次安置仪器。

在 AB 中点安置仪器，对中整平，分别读取 A、B 点塔尺读数 a_1、b_1，计算点 A、B 两点间高差 h_{AB}。

(2) 第二次安置仪器。

为校核在 A、B 两点高差，在原测点安置仪器，改变仪器高 10cm 以上，分别读取 A、B 点塔尺读数 a_1'、b_1'，计算点 A、B 两点间高差 h_{AB}'。

(3) 计算。

两次高差不大于 3mm，取两次高差的平均值作为 A、B 间的正确高差。

(4) 第三次安置仪器。

在离 B 点约 3m 的 D 点安置仪器，分别读取 A、B 点塔尺读数 a_2、b_2，计算点 A、B 两点间

高差 h_{BA}，若 $h_{AB}=h_{BA}$，说明水准管轴平行于视准轴，若不等，但差值不大于 5mm，说明仪器符合要求，否则需校正。

三、技术要求

（1）应清楚在 A、B 两点中间置仪，可以消除视线倾斜误差。
（2）应清楚通过改变仪器高的方法，可以验证两点间高差是否正确。
（3）应清楚偏站置仪，进一步验证两点间高差的正确性，如高差不大于 5mm 或 i 角小于 20″时，说明该仪器水准管轴平行于视准轴。

四、注意事项

（1）应熟练地掌握操作方法。
（2）检验时应按规定的顺序进行检验，不颠倒顺序。
（3）本次操作只检验，不需要校正。

项目三　用经纬仪放样曲线 ZY 点、YZ 点

该项目操作平面图见第二部分模块三技能要求中图 2-3-14。

一、准备工作

（1）设备。
DJ_2 经纬仪 1 套。
（2）材料、工具。
彩色粉笔 2 根、记录纸 1 张、50m 钢尺 1 把、花杆 2 根。
（3）在场地上给出曲线交点位置，并给出导线起点方向、转角和曲线半径，并用粉笔做出标记。

二、操作步骤

（1）安置仪器。
将仪器安置在曲线交点上，踩实三脚架，对中、整平。
（2）计算圆曲线切线长。
根据现场给出的曲线半径、曲线转角，计算出曲线切线长，切线公式 $T=R\tan(\alpha/2)$。
（3）放出曲线 ZY 点。
将仪器瞄准导线起点方向，指挥拉尺人员沿导线方向定出直圆点，用粉笔在场地上标记点的位置。
（4）放出曲线 YZ。
以前进方向定向，倒镜，旋转曲线转角后，拧紧水平制动螺旋，指挥人员拉尺定出圆直点，用粉笔在场地上标记点的位置。

三、技术要求

(1)应熟悉单圆曲线的要素及主点测设知识。
(2)应熟悉切线长计算公式及主点里程的计算方法。
(3)应熟练掌握经纬仪的基本性能和用途。

四、注意事项

(1)此法适用于平坦开阔地区,使用工具简单,且具有点位误差不累积的优点。
(2)要学习掌握经纬仪使用时的操作程序,熟悉每项操作的具体要求及其相互关系。
(3)旋转照准部前需松开制动螺旋,以免损坏部件;照准目标前要固紧制动螺旋,使用微动螺旋才有效。
(4)若仪器被碰动或发现长气泡偏离中心超过一格,应重新整置仪器进行观测。

项目四 根据给定交点位置及外距用全站仪确定曲线要素

该项目操作平面图如图3-3-12所示。

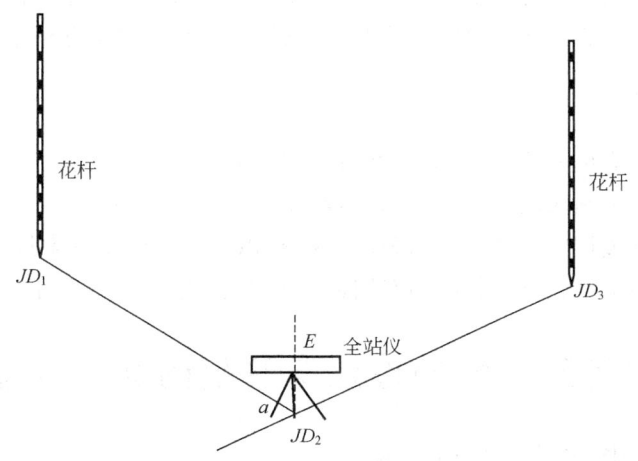

图3-3-12 给定交点和外距的圆曲线测设

一、准备工作

(1)设备。
全站仪1套。
(2)材料、工具。
彩色粉笔2根、花杆2根。
(3)场地准备。
在场地上用彩色粉笔给出已知JD_1、JD_2、JD_3位置。

二、操作步骤

(1)计算曲线半径。

已知外距,可以按下面所给的公式初步试算出需设的曲线半径:

$$E = T\tan\frac{\alpha}{4}, T = R\tan\frac{\alpha}{2}$$

(2)计算曲线要素。

根据计算的半径,取整确定采用的曲线半径,根据上面公式及曲线长公式 $L = R\alpha\frac{\pi}{180°}$ 和切曲差公式 $D = 2T - L$,计算曲线切线长、曲线长、外距及切曲差。

三、技术要求

(1)在实际工作中经常会遇到交点附近有障碍物的情况,需要根据外距和转角本确定曲线半径。

(2)应熟悉单圆曲线切线长及外距计算公式,并推导出曲线半径计算公式。

(3)试算得到的半径需要取整,应为 5 的倍数。并根据重新选取的半径计算曲线要素。

(4)安装全站仪的操作方法和步骤与经纬仪类似,包括对中和整平。把仪器安装到三脚架上之后,应先开机,然后选定对中/整平模式后,再用激光对中器对中。

四、注意事项

(1)半径选取时应尽量避免采用圆曲线极限最小半径。

(2)根据所采用全站仪的型号,确定角度测量模式的打开方式。

(3)在整个操作过程中,观测者不得离开仪器,以避免发生意外事故。

(4)仪器应保持干燥,遇雨后应将仪器擦干,施在通风处,完全晾干后才能装箱。

项目五 野外检定全站仪的加常数值

该项目操作平面图如图 3-3-13 所示。

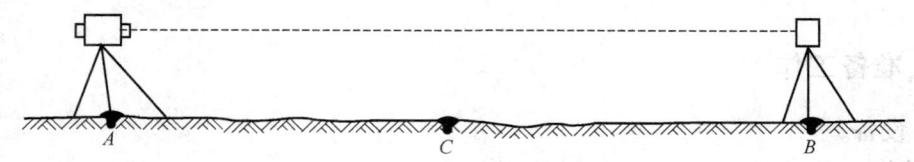

图 3-3-13 检定全站仪加常数值

一、准备工作

(1)设备。

全站仪 1 套、棱镜 1 个。

(2)材料、工具。

彩色粉笔 2 根、记录纸 1 张、花杆 1 根。

(3)场地准备。

在一平坦的场地上选一 200m 左右的直线段 AB,并定出 AB 直线段的中点 C,并现场做标记。

二、操作步骤

(1)第一次安置仪器测距。

在 A 点安置仪器,并对中整平,测平距 AB 和 AC,做好记录。

(2)第二次安置仪器测距。

在 B 点安置仪器,并对中整平,测平距 AB 和 BC,做好记录。

(3)第三次安置仪器测距。

在 C 点安置仪器,并对中整平,测平 AC 和 BC,做好记录。

(4)计算全站仪加常数值。

根据上面的观测值分别算出 AB、AC 和 BC 的平均值$[AB]$、$[AC]$和$[BC]$。

利用公式 $K=([AC]+[BC])-[AB]$ 计算全站仪加常数值。该值应接近于零。

三、技术要求

(1)仪器加常数 K 是仪器常数 K_1 和棱镜常数 K_2 之和,K_1 是仪器的竖轴中心线至机内距离起算参考面的距离;K_2 是棱镜基座中心轴线至棱镜等效反射面的距离。

(2)由于仪器加常数的存在,使得测出的距离值与实际值不符,因而必须改正。

(3)因为加常数是与所测距离远近无关的一个常数,所以在仪器出厂前都经过检测,已预置于仪器中,对所测的距离自动进行改正。

四、注意事项

(1)仪器常数很少发生变化,但最好此项检验每年进行一至二次。

(2)正常情况下仪器常数检验适合在标准基线上进行,本次操作为野外检验的简便方法。

(3)用彩色粉笔代替木桩,标记要清楚、准确。

(4)反射棱镜应保持干净,不用时要放在安全的地方,如有箱子,应装在箱内,以避免碰坏。

模块四　施工测量

项目一　相关知识

一、建筑物的施工测量

(一) 建筑物基础施工测量

> ZBD001 建筑物基础施工测量的要求

基础是建筑物的入土部分,是把建筑物、机器设备等的荷重传递到地基上的结构。

建筑物基础施工时,基础开挖前,根据龙门板或轴线控制桩的轴线位置和基础宽度,并顾及基础挖深需要放坡的尺寸,在地面上用石灰放出基槽边线,即基础开挖线。

开挖基槽时,不得超挖基底,要随时测挖土的深度;挖基槽时,当基槽挖至槽底 0.3~0.5m 时,用水准仪,在槽壁上每隔 2m 左右和拐角处设一水平桩,用以控制挖槽深度,以及作为清理槽底和铺设垫层的依据。

建筑物定位后,所测设的轴线交点桩在开挖基槽时将被破坏,能方便地恢复各轴线的位置,一般把轴线延长到安全的地点,通常采用设置龙门板和设置轴线控制桩。

建筑物基础详图即基础大样图,它给出基础的设计宽度、形式以及基础边线与轴线的尺寸关系。

建筑物轴线控制桩设置在基槽外基础轴线的延长线上,作为开槽后各施工阶段确定轴线位置的依据。

(二) 建筑物墙体施工测量

> ZBD002 建筑物墙体施工测量的要求

墙体施工测量包括:房屋底层和楼层的放线和墙体各部位的高程控制以及高程传递。

在大中型建筑施工场地上,施工控制网一般由正方形或矩形格网组成,称为建筑方格网。在面积不大又十分复杂的建筑场地上,常布设一条或数条基线,作为施工测量的平面控制,称为建筑基线。

建筑物的高程控制时,为了测设方便和减少误差,在厂房的内部或附近应专门设置 ±0.000 水准点,但要注意这些点在设计中高程并不一定相同,因此应严格加以区分。

民用建筑物定位,是根据施工的平面控制或地面上已有的建筑物,将拟建建筑物外廓各轴线交点,测设在实地,然后再根据这些角桩进行细部测设。

建筑基线也是根据建筑物的分布、场地地形及原有控制点的状况来布置的,其位置应靠近主要建筑物,并与其平行,以便以后采用直角坐标系法进行测设。

建筑物立面图及剖面图是高程测设的主要依据,它们给出基础、地坪、门窗、楼板、屋架和屋面等的设计高程。

(三) 铅垂线的测设方法

> ZBD019 铅垂线的测设方法

建斜拉桥索塔等高建筑物时,常需要测设铅垂线。铅垂线又称为垂准线。专门为测设铅垂线用的仪器称为垂准仪,也称为天顶仪。在场地开阔且垂直高度不大时,可以用两台经纬仪得到铅垂线。

二、点位的测设方法

(一)直角坐标法

测设工作实际上是根据控制点或原有构筑物,按照设计的距离、角度、高程的关系,应用测量仪器把设计的构筑物的平面位置和高程标定在地面上。

点位的测设包括平面位置测设和高程位置的测设两个方面。

点的平面位置测设,根据控制网形式、现场情况、设计条件以及测设的精度要求等选用适当的方法,常用的方法有直角坐标法、极坐标法、角度交会法、距离交会法等。

如图 3-4-1 所示,直角坐标法是按直角坐标原理确定一点的平面位置的方法。在测量平面直角坐标系中,纵轴为 x 轴,向正北为正。

直角坐标法测设点位适用于以方格网或建筑基线为施工控制的场地。

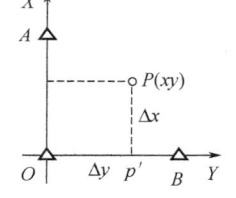

图 3-4-1 直角坐标法

(二)极坐标法

极坐标法是在控制点上测设一个水平角和一段水平距离,就可在地面上测设出一点的平面位置。

如图 3-4-2 所示,A、B 为控制点,坐标为 $A(x_A, y_A)$,$B(x_B, y_B)$,P 为设计的点,坐标为 $P(x_p, y_p)$,AB 的坐标方位角的计算公式为:

$$\alpha_{AB} = \arctan(y_B - y_A)/(x_B - x_A)$$

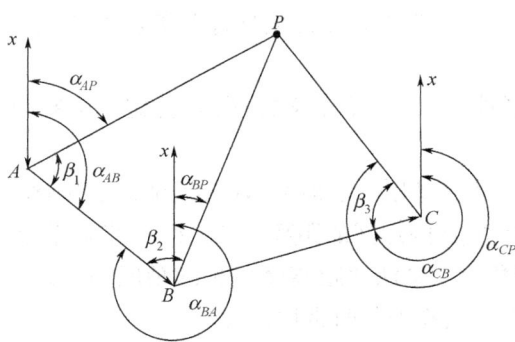

图 3-4-2 极坐标法

另一极坐标系,A、B 为控制点,P 为设计的点,AB、AP 的坐标方位角分别 α_{AB}、α_{AP},则 AB 与 AP 之间的水平角 β 为:

$$\beta = \alpha_{AB} - \alpha_{AP}$$

极坐标测量法是在极坐标系中进行的,极坐标系是一个二维坐标系统。如表达两点间的关系,在极坐标系中,用夹角和距离很容易表示;而在平面直角坐标系中,这样的关系就只能使用三角函数来表示。

极坐标法适用于距离较短,量距又比较方便的场地。

ZBD005 点位测设的角度交会法

(三)角度交会法

当需要测设的点位与已知控制点相距较远或不便于量距时,可采用角度交会法测设。如图3-4-3所示,A、B、C、D、E为已知平面控制点,1、2为要测设的点,采用角度交会法测设出点1与点2,测设后,丈量1、2的水平距离,并与设计值比较,用来作校核。

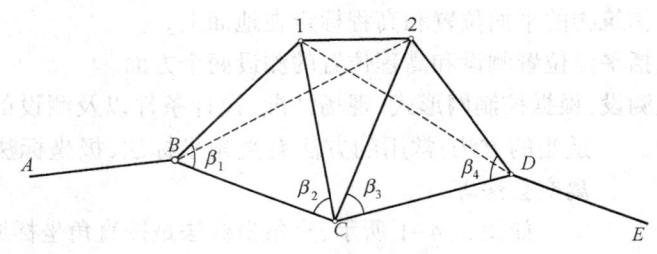

图3-4-3 角度交会法

用角度交会法测设点位时,两交会方向的夹角称为交会角。

角度交会法适用于待定点离控制点较远,量距较困难的场地,尤其是在水坝、桥梁、隧道等工程中,广泛应用这种方法来测定点位。

当桥墩所处的位置河水较深时,无法直接丈量,也不便于架设反射棱镜时,可采用角度交会法测设桥墩中心。

采用角度交会法时,为了防止发生错误和检查交会的精度,实际测量中都是用三个方向交会。

ZBD006 点位测设的距离交会法

(四)距离交会法

距离交会法是根据测设的距离交会定出点的平面位置的一种方法,又称为长度交会法。采用距离交会法时,首先要根据控制点的坐标和测设点的坐标,用坐标分别算出测设点至各控制点的水平距离。

距离交会法适用于场地较平坦,量距又方便,且待定点离控制点的距离一般不应超过50m的地区。

有一直角坐标系,B、C为控制点,坐标为$B(500,500)$,$C(480,520)$,P为设计的点,坐标为$P(550,515)$,经计算B、P两点间的距离为52.20m(坐标单位为m)。

在点位测设时,采用角度交会法比距离交会法的精度高。距离交会法的优点是不需要仪器,但精度较低,在施工中放样细部时常用这种方法。

ZBD022 边角测量的方法

(五)边角测量的方法

边角测量是综合应用GPS技术来推求各顶点水平位置的测量方法。三角锁是在地面上由一系列相邻的三角形构成链形的水平控制网。各等级导线的边长,一般均应采用相应精度的全站仪测定。为了取得导线坐标和坐标方位角的起始数据,导线应与高级控制点进行联测。

检核时,导线测量平差可分为近似平差法和严密平差法两种。严密平差一般分为直接观测平差、条件观测平差和间接观测平差三种平差方法。

三、道路施工测量

(一) 路基边桩放样

路基边桩放样的方法有图解法、解析法、逐次逼近法、坡度样板法等。

傍山路基放样多采用图解法,用此法必须有准确的横断面图;原地面平坦时,一般多用解析法;在山坡上路基边桩的测设,自然地面往往是起伏不平的,山坡的路基横断面中,路基宽度 B、边沟宽度 S、路基边坡率 m 均为已知,中心桩与边桩的平距随两边桩与中桩的高差而变,实际工作中采用逐次逼近法测设边桩。

放样曲线段路基边桩时,用求心方向架定出横断面方向,然后按路基中线两侧量距放出路基边桩。

路基施工前需放出路基边桩、坡口、坡脚、边沟护坡道、借土场等具体位置。

> ZBD007 路基边桩放样的方法

(二) 路拱放样

路拱就是将路面表面做成中间高,按一定规律向两侧逐渐降低的表面形状。公路上采用的路拱形式有抛物线形、直线形、直线叠加圆曲线形等。

对于四车道高速公路,其路拱形式是从中央分隔带逐渐向两侧做成单坡形式。水泥混凝土路面路拱横坡度一般为 1%~2.5%。

当圆曲线半径小于不设超高的最小半径时,为抵消一部分横向力,将行车道绕旋转轴旋转,逐渐形成外侧高内侧低的单一横向坡度,这种设置称为超高。

路拱放样就是控制各结构施工铺筑时,及时准确地确定出反应路拱形式的各控制断面摊铺标高,以便待碾压后能够准确形成路拱形状。

> ZBD008 路拱放样的方法

(三) 边桩放样

在道路边桩测设中,边桩的位置是由两侧边桩至中桩的距离确定。路基边桩测量是在地面上将每个横断面的路基边坡线和地面的交点用木桩标定出来。

路基边桩的测设方法有图解法和解析法。图解法是直接在横断面图上量取中桩到边坡点的距离。

测设路基边桩时,如果填挖土方不大时,一般采用图解法。当填土高度小于 3m 时,可用木桩标记填土高度,然后用细绳拉起,进行路堤边坡的放样。

> ZBD020 边桩放样的方法

四、桥梁轴线定位测量

(一) 轴线长度直接测量

当桥梁位于干涸、浅水或河面较窄的河段,可采用直接丈量法测量桥轴线长度。直接丈量法的特点是设备简单,精度可靠、直观。由于桥轴线长度的精度要求较高,一般采用精密丈量的方法。具体步骤如下:

(1) 清理桥轴线范围内场地。

(2) 经纬仪置于桥轴线一控制桩上,定出轴线方向,每隔一整尺距离钉设一木桩,木桩要钉牢,不能有丝毫晃动。在桩顶钉一白铁皮,并在其上划一十字,十字中心应在桥轴线上,以作为量距的标志。

> ZBD009 轴线长度直接测量的方法

(3)用水准仪测出相邻桩顶间的高差,据以计算倾斜改正。

(4)使用检定过的钢尺丈量。丈量时用重锤或弹簧秤施以标准拉力。每一尺段可连续测量三次,每次读数时应稍变更钢尺的位置。读数读至 0.1mm。三次测量的结果,其较差不得大于限差要求,取其平均值。

(5)在丈量距离的同时应测量温度一次。计算每一尺段的尺长、温度及倾斜改正,求得改正后的尺段长度,然后将各尺段长度取和,得到桥轴线测量一次的长度。一般应往返丈量至少各一次,称为一测回。根据丈量精度要求,可测数测回。桥轴线长度取数测回的平均值。

> ZBD010 轴线长度间接测量的方法

(二)轴线长度间接测量

桥梁轴线定位测量的间接测量法,有矩形导线测定法、梯形导线测定法及精密导线测定法。

假如 A、B 两点为桥中线的方向控制点,由于两点间有丛林、水塘及楼房,无法丈量桥轴线长度,在桥梁一侧,能设平行线时,可采用矩形导线测定法测量该桥轴线长度。

又如 A、B 两点为桥中线的方向控制点,由于两点间有丛林、水塘及楼房,无法丈量桥轴线长度,在桥梁两侧无法设平行线时,可采用梯形导线测定法测量该桥轴线长度。

桥梁轴线长度测量时,由于地形条件复杂,无直线可测量时,可采用精密导线测定法。

桥轴线的间接测量法中,精密导线测量的边长精度不宜低于 1∶25000。桥轴线的间接测量法中,精密导线测量,折点的测角应用 DJ_2 经纬仪测量二个测回,计算出每段导线的边长及方位角,以便求得每一导线点相对于桥中线的里程及坐标。

> ZBD011 轴线长度光电测距的方法

(三)光电测距法

光电测距仪具有作业精度高,速度快,操作和计算简便等优点,且不受地形条件限制,所以多在公路工程中使用,其测距可达 3km。桥梁轴线长度测量时,可直接使用红外测距仪。

采用光电测距仪测桥轴线长度,测距时应同时测定温度、气压及竖直角,用来对测得的斜距进行气象改正和倾斜改正。

桥墩位置在水中,要采用交会法定位,这时可将桥轴线作为一条边,布设成双闭合环导线,这时采用全站仪进行观测尤为方便,测距和测角可同时进行。

导线点的精度要根据施工时桥墩的定位方法而定,如果施工时桥墩的基础部分用交会法定位,导线精度要求高;而当桥墩修出水面之后,就可以用测距仪直接测距定位,此时导线精度可适当降低。

五、输电线路测量

> ZBD012 输电线路测量的划分阶段

(一)输电线路测量划分阶段

输电电线路测量分为两个阶段,即踏勘和终勘定位。按输电线路勘测设计阶段的不同,输电线路设计测量一般分为线路初勘测量、终勘测量和杆塔定位测量三个部分。

输电线路初步设计阶段,需要进行线路初勘测量。输电线路初勘测量是根据地形图上初步设计选择的路径方案,进行现场实地踏勘或局部测量,以便确定最合理的路径方案,为初步设计提供必要的资料。

输电线路施工图设计阶段,需要进行线路的终勘测量。输电线路终勘测量主要是根据批准的初步设计方案,在现场进行选线测量、定线测量、交叉跨越测量、平断面测量,并绘制平断面图。

(二)输电线路测量的要求

输电线路测量作业步骤为:室内选线、实地踏勘和终勘定位。

输电线路测量室内选线是利用地形图选择可行性方案。输电线路测量图上选线时,路径长度要短,一般线路转角在5°以下;输电线路与铁路、公路、架空索道平行敷设时,其间距不得小于一根杆塔的高度。

由于输电线路在转角点转向,所以转角点的选择极为重要。转角桩的桩号应按顺序编排,通常用"J"表示。如 J9 表示第 9 个转角桩。

(三)输电线路跨越的要求

当输电线路与河流、输电线路、通信线路、铁路、公路、架空索道、房屋等地上或地下建筑物交叉跨越时,为了保证线路导线与被跨越物的距离满足设计要求,必须进行交叉跨越测量,以便合理地选择跨越地点和设计跨越杆塔。当线路跨越河流时,除进行跨越河流的平断面测量外,还应测定线路与河流的交叉角,测出历年最高洪水位和常年洪水位以及航道的位置。

输电线路跨越的河流较大时,应在跨越处测绘沿路径中线各 100m 宽的带状地形图,测图比例尺为 1/500、1/1000;35kV 至 110kV 送电线路跨越居民区的安全垂距是 7m;110kV 以上的高压送电线路与平行敷设的电力线的最小间距为 200m;110kV 以上的高压送电线路与平行敷设的国际通讯或铁路通讯线最小间距为 400m。

(四)输电线路杆塔定位的内容

杆塔定位测量是把平断面图上确定的杆塔的位置通过一定的测量手段测设在实地上,以便日后进行施工。这项工作有时与线路终勘测量一并进行,有时待施工图设计批准后,在施工之前再到现场进行。杆塔定位测量可根据不同的具体情况,分别采用先测后定或边测边定两种方法进行定位。

先测后定法的工作程序为:图上定位、测设杆塔位中心桩、施测档距和杆塔位高程、测量施工基面值、补测危险断面点。

高压输电线路杆塔位置是利用横板在线路平断面上排定塔杆位置的;高压输电线路杆塔位置排定后,测量人员便可从平断面上图解得出方向桩与杆塔之间的距离和高差;高压输电线路杆塔位桩的横向偏离值应不大于 50mm;高压输电线路杆塔位桩钉好后,挡距和高差是按测值计算出来的。

(五)输电线路定线测量

输电线路定线测量方法主要有前视法定线、分中法定线、三角法定线和坐标法定线。输电线路定线测量的前视法,是观测者通过望远镜利用竖直的竖直面,指挥定线扶杆人员在选定的路径附近移动标杆,直至标杆与十字丝竖丝重合。输电线路定线测量中,如采用正倒镜两次观测,以两次观测前视点的中分位置作为方向桩,以此确定直线延长线,称这种定线测量方法为分中法定线。

输电线路定线测量方法根据路径上障碍的多少以及地形复杂程度采用不同的方法。若输电线路上有障碍物不能通视时,要采用三角法间接定线。

定线测量应尽量做到线位结合,即在定线测量的同时,要考虑到实地地形能满足立杆塔的可能性。

六、测设已知坡度的直线

在公路工程中,常要将设计坡度线在地面上标定出来,作为施工的依据。坡度线的测设是根据附近水准点高程、设计坡度和坡度线端点的设计高程,用高程测设法将坡度线上各点设计高程标定在地面上的测量工作。坡度线的测设,根据地面坡度大小,可采用水平视线法、倾斜视线法和用经纬仪测设法等。

> ZBD016 水平视线法测已知坡度直线的方法

(一)水平视线法

如图 3-4-4 所示,在某公路工程中,假设起点 A 设计高程为 H_A、设计坡度 i、水平距离 d,则桩点的设计高程 H_1 为:$H_A + i \cdot d$。

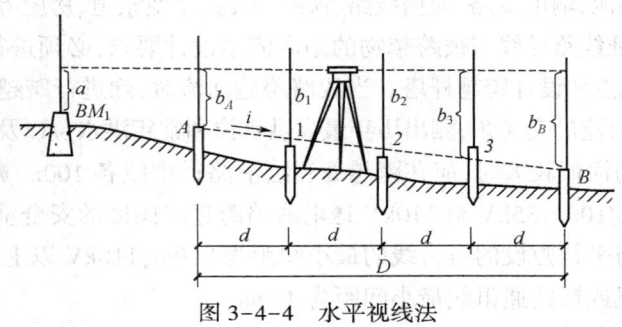

图 3-4-4 水平视线法

按照水平视线法测设已知坡度的直线时,已知水准点 BM_1 高程为 H_{BM1},将仪器安置在 BM_1 附近,读后视读数为 a,那么仪器视线高程 $H_视$ 为:$H_{BM1} + a$。

根据地面坡度的大小,测设坡度现可采用导线法、倾斜视线法和用经纬仪测设法等。坡度线的测设方法有水平视线法和倾斜视线法。坡度线的测设是根据附近控制点的高程、设计坡度以及坡度端点的设计高程利用仪器定出地面上的高程。

> ZBD017 倾斜视线法测已知坡度直线的方法

(二)倾斜视线法

倾斜视线法测设已知坡度的直线是根据视线与设计坡度线平行时读数相等的原理进行的。如图 3-4-5 所示,已知 A 点高程为 5.250m,AB 直线方向测设坡度为 -1% 的坡

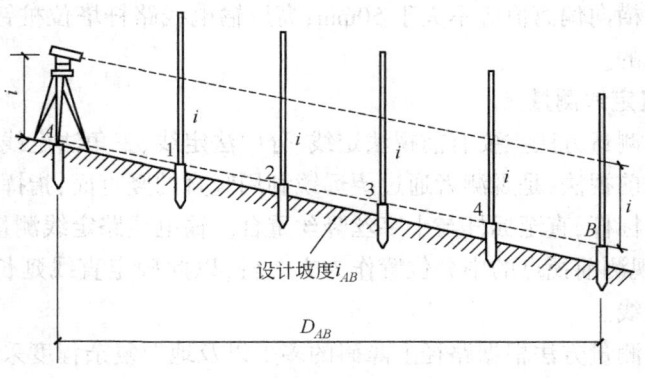

图 3-4-5 倾斜视线法测设

度线，AB 水平距离为 100m，附近水准点 BM_1 的高程 4.500m，那么 B 点的设计高程为 5.700m，B 点的前视读数为 1.450m。

倾斜视线法测设坡度线可选用经纬仪或水准仪进行测设。

倾斜视线法测设坡度线时，设计坡度角较大时，超出水准仪角螺旋的最大调节范围时，应改用经纬仪测设坡度线。

> ZBD018 经纬仪测设法测已知坡度直线的方法

（三）经纬仪测设法

当已知坡度的直线的坡度角较大，水准仪无法达到要求时，则可以用经纬仪测设法进行测设。用经纬仪测设已知坡度的直线是按照公式 $\sin\alpha = i$ 计算出倾斜角 α 的数值。

在公路工程测量施工中，当遇到两点不通视且距离较远时，可采用正倒镜分中法和正倒镜投点法。

在两点间通视的情况下，进行两点间定线时，为保证丈量精度，须用经纬仪定线。当使用电子经纬仪或全站仪测设坡度线时，可以将其竖盘显示单位切换为坡度单位。用经纬仪测设坡度线时，需要量取仪器高。

七、工业建筑测量

> ZBD023 工业建筑柱形基础的定位测量内容

（一）工业建筑柱形基础的定位测量

工业建筑柱基础定位是根据工业建筑平面图，将柱基础纵横轴线投测到地面上去，并根据基础图放出柱基挖土边线。

工业建筑柱基础基坑开挖后，当快要挖到设计标高时，应在基坑的四壁或者坑底边沿及中央打入小木桩，在木桩上引测同一高程的标高，以便根据标高拉线修整坑底和施工垫层。称之为基坑抄平。

工业建筑柱基础打好垫层后，应根据已标定的柱基定位桩，在垫层上放出基础中心线，作为支模板的依据。工业建筑柱基础拆模后，应根据矩形控制网上柱中心线端点，用经纬仪把柱中线投到杯口顶面，并绘标志标明。对于工业建筑柱基础，在放杯底模板时，应注意使实际浇筑出来的杯底顶面比原设计的标高略低 3~5cm，以便拆模后填高修平杯底。工业建筑柱基础杯口中心线投点方法之一是将仪器置于中心线上的合适位置，照准控制网上柱基中心线两端点，采用正倒镜法进行投点。

> ZBD024 工业建筑钢柱基础的测量内容

（二）工业建筑钢柱基础的测量

工业建筑钢柱基础垫层混凝土凝结后，应在垫层面上进行中线点投测，并根据中线点弹出墨线，绘出地脚螺栓固定架的位置。

工业建筑钢柱基础，垫层中线抄平是在垫层上绘出螺栓固定架位置后，即在固定架外框四角处测出四点标高，以便用来检查并整平垫层混凝土面，使其符合设计标高，便于固定架的安装。

工业建筑钢柱基础，固定架中线投点前，应对矩形边上的中心线端点进行检查，然后根据相应两端点，将中线投测于固定架横梁上，并刻绘标志。

工业建筑钢柱基础，模板支好后，在浇筑基础过程中，为了保证地脚螺栓位置及标高的正确，应进行看守观测，如发现变动应立即通知施工人员及时处理。

工业建筑钢柱基础定位方法与工业建筑柱基础定位方法相同。

（三）工业建筑砼柱基础、柱身与平台的测量

> ZBD025 工业建筑砼柱基础、柱身与平台的测量内容

混凝土柱基础混凝土凝固拆模后，应根据控制网上的柱子中心线端点，将中心线投测在靠近柱底的基础面上，并在露出的钢筋上标出标高点，以供在支柱身模板时定柱高及对正中心之用。

柱身模板支好后，用经纬仪对柱子的垂直度进行检查。柱子模板校正以后，应选择不同行列的二、三根柱子，用钢尺从柱子下面已测好的标高点沿柱身向上量距，引测二、三个同一高程的点于柱子上端模板上。

向高层柱顶引测中线的方法一般是将仪器安置在柱中心线端点上，照准柱子下端的中线点，仰视向上投点。

第一层柱子及平台混凝土浇筑好后，应将中线及标高引测到第一层平台上，用钢尺根据柱子下面已有的标高点沿柱身量距向上引测。

柱身施工时，标高引测的测量允许误差为±5mm。

（四）工业建筑柱子安装测量

> ZBD026 工业建筑柱子安装测量的内容

柱子安装时，柱子中心线应与相应的柱列中心线一致，其允许偏差为±5mm；柱子牛腿顶面及柱顶面的实际标高应与设计标高一致，当柱高>5m时，其允许偏差为±8mm；当柱高≤10m时，柱身垂直允许误差不应大于10mm。

柱子安装时，根据柱列轴线控制桩，用经纬仪将柱列轴线投测到每个杯形基础的顶面，弹出墨线，当柱列轴线为边线时，应平移设计尺寸，同样弹出柱子中心线，作为柱子安装定位的依据。

柱子安装时，应弹出柱基中心线和杯口标高线，弹出柱子中心线和标高线，且要进行柱子垂直校正测量。

进行柱子垂直度校正测量时，应将两台经纬仪安置在柱子纵、横中心轴线上且距离柱子约为柱高的1.5倍的地方。

（五）工业建筑吊车梁安装测量

> ZBD027 工业建筑吊车梁安装测量的内容

吊车梁安装测量的目的是保证吊车梁中心线位置和标高满足设计要求。

根据工业厂房控制网或柱中心轴线端点，在地面上定出吊车梁中心控制桩，然后用经纬仪将吊车梁中心线投测到每根柱子牛腿上，并弹出墨线。

根据厂房中心线和设计跨距，由中心线向两侧量出 $\frac{1}{2}$ 跨距 d，在地面上标出轨道中心线。

吊车梁安装时，根据±0.000标高线，沿柱子侧面向上量取一段距离，在柱身上定出牛腿面的设计标高点，作为修平牛腿面及加垫板的依据。吊车梁安装时中心线投点误差为±3mm。根据牛腿面上轨道中心线和吊车梁端头中心线，两线对齐将吊车梁安装在牛腿面上，并利用柱子上的高程点，检查吊车梁的高程。

（六）工业建筑轨道安装测量

> ZBD028 工业建筑轨道安装测量的内容

(1)吊车轨道中心线投点的检查：置经纬仪于吊车梁上，照准预先在墙上或屋架上引测的中心线两端点，用正倒镜法将仪器中心移至轨道中心线上，而后每隔18m投测一点，检查轨道的中心是否在一条直线上。

(2)吊车轨道安装标高的检查：根据在柱子上端测设的标高点检查轨顶标高。在两轨道接头处各测一点，中间每隔 6m 测一点。

吊车轨道安装时，用平行线法测设轨道中心线。吊车轨道中心线点测定后，应安放轨道垫板。

(3)吊车轨道跨距的检查：在两条轨道对称点上，用钢尺精密丈量其跨距尺寸，实测值与设计值相比较，轨道跨距允许误差为±3～±5mm。

（七）钢结构工程安装测量

> ZBD029 钢结构工程安装测量的内容

对于钢结构工程，平面控制网离施工现场不能太近，应考虑到钢柱的定位、检查和校正。

高层钢结构工程标高测设极为重要，其精度要求高，故施工场地的高程控制网，应根据城市二等水准点来建立一个独立的三等水准网，以便在施工过程中直接应用。

钢结构工程柱间距检查是在定位轴线认可的前提下进行的，一般采用检定的钢尺实测柱间距。钢结构工程柱间距偏差值应严格控制在±3mm 范围内。定位轴线检查，预检应由业主、监理、土建和安装四方联合进行，作为临时支承标高块调整的依据。

在进行钢结构工程安装过程中，必须时时进行钢柱位移的监测，并将实测的位移量根据实际情况加以调整。

（八）机械设备安装测量

> ZBD033 机械设备安装测量的内容

大型连续生产设备基础中心线及地脚螺栓组中心线很多，为便于施工放线，将槽钢水平地焊在厂房钢柱上，然后根据厂房矩形控制网，将设备基础主要中心线的端点，投测槽钢上，以建立内控制网。

对于大型设备基础有时需要与厂房基础同时施工，因此，不可能设置内控制网，而采用在靠近设备基础的周围架设钢线板或木线板的方法。

机械设备安装基坑开挖时，根据厂房控制网或场地上其他控制点测定挖土范围线，其测量允许偏差为±5mm。

在连续生产线上安装设备时，应用钢制标高基准点，可用直径为 19～25mm，杆长不小于 50mm 的铆钉，牢固地埋设在基础表面，铆钉的球形头露出基础表面 10～14mm。

设备基础底层放线包括坑底抄平与垫层中心投点两项工作，测设成果系提供施工人员安装固定架、地脚螺栓及支模用。

机械设备基础上层放线主要包括固定架设点、地脚螺栓安装抄平及模板标高测设等。

八、地下管线调查

（一）管道工程测量

> ZBD030 管道工程测量的内容

管道中线测量的内容包括：管道主点的测设、管道中桩的测设、管线转向角测量以及里程桩手簿绘制等。

管道主点测设时，根据管道设计所给的条件和精度要求，主点测设数据的采集一般采用图解法和解析法两种方法。管道主点的测设方法可采用直角坐标法、极坐标法、角度交会法和距离交会法等。

在较短的管道上和较长的管道上的永久性水准点之间每隔 300～500m，设立一个临时水准点。

管道横断面测量时,施测宽度应由管道的直径和埋深来确定,一般每侧为20m。管道横断面图表示管线两侧的地面起伏情况,供设计时计算土方量和施工确定开挖边界之用。

> ZBD031 地下管线调查的内容

(二)地下管线的调查

地下管线调查,可采用对明显管线点的实地调查、隐蔽管线点的探查、疑难点位开挖等方法确定管线的测量点位。对于需要建立地下管线信息系统的项目,还应对管线属性做进一步的调查。

地下管线调查时,管线直线段的采点间距,宜为图上10~30cm。

地下管线调查时,隐蔽管线点探查的水平位置偏差 ΔS 应满足 $\Delta S \leq 0.10h$ 的要求。

地下管线调查时,隐蔽管线点探查的埋深较差 ΔH 应满足 $\Delta H \leq 0.15h$。

地下管线调查,对隐蔽管线点探查结果,应采用重复探查和开挖验证的方法进行质量检验。

> ZBD032 地下管线信息系统的内容

(三)地下管线信息系统

(1)建立依据。地下管线信息系统,可按城镇大区域建立,也可按居民小区、校园、医院、工厂、矿山、民用机场、车站、码头等独立区域建立,必要时还可以按管线的专业功能类别等分别建立。

(2)基本功能。地下管线信息系统应具备基本功能之一是地下管线图数据库的建库、管理和数据交换;应具备基本功能之二是管线系统的检索查询、统计分析、量算定位和三维观察。但预测未知管线数据不是地下管线信息系统的功能。

(3)建立内容。地下管线信息系统的建立,应包括的内容是地下管线图库和地下管线空间信息数据库。还应包括管线信息分析处理子系统。

九、桥梁施工方法

> ZBD034 桥梁顶推施工的方法

(一)桥梁顶推施工的方法

预应力混凝土连续梁顶推法施工的构思,源于钢桥架设中普遍采用的纵向拖拉法。桥梁施工的顶推法施工,由于氟板和不锈钢板的摩擦系数约为0.02~0.05,故对于梁重即使达10000t,也只需500tf以下的力就能推出。根据不同的传力方式,顶推法工艺有推头式和拉杆式两种。顶推法施工中采用的主要设备是千斤顶和滑道。对于特别长的多联多跨桥梁也可以应用多点顶推方式使每联单独顶推就位。

采用顶推法施工,每一节段从制梁开始到顶推完毕,一个循环约需6~8天,全梁顶推完毕后,即可调整、张拉和锚固部分预应力筋,进行灌浆、封端、安装永久支座,主体工程即告完成。

> ZBD035 桥梁移动式模架逐孔施工的方法

(二)桥梁移动式模架逐孔施工的方法

移动式模架逐孔施工法,是将机械化的支架和模板支承在长度稍大于两跨、前端作导梁用的承载梁上,然后在桥跨内进行现浇施工,待混凝土达到一定强度后就脱模,并将整孔模架沿导梁前移至下一浇筑桥孔,如此有节奏地逐孔推进直至全桥施工完毕。移动式模架逐孔施工法是1959年由西德首创的,目前在世界上已得到推广。

移动式模架逐孔施工法适用于跨径达20~50m的等跨和等高度连续梁桥施工。

采用移动式模架逐孔施工法时,通常将现浇梁段的起讫点设在连续梁弯矩最小的截面处,预应力筋锚固在浇筑缝处,当浇筑下一孔梁段前再用连接器将预应力筋接长。

移动式模架逐孔施工法不仅用来建造连续梁桥,同样也可用来修建多孔简支梁桥。移动式模架逐孔施工法完全不需设置地面支架,施工不受河流、道路、桥下净空和地基条件的影响。

项目二 检验经纬仪横轴垂直于竖轴,并说明校正方法

该项目操作平面图如图 3-4-6 所示。

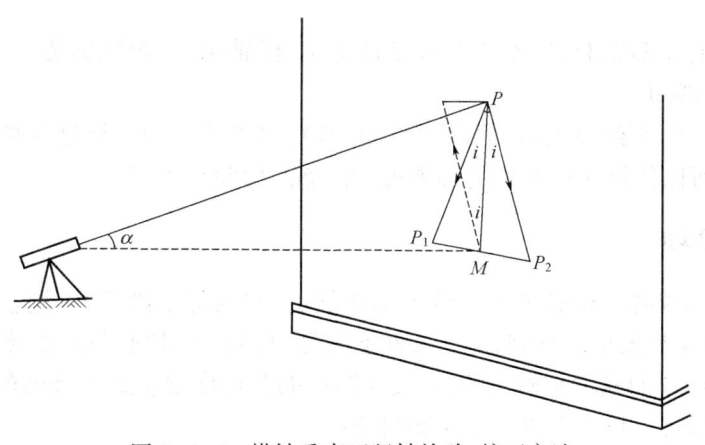

图 3-4-6 横轴垂直于竖轴检验、校正方法

一、准备工作

(1)设备。

DJ_2 经纬仪 1 套。

(2)材料、工具。

彩色粉笔 2 根、记录纸 1 张、花杆 2 根。

(3)选择一靠近墙的场地。

二、操作步骤

(1)安置仪器。

在离墙 20~30m 处安置经纬仪,并整平仪器。

(2)盘左观测。

用盘左照准高处一明显点 P(仰角在 30°左右),固定照准部,然后将望远镜大致放平,指挥另一人在墙上标出十字丝交点的位置,设为 P_1。

(3)盘右观测。

将仪器变换为盘右状态,再次照准目标点 P,大致放平望远镜后,用同前的方法再次在墙上标出十字丝交点的位置,设为 P_2。

(4)判断横轴是否垂直于竖轴。

如 P_1、P_2 重合,说明横轴垂直于竖轴,否则存在横轴误差,需要校正。

(5)校正方法。

取 P_1、P_2 的中点 M,并以盘右(或盘左)状态照准 M 点,固定照准部,抬高望远镜使其拟照准 P 点,从望远镜内可以观测到,此时的视线偏离了目标点 P,调节横轴偏心板,使其一端抬高或降低,则十字丝交点与点 P 重合,误差消除。

三、技术要求

(1)应熟悉经纬仪的主要轴线,即竖轴 VV、横轴 HH、望远镜视准轴 CC 和照准部水准管轴 LL。

(2)横轴垂直于竖轴时,仪器整平后竖轴铅垂、横轴水平、视准面为一个铅垂面,否则,视准面将成为倾斜面。

(3)仪器出厂时都经过检验,但由于长途运输、野外的使用与搬迁等原因,其几何关系都会发生变化,所以仪器作业开始前必须进行仪器的检验与校正。

四、注意事项

(1)光学经纬仪各项检验校正的顺序不能颠倒,照准部水准管轴垂直于仪器竖轴的检校是所有项目检验与校正的基础,这一条件不满足,其他几项检验与校正就不能正确进行。

(2)光学经纬仪的横轴是密封的,一般仪器均能保证横轴垂直于竖轴的正确关系,若发现较大的横轴误差,一般应送仪器检修部门校正。

项目三　安置全站仪并精确照准目标

一、准备工作

(1)设备。

全站仪 1 套。

(2)材料、工具。

彩色粉笔 2 根、花杆 1 根。

二、操作步骤

(1)标定测站点。

在地面上用粉笔标测站点位,标记中心用粉笔画成十字,并在远处立一花杆。

(2)安置仪器并开机。

根据观测者确定架脚长度,张开脚架安置在测站上,注意架头大致水平,将仪器放到架头上,拧紧固定螺旋,并开机。

(3)对中。

打开红外光束,移动架腿,用红外光束对准测站点,将架腿尖踩实。

(4)整平。

调整架腿使仪器管水准器气泡大略居中,微调脚螺旋,使显示屏的光圈居中。

(5)检查对中。

检查红外光束是否对准测站点。

(6)重新对中。

松开仪器固定螺旋移动照准部,使其对中后,重新拧紧,重复检查对中和重新对中,直到完成为止。

(7)照准目标。

转动物镜大致照准远处花杆,使用微调螺旋精确照准目标。

三、技术要求

(1)应熟悉全站仪外观及各部件名称,仪器主要分为基座、照准部、手柄三大部分,其中照准部包括望远镜、显示屏、微动螺旋等。

(2)安装内部电池:测前应检查内部电池的充电情况,如电力不足要及时充电,充电方法及时间要按使用说明书进行,不要超过规定的时间。测量前装上电池,测量结束卸下。

(3)安置仪器:安装仪器的操作方法和步骤与经纬仪类似,把仪器安装在三脚架上之后,应先开机,然后选定对中/整平模式后,采用激光对中器对中,再进行整平。

(4)用望远镜上的粗瞄准器瞄准目标,旋紧制动螺旋,转动物镜调焦螺旋使目标清晰,旋转水平微动螺旋和望远镜调焦螺旋,精确瞄准目标。可用十字丝竖丝的单线平分目标,也可用双丝夹住目标。

四、注意事项

(1)全站仪的测距头不能直接照准太阳,以免损坏测距的发光二极管。

(2)在整个操作过程中,观测者不得离开仪器,以避免发生意外事故。

(3)棱镜应保持干净,不用时要放在安全的地方,如有箱子应装在箱内,以避免碰坏。

项目四　用全站仪测设两点间距离

一、准备工作

(1)设备。

全站仪1套、棱镜1个。

(2)材料、工具。

棱镜架1套。

二、操作步骤

(1)安置仪器。

置全站仪于已知 A 点处,调节三脚架长度及顶部角度,安置全站仪,踩实三脚架,拧紧脚螺旋。

（2）仪器对中。

开机并打开红外光束，调节三脚架位置，使红外光束对准 A 点，踩实三脚架。

（3）仪器整平。

调整脚架长度使圆水准泡大致居中，微调脚螺旋使显示屏内光圈居中。

（4）架设棱镜。

将棱镜装在架杆顶端，安置棱镜架于 B 点，并调整水准气泡居中。

（5）照准棱镜测距。

调整物镜大致对准棱镜，调整目镜至看清棱镜，调节水平制动和垂直制动旋钮使物镜精确对准棱镜，操作全站仪键盘测距。

三、技术要求

（1）设置棱镜常数。测距前须将棱镜常数输入仪器中，仪器会自动对所测距离进行改正。

（2）设置大气改正值或气温、气压值。光在大气中的传播速度会随大气的温度和气压而变化，15℃和760mmHg是仪器设置的一个标准值，此时的大气改正为0。实测时，可输入温度和气压值，全站仪会自动计算大气改正值，并对测距结果进行改正。

（3）量仪器高、棱镜高并输入全站仪。

（4）距离测量：照准目标棱镜中心，按测距键，距离测量开始，测距完成时显示斜距、平距、高差。

四、注意事项

（1）全站仪的测距模式有精测模式、跟踪模式、粗测模式三种。精测模式是最常用的测距模式，测量时间约2.5s，最小显示单位1mm。

（2）有些型号的全站仪在距离测量时不能设定仪器高和棱镜高，显示的高差值是全站仪横轴中心与棱镜中心的高差。

项目五　用全站仪测已知点到已知直线的最短距离

该项目操作平面图如图3-4-7所示。

一、准备工作

（1）设备。

全站仪1套、棱镜1个。

（2）材料、工具。

棱镜架1套、花杆1根。

（3）在场地上选择一已知直线，用粉笔标出直线两端点 A、B。在该直线一侧选一已知点 P。

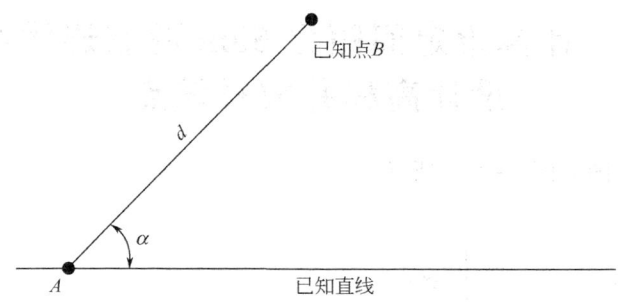

图 3-4-7　测已知点到已知直线最短距离

二、操作步骤

（1）安置仪器。

置全站仪于已知直线上 A 点，开机并打开红外光束调节三脚架位置，使红外光束对准 A 点，调整仪器显示屏内光圈居中，踩实三脚架，拧紧脚螺旋。

（2）水平角归零。

调整物镜对准已知直线另一端，并使十字丝竖丝与直线重合，调整水平角为 $0°00'00''$。

（3）架设棱镜。

将棱镜装在架杆顶端，安置棱镜架于 B 点，并调整水准气泡居中止。

（4）照准棱镜测距。

旋转物镜大致对准棱镜，调整目镜至看清棱镜，调节水平制动和垂直制动旋钮使物镜精确对准棱镜，操作全站仪键盘测距，记录距离 d 和角度 α。

（5）计算最短距离。

最短距离 $D = d \cdot \sin\alpha$。

三、技术要求

（1）应熟悉全站仪距离测量的操作方法。

（2）应清楚点到直线的垂直距离最短。

（3）应熟悉全站仪水平角测量的操作方法。

四、注意事项

（1）严禁在开机状态下插拔电缆，电缆、插头应保持清洁、干燥，插头如有污物，需进行清理。

（2）仪器安置在三脚架上之前，应检查三脚架的三个伸缩螺旋是否已旋紧。在用连接螺旋将仪器固定在三脚架上之后才能放开仪器。在整个操作过程中，观测者决不能离开仪器，以避免发生意外事故。

（3）用全站仪测水平角时，应按置零键。

项目六 计算给定间距为 50m 两点连线中点的设计高程并放样该点

该项目操作平面图如图 3-4-8 所示。

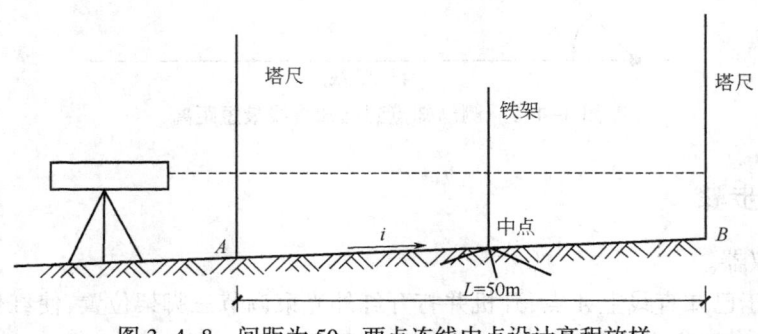

图 3-4-8 间距为 50m 两点连线中点设计高程放样

一、准备工作

（1）设备。

DSZ₃ 水准仪 1 套。

（2）材料、工具。

彩色粉笔 2 根、3m 塔尺 1 把、A4 记录纸 1 张、50m 钢尺 1 把、铁架子 1 个、计算器 1 个。

（3）场地准备。

在较平坦地面上选定两点 A、B，相距 50m 并做好标记，在标记上分别立塔尺。

二、操作步骤

（1）安置仪器水准仪。

现场安置水准仪，并整平，测 A、B 两点尺读数，填写水准记录，计算两点高程。

（2）计算出两点间的纵向坡度和中点高程。

$$i = \Delta H / L$$

$$H_{中} = H_B + L/2 \times i$$

（3）量出 AB 中点位置。

用钢尺从起点 A 沿导线方向量 25m，用粉笔做标记，并把铁架立于该处。

（4）放样中点设计高程。

计算放样中点高程尺读数，指挥立尺人员上下移动塔尺，达到所要尺读数止，在铁架上划出标记。

三、技术要求

（1）应清楚两点连线中点的设计高程的计算方法。

(2)应熟悉道路纵向坡度的知识。

(3)应熟练掌握设计高程的放样方法。

四、注意事项

(1)前后视线应尽量等长,以消除仪器误差。

(2)后视读数读完后,不得重新整平仪器,若发现圆气泡偏离中心,应重新整平仪器后,再重读后视读数。

(3)读数前,应将长气泡严格居中,不居中不能读数,读数后还要再次检查气泡是否居中。

(4)读数前应注意消除视差,并要弄清仪器与尺子的特点,以防读错。

(5)视线距离不宜超过100m,读数精度随距离的增长而降低。

模块五　竣工测量

项目一　相关知识

一、竣工总平面的内容

ZBE001 竣工总平面图的编绘

（一）竣工总平面图的编绘

在施工过程中，由于设计时没有考虑到的问题而使设计有所变更，这种临时变更设计的情况必须通过测量反映到竣工总平面图上。

竣工测量完成后，应提交完整的资料，包括工程名称、施工依据、施工成果，作为编绘竣工总平面图的依据。

竣工总平面图编绘完成后，应经原设计及施工单位技术负责人审核和会签。

为了全面反映竣工成果，便于生产、管理、维修和日后企业的扩建或改建，与竣工总平面图有关的一切资料，应分类装订成册，作为竣工总平面图的附件保存。

ZBE002 竣工总平面图的编绘程序

（二）竣工总平面图的编绘程序

竣工总平面图的比例尺，应根据企业的规模大小和工程的密集程度来确定，小区内一般为 1∶500 或 1∶1000。

展绘控制点应以图底上绘出的坐标方格网为依据，将施工控制网点按坐标展绘在图上。展点对所邻近的方格而言，其允许偏差为±0.3mm。

在编绘竣工总平面图之前，应根据坐标格网，先将设计总平面图的图面内容按其设计坐标，用铅笔展绘于图纸上，作为底图。

由于设计多次变更而无法查对设计资料时，应经现场实测后，再进行竣工总平面图的绘制。

二、建筑物竣工细部测量

ZBE003 建筑物竣工细部平面位置测量

（一）建筑物竣工细部平面位置测量

竣工测量主要是检查工程竣工部位平面位置与高程位置是否符合规划设计的要求，作为工程验收和运营管理的基本依据。

矩形建筑物细部的平面位置测量要测绘三个（包括三个）以上的角点。

行列整齐的非生产性建筑物的平面位置测量可测其周围坐标，其间相对位置，可用丈量距离的方法测定。

对于不可直接测定中心位置的圆形建筑物的平面位置测量，可根据圆形的大小，采用三点法或切线法测定其位置。

对于较大的钢结构竣工细部平面位置测量，要测其基础顶面外角三个以上的测点。

对于各种管线竣工细部平面位置测量,除测出其中线位置外,还需以一定的符号标示管线性质。

(二)建筑物竣工细部高程位置测量

在进行工程竣工测量的细部测量时,若控制网为方格网,则采用直角坐标法较为方便;若控制网为导线网,则采用极坐标解析法更便捷。

进行细部高程位置测量时,较大的建筑物应测出其基础地面各个角点的高程。

进行细部高程位置测量时,公路沿中线每隔50m测一高程点,变坡点应加测高程,如有需要尚应测其横断面。工程竣工时进行的细部高程位置测量,可以用水准仪进行,也可以用三角高程进行。

互相跨越的工业管线及跨越交通干道的高压线路,均应测定其最低层的凌空高度及其相应的地面高程。

三、铁路竣工测量

铁路竣工测量一般包括:控制网竣工测量、线路轨道竣工测量、线下工程建筑及线路设备竣工测量、竣工地形图及铁路用地界测量。

铁路应测量车档、岔心交点及进厂房点的距离,必要时要测算曲线元素。铁路除了测定车档岔心高程外,直线上每隔50m、曲线上每隔20~30m测一轨顶高程。

竣工测量图的比例尺主要应考虑图面负荷、用图方便及图解精度,一般选择1∶500的比例尺,与设计总平面的比例尺一致。

铁路、公路、架空送电线路及输油管道等均属于线型工程,它们的中线通称线路。

铁路竣工测量内容及成果资料的编制应满足高速铁路工程竣工验收的标准。

四、厂房竣工测量

(1)厂房竣工测量,要求柱脚中心线必须对准柱基中心线,允许偏差为±5mm。厂房竣工测量,要求牛腿面的高程必须等于它的设计高程,柱高在5m以下时,其误差不应超过±3mm。

(2)厂房竣工测量时,将水准仪安置在吊车梁上,将水准尺立在轨道顶面上,每隔3m测一高程点,与设计比较,误差不得超过±2mm。

(3)厂房竣工测量时,用钢尺丈量两吊车轨道间的跨距,与设计跨距比较,误差不得超过±3mm。

竣工总平面图一般采用建筑坐标系,其坐标轴应与主要建筑物平行或垂直,图面一般应从主厂区向外分幅,避免主要车间被分幅切割,并要照顾生产系统的完整性,使之尽可能绘制在一幅图纸上。

工业企业建筑场地竣工测量成果主要是竣工总平面图,它综合反映了主体工程及其运输和附属设备的现状,是今后生产管理和维修所必需的基础技术资料。

五、输电线路竣工测量

输电线路的勘测设计阶段中所进行的测量称为输电线路设计测量。

输电线路跨越的河流较大时,应在跨越处测绘沿路径中线各 100m 宽的带状地形图,测图比例尺为 1/500~1/1000 更便捷。

当输电线路通过大于 1∶5 的斜坡地带或接近陡崖、建筑物时,应测量与线路路径垂直方向横断面,以便在设计杆塔位置时,充分考虑边导线在最大风偏后对斜坡地面或突出物的安全距离是否满足要求。

输电线路按线路前进方向,转角桩的前一直线的延长线和后一直线所夹的角称为线路转角。

输电线路竣工时,需要用经纬仪检查相邻两杆塔之间导线上某点至悬挂点连线的垂直距离,即导地线弧垂。输电线路竣工时,还要用经纬仪检查杆塔的倾斜情况。

六、道路竣工测量

> ZBE009 路基工程竣工测量

(一)路基竣工测量

城市道路路基压实度大于等于 95%;高速公路的石方路基,要求中线偏位应不大于 50mm;公路工程石方路基,要求平整度应不大于 20mm;公路工程石方路基,要求横坡不应大于±0.5mm;路基工程竣工测量要求,路床纵断高程,每 20m 测一点,允许误差为±20mm。

路基工程竣工测量要求,路基宽度不得小于设计值。

> ZBE008 水泥混凝土路面竣工测量

(二)水泥混凝土路面竣工测量

水泥混凝土路面竣工测量,要求横坡度应不大于±0.15;高速公路水泥混凝土路面竣工测量,要求中线偏位应不大于 20mm;水泥混凝土路面竣工测量,要求纵横缝垂直度应不大于 10mm;水泥混凝土路面竣工测量,要求纵断高程不应大于±10mm;水泥混凝土路面竣工测量,路面横坡度检查频率应按路面宽度来定,当路面宽度大于 15m 时,横向测 7 点。

民航机场水泥混凝土道面要求纵断面高程每 10m 检查 1 点,允许误差为±5mm。

> ZBE010 隧道竣工测量

七、隧道竣工测量

隧道地面水准测量时,两洞口间水准路线长度大于 36km 时,水准尺采用铟瓦精密水准尺。

隧道地面水准测量时,两洞口间水准路线长度在 5~13km 之间时,采用四等水准测量。

为确保隧道开挖方向,保证衬砌和放样正确,就必须进行洞内导线测量,将隧道中线和洞内建筑物轴线放到实地。隧道的中线测设方法有直角坐标法和极坐标法。

隧道竣工测量工作内容可根据设计要求选择,横向偏差、高程偏差是指相对于衬砌环设计轴线的偏差。隧道贯通后进行隧道导线的附合路线测量,并重新平差后,为断面测量、限界测量、铺轨测量和设备安装测量等提供较高精度的测量控制点。

项目二 整理基平测量成果

有一段基平测量成果,已知水准点 A 的高程 $H_A=1086.414\mathrm{m}$,采用往、返观测的方法,其观测数据见表 3-5-1,水准路线单程长度为 380m,技能要求整理基平测量成果。

表 3-5-1 基平测量成果

水准点及转点	水准尺读数,m		高差,m	高程,m	备注
	后视	前视			
往测					
BM_A	1.875				
1	0.717	1.262			(1)计算往测与返测高差; (2)高差闭合差; (3)计算容许闭合差; (4)判断测量精度; (5)取往、返测高差绝对值的平均值;
2	1.042	2.140			
3	0.918	1.406			
BM_B		0.524			
Σ					
返测					
BM_A	1.222				
1	1.866	1.472			
2	1.644	1.820			
3	2.430	1.527			
BM_B		1.534			
Σ					

一、准备工作

(1)材料。

准备往、返测水准记录 1 份、铅笔 1 支、橡皮 1 块、记录纸 1 张。

(2)工具。

能计算函数的计算器 1 个。

二、操作步骤

(1)计算往测相邻点高差。

根据往测水准测量记录及 A 点高程,计算各点高差并求和,求出后视与前视点的读数之和,分别填入表格中。

(2)计算返测相邻点高差。

根据往返水准测量记录,计算各点高差并求和,求出后视与前视点的读数之和,分别填入表格中。

(3)计算高差闭合差。

根据统计数据计算高差闭合差;计算高差闭合差的容许值:$f_{容} = \pm 20\sqrt{L}$(mm)。

(4)计算 B 点高程。

取往、返测高差的绝对值的平均值,前面冠以往测高差的符号,求出 $\sum_h$ 平,然后加上 A 点高程。

三、技术要求

(1)一般在山岭重丘区每隔 0.5~1km 设置一个水准点;平原微丘区每隔 1~2km 设置

一个水准点。大桥、隧道口、垭口及其他大型构造物附近,还应增设水准点。

(2)水准点位应选择在稳固、醒目、易于引测以及施工时不易遭受破坏的地方。

(3)基平测量一般应与国家水准点进行联测,获取绝对高程,并应构成附合水准路线。

(4)基平测量精度要求:水准点闭合差为:$\pm 20\sqrt{L}$(mm)。当高差在容许范围内,可取往返高差的平均值作为两水准点间的高差。

四、注意事项

(1)基平测量应使用不低于 DS_3 级水准仪,采用一组往返或两组单程在两水准点之间进行观测。

(2)成果若符合精度要求,则取其平均值,复测高程与定测高程相比,其闭合差在误差允许范围内时,仍用定测高程。若超出误差允许范围,应多方寻找原因,只有证实定测有误时,才通知交桩单位修改定测高程。

(3)为便于施工需增设或移设临时水准点时,应与相邻水准点联测闭合。

项目三 整理中平测量成果

有一中平测量成果,水准仪置于 Ⅰ 站,后视水准点 BM_1 = 512.214m,前视转点 ZD_1,然后观测中间点,再将仪器搬至 Ⅱ 站,后视转点 ZD_1,前视转点 ZD_2,然后观测中间点,最后闭合水准点 BM_2,所有观测数据见表 3-5-2,整理中平测量成果。

表 3-5-2 中平测量成果

测点	水准尺读数,m			仪器高,m	高程,m	备注
	后视	中视	前视			
BM_1	2.291				512.214	
K0+000		1.62				
+020		1.90				
+040		0.62				
+060		2.03				
+080		0.90				基平测量测得 BM_1 = 512.214m
ZD_1	3.162		1.006			
+100		0.50				
+120		0.52				
+140		0.82				
+160		1.20				基平测量测得 BM_2 = 516.824m
+180		1.01				
ZD_2	2.246		1.521			
+200		0.60				
+220		1.56				
K1+240		2.32				
BM_2			0.606			

一、准备工作

(1) 材料。

准备往、返测水准记录 1 份、铅笔 1 支、橡皮 1 块、记录纸 1 张。

(2) 工具。

能计算函数的计算器 1 个。

二、操作步骤

(1) 计算各测点高程。

根据所给的基平测量水准点 BM_1 及后视读数计算 BM_1、ZD_1、ZD_2 三次安置仪器的仪器高,然后按中视和前视读数计算表中 16 点高程。

(2) 计算复核。

用水准点 BM_2 高程减去水准点 BM_1 高程与 $\sum a - \sum b$ 比较。

(3) 计算高差闭合差。

根据计算得到的 BM_2 高程减去基平测量给出的 BM_2 高程即为高差闭合差;计算高差闭合差的容许值:

$$f_容 = \pm 50\sqrt{L}\,(\mathrm{mm})$$

三、技术要求

(1) 中平测量一般是以两相邻水准点为一测段,从一个水准点开始,逐个测定中桩的地面高程,直至闭合于下一个水准点上。

(2) 每一个测站上,应尽量多地观测中桩,还需在一定距离内设置转点。

(3) 中平测量时在测站上应先观测转点,后观测中间点。转点读数至 mm,视线长不应大于 150m,中间点读数至 cm,视线也可适当放长。

(4) 中平测量精度要求:测段高差闭合差为 $\pm 50\sqrt{L}\,(\mathrm{mm})$,不符合则应重测。中桩地面高程误差不得超过 ±10cm。

四、注意事项

(1) 中平测量是在基平测量的基础上进行的,并遵循先中线后中平测量的顺序。

(2) 测站应选择公路中线附近的控制点且高程应已知,测站应与公路中线桩位通视。

(3) 中桩的地面高程以及前视点高程应按所属测站的视线高程进行计算。

(4) 中平测量仍须在两个高程控制点之间进行。

项目四　计算等精度距离测量中误差

对某距离进行 5 次等精度观测数据见表 3-5-3,技能要求确定观测值真误差 Δ 和中误差 m。

表 3-5-3　等精度距离测量中误差计算

观测顺序	距离观测值，m	观测值真误差 Δ，mm	Δ^2
1	157.803		
2	157.835		
3	157.812		
4	157.809		
5	157.821		
Σ			

一、准备工作

(1) 材料。

准备等精度距离观测值记录 1 份、铅笔 1 支、橡皮 1 块、记录纸 1 张。

(2) 工具。

能计算函数的计算器 1 个。

二、操作步骤

(1) 计算观测值的平均值。

根据所给数据，利用公式计算观测值平均值：

$$\bar{L} = \frac{L_1 + L_2 + L_3 + L_4 + L_5}{5}$$

(2) 计算各观测值真误差。

根据公式计算各观测值真误差，并求真误的平方和（共 5 个）：

$$\Delta = \bar{L} - \bar{L}_i$$

(3) 计算观测值中误差。

根据公式计算观测值中误差：

$$m = \pm\sqrt{\frac{[\Delta\Delta]}{n}}$$

三、技术要求

(1) 应理解等精度的定义，即在相同的观测条件下所测得的一组观测值，虽然它们的真误差不相等，但都对应于同一误差分布。

(2) 等精度观测条件下，观测值的算术平均值就是该量的最或然值。

(3) 等精度观测的真误差等于该量的最或然值减去观测值。

(4) 中误差 m 代表了一组等精度观测中每一个观测值的精度。它是从一组误差平方的平均值这个概念来说明精度的，这样就避免了正、负误差的相消性及明显反映出观测中的大误差。

四、注意事项

(1) 在整理观测记录时,一定要分清距离测量的理论值和观测值。

(2) 应充分理解中误差的定义,中误差不同于各个观测值的真误差,它是衡量一组观测精度的指标,它的大小反映出一组观测值的离散程度。中误差越小,观测的精度就高;反之,中误差越大,表明观测的精度就低。

模块六　测量相关知识及应用

项目一　相关知识

一、变形测量

（一）变形的含义

> ZBF001 变形的含义

地下人防工程竣工测量的目的是：将地下人防工程的平面位置与高程测绘注记在地形图上，以便为把整个城市地上与地下连成整体，解决各部分之间的相互位置关系，为规划、设计、施工、管理和人防等工作服务。

变形监测是对被监视的对象或物体进行测量以确定其空间位置随时间的变化特征。

建筑物的变形，主要包括 3 个方面，即沉降、倾斜和裂缝。

工业与民用建筑物的变形观测包括基础的沉降观测与建筑物本身的变形观测。建筑物的变形观测应从建筑物开始施工时开始，一直持续到变形终止。

（二）变形的工作内容

> ZBF002 变形的工作内容

进行变形观测设计时应考虑四个方面的内容：(1)合理地进行观测点和控制点的布置；(2)确定观测的精度；(3)选择观测的方法；(4)确定观测周期。

将施工成果和原有管线通过测量记录下来，绘制成图，作为规划、施工、维修和管理的依据称为管道竣工测量。

建筑物的沉降观测就是观测建筑物的垂直位移。沉降观测就是定期地测量观测点相对于水准点的高差以求得观测点的高程，并进行分析比较，以求出建（构）筑物竖向位置变化情况。

变形监测方案设计包括测量方法的选择、监测网布设、测量精度和观测周期的确定。工程建筑物的变形监测包括水平位移、垂直位移、倾斜、扰度和接缝与裂缝等内容。

（三）倾斜观测

> ZBF003 倾斜观测的内容

在工业与民用建筑物的变形观测中，进行工作最多的是基础沉陷观测。在直接测定建筑物倾斜的各种方法中，最简单的是悬吊垂球的方法。

竣工测量的原则有坐标系统应与原有的系统保持一致；充分利用已有的设计、施工和测量资料，保持前后衔接；要有足够的精度。

观测急剧沉降的工程结构物时，若不能及时建造水准点，可在已有的结构物上设置标志作为水准点，但要确定这些结构的沉降已经达到终止。

测定建筑物倾斜的方法有两类：一类是直接测定建筑物的倾斜；另一类是通过测量建筑物基础相对沉陷的方法来确定建筑物的倾斜。

(四)沉降观测

1. 沉降观测的技术要求

要确保沉降观测成果的准确,应尽量做到:观测人员固定、观测水准仪固定、观测水准点固定。

沉降观测的仪器选择,对于一般精度要求的沉降观测,要求仪器的望远镜放大率不得小于 24 倍,气泡灵敏度不得大于 15″/2mm。

沉降观测时,仪器离前、后水准尺的距离要用皮尺丈量,视距一般不应超过 50m;前、后视距应尽可能相等。

高层钢筋混凝土框架结构及地基土质不均匀的重要工程,沉降观测点相对于后视点高差测定的容差为±1mm。

工程施工期间如有较大荷重增加前后要进行沉降观测。工程完工后,应连续进行沉降观测,观测时间间隔,可按沉降量大小及速度而定,在开始时间隔短一些,以后随着沉降速度的减慢,可逐渐延长,直到沉降稳定为止。

2. 建筑物沉降观测的投点法

倾斜观测的方法较多,常用的有投点法、水平角观测法。若建筑物周围比较空旷,可以采用投点法进行倾斜观测。

建筑物竣工后,要根据沉降量的大小,定期进行沉降观测,开始可隔 1~2 个月观测一次,以每次沉降量在 5~10mm 以内为限度,否则应增加观测次数。

沉降观测一般用 DS_1 型水准仪,读数时应读基辅分划,基辅分划读数之差应小于 0.5mm。

建筑物的投点法是进行建筑物的倾斜观测。建筑物的倾斜观测应从建筑物建成就开始进行,以后应定期观测,积累资料,并与沉降观测的结果一起进行研究,以全面分析建筑物的变形情况。

3. 建筑物沉降观测的水平角法

浇灌基础、安置预制板、安装房屋架及设备等增加较大荷重之后,要进行沉降观测。对一般厂房的基础或构筑物,往返观测其较差不得超过 $2\sqrt{n}$(mm)。

对于高层建筑、重要建筑物及基础较差的建筑物,在施工及使用初期,需要进行相应的变形观测。

对于塔形及圆形建筑物,可以采用水平角观测法进行倾斜观测。

建筑物的倾斜程度一般用倾斜率来表示。要确定建筑物的倾斜率的值,只要测定该建筑物上、下部的相对水平位移量和高度就可以计算出来。

4. 沉降观测水准点布设要求

(1)在山区工程建设中,建筑物附近常有基岩,可在上凿一洞,用水泥砂浆直接将金属标志嵌固于岩层之中,用于观测沉降的水准点。

(2)当场地为砂土或处在其他不利情况下,应建造深埋水准点,用于观测建筑物沉降。

(3)钢筋混凝土结构物上的沉降观测点,事先应确定好其位置,浇筑结构混凝土时将固定观测标志埋入。钢筋混凝土结构物沉降观测点如没有提前埋入标志,可在结构上凿洞,用

1∶2高强度水泥砂浆固定观测标志。

(4)沉降观测时,是根据水准点进行的,所以水准点必须坚固稳定,水准点数目应尽量不少于3个。

(5)观测急剧沉降的工程结构物时,若不能及时建造水准点,可在已有的结构物上设置标志作为水准点,但这些结构物的沉降必须证明已经达到终止。

5. 沉降观测水准点布设的注意事项

(1)防止受到振动的影响,水准点应布设在受振区域以外的安全地点。

(2)水准点埋设应离开公路、铁路、地下管道和滑坡至少5m,避免埋设在低洼积水处及松软土地带。

(3)沉降观测时,水准点应尽量与观测点接近,其距离不应超过100m,以保证观测的精度。

(4)沉降观测时,水准点的埋设深度至少要在冰冻线以下0.5m,防止水准点受到冻胀的影响。

(5)水准点要定期进行高程检测,以保证沉降成果的正确性。

(6)一般情况下,可以利用工程施工时使用的永久水准点,作为沉降观测的水准基点。

(五)建筑物变形观测

1. 建筑物其他位移观测

建筑物基坑壁侧向位移观测,基坑开挖其间应2~3天观测一次,位移速率或位移量大时应每天观测1~2次。

建筑物基坑壁侧向位移观测应测定基坑围护结构桩墙顶水平位移和桩墙深层挠曲。

裂缝观测应测定建筑物上裂缝的分布位置,裂缝的走向、长度、宽度及其变化程度。裂缝观测中,裂缝宽度数据应量取至0.1mm,每次观测应绘出裂缝的位置、形态和尺寸,注明日期,附必要的照片资料。

日照变形的观测时间宜选在夏季的高温天气进行。

建筑基础和建筑主体以及墙、柱等独立构筑物的挠度观测,应按一定周期测定其挠度值。

2. 建筑物场地滑坡观测

建筑场地滑坡观测应测定滑坡的周界、面积、滑动量、滑移方向、主滑线以及滑动速度,并视需要进行滑坡预报。

建筑场地滑坡观测时,如为土体上的观测点,可埋设预制混凝土标石,埋深不宜小于1m,在冻土地区应埋至当地冻土线以下0.5m。

当建筑物数量多、地形复杂时,滑坡观测宜采用以三方向交会为主的测角前方交会法,交会角宜在50°~110°之间,长短边不宜悬殊。

建筑场地滑坡观测时,如为岩体上的观测点,可采用砂浆现场浇筑的钢筋标志,凿孔深度不宜小于10cm,标志顶部应露出岩体面5cm。

建筑场地滑坡观测的周期,在雨季宜每半月或一月测一次。

建筑场地滑坡观测时,对于抗滑墙和要求高的单独测线,可选用视准线法。

二、识图的基本知识

（一）建筑总平面图

建筑施工图的总平面图表示新建、拟建工程的总体布局，包括具体位置、高程、道路系统、管线、地形、地貌等情况。建筑总平面图是进行房屋定位、施工放线及填挖土方的重要依据。总平面图中的内容，多数是用符号表示的，首先要熟悉图例符号的意义。

一套建筑施工图一般包括：建筑总平面图、建筑平面图、立面图、剖面图及建筑施工详图等。

ZBG001 建筑总平面图

（二）建筑平面图

建筑平面图表示一个工程的平面布置和尺寸规格，包括由轴线确定的所有各部位的长宽尺寸，建筑物的外包尺寸以及中间表示门、窗洞口、墙的面宽及墙垛等细部尺寸。

阅读建筑平面图时，先看图标、图名、图上说明、比例等，核对是否属于需要的图纸。

由于建筑平面图一般讲是总称，若为多层或高层建筑，若干层平面图都是一样的话，就可以用一个图来代表，称为标准层平面图。

建筑平面图四周与内部注有相当多且详尽的尺寸数字，需检查与总平面图以及所有细部是否一一对应。

ZBG002 建筑平面图

（三）建筑立面图

建筑立面图主要是表示建筑物的外观特征，反映建筑各立面的造型、门窗形式和位置，各部分的标高、外墙面的装修材料和做法。

阅读建筑立面图时，应看图标，了解是哪个方向的立面，各立面图轴线编号，应与平面图严格一致，并应校核门、窗等所有细部构造是否一致。

建筑立面图是根据正投影的原理，将房屋的正面、背面、左侧面、右侧面绘制而成，根据建筑的各个方向的首尾轴线作出标注。

阅读建筑立面图时，还要看建筑物各部分的标高、总尺寸以及各部分的关系是否相符。

ZBG003 建筑立面图

（四）建筑剖面图

建筑剖面图主要表示房屋内部的结构形式、高度尺寸及内部上下分层的情况。

建筑剖面图的剖切位置和方向，标注在建筑平面图上，一般选在平面组合中的较为复杂的部位，并予以编号。

剖面图主要表示建筑物被剖到部位的高度，如各层梁板的具体位置以及和墙、柱的关系，屋顶结构形状等。

剖面图中的关键部位不能详细表达清楚的部位，用构造详图来表示，此时在剖面图上的该部位处，画有详图的索引符号。

ZBG004 建筑剖面图

（五）建筑平面、立面、剖面图的关系

为了全面地表示一个建筑物，必须将立体的物体划分为几个面，运用绘制的平面、立面、剖面图样来全面地表示设计的建筑物。

从建筑平面图中可以知道建筑物的长度和宽度。

在识读建筑图时，在弄清每种图的内容后，再按一定的步骤联合起来看，逐步就可建立起立体尺寸的概念。

ZBG005 建筑平面、立面、剖面图的关系

在识读建筑图时,根据剖面图,确定楼地面和屋面的构造以及基础的位置、材料及埋置深度。

ZBG006 建筑结构施工图

(六)建筑结构施工图

一套建筑结构施工图一般包括:设计说明书、平面布置图及构件详图等。

结构施工图表示凡需要经过结构设计计算的承重结构构件的形状、大小、材料以及内部构造等。

建筑结构施工图与结构形式密切相关,现常用的有砖混结构、框架结构和框架剪力墙结构等。

建筑结构施工图是放灰线、挖基槽、支模板、绑扎钢筋和安装构件等的重要依据。

ZBG007 建筑基础平面图

(七)建筑基础平面图

在建筑工程中,常把建筑物埋在地面以下的部分称为基础。

建筑基础平面图是施工时确定房屋的定位轴线、墙身线、基础底面的长宽线、开挖基坑和基础的依据。

建筑基础平面图中只表示基础墙、柱及基础底面的轮廓线,用粗实线表示。

通过垂直于平面轴线的剖切面剖切基础所得到的剖面图,称为基础详图。

ZBG008 民用建筑分类

(八)民用建筑分类

(1)民用建筑按用途分为居住建筑和公共建筑两类;按结构类型分为砖木结构、砖混结构、钢筋混凝土结构和钢结构。

(2)民用建筑按结构的承重方式分为墙承重式、骨架承重式、内骨架承重式和空间结构。框架轻板结构属于骨架承重形式。

ZBG009 民用建筑构造

(九)民用建筑构造

建筑基础是位于建筑物最下部分的承重构件,承受建筑物的全部荷载,并传给地基。

墙是建筑物的承重和围护构件,承受屋顶和楼层的荷载。

楼板将建筑从高度方向分隔成若干层,将楼面上各种荷载传到墙或柱子。

屋顶是建筑物顶部的围护和承重构件,由屋面层和结构层两个部分组成。

ZBG010 建筑基础分类与构造

(十)建筑基础分类与构造

基础所承受的荷载以及地基土层土壤的性质和冰冻线的深度决定了基础的类型、基础底面积的大小以及基础的埋置深度。

砖砌条形基础由垫层、大放脚和基础墙三部分组成。

钢筋混凝土基础的厚度一般为 30~50cm。

箱形基础由底板、顶板、墙板连续组成整体的箱子,这种基础有较大的刚度,当基础埋置深而大时,可充分利用地下结构内部的空间以构成地下室。

三、测量数据处理

ZBH001 指数函数的计算方法

(一)指数函数的计算方法

(1)指数函数在同一直角坐标系中的图像的相对位置与底数大小的关系:在 y 轴右侧,图像从上到下相应的底数由大变小;在 y 轴左侧,图像从下到上相应的底数由大变小。

(2)指数函数 $y=a^x$ 的函数值分布情况:

① 当 $0<a<1$ 时,若 $x>0$ 则 $y\in(0,1)$;若 $x<0$ 则 $y\in(1,+\infty)$。
② 当 $a>1$ 时,若 $x>0$ 则 $y\in(1,+\infty)$;若 $x<0$ 则 $y\in(0,1)$。

(二)对数函数的计算方法 <!-- ZBH002 对数函数的计算方法 -->

(1)对数的定义。

如果 $a^x=N$ 且 $a\neq 1$,那么数 x 称为以 a 为底 N 的对数,记作 $x=\log_a N$,其中 a 称为对数的底,N 称为真数。

(2)如果 $a>0$,且 $a\neq 1$,$M>0$,$N>0$,那么 $\log_a(M\cdot N)=\log_a M+\log_a N$,$\log_a \dfrac{M}{N}=\log_a M-\log_a N$,$\log_a M^n=n\log_a M(n\in R)$。

(三)幂函数的计算方法 <!-- ZBH003 幂函数的计算方法 -->

(1)幂函数的定义。

形如 $y=x^a(a\in R)$ 的函数称为幂函数,其中 x 是自变量,a 为常数。

(2)常用的五种幂函数为:$y=x$,$y=x^2$,$y=x^3$,$y=x^{\frac{1}{2}}$,$y=x^{-1}$。

(四)圆的方程计算方法 <!-- ZBH004 圆的方程计算方法 -->

(1)圆的定义。

在平面内,到定点的距离等于定长的点的轨迹称为圆。确定一个圆的要素是圆心和半径。

(2)圆的标准方程:$(x-a)^2+(y-b)^2=r^2(r>0)$。

(3)圆的一般方程:$x^2+y^2+Dx+Ey+F=0$(其中 $D^2+E^2-4F>0$)。

(五)简单三角函数的计算方法 <!-- ZBH005 简单三角函数的计算方法 -->

(1)三角函数的化简原则一是统一角,二是统一函数名。能求值的求值,必要时切化弦,更易通分、约分。

(2)三角函数式化简的要求。

①能求出值的应求出值;②尽量使三角函数种数最少;③尽量使项数最少;④尽量使分母不含三角函数;⑤尽量使被开方数不含三角函数。

(3)三角函数化简的方法主要是弦切互化,异名化同名,异角化同角,降幂或升幂。

(六)三角函数和差公式的计算方法 <!-- ZBH006 三角函数和差公式的计算方法 -->

两角和与差的正弦公式:$\sin(\alpha\pm\beta)=\sin\alpha\cos\beta\pm\cos\alpha\sin\beta$。

两角和与差的余弦公式:$\cos(\alpha\pm\beta)=\cos\alpha\cos\beta\mp\sin\alpha\sin\beta$。

两角和与差的正切公式:$\tan(\alpha\pm\beta)=\dfrac{\tan\alpha\pm\tan\beta}{1\mp\tan\alpha\tan\beta}$。

(七)立体几何的计算方法 <!-- ZBH007 立体几何的计算方法 -->

柱体:(1)表面积公式为 $S_{表}=S_{侧}+2S_{底}$;(2)体积公式为 $V=Sh$。

锥体:(1)表面积公式为 $S_{表}=S_{侧}+S_{底}$;(2)体积公式为 $V=\dfrac{1}{3}Sh$。

球体:(1)表面积公式为 $S=4\pi R^2$;(2)体积公式为 $V=\dfrac{4}{3}\pi R^3$。

（八）解析几何的计算方法

（1）求直线方程的直接法：根据已知条件，选择恰当的直线方程形式，直接求出方程中系数，写出直线方程。

（2）求直线方程的待定系数法：待定系数法是求直线方程最常用的方法，设出直线方程的某种形式，根据已知条件建立方程或方程组求得参数，进而求出直线方程。

（3）直线方程的一般式：$Ax+By+C=0(A^2+B^2\neq 0)$。

（九）计算器反三角函数的计算程序

计算 $\arcsin 1/2$ 计算器程序为 [R] [→] $1 \div 2 =$ [SHIFT] [SIN^{-1}]。

计算 $\arccos 2/3$ 计算器程序为 [R] [→] $2 \div 3 =$ [SHIFT] [COS^{-1}]。

计算 $\arctan 1/4$ 计算器程序为 [R] [→] $1 \div 4 =$ [SHIFT] [TAN^{-1}]。

计算 $\text{arccotan}\sqrt{3}$ 计算器程序为 [R] [→] $\sqrt{3} =$ [SHIFT] [COTAN^{-1}]。

（十）指数的计算程序

计算 $5.6^{2.3}$ 的计算器程序为 5.6 [x^y] 2.3。

计算 $123^{1/7}$ 的计算器程序为 123 [SHIFT] [$x^{1/y}$] 7。

计算 $3^{12}+e^{10}$ 的计算器程序为 3 [x^y] 12 + 10 [SHIFT] [e^x]。

计算 $10^{0.4}+5.e^{-3}$ 的计算器程序为 .4 [SHIFT] [10^x] + 5×3 [+/-] [SHIFT] [e^x]。

（十一）幂函数的计算程序

计算 $\log 1.23$ 计算器程序为 1.23 [log]。

已知 $4^x=64$，求 x 值的计算器程序为 64 [log] ÷4 [log]。

计算 $\log 456 \div \ln 456$ 计算器程序为 456 [SHIFT] [MINT] [log] ÷ [MR] [ln]。

计算 $\log\sin 40°+\log\cos 35°$ 计算器程序为 [D] 40 [SIN] [log] + 35 [COS] [log]。

（十二）连续加减的计算程序

计算 $(53+6)+(23-8)-(56\times 2)$ 连续加减的计算器程序为 53+6= [SHIFT] [MIN] 23-8 [M+] 56×2 [M-] [MR]。

计算 $7+7-7+(2\times 3)$ 的计算器程序为 7 [SHIFT] [MIN] [M+] [SHIFT] [M-] 2×3 [M+] [MR]。

计算 $7\times 8\times 9+4\times 5\times 6$ 的计算器程序为 7 [KIN] [1] ×8 [KIN] [2] ×9 [KIN] [3] = [SHIFT] [MIN] →4 [KIN] + [1] ×5 [KIN] + [2] ×6 [KIN] +[3] [M+]→ [Kout] 1 [Kout] 2 [MR]。

计算 $6\div(4\times 5)$ 的计算器程序为 4×5÷6 [SHIFT] [X→Y] =。

（十三）三角函数计算方法

三函数分为正弦函数、余弦函数、正切函数、余切函数、反正弦函数、反余弦函数、反正切函数、反余切函数等,见表 3-6-1。

表 3-6-1　部分三角函数的性质

名称	正弦函数	余弦函数	余切函数	反正切函数
表达式	$y=\sin x$	$y=\cos x$	$y=\cot x$	$y=\arctan x$
定义域	$x \in R$	$x \in R$	$x \in R$ 且 $x \neq k\pi, k \in Z$	$x \in R$
值域	$y \in [-1,1]$	$y \in [-1,1]$	$x \in R$	$x \in \left(-\dfrac{\pi}{2}, \dfrac{\pi}{2}\right)$
最值	$x=\dfrac{\pi}{2}+2k\pi$ 时, $y_{\max}=1$; $x=-\dfrac{\pi}{2}+2k\pi$ 时, $y_{\min}=-1$	$x=2k\pi$ 时, $y_{\max}=1$; $x=\pi+2k\pi$ 时, $y_{\min}=-1$	无	无
单调性	$x \in \left[-\dfrac{\pi}{2}+2k\pi, \dfrac{\pi}{2}+2k\pi\right]$,增; $x \in \left[\dfrac{\pi}{2}+2k\pi, \dfrac{3\pi}{2}+2k\pi\right]$,减	$x \in [-\pi+2k\pi, 2k\pi]$,增; $x \in [2k\pi, \pi+2k\pi]$,减	下面每个区间上递减 $[k\pi, (k+1)\pi], k \in Z$	$(-\infty, +\infty)$ 单调增
奇偶性	奇函数	偶函数	奇函数	奇函数
周期	2π	2π	π	无
对称性	对称轴 $x=\dfrac{\pi}{2}+k\pi, k \in Z$; 对称中心 $(k\pi, 0), k \in Z$	对称轴 $x=k\pi, k \in Z$; 对称中心 $\left(\dfrac{\pi}{2}+k\pi, 0\right), k \in Z$	无对称轴; 对称中心 $\left(\dfrac{k\pi}{2}, 0\right), k \in Z$	关于直线 $y=x$ 对称

ZBH014 正弦函数的计算方法

ZBH013 余弦函数的计算方法

ZBH015 余切函数的计算方法

ZBH016 反正弦函数的计算方法

项目二　计算闭合导线方位角

有五边形闭合导线为图根导线。已知数据及观测数据见表 3-6-2,其中 1-2 导线坐标方位角为 136°42′00″,技能要求确定其他导线坐标方位角。

表 3-6-2　计算闭合导线方位角

点号	右角观测值	分配角值	改正后角值	坐标方位角
1	87°51′12″			136°42′00″
2	150°20′12″			
3	125°06′42″			
4	87°29′12″			
5	89°13′42″			
1				
Σ				

一、准备工作

(1) 材料。

准备闭合导线测角记录 1 份、铅笔 1 支、橡皮 1 块。

(2)工具。

能计算函数的计算器1个。

二、操作步骤

(1)计算角度闭差。

根据所观测的角值计算多边形内角和：

$$\sum \beta_{理} = (n-2) \times 180°$$

角度闭合差：

$$f_\beta = \sum \beta_{测} - \sum \beta_{理}$$

(2)计算角度容许闭合差。

根据图根导线计算角度闭合差容许值：

$$f_{容} = \pm 60\sqrt{n}$$

判断角度是否满足精度要求，并分配角值

$$\Delta \beta = \frac{f_\beta}{n}$$

共5个。

(3)计算方位角。

根据改正后的观测值计算各导线方位角：

$$\alpha_{23} = \alpha_{12} + 180° - \beta_2$$
$$\alpha_{34} = \alpha_{23} + 180° - \beta_3$$
$$\alpha_{45} = \alpha_{34} + 180° - \beta_4$$
$$\alpha_{51} = \alpha_{45} + 180° - \beta_5$$
$$\alpha_{12} = \alpha_{51} + 180° - \beta_1$$

三、技术要求

(1)导线复测外业结束后，应及时整理和检查外业观测手簿。

(2)检查观测成果是否合乎技术要求，所有计算是否正确。

(3)确认正确无误后，可进行内业计算，本次考核的内容是计算闭合导线方位角。

(4)闭合导线实测内角之和与理论上的内角之和的差称为角度闭合差，理论上该值应为零。

(5)应熟悉图根导线角度闭合差的容许值计算公式，判断是否满足精度要求，并进行角值分配。

四、注意事项

(1)在角度平差过程中，采用平均分配法把闭合差平均分配到各个右角上，并遵守短边的夹角多分配，长边的夹角少分配的原则，使各角改正数的总和与反号的闭合差相等。

(2)若计算的方位角为负，则应加上360°；若计算的方位角大于360°，则应减去360°。

(3)当所测的水平角为右角时，其所求边的方位角等于前一边的方位角加上180°，减去右角。

（4）当所测的水平角为左角时，其所求边的方位角等于前一边的方位角减去180°，加上左角。

项目三　计算附合导线坐标方位角

已知导线 BA 的方位角 α_{BA} = 127°20′30″，导线 CD 的方位角 α_{CD} = 24°26′45″，为图根导线，中间经过点1、点2，见表3-6-3，技能要求确定其他导线的方位角。

表3-6-3　计算附合导线方位角

点号	右角观测值	分配角值	改正后角值	坐标方位角
B				127°20′30″
A	128°57′30″		128°57′26″	
1	295°08′00″		295°07′56″	
2	177°31′00″		177°30′57″	
C	221°17′30″		221°17′26″	24°26′45″
D				
Σ				

一、准备工作

（1）材料。

准备附合导线测角记录1份、铅笔1支、橡皮1块、记录纸1张。

（2）工具。

能计算函数的计算器1个。

二、操作步骤

（1）计算角度闭合差。

根据所观测的角值计算角度闭合差：

$$f_\beta = (\alpha_{BA} - \alpha_{CD}) + n \times 180° - \Sigma\beta_右$$

（2）计算角度容许闭合差。

根据图根导线计算角度闭合差容许值：

$$f_容 = \pm 60\sqrt{n}$$

判断角值是否满足精度要求并分配角值：

$$\Delta\beta = \frac{f_\beta}{n}$$

共4个。

（3）计算方位角。

根据改正后的观测值计算各导线方位角：

$$\alpha_{A1} = \alpha_{BA} + 180° - \angle A$$
$$\alpha_{12} = \alpha_{A1} + 180° - \angle 1$$
$$\alpha_{2C} = \alpha_{12} + 180° - \angle 2$$
$$\alpha_{CD} = \alpha_{2C} + 180° - \angle C$$

三、技术要求

（1）附合导线外业结束后，应及时整理和检查外业观测手簿，检查观测成果是否合乎技术要求，所有计算是否正确。

（2）确认无误后，可进行内业计算，其中导线坐标方位角的计算是其中的一部分，应熟悉角度闭合差及角度容许闭合差的计算公式。

（3）根据改正后的观测值分别计算导线方位角。

四、注意事项

（1）导线起于高级控制点 B，附合于另一高级控制点 C 上，起始边 AB 和终点边 CD 的方位角都可以利用高级控制点的坐标反算求出。

（2）在角度平差过程中，采用平均分配法把闭合差平均分配到各个右角上，并遵守短边的夹角多分配，长边的夹角少分配的原则，使各角改正数的总和与反号的闭合差相等。

理论知识练习题

初级工理论知识练习题及答案

一、单项选择题(每题4个选项,只有1个是正确的,将正确的选项号填入括号内)

1. CAA001　工程测量就是在工程建设勘测、设计、施工和(　　)阶段所进行的各种测量工作。
   　A. 竣工　　　　　B. 管理　　　　　C. 改建　　　　　D. 验收
2. CAA001　测量学是研究地球整体及其表面和外层空间中的各种自然和人造物体上与地理空间分布有关的信息进行(　　)、管理、更新和利用的科学和技术。
   　A. 采集处理　　　B. 采集　　　　　C. 处理　　　　　D. 解释
3. CAA001　测量学在规划阶段的测量主要是(　　),供规划和设计使用。
   　A. 测绘地形图　　B. 测绘平面图　　C. 测绘纵断面图　D. 测绘地图
4. CAA002　测量学主要任务是确定地球的(　　),为地球科学提供必要的数据和资料。
   　A. 形状　　　　　B. 大小　　　　　C. 形状和大小　　D. 尺寸
5. CAA002　测量学的任务是将地球表面的(　　)测绘成图。
   　A. 地形地貌　　　B. 地物地貌　　　C. 地物　　　　　D. 构筑物
6. CAA002　测量学的任务是将图纸上的(　　)测设至现场。
   　A. 房屋　　　　　B. 设计形状　　　C. 构筑物　　　　D. 设计成果
7. CAA003　测量学按照研究范围和对象的不同可分为大地测量学、摄影测量学、(　　)、工程测量学和海洋测绘学。
   　A. 地形测量学　　B. 地图制图学　　C. 控制测量学　　D. 普通测量学
8. CAA003　工程测量包括(　　)、地形测量、施工放样、变形监测等。
   　A. 水准测量　　　B. 导线测量　　　C. 角度测量　　　D. 控制测量
9. CAA003　天文测量学是研究测定恒星的(　　),以及利用恒星确定观测点经度、纬度的学科。
   　A. 坐标　　　　　B. 方位　　　　　C. 角度　　　　　D. 位置
10. CAA004　在勘测设计阶段,工程测量主要为选线测设(　　)。
    　A. 地形图　　　　B. 带状地形图　　C. 施工控制图　　D. 变形监测
11. CAA004　在施工阶段,工程测量主要是把(　　)正确测设到地面上。
    　A. 控制点　　　　B. 带状地形图　　C. 线路和各种建筑物　D. 变形监测
12. CAA004　在实际生活中,为了保障安全运营,防止灾害必须对建筑物进行(　　)。
    　A. 变形观测　　　B. 竣工测量　　　C. 重力测量　　　D. 控制测量
13. CAA005　工程测量学包括(　　)阶段、施工建设阶段和运营管理阶段的测量工作。
    　A. 可行性研究　　B. 规划设计　　　C. 初步设计　　　D. 设计
14. CAA005　工程运营管理阶段的测量工作,主要是为了监视其安全,了解其设计是否合理,验证设计理论是否正确,需定期地对建筑物、构筑物进行位移、沉陷、倾斜以及摆动的观测,并及时反馈(　　)等工作。

A. 测量信息　　　B. 测量情况　　　C. 测量数据、图表　　　D. 测量过程

15. CAA005　测量学是一门非常古老的科学,古代的测绘技术起源于(　　)。

A. 农业　　　B. 水利　　　C. 水利和农业　　　D. 军事战争

16. CAA006　春秋时期,管仲在所著《管子》一书中已收集早期的地图(　　)幅。

A. 15　　　B. 21　　　C. 27　　　D. 34

17. CAA006　战国时代,我国已有利用磁石制成最早的指南工具"司南"的记载,此外,甘德和石申还合编了《甘石星表》,被称为(　　)第一星表。

A. 古代　　　B. 现代　　　C. 中国　　　D. 世界

18. CAA006　西汉时期,我国已有地图的存在,即1973年从(　　)出土的《地形图》及《驻军图》。

A. 陕西宝鸡贾村塬墓　　　B. 湖北荆门郭店一号墓
C. 陕西西安临潼三号墓　　　D. 长沙马王堆汉墓

19. CAA007　地球椭球是代表整个地球大小、形状的(　　),又称为旋转椭球。

A. 数学体　　　B. 椭球体　　　C. 圆柱体　　　D. 球体

20. CAA007　从整个地球来看,海洋面积约占地球总面积的(　　)。

A. 29%　　　B. 70%　　　C. 69%　　　D. 71%

21. CAA007　地球上海拔最高的地方位于我国西藏和尼泊尔交接的珠穆朗玛峰,我国2005年测定其海拔为(　　)。

A. 8848.27m　　　B. 8846.00m　　　C. 8844.43m　　　D. 8846.20m

22. CAA008　由于地球内部的变化,使大地水准面成为一个不规则的复杂曲面,因此,大地水准面还不能作为测量成果的(　　)。

A. 计算面　　　B. 参照面　　　C. 参考面　　　D. 基准面

23. CAA008　大地水准面是通过(　　)的水准面。

A. 赤道　　　B. 地球椭球面　　　C. 平均海水面　　　D. 中央子午线

24. CAA008　大地水准面是描述地球形状的一个重要物理参考面,也是(　　)的起算面。

A. 海拔高程系统　　　B. 相对高程
C. 相对坐标　　　D. 大地坐标系统

25. CAA009　水平面是指完全静止的水所形成的(　　)。

A. 平面　　　B. 重力面　　　C. 弧面　　　D. 曲面

26. CAA009　在同一水平面上,高程是(　　)。

A. 水准面　　　B. 处处不等　　　C. 处处相等　　　D. 封闭曲面

27. CAA009　在工程测量中,A、B两点在水平面上的距离 D(　　)两点在水准面上的距离 D'。

A. 等于　　　B. 大于　　　C. 小于　　　D. 近似于

28. CAA010　在同一水准面上,高程值是(　　)。

A. 水准面　　　B. 不等　　　C. 处处相等　　　D. 封闭曲面

29. CAA010　水准面上,任一点切线均与重力方向(　　)。
    A. 垂直　　　　　　B. 斜交　　　　　　C. 平行　　　　　　D. 重合

30. CAA010　在观测水平角时,整平经纬仪后,仪器的竖轴即位于铅垂线方向上,水平度盘与竖轴垂直,其所在的平面即是水准面的(　　)。
    A. 平行面　　　　　B. 切平面　　　　　C. 竖直面　　　　　D. 相交面

31. CAA011　中国的水准原点位于(　　)。
    A. 上海市　　　　　B. 青岛市　　　　　C. 北京市　　　　　D. 西安市

32. CAA011　1956年黄海高程系的平均海平面为(　　),以此为水准原点。
    A. 100m　　　　　　B. 102.268m　　　　C. 72.289m　　　　 D. 73.298m

33. CAA011　1985年国家高程基准为(　　),以此为水准原点。
    A. 100m　　　　　　B. 102.268m　　　　C. 72.289m　　　　 D. 72.260m

34. CAA012　水准仪的种类按精度可分为精密水准仪和普通水准仪,目前常用的有(　　)水准仪和自动安平水准仪。
    A. 气泡式　　　　　B. 微倾式　　　　　C. 光学　　　　　　D. 电子

35. CAA012　精密水准测量中,二等水准测量使用(　　)水准标尺。
    A. 黑红面双面　　　B. 区格式木质　　　C. 线条式钢瓦合金　D. 塔尺

36. CAA012　DS_1精密水准仪望远镜性能好,物镜孔径大于40mm,放大率一般大于(　　)倍。
    A. 50　　　　　　　B. 30　　　　　　　C. 20　　　　　　　D. 40

37. CAA013　绝对高程又称为(　　)。
    A. 标高　　　　　　B. 高程　　　　　　C. 海拔　　　　　　D. 绝对海拔

38. CAA013　海拔就是超出海平面的(　　)。
    A. 高度　　　　　　B. 相对高程　　　　C. 垂直高度　　　　D. 绝对高程

39. CAA013　地面点沿垂线方向至大地水准面的距离称为(　　)。
    A. 标高　　　　　　B. 高程　　　　　　C. 海拔　　　　　　D. 绝对高程

40. CAA014　相对高程又称(　　),是指两个任意地点的绝对高度之差。
    A. 相对位置　　　　B. 相对高度　　　　C. 相对海拔　　　　D. 相对标高

41. CAA014　地面点到任意水准面的垂直距离称为(　　)。
    A. 相对高程　　　　B. 相对高度　　　　C. 相对海拔　　　　D. 相对标高

42. CAA014　已知国家等级控制点上的高程是(　　)。
    A. 相对高程　　　　B. 绝对高程　　　　C. 相对高度　　　　D. 绝对高度

43. CAA015　已知两点间高程的差值称为(　　)。
    A. 相对高差　　　　B. 高程差　　　　　C. 高差　　　　　　D. 绝对高差

44. CAA015　A、B两点间高差为正,说明A点高程(　　)B点高程。
    A. 高于　　　　　　B. 低于　　　　　　C. 等于　　　　　　D. 近似于

45. CAA015　两点间的绝对高差与相对高差的关系是(　　)。
    A. 不相等　　　　　B. 相等　　　　　　C. 大于　　　　　　D. 小于

46. CAA016　在测量过程中,必须遵循的基本原则是(　　)。

A. 先碎部后控制 B. 先工作再检核
C. 先检核再工作 D. 先控制后碎部
47. CAA016 碎部测量是根据邻近控制点来确定(　　)与控制点的关系。
A. 高程点 B. 图根点 C. GPS 点 D. 碎部点
48. CAA016 碎部测量的方法有测记法和(　　)。
A. GPS 法 B. 测绘法 C. 控制点法 D. 全站仪法
49. CAA017 DS_3 型微倾式水准仪主要由望远镜、(　　)和基座三部分构成。
A. 目镜 B. 水准器泡 C. 圆水准管 D. 水准器
50. CAA017 DS_3 型微倾式水准仪水准器分为(　　)和管水准器。
A. 方水准器 B. 水准器泡 C. 圆水准管 D. 水准管
51. CAA017 DS_3 型微倾式水准仪的使用步骤是架设仪器、粗平、(　　)、精平、读数。
A. 转动基座 B. 瞄准 C. 对中 D. 转动望远镜
52. CAA018 水准尺是水准测量时使用的标尺,可分为塔尺和(　　)。
A. 玻璃钢尺 B. 合金尺 C. 单面尺 D. 双面尺
53. CAA018 水准测量中使用的塔尺携带方便,但结合部位容易产生误差,一般用于(　　)水准测量。
A. 三等 B. 等外 C. 四等 D. 五等
54. CAA018 水准尺是水准测量时使用的标尺,可由干燥的优质木材、玻璃钢或者(　　)制作。
A. 铝合金 B. 塑料 C. 玻璃纤维 D. 钛合金
55. CAA019 水准仪器中,管水准轴平行于(　　)。
A. 水平轴 B. 视准轴 C. 竖轴 D. 横轴
56. CAA019 水准仪器中,圆水准轴平行于(　　)。
A. 水平轴 B. 视准轴 C. 横轴 D. 竖轴
57. CAA019 水准仪器对中整平过程中,先调节(　　)气泡居中,在读数前再精确对中。
A. 圆水准器 B. 管水准器 C. 管水准轴 D. 方水准器
58. CAA020 水平角是地面一点到两目标的方向线间所夹的水平角,就是过这两方向线所作两竖直面间的(　　)。
A. 三面角 B. 夹角 C. 方位角 D. 两面角
59. CAA020 水平角测量的方法常用的有测回法和(　　)。
A. 左盘观测法 B. 方向观测法
C. 右盘观测法 D. 正倒镜分中法
60. CAA020 水平角测量原理是:设 A、B、C 为地面上任意三点,过 AB、AC 直线的竖直面在(　　)P 上的交线 AB、AC 所夹的角 β,称之为直线 AB 和 AC 之间的水平角。
A. 地面 B. 大地水准面 C. 水平面 D. 平面
61. CAA021 DJ_6 经纬仪主要由基座、(　　)和照准部组成。
A. 水平制动 B. 竖直度盘 C. 水平度盘 D. 望远镜
62. CAA021 DJ_6 经纬仪的基座主要用于支撑整个仪器,基座上有三个脚螺旋,用来(　　)。

A. 整平仪器　　　　　B. 固定仪器　　　　　C. 转动仪器　　　　　D. 调节仪器
63. CAA021　DJ₆经纬仪水平度盘是由(　　)制成的圆环。
   A. 玻璃钢　　　　　　B. 钢片　　　　　　　C. 铝合金　　　　　　D. 玻璃
64. CAA022　竖直角测量用于测定(　　)或将倾斜距离转化成水平距离。
   A. 高程　　　　　　　B. 高差　　　　　　　C. 海拔高　　　　　　D. 水准高程
65. CAA022　竖直角测角原理,视线 AB 与水平线 AB' 的夹角,为 AB 方向线的竖直角,其范围为(　　)。
   A. 0°～±90°　　　　 B. 0°～±60°　　　　 C. 0°～±180°　　　　D. 0°～±45°
66. CAA022　竖直角向上为正,称为(　　)。
   A. 竖直角　　　　　　B. 俯角　　　　　　　C. 仰角　　　　　　　D. 水平角
67. CAA023　测绘是(　　)的总称,是指用各种方法测量、编绘和出版为国家经济建设、国防建设和科学研究提供测量成果和地图资料。
   A. 测量和制图　　　　B. 测设与测定　　　　C. 测量与控制　　　　D. 定位与施测
68. CAA023　在地面上标定测量控制点,如三角点、导线点和水准点等位置的标石、觇标和其他标记的总称为(　　)。
   A. 控制桩　　　　　　B. 测量标志　　　　　C. 定位标记　　　　　D. 测量符号
69. CAA023　测量规范是一种使测量更加准确的(　　),在各种领域都有利用。
   A. 规则　　　　　　　B. 数据　　　　　　　C. 条文　　　　　　　D. 方法
70. CAA024　建筑面积一般是指建筑物的(　　)而得来的。
   A. 内墙长度、宽度总尺寸的乘积
   B. 外墙长度、宽度总尺寸的乘积
   C. 建筑总占地的长度、宽度的乘积
   D. 长度、宽度总尺寸的乘积再乘以层数
71. CAA024　建筑物的层高是指(　　)。
   A. 楼板与楼板之间的高度值
   B. 包括结构层、抹面层在内的层间高度值
   C. 不包括结构层、抹面层在内的层间高度值
   D. 建筑物的楼层高度值
72. CAA024　建筑物开间是两条(　　)之间的距离。
   A. 横向定位轴线　　　B. 纵向定位轴线　　　C. 房间轴线　　　　　D. 基础轴线
73. CAB001　经纬仪横轴误差属于(　　)。
   A. 操作误差　　　　　B. 人为误差　　　　　C. 外界条件产生的误差　　D. 仪器误差
74. CAB001　测量误差中,由于观测仪器机械构造上的缺陷和仪器本身精密度的限制产生的误差称为(　　)。
   A. 仪器误差　　　　　B. 偶然误差　　　　　C. 中误差　　　　　　D. 粗差
75. CAB001　外界条件如大气温度、湿度、风力、透明度、大气折光等属于测量误差中的(　　)。
   A. 仪器误差　　　　　B. 人为误差　　　　　C. 外界条件产生的误差　　D. 粗差

76. CAB002 测量误差根据其表现形式,可分为系统误差和(　　)。
    A. 仪器误差　　　　B. 人为误差　　　　C. 偶然误差　　　　D. 粗差
77. CAB002 一个观测成果中不可避免地含有(　　),所以实际工作中要采取措施减弱它,如提高仪器的精度等级等。
    A. 仪器误差　　　　B. 偶然误差　　　　C. 人为误差　　　　D. 粗差
78. CAB002 偶然误差就其单个误差而言,看似没有规律性,但从整体而言却呈现出一定的统计学规律,并服从(　　)。
    A. 增函数关系　　　B. 减函数关系　　　C. 抛物线关系　　　D. 正态分布
79. CAB003 在某一个量的多次观测中,其误差分布的密集或者离散的程度称为(　　)。
    A. 准确度　　　　　B. 中误差　　　　　C. 精度　　　　　　D. 精准度
80. CAA003 标准误差不是测量值的实际误差,也不是误差范围,它只是对一组测量数据(　　)的估计。
    A. 准确性　　　　　B. 可靠性　　　　　C. 真实性　　　　　D. 合理性
81. CAA003 当各测站的观测高差为等精度时,各路线观测高差的权与测站数(　　)。
    A. 成反比　　　　　B. 成正比　　　　　C. 成对数关系　　　D. 成指数关系
82. CAB004 在测量生产实践中,观测次数 n 总是有限的,以各个真误差的平方和的平均值的平方根作为评定观测质量的标准,称为(　　)。
    A. 方差　　　　　　B. 中误差　　　　　C. 精度　　　　　　D. 平均误差
83. CAB004 中误差的表示方法,可以避免正负误差的(　　)及明显反映出观测中的大误差。
    A. 累积性　　　　　B. 相消性　　　　　C. 相互影响　　　　D. 叠加性
84. CAB004 中误差不同于各个观测值的真误差,它衡量的是(　　)。
    A. 一组观测精度的指标　　　　　　B. 真误差变化规律
    C. 一个观测值精度　　　　　　　　D. 误差的分布规律
85. CAB005 容许误差又称为(　　),是人为规定的某类仪器测量时不能超过的测量误差的极限值。
    A. 中误差　　　　　B. 极限误差　　　　C. 相对误差　　　　D. 规定误差
86. CAB005 根据误差理论和大量的实践证明,在等精度观测某量的一组误差中,大于(　　)的偶然误差其出现的概率是小概率事件。
    A. 两倍中误差　　　B. 四倍中误差　　　C. 五倍中误差　　　D. 三倍中误差
87. CAB005 根据概率论可以证明,大于三倍标准差的偶然误差出现的概率约为(　　)。
    A. 0.3%　　　　　　B. 1.3%　　　　　　C. 3.3%　　　　　　D. 4.5%
88. CAB006 一些测量结果,以中误差评定其精度不能完全表达观测质量,用(　　)可以更好地表达测量结果的观测精度。
    A. 系统误差　　　　B. 极限误差　　　　C. 相对误差　　　　D. 规定误差
89. CAB006 不是所有的观测量的(　　)都能用相对误差表示,如角度测量。
    A. 准确度　　　　　B. 效果　　　　　　C. 正确性　　　　　D. 精度
90. CAB006 用钢尺丈量 a、b 两端距离,$S_a = 100\text{m}$,$S_b = 200\text{m}$,观测中误差都是 $\pm 20\text{mm}$,那么两者的相对误差分别为(　　)。

A. 1/10000,1/5000　　　　　　　　B. 1/5000,1/10000
C. 1/10000,1/15000　　　　　　　D. 1/5000,1/15000

91. CAB007　仪器误差作为测量误差的一个重要来源,其主要是观测仪器机械构造上的（　　）和仪器本身精密度的限制。
A. 精密度　　　B. 缺陷　　　C. 差别　　　D. 限制

92. CAB007　测量前应严格地（　　）仪器,将仪器误差减小至最低程度。
A. 检验与校正　　B. 检查与调试　　C. 检查与试用　　D. 修理与维护

93. CAB007　根据表现形式的不同,测量仪器的误差又称为（　　）。
A. 极限误差　　B. 偶然误差　　C. 中误差　　D. 系统误差

94. CAB008　观测误差主要包括对中误差、整平误差、照准误差、标杆倾斜误差和（　　）。
A. 系统误差　　B. 偶然误差　　C. 读数误差　　D. 仪器误差

95. CAB008　观测误差中的对中误差,是指仪器安置完毕后,仪器的中心未位于（　　）铅垂线上的误差。
A. 导线点　　B. 测设点　　C. 目标点　　D. 测站点

96. CAB008　考虑到观测误差中的整平误差的存在,特别是在（　　）观测时,必须精确整平仪器。
A. 平原微丘区　　B. 丘陵与山区　　C. 道路施工　　D. 工业场区

97. CAB009　普通水准测量中,仪器距离两水准尺的距离基本上相等,最大视距不大于（　　）。
A. 100m　　B. 200m　　C. 50m　　D. 150m

98. CAB009　水准计算检核规定,在平原微丘区闭合水准路线的高差闭合差不应大于（　　）。n 为测站数;L 为相邻水准点间的距离。
A. $\pm 40\sqrt{L}$(mm)　　B. $\pm 20\sqrt{L}$(mm)　　C. $\pm 12\sqrt{n}$(mm)　　D. $\pm 15\sqrt{n}$(mm)

99. CAB009　普通水准测量中,一般在已知高程的水准点上立水准尺,作为（　　）。
A. 前视尺　　B. 后视尺　　C. 左视尺　　D. 右视尺

100. CAB010　测量上的最或然误差就是（　　）与最或然值之差。
A. 平均值　　B. 算术平均值　　C. 估算值　　D. 观测值

101. CAB010　观测量的算术平均值与观测值之差,称为（　　）。
A. 观测值改正数　　B. 误差　　C. 观测误差　　D. 真误差

102. CAB010　在不等精度观测中,观测值的（　　）高,可靠性也强,权也大。
A. 观测手段　　B. 观测次数　　C. 准确度　　D. 精度

103. CAB011　同一个人使用相同的仪器、设备,使用相同的方法在相同的外界条件下进行观测,习惯上称这种观测值为（　　）。
A. 同条件观测值　　　　　　　B. 等条件观测值
C. 等价观测值　　　　　　　　D. 等精度观测值

104. CAB011　测量中,一般把观测条件不同的各次观测称为（　　）。
A. 独立观测　　B. 等精度观测　　C. 不等精度观测　　D. 直接观测

105. CAB011　对某量进行 n 次等精度观测后,所有的观测值相加再除以 n 就得到了该观测值的( )。
　　A. 平均值　　　　B. 最或是值　　　C. 算术平均值　　　D. 最或然值

106. CAB012　通过被观测量与未知量的函数关系来确定未知量的观测称为( )。
　　A. 间接观测　　　B. 函数观测　　　C. 待定观测　　　　D. 条件观测

107. CAB012　为了确定两点间的距离,利用钢尺丈量两点间的距离,属于( )。
　　A. 量距观测　　　B. 间接观测　　　C. 简单观测　　　　D. 直接观测

108. CAB012　通过量测得到一个量的近似值,称为该量的( )。
　　A. 真值　　　　　B. 观测值　　　　C. 近似值　　　　　D. 估计值

109. CAB013　固定误差是与测量值大小( ),且是固定数值的误差。
　　A. 无关　　　　　B. 成对数　　　　C. 成反比例　　　　D. 成正比例

110. CAB013　以某一单个未知量进行重复观测,各次观测属于( )。
　　A. 非独立观测　　B. 独立观测　　　C. 直接观测　　　　D. 间接观测

111. CAB013　测距仪的标称精度通常表示为±$a$mm±$b$ppm,如某测距仪标称为±3mm±1ppm,±3mm 代表( )。
　　A. 比例误差±3mm　　　　　　　　B. 偶然误差±3mm
　　C. 固定误差±3mm　　　　　　　　D. 绝对误差±3mm

112. CAB014　钢尺量距时,要求一般丈量时,花杆定线偏差不大于0.1m,仪器定线偏差不大于( )。
　　A. 2~4cm　　　　B. 5~7cm　　　　C. 8~10cm　　　　D. 10~15cm

113. CAB014　由于丈量时尺子没有准确地放在所量距离的直线方向上所产生的误差称为( )。
　　A. 尺长误差　　　B. 中误差　　　　C. 定线误差　　　　D. 拉力误差

114. CAB014　丈量时,由于余数读不准所产生的误差称为( )。
　　A. 尺长误差　　　B. 中误差　　　　C. 定线误差　　　　D. 丈量误差

115. CAC001　在工程测量中,我们通常把形状和大小与( )相近并且两者之间的相对位置确定的旋转椭球称为参考椭球。
　　A. 高度角　　　　B. 大地水准面　　C. 大地体　　　　　D. 椭球体

116. CAC001　目前,我国采用的地球椭球体元素值是1975年国际大地测量与地球物理联合会通过并推荐的值,其中长半轴 a 为( )。
　　A. 6378140m　　　B. 6356755m　　　C. 6378m　　　　　D. 6356m

117. CAC001　目前,我国采用的地球椭球体元素值是1975年国际大地测量与地球物理联合会通过并推荐的值,其中短半轴 b 为( )。
　　A. 6378140m　　　B. 6356755m　　　C. 6378m　　　　　D. 6356m

118. CAC002　高斯投影是一个等角横切椭圆柱投影,又称为( )。
　　A. 克吕格投影　　B. 横轴墨卡托投影　　C. 正摄投影　　　D. 高斯平面投影

119. CAC002　假设一个椭圆柱面横套在参考椭球面的外面,并使椭圆柱面与参考椭球某一子午线相切,相切的子午线称为( )。
　　A. 中央子午线　　B. 轴子午线　　　C. 切线子午线　　　D. 法线子午线

120. CAC002 高斯投影是一个等角横切椭圆柱投影,它是( )投影的一种。
    A. 等边投影　　　　B. 横轴墨卡托　　　C. 正形　　　　　　D. 平面
121. CAC003 将椭球面上的经纬线投影到高斯平面后,中央子午线投影为一条直线,其长度( )。
    A. 不变　　　　　　B. 变长　　　　　　C. 变短　　　　　　D. 局部变短
122. CAC003 将椭球面上的经纬线投影到高斯平面后,除中央子午线外,其余子午线投影后以( )为对称轴。
    A. 初始子午线　　　B. 中央子午线　　　C. 赤道　　　　　　D. 轴子午线
123. CAC003 在高斯投影平面上,离中央子午线越远,( )。
    A. 长度变形越小　　B. 宽度变形越小　　C. 长度变形越大　　D. 宽度变形越大
124. CAC004 地理坐标系属于球面坐标系,根据不同的投影面又分为天文地理坐标系和( )地理坐标系。
    A. 地球　　　　　　B. 航空　　　　　　C. 大地　　　　　　D. 航海
125. CAC004 高斯平面直角坐标系是以( )与赤道的交点为坐标原点。
    A. 本初子午线　　　B. 中央子午线　　　C. 子午线　　　　　D. 磁子午线
126. CAC004 在高斯平面直角坐标系中,为了避免 Y 坐标出现负值,将纵坐标轴向西移( )。
    A. 100km　　　　　B. 1000km　　　　　C. 400km　　　　　D. 500km
127. CAC005 分带投影的目的是( )。
    A. 限制角度面型　　　　　　　　　　B. 限制长度变形
    C. 便于计算　　　　　　　　　　　　D. 方便制作地形图
128. CAC005 对于6°投影带而言,第 N 带中央子午线的经度 L 和带号 N 的关系为( )。
    A. $L=6N-3$　　　B. $L=6N$　　　　　C. $L=6N-1$　　　D. $L=6(N-1)$
129. CAC005 已知某点的经度为115°30′,则该点位于6°带的第( )带。
    A. 18　　　　　　　B. 21　　　　　　　C. 20　　　　　　　D. 22
130. CAC006 对于3°投影带而言,第 N 带中央子午线的经度 L 和带号 N 的关系为( )。
    A. $L=3N$　　　　　B. $L=3N-2$　　　　C. $L=3N-1$　　　D. $L=3(N-1)$
131. CAC006 我国中央子午线的经度范围是( )。
    A. 65°~135°　　　B. 75°~135°　　　C. 75°~145°　　　D. 70°~135°
132. CAC006 就我国而言,其3°投影带横跨( )带。
    A. 20　　　　　　　B. 23　　　　　　　C. 21　　　　　　　D. 22
133. CAC007 为了用图方便以及减小由于图纸伸缩而引起的误差,在绘制地形图时,常在图上绘制( )。
    A. 数字比例尺　　　B. 图形比例尺　　　C. 图示比例尺　　　D. 复式比例尺
134. CAC007 大比例尺地形图主要采用常规白纸测图或者数字化测图方法成图,其比例尺范围为( )。
    A. 1∶500~1∶5000　　　　　　　　　B. 1∶5000~1∶50000
    C. 1∶500~1∶50000　　　　　　　　D. 1∶100000~1∶1000000

135. CAC007 用数字表示的比例尺为( ),一般标注在地形图下边缘,它的特点是直观准确。
    A. 复式比例尺　　　B. 中比例尺　　　C. 地形图比例尺　　　D. 数字比例尺
136. CAC008 地图上的地图投影、比例尺、控制点、坐标网、高程系、地图分幅等,这些内容是决定地图图幅范围、位置以及控制其他内容的基础,称这些内容为( )。
    A. 数学要素　　　B. 地形要素　　　C. 注记要素　　　D. 图例要素
137. CAC008 在地图上表示具有地理位置、分布特点的自然现象和社会现象的内容,称为( )。
    A. 地形要素　　　B. 社会要素　　　C. 人文要素　　　D. 地理要素
138. CAC008 地图上的地理要素分为自然要素和( )。
    A. 人文要素　　　B. 社会交通要素　　　C. 社会经济要素　　　D. 社会行政要素
139. CAC009 全球分为多个时区,以能够被( )整除的经度作为该时区的中央子午线。
    A. 25　　　B. 10　　　C. 20　　　D. 15
140. CAC009 我国共分为( )个时区。
    A. 5　　　B. 6　　　C. 7　　　D. 8
141. CAC009 子午线也称为( )。
    A. 纬线　　　B. 经线　　　C. 初始线　　　D. 赤道
142. CAC010 地形图主要是运用规定的符号,反映地球表面的( )和地物的空间位置和相关信息。
    A. 构筑物　　　B. 地貌　　　C. 植物　　　D. 建筑物
143. CAC010 地图符号是表达( )的基本手段,它由形状不同、大小不一、色彩有别的图形和文字组成。
    A. 地物形状　　　B. 地形情况　　　C. 地物分布　　　D. 地图内容
144. CAC010 地物符号可分成比例符号、非比例符号和( )。
    A. 数字符号　　　B. 半比例符号　　　C. 地物注记　　　D. 线段符号
145. CAC011 典型地貌中,山丘和洼地的等高线同为一组闭合的曲线,可通过高程注记和( )加以区别。
    A. 方向线　　　B. 坡度线　　　C. 示坡线　　　D. 凸凹线
146. CAC011 对于大、中比例地形图上的地貌主要采用( )表示。
    A. 等高线　　　B. 特殊符号　　　C. 专用符号　　　D. 示坡线
147. CAC011 典型地貌中,山脊的等高线表现为一组( )曲线。
    A. 凸向高处　　　B. 凹向高处　　　C. 凸向低处　　　D. 凹向低处
148. CAC012 在地图制图中,主要包括地物绘制、等高线绘制、( )和地形图拼接检查整饰。
    A. 注记　　　B. 比例尺选择　　　C. 图幅选择　　　D. 修饰
149. CAC012 在地图制图中,勾绘等高线时,可在两相邻碎部点的连线上,按平距与高差成比例的关系,采用( )定出两点之间各条等高线通过的位置。
    A. 三角形法　　　B. 全等三角形法　　　C. 内插法　　　D. 等比例线段法
150. CAC012 在地图制图中,勾绘等高线时,要对照实际情况,先画( ),后画首曲线,并注意等高线通过山脊线、山谷线的走向。
A. 典型地貌　　　　B. 助曲线　　　　C. 间曲线　　　　D. 计曲线

151. CAC013　地形图的分幅主要有矩形分幅和(　　)。
A. 正方形分幅　　　B. 菱形分幅　　　C. 梯形分幅　　　D. 长方形分幅

152. CAC013　为了满足工程设计、施工及管理的需要,测绘的1:500、1:1000、1:2000和小区域1:5000比例尺的地形图,一般采用(　　)。
A. 矩形分幅　　　　B. 菱形分幅　　　C. 梯形分幅　　　D. 长方形分幅

153. CAC013　采用矩形分幅,图幅一般为50cm×50cm或40cm×40cm,以(　　)的整千米数或整百米数作为图幅的分界线。
A. 南北方向　　　　B. 纵横坐标　　　C. 经度和纬度　　D. 东西方向

154. CAC014　1:1000000地形图的地图编号,从赤道起,以纬差(　　)为一列,至北(南)纬88°,各为22列,依次用英文字母A,B,C,…,V表示其相应的列号。
A. 4°　　　　　　　B. 5°　　　　　　C. 6°　　　　　　D. 8°

155. CAC014　采用梯形分幅时,1:1000000地形图的地图编号,从180°的经线起,自西向东以经差(　　)为一行,将全球分为60行,依次用1,2,3,…,60表示其相应的行号。
A. 4°　　　　　　　B. 5°　　　　　　C. 6°　　　　　　D. 8°

156. CAC014　北京某地的经度为东经为116°24′20″,纬度为39°56′30″,则采用梯形分幅时,所在的1:1000000比例尺的地形图编号为(　　)。
A. I-49　　　　　　B. J-50　　　　　C. K-50　　　　　D. J-49

157. CAC015　等高线是地面上高程相等的各相邻点连成的(　　)。
A. 等值线　　　　　B. 闭合曲线　　　C. 非闭合曲线　　D. 曲线

158. CAC015　典型地貌不包括(　　)。
A. 山头和洼地　　　B. 山脊和山谷　　C. 盆地　　　　　D. 鞍部

159. CAC015　等高线平距是相邻等高线之间的(　　)。
A. 水平距离　　　　B. 斜距　　　　　C. 实地距离　　　D. 宽度

160. CAC016　在地形图图式中,直径1.0cm黄色圆圈符号一般代表的是(　　)。
A. 散树　　　　　　B. 电杆　　　　　C. 旗杆　　　　　D. 路灯

161. CAC016　在地形图图式中,直径1.6cm绿色圆圈符号一般代表的是(　　)。
A. 散树　　　　　　B. 电杆　　　　　C. 旗杆　　　　　D. 路灯

162. CAC016　在地形图图式中,房屋注记中"砖2"代表(　　)。
A. 钢筋混凝土2层　B. 框架结构2层　 C. 砖房屋2层　　 D. 石块房屋2层

163. CAC017　通过地球表面某点的真子午线的切线方向,称为该点的(　　)。
A. 真子午线方向　　B. 子午线方向　　C. 磁子午线方向　D. 轴午线方向

164. CAC017　通过地面上一点和地球(　　)所作的平面称为通过该点的真子午面。
A. 赤道　　　　　　B. 南北极　　　　C. 本初子午线　　D. 北回归线

165. CAC017　由(　　)为起始方向的方位角称为真方位角。
A. 本初子午线　　　B. 磁子午线　　　C. 真子午线　　　D. 轴子午线

166. CAC018　地形测量中,当梯田坎的宽度大于图上的(　　)时,应实测坡脚。
　　　A. 0.5mm　　　　B. 1mm　　　　C. 2mm　　　　D. 5mm
167. CAC018　在地形图中,当地类界与地面的线状地物重合时,(　　)。
　　　A. 地类界偏移绘制　　　　B. 线状地物偏移绘制
　　　C. 只绘地类界　　　　D. 只绘线状地物
168. CAC018　1∶500 地形图测量时,要求地形点最大间距不超过(　　)。
　　　A. 10m　　　　B. 15m　　　　C. 20m　　　　D. 30m
169. CAC019　DCH-2 型红外测距仪反射镜棱镜的光学部分是直角光学(　　)。
　　　A. 玻璃立方体　　　B. 玻璃球体　　　C. 玻璃锥体　　　D. 玻璃六面体
170. CAC019　DCH-2 型红外测距仪的控制器内装有(　　),操作面板上有各种按钮及显示器,设有电子计算器,可以计算平距、高差及坐标等。
　　　A. 激光测距系统　　B. 电子线路系统　　C. 电磁波测距系统　　D. 红外测距系统
171. CAC019　DCH-2 型红外测距仪的照准头内装有(　　)光学系统,调制器和光接收电路,还装有内外光路自动转换机构和光栏旋钮。
　　　A. 发射光波　　　B. 发光和反射　　　C. 发射红外光束　　　D. 发射和接收
172. CAC020　磁子午线可以用(　　)来测定。
　　　A. 全站仪　　　　B. GPS　　　　C. 水准仪　　　　D. 罗盘仪
173. CAC020　经过地心和磁针静止时所指示的南北方向所作的垂直平面称为(　　)。
　　　A. 磁子午面　　　B. 真子午面　　　C. 子午面　　　D. 轴子午面
174. CAC020　磁针在仅受地磁影响(没有自差)的情况下其指向即是(　　)。
　　　A. 真子午线方向　　B. 磁子午线方向　　C. 子午线方向　　D. 轴子午线方向
175. CAD001　测绘作业证的样式,由国家测绘局统一规定。测绘作业证在(　　)范围内通用。
　　　A. 本部门　　　　B. 全省　　　　C. 全国　　　　D. 本行业
176. CAD001　损毁或者擅自移动永久性测量标志和正在使用中的临时性测量标志的,给予警告,责令改正,可以并处(　　)以下的罚款。
　　　A. 1 万元　　　　B. 2 万元　　　　C. 10 万元　　　　D. 5 万元
177. CAD001　应当采取有效措施加强测量标志保护工作的单位是(　　)。
　　　A. 乡级以上人民政府　　　　B. 县级以上人民政府
　　　C. 县级测绘主管部门　　　　D. 省测绘局
178. CAD002　永久性测量标志的(　　)应当对永久性测量标志设立明显标记,并委托当地有关单位指派专人负责保管。
　　　A. 省测绘局　　　　B. 县级测绘主管部门
　　　C. 建设单位　　　　D. 乡级人民政府
179. CAD002　任何单位和个人不得妨碍、阻挠测绘人员(　　)测绘活动。
　　　A. 持证明进行　　B. 持证进行　　C. 独自进行　　D. 依法进行
180. CAD002　测绘作业证(　　)。
　　　A. 持证本人使用,也可转借他人

B. 持证本人使用,可转借本单位人员

C. 只限持证单位使用,不得转借他人

D. 只限持证本人使用,不得转借他人

181. CAD003 测绘单位变更名称、住所、法定代表人等,应当在变更后的(   )内,向发证机关申请更换《测绘资质证书》,并提交有关的变更文件,由发证机关办理变更手续。

    A. 30 日   B. 60 日   C. 90 日   D. 100 日

182. CAD003 测绘单位在(   )内未承担测绘项目的发证机关应当注销《测绘资质证书》。

    A. 1 年   B. 2 年   C. 3 年   D. 5 年

183. CAD003 《测绘资质证书》有效期为(   ),有效期满 30 日前,测绘单位应当向原发证机关提出延期申请,依照本规定办理测绘资质延期手续。

    A. 2 年   B. 3 年   C. 5 年   D. 10 年

184. CAD004 全面质量管理最直接、最主要的基础工作是:质量教育工作、(   )、标准化工作、计量工作、质量信息工作等。

    A. 企业领导   B. 质量责任制   C. 经营管理   D. 思想教育

185. CAD004 质量改进的基本方法简称为(   )循环。

    A. AAFH   B. FC   C. DF   D. PDCA

186. CAD004 全面质量管理是把过去的以事后检验和把关为主转变为以(   )为主。

    A. 质量   B. 相信   C. 预防   D. 教育

187. CAD005 可导致事故发生的物体危险状态、不安全行为及管理缺陷的是(   )。

    A. 安全栏杆   B. 作业环境   C. 劳动保护   D. 事故隐患

188. CAD005 在 HSE 管理中,高级管理者对 HSE 管理体系的适应性及其执行情况进行的正式评审称为(   )。

    A. HSE 管理规划   B. HSE 管理评审   C. HSE 管理体系   D. HSE 方针

189. CAD005 搞好生产过程中的 HSE 控制,严格执行(   )和作业文件。

    A. 隐患   B. 岗位操作   C. 全局性   D. 问题

190. CBA001 建立国家平面控制网的常规方法有(   )和精密导线测量。

    A. 三边测量   B. 闭合导线测量

    C. 三角测量   D. 附合导线测量

191. CBA001 国家平面控制网的导线测量是在地面上选择一系列控制点,将相邻点连成直线而构成折线形,称为(   )。

    A. 导线网   B. 闭合导线   C. 附和导线   D. 三边网

192. CBA001 国家平面控制网按控制次序和施测精度分为四个等级,其中一等三角网沿(   )布设。

    A. 南北极方向   B. 中央子午线方向   C. 赤道方向   D. 经纬线方向

193. CBA002 首级控制点数量较少,不能满足大比例尺地形测图的需要,还必须加密一次或两次精度,(   )的供地形测图使用的控制点,称为图根控制点。

    A. 较低一级   B. 较高一级   C. 首级   D. 次级

194. CBA002　布设图根控制点时,应充分考虑到在(　　)附近选设图根点,使相邻图幅能共同利用。

　　A. 图幅下边　　　　B. 图幅上边　　　　C. 图廓边　　　　D. 图幅中间

195. CBA002　利用一、二级导线作为平面控制的加密点,既可直接作为(　　)的控制,又可作为城市规划道路定线及竣工测量的直接依据。

　　A. 图根导线　　　　B. 高程　　　　C. 三级导线　　　　D. 四等导线

196. CBA003　三角点的点位是以标石的标志中心为准,在观测水平角时,要求做到(　　)"三心"位于同一垂线上。

　　A. 仪器中心、水平度盘中心、标石中心
　　B. 仪器中心、照准圆管中心、标石中心
　　C. 仪器中心、垂直度盘中心、标石中心
　　D. 水平度盘中心、垂直度盘中心、标石中心

197. CBA003　在进行控制测量水平角观测时,仪器对中误差不应超过(　　)。

　　A. 1mm　　　　B. 2mm　　　　C. 3mm　　　　D. 4mm

198. CBA003　观测水平角前应先检验仪器,并在观测中采用(　　)和用十字丝照准等方法,减小和消除仪器误差对观测结果的影响。

　　A. 正倒镜读数　　　　　　　　B. 安置仪器于观测点等距处
　　C. 上、下半测回平均值　　　　D. 盘左、盘右取平均值

199. CBA004　方向观测法的操作步骤是:安置仪器→盘左观测→盘右观测→(　　)。

　　A. 计算 2c 值　　　　　　　　B. 计算目标方向值平均读数
　　C. 计算归零后的方向值　　　　D. 角值计算

200. CBA004　方向观测法中,采用上、下半测回均构成一个闭合圆,这种观测方法又称为(　　)。

　　A. 全圆方向观测法　　　　B. 全测回观测法
　　C. 全圆观测法　　　　　　D. 全方向观测法

201. CBA004　方向观测法中计算 2c 值的公式为(　　)。

　　A. 2c 值=盘左读数-盘右读数　　　　B. 2c 值=盘右读数-盘左读数
　　C. 2c 值=盘左读数-(盘右读数±90°)　D. 2c 值=盘左读数-(盘右读数±180°)

202. CBA005　由一高级已知点出发,经过一些转折点后,又回到该点的导线称(　　)。

　　A. 附合导线　　　　B. 闭合导线　　　　C. 支导线　　　　D. 混合导线

203. CBA005　导线测量通过测量(　　)个元素来确定控制点坐标。

　　A. 2　　　　B. 3　　　　C. 4　　　　D. 5

204. CBA005　闭合导线角度闭合差的计算公式为(　　)。

　　A. $f=\sum \beta_{测}-(n-5)\cdot 180°$　　　　B. $f=\sum \beta_{测}-(n-4)\cdot 180°$
　　C. $f=\sum \beta_{测}-(n-3)\cdot 180°$　　　　D. $f=\sum \beta_{测}-(n-2)\cdot 180°$

205. CBA006　由一高级已知点出发,经过一些转折点后,附合到另一高级已知点的导线称(　　)。

　　A. 附合导线　　　　B. 闭合导线　　　　C. 支导线　　　　D. 混合导线

206. CBA006　导线网平差是消除导线网中由于(　　)使各观测结果间产生矛盾所进行的测量平差。
   A. 观测数据　　　　B. 观测误差　　　　C. 多余观测　　　　D. 观测错误
207. CBA006　油气田工程测量中,二级导线的测角中误差规定为(　　)。
   A. ±2.5″　　　　B. ±5″　　　　C. ±10″　　　　D. ±15″
208. CBA007　由一已知点出发,既不符合也不闭合于一已知点的导线称为(　　)。
   A. 支导线　　　　B. 符合导线　　　　C. 自由导线　　　　D. 闭合导线
209. CBA007　导线测量是建立(　　)的一种方法,也是工程测量中建立控制点的常用方法。
   A. 国家坐标系　　B. 工程坐标系　　C. 国家大地控制网　　D. 工程控制网
210. CBA007　导线测量中,按照测边的方法不同分为经纬仪钢尺量距导线、(　　)和电磁波测距导线。
   A. 图根导线　　　　B. 控制导线　　　　C. 支导线　　　　D. 视距导线
211. CBA008　相邻导线点之间应通视良好,便于(　　),并且有利于加密控制点。
   A. 安置仪器　　　　　　　　　B. 测角和量距
   C. 对准目标点　　　　　　　　D. 测量导线点间距离
212. CBA008　导线边长宜大致相等,应避免相邻边长相差悬殊,以免影响(　　)。
   A. 测角精度　　　　B. 测边精度　　　　C. 测量值准确度　　　　D. 导线测距
213. CBA008　导线点应均匀地布设在测区内,有足够的(　　),在重要构造物如桥梁、隧道附近应设有导线点。
   A. 数量　　　　B. 分布范围　　　　C. 精度　　　　D. 密度
214. CBA009　勘测设计人员向负责施工人员进行现场交桩的过程也是(　　)的过程。
   A. 控制　　　　B. 控制点复核　　　　C. 中线踏勘　　　　D. 现场踏勘
215. CBA009　工程交桩时,应用测量仪器对重要桩、点进行施测交接,作出(　　)。
   A. 数据对比　　　　B. 数据的确认　　　　C. 点位的判断　　　　D. 详细记录
216. CBA009　高程控制网由连接各高程控制点的水准测量路线组成。通过(　　),可以求得相邻水准点之间的高差。
   A. 水准测量　　　　B. 联系测量　　　　C. GPS测量　　　　D. 气压测量
217. CBA010　选点完成后,应该提供的资料不包括(　　)。
   A. 技术设计书　　　　B. 三角点一览表　　　　C. 选点图　　　　D. 点之记
218. CBA010　三四等三角点埋石过程中,必须是盘石和(　　)上的标志位于同一铅垂线上。
   A. 基座　　　　B. 柱石　　　　C. 混凝土　　　　D. 点之记
219. CBA010　导线点应选在土质坚实,便于(　　)的地方。
   A. 立花杆　　　　B. 寻找点位　　　　C. 保护点位　　　　D. 安置仪器
220. CBA011　分微尺测微器在(　　)级经纬仪中广泛采用。
   A. DJ_2　　　　B. DJ_3　　　　C. DJ_4　　　　D. DJ_6
221. CBA011　分微尺测微器是按着眼睛的辨别角值相近似的原理,用估读法估读到测微尺间隔的( )。

  A. 1/2   B. 1/5   C. 1/8   D. 1/10

222. CBA011 在使用经纬仪时,度盘上的一格为1°,而分微尺上的一格为( )。

  A. 1′   B. 2′   C. 5′   D. 10′

223. CBA012 单平板玻璃测微器的原理是光线由反光镜进入仪器,经过棱镜和透镜的作用,将水平度盘和竖直度盘的分划影像,通过平板玻璃和( )三者同时成像在刻有单、双两种指标的读数视场内。

  A. 凸透镜   B. 测微尺   C. 凹透镜   D. 刻度盘

224. CBA012 单平板测微器主要有平板玻璃、( )、连接机构和测微轮组成。

  A. 凸透镜   B. 凹透镜   C. 测微尺   D. 刻度盘

225. CBA012 单平板测微器的度盘格值为30′,测数尺为( )格,故测微尺格值等于30′除以该格数。

  A. 60   B. 90   C. 100   D. 180

226. CBA013 DJ_6型经纬仪在初次使用前,在不具有检验、校正知识时,不得随意拆卸或拨动各部分的( )。

  A. 微动螺旋   B. 水准管   C. 制动螺旋   D. 校正螺钉

227. CBA013 DJ_6型经纬仪使用前,旋转照准部前先检查( )是否松开,以免损坏部件。

  A. 脚架螺旋   B. 对光螺旋   C. 制动螺旋   D. 微动螺旋

228. CBA013 使用DJ_6型经纬仪时,若仪器被碰动或发现长气泡偏离中心超过( ),应重新整置仪器进行观测。

  A. 1/8格   B. 1/4格   C. 1/2格   D. 1格

229. CBA014 DJ_2型经纬仪在读数显微镜中只能看到水平度盘或竖直度盘其中之一的影像,设有( )可根据需要进行变换。

  A. 换像手轮   B. 竖盘反光镜

  C. 微动手轮   D. 水平度盘反光镜

230. CBA014 DJ_2型经纬仪采用光学测微器符合读数法,除从测微尺上直读得1″,可估读到( )。

  A. 0.01″   B. 0.02″   C. 0.1″   D. 0.2″

231. CBA014 由于将度盘对径分划线两端的影像同时经一系列棱镜、透镜反映在读数显微镜内,使用DJ_2型经纬仪,可以消除照准部( )的影响,提高读数精度。

  A. 偏心误差   B. 反射误差   C. 角度误差   D. 转动误差

232. CBA015 经纬仪受潮,应使其干燥,并检查仪器内部有无( )。

  A. 水汽   B. 锈蚀   C. 霉变   D. 变形

233. CBA015 经纬仪放上三脚架后,要及时( ),用毕要及时取下放入箱内。

  A. 对中   B. 整平   C. 紧固   D. 检视

234. CBA015 如室内外温差大时,或温度突变也会对仪器有影响,所以经纬仪在现场( )后再进行观测。

  A. 检验校正   B. 用干净绒布擦拭

C. 放置一段时间 D. 经保温或降温处理

235. CBA016 建筑工人上班之前,要检查"三宝",即进入工地要戴安全帽、登高作业绑扎安全带,穿工作服,施工建筑物四周要设( )。
 A. 防护栏杆 B. 安全网 C. 围挡板 D. 篱笆墙

236. CBA016 建筑工人在丈量距离使用钢尺,经过( )时,应防止触电。
 A. 钢筋场地 B. 砂石料场 C. 机电设备 D. 木工场地

237. CBA016 建筑工人如在桥式起重机上立尺、量距,作业人员应( )。
 A. 戴好安全帽 B. 穿好工作服 C. 听从指挥员指挥 D. 系好安全带

238. CBA017 单手臂伸直举过头顶,手心朝前,保持不动,为( )指挥信号。
 A. 预备 B. 开始 C. 前进 D. 停止

239. CBA017 预备手势中,手臂向下,握拳,置于头上,为( )指挥信号。
 A. 预备 B. 开始 C. 前进 D. 停止

240. CBA017 左手举过头,手心向指挥者前方,手臂向上曲起,远离指挥者,为( )指挥信号。
 A. 预备 B. 开始 C. 前进 D. 停止

241. CBA018 建筑工程施工准备工作包括熟悉图纸、现场踏勘、确定测设方案和( )等。
 A. 测量技术培训 B. 安排测量人员 C. 准备测设数据 D. 准备测量器具

242. CBA018 建筑工程施工前,应熟悉设计图纸,了解施工的建筑物与相邻地物的相互关系,以及建筑物的尺寸和( )的要求等。
 A. 安全 B. 施工 C. 质量 D. 功能

243. CBA018 在熟悉设计图纸、掌握施工计划和施工进度的基础上,结合现场条件和实际情况,拟定( )。
 A. 施工组织设计 B. 设计方案 C. 调查提纲 D. 测设方案

244. CBA019 高层建筑施工测量,必须建立( )网。
 A. 施工控制 B. 信息联络 C. 安全管理 D. 质量体系

245. CBA019 高层建筑施工方格控制网的建立,必须从( )考虑,打桩、挖土、浇筑基础垫层和建筑物施工过程中的定位轴线均能应用所建立的施工控制网。
 A. 单体施工 B. 整个施工过程 C. 周边已建建筑 D. 测设方案

246. CBA019 高层建筑建立施工方格网点,一般要经过初定、精测和( )三步。
 A. 定测验 B. 测设 C. 检测 D. 施测

247. CBA020 由于高层建筑的基础尺寸较大,因而不得不在高层建筑基础表面作出许多要求精确测定的轴线,而所有这一切都要求在基础上直接标定( )标志。
 A. 控制坐标 B. 水准点 C. 起算轴线 D. 龙门桩

248. CBA020 高层建筑物平面控制点的建立方法多采用( )。
 A. 目测定线法 B. 串线法 C. 经纬定线法 D. 方向架法

249. CBA020 当高层建筑施工到一定高度时后,地面控制点无法直接投线时,则可利用事先在做施工控制网时投至远方高处的( )标志进行控制。
 A. 水准点标石 B. 导线点标石 C. 红色三角 D. 龙门桩

250. CBA021　高层建筑所有主轴线投测后,应进行(　　)的检核,合格后再以此为依据测设其他轴线。
　　A. 坐标闭合差　　B. 角度和距离　　C. 角度闭合差　　D. 精度要求

251. CBA021　激光垂准仪投测法需在首层面层上做好平面控制,并选择四个较合适的位置作控制点,在浇筑上升的各层楼面时,必须在相应的位置预留(　　)与首层面层控制点相对应的小方孔,保证控制点的传递。
　　A. 50mm×50mm　　　　　　B. 100mm×100mm
　　C. 200mm×200mm　　　　　D. 250mm×250mm

252. CBA021　为了保证轴线投测的精度,尽量选用望远镜放大倍率大于(　　)倍,有光学投点器的经纬仪,以 T_2 经纬仪投测为好。
　　A. 10　　B. 15　　C. 20　　D. 25

253. CBA022　单手握红白旗上举,举过头上方,旗语信号为(　　)。
　　A. 开始　　B. 前进　　C. 预备　　D. 后退

254. CBA022　单手握红白旗向头上方曲起,把举旗手下曲头顶,旗语信号为(　　)。
　　A. 开始　　B. 前进　　C. 预备　　D. 后退

255. CBA022　右手握红白旗,向右伸直手臂,将红白旗向指挥者左曲,旗语信号为(　　)。
　　A. 前进　　B. 后退　　C. 向右　　D. 向左

256. CBA023　为了保证经纬仪整平后,竖轴铅垂,水平度盘水平,使用仪器前要对经纬仪(　　)进行检验和校正。
　　A. 横轴　　B. 水准管轴　　C. 竖轴　　D. 仪器轴

257. CBA023　经纬仪在构造上应具备的最重要的条件是:视准轴与(　　)垂直。
　　A. 横向轴　　B. 水准管轴　　C. 竖直轴　　D. 仪器轴

258. CBA023　一台经纬仪,通过水准管的零点与水准管圆弧相切的直线称为(　　)。
　　A. 水准管轴　　B. 视准轴　　C. 横轴　　D. 竖轴

259. CBA024　用经纬仪观测水平角时,要使竖丝垂直于(　　)。
　　A. 竖轴　　B. 横轴　　C. 水平面　　D. 横丝

260. CBA024　经纬仪光学对中器的视准轴经棱镜折射后应与仪器的竖轴重合,否则会产生(　　)误差。
　　A. 偶然　　B. 系统　　C. 中　　D. 对中

261. CBA024　在使用经纬仪时,整平仪器后,用十字丝交点照准一固定的、明显的点状目标,固定照准部和望远镜,旋转望远镜的微动螺旋,使望远镜物镜上下微动,若从望远镜内观察到该点始终沿(　　)移动,则条件满足,不用校正。
　　A. 横丝　　B. 竖丝　　C. 水平线　　D. 铅垂线

262. CBB001　用水准测量方法测定的(　　)称为水准点。
　　A. 坐标点　　B. 高程控制点　　C. 平面控制点　　D. 测量标志

263. CBB001　水准原点是国家(　　)。
　　A. 高程控制网的起算点
　　B. 设定的高程为零的基点

C. 与基准海平面间的高差为零的基准点
D. 水平控制网的起算点

264. CBB001　工程高程测量,一般采用(　　)。小测区联测有困难时,亦可用假定高程。
A. 青岛高程系统　　　　　　　　B. 吴淞高程系统
C. 黄海高程系统　　　　　　　　D. 出海口高程系统

265. CBB002　城市高程控制网的高程系统,应采用国家统一的(　　)高程系统或1985年国家高程基准。
A. 1956年吴淞　　B. 1985年吴淞　　C. 1956年黄海　　D. 1980年黄海

266. CBB002　高程基准是由特定验潮站(　　)确定的测量高程的起算面以及依据该面所决定的水准原点高程。
A. 高程为零的海面　　　　　　　B. 大地水准面
C. 平均海面　　　　　　　　　　D. 与基准海平面间的高差为零的基准点

267. CBB002　1985年国家高程基准,水准原点高程为(　　)。
A. 72.189m　　B. 72.2614m　　C. 72.2604m　　D. 72.289m

268. CBB003　国家水准点的高程一般为(　　)。
A. 水准高程　　B. 三角高程　　C. 气压高程　　D. 地形高程

269. CBB003　城市高程控制网的高程系统,应采用国家统一的1956年黄海高程系统或(　　)。
A. 1956年吴淞高程基准　　　　　B. 1985年吴淞高程系统
C. 1980年黄海高程基准　　　　　D. 1985年国家高程基准

270. CBB003　1956年黄海高程系统比1985年国家高程基准(　　)。
A. 低0.029m　　B. 高0.029m　　C. 低0.29m　　D. 高0.29m

271. CBB004　使用精密水准仪前,要根据测量需要达到的(　　),结合所采用的仪器型号和水准标尺,进行全面的检验。
A. 效果　　B. 目的　　C. 标准　　D. 精度

272. CBB004　在安置精密水准仪前,应采取措施保证所安置的仪器满足精密水准测量的要求,视线长度不大于(　　)。
A. 20m　　B. 30m　　C. 40m　　D. 50m

273. CBB004　在精密水准测量时,为保证观测精度,对基本分划与辅助分划的读数差和所测高差的差,一般应分别小于(　　)。
A. 0.1mm和0.3mm　　　　　　　B. 0.2mm和0.4mm
C. 0.3mm和0.5mm　　　　　　　D. 0.5mm和0.7mm

274. CBB005　精密水准仪的水准轴与视准轴,是两条空间直线,通常将其在竖立面上投影的交角,称为(　　)误差。
A. V角　　B. H角　　C. ϕ角　　D. i角

275. CBB005　精密水准仪的水准轴与视准轴,是两条空间直线,通常将其在水平面上投影的交角,称为(　　)误差。
A. V角　　B. H角　　C. ϕ角　　D. i角

276. CBB005　精密水准测量时，i角误差的检验方法，一般是利用i角对水准标尺上读数的影响与（　　）成比例，通过比较水准尺上读数的差别，求出i角。
　　　A. 距离　　　　　　B. 角度　　　　　　C. 高程　　　　　　D. 高差

277. CBB006　水准仪的检验校正是分步进行的，后项的检校（　　）前项的检校结果。
　　　A. 不能破坏　　　　B. 不能变更　　　　C. 可以破坏　　　　D. 可以变更

278. CBB006　检验水准仪圆水准轴平行于竖轴时，先调整与照准部平行的任意两个脚螺旋，然后再将照准部旋转（　　）。
　　　A. 90°　　　　　　B. 180°　　　　　　C. 270°　　　　　　D. 45°

279. CBB006　圆水准轴平行于竖轴的校正方法是先用脚螺旋校正圆水准气泡偏离量的（　　）。
　　　A. 三分之一　　　　B. 一半　　　　　　C. 四分之一　　　　D. 三分之二

280. CBB007　当竖轴垂直时，水准仪的十字横丝位于（　　）。
　　　A. 垂直位置　　　　B. 大地水准面上　　C. 竖直面上　　　　D. 水平位置

281. CBB007　检验十字横丝与竖轴垂直的方法，首先整平水准仪照准一点状目标，然后转动（　　），若目标点不离开横丝，表示横丝水平。
　　　A. 水平微动螺旋　　B. 水平螺旋　　　　C. 垂直螺旋　　　　D. 微倾螺旋

282. CBB007　目前不少仪器，校正方法是松动目镜座上的3个（　　），转动目镜座使十字丝处于正确位置，然后再依次旋紧。
　　　A. 脚螺旋　　　　　B. 沉头螺丝　　　　C. 螺旋　　　　　　D. 螺丝

283. CBB008　从一个已知高程的高级水准点出发，沿各待定高程的水准点进行水准测量，最后仍闭合到原水准点所组成的环形水准路线，称为（　　）。
　　　A. 附合水准路线　　B. 闭合水准路线　　C. 支水准路线　　　D. 水准网

284. CBB008　闭合水准路线可进行观测成果的（　　）。
　　　A. 错误检核　　　　B. 外部检核　　　　C. 内部检核　　　　D. 误差改正

285. CBB008　闭合水准路线测量过程中，如果（　　）高程有错误，将不会被发现。
　　　A. 起点　　　　　　B. 端点　　　　　　C. 中间点　　　　　D. 水准点

286. CBB009　从一个已知高程的高级水准点出发，沿各个待定高程的水准点进行水准测量，最后附合到另一个已知高程的高级水准点所构成的一条水准路线，称为（　　）。
　　　A. 附合水准路线　　B. 闭合水准路线　　C. 支水准路线　　　D. 水准网

287. CBB009　附合水准路线可进行观测成果的（　　）。
　　　A. 纠正　　　　　　B. 检验　　　　　　C. 检核　　　　　　D. 改正

288. CBB009　在水准路线和水准网中，相邻两个水准点之间称为一个（　　）。
　　　A. 测站　　　　　　B. 测段　　　　　　C. 分段　　　　　　D. 基站

289. CBB010　从一个已知高程的高级水准点出发，沿各个待定高程的水准点进行水准测量，最后没有连接到已知高程点上的水准路线，称为（　　）。
　　　A. 附合水准路线　　B. 闭合水准路线　　C. 支水准路线　　　D. 水准网

290. CBB010　为了能进行观测成果的检核和提高精度，支水准路线必须进行（　　）。

A. 检核   B. 往返测   C. 误差分析   D. 误差改正

291. CBB010 单一水准路线相互连接的点称为( )。
A. 结点   B. 测站点   C. 水准点   D. 中间点

292. CBC001 对公路勘测而言,可分为踏勘测量和( )两个阶段。
A. 实地测量   B. 带状图测量   C. 详细测量   D. 线路测量

293. CBC001 桥梁勘测阶段,需要进行桥渡线长度测量,并测绘桥址纵断面图、桥渡位置图、( )、水下地形图以及水面纵断面图,为优选桥址和进行桥梁设计提供必要而详细的测绘资料。
A. 桥址平面图   B. 桥址地形图   C. 桥址横断面图   D. 桥址纵断面图

294. CBC001 在线路勘测设计阶段的测量工作,称为( )。
A. 实地测量   B. 带状图测量   C. 详细测量   D. 线路勘测测量

295. CBC002 交桩时,一般是由设计单位和( )共赴现场,按设计单位提出的主要设计资料进行现场查看交接。
A. 测量单位   B. 施工单位   C. 测绘局   D. 勘察单位

296. CBC002 控制桩交接的范围不包括( )。
A. 交点桩   B. 直线转点桩   C. 地物点   D. 曲线控制桩

297. CBC002 交接桩范围中,工程控制桩包括桥隧两端的控制桩、导线网、( )以及间接测量所布设的控制桩等。
A. 路基边桩   B. 三角网   C. 桥头锥坡边桩   D. 曲线控制桩

298. CBC003 勘测设计人员向负责隧道三角测量的人员进行现场交桩的过程也是( )的过程。
A. 控制
C. 控制点复核   B. 沿隧道中线踏勘
         D. 现场踏勘

299. CBC003 交接桩的程序规定,根据设计单位提供的原设计桩点的有关资料,进行室内审核和( )。
A. 现场查对   B. 现场修改   C. 现场调查   D. 现场测设

300. CBC003 交接桩的程序规定,交接中发现问题,如误差超限、错误、漏项以及( )等事项,应明确处理办法及负责施测单位。
A. 主要控制桩丢失   B. 需重新复核   C. 数据不足   D. 需补测或精测

301. CBC004 道路在跨越深沟或路基填土高度较高时最好设置成( )。
A. 拱涵   B. 圆涵   C. 盖板涵   D. 箱涵

302. CBC004 当路基顶面标高低于横穿沟渠的水面标高时,可设置( )。
A. 无压力式涵   B. 倒虹吸涵   C. 压力式涵   D. 暗涵

303. CBC004 暗涵是指洞顶填土大于( )的涵洞,适用于高路堤、深沟渠。
A. 20cm   B. 30cm   C. 40cm   D. 50cm

304. CBC005 以详测为基础,对原来测绘结果进行检核测量的过程称为( )。
A. 核对   B. 复测   C. 检核   D. 检校

305. CBC005 导线的水平角测量应使用不低于( )的经纬仪。

A. DJ_6　　　　　　B. DJ_{20}　　　　　　C. DJ_{60}　　　　　　D. DJ_{10}

306. CBC005　导线起终点应与国家大地点或(　　)的大地点联测。
　　　A. 等外水准点　　B. 不低于四等　　C. GPS　　D. 一级

307. CBC006　导线边长应优先采用(　　)测量。
　　　A. 全站仪　　B. 光电测距仪　　C. 经纬仪　　D. GPS

308. CBC006　当采用光电测距仪复测导线时,距离和竖直角应(　　)。
　　　A. 应至少测三测回　　B. 各复测一测回　　C. 选择一项复测　　D. 进行往返测

309. CBC006　导线测量通过测量(　　)个元素来确定控制点坐标。
　　　A. 2　　B. 3　　C. 4　　D. 5

310. CBC007　高速公路施工中,加密导线控制点时,尽量考虑将控制点布设在距离线路(　　)。
　　　A. 20～50m　　B. 120～150m　　C. 100～120m　　D. 50～80m

311. CBC007　高速公路施工中,加密导线控制点时,尽量考虑将控制点布设在(　　),避免因施工高路基或桥墩造成控制点间不通视的现象。
　　　A. 与路线较近的位置　　B. 远离路线的位置　　C. 路线的一侧　　D. 路线轴线上

312. CBC007　随着红外测距仪的广泛使用,在进行导线点加密时,采用(　　)更为便捷。
　　　A. 单一导线法　　B. 支导线法　　C. 符合导线法　　D. 闭合导线法

313. CBC008　排水沟主要用于排除来自边沟、截水沟或其他水源的水流,并将其引至(　　)范围以外的指定地点。
　　　A. 路面　　B. 路肩　　C. 路基　　D. 路拱

314. CBC008　排水沟的断面形式一般为梯形,底宽不应小于(　　)。
　　　A. 0.5m　　B. 0.8m　　C. 1.0m　　D. 1.2m

315. CBC008　排水沟距路基坡脚的距离一般不宜小于(　　)。
　　　A. 1～2m　　B. 2～3m　　C. 3～4m　　D. 4～5m

316. CBC009　道路定线方法有(　　)和现场定线。
　　　A. 纸上定线　　B. 图纸定线　　C. 图上画线　　D. 现场画线

317. CBC009　平原、微丘陵地区,地形平坦,路线一般不受高程限制,定线主要是正确绕避平面上的障碍,力争控制点间路线(　　)。
　　　A. 圆滑平顺　　B. 线型合理　　C. 顺直短捷　　D. 行车顺畅

318. CBC009　山岭、重丘陵地区,地形复杂,横坡陡峻,纸上定线时除考虑利用有利地形,避让已建建筑物、不良地质地段或地物外,关键要考虑的是(　　)。
　　　A. 调整好横坡　　B. 调整好纵坡　　C. 调整好路线走向　　D. 避开特殊地形

319. CBC010　中线测量是将路线(　　)的平面位置测设到实地,并实测其高程。
　　　A. 边桩　　B. 中心线　　C. 中心　　D. 走向

320. CBC010　路线的转折点称为(　　),它是布设路线、详细测设直线和曲线的控制点。
　　　A. 控制点　　B. 中心点　　C. 交点　　D. 转折点

321. CBC010　利用地形图上的测图导线点与图上定出的路线之间的角度和距离关系,在实地将路线中线的直线段测设出来,然后将相邻直线延长相交,定出交点桩的位置,这种方法称为( )。

A. 放点穿线法 B. 纸上定线法
C. 实地放线法 D. 纸上与实地结合法

322. CBC011 用拨角放线法实地放点时,一般从导线点出发,按( )定出第一个交点。
A. 偏角和距离 B. 夹角和距离 C. 夹角和偏距 D. 偏角和偏距

323. CBC011 用拨角放线法在准备数据过程中,首先量取各交点的纵横坐标,然后计算相邻两点连线的( )。
A. 差值 B. 距离 C. 方位角和距离 D. 方位角

324. CBC011 用拨角放线法测量的特点是( )。
A. 操作繁琐 B. 测角数量多 C. 工作迅速 D. 工作时间长

325. CBC012 转角又称为( ),是路线由一个方向偏转另一个方向时,偏转后的方向和原方向间的夹角。
A. 转折角 B. 偏角 C. 偏转角 D. 方位角

326. CBC012 对于三级以下的公路工程,当转角小于( )时,可以不用设圆曲线。
A. 5° B. 10° C. 7° D. 15°

327. CBC012 在实践中,无论设置左角或右角的平分线,为了保证角度观测精度,还应进行( )的检核。
A. 中误差 B. 角度差
C. 互差 D. 路线角度闭合差

328. CBC013 定线测量中,当相邻两交点互不通视时,需在其连线或延长线上,测定一点或数点,这样的点称为( )。
A. 转点 B. 交点 C. 延长线点 D. 定线点

329. CBD013 当路线的线形主要由导线控制时,导线的点位( )直接影响施工放线的质量。
A. 精度 B. 密度 C. 精度和密度 D. 误差

330. CBD013 在路线测量中横断面的方向,在曲线地段与各点的切线方向( )。
A. 平行 B. 垂直 C. 交角60° D. 交角80°

331. CBC014 路基边桩放样的方法有图解法、解析法、逐次逼近法和( )等。
A. 坡度板放样 B. 钢尺丈量法 C. 导线法 D. 三角高程法

332. CBC014 路基边桩放样时,首先应用( )定出横断面方向。
A. 全站仪 B. 经纬仪 C. 方向架 D. 水准仪

333. CBC014 路线处在坡地时,放样路基边桩简单的方法是利用( )进行。
A. 塔尺 B. 花杆 C. 方向架 D. 坡度板

334. CBC015 某路路面中心高程为145.42m,路面边缘高程为145.378m,路面宽度为6m,该路拱横坡i为( )。
A. 1.4% B. 0.7% C. 1.2% D. 1.5%

335. CBC015 沥青混凝土路面的路拱平均横坡度为( )。
A. 0.5%~1% B. 1%~2% C. 5%~7% D. 7%~9%

336. CBC015　半整齐石块路面的路拱平均横坡度为(　　)。
　　A. 2%~3%　　　B. 1%~2%　　　C. 5%~7%　　　D. 7%~9%
337. CBC016　竖曲线的两种形式中,顶点在曲线上面的称为(　　)。
　　A. 凹形竖曲线　　　　　　　　B. 凸形竖曲线
　　C. 拱形竖曲线　　　　　　　　D. 抛物线形竖曲线
338. CBC016　竖曲线的两种形式中,顶点在曲线下面的称为(　　)。
　　A. 拱形竖曲线　　　　　　　　B. 凸形竖曲线
　　C. 凹形竖曲线　　　　　　　　D. 抛物线形竖曲线
339. CBC016　两相邻坡段的交点称为(　　)。
　　A. 坡交点　　B. 斜坡点　　C. 中点　　D. 边坡点
340. CBC017　横断面测量,就是测定中桩两侧正交于(　　)方向地面变坡点间的距离和高差。
　　A. 中线　　　B. 走向　　　C. 中桩位置　　　D. 路基
341. CBC017　横断面测量要求采用(　　)点桩。
　　A. 3　　　B. 4　　　C. 5　　　D. 6
342. CBC017　横断面测量时,h为测点到中桩间的高差,那么高差允许误差Δh为(　　)。
　　A. $0.2m+(h/10)$　　B. $0.2m+(h/20)$　　C. $0.1m+(h/10)$　　D. $0.1m+(h/20)$
343. CBC018　圆曲线段横断面方向为过桩点指向(　　)的半径方向。
　　A. 圆心　　　B. 中桩点　　　C. 边坡　　　D. 路基
344. CBC018　缓和曲线段横断面方向为该点的(　　)方向。
　　A. 边坡　　　B. 法线　　　C. 切线　　　D. 路基
345. CBC018　道路圆曲线边桩放样时,按着规范要求,半径在100~500m之间时,则各路面边桩间距为(　　)。
　　A. 25m　　　B. 20m　　　C. 15m　　　D. 10m
346. ZCBC019　用花杆皮尺法测量道路横断面时,皮尺从中桩地面拉平至变坡点,用皮尺截于花杆的高度即为两点间的(　　)。
　　A. 距离　　　B. 平距　　　C. 高差　　　D. 斜距
347. CBC019　用表格记录横断面数据时,分数中分母表示(　　)。
　　A. 斜距　　　　　　　　B. 测段水平距离
　　C. 高差　　　　　　　　D. 测段两端点的高度
348. CBC019　用表格记录横断面数据时,分数中分子表示(　　)。
　　A. 斜距　　　　　　　　B. 测段水平距离
　　C. 高差　　　　　　　　D. 测段两端点的高度
349. CBC020　钓鱼法丈量隧道横断面时,须使垂球(　　)时测量,才较为准确。
　　A. 处于垂直状态　　B. 基本静止　　C. 静立地面　　D. 来回摆动
350. CBC020　仪器置于中线点或横断面方向线上某一合适点,瞄准横断面方向,依次在各地形变化点上立尺,读取视距、竖直角,再换算成相对中桩的高差和水平距离,这种测横断面的方法称(　　)。

A. 经纬仪测角法　　　B. 经纬仪视距法　　　C. 仪器间接法　　　D. 交会法

351. CBC020　按照规定的坡度在图上选定最短线路时,应该先计算相邻等高线间一定坡度的( )。

A. 平距　　　　　　B. 坡角　　　　　　C. 高差　　　　　　D. 距离

352. CBC021　横断面面积的计算方法有积距法和( )。

A. 几何法　　　　　B. 坐标法　　　　　C. 解析法　　　　　D. 三角函数法

353. CBC021　横断面面积的计算方法中,积距法是将断面按单位宽度划分为若干个( )与三角形条块,每个小条块的面积就用近似几何图形求得,最后就得到了所求的横断面面积。

A. 梯形　　　　　　B. 长方形　　　　　C. 正方形　　　　　D. 平行四边形

354. CBC021　横断面面积的计算方法中,坐标法是通过测得断面图上( ),然后利用面积公式求得。

A. 路基变坡点坐标　B. 路基边坡点坐标　C. 路基边桩点坐标　D. 各转折点坐标

355. CBC022　桥墩和桥台是支撑( )并将恒载和车辆等活载传至地基的建筑物。

A. 桥面板　　　　　B. 桥跨结构　　　　C. 梁板　　　　　　D. 行车道板

356. CBC022　桥墩和桥台中使全部荷载传至地基的底部奠基部分,通常称为( )。

A. 基础　　　　　　B. 支座　　　　　　C. 桥桩　　　　　　D. 下部结构

357. CBC022　在路堤与桥台衔接处,一般还在桥台两侧设置石砌的( ),以保证迎水部分路堤边坡的稳定。

A. 挡土墙　　　　　B. 路堤护坡　　　　C. 锥形护坡　　　　D. 扶壁墙

358. CBC023　净跨径对于梁式桥是( )上相邻两个桥墩或桥台之间的净距。

A. 盛水期水位　　　B. 设计洪水位　　　C. 枯水期水位　　　D. 通航水位

359. CBC023　总跨径是多孔桥梁中各孔( )的总和。

A. 梁板长　　　　　B. 净跨径　　　　　C. 桥跨长　　　　　D. 计算跨径

360. CBC023　桥梁的建筑高度是桥上行车路面标高至( )之间的距离。

A. 桥跨结构最下缘　B. 桥下自然地面　　C. 桥梁基础底面　　D. 设计洪水位

361. CBC024　桥下净空高度是( )至桥跨结构最下缘之间的距离。

A. 高水位　　　　　B. 低水位　　　　　C. 设计洪水位　　　D. 通航水位

362. CBC024　公路定线中所确定的桥面标高,对通航净空顶部标高之差,称为( )。

A. 容许建筑高度　　B. 净空高度　　　　C. 桥梁高度　　　　D. 建筑高度

363. CBC024　计算矢高是从( )至相邻两拱脚截面形心之连线的垂直距离。

A. 拱顶截面下缘　　B. 拱轴线下缘　　　C. 拱轴线形心　　　D. 拱顶截面形心

364. CBC025　桥梁按( )来划分,有公路桥、铁路桥、公铁两用桥、农桥、人行桥及其他专用桥梁。

A. 行业　　　　　　B. 用途　　　　　　C. 作用　　　　　　D. 功能

365. CBC025　桥梁按( )的不同,可分为特大桥、大桥、中桥和小桥。

A. 长度　　　　　　B. 规模　　　　　　C. 宽度　　　　　　D. 功能

366. CBC025　桥梁按( )所用的材料划分,有圬工桥、钢筋混凝土桥、预应力混凝土桥、钢桥和木桥。

A. 基础　　　　　B. 桥墩　　　　　C. 桥台　　　　　D. 承重结构

367. CBD001　民用建筑施工测量准备工作包括熟悉图纸、现场踏勘、（　　）和准备测设数据。

A. 确定测设方案　B. 做控制网　　　C. 计算土方量　　D. 建筑物放样

368. CBD001　施工测量是指各种工程在施工阶段所进行的测量工作，也称（　　）。

A. 点位测设　　　B. 路线测设　　　C. 定线放样　　　D. 施工测设

369. CBD001　施工测量在开工前，需建立（　　）。

A. 施工控制网　　B. 施工组织机构　C. 各种规章制度　D. 高程控制网

370. CBD002　施工测量前，应熟悉建筑总平面图、建筑平面图、基础平面图、（　　）、建筑立面图及剖面图。

A. 地形图　　　　B. 基础详图　　　C. 设计图　　　　D. 建筑横面图

371. CBD002　施工测量的基本任务，是根据施工需要将设计图纸上的构筑物、建筑物等位置，按着设计要求以一定（　　）测设到地面上，提供标志，作为施工的依据。

A. 精度　　　　　B. 比例　　　　　C. 尺寸　　　　　D. 点位

372. CBD002　工程设计阶段所提供的图纸、资料、有关文件和测量标志，都是工程（　　），必须认真领会，妥善保管。

A. 施工测量的手段　B. 施工测量的参考　C. 施工测量的参照　D. 施工测量依据

373. CBD003　施工测量的特点之一，是施工过程中进行一系列的测量工作，用以衔接和指导各工序间的施工。所测设的数据与工程质量及（　　）有着密切的联系。

A. 设计意图　　　B. 工程效益　　　C. 施工进度　　　D. 工程安全

374. CBD003　施工测量的特点之一，是施工测量的精度与建筑物大小、结构形式建筑材料以及（　　）有关。

A. 控制点精度　　B. 放样点的位置　C. 测图比例尺　　D. 测图精度

375. CBD003　施工测量是设计与施工之间的（　　）。

A. 桥梁　　　　　B. 关键　　　　　C. 原则　　　　　D. 重点

376. CBD004　施工测量的原则，是工程开工前，在施工现场要先建立统一的（　　），作为测设构筑物的依据。

A. 平面控制网　　B. 高程控制网　　C. 平面和高程控制网　D. 小三角控制网

377. CBD004　民用建筑物放样角度误差及长度误差的容许值分别是（　　）。

A. 10″,1/5000　B. 20″,1/5000　C. 10″,1/10000　D. 20″,1/10000

378. CBD004　施工测量的原则是先整体后局部，先高级后低级，（　　）。

A. 先下部后上部　B. 先地下后地上　C. 先主体后附属　D. 先控制后碎部

379. CBD005　正三角形建筑物的施工放样其实并不复杂，首先应确定建筑物的（　　），然后放出建筑物的其他全部尺寸。

A. 建筑红线　　　B. 基础边线　　　C. 中心轴线　　　D. 细部轴线

380. CBD005　圆弧形平面曲线图形的现场施工放线，方法较多，有直接拉线法、几何图法、坐标计算法以及（　　）。

A. 极坐标法　　　　B. 直角坐标法　　　C. 前方交会法　　　D. 经纬仪测角法

381. CBD005　平面内一动点到两个焦点的距离之差等于一定值点的轨迹称为双曲线,利用这个定义,双曲线形建筑可用(　　)法放样。

A. 直角坐标　　　　B. 直接拉线　　　　C. 前方交会　　　　D. 后方交会

382. CBD006　先张法的制梁工艺是在灌筑混凝土前张拉预应力筋,将其临时锚固在张拉台座上,然后立模浇筑混凝土,等混凝土强度达到规定强度时,放松张拉预应力筋,使混凝土获得(　　)。

A. 预拉应力　　　　B. 横向剪应力　　　C. 预压应力　　　　D. 竖向剪应力

383. CBD006　台座由台面、承力架、横梁和(　　)等组成。

A. 底模　　　　　　B. 定位钢板　　　　C. 三脚架　　　　　D. 锚村桩

384. CBD006　预应力筋的控制张拉力是张拉前需要确定的一个重要数据,钢筋的最大控制应力对于钢丝、钢绞线不应超过预应力筋标准强度的(　　)倍。

A. 0.50　　　　　　B. 0.65　　　　　　C. 0.70　　　　　　D. 0.75

385. CBD007　后张法制梁的步骤是先制作留有预应力筋孔道的梁体,待混凝土达到规定的强度后,再在孔道内穿入预应力筋进行张拉并锚固,最后进行(　　)并浇灌梁端封头混凝土。

A. 振捣　　　　　　B. 养生　　　　　　C. 孔道压浆　　　　D. 孔道除尘

386. CBD007　后张法预应力取标准抗拉强度的85%,拉到规定应力后应保持(　　)再放松。

A. 1～5min　　　　B. 3～6min　　　　C. 4～8min　　　　D. 5～10min

387. CBD007　后张法简支梁预应力张拉时,应按顺序对称地进行,以防过大(　　)导致梁体出现较大的侧弯现象。

A. 偏心压力　　　　B. 轴向拉力　　　　C. 轴向压力　　　　D. 偏心拉力

388. CBD008　工业厂房控制网测设前的准备工作主要包括:制定测设方案、计算测设数据和(　　)。

A. 准备测量器具　　B. 绘制测略图　　　C. 调查现场现状　　D. 收集测量资料

389. CBD008　厂房矩形控制网的测设方案是根据厂区的总平面图、厂区控制网、(　　)和现场地形情况等资料来制定的。

A. 厂房施工图　　　B. 厂房规划图　　　C. 占地地形图　　　D. 施工组织设计

390. CBD008　在确定主轴线点及矩形控制网位置时,主轴线点及矩形控制网位置应距厂房基础开挖线以外(　　)。

A. 0.5～1.0m　　　B. 1.0～2.0m　　　C. 1.5～3.0m　　　D. 1.5～4.0m

391. CBD009　中小型工业厂房控制网的测设,一般情况下各点直角误差不应超过(　　)。

A. ±3″　　　　　　B. ±5″　　　　　　C. ±8″　　　　　　D. ±10″

392. CBD009　中小型工业厂房控制网的测设,一般情况下各边长度相对误差不应超过(　　)。

A. 1/2000～1/5000　　　　　　　　　　B. 1/5000～1/10000
C. 1/10000～1/15000　　　　　　　　　D. 1/10000～1/25000

393. CBD009　大型工业厂房控制网测设时,首先依据厂区建筑方格网精确测设出厂房控制网的主轴线及辅助轴线,当校核达到精度要求后,再根据主轴线测设厂房( )。

A. 龙门桩　　　　　B. 基础平面位置　　　C. 矩形控制网　　　D. 轴线控制网

394. CBD010　工业建筑物的放样是根据工业建筑物的设计,以一定的( )将其主要轴线和大小转移到实地上去,并将其固定起来。

A. 比例　　　　　　B. 等级　　　　　　C. 精度　　　　　　D. 误差

395. CBD010　工业建筑物的放样的工作内容包括:直线定向、在地面上标定直线并测设规定的长度、测设规定的( )。

A. 高度和宽度　　　B. 角度和高程　　　C. 坐标和距离　　　D. 平面点位置

396. CBD010　工业建筑物放样是以一定的精度将设计的点位在地面上标定出来,在测图时,测量工作的精度应与( )相适应。

A. 测图比例尺　　　B. 建筑规模　　　　C. 建筑环境　　　　D. 地形图坐标系

397. CBD011　建筑物的位置在技术上经济上的合理性,与其所在地区的( )有密切的关系。

A. 地面情况　　　　B. 地质状况　　　　C. 水文调查　　　　D. 材料运输

398. CBD011　对于工业建筑物的放样精度,设计和施工部门应根据自己公布的( )和实践经验进行广泛的讨论。

A. 施工方案　　　　B. 建设计划　　　　C. 精度标准　　　　D. 组织机构

399. CBD011　当设计和施工部门在规定某种建筑物的放样精度时,必须具有足够的( )。

A. 适用范围　　　　B. 科学依据　　　　C. 质量保证　　　　D. 准确数据

400. CBD012　工业建筑基础桩位放样时,对于单桩或群桩中的边桩,允许偏差为( )。

A. ±3mm　　　　　B. ±5mm　　　　　C. ±8mm　　　　　D. ±10mm

401. CBD012　工业建筑基础桩位放样时,对于群桩,允许偏差为( )。

A. ±5mm　　　　　B. ±10mm　　　　　C. ±15mm　　　　　D. ±20mm

402. CBD012　工业建筑各施工层放样时,对于外廓主轴线长度 $L\leqslant 30\mathrm{m}$,允许偏差为( )。

A. ±3mm　　　　　B. ±4mm　　　　　C. ±5mm　　　　　D. ±6mm

403. CBD013　椭圆形建筑物的焦点放线法,是利用一段定长的测绳,将测绳的两端分别固定在( )上,然后拉紧动点 P 滑动划线,其轨迹即为椭圆。

A. 两焦点　　　　　B. 坐标原点　　　　C. 长轴两端点　　　D. 短轴两端点

404. CBD013　椭圆形建筑物的同心圆放线法,是分别以长轴和短轴为( )作同心圆,自直径与大圆的交点作垂线;与小圆交点作水平线,垂线与水平线交点即得椭圆。

A. 半径　　　　　　B. 弦长　　　　　　C. 直径　　　　　　D. 切线长

405. CBD013　椭圆形建筑物的等分交点放线法,是利用椭圆长轴 $2a$ 和短轴 $2b$ 为边作( ),从而得到椭圆。

A. 三角形　　　　　B. 矩形　　　　　　C. 扇形　　　　　　D. 正方形

406. CBD014　悬臂浇筑施工系利用悬吊式的( ),在墩柱两侧对称平衡地浇筑梁段混凝土,每浇筑完一对梁段,待达到规定强度后就张拉预应力筋并锚固,然后进行下一梁段的施工。

A. 滑车　　　　　　B. 挂篮　　　　　　C. 升降机　　　　　　D. 塔吊

407. CBD014　悬臂浇筑一般采用快凝水泥配制的(　　)混凝土。
A. C10~C25　　　B. C25~C35　　　C. C30~C40　　　D. C40~C60

408. CBD014　最常采用悬臂浇筑法施工的跨径为(　　)。
A. 20~60m　　　B. 30~80m　　　C. 40~100m　　　D. 50~120m

409. CBD015　在工厂或桥位附近将梁体沿轴线划分成适当长度的块件进行预制,然后用船或平车从水上或从已建成部分桥上运至架设地点,并用活动吊机等起吊后向墩柱两侧对称均衡地拼装就位,张拉预应力筋。这种梁体制作方式称为(　　)。
A. 悬臂浇筑法　　B. 顶推法　　C. 装配整体法　　D. 悬臂拼装法

410. CBD015　悬臂浇筑法预制块件的长度取决于运输、吊装设备的能力,实践中通常采用的块件长度为(　　)。
A. 0.5~2.0m　　B. 0.8~3.5m　　C. 1.0~5.0m　　D. 1.4~6.0m

411. CBD015　从桥跨结构和安装设备统一考虑,块件的最佳尺寸应使质量在(　　)范围内。
A. 10~20t　　　B. 20~35t　　　C. 35~60t　　　D. 50~80t

412. CBD016　小三角测量的近似平差计算只考虑(　　)和边长闭合差。
A. 系统误差　　B. 中误差　　C. 高差　　D. 角度闭合差

413. CBD016　三角形内角之和应为(　　)。
A. 180°　　　　B. 90°　　　　C. 270°　　　　D. 360°

414. CBD016　若角度闭合差f_i不超过规范规定的,那么则将f_i(　　)分配到各内角观测值上。
A. 同符号平均分配　　　　　　B. 反符号平均分配
C. 反符号等比分配　　　　　　D. 同符号等比分配

415. CBD017　路基边坡的测设方法有用竹竿、绳索测设边坡和用(　　)测设边坡。
A. 经纬仪　　B. 水准仪　　C. 坡度板　　D. 全站仪

416. CBD017　用固定边坡样板放样边坡,在开挖路堑时,在(　　)按设计坡度设计固定样板。
A. 坡顶桩内侧　　B. 坡顶桩外侧　　C. 坡低桩外侧　　D. 边坡外侧

417. CBD017　用活动边坡尺测设边坡,当水准器泡居中时,边坡尺的(　　)所指示的坡度恰好为设计边坡坡度。
A. 直角边　　B. 路堤　　C. 路基　　D. 斜边

418. CBD018　地下管线的中线测量包括中线的设置和里程桩的(　　)。
A. 量取　　B. 计算　　C. 埋设　　D. 测设

419. CBD018　直线隧道中线的确定主要有串线延伸法和(　　)延伸法。
A. 后视倒镜　　B. 激光指向仪　　C. 放点穿线　　D. 拨角放线

420. CBD018　城市地下管线一般与规划道路(　　)敷设。
A. 平行　　B. 垂直　　C. 斜穿　　D. 竖直

421. CBD019　一般来讲,地下下水管道的(　　)出水口为里程起点。
    A. 起始点　　　　　B. 上游　　　　　C. 下游　　　　　D. 埋深最浅处
422. CBD019　一般来讲,地下上水管道的(　　)为里程起点。
    A. 水源　　　　　　B. 上游　　　　　C. 下游　　　　　D. 埋深最浅处
423. CBD019　一般来讲,电力线、电信线是以(　　)为里程起点。
    A. 起始点　　　　　B. 上游　　　　　C. 下游　　　　　D. 电源
424. CBD020　地下管线断面图,在建筑区一般为纵向1:50,横向(　　)。
    A. 1:500　　　　　B. 1:200　　　　　C. 1:250　　　　　D. 1:300
425. CBD020　地下管线断面图,当路线较长或者地形变化较大时,一般为纵向1:200,横向(　　)。
    A. 1:1000　　　　　B. 1:1500　　　　　C. 1:2000　　　　　D. 1:2500
426. CBD020　地下管线纵断面图的(　　)应与路线带状图比例尺一致。
    A. 比例尺　　　　　B. 纵向比例尺　　　　　C. 绘图比例尺　　　　　D. 横向比例尺
427. CBD021　在地下管线施工前应做好的准备,不包括(　　)。
    A. 着手进行管道测量　　　　　B. 熟悉图纸
    C. 校核中线　　　　　　　　　D. 水准点加密
428. CBD021　地下管线槽口放线是根据(　　)、地形情况、管径大小以及土质情况,计算开槽宽度,并在地面上定出槽口边线位置,作为开槽的依据。
    A. 管线长度　　　　　B. 天气情况　　　　　C. 挖土深度　　　　　D. 控制点情况
429. CBD021　在地下管线破土动工之前,应该校核(　　)。
    A. 水准点高程　　　　　B. 中线位置　　　　　C. 边线位置　　　　　D. 水准点位置
430. CBD022　管道施工测量的主要任务是按照工程进度要求,测设控制管线中线和(　　)的施工控制桩。
    A. 管线长度　　　　　B. 高程位置　　　　　C. 挖土深度　　　　　D. 控制点情况
431. CBD022　地下管道施工控制桩分为中线控制桩和(　　)。
    A. 交点控制桩　　　　　　　　B. 边线控制桩
    C. 附属构筑物位置控制桩　　　D. 转点控制桩
432. CBD022　管道施工控制桩的测设方法有坡度板法和(　　)。
    A. 平行轴腰桩法　　B. 平行轴线桩法　　C. 轴线桩法　　D. 轴线腰桩法
433. CBD023　顶管施工时,先在(　　)的两段开挖工作基坑。
    A. 顶管两端　　　　　B. 地下管线　　　　　C. 暗挖道　　　　　D. 跨越管线
434. CBD023　顶管施工首先应当进行中线桩测量,然后在工作坑内引测两个(　　)。
    A. 坐标点　　　　　B. 临时控制点　　　　　C. 高程点　　　　　D. 临时水准点
435. CBD023　顶管施工首先应当进行中线桩测量,其主要是将管道(　　)引测到坑壁上。
    A. 边线　　　　　　B. 顶线　　　　　C. 中线　　　　　D. 开槽边线
436. CBD024　顶管施工中,有中线测量和(　　)。
    A. 坐标测量　　　　　B. 高程测量　　　　　C. 管线底测量　　　　　D. 边线测量
437. CBD024　顶管施工中,对于长距离顶管,需要分段施工,一般每(　　)设置一个工作坑。

A. 50m　　　　　B. 80m　　　　　C. 100m　　　　　D. 120m

438. CBD024　顶管施工中,中线测量每掘进( ),就应测量一次。
A. 0.5m　　　　B. 1m　　　　　C. 2m　　　　　D. 0.2m

439. CBD025　在布置建筑物轴线时,主要是根据建筑物的分布、场地地形以及原有( )的位置。
A. 控制点　　　B. 建筑物　　　C. 道路边线　　D. 地物点

440. CBD025　在布置建筑物轴线时,轴线位置应临近且平行于主要建筑物的( )。
A. 中线　　　　B. 边线或轴线　　C. 边线　　　　D. 轴线

441. CBD025　在城市建设中,由界址点组成的范围边线统称为( )。
A. 界址线　　　B. 范围线　　　C. 边线　　　　D. 建筑线

442. CBD026　方格网的主轴线应位于整个场地的( )。
A. 左下角　　　B. 中部　　　　C. 右上角　　　D. 边线部位

443. CBD026　建筑方格网的布置,应根据建筑设计总平面图上各建筑物、构筑物及各种管线的布设情况,并结合现场的( )拟定。
A. 地形情况　　B. 地质类型　　C. 地物情况　　D. 气候条件

444. CBD026　方格网的测设方法中,符合法适用于( )。
A. 独立测区　　B. 工业场地　　C. 城市建筑区　D. 无控制点区域

445. CBD027　当现场地面高低起伏较大,且变坡较多时,宜采用( )计算平均高程。
A. 断面法　　　B. 三角网法　　C. 等高线法　　D. 方格法

446. CBD027　场地平整测量有方格法、( )以及断面法。
A. 等高线法　　B. 三角网法　　C. 归纳法　　　D. 归化法

447. CBD027　应用方格法平整场地,主要应用于( )地区效果更好。
A. 地面起伏较大　B. 狭窄带状　　C. 地面起伏较小　D. 丘陵

448. CBD028　当建筑用地审批确定以后,进行的建筑用地界址的测设,称为( )。
A. 拨地测量　　　　　　　　　　B. 地籍测量
C. 界址测量　　　　　　　　　　D. 建筑物界址测量

449. CBD028　拨地界桩主要用于( )。
A. 确定范围　　B. 标定用地范围　C. 确定边界　　D. 确定相对关系

450. CBD028　拨地界桩测量时主要采用解析实钉法和( )。
A. 解析控制点法　B. 解析界桩法　C. 解析拨定法　D. 解析拨地法

451. CBD029　建筑物的定位方法主要有三种,根据已有建筑物进行房屋定位、根据建筑方格网定位和( )。
A. 根据轴线定位　　　　　　　　B. 根据控制点的坐标定位
C. 根据磁偏角定位　　　　　　　D. 根据太阳方位

452. CBD029　建筑物的定位是根据设计图纸,将建筑物外墙的轴线( )测设到实地,作为建筑物基础放样和细部放线的依据。
A. 转点　　　　B. 端点　　　　C. 中点　　　　D. 交点

453. CBD029　在建筑场地附近,如果有测量控制点可以利用,应根据控制点坐标及建筑物定位点的设计坐标,反算出标定角度与距离,然后采用( )将建筑物测设到地面上。

  A. 支距法   B. 直角坐标法 C. 极坐标法   D. 解析法

454. CBD030 在建筑物基槽以外,钉设两两与基槽轴线平行或垂直的大木桩称为( )。

  A. 基槽桩   B. 龙门桩   C. 建筑桩   D. 开槽桩

455. CBD030 根据建筑场地附近的水准点,用水准仪在龙门桩上测设该建筑物( ),作为建筑的高程控制。

  A. ±0.000 标高 B. 基础标高 C. 槽底标高   D. 散水标高

456. CBD030 施工中,龙门桩法由于用木料多且占地较大,不适合机械挖槽,逐渐被( )所代替。

  A. 边线控制桩 B. 控制点法 C. 导线测量法 D. 轴线控制桩

457. CBE001 竣工测量主要是检查工程竣工部位的平面位置和( )是否符合规划设计要求。

  A. 高程位置 B. 建筑物相对关系 C. 建筑物尺寸 D. 标高

458. CBE001 在工业与民用建筑新建或扩建、改建以及运营管理的过程中,往往需要进行( )。

  A. 施工测量   B. 断面测量   C. 竣工测量   D. 规划测量

459. CBE001 竣工测量作为工程验收和( )的基本依据。

  A. 地籍测量   B. 行政管理   C. 运营管理   D. 工程管理

460. CBE002 竣工测量资料是工程的( ),是生产管理和将来改、扩建的重要依据。

  A. 报建图纸   B. 验收成果   C. 合法依据   D. 技术档案

461. CBE002 竣工现状图的内容是需要表示出地面、地下和架空的各种建(构)筑物的( ),表示工程建筑场地的地形情况,还要在图上表示出重要细部点的坐标、高程等元素。

  A. 位置   B. 面积   C. 高度   D. 材质

462. CBE002 当( )比例尺的竣工现状图难以表示时,可作分图或更大比例尺的辅助图。

  A. 1∶1000   B. 1∶500   C. 1∶200   D. 1∶100

463. CBE003 竣工测量可分为施工过程中的竣工测量和( )的竣工测量。

  A. 建筑物完成后   B. 建筑物放样完毕后

  C. 工程全部完成后   D. 工程验收完成后

464. CBE003 路线竣工测量的目的是最后确定( ),检查建筑限界及标高是否满足设计要求。

  A. 路线中线   B. 路线走向   C. 路线纵断面 D. 路线横断面

465. CBE003 竣工验收报告是指工程项目竣工后,经过相关部门成立的专门( )机构,组织专家进行质量评估验收后形成的书面报告。

  A. 服务   B. 管理   C. 调查   D. 验收

466. CBE004 施工中的竣工测量包括各工序完成后的( )和各单项工程完成后的竣工

A. 临时性测量　　　B. 单体测量　　　C. 竣工测量　　　D. 检查验收测量

467. CBE004　管道竣工测量是将（　　）和原有管线通过测量记录下来,绘制成图,作为规划、施工、维修和管理的依据。
A. 施工成果　　　B. 评估成果　　　C. 报建图纸　　　D. 施工图图纸

468. CBE004　竣工测量图的比例尺主要应考虑图面负荷、用图方便及图解精度,一般选择（　　）的比例尺,与设计总平面的比例尺一致。
A. 1：1000　　　B. 1：500　　　C. 1：200　　　D. 1：100

469. CBE005　在进行隧道竣工测量时,首先进行（　　）,从隧道一端测至另一端。
A. 横断面测量　　　B. 纵坡测量　　　C. 中线测量　　　D. 高程测量

470. CBE005　在进行隧道竣工测量时,直线地段桩距为50m,曲线地段桩距为（　　）。
A. 5m　　　B. 10m　　　C. 15m　　　D. 20m

471. CBE005　在进行隧道竣工测量时,中线测量闭合后,于直线地段每（　　）左右埋设一个永久中线点。
A. 200m　　　B. 150m　　　C. 300m　　　D. 250m

472. CBE006　在施工过程中的竣工测量时,由于其直接关系到下一工序的进行,应与（　　）相互配合。
A. 施工测量　　　B. 竣工测量　　　C. 控制测量　　　D. 变形测量

473. CBE006　竣工现状图可采用（　　）或以复制、转绘、透写等手段作总图编绘。
A. 施工图修改　　　B. 现场调查　　　C. 实测现状　　　D. 现场勾绘

474. CBE006　竣工图的坐标系统应（　　）。
A. 采用1954北京坐标系　　　B. 采用1980西安坐标系
C. 与原有的系统保持一致　　　D. 采用建筑坐标系

475. CBE007　道路施工测量的主要任务是根据工程进度要求,及时（　　）道路中线和测设高程标志等,作为施工人员掌握中线位置和高程的依据,以保证按图施工。
A. 恢复　　　B. 修改　　　C. 检验　　　D. 变换

476. CBE007　铁路定测阶段,将纸上线路测设到实地上的工作,称为（　　）。
A. 线路放样　　　B. 线路测量　　　C. 导线测量　　　D. 中线测量

477. CBE007　公路勘测分为（　　）两个阶段。
A. 初测和定测　　　B. 踏勘和终勘定位
C. 踏勘和详细测量　　　D. 初测和终勘定位

478. CBE008　桥梁（　　）的主要任务是精确测定桥墩、台的中心位置及其纵、横轴线。
A. 竣工测量　　　B. 施工测量　　　C. 工程测量　　　D. 平面测设

479. CBE008　为了表示河床地形,同时也是桥墩、桥台设计和施工的依据的地形图是（　　）。
A. 水下地形图　　　B. 平面图　　　C. 工程施工图　　　D. 工程竣工图

480. CBE008　桥梁控制网通常为独立的自由网,为了提高平差精度,对于一、二、三等网通常都按方向平差,而四、五等网则按（　　）平差。

A. 角度　　　　　　B. 导线　　　　　　C. 坐标　　　　　　D. 距离

481. CBE009　管道中线测量是根据（　　），在地面上定出管道中心线的位置。
A. 设计要求　　　　B. 实际需要　　　　C. 规划要求　　　　D. 业主要求

482. CBE009　隧道竣工测量，其纵断面应沿中垂线方向测定底板和拱顶的（　　）。
A. 宽度　　　　　　B. 坡度　　　　　　C. 高程　　　　　　D. 高差

483. CBE009　管道纵断面测量是测绘管道中心线的（　　）情况。
A. 沿线附近地物　　B. 弯曲　　　　　　C. 位置　　　　　　D. 地面高低起伏

484. CBE010　工业建设场地施工测量内容，包括施工控制网的建立、工程的施工放样以及（　　）。
A. 竣工测量　　　　B. 施工测量　　　　C. 工程测量　　　　D. 平面测设

485. CBE010　厂房施工中，多采用柱轴线控制桩组成的厂房矩形控制网，测设方法有角桩测设法和（　　）。
A. 轴线测设法　　　B. 边线测设法　　　C. 主轴线测设法　　D. 点位测设法

486. CBE010　建筑物放样常用的方法不包括（　　）。
A. 极坐标法　　　　B. 直角坐标法　　　C. 正倒镜投点法　　D. 方向线交会法

487. CBF001　沉降观测水准点的形式与埋设要求，一般根据现场的具体条件、沉降观测在（　　）上要求等决定。
A. 竖直方向　　　　B. 时间　　　　　　C. 水平方向　　　　D. 空间

488. CBF001　沉陷观测的基准点是（　　），它的构造和埋设必须保证其稳定不变和长久保存。
A. 水准点　　　　　B. GPS点　　　　　C. 控制点　　　　　D. 图根点

489. CBF001　对于大、中型水利枢纽工程，水准点应分两级埋设，分为工作基点和（　　）。
A. 控制基点　　　　B. 进程基点　　　　C. 水准基点　　　　D. 图根基点

490. CBF002　铆钉式地面观测点，其直径一般是（　　）。
A. 20mm　　　　　B. 15mm　　　　　C. 25mm　　　　　D. 50mm

491. CBF002　铆钉式地面观测点，其长度为（　　），可埋在混凝土基础面上。
A. 40~60mm　　　B. 20~40mm　　　C. 60~80mm　　　D. 80~100mm

492. CBF002　墙、柱上的观测点，是一根截面为30mm×30mm×5mm，长度为150mm的角钢，以（　　）倾斜角埋入混凝土。
A. 45°　　　　　　B. 30°　　　　　　C. 50°　　　　　　D. 60°

493. CBF003　大坝基础沉陷观测点一般布设在基础廊道的中心线上，原则上每个坝段布设（　　）。
A. 两点　　　　　　B. 一点　　　　　　C. 三点　　　　　　D. 四点

494. CBF003　沉陷观测中，最常用的是（　　）方法。
A. RTK测量　　　　B. GPS测量　　　　C. 水准测量　　　　D. 导线测量

495. CBF003　工业和民用建筑物的沉陷观测，其水准路线应形成（　　）。
A. 支导线状　　　　B. 单一路线　　　　C. 符合导线状　　　D. 闭合环状

496. CBF004　进行混凝土坝基础和坝体观测时，对于基础和坝上各点的观测，称为（　　）。
A. 观测点观测　　　B. 沉降点观测　　　C. 基准点观测　　　D. 水准观测

497. CBF004 工程建筑物的变形监测不包括(　　)。
　　　A. 水平位移　　　B. 垂直位移　　　C. 倾斜与裂缝　　　D. 基准点验证
498. CBF004 建筑物变形监测是对被监视的对象或物体进行测量以确定其(　　)随时间的变化特征。
　　　A. 平面位置　　　B. 空间位置　　　C. 高度　　　D. 物体形状
499. CBF005 建筑物变形观测数据的处理方法分为(　　)。
　　　A. 统计分析法和线性回归分析法　　　B. 线性回归分析法和确定函数法
　　　C. 统计分析法和确定函数法　　　D. 确定函数法和图形分析法
500. CBF005 下列不属于倾斜观测中常采用的方法是(　　)。
　　　A. 悬吊垂球法　　　B. 经纬仪投影法　　　C. 光学垂准法　　　D. 引张线法
501. CBF005 直接测定建筑物倾斜的方法中最简单的是(　　)的方法。
　　　A. 悬吊垂球　　　B. 经纬仪投影　　　C. 光学垂准　　　D. 引张线
502. CBF006 在工业与民用建筑物的变形观测中,进行工作最多的是(　　)。
　　　A. 倾斜观测　　　B. 扭转观测　　　C. 基础沉陷观测　　　D. 相对位置观测
503. CBF006 对于建筑在岩基上的混凝土坝,其沉陷观测中误差要求不超过(　　)。
　　　A. ±1mm　　　B. ±3mm　　　C. ±5mm　　　D. ±10mm
504. CBF006 柱基础沉降观测点设置时,观测点与柱面应有(　　)的空隙,以便于放置水准尺。
　　　A. 10~20mm　　　B. 20~30mm　　　C. 30~40mm　　　D. 40~50mm
505. CBG001 建筑识图是一门(　　)很强的课程,在掌握识图基本知识的基础上,只有通过多看、多想、多读才能逐渐掌握识图的本领。
　　　A. 知识性　　　B. 实践性　　　C. 理论性　　　D. 专业性
506. CBG001 建筑工程施工图是将一个三维的建筑物,用一组二维的图纸精确地表达出来,所以应熟悉图纸所运用的(　　)。
　　　A. 设计意图　　　B. 表达方法
　　　C. 原理与图示方法　　　D. 思想与绘制方法
507. CBG001 建筑施工图中,每根线条、每个字都表示某个工程项目中的某个(　　)。
　　　A. 平面图形　　　B. 具体内容　　　C. 单位工程　　　D. 单项工程
508. CBG002 为了把建筑物的形体和构造准确地表达出来,房屋建筑的图样,应按(　　)绘制。
　　　A. 透视图法　　　B. 平面制图法　　　C. 三维作图法　　　D. 直接正投影法
509. CBG002 有一组相互平行的投射线垂直于投影面对物体进行投射,这种投影方法称为(　　)。
　　　A. 中心投影法　　　B. 正投影法　　　C. 平行投影法　　　D. 斜投影法
510. CBG002 在工程制图中,把光源称为(　　)。
　　　A. 投影中心　　　B. 投影焦点　　　C. 投影核心　　　D. 投影源
511. CBG003 工程制图中的视图就是(　　)中通称的投影。
　　　A. 透视图　　　B. 施工图　　　C. 立体图　　　D. 画法几何

512. CBG003　在国家标准 GB/T 50001—2017《房屋建筑制图统一标准》中对图样画法中规定房屋建筑的视图,应按(　　),并用第一角画法绘制。

　　A. 三面投影法　　B. 平行投影法　　C. 正投影法　　D. 中心投影法

513. CBG003　在一张图纸上绘制若干个视图时,各视图的位置应按着正立面图、左侧立面图、右侧立面图、平面图、底面图、(　　)的顺序进行配置。

　　A. 背立面图　　B. 后立面图　　C. 俯立面图　　D. 剖立面图

514. CBG004　根据工程的大小及其复杂程度的不同,每项建筑工程的图纸,少则几张、几十张,多则数百张,为了使用及寻找的方便,对图纸要分类别,标明图纸的名称并按次序编号,将这些总的情况表示在(　　)上。

　　A. 图纸总图　　B. 图纸说明　　C. 施工图纸　　D. 图纸目录

515. CBG004　建筑工程图纸目录包括建设单位、设计单位与设计编号、工程总称与编号、(　　)及图纸的名称与编号。

　　A. 说明书　　B. 图纸类别　　C. 材料表　　D. 条件表

516. CBG004　目前图纸目录是由各个(　　)自行制定的。

　　A. 设计单位　　B. 施工单位　　C. 建设单位　　D. 管理单位

517. CBG005　图纸的横式幅面,标题栏的尺寸应为(　　)。

　　A. 长 200mm,高 30mm　　B. 长 240mm,高 40mm
　　C. 长 250mm,高 30mm　　D. 长 300mm,高 40mm

518. CBG005　图纸的立式幅面,标题栏的尺寸应为(　　)。

　　A. 长 150mm,高 30mm　　B. 长 200mm,高 40mm
　　C. 长 220mm,高 30mm　　D. 长 240mm,高 40mm

519. CBG005　图纸的会签栏内应填写会签人员所代表的(　　)、姓名、日期等。

　　A. 项目名称　　B. 专业　　C. 单位名称　　D. 职称

520. CBG006　工程制图时,采用的线宽比为:粗线:中粗线:细线=(　　)。

　　A. 3∶2∶1　　B. 4∶2∶1　　C. 4∶3∶2　　D. 5∶3∶1

521. CBG006　图纸的图线线型有实线、虚线、单点长画线、双点长画线、(　　)、波浪线等。

　　A. 折断线　　B. 点划线　　C. 多段线　　D. 圆弧线

522. CBG006　工程制图时,如粗单点长画线的宽度为 b,则细单点长画线的宽度为(　　)。

　　A. $0.20b$　　B. $0.25b$　　C. $0.30b$　　D. $0.50b$

523. CBG007　工程制图时,表示新设计的各种排水管线、总图及运输图中的地下建筑物或构筑物等,需采用线型为(　　)。

　　A. 粗实线　　B. 中实线　　C. 中虚线　　D. 粗虚线

524. CBG007　工程制图时用来表示建筑物的外轮廓线、地面线、剖面图中被剖部分的轮廓线、剖切位置线、结构图中的钢筋线、新设计的各种给水管线、总图中的公路或铁路等,需采用线型为(　　)。

　　A. 粗实线　　B. 中实线　　C. 细实线　　D. 折断线

525. CBG007　工程制图时,用来表示可见轮廓线、剖面图中未被剖着但仍能看到而需划出的轮廓线、原有的各种给水管线等,需采用的线型为(　　)。

A. 粗实线　　　　　B. 中实线　　　　　C. 细实线　　　　　D. 中虚线

526. CBG008　图样的比例,应为图形与实物相对应的(　　)之比。
A. 长度尺寸　　　　B. 线性尺寸　　　　C. 宽度尺寸　　　　D. 面积值

527. CBG008　下面所给出的图样比例中,比例最大的是(　　)。
A. 1∶100　　　　　B. 1∶50　　　　　C. 1∶1000　　　　D. 1∶500

528. CBG008　图样比例,前面的数字表示(　　),后面的数字表示实际尺寸相对于它的倍数。
A. 图形的尺寸　　　B. 图框的尺寸　　　C. 图形的面积　　　D. 图线的长度

529. CBG009　图纸中,剖视的剖切符号是由剖切位置线及(　　)组成,均应以粗实线绘制。
A. 延伸方向线　　　B. 标注尺寸线　　　C. 投射方向线　　　D. 图形轴线

530. CBG009　一套完整的施工图纸,包括很多图样,图样中的某一局部或构件,如需另见详图,应采用(　　)符号。
A. 索引　　　　　　B. 剖切　　　　　　C. 引出线　　　　　D. 连接

531. CBG009　绘制图时,如索引出的详图与被索引的详图不在同一张图纸内,应在索引符号的(　　)中用阿拉伯数字注明该详图所在图纸的编号。
A. 上半圆　　　　　B. 引出线上　　　　C. 下半圆　　　　　D. 水平直径上

532. CBG010　制图时,引出线应以(　　)绘制。
A. 粗实线　　　　　B. 中实线　　　　　C. 细实线　　　　　D. 点画线

533. CBG010　制图时,引出线宜采用水平直线或与水平方向成(　　)角的直线。
A. 30°、40°、75°、80°　　　　　　　　　B. 30°、45°、60°、80°
C. 30°、40°、75°、90°　　　　　　　　　D. 30°、45°、60°、90°

534. CBG010　制图时,索引详图的引出线,应与(　　)相连接。
A. 折断线　　　　　B. 标注线　　　　　C. 剖切线　　　　　D. 水平直径线

535. CBG011　对称符号的对称线是用细(　　)绘制的。
A. 虚线　　　　　　B. 实线　　　　　　C. 单点长画线　　　D. 双点长画线

536. CBG011　对称符号的平行线是用细实线绘制的,其长度为(　　)。
A. 1~2mm　　　　　B. 3~4mm　　　　　C. 4~6mm　　　　　D. 6~10mm

537. CBG011　制图时,连接符号应以(　　)表示需要连接的部位。
A. 剖切线　　　　　B. 引出线　　　　　C. 点画线　　　　　D. 折断线

538. CBG012　制图时,坐标网格应以(　　)表示。
A. 细单点长画线　　B. 细双点长画线　　C. 细实线　　　　　D. 细虚线

539. CBG012　测量坐标网应画成(　　),坐标代号宜用"X、Y"表示。
A. 交叉十字线　　　B. 网格通线　　　　C. 纵横坐标线　　　D. 地理坐标网

540. CBG012　建筑坐标网应画成(　　),坐标代号宜用"A、B"表示。
A. 交叉十字线　　　B. 纵横坐标线　　　C. 网格通线　　　　D. 地理坐标网

541. CBG013　建筑图中,应以含有±0.00标高的平面作为(　　)。
A. 定位图　　　　　B. 平面布置图　　　C. 总平面图　　　　D. 竖向布置图

542. CBG013　挡土墙应标注(　　)的标高。

A. 基底、墙顶　　　B. 墙顶、墙趾　　　C. 墙顶、墙踵　　　D. 基底、墙踵

543. CBG013　建筑物室内地坪,应首先标注建筑图中( )处的标高,对不同高度的地坪,还应分别标注其标高。

A. 最低点　　　B. 最高点　　　C. 内走道　　　D. ±0.00

544. CBG014　定位轴线应用( )线绘制,结合轴线端部圆内的编号表示。

A. 中单点长画线　　B. 中双点长画线　　C. 细单点长画线　　D. 细双点长画线

545. CBG014　定位轴线端部的圆应用细实线绘制,直径为( )。

A. 2~4mm　　　B. 5~7mm　　　C. 8~10mm　　　D. 11~13mm

546. CBG014　在施工图中承重墙、柱、梁、屋架等主要承重构件所处的位置,都应给出( ),并进行编号。

A. 点画线　　　B. 引出线　　　C. 定位轴线　　　D. 控制线

547. CBG015　图样上的尺寸包括尺寸界线、尺寸线、尺寸起止符号和( )。

A. 尺寸方向　　B. 尺寸单位　　C. 尺寸数字　　D. 尺寸标注

548. CBG015　尺寸界线应用细实线绘制,其中一端不宜超出尺寸线( )。

A. 1~2mm　　　B. 2~3mm　　　C. 3~4mm　　　D. 4~5mm

549. CBG015　尺寸起止符号一般用( )绘制,长度宜为2~3mm。

A. 细实短线　　B. 细实斜短线　　C. 中粗斜短线　　D. 中粗短线

550. CBG016　图样轮廓线以外的尺寸界线,距图样最外轮廓之间的距离,不宜小于( )。

A. 7mm　　　B. 8mm　　　C. 9mm　　　D. 10mm

551. CBG016　平行排列的尺寸线的间距,宜为( ),并应保持一致。

A. 2~3mm　　　B. 4~6mm　　　C. 7~10mm　　　D. 11~14mm

552. CBG016　半径的尺寸线应一端从圆心开始,另一端画箭头指向圆弧,半径数字前应加符号( )。

A. H　　　B. V　　　C. R　　　D. S

553. CBH001　$\sin 90°$的值是( )。

A. $\dfrac{1}{3}$　　　B. 1　　　C. 0　　　D. $\dfrac{1}{2}$

554. CBH001　正三角形的内角之和是( )。

A. 180°　　　B. 270°　　　C. 360°　　　D. 90°

555. CBH001　同圆的内接正十边形和外切正十边形的周长之比是( )。

A. $\sin 18°$　　B. $\cos 18°$　　C. $\sin 36°$　　D. $\cos 36°$

556. CBH002　在$\triangle ABC$中,$a=15$,$b=10$,$A=60°$,则$\cos B=$( )。

A. $-\dfrac{2\sqrt{2}}{3}$　　B. $\dfrac{2\sqrt{2}}{3}$　　C. $-\dfrac{\sqrt{6}}{3}$　　D. $\dfrac{\sqrt{6}}{3}$

557. CBH002　在$\triangle ABC$中,已知$\sin^2 B - \sin^2 C - \sin^2 A = \sqrt{3}\sin A\sin C$,则角$B$的大小为( )。

A. 150°　　　B. 30°　　　C. 120°　　　D. 60°

558. CBH002　$\sin 2\alpha$的值是( )。

A. 2sinαcosα   B. sinαcosα   C. 4sinαcosα   D. 2sin²α

559. CBH003 已知两点的坐标是(x_1,y_1)和(x_2,y_2),则两点间的距离公式为(　　)。
A. $d=(x_1-y_1)^2+(x_2-y_2)^2$　　B. $d=\sqrt{(x_1-y_1)^2+(x_2-y_2)^2}$
C. $d=\sqrt{(x_1-x_2)^2+(y_1-y_2)^2}$　　D. $d=(x_1-x_2)^2+(y_1-y_2)^2$

560. CBH003 已知两点的坐标是(0,0)和(10,0),则两点间的距离为(　　)。
A. 20m　　B. 10m　　C. $2\sqrt{5}$ m　　D. 0m

561. CBH003 两点的坐标是(10,10)和(20,10),则两点间的距离为(　　)。
A. 10m　　B. $2\sqrt{5}$ m　　C. $20\sqrt{2}$ m　　D. $10\sqrt{2}$ m

562. CBH004 根据平方和公式,$a^2+b^2=$(　　)。
A. $(a+b)^2-2ab$　　B. $(a+b)^2+2ab$　　C. $(a+b)^2-ab$　　D. $(a+b)^2+ab$

563. CBH004 根据平方和公式,$1^2+2^2+3^2+\cdots+n^2=$(　　)。
A. $n(n+1)(3n+1)/6$　　B. $n(n+1)(2n+1)/6$
C. $n(n+1)(2n+1)/4$　　D. $n(n+1)(4n+1)/6$

564. CBH004 根据平方和公式,$10^2+15^2=$(　　)。
A. 125　　B. 225　　C. 100　　D. 325

565. CBH005 多边形内角和计算公式为(　　)。
A. $(n-1)\times180°$　　B. $(n-2)\times180°$　　C. $(n-3)\times180°$　　D. $n\times180°$

566. CBH005 三角形内角和为(　　)。
A. 180°　　B. 360°　　C. 90°　　D. 270°

567. CBH005 五边形内角和为(　　)。
A. 270°　　B. 360°　　C. 540°　　D. 180°

568. CBH006 正弦函数sin45°的值为(　　)。
A. $\dfrac{1}{2}$　　B. $\dfrac{\sqrt{2}}{2}$　　C. $\dfrac{\sqrt{3}}{2}$　　D. 1

569. CBH006 正弦函数sin60°的值为(　　)。
A. $\dfrac{1}{2}$　　B. $\dfrac{\sqrt{2}}{2}$　　C. $\dfrac{\sqrt{3}}{2}$　　D. 1

570. CBH006 正弦函数$y=\sin x$的值域是(　　)。
A. [-1,1]　　B. [0,1]　　C. [-1,0]　　D. [-∞,∞]

571. CBH007 数学中的圆周率π表示(　　)与直径d之比。
A. 圆弧长L　　B. 弦长n　　C. 圆周长c　　D. 圆面积S

572. CBH007 数学中常用(　　)符号表示反正弦函数。
A. $\sec^{-1}$　　B. $\csc^{-1}$　　C. $\cos^{-1}$　　D. $\sin^{-1}$

573. CBH007 数学中常用(　　)符号表示x的函数。
A. Δx　　B. $f(y)$　　C. Δy　　D. $f(x)$

574. CBH008 多项式$m(n-2)-m^2(2-n)$因式分解得(　　)。
A. $(n-2)(m+m^2)$　　B. $(n-2)(m-m^2)$

C. $m(n-2)(m+1)$　　　　　　　D. $m(n-2)(m-1)$

575. CBH008　若 $9x^2+mxy+16y^2$ 是完全平方式,那么 m 值是(　　)。

　　　A. -12　　　　B. ±24　　　　C. 12　　　　D. ±12

576. CBH008　若 $a^2+a=-1$,则 $a^4+2a^3-3a^2-4a+3$ 的值为(　　)。

　　　A. 8　　　　B. 7　　　　C. 10　　　　D. 12

577. CBH009　下列各式是最简二次根式的是(　　)。

　　　A. $\sqrt{0.5}$　　　B. $\sqrt{12}$　　　C. $\sqrt{\dfrac{1}{3}}$　　　D. $\sqrt{42}$

578. CBH009　化简 $\sqrt{5}\times\sqrt{\dfrac{9}{20}}$ 的结果是(　　)。

　　　A. $\dfrac{3}{2}$　　　B. $\dfrac{\sqrt{3}}{2}$　　　C. $\dfrac{5\sqrt{3}}{2}$　　　D. $\dfrac{15}{2}$

579. CBH009　若 x、y 为实数,且 $|x+2|+\sqrt{y-2}=0$,则 $\left(\dfrac{x}{y}\right)^{2015}$ 的值为(　　)。

　　　A. 1　　　　B. -1　　　　C. 2　　　　D. -2

580. CBH010　把 36° 化成弧度为(　　)。

　　　A. $\dfrac{\pi}{3}$　　　B. $\dfrac{\pi}{5}$　　　C. $\dfrac{\pi}{7}$　　　D. $\dfrac{\pi}{9}$

581. CBH010　把 -150° 化成弧度为(　　)。

　　　A. $-\dfrac{\pi}{5}$　　　B. $-\dfrac{3\pi}{5}$　　　C. $-\dfrac{5\pi}{6}$　　　D. $-\dfrac{6\pi}{7}$

582. CBH010　把 22°30′ 化成弧度为(　　)。

　　　A. $\dfrac{\pi}{6}$　　　B. $\dfrac{\pi}{7}$　　　C. $\dfrac{\pi}{8}$　　　D. $\dfrac{\pi}{9}$

583. CBH011　运用计算器进行计算"DEG"时,计算 cos20°26′36″ 的操作步骤是(　　)。

　　　A. 20 [°′″] 26 [°′″] 36 [°′″] [COS]　　　　B. 20 [°′″] 26 [°′″] 36 [°′″] [SIN]

　　　C. 20 [°] 26 [′] 36 [″] [COS]　　　　D. 20 [°] 26 [′] 36 [″] [SIN]

584. CBH011　运用计算器进行三角函数计算时,首先输入角度,并将度、分、秒转换为以(　　)为单位的角度。

　　　A. 二进制　　　B. 十进制　　　C. 六十进制　　　D. 三十进制

585. CBH011　运用计算器进行计算"DEG"时,计算 arc cot0.87654321 的操作步骤是(　　)。

　　　A. 0.87654321 [1/X] [TAN] [←]　　　　B. [1/X] [TAN⁻¹] [←] 0.87654321

　　　C. 0.87654321 [1/X] [TAN⁻¹] [←]　　　　D. [1/X] [TAN] [←] 0.87654321

586. CBH012　fx-3600 型程序性计算器,将 2678 存入 K1 寄存器里,输入程序是(　　)。

　　　A. 2678 [Kin] 1　　B. 2678 [Kout] 1　　C. [Kin] 1 2678　　D. [Kout] 1 2678

587. CBH012　fx-3600型程序性计算器,将存入K1寄存器里的数据2678取出来,程序是（　　）。

　　A. 2678 |Kin| 1　　　B. 2678 |Kout| 1　　　C. |Kin| 1　　　D. |Kout| 1

588. CBH012　fx-3600型程序性计算器,当把一个新值赋予某K寄存器后,原有值即被顶替,通过将（　　）赋予某K寄存器,可以达到清除该寄存器中数据的目的。

　　A. -1　　　　　B. 1　　　　　C. 0　　　　　D. -

589. CBH013　当fx-3600型程序性计算器设定了保留常数时,显示屏左上方显示（　　）记号。

　　A. M　　　　　B. K　　　　　C. D　　　　　D. G

590. CBH013　卡西欧fx-3600型程序性计算器的开机键是（　　）。

　　A. |ON|　　　B. |OFF|　　　C. |AC|　　　D. |SHIFT|

591. CBH013　卡西欧fx-3600型程序性计算器的清除键是（　　）。

　　A. |ON|　　　B. |AC|或|C|　　　C. |OFF|　　　D. |SHIFT|

592. CBH014　在科学计算器基础上增加了简单的程序功能,可进行较复杂计算,这种计算器称为（　　）。

　　A. 普通计算器　　B. 科学计算器　　C. 程序计算器　　D. 微机式计算器

593. CBH014　科学计算器按照按键使用类型可分为八类,其中不属于普通用键的是（　　）。

　　A. 数字键　　　B. 记忆键　　　C. 四则运算键　　　D. 清除键

594. CBH014　科学计算器按照按键使用类型可分为八类,其中属于普通用键的是（　　）。

　　A. 函数键　　　B. 记忆键　　　C. 功能键　　　D. 正负转换键

595. CBH015　已知点的直角坐标 $x=3, y=4$,用科学计算器计算其极坐标的过程为（　　）。

　　A. 3 |R→P| 4 |=| |X↔Y| |←|　　　　B. 3 |R→P| 4 |=| |X↔Y|

　　C. 3 |R→P| 4 |X↔Y|　　　　D. 4 |R→P| 3 |X↔Y|

596. CBH015　已知点的极坐标 $r=5, a=53°07'48.37''$,用科学计算器计算其直角坐标的过程为（　　）。

　　A. 5 |R→P| 53°07'48.37'' |=| |X↔Y|　　　B. 5 |R→P| 53°07'48.37'' |X↔Y| |←|

　　C. 5 |P→R| 53°07'48.37'' |=| |X↔Y|　　　D. 5 |P→R| 53°07'48.37'' |X↔Y| |←|

597. CBH015　当科学计算器屏幕上显示E时,应该按（　　）键重新开始运算或关机。

　　A. |M+|　　　B. |OFF|　　　C. |ON|　　　D. |AC|

598. CBH016　使用科学计算器编写计算公式时,在变量之前应要加按（　　）。

　　A. |ENT|　　　B. |OFF|　　　C. |EXP|　　　D. |RUN|

599. CBH016　使用科学计算器编写计算公式完成后,按（　　）键可使计算器转入运算状态。

　　A. |ENT| |.|　　B. |MODE| |.|　　C. |EXP| |.|　　D. |RUN| |.|

600. CBH016　使用科学计算器编写计算公式时,如果需要显示中间结果,则可在运算到相应结果后加按第二功能( )键。

A. SHIFT ENT　　B. SHIFT AC　　C. SHIFT HLT　　D. SHIFT RUN

二、判断题(对的画"√",错的画"×")

(　　)1. CAA001　工程测量学是测绘科学在国民经济和国防建设中的直接应用。

(　　)2. CAA002　测量学的任务包含研究地球的成分、确定地面点的位置。

(　　)3. CAA003　大地测量学是研究工程建设和自然资源开发中各个阶段在进行控制测量、地形测绘、施工放样和变形检测的理论和技术的科学。

(　　)4. CAA004　在国防建设中,军事测量和军用地图是现代大规模的诸兵种协同作战不可缺少的重要保障。

(　　)5. CAA005　1683 年,法国进行了弧度测量,证明地球是球体。

(　　)6. CAA006　公元 724 年由太史监南宫说负责的,自滑县经浚仪、扶沟到上蔡直接丈量了长达 30km 的子午线弧长,并用日圭测太阳的阴影来定纬度,这是世界上最早的一次子午线弧长的测量。

(　　)7. CAA007　地球上,陆地最高点珠穆朗玛峰和海洋中最深的马里亚纳海沟相差近 10km。

(　　)8. CAA008　液体静止时的表面称为水准面。

(　　)9. CAA009　由于水准面是连续曲面,致使一点处的平面与水准面相切。

(　　)10. CAA010　水准面是一个处处与铅垂线垂直的连续曲面。

(　　)11. CAA011　1956 年黄海高程系和 1985 年国家高程基准的差值为 0.029m。

(　　)12. CAA012　精密水准仪的构造和 DS_3 水准仪的主要区别在于装有水准管。

(　　)13. CAA013　海拔高也称为正高、相对高程。

(　　)14. CAA014　建筑工程中的标高是绝对高程。

(　　)15. CAA015　地面上两点间的高差和高程系统无关。

(　　)16. CAA016　测量工作的实质就是确定点的空间位置。

(　　)17. CAA017　DS_3 型微倾式水准仪"3"表示该仪器每千米往返测高差精度为±3mm。

(　　)18. CAA018　塔尺是由两节或三节套接成的,长度有 3m 和 6m 两种。

(　　)19. CAA019　水准器分为管水准器和球水准管。

(　　)20. CAA020　水平角测量主要用于确定地面点的高差。

(　　)21. CAA021　工程应用上较为普遍的经纬仪有 DJ_2 和 DJ_6 两种电子经纬仪。

(　　)22. CAA022　在同一竖直面内,天顶距就是某点到目标点方向和天顶方向的夹角。

(　　)23. CAA023　一般将三角点和精密导线点称一级水准点。

(　　)24. CAA024　建筑物净高指的是不包括结构层、抹面层在内的净空高度值。

(　　)25. CAB001　测量竖直角时,采用盘左、盘右观测其目的之一是消除十字丝竖丝不垂直于横轴而产生的误差影响。

(　　)26. CAB002　在相同观测条件下,对某量进行一系列的观测,如果误差的大小和符号表现出一致性倾向,即按一定的规律变化或保持为常数,这种误差为偶然误差。

( )27. CAB003　在相同测量条件下进行的测量称为等精度测量,对于等精度测量来说,还有一种更好的表示误差的方法,就是标准误差。

( )28. CAB004　中误差是衡量一组观测数据的指标,中误差越小,观测的精度就越低。

( )29. CAB005　在测量规范中,以两倍中误差作为容许的误差极限称之为容许误差。

( )30. CAB006　相对误差是专为角度测量定义的精度指标。

( )31. CAB007　经纬仪仪器误差中的照准部偏心误差是指照准部旋转中心与竖直度盘中心不重合,导致指标在刻度盘读数上读数时产生误差。

( )32. CAB008　在水准测量外业时,由于水准尺倾斜误差,会导致根据水准尺倾斜的方向不同,读数也不同。

( )33. CAB009　为保证水准计算检核合格,普通水准测量中,测站检核只能检查每一个测站所测高差是否正确。

( )34. CAB010　工程测量时,观测者不同,观测采用仪器和点位相同,观测值就相同。

( )35. CAB011　测量中,通常把粗差归类为观测误差。

( )36. CAB012　为了确定某未知量而直接进行的观测,即被观测量就是所求未知量本身,称为直接观测。

( )37. CAB013　一个量的近似值和真值的差称为估计值。

( )38. CAB014　钢尺在丈量时所受拉力大小对测量结果无影响。

( )39. CAC001　参考椭球旋转时所绕的短轴 NS 称为主轴。

( )40. CAC002　高斯投影是一个等角横切椭圆柱投影,它是等角投影的一种。

( )41. CAC003　将椭球面上的经纬线投影到高斯平面后,经线和纬圈投影后仍保持正交。

( )42. CAC004　高斯平面直角坐标系是以赤道的投影为横坐标轴 Y。

( )43. CAC005　对于6°投影带而言,第 N 带中央子午线的经度 L 和带号 N 的关系 $L=6N-1$。

( )44. CAC006　3°投影带是以0°带开始的。

( )45. CAC007　按照一定的比例尺和图式符号,表示地物、地貌的平面位置和高程的正射投影图称为地形图。

( )46. CAC008　地图的四要素,包括数学要素、地理要素、注记要素和图形要素。

( )47. CAC009　全球分为 12 个时区。

( )48. CAC010　地形图主要是运用规定的符号,反映地球表面的地貌和地物的空间位置和相关信息。

( )49. CAC011　典型地貌中,山脊是沿着一个方向延伸的高低,山脊的最高棱线称为山棱线。

( )50. CAC012　使用白纸测图时,当碎部点展绘在图上后,就可对照实地描绘地物、地貌和等高线。

( )51. CAC013　地形图梯形分幅的优点是每个图幅都有明确的地理位置概念。

( )52. CAC014　已知郑州某点 q 的经度为 113°39′25″,纬度为 34°45′38″,则该点所在的 1∶1000000 地形图的编号为 J49。

( )53. CAC015　等高线是一组高度不同的空间平面曲线。

( )54. CAC016　地物的类别、形状、大小及其在图上的位置,是用地物符号表示的。

( )55. CAC017　地球上不在同一子午圈上的两点,它们的子午线方向是平行的。

( )56. CAC018　碎部点的选择就是以控制点为基础,测出地表各种碎部点的平面位置和高程,用以绘制地形图。

( )57. CAC019　DCH-2 型红外测距仪反射镜棱镜的反射面镀银,面与面之间交角为 60°。

( )58. CAC020　从某点的磁子午线起,依逆时针方向到目标方向线之间的水平夹角,称为该点的磁方位角。

( )59. CAD001　《测绘资格证书》的有效期为三年,期满三个月前,由持证单位提请复审。

( )60. CAD002　测绘单位不得超越其资质等级许可的范围从事测绘活动或以其他测绘单位的名义从事测绘活动,并不得允许其他单位以本单位的名义从事测绘活动。

( )61. CAD003　测绘单位自取得《测绘资质证书》之日起,一般三年后方可申请升级。

( )62. CAD004　QC 的基本要素是 4M1Q,即人力(Man)、设备(Machine)、材料(Material)、方法(Method)和质量(Quality)。

( )63. CAD005　危害识别和事故控制是 HSE 管理核心所在。

( )64. CBA001　测绘地形图之前首先要进行图根控制测量,包括平面控制测量和高程控制测量。

( )65. CBA002　规范规定,测图比例尺 1:500,图根点数量 6 个。

( )66. CBA003　三等导线利用 J_1 仪器进行观测时,观测测回数为 8 次。

( )67. CBA004　方向观测法限差中,三等测量半测回归零差为 8″。

( )68. CBA005　导线测量通过测量三个元素来确定控制点坐标。

( )69. CBA006　规范规定比例尺 1:500 地形图,附合导线全长为 2km。

( )70. CBA007　支导线由于只测了一个已知边,不存在角度闭合差,可直接计算各观测边的坐标方位角。

( )71. CBA008　对于导线点来说,每幅图埋石点不应少于四个,且应互相通视。

( )72. CBA009　工程交桩前,施工单位应根据设计单位提供的原设计桩点的有关资料,进行室内审核和现场查对。

( )73. CBA010　选定点位时,要适合于电磁波测距作业的要求,测线应避开大城镇、大湖泊、大河流等不利地形。

( )74. CBA011　用分微尺测微器读数时,上格 H_z 是竖直度盘和测微器的影像。

( )75. CBA012　单平板玻璃测微器,测微盘与平行玻璃之间不连接,操作测微轮时,只有测微盘转动。

( )76. CBA013　使用 DJ_6 型经纬仪时,照准目标前要固紧制动螺旋,使用微动螺旋才有效。

( )77. CBA014　DJ_6 型经纬仪比 DJ_2 型经纬仪精度高。

( )78. CBA015　经纬仪在使用时,如望远镜物镜或目镜上有灰尘,可用手轻轻刷去。

( )79. CBA016　在高层上抄平、投测放线时,若碰到障碍物要挪动,不能掷向楼下,以免伤人。

( )80. CBA017　双手五指伸直,在前额前交叉,为停止指挥手势。

( )81. CBA018　建筑工程施工前,仅对建筑物地面上的平面控制点的点位进行校核就能满足测量要求。

( )82. CBA019　高层建筑施工测量,一般建立使用方便、精度较高的平面控制网较为实用。

( )83. CBA020　串线法是根据三点成一直线的原理进行平面控制点的确定。

( )84. CBA021　轴线投测可在一天的任何时间进行,不受气候条件的影响。

( )85. CBA022　用于旗语信号的红白旗,旗面分 1/3 和 2/3,1/3 为白色,2/3 为红色,长方形小旗。

( )86. CBA023　根据水平角测量原理,水平度盘应安置水平,即竖轴应位于水平位置,也是通过照准部水准管轴气泡居中来实现的。

( )87. CBA024　经纬仪光学对中器的校正螺丝随仪器类型而异,有些是校正使视线转向的折射棱镜,有些是校正分划板。

( )88. CBB001　高程控制网的测量方法有三边测量和水准测量。

( )89. CBB002　城市高程控制网的高程系统,应采用国家统一的 1980 年黄海高程系统或 1985 年国家高程基准。

( )90. CBB003　1956 年黄海高程系统比 1985 年国家高程基准高 0.029m。

( )91. CBB004　在高精度观测中,在两相邻测站上,应按奇、偶数测站的观测程序进行观测,在相邻测站上交替进行。

( )92. CBB005　在精密水准仪的检验项目中,不包括倾斜螺旋效用正确性和分划值的测定。

( )93. CBB006　水准仪的检校步骤为:圆水准器检校→水准管平行于视准轴(i 角)检校→十字丝横丝检校。

( )94. CBB007　检验十字横丝与竖轴垂直时,拨动校正螺丝不能过猛,应按先紧后松的方法。

( )95. CBB008　闭合水准路线可进行观测成果的外部检核。

( )96. CBB009　附合水准路线高差闭合差的计算公式为:$f_h = \sum h_{测} - (H_2 - H_1)$。

( )97. CBB010　为了能进行观测成果的检核和提高精度,支水准路线必须进行往返测量,并检查已知水准点的高程。

( )98. CBC001　输电线路的测量,可分为踏勘测量和详细测量两个阶段。

( )99. CBC002　交接桩是设计勘测单位确定桥址的重要参考物,交代施工单位后,施工单位就要以此为基准点开始放线、定位,确定制作建筑的控制网。

( )100. CBC003　铁路初测中的地形测量应尽量以转点作为测站。

( )101. CBC004　工程测量专业测绘资质甲级要求,必须有测绘专业技术人员 30 人,其中高级 4 人,中级 12 人。

(   ) 102. CBC005   导线点的间距大于 500m 时,可以不必加设转点。
(   ) 103. CBC006   图根一级导线的起闭点应是基本控制点、GPS 点或国家等级三角点。
(   ) 104. CBC007   当原有导线点不能满足施工要求时,应进行支导线测量。
(   ) 105. CBC008   排水沟的沟底纵坡以 3%~5% 为宜。
(   ) 106. CBC009   道路纸上定线后的测量工作,主要是把设计在图纸上的中线,在实地标定出来和沿实地测绘出的中线测绘纵横断面图。
(   ) 107. CBC010   中线测量的主要工作有交点测设、曲线测设和里程桩测设。
(   ) 108. CBC011   拨角放线法是根据转点坐标计算出每段的直线距离和坐标方位角,然后就算转折角,最后在实地用极坐标放样法测设交点。
(   ) 109. CBC012   在道路测设中,当路线由一个方向偏转为另一个方向时,偏转后的方向和偏转前的方向所形成的夹角称为转折角。
(   ) 110. CBC013   线状工程平面控制的最佳形式是边角网。
(   ) 111. CBC014   设计路基和地面相交的点称为中桩。
(   ) 112. CBC015   高于地面的路基称为路堑,低于路面的路基称为路堤。
(   ) 113. CBC016   由于竖曲线一般采用圆曲线,故相邻坡度都很小。
(   ) 114. CBC017   路线的断面测量是指在路线中线测量之前对中线上各里程桩及曲线主点桩进行的高程测量。
(   ) 115. CBC018   横断面测量的主要任务是测量中桩两侧垂直与路线中线方向上的地面边坡点之间的距离和高差。
(   ) 116. CBC019   花杆皮尺法测量横断面时,其优点是简便、迅速,缺点是精度较低。
(   ) 117. CBC020   道路横断面的测量方法有水准仪法、经纬仪法和花杆皮尺法等。
(   ) 118. CBC021   根据道路横断面测量成果,对距离和高程应按不同比例尺表示。
(   ) 119. CBC022   一座桥梁中的桥跨结构与桥墩或桥台的支承处所设置的传力装置,称为支座。
(   ) 120. CBC023   计算跨径对于具有支座的桥梁,是指桥跨结构相邻两个支座边缘之间的距离。
(   ) 121. CBC024   桥梁设计中按规定的洪峰季节河流中的最高水位计算,称为设计洪水位。
(   ) 122. CBC025   桥梁按着上部结构的行车道位置,分为上承式桥、下承式桥和中承式桥。
(   ) 123. CBD001   竣工测量贯穿整个建筑物、构筑物的施工过程。
(   ) 124. CBD002   为确保施工顺利进行,测量人员应根据工程的实际情况和现场条件,制定施工测量措施。
(   ) 125. CBD003   施工测量贯穿于整个施工过程,是一项内外业结合较为紧密的工作。
(   ) 126. CBD004   施工中不必明确施工测量的原则,就可以使工程稳步实施,减少不必要的返工现象发生。
(   ) 127. CBD005   三角形的平面形式在普通建筑中最为多见,有的建筑平面直接为正三角形,有的在正三角形的基础上又有变化,从而使使用平面形式多种多样。

( ) 128. CBD006　台座是先张法生产中的主要设备之一,要求有足够的强度和稳定性。
( ) 129. CBD007　后张法工序较先张法简单,不需要强大的张拉台座,便于现场施工。
( ) 130. CBD008　厂房控制网分为四级。
( ) 131. CBD009　大型厂房的主轴线的测设精度,角度偏差不应超过±5″。
( ) 132. CBD010　对于建筑物结构复杂、放样精度要求较高的大、中型建筑物的放样工作应用精密的测量仪器,由经验丰富的测量工作者来进行。
( ) 133. CBD011　建造建筑物所用的材料对于放样工作的精度没有影响。
( ) 134. CBD012　工业建筑各施工层放样时,对于细部轴线,允许偏差为±3mm。
( ) 135. CBD013　椭圆形建筑物在水中或高处放线和检查时操作有困难,可采用经纬仪测角法解决。
( ) 136. CBD014　悬臂浇筑法施工的主要优点是不需要占用很大的预制场地。
( ) 137. CBD015　预制块件的悬臂拼装可根据现场布置和设备条件采用不同的方法来实现,当靠岸边的桥跨不高且可在陆地或便桥上施工时,可采用吊机进行高空悬拼施工。
( ) 138. CBD016　在三角测量时,加密控制网的布设一般可采用插网和插导线的方法进行。
( ) 139. CBD017　当挖方边坡较高时,可根据不同的土质、岩石性质和稳定要求开挖成折线式或台阶式边坡,边沟外侧应设置碎落台,其宽度不宜小于0.8m。
( ) 140. CBD018　隧道施工测量包括中线测设、腰线测设和掘进方向指示等。
( ) 141. CBD019　设计手簿是绘制纵断面图和设计管道时的重要依据。
( ) 142. CBD020　地下管线断面测量包括横断面测量和纵断面测量。
( ) 143. CBD021　地下管线槽口放线时,开槽宽度是根据管线长度以及土质情况来计算的。
( ) 144. CBD022　管道中线测量包含管道主点测设、管道中桩测设、管道转向角测量以及里程桩手簿的绘制等。
( ) 145. CBD023　顶管施工时,主要是掌握管道中线方向、高程和坡度。
( ) 146. CBD024　顶管施工贯通时,管口错口不得超过5cm。
( ) 147. CBD025　建筑物主轴线实量长度和附合测量控制点系统设计长度之差与全长之比不大于1∶1000,以保证厂区内外运输线路和管道连接。
( ) 148. CBD026　建筑方格网布设原则是与主要建筑物基本轴线相平行。
( ) 149. CBD027　建筑物放样就是在实地标定出设计建筑物的平面位置。
( ) 150. CBD028　在工民建中,施工控制网分为高程控制网和平面控制网。
( ) 151. CBD029　建筑物高程放样通常是用水准仪根据附近水准点将室内地坪标高测设在适当位置上,以作为控制该建筑物各部分高程的依据。
( ) 152. CBD030　一般情况下,在建筑物四角和中间隔墙两端基槽外1.0~2.0m处设置龙门桩。

( )153. CBE001　公路工程竣工测量的主要内容是中线测量和高程测量。

( )154. CBE002　地下人防工程竣工测量的目的是将地下人防工程的平面位置与高程测绘注记在地形图上,为把整个城市地上与地下连成整体,解决各部分之间的相互位置关系,以便为规划、设计、施工、管理和人防等工作服务。

( )155. CBE003　竣工总平面图是设计总平面图在施工后实际情况的全面反映,故设计总平面图能完全替代竣工总平面图。

( )156. CBE004　在地下通道施工中,由于存在着不可避免的测量误差,因此在对向掘进的汇合面上,地下通道中线不能完全吻合,这种偏差称为施工误差。

( )157. CBE005　隧道竣工测量的目的之一是为将来运营中维修工程提供高程数据。

( )158. CBE006　竣工总平面图上应包括建筑方格网点、水准点、厂房、辅助设施、生活福利设施、架空与地下管线、铁路等建筑物或构筑物的坐标和高程。

( )159. CBE007　道路竣工测量用于检验施工质量与测设是否符合技术要求。

( )160. CBE008　桥梁的竣工测量是在施工完成后进行的。

( )161. CBE009　在带状地形图测量中,沿路线中心线的测绘详细程度一般要比两边的低。

( )162. CBE010　厂区竣工测量必须在每个单项工程完成后,由施工单位进行竣工测量,并提出工程的竣工测量成果。

( )163. CBF001　观测急剧沉降的工程结构物时,若不能及时建造水准点,可在已有的结构物上设置标志作为水准点,但这些结构物的沉降必须证明已经达到终止。

( )164. CBF002　预制墙式观测点是由角钢预制成的。

( )165. CBF003　建筑物沉降观测点的布设主要有预制墙式观测点、燕尾形观测点和角钢埋设观测点。

( )166. CBF004　沉降观测点的布设应在基础底板的四角和中部。

( )167. CBF005　设备基础观测点布设形式有非永久性观测点和钢柱观测点。

( )168. CBF006　柱身观测点的布设有钢筋混凝土柱观测点和钢柱观测点。

( )169. CBG001　测量放线工不一定非要掌握建筑识图基本知识,也能做好本职工作。

( )170. CBG002　建筑工程中,无论是一幢房屋,或者是一个构造,它都具有长、宽、高三个方向的尺寸,用一个投影图就能反映物体的大小。

( )171. CBG003　每个视图均应标注图名。

( )172. CBG004　制图人为便于使用人查阅,并将图纸内容表达清楚,给图纸起一个名称,另外再用数字进行编号,定出次序。

( )173. CBG005　图纸的短边和长边都可以按规定加长。

( )174. CBG006　工程制图时,实线、虚线、单点长画线、双点长画线、折断线、波浪线等都有粗、中、细三种线之分。

( )175. CBG007　工程制图时,不可见轮廓线、图例线等用中虚线表示。

( )176. CBG008　绘图所用的图样比例越小,表示被绘对象越详细、清楚。

( )177. CBG009 制图时,剖视剖切符号的编号宜采用阿拉伯数字,按顺序由左至右、由下至上连续编排,并应注写在剖视方向线的端部。

( )178. CBG010 引出线的文字说明宜注写在水平线的底部,也可注写在水平线的端部。

( )179. CBG011 对称符号由对称线和两端的两对半圆组成。

( )180. CBG012 铁路、道路坐标标注位置为其边线或转折点。

( )181. CBG013 场地平整标注其控制位置标高,铺砌场地标注其铺砌面标高。

( )182. CBG014 平面图上定位轴的竖向编号应用大写拉丁字母,字母可以按顺序选用。

( )183. CBG015 尺寸线应用中实线绘制,应与被注长度平行。

( )184. CBG016 尺寸单位除标高及总平面以厘米为单位外,其他必须以毫米为单位。

( )185. CBH001 在数学三角函数里,圆周长的计算公式为 πR。

( )186. CBH002 在直角三角形中,两直角边为 3 和 4,那么斜边长为 7。

( )187. CBH003 已知两点的坐标是(100,0)和(10,0),则两点间的距离为 110m。

( )188. CBH004 根据数学公式,2 的 5 次方为 64。

( )189. CBH005 正十二边形的内角和为 900°。

( )190. CBH006 在数学三角函数里,正弦函数 sin360° 的值为 0。

( )191. CBH007 数学中常用⌒表示弧的省略符号。

( )192. CBH008 已知 $x^2+y^2+2x-6y+10=0$,那么 x、y 的值分别为 $x=-1, y=3$。

( )193. CBH009 计算 $\sqrt{12}+3\sqrt{\dfrac{1}{3}}$ 的值为 $5\sqrt{3}$。

( )194. CBH010 把 6°52′44″化为整度数值为 6.8789°。

( )195. CBH011 运用计算器可以进行所有的编程运算。

( )196. CBH012 fx-3600 型程序性计算器按"MODE"可切换各种模式。

( )197. CBH013 当 fx-3600 型程序性计算器不可以人为设定数值的保留位数。

( )198. CBH014 常用的程序型计算器的显示屏通常分为两行,一行为主显示行,在其上方为副显示行。

( )199. CBH015 已知点的直角坐标 $x=6, y=6$,用科学计算器计算其极坐标的过程为 6 R→P 6 = X↔Y ←。

( )200. CBH016 使用科学计算器编写计算公式时,需要在变量之前加上 ENT。

答　案

一、单项选择题

1. B   2. A   3. A   4. C   5. B   6. D   7. D   8. D   9. A   10. B
11. C 12. A 13. B 14. C 15. C 16. C 17. D 18. D 19. B 20. D
21. C 22. D 23. C 24. A 25. A 26. C 27. C 28. C 29. A 30. B
31. B 32. C 33. D 34. B 35. C 36. D 37. C 38. B 39. D 40. B
41. A 42. B 43. C 44. B 45. B 46. A 47. D 48. B 49. D 50. C
51. B 52. D 53. B 54. A 55. B 56. D 57. A 58. D 59. B 60. C
61. C 62. A 63. C 64. B 65. A 66. C 67. A 68. B 69. D 70. D
71. B 72. A 73. D 74. A 75. C 76. B 77. D 78. D 79. C 80. D
81. A 82. B 83. B 84. A 85. B 86. D 87. A 88. C 89. D 90. B
91. B 92. A 93. D 94. C 95. D 96. B 97. D 98. A 99. B 100. D
101. A 102. D 103. D 104. C 105. C 106. A 107. D 108. B 109. A 110. B
111. C 112. B 113. C 114. D 115. C 116. A 117. B 118. B 119. A 120. C
121. A 122. B 123. C 124. C 125. B 126. D 127. B 128. A 129. C 130. A
131. B 132. D 133. C 134. A 135. D 136. D 137. D 138. C 139. D 140. A
141. B 142. B 143. D 144. B 145. C 146. A 147. C 148. A 149. C 150. D
151. C 152. A 153. B 154. A 155. D 156. C 157. D 158. C 159. A 160. B
161. A 162. C 163. A 164. B 165. C 166. C 167. D 168. B 169. C 170. B
171. D 172. D 173. A 174. C 175. C 176. C 177. D 178. C 179. D 180. C
181. A 182. B 183. C 184. B 185. D 186. C 187. D 188. B 189. B 190. C
191. B 192. D 193. A 194. C 195. A 196. B 197. B 198. D 199. D 200. A
201. D 202. B 203. A 204. D 205. A 206. C 207. C 208. A 209. C 210. D
211. B 212. A 213. D 214. C 215. D 216. A 217. A 218. B 219. B 220. D
221. D 222. A 223. B 224. C 225. B 226. D 227. C 228. D 229. A 230. C
231. A 232. C 233. C 234. C 235. D 236. C 237. D 238. A 239. B 240. C
241. C 242. B 243. D 244. A 245. B 246. C 247. C 248. B 249. C 250. B
251. C 252. D 253. D 254. A 255. C 256. B 257. B 258. A 259. B 260. D
261. B 262. B 263. A 264. C 265. C 266. C 267. C 268. A 269. D 270. A
271. D 272. D 273. C 274. D 275. C 276. A 277. D 278. D 279. B 280. D
281. A 282. C 283. B 284. C 285. A 286. A 287. C 288. B 289. C 290. B
291. A 292. C 293. C 294. D 295. B 296. C 297. C 298. B 299. A 300. D
301. A 302. B 303. C 304. B 305. A 306. B 307. B 308. B 309. A 310. D

311. C	312. B	313. C	314. A	315. C	316. A	317. C	318. B	319. B	320. C
321. A	322. B	323. C	324. C	325. B	326. C	327. D	328. A	329. C	330. B
331. A	332. C	333. D	334. A	335. D	336. A	337. B	338. C	339. D	340. A
341. C	342. D	343. A	344. B	345. D	346. C	347. B	348. D	349. B	350. B
351. A	352. B	353. C	354. C	355. D	356. C	357. C	358. C	359. B	360. A
361. C	362. A	363. D	364. B	365. A	366. D	367. A	368. C	369. A	370. B
371. A	372. D	373. C	374. B	375. A	376. C	377. B	378. D	379. C	380. D
381. B	382. C	383. B	384. D	385. C	386. D	387. A	388. B	389. A	390. D
391. D	392. D	393. C	394. C	395. B	396. A	397. A	398. C	399. D	400. D
401. D	402. C	403. A	404. C	405. B	406. B	407. D	408. D	409. D	410. D
411. C	412. D	413. C	414. C	415. C	416. C	417. D	418. D	419. B	420. A
421. C	422. A	423. D	424. A	425. C	426. A	427. A	428. C	429. B	430. B
431. C	432. C	433. C	434. D	435. C	436. B	437. C	438. A	439. A	440. B
441. D	442. B	443. A	444. C	445. C	446. A	447. C	448. A	449. B	450. C
451. B	452. D	453. C	454. C	455. A	456. D	457. C	458. C	459. C	460. C
461. A	462. B	463. C	464. A	465. D	466. D	467. A	468. B	469. C	470. D
471. A	472. A	473. C	474. A	475. C	476. D	477. A	478. B	479. B	480. A
481. A	482. C	483. D	484. A	485. C	486. C	487. B	488. A	489. C	490. A
491. C	492. D	493. B	494. C	495. D	496. A	497. D	498. B	499. C	500. D
501. A	502. C	503. A	504. A	505. B	506. C	507. B	508. D	509. B	510. A
511. D	512. C	513. A	514. D	515. B	516. B	517. B	518. B	519. B	520. B
521. A	522. B	523. D	524. A	525. B	526. B	527. B	528. D	529. C	530. A
531. C	532. C	533. D	534. D	535. C	536. D	537. D	538. D	539. A	540. C
541. C	542. B	543. D	544. C	545. D	546. C	547. C	548. A	549. C	550. C
551. A	552. C	553. B	554. A	555. B	556. D	557. A	558. C	559. C	560. B
561. A	562. A	563. B	564. D	565. B	566. A	567. C	568. B	569. C	570. A
571. C	572. D	573. D	574. C	575. B	576. A	577. D	578. A	579. B	580. C
581. C	582. C	583. A	584. B	585. C	586. A	587. D	588. C	589. B	590. A
591. B	592. C	593. B	594. D	595. A	596. C	597. D	598. A	599. B	600. C

二、判断题

1. √　2. ×　正确答案:测量学的任务包含研究地球的形状和大小、确定地面点的位置。　3. ×　正确答案:工程测量学是研究工程建设和自然资源开发中各个阶段在进行控制测量、地形测绘、施工放样和变形检测的理论和技术的科学。　4. √　5. ×　正确答案:1683年,法国进行了弧度测量,证明地球是两极略扁的椭球体。　6. ×　正确答案:公元724年由太史监南宫说负责的,自滑县经浚仪、扶沟到上蔡直接丈量了长达300km的子午线弧长,并用日圭测太阳的阴影来定纬度,这是世界上最早的一次子午线弧长的测量。　7. ×　正确答案:地球上,陆地最高点珠穆朗玛峰和海洋中最深的马里亚纳海沟相差近20km。　8. √

9. ×　正确答案:由于水准面是连续曲面,致使一点处的水平面与水准面相切。　10. √　11. √　12. ×　正确答案:精密水准仪的构造和 DS₃ 水准仪的主要区别在于装有光学测微器。　13. ×　正确答案:海拔高也称为正高、绝对高程。　14. ×　正确答案:建筑工程中的标高是相对高程。　15. √　16. √　17. √　18. ×　正确答案:塔尺是由两节或三节套接成的,长度有 3m 和 5m 两种。　19. ×　正确答案:水准器分为管水准器和圆准管。　20. ×　正确答案:水平角测量主要用于确定地面点的平面位置。　21. ×　正确答案:工程应用上较为普遍的经纬仪有 DJ₂ 和 DJ₆ 两种光学经纬仪。　22. √　23. ×　正确答案:一般将三角点和精密导线点称为大地控制点。　24. √　25. ×　正确答案:测量竖直角时,采用盘左、盘右观测其目的之一是消除水准管轴不平行于视准轴而产生的误差影响。　26. ×　正确答案:在相同观测条件下,对某量进行一系列的观测,如果误差的大小和符号表现出一致性倾向,即按一定的规律变化或保持为常数,这种误差为系统误差。　27. √　28. ×　正确答案:中误差是衡量一组观测数据的指标,中误差越小,观测的精度就越高。　29. √　30. ×　正确答案:相对误差是专为距离测量定义的精度指标。　31. ×　正确答案:经纬仪仪器误差中的照准部偏心误差是指照准部旋转中心与水平度盘中心不重合,导致指标在刻度盘读数上读数时产生误差。　32. ×　正确答案:在水准测量外业时,由于水准尺倾斜误差,会导致读数偏大。　33. √　34. ×　正确答案:工程测量时,观测者不同,观测采用仪器和点位相同,观测值不一定完全相同。　35. ×　正确答案:测量中,通常所说的观测误差不包括粗差。　36. √　37. ×　正确答案:一个量的近似值和真值的差称为真误差。　38. ×　正确答案:钢尺在丈量时所受拉力应与检定时拉力相同,否则将产生拉力误差。　39. ×　正确答案:参考椭球旋转时所绕的短轴 NS 称为旋转轴,又称为地轴。　40. ×　正确答案:高斯投影是一个等角横切椭圆柱投影,它是正形投影的一种。　41. √　42. √　43. ×　正确答案:对于 6°投影带而言,第 N 带中央子午线的经度 L 和带号 N 的关系 $L=6N-3$。　44. ×　正确答案:3°投影带是从 1.5°带开始的。　45. √　46. ×　正确答案:地图的四要素,包括数学要素、地理要素、注记要素和整饰要素。　47. ×　正确答案:全球分为 24 个时区。　48. √　49. ×　正确答案:典型地貌中,山脊是沿着一个方向延伸的高地,山脊的最高棱线称为山脊线。　50. √　51. √　52. ×　正确答案:已知郑州某点 q 的经度为 113°39′25″,纬度为 34°45′38″,则该点所在的 1∶1000000 地形图的编号为 I49。　53. √　54. √　55. ×　正确答案:地球上不在同一子午圈上的两点,它们的子午线方向不是平行的,而相交成一个角度,称为子午线收敛角。　56. √　57. ×　正确答案:DCH-2 型红外测距仪反射镜棱镜的反射面镀银,面与面之间互相垂直。　58. ×　正确答案:从某点的磁子午线起,依顺时针方向到目标方向线之间的水平夹角,称为该点的磁方位角。　59. ×　正确答案:《测绘资格证书》的有效期为五年,期满三个月前,由持证单位提请复审。　60. √　61. ×　正确答案:测绘单位自取得《测绘资质证书》之日起,一般两年后方可申请升级。　62. ×　正确答案:QC 的基本要素是 4M1E,即人力(Man)、设备(Machine)、材料(Material)、方法(Method)和环境(Environment)。　63. ×　正确答案:危害识别和风险控制是 HSE 管理核心所在。　64. √　65. ×　正确答案:规范规定,测图比例尺 1∶500,图根点数量 8 个。　66. ×　正确答案:三等导线利用 J₁ 仪器进行观测时,观测测回数为 12 次。　67. √　68. ×　正确答案:导线测量通过测量两个元素来确定控制点坐标。　69. ×　正确答案:规范规定比例尺 1∶500 地形图,附合导线全长为1km。　70.√　71.×　正确答案:对于导线点来说,每幅图埋石点不应少于两个,且应互相通视。　72.√　73.√　74.×　正确答案:用分微尺测微器读数时,上格H_Z是水平度盘和测微器的影像。　75.×　正确答案:单平板玻璃测微器,测微盘与平行玻璃固连,由测微轮操纵使三者绕同轴转动。　76.√　77.×　正确答案:DJ_6型经纬仪比DJ_2型经纬仪精度低。　78.×　正确答案:经纬仪在使用时,如望远镜物镜或目镜上有灰尘,可用软毛刷轻轻刷去。　79.√　80.×　正确答案:双手五指伸直,在前额前交叉,为工作结束指挥手势。　81.×　正确答案:建筑工程施工前,不仅对建筑物地面上的平面控制点的点位进行校核,而且还应实地检测水准点的高程。　82.×　正确答案:高层建筑施工测量,一般建立使用方便、精度较高的施工方格控制网较为实用。　83.√　84.×　正确答案:轴线投测应尽量选在早晨、傍晚、阴天、无风的气候条件下进行,以减少旁折光的影响。　85.×　正确答案:用于旗语信号的红白旗,旗面分上下各一半,一半为红色,一半为白色,长方形小旗。　86.×　正确答案:根据水平角测量原理,水平度盘应安置水平,即竖轴应位于铅垂位置,也是通过照准部水准管轴气泡居中来实现的。　87.√　88.×　正确答案:高程控制网的测量方法有水准测量和电磁波测距三角高程测量。　89.×　正确答案:城市高程控制网的高程系统,应采用国家统一的1956年黄海高程系统或1985年国家高程基准。　90.×　正确答案:1956年黄海高程系统比1985年国家高程基准低0.029m。　91.√　92.×　正确答案:在精密水准仪的检验项目中,包括倾斜螺旋效用正确性和分划值的测定。　93.×　正确答案:水准仪的检校步骤为:圆水准器检校→十字丝横丝检校→水准管平行于视准轴(i角)检校。　94.×　正确答案:检验十字横丝与竖轴垂直时,拨动校正螺丝不能过猛,应按先松后紧的方法。　95.×　正确答案:闭合水准路线可进行观测成果的内部检核。　96.√　97.√　98.×　正确答案:输电线路的测量,可分为踏勘和终勘定位两个阶段。　99.√　100.×　正确答案:铁路初测中的地形测量应尽量以导线点作为测站。　101.×　正确答案:工程测量专业测绘资质甲级要求,必须有测绘专业技术人员40人,其中高级4人,中级12人。　102.×　正确答案:导线点的间距大于500m时,中间应加设转点。　103.√　104.×　正确答案:当原有导线点不能满足施工要求时,应进行导线点加密。　105.×　正确答案:排水沟的沟底纵坡以1%~3%为宜。　106.√　107.×　正确答案:中线测量的主要工作有交点测设、转点测设、转角测设、曲线测设和里程桩测设。　108.√　109.×　正确答案:在道路测设中,当路线由一个方向偏转为另一个方向时,偏转后的方向和偏转前的方向所形成的夹角称为偏角。　110.×　正确答案:线状工程平面控制的最佳形式是导线。　111.×　正确答案:设计路基和地面相交的点称为边桩。　112.×　正确答案:高于地面的路基称为路堤,低于路面的路基称为路堑。　113.√　114.×　正确答案:路线的断面测量是指在路线中线测量之后对中线上各里程桩及曲线主点桩进行的高程测量。　115.√　116.√　117.×　正确答案:道路横断面的测量方法有水准仪法、经纬仪法、花杆皮尺法和钓鱼法等。　118.×　正确答案:根据道路横断面测量成果,对距离和高程应按同一比例尺表示。　119.√　120.×　正确答案:计算跨径对于具有支座的桥梁,是指桥跨结构相邻两个支座中心之间的距离。　121.×　正确答案:桥梁设计中按规定的设计洪水频率计算所得的高水位,称为设计洪水位。　122.√　123.×　正确答案:施工测量贯穿整个建筑物、构筑物的施工过程。　124.×　正确答案:为确保施工顺利进行,测量人员应根据工程的实际情况和现场条件,编制施工测量方案。

125. √　126. ×　正确答案:施工中明确了施工测量的原则,才能使工程稳步实施,减少不必要的返工现象发生。　127. ×　正确答案:三角形的平面形式在高层建筑中最为多见,有的建筑平面直接为正三角形,有的在正三角形的基础上又有变化,从而使用平面形式多种多样。 128. √　129. ×　正确答案:后张法工序较先张法复杂,不需要强大的张拉台座,便于现场施工。　130. ×　正确答案:厂房控制网分为三级。　131. √　132. √　133. ×　正确答案:建造建筑物所用的材料对于放样工作的精度具有很大的影响。　134. ×　正确答案:工业建筑各施工层放样时,对于细部轴线,允许偏差为±2mm。　135. ×　正确答案:椭圆形建筑物在水中或高处放线和检查时操作有困难,可采用经纬仪交会法解决。　136. √　137. ×　正确答案:预制块件的悬臂拼装可根据现场布置和设备条件采用不同的方法来实现,当靠岸边的桥跨不高且可在陆地或便桥上施工时,可采用自行式吊车、门式吊车来拼装。　138. ×　正确答案:在三角测量时,加密控制网的布设一般可采用插网和插点的方法进行。　139. ×　正确答案:当挖方边坡较高时,可根据不同的土质、岩石性质和稳定要求开挖成折线式或台阶式边坡,边沟外侧应设置碎落台,其宽度不宜小于1.0m。　140. √　141. ×　正确答案:里程桩手簿是绘制纵断面图和设计管道时的重要依据。　142. √　143. ×　正确答案:地下管线槽口放线时,开槽宽度是根据管线长度、地形情况、管径大小以及土质情况来计算的。　144. √　145. ×　146. ×　正确答案:顶管施工贯通时,管口错口不得超过3cm。　147. ×　正确答案:建筑物主轴线实量长度和附合测量控制点系统设计长度之差与全长之比不大于1:10000,以保证厂区内外运输线路和管道连接。　148. √　149. ×　正确答案:建筑物放样就是在实地标定出设计建筑物的平面位置或高程。　150. √　151. √　152. √　153. ×　正确答案:公路工程竣工测量的主要内容是中线测量、高程测量、横断面测量等。　154. √　155. ×　正确答案:竣工总平面图是设计总平面图在施工后实际情况的全面反映,故设计总平面图不能完全替代竣工总平面图。　156. ×　正确答案:在地下通道施工中,由于存在着不可避免的测量误差,因此在对向掘进的汇合面上,地下通道中线不能完全吻合,这种偏差称为贯通误差。　157. ×　正确答案：隧道竣工测量的目的之一是为将来运营中维修工程提供测量控制点。　158. √　159. √　160. ×　正确答案:桥梁的竣工测量是在不同阶段进行的。　161. ×　正确答案:在带状地形图测量中,沿路线中心线的测绘详细程度一般要比两边的高。　162. √　163. √　164. ×　正确答案:预制墙式观测点是由混凝土预制成的。　165. √　166. √　167. ×　正确答案:设备基础观测点布设形式有非永久性观测点和永久性观测点。　168. √　169. ×　正确答案:测量放线工应重视建筑识图知识的学习。　170. ×　正确答案:建筑工程中,无论是一幢房屋,或者是一个构造,它都具有长、宽、高三个方向的尺寸,仅用一个投影图,一般只能反映出物体两个方向的大小。　171. √　172. √　173. ×　正确答案:图纸的短边一般不应加长,长边可按规定加长。　174. ×　正确答案:工程制图时,除折断线、波浪线只有细线外,实线、虚线、单点长画线、双点长画线都有粗、中、细三种线之分。　175. ×　正确答案:工程制图时,不可见轮廓线、图例线等用细虚线表示。　176. ×　正确答案:绘图所用的图样比例越大,表示被绘对象越详细、清楚。　177. √　178. ×　正确答案:引出线的文字说明宜注写在水平线的上方,也可注写在水平线的端部。　179. ×　正确答案:对称符号由对称线和两端的两对平行线组成。　180. ×　正确答案:铁路、道路坐标标注位置为其中线或转折点。　181. √　182. ×　正确答案:平面图上定位轴的竖向编号应用大写拉丁字母,其中字母I、O、P不得使用。　183. ×

正确答案:尺寸线应用细实线绘制,应与被注长度平行。　　184.×　正确答案:尺寸单位除标高及总平面以米为单位外,其他必须以毫米为单位。　　185.×　正确答案:在数学三角函数里,圆周长的计算公式为$2\pi R$。　　186.×　正确答案:在直角三角形中,两直角边为3和4,那么斜边长为5。　　187.×　正确答案:已知两点的坐标是(100,0)和(10,0),则两点间的距离为90m。　　188.×　正确答案:根据数学公式,2的5次方为32。　　189.×　正确答案:正十二边形的内角和为1800°。　　190.√　191.√　192.√　193.×　正确答案:计算$\sqrt{12}+3\sqrt{\dfrac{1}{3}}$的值为$3\sqrt{3}$。　　194.√　195.×　正确答案:运用计算器可以进行简单的编程运算。　　196.×　正确答案:fx-3600型程序性计算器按"MODE",再按"4"(屏幕显示DEG)可切换到角度制模式。　　197.×　正确答案:当fx-3600型程序性计算器可以人为设定数值的保留位数。　　198.√　199.√　200.√

中级工理论知识练习题及答案

一、单项选择题(每题 4 个选项,只有 1 个是正确的,将正确的选项号填入括号内)

1. ZAA001　世界测量学是从(　　)世纪初开始发展起来的。
　　A. 16　　　　　　B. 17　　　　　　C. 18　　　　　　D. 19
2. ZAA001　1617 年(　　)测量方法开始应用。
　　A. 水准　　　　　B. 三角　　　　　C. 控制　　　　　D. 地形
3. ZAA001　1683 年(　　)进行了弧度测量,证明地球确是两极略扁的椭球体。
　　A. 法国　　　　　B. 英国　　　　　C. 美国　　　　　D. 德国
4. ZAA002　根据工作平台层面遥感技术可分为地面遥感、航空遥感和(　　)。
　　A. 航天遥感　　　B. 海洋遥感　　　C. 空间遥感　　　D. 远程遥感
5. ZAA002　遥感技术按传感器工作方式可分为主动式遥感和(　　)。
　　A. 开放式遥感　　B. 被动式遥感　　C. 自由式遥感　　D. 运动式遥感
6. ZAA002　遥感技术按工作波段层面区分,可以分为紫外遥感、可见光遥感、红外遥感、微波遥感和(　　)。
　　A. 射线遥感　　　B. 电磁波遥感　　C. 多波段遥感　　D. 长波遥感
7. ZAA003　航空遥感是以飞机、气球等飞行于(　　)中的飞行器作为遥感平台的遥感。
　　A. 太空　　　　　B. 对流层　　　　C. 大气层　　　　D. 平流层
8. ZAA003　1858 年(　　)人 Gaspard Felix Tournachon 乘坐热气球在离地 80m 的高度,拍摄了该国 Bievre 的相片,进行了人类历史上第一次航空摄影,开创了航空遥感的先河。
　　A. 美国　　　　　B. 法国　　　　　C. 英国　　　　　D. 德国
9. ZAA003　航空遥感可以通过连续记录将动态现象用(　　)的形式记录下来,这个特点被广泛地用于洪水、交通、溢油和森林火灾等动态现象的检测。
　　A. 图片　　　　　B. 图像　　　　　C. 传真　　　　　D. 数码
10. ZAA004　地面上两点的直角坐标值之差称为(　　)。
　　A. 坐标增加值　　B. 坐标增量　　　C. 坐标变量　　　D. 坐标减量
11. ZAA004　设 A、B 两点的坐标分别为 $A(x_A,y_A)$,$B(x_B,y_B)$,那么 A 点至 B 点纵坐标增量计算公式为(　　)。
　　A. $\Delta x_{AB}=x_B-x_A$　　B. $\Delta x_{AB}=x_A-x_B$　　C. $\Delta y_{AB}=y_B-y_A$　　D. $\Delta y_{AB}=y_A-y_B$
12. ZAA004　A 点至 B 点与 B 点至 A 点的坐标增量(　　)。
　　A. 值相等　　　　　　　　　　　　B. 值不等
　　C. 值不等,符号相同　　　　　　　D. 绝对值相等,符号相反
13. ZAA005　直线与坐标纵轴所成的锐角称为(　　)。

A. 方位角　　　　B. 象限角　　　　C. 方向角　　　　D. 坐标方位角

14. ZAA005　在平面直角坐标系中,Ⅲ象限的象限角 α、方位角 R 之间的关系为(　　)。
　　A. α=180°−R　　B. α=R　　C. α=180°+R　　D. α=360°−R

15. ZAA005　在平面直角坐标系中,Ⅳ象限的坐标增量(Δx、Δy)符号为(　　)。
　　A. Δx 为负、Δy 为正
　　B. Δx 为正、Δy 为负
　　C. Δx、Δy 均为负
　　D. Δx、Δy 均为正

16. ZAA006　电磁波测距仪是用电磁波运载测距信号测量两点间距离的仪器,采用相位法测距或(　　)法测距。
　　A. 散射　　　　B. 脉冲　　　　C. 震荡　　　　D. 衍射

17. ZAA006　测距精度Ⅰ级的测距仪,其测距中误差 m_D 允许值为(　　)。
　　A. $m_D<5mm$　　B. $m_D<4mm$　　C. $m_D<3mm$　　D. $m_D<2mm$

18. ZAA006　建筑施工测量大多使用测程在(　　)范围的测距仪。
　　A. 1~2km　　B. 2~3km　　C. 3~5km　　D. 4~6km

19. ZAA007　测距仪需专人保管、专人使用,测前应进行检验并配齐(　　)。
　　A. 气压计　　B. 附件　　C. 温度计　　D. 充电器

20. ZAA007　使用测距仪时,对仪器的检视包括:外观检视、检查测距仪各个按钮是否灵活、按说明书检查使用步骤、(　　)。
　　A. 发射功能　　B. 接收功能　　C. 支架是否配套　　D. 通电检查仪器的功能

21. ZAA007　使用测距仪测距时,若测线与高压(35kV)输电线平行时,测线应离高压线(　　)以上,测站不应设在有电磁场影响的范围内。
　　A. 1m　　B. 1.5m　　C. 2m　　D. 2.5m

22. ZAA008　使用测距仪时,应架设仪器与棱镜,利用光学对点器精确对中、整平,将棱镜(　　)仪器方向。
　　A. 背对　　B. 对准　　C. 侧立　　D. 竖立

23. ZAA008　当测距仪无配套的经纬仪时,需量取(　　),读至毫米。
　　A. 仪器高　　B. 反光棱镜高　　C. 觇牌高　　D. 仪器高和反光棱镜高

24. ZAA008　使用测距仪时,在测距的同时读取测站的温度、气压以及经纬仪竖盘读数,直接读至秒,以用于将仪器所测得的(　　),改正为水平距离。
　　A. 长度　　B. 斜距　　C. 平距　　D. 读数

25. ZAA009　测量工作中,常用(　　)来表示直线的方向。
　　A. 象限角　　B. 俯角　　C. 仰角　　D. 方位角

26. ZAA009　直线的方位角是指由标准方向的(　　)起,顺时针方向量到某直线的夹角。
　　A. 南端　　B. 北端　　C. 东端　　D. 西端

27. ZAA009　由于子午线方向的分类缘故,其对应的方位角也分为真方位角、(　　)和坐标方位角。
　　A. 磁方位角　　B. 俯角　　C. 仰角　　D. 方位角

28. ZAA010　象限角是某一目标点的方向线与子午线在(　　)的一端之间所夹的角。
　　A. 较为接近　　B. 远离　　C. 相同　　D. 延长线相交

29. ZAA010 象限角是在各象限内,与坐标纵轴方向(　　)的夹角。
    A. 钝角　　　　　B. 锐角　　　　　C. 直角　　　　　D. 延长线相交

30. ZAA010 象限角和方位角之间的关系为(　　)。
    A. 互为平角　　　B. 互为余角　　　C. 可以相互换算　D. 不可相互换算

31. ZAA011 电子经纬仪电子测角度盘分为编码度盘、光栅度盘和(　　)。
    A. 条码度盘　　　B. 格区式度盘　　C. 分区度盘　　　D. 方格度盘

32. ZAA011 电子经纬仪的光栅度盘测角系统中,通常光栅的刻线宽度与缝隙宽度相同,二者之和称为(　　)。
    A. 栅距　　　　　B. 栅格　　　　　C. 刻度　　　　　D. 分划值

33. ZAA011 电子经纬仪的光电编码度盘测角系统中,有透光和不透光区域,称为黑白区,其组成的分度圈称为(　　)。
    A. 光栅　　　　　B. 刻度盘　　　　C. 分度盘　　　　D. 码道

34. ZAA012 工程规划设计阶段的测量工作是提供(　　),取得的方法是在所建立的控制测量基础上进行地面测图或航空摄影测量。
    A. 工程地形资料　B. 工程平面图　　C. 工程纵断面图　D. 工程横断面图

35. ZAA012 工程运营阶段的测量工作主要有竣工测量、为监视工程安全状况的(　　)与维修养护等。
    A. 施工放样　　　B. 地形测绘　　　C. 控制测量　　　D. 变形观测

36. ZAA012 工程施工建设阶段测量工作是按照设计要求在实地准确地标定建筑物各部分的(　　),作为施工和安装的依据。
    A. 平面位置和高程　　　　　　　　B. 长度和宽度
    C. 经度和纬度　　　　　　　　　　D. 长度和角度

37. ZAA013 测量工作中,一般采用绝对高程,如果测区附近没有国家高程控制点时,可以假设水准面使用(　　)。
    A. 测量高程　　　B. 相对高程　　　C. 大地高程　　　D. 水准高程

38. ZAA013 一个假想的与处于流体静平衡状态的海洋面重合并延伸向大陆且包围整个地球的(　　),称为大地水准面。
    A. 模拟水平面　　B. 球面　　　　　C. 重力等位面　　D. 地球表面

39. ZAA013 实际工作中如无法找到大地水准面,可以采用假定水准面作为高程基准面,地面上一点A,该点到假定水准面的垂直距离为H_A,H_A 称为该点的相对高程或(　　)。
    A. 绝对高程　　　B. 海拔　　　　　C. 假定高程　　　D. 绝对高度

40. ZAA014 进行实用大地测量时,必须事先选定一个(　　),将在该大地控制网中所测的全部数据归算至该坐标系进行数据处理,算得控制网点的坐标。
    A. 独立坐标系　　B. 参考坐标系　　C. 通用坐标系　　D. 国家坐标系

41. ZAA014 对于比例尺小于 1∶10000 的地形图采用(　　)带坐标。
    A. 3°　　　　　　B. 5°　　　　　　C. 1.5°　　　　　D. 6°

42. ZAA014 坐标系统是描述位置的一组数值,一般分为(　　)和二维、三维坐标系统。
    A. 大地坐标系统　B. 地球坐标系统　C. 全球坐标系统　D. 卫星坐标系统

43. ZAA015　通过一点的大地子午面与首子午面所夹的二面角称为该点的大地经度,用( )表示。
    A. B　　　　　B. L　　　　　C. X　　　　　D. Y

44. ZAA015　在半径为( )的圆面积内进行长度的测量工作时,可以不考虑地球曲率的影响。
    A. 10km　　　　B. 50km　　　　C. 100km　　　　D. 200km

45. ZAA015　经度由首子午面向东量为东经,向西量称为西经,其值各由 0°～180°；纬度由赤道面向北量称为北纬,向南量称为南纬,其值各由( )。
    A. 0°～180°　　B. 0°～270°　　C. 0°～360°　　D. 0°～90°

46. ZAA016　四等水准测量采用( )读数法。
    A. 上丝　　　　B. 中丝　　　　C. 下丝　　　　D. 三丝

47. ZAA016　三等水准测量采用( ),进行往返观测。
    A. 上丝读数法　B. 三丝读数法　C. 下丝读数法　D. 中丝读数法

48. ZAA016　水准测量中采用"后—前—前—后"的观测顺序,可以消除或减弱( )的误差影响。
    A. 观测过程中仪器下沉　　　　B. 地球曲率
    C. 视差　　　　　　　　　　　D. 大气折光

49. ZAA017　20 世纪 50 年代,我国地面点大地坐标是通过联测从苏联传入,这些大地点经平差后,其坐标系统定名为( )。
    A. 1954 坐标系　B. 1980 坐标系　C. 1970 坐标系　D. 1990 坐标系

50. ZAA017　1954 北京坐标系,选用的参考椭球面与大地水准面存在着明显的差距,两面差距最大达 69m 之多,因此,( )年全国天文台大地网平差会议决定建立我国自己独立的大地坐标系。
    A. 1981　　　　B. 1983　　　　C. 1978　　　　D. 1975

51. ZAA017　由于早期我国采用 1954 北京坐标系,形成的电子版地形图成果不能完全作废,如需利用时,可以将 1954 北京坐标系转化为( ),将坐标系统一后使用。
    A. 北京坐标系　B. 1980 坐标系　C. 上海坐标系　D. 1990 坐标系

52. ZAA018　自 1980 年起,我国采用 1975 年国际第三推荐值作为参考椭球,并将大地原点定在西安附近( ),由此建立我国新的国家大地坐标系,即 1980 西安坐标系。
    A. 陕西省泾阳县永乐镇　　　　B. 陕西省蓝田县三里镇
    C. 陕西省富平县老庙镇　　　　D. 陕西省三原县西阳镇

53. ZAA018　1980 西安坐标系是参心坐标系,椭球短轴 Z 轴平行于地球质心指向地极原点方向,大地起始子午面平行于( )平均天文台子午面；X 轴在大地起始子午面内与 Z 轴垂直指向经度 0 方向。
    A. 欧洲南方天文台　　　　　　B. 格林尼治天文台
    C. 莫纳克亚山天文台　　　　　D. 巴比伦天文台

54. ZAA018　城市平面控制的坐标在通常情况下,应采用( ),按高斯正形投影六度(或三度)分带;在特殊情况下,可采用独立(假定)坐标系统。

　　A. 1954 北京坐标系或 1980 西安坐标系
　　B. 1980 北京坐标系或 1980 西安坐标系
　　C. 1954 北京坐标系或 1954 西安坐标系
　　D. 1980 北京坐标系或 1954 西安坐标系

55. ZAB001　误差是相对于绝对准确而言的。反映一个量真正大小的绝对准确的数值,称为这一量的( )。

　　A. 原值　　　　B. 绝对值　　　　C. 真值　　　　D. 正确值

56. ZAB001　一个量的近似值与真值的差,称为( )。

　　A. 系统误差　　B. 偶然误差　　　C. 中误差　　　D. 真误差

57. ZAB001　一平面三角形,三个内角观测值分别为:46°55′、92°20′、40°47′,那么真误差为( )。

　　A. 2′　　　　B. 3′　　　　　C. 4′　　　　D. 5′

58. ZAB002　系统误差是由仪器、测量员、测量时的( )等引起的。

　　A. 自然因素影响　B. 外界条件影响　C. 内部条件的影响　D. 人为因素的影响

59. ZAB002　30m 的钢尺其实际长度为 29.99m。用该尺丈量距离时,系统误差为( ),该误差丈量的距离越长,误差越大。

　　A. 0.1m　　　B. 0.2m　　　　C. 0.01m　　　D. 0.02m

60. ZAB002　在相同的观测条件下,对某量进行一系列的观测,观测误差出现在数值大小和符号上均相同,或按一定的规律变化的误差称为( )。

　　A. 系统误差　　B. 偶然误差　　　C. 中误差　　　D. 真误差

61. ZAB003　偶然误差的绝对值不会超过一定的( )。

　　A. 常数值　　　B. 限值　　　　　C. 数值　　　　D. 极值

62. ZAB003　偶然误差绝对值相等的正误差与负误差出现的机会( )。

　　A. 不等　　　　B. 相等　　　　　C. 大致相等　　D. 略大于

63. ZAB003　在相同的观测条件下,对某量进行一系列的观测,出现的符号和数值大小均不一致,且从表面上看单个误差无任何规律性的误差称为( )。

　　A. 中误差　　　B. 偶然误差　　　C. 系统误差　　D. 真误差

64. ZAB004　设标准钢尺的尺长方程式为 $L_{标}=30+0.004+1.25×10^{-5}×30(t-20℃)(m)$,被检定的钢尺,多次丈量标准长度为 29.998m,从而求得被检定钢尺的尺长方程式为( )。

　　A. $L_{检}=30+0.002+1.25×10^{-5}×30(t-20℃)(m)$
　　B. $L_{检}=30+0.006+1.25×10^{-5}×30(t-20℃)(m)$
　　C. $L_{检}=30+0.008+1.25×10^{-5}×30(t-20℃)(m)$
　　D. $L_{检}=30+0.010+1.25×10^{-5}×30(t-20℃)(m)$

65. ZAB004　已知基准线长度为 140.306m,用名义长度为 30m 的钢尺在温度 $t=9℃$ 时,多次丈量基准线长度的平均值为 140.326m，求出钢尺在 $t_0 = 25℃$ 时的尺长改正数，那么该尺的尺长方程式为（　　）。

A. $L_t = 30 + 0.0017 + 1.25 \times 10^{-5} \times 30(t-25℃)$（m）

B. $L_t = 30 - 0.0017 + 1.25 \times 10^{-5} \times 30(t-25℃)$（m）

C. $L_t = 30 + 0.0034 + 1.25 \times 10^{-5} \times 30(t-25℃)$（m）

D. $L_t = 30 + 0.0043 + 1.25 \times 10^{-5} \times 30(t-25℃)$（m）

66. ZAB004 钢尺检定时，需列出尺长方程式，所谓尺长方程式，就是在标准拉力下，30m 钢尺用 100N，50m 钢尺用（　　），钢尺的实长与温度的函数关系式为 $L_t = L_0 + \Delta L + \alpha L_0(t-t_0)$。

　　A. 130N　　　　B. 150N　　　　C. 170N　　　　D. 190N

67. ZAB005 水准测量是利用水平视线测定高差的，当仪器没有精确整平，则倾斜的视线将使标尺读数产生误差，该误差称为（　　）。

　　A. 读数误差　　B. 工具误差　　C. 视线误差　　D. 整平误差

68. ZAB005 有一水准仪，设水准管的分划值为 30″，如果气泡偏离半格（即 $i = 15″$），则当距离为 50m 时，整平误差 $\Delta = 2.4mm$；当距离为 100m 时，整平误差为（　　），因此在读数前，必须使符合水准气泡精确吻合。

　　A. 4.8mm　　　B. 5.2mm　　　C. 1.2mm　　　D. 3.6mm

69. ZAB005 水准测量观测时，估读误差与望远镜放大率和视距长度有关，故各级水准测量所用仪器的望远镜放大率和最大视距都有相应的规定，普通水准测量中，要求望远镜放大率在 20 倍以上，视线长不超过（　　）。

　　A. 100m　　　B. 150m　　　C. 200m　　　D. 250m

70. ZAB006 土建工程在水准测量中常用塔尺。它携带、运输方便，但结合部位容易产生误差，一般用于等外水准测量。国家三、四等水准测量可采用（　　）。

　　A. 钢瓦尺　　B. 精密水准尺　　C. 双面水准尺　　D. 水准标尺

71. ZAB006 在进行水准测量时，为了减小（　　），保证测量精度，每根水准标尺附有一个尺垫，使用时先将尺垫牢固地踏入地下，再将标尺直立在尺垫的半球形顶部。

　　A. 水准三脚架下沉　　　　　　B. 仪器设备下沉
　　C. 测站地面下沉　　　　　　　D. 水准标尺下沉

72. ZAB006 水准测量时，水准尺应扶直，当水准尺倾斜时，其读数总比尺子竖直时的读数大，而且视线越高，水准尺倾斜引起的（　　）越大，所以在高差大、读数大时，应特别注意将尺扶直。

　　A. 读数误差　　B. 视觉误差　　C. 测量误差　　D. 观测误差

73. ZAB007 中误差不同于各个观测值的真误差，它衡量的是（　　）。

　　A. 一组观测精度的指标　　　　B. 真误差
　　C. 一个观测值精度　　　　　　D. 粗差

74. ZAB007 在测量中，观测值中误差的绝对值和观测值的比称为（　　）。

　　A. 规定误差　　B. 中误差　　C. 极限误差　　D. 相对误差

75. ZAB007 城市图根三角网测角中误差的允许值为（　　）。

A. ±15″ B. ±20″ C. ±25″ D. ±30″

76. ZAB008 距离测量中,( )因材质引起的伸缩性小,故一般量距精度比较高,多用于精密基线的丈量。

　　A. 卷尺　　　　B. 钢尺　　　　C. 皮尺　　　　D. 直尺

77. ZAB008 距离测量时,为了防止错误和提高丈量精度,一般需要往返丈量,在符合精度要求时,取往返丈量的平均距离为丈量结果,丈量精度是用相对误差表示的。一般情况下,平坦地区钢尺量距精度应高于( )。

　　A. 1/1000　　B. 1/1500　　C. 1/2000　　D. 1/2500

78. ZAB008 已知 AB 两点的距离为 $25m$,AB 两点的高差为 $15m$,那么 AB 的水平距离是( )。

　　A. 20m　　　B. 24m　　　C. 26m　　　D. 30m

79. ZAB009 用正倒镜投点法测设点位的误差来源是( )。

　　A. 起始点位误差、目标偏心误差、瞄准误差、标定误差
　　B. 仪器架设误差、目标偏心误差、瞄准误差、标定误差
　　C. 仪器架设误差、起始点位误差、目标偏心误差、标定误差
　　D. 仪器架设误差、起始点位误差、目标偏心误差、瞄准误差、标定误差

80. ZAB009 三角高程测量的误差主要来源于四个方面:竖角的测角误差、边长误差、折光系数的误差、( )和目标高的测定误差。

　　A. 仪器高　　　　　　　　　　B. 视觉误差
　　C. 仪器沉降　　　　　　　　　D. 仪器检校后的剩余误差

81. ZAB009 工程测量误差主要来源于四个方面:由安置仪器、瞄准目标和读数所产生误差;仪器检校后的剩余误差;外界条件的影响所产生的误差;( )的误差。

　　A. 观测数据　　B. 起始数据　　C. 数据记录　　D. 计算误差

82. ZAB010 一等水准测量中,前后视距离互差应小于( )。

　　A. 5m　　　　B. 3m　　　　C. 1m　　　　D. 6m

83. ZAB010 四等水准测量中,前后视距累积差应小于( )。

　　A. 20m　　　B. 15m　　　C. 10m　　　D. 6m

84. ZAB010 三等水准测量中,前后视距累积差应小于( )。

　　A. 20m　　　B. 15m　　　C. 10m　　　D. 6m

85. ZAB011 双面尺法水准测量中,同一水准尺黑红面读数差值为一常数( )。

　　A. 4.687 或 4.787　　　　　　B. 4.587 或 4.687
　　C. 4.686 或 4.787　　　　　　D. 4.787 或 4.887

86. ZAB011 双面尺法水准测量中,视距等于下丝读数与上丝读数的差乘以( )。

　　A. 150　　　B. 100　　　C. 200　　　D. 1000

87. ZAB011 精密水准测量在读数前应转动微倾螺旋,使水准器的气泡两个半边影像符合,读数时应一边观察气泡,一边观察读数。上丝读数为 1470mm,下丝读数为 1776mm,视距为( )。

　　A. 30.6m　　B. 15.3m　　C. 61.2m　　D. 31.6m

88. ZAB012 三、四等水准测量中,观测值和重复观测值之差称为( )。

A. 高差　　　　　B. 闭合差　　　　C. 观测值差　　　D. 高程差

89. ZAB012　三等水准测量路线往返测闭合差为(　　)(L为相邻水准点间的距离)。

A. $\pm 12\sqrt{L}$　　　B. $\pm 20\sqrt{L}$　　　C. $\pm 15\sqrt{L}$　　　D. $\pm 10\sqrt{L}$

90. ZAB012　普通水准测量路线往返测闭合差为(　　)(L为相邻水准点间的距离)。

A. $\pm 12\sqrt{L}$　　　B. $\pm 20\sqrt{L}$　　　C. $\pm 15\sqrt{L}$　　　D. $\pm 40\sqrt{L}$

91. ZAB013　对钢尺进行检定改正是由于钢尺上的刻划和注字是表示钢尺(　　)上的长度。

A. 名义　　　　　B. 绝对　　　　　C. 理想　　　　　D. 真实

92. ZAB013　钢尺在检定时,有水平托桩,或沿水平地面丈量,而实际测量时,需悬空丈量,钢尺下垂成链状,此时对所量距离必须进行(　　)。

A. 校正　　　　　B. 改正　　　　　C. 加一常数　　　D. 验证

93. ZAB013　采用往返丈量的方法不能消除(　　),只有加入尺长改正才能消除。

A. 尺长误差　　　B. 定线误差　　　C. 温度误差　　　D. 倾斜误差

94. ZAB014　钢尺测量中,尺长方程式的尺长改正数是在(　　)下的数值。

A. 标准温度　　　B. 标准湿度　　　C. 标准大气压　　D. 标准尺长

95. ZAB014　钢的膨胀系数按 1.25×10^{-3} 计算,即温度每变化1℃时,其影响丈量长度的(　　)。

A. 1/12500　　　 B. 1/8000　　　　C. 1/80000　　　 D. 1/1250

96. ZAB014　假设丈量某段距离D的平均温度为t,那么该段距离的温度改正数D_t为(　　)。

A. $1.25\times 10^{-2}(t-20)\times D$　　　B. $1.25\times 10^{-3}(t-20)\times D$

C. $1.25\times 10^{-4}(t-20)\times D$　　　D. $1.25\times 10^{-5}(t-20)\times D$

97. ZAB015　钢尺量距中的倾斜改正数为(　　)。

A. 恒正值　　　　B. 恒负值　　　　C. 偶数值　　　　D. 奇数值

98. ZAB015　钢尺量距中S为斜距,D为平距,h为两端点的高差,那么其倾斜改正数D_h为(　　)。

A. $h^2/(2D)$　　B. h^2/D　　　C. $-h^2/D$　　　D. $-h^2/(2D)$

99. ZAB015　钢尺量距工具简单,经济实惠,主要适合于(　　)以内近距离测量。

A. 50m　　　　　B. 500m　　　　 C. 200m　　　　 D. 1000m

100. ZAC001　地形图是分幅测绘的,为了保证相邻图幅相互拼接,每幅图的四边均应测出图廓外(　　)。

A. 6mm　　　　　B. 5mm　　　　　C. 4mm　　　　　D. 3mm

101. ZAC001　地形测图时,由于相邻图幅间的施测时间、作业人员、作业方法的不同以及测量和绘图误差的存在,使图边上的地物、地貌往往不会完全吻合,要进行(　　)。

A. 地形图的调整　B. 图边的拼接　　C. 图边的核对　　D. 地形图的修改

102. ZAC001　地形测图时,地形图接边限差如符合要求,两幅图可各调整一半,消除其偏差;如果超限,则应(　　)。

A. 到实地重新测量　　　　　　　　B. 到实地检查纠正
C. 到实地调查　　　　　　　　　　D. 到实地了解情况

103. ZAC002　测量上常用的长度单位有米、厘米、毫米、千米,长度单位还可以用里表示,1里等于(　　)。

A. 500m　　　B. 250m　　　C. 300m　　　D. 400m

104. ZAC002　测量上常用的面积单位有平方米、平方毫米、平方厘米、平方分米,土地面积还可用公顷(hm^2)来表示,那么1hm^2等于(　　)。

A. 100m^2　　　B. 1000m^2　　　C. 10000m^2　　　D. 5000m^2

105. ZAC002　测量上常用的弧度单位符号为rad,测量计算中,有时要将度、分、秒化成弧度,习惯上分别以$ρ°$、$ρ'$、$ρ''$表示(　　)对应的度、分、秒。

A. 4rad　　　B. 3rad　　　C. 2rad　　　D. 1rad

106. ZAC003　地形图修测前,应先了解原图施测质量,收集有关资料,并到实地进行(　　),制定修测方案。

A. 图根控制　　　B. 控制点收集　　　C. 水准控制　　　D. 实地踏勘

107. ZAC003　地形图修测时,以下几种情况中,不需要补设图根控制点再进行补测的是(　　)。

A. 地物变动面积教导或周围地物关系控制不足
B. 修测面积不大时
C. 补测新建的住宅楼群或独立的高大建筑物
D. 修测丘陵、山地及高山的地貌

108. ZAC003　地形图修测时,新测地物与原有地物的间距中误差不得超过图上(　　)。

A. 0.6mm　　　B. 1.0mm　　　C. 2.0mm　　　D. 5.0mm

109. ZAC004　对地形图进行编绘作业时,编绘图的比例尺不应大于(　　)的比例尺。

A. 规定　　　B. 要求　　　C. 实测图　　　D. 甲方要求

110. ZAC004　对地形图进行编绘作业时,原有资料的(　　)应转换成统一格式。

A. 坐标系统　　　B. 数据格式　　　C. 图幅格式　　　D. 高程系统

111. ZAC004　对地形图进行编绘作业时,编绘图的图式应采用(　　)。

A. 现行图式　　　B. 原有图式　　　C. 自定义图式　　　D. 甲方要求图式

112. ZAC005　地形图识读主要是对地物、地貌的判读和(　　)的识读。

A. 点坐标　　　B. 点高程　　　C. 图外注记　　　D. 图幅信息

113. ZAC005　为了正确地应用地形图,首先要能(　　)地形图。

A. 分析　　　B. 研究　　　C. 测绘　　　D. 看懂

114. ZAC005　地形图识读中,对图外注记的识读中不包括(　　)。

A. 地物点坐标高程　　　　　　　　B. 图名
C. 图编号　　　　　　　　　　　　D. 坐标系统

115. ZAC006　在地形图上直接用数字表示的比例尺称为(　　)。

A. 图式比例尺　　　B. 直线比例尺　　　C. 大比例尺　　　D. 数字比例尺

116. ZAC006　比例尺的大小是以(　　)来衡量的。

A. 地物大小　　　B. 比例尺的比值　　　C. 地貌的粗略程度　　　D. 比例尺的精度

117. ZAC006　根据比例尺的大小可将地形图分为小比例尺地形图、（　　）和大比例尺地形图。
A. 图式比例尺地形图　　　　　　B. 直线比例尺地形图
C. 数字比例尺地形图　　　　　　D. 中比例尺地形图

118. ZAC007　通常情况下,把图上0.1mm所表示的实地水平长度,称为（　　）。
A. 图式比例尺　　B. 比例尺的准确度　　C. 比例尺的精度　　D. 比例尺误差

119. ZAC007　地形图比例尺分为（　　）和图式比例尺。
A. 中比例尺　　　B. 数字比例尺　　　C. 地形图比例尺　　　D. 大比例尺

120. ZAC007　比例尺为1∶500的地形图,比例尺精度为（　　）。
A. 0.01m　　　B. 0.5m　　　C. 0.1m　　　D. 0.05m

121. ZAC008　"地形图图式"中的符号分为地物符号、地貌符号和（　　）。
A. 地形符号　　B. 铁路符号　　C. 注记符号　　D. 建筑符号

122. ZAC008　地图图式是对地图上（　　）符号的样式、规格、颜色、使用以及地图注记和图廓整饰等所作的统一规定,是测绘标准之一。
A. 地物、地貌　　B. 地形、地貌　　C. 地物、地形　　D. 地形、地物、地貌

123. ZAC008　对测量产品的质量、规格以及测量作业中的技术事项所作的统一规定称为（　　）,它是测绘标准之一。
A. 地图说明　　B. 制图说明　　C. 图例　　D. 测量规范

124. ZAC009　1∶500地形图的基本等高距在山地规定为1m,平地规定为（　　）。
A. 0.5m　　　B. 1m　　　C. 2m　　　D. 2.5m

125. ZAC009　地形图上的等高线,当曲线为等倾斜时可（　　）首曲线。
A. 加绘　　　B. 不绘　　　C. 重新展绘　　　D. 在室内插绘

126. ZAC009　两条相邻等高线间的（　　）称等高距。
A. 距离　　　B. 高差　　　C. 坡度　　　D. 间距

127. ZAC010　等高线一般不重合或相交,只有在绝壁或悬崖处才会重合或相交,此时应使用（　　）表示。
A. 一般地貌符号　　B. 一般坐标符号　　C. 特殊地貌符号　　D. 特殊坐标符号

128. ZAC010　等高线与山脊线、山谷线（　　）。
A. 垂直　　　B. 相交　　　C. 正交　　　D. 斜交

129. ZAC010　在同一幅地形图上,等高距是相同的。等高线平距大表示地面坡度缓;等高线平距小则表示地面坡度陡;等高线平距相等则表示（　　）。
A. 地面坡度平缓　　B. 地面坡度较大　　C. 地面坡度相同　　D. 地面坡度较小

130. ZAC011　地理学中,三北方向包括（　　）、坐标纵线北方向和磁子午线北方向。
A. 假北方向　　　　　　　　　　B. 真子午线北方向
C. 真北方向　　　　　　　　　　D. 坐标横轴北方向

131. ZAC011　地理学中,三北方向标注偏角值时,不仅以（　　）标注图幅的各种偏角值,还需在其后的括号内标注其6000密位制的密位数,以适应军事应用。
A. 冈角度制　　B. 弧度角度制　　C. 十进制角度制　　D. 六十进制角度制

132. ZAC011　地理学中,坐标纵线北方向是高斯投影时投影带的(　　)的方向,也是高斯平面直角坐标系的坐标纵轴线方向。

　　A. 假北方向　　　B. 坐标横轴方向　　　C. 中央子午线　　　D. 磁子午线北方向

133. ZAD001　传统摄影测量学是利用(　　)获取相片。

　　A. 机载雷达　　　B. 遥感　　　C. 光学摄影机　　　D. 相机

134. ZAD001　关于摄影测量学内容叙述错误的是(　　)。

　　A. 首先获取被摄物体的影像　　　B. 研究影像处理方法
　　C. 处理和量测得到的结果　　　D. 主要任务是用于导航

135. ZAD001　摄影测量学是测绘学的分支学科,它的主要任务是用于测绘各种比例尺的地形图、建立(　　),为各种地理信息系和土地信息系统提供基础数据。

　　A. 大地坐标系　　　B. 数字地面模型　　　C. 测区平面图　　　D. 立体图形

136. ZAD002　摄影测量按摄影机平台与被摄目标距离的远近可分为:航天摄影测量、航空摄影测量、地面摄影测量、近景摄影测量和(　　)。

　　A. 远景摄影测量　　　B. 显微摄影测量　　　C. 海洋摄影测量　　　D. 视距摄影测量

137. ZAD002　根据技术处理手段的不同,摄影测量学分为模拟摄影测量、解析摄影测量和(　　)等。

　　A. 数字摄影测量　　　B. 光学摄影测量　　　C. 电子摄影测量　　　D. 红外摄影测量

138. ZAD002　摄影测量分类中的航空摄影测量,应用到公路上时,要结合路线地形起伏和(　　)要求,合理选择镜头焦距。

　　A. 公路用途　　　B. 成图比例　　　C. 成图精度　　　D. 公路等级

139. ZAD003　中国与巴西联合研制和发射的第一颗资源遥感卫星是(　　),使摄影测量有了进一步发展。

　　A. SPOT-1　　　B. ERTS-1　　　C. IKONOS-1　　　D. CB-E-RS-1

140. ZAD003　摄影测量发展经过三个阶段,即模拟摄影测量、解析摄影测量和(　　)。

　　A. 地面模型测量　　　B. 数字摄影测量　　　C. 空间摄影测量　　　D. 微观摄影测量

141. ZAD003　摄影测量发展中的解析摄影测量,主要是依据(　　)与相应的地面点的数字关系,借助于计算机用数学解算的方法进行的摄影测量,属于机助作业员操作的模拟数字产品。

　　A. 像片像点　　　B. 像片像素　　　C. 像片的重叠度　　　D. 像片的旋偏角

142. ZAD004　进行航空摄影测量时,根据路线所经地域的地理纬度、气候条件以及(　　)对地形、地物照射产生的阴影倍数,选择最佳的航摄季节和时间。

　　A. 太阳竖直角　　　B. 太阳直射角　　　C. 太阳照射角　　　D. 太阳高度角

143. ZAD004　航空摄影质量要求,平原微丘区阴影应小于(　　)倍。

　　A. 2　　　B. 3　　　C. 4　　　D. 5

144. ZAD004　航空摄影质量要求,地形高差特大或陡峭的山区,航摄时间应控制在(　　)正午前后1h之内。

　　A. 地方时　　　B. 北京时　　　C. 春季　　　D. 夏季

145. ZAD005　利用摄影测量可以绘制和更新各种不同比例尺的地形图和专题图,为各种地理信息系统建立地球表面的（　　）。
　　A. 空间数据库　　B. 数据信息　　C. 地形数据　　D. 地物影像

146. ZAD005　在工业、工程地质、变形观测、考古、文物保护、生物医学等方面的应用很广的是（　　）。
　　A. 远景摄影测量　　B. 显微摄影测量　　C. 近景摄影测量　　D. 航空摄影测量

147. ZAD005　摄影测量由模拟摄影测量、解析摄影测量发展到数字摄影测量时代，已经从传统的测绘产业发展为新兴的（　　）。
　　A. 军事领域　　B. 生物医学领域　　C. 光伏产业　　D. 信息产业

148. ZAD006　航空摄影中航带设计应提交资料之一是航带设计的路线名称、路线总长、航摄分区数，各航摄分区的航带数及航带长，航摄面积和（　　）。
　　A. 摄影像片　　B. 基本像片数　　C. 摄影底片　　D. 分区摄影像片

149. ZAD006　航空摄影测量，航摄单位应提交的资料有航摄实施情况报告书，航摄仪检定数据，航摄成果的移交清单，航摄底片，航摄像片以及（　　）。
　　A. 航摄像片索引图　　　　B. 航摄资料索引图
　　C. 航摄底片索引图　　　　D. 航摄像片数量

150. ZAD006　航空摄影测量内业资料中的像片类应提交控制刺点片、野外调绘片，作业涤纶正片或（　　）。
　　A. 扫描像片数据　　B. 录制像片影像　　C. 复制航摄像片　　D. 整理航摄像片

151. ZAD007　航空摄影测量的综合法是航空摄影测量和（　　）测量相结合的方法。
　　A. 全站仪　　B. 绘图仪　　C. 测距仪　　D. 平板仪

152. ZAD007　航空摄影测量的分工法是按照平面和高程（　　）的原则进行测图的一种方法。
　　A. 同步　　B. 分求　　C. 分解　　D. 合并

153. ZAD007　航空摄影测量的分工法使用的主要仪器是（　　）。
　　A. 立体测量仪　　B. 水准仪　　C. 全站仪　　D. GPS

154. ZAD008　采用地形图数字化方法采集数据时，图纸定向过程中应选择目标清晰、控制范围大的定向控制点，数量应不少于4个，并应选择适量的（　　）进行检查。
　　A. 三角点　　B. 格网交点　　C. 坐标格网　　D. 控制网点

155. ZAD008　对于已有的数字化地形图文件，采集数据要求应检查相应电子文件中各种（　　）表示的方式。
　　A. 图上注记　　B. 地形、地物要素　　C. 图上信息　　D. 图形符号

156. ZAD008　野外实测采集三维数据时，应根据地形类别，采用（　　）采集密度合理的三维数据。
　　A. 选择性采样方式　　　　B. 平均采样的方式
　　C. 集中采样的方式　　　　D. 分散采样的方式

157. ZAD009　地面数据文件的内容中，采样数据文件名宜包含工程名称和（　　）。
　　A. 采样项目号　　B. 采样单位编号　　C. 采样时间　　D. 采用的方法

158. ZAD009　地面数据文件基本说明内容有工程名称、采样范围及其接边关系、平面及高

程坐标系统、比例尺、采样方式及( )。

　　A. 数据来源　　　　B. 数据密度　　　　C. 数据分布　　　　D. 数据特点

159. ZAD009　原始采样数据以( )记录为宜,每一采样单位内的数据应按地形、地物分文件存放。

　　A. ASⅢ码　　　　B. ASCⅢ码　　　　C. ASⅡ码　　　　D. ASCⅡ码

160. ZAD010　数字正射影像的英文缩写是( )。

　　A. DEM　　　　　B. DRG　　　　　　C. DOM　　　　　D. DLG

161. ZAD010　立体像对中同名像点必定位于( )上。

　　A. 同名核线　　　B. 主横线　　　　　C. 等比线　　　　D. 主纵线

162. ZAD010　利用航摄相片制作正射影像,其核心是将中心投影转变为( )。

　　A. 平行投影　　　B. 高斯投影　　　　C. 正摄投影　　　D. 斜距投影

163. ZAD011　公路航空摄影应结合路线沿线的地形起伏情况和成图精度要求,合理选择( )。

　　A. 光圈　　　　　B. 镜头焦距　　　　C. 快门　　　　　D. 物镜

164. ZAD011　在选择航摄仪镜头焦距时,应根据摄区的地形和成图精度要求进行综合考虑,在保证飞机最低安全高度和避免摄影死角的前提下,应尽量选用( )进行航空摄影。

　　A. 长焦距镜头　　　　　　　　　　　B. 高倍摄影镜头
　　C. 分辨率高的摄影镜头　　　　　　　D. 短焦距镜头

165. ZAD011　航摄比例尺分母与成图比例尺分母之比,以( )为宜。

　　A. 1~3　　　　　B. 2~4　　　　　　C. 3~5　　　　　　D. 4~6

166. ZBA001　一般城市平面控制网的布设,应遵从三条原则:整体到局部;分级布网;( )。

　　A. 单独控制　　　B. 全面控制　　　　C. 逐级控制　　　D. 特别控制

167. ZBA001　国家平面控制网的常规布设方法有用于三角测量的三角网和用于( )两种。

　　A. 三边测量的三边网　　　　　　　　B. 导线测量的导线网
　　C. 三角测量的小三角网　　　　　　　D. 导线测量的区域控制网

168. ZBA001　城市平面控制网等级的划分,依次为( )等、一、二级小三角,一、二级小三边或一、二、三级导线。各等级平面控制网,根据城市的规模均可作为首级控制。

　　A. 二、三　　　　B. 三、四　　　　　C. 二、三、四　　　D. 二、三、四、五

169. ZBA002　平面控制测量精度要求规范规定,二等网最弱相邻点边长相对中误差为( )。

　　A. 1/200000　　　B. 1/100000　　　　C. 1/300000　　　　D. 1/500000

170. ZBA002　平面控制测量精度要求规范规定,三等网最弱相邻点边长相对中误差为1/70000;四等网最弱相邻点边长相对中误差为( )。

　　A. 1/50000　　　B. 1/45000　　　　C. 1/40000　　　　D. 1/35000

171. ZBA002　平面控制测量精度要求规范规定:多跨桥梁长 $L \geq 3000m$ 时,测量等级选用

A. 二等　　　　　B. 三等　　　　　C. 四等　　　　　D. 一级

172. ZBA003　油气田工程测量测区平面控制分为(　　)种形式。
A. 3　　　　　　B. 4　　　　　　C. 5　　　　　　D. 6

173. ZBA003　控制面积较小、边长较短、绝对误差小、且大多是独立网和采用独立的坐标的控制网是(　　)。
A. 高等级控制网　B. 平面控制网　C. 独立控制网　D. 工程控制网

174. ZBA003　可采用假定坐标,磁北定向平面控制网指的是(　　)的观测成果。
A. 大面积工程测量平面控制网　　B. 有特殊要求的工程测量平面控制网
C. 无特殊要求的工程测量平面控制网　D. 小面积工程测量平面控制网

175. ZBA004　经纬仪的(　　)垂直于横轴才能使视准面成为平面,为其成为铅垂面奠定基础。
A. 视准轴　　　　B. 水准管轴　　C. 竖轴　　　　　D. 横轴

176. ZBA004　经纬仪检验时,选整平仪器,以盘左状态精确照准一与仪器高度大致相同的远处明显目标 P,读取水平度盘的读数为 $\alpha_{左}$,然后将仪器换为盘右状态,仍精确照准目标 P,读取水平度盘读数 $\alpha_{右}$。若 $\alpha_{左} = \alpha_{右} \pm 180°$,说明(　　)垂直于横轴。
A. 仪器轴　　　　B. 视准轴　　　C. 竖轴　　　　　D. 水准管轴

177. ZBA004　检验视准轴时,当十字丝交点偏向一边时,视准轴与横轴不垂直,视准轴与横轴间的交角与90°的差值,称为(　　),通常用 C 表示。
A. 视准轴误差　　B. 水准管轴误差　C. 竖轴误差　　　D. 横轴误差

178. ZBA005　使用经纬仪时,(　　)垂直于竖轴时,仪器整平后竖轴铅直、横轴水平、视准面为一个铅垂面,否则视准面将成为倾斜面。
A. 视准轴　　　　B. 水准管轴　　C. 仪器轴　　　　D. 横轴

179. ZBA005　光学经纬仪的(　　)是密封的,一般仪器均能保证横轴垂直于竖轴的正确关系,若发现较大的横轴误差,应送仪器检修部门校正。
A. 视准轴　　　　B. 水准管轴　　C. 仪器轴　　　　D. 横轴

180. ZBA005　经纬仪的十字丝竖丝垂直于仪器的(　　)。
A. 视准轴　　　　B. 横轴　　　　C. 仪器轴　　　　D. 水准管轴

181. ZBA006　全站仪可直接测出斜距、水平角和竖直角,可自动计算水平距离、(　　)。
A. 水平角和竖直角　　　　　　　B. 水平角和坐标增量
C. 高差和坐标增量　　　　　　　D. 水平角和高差

182. ZBA006　全站仪是可在同时测量角度、距离后能自动计算坐标及高差的多功能仪器,由(　　)经纬仪、电磁波测距装置、计算机以及记录器等部件组成一体。
A. 电子数字　　　B. 电子　　　　C. 陀螺　　　　　D. 光学

183. ZBA006　全站仪能够在一个测站上完成采集水平角、竖直角、倾斜距离三种基本数据的功能,并由这三种数据通过仪器的(　　),计算出平距、高差、高程及坐标等数据。

A. 主机　　　　　B. 微处理机　　　　C. 显示器　　　　　D. 辅助设备

184. ZBA007　目前,世界上有许多著名的测绘仪器厂生产全站仪,全站仪的类型非常多,但大致可分为普通型和(　　)两类。

　　A. 智能型　　　　B. 电算型　　　　C. 电脑型　　　　　D. 全自动型

185. ZBA007　普通型全站仪可进行(　　)等一般工作。

　　A. 角度、距离、高差、坐标测量及放样
　　B. 角度、距离、高差、坐标测量
　　C. 角度、距离、坐标测量
　　D. 角度、距离、坐标测量、经纬度测量

186. ZBA007　电脑型全站仪是将全站仪与微电脑结合在一起,除具备普通型全站仪的基本功能外,并具有较强的电脑功能,通过(　　),使计算和处理数据的功能更强。

　　A. 内部的微处理机　　　　　　　B. 程序卡上的软件
　　C. 键盘上的功能键　　　　　　　D. 功能键上的测量模式

187. ZBA008　全站仪测角部分相当于(　　),可以测定水平角、竖直角和设置方位角。

　　A. 电子水准仪　　B. 测距仪　　　　C. 电子经纬仪　　　D. 光电测距仪

188. ZBA008　全站仪测距部分相当于(　　),一般采用红外光源,测定至目标点的斜距,并可归算为平距及高差。

　　A. 电子经纬仪　　B. 光电测距仪　　C. 经纬仪　　　　　D. 精密水准仪

189. ZBA008　全站仪中央处理单元接受输入指令,分配各种观测作业,进行测量数据的运算,如多测回取平均值、观测值的各种改正、极坐标法或交会法的坐标计算,它还包括运算功能更加完备的各种软件,在全站仪的数字计算机中还提供有(　　)。

　　A. 数据处理器　　B. 程序存储器　　C. 功能转换器　　　D. 数据显示器

190. ZBA009　全站仪主要特点之一是采用先进的同轴双速制、(　　),使照准更加快捷、准确。

　　A. 微动螺旋　　　B. 智能设备　　　C. 微动机构　　　　D. 内部计算器

191. ZBA009　全站仪主要特点之一是具有完善的人机对话控制面板,由(　　)和显示窗组成,除照准目标以外的各种测量功能和参数均可通过它来实现。

　　A. 键盘　　　　　B. 功能键　　　　C. 存储卡　　　　　D. 副显示窗

192. ZBA009　全站仪主要特点之一是设有双轴倾斜补偿器,可以自动对水平和竖直方向进行补偿,以消除(　　)的影响。

　　A. 横轴倾斜误差　B. 竖轴倾斜误差　C. 视准轴倾斜误差　D. 水准管轴倾斜误差

193. ZBA010　GTS-311全站仪主要技术指标中放大倍数为(　　)。

　　A. 24×　　　　　B. 28×　　　　　C. 30×　　　　　　D. 32×

194. ZBA010　GTS-311全站仪主要技术指标中最短视距为(　　)。

　　A. 1m　　　　　　B. 1.3m　　　　　C. 1.5m　　　　　　D. 2m

195. ZBA010　GTS-311全站仪主要技术指标中自动安平补偿范围为(　　)。

A. ±1′ B. ±2′ C. ±3′ D. ±4′

196. ZBA011 操作全站仪之前的准备工作有安装电池、安置仪器和开机、（   ）。
   A. 对中、整平 B. 打距、测角 C. 设置仪器参数 D. 对准棱镜

197. ZBA011 全站仪坐标测量操作步骤是：选择测量模式与设置棱镜常数→输入仪器高→输入棱镜高→输入站点坐标→输入后视点坐标→设置起始坐标方位角→输入大气温度和气压→（   ）。
   A. 在测点上安棱镜   B. 测量测点坐标
   C. 照准目标点   D. 进入测量坐标模式

198. ZBA011 全站仪放样测量是根据点的（   ），在实地将其标定出来所进行的测量工作。
   A. 方位角和距离   B. 水平角与距离
   C. 经纬度与导线长   D. 设计坐标或控制点的边、角关系

199. ZBA012 若全站仪长水准器的气泡偏离了中心，先用与长水准器平行的脚螺旋进行调整，使气泡向中心移近（   ）。剩余部分用校正针转动水准器校正螺丝进行调整至气泡居中。
   A. 1/3 的偏离量 B. 1/2 的偏离量 C. 2/3 的偏离量 D. 1/4 的偏离量

200. ZBA012 若全站仪圆水准气泡不居中，用校正针或内六角扳手调整气泡下方的校正螺钉使气泡居中。校正时，应先松开（   ）的校正螺钉，后拧其他方向的螺钉使气泡居中。
   A. 气泡偏移方向   B. 气泡偏移方向对面
   C. 气泡偏移方向两边   D. 气泡偏移方向中间

201. ZBA012 全站仪常数检验方法：选一平坦场地在 A 点安置仪器，在同一直线上间隔 50m 定出 B、C 两点，仪器设置了温度与气压数据后，精确测出 AB、BC 的平距，后在 B 点安置仪器，精确测出 BC 的平距，按公式 $K=AC-(AB+BC)$ 应接近零。若 K 值符合（   ），则不需要校正。
   A. $|2K|\leqslant 10mm$ B. $|2K|\leqslant 8mm$ C. $|2K|\leqslant 6mm$ D. $|2K|\leqslant 5mm$

202. ZBA013 钢尺量距导线要求，三级导线方位角闭合差为（   ）。
   A. $\pm 5\sqrt{n}$ B. $\pm 24\sqrt{n}$ C. $\pm 16\sqrt{n}$ D. $\pm 10\sqrt{n}$

203. ZBA013 钢尺量距导线要求，二级导线往返丈量较差的相对中误差为（   ）。
   A. $\dfrac{1}{20000}$ B. $\dfrac{1}{25000}$ C. $\dfrac{1}{15000}$ D. $\dfrac{1}{10000}$

204. ZBA013 钢尺量距导线要求，三级导线长度为（   ）。
   A. 2500m B. 2000m C. 1500m D. 1200m

205. ZBA014 导线复测的内业计算是指根据已知坐标和方位角及导线观测成果，推算各导线点的坐标，并评定（   ）。
   A. 测量成果 B. 测量精度 C. 测量误差 D. 测量数据

206. ZBA014 导线复测内业计算首先应计算（   ）。
   A. 导线的方位角 B. 坐标增量的计算 C. 坐标的计算 D. 导线的角度闭合差

207. ZBA014 导线复测内业计算中,坐标闭合差的计算包括坐标增量计算、坐标增量闭合差的计算和( )。

    A. 坐标增量闭合差的调整   B. 坐标增量的调整

    C. 坐标的调整   D. 坐标的检核

208. ZBA015 导线复测的外业工作中,导线水平角测量应使用不低于 DJ_6 级经纬仪,按( )进行观测。

    A. 方向观测法   B. 测回法   C. 平均法   D. 盘左盘右法

209. ZBA015 导线复测的外业工作中,加密导线点可采用线形三角锁、图根导线和( )等方法。

    A. 直角坐标法   B. 极坐标法   C. 支距法   D. 交会法

210. ZBA015 导线复测的外业工作中,采用钢尺丈量时,导线边长应丈量两次,其较差在限差之内时,应( )。

    A. 取平均值   B. 用较小值   C. 较大值   D. 取算术平均值

211. ZBA016 小三角形网的布设形式中,三角形一个接一个向前延伸的三角锁称为( )。

    A. 多三角锁   B. 单三角锁   C. 线形三角锁   D. 传递三角锁

212. ZBA016 小三角形网的布设形式中,图形是具有同一顶点的各三角形所组成的多边形称为( )。

    A. 同心多边形   B. 集中多边形   C. 中点多边形   D. 多边形

213. ZBA016 线形三角锁是在两个高级控制点之间布设的三角锁,不需要( ),只测三角形内角和两个定向角,就可以计算出各点的坐标。

    A. 丈量基线   B. 测导线长   C. 三角形边长   D. 导线方位角

214. ZBA017 光电测距三角高程测量时,如采用四等测量,测距边长 L 应( )。

    A. $L \leqslant 400m$ B. $L \leqslant 600m$ C. $L \leqslant 500m$ D. $L \leqslant 700m$

215. ZBA017 光电测距三角高程测量施测过程中,宜变换一次仪器和反射镜高度,高度变化值应大于( )。

    A. 5cm   B. 4cm   C. 3cm   D. 2cm

216. ZBA017 用于高程测量的光电测距仪,其垂直度盘测微器行差不得大于( )。

    A. 2.0″   B. 2.5″   C. 3.0″   D. 3.5″

217. ZBA018 三等水准网城市水准测量要求,路线长度 L 应( )。

    A. $L \leqslant 15km$ B. $L \leqslant 45km$ C. $L \leqslant 30km$ D. $L \leqslant 20km$

218. ZBA018 三、四等水准测量除用于国家高程控制网的加密外,还用于建立小地区( )高程控制网。

    A. 一级   B. 二级   C. 首级   D. 专门

219. ZBA018 四等城市水准测量要求往返较差、附合或环线闭合差在平地为( )。

    A. $\pm 12\sqrt{L}$ (mm)   B. $\pm 40\sqrt{L}$ (mm)   C. $\pm 20\sqrt{L}$ (mm)   D. $\pm 60\sqrt{L}$ (mm)

220. ZBA019 在前方交会的检核过程中,一般测量规范中规定的允许最大位移 e 不大于测图比例尺精度的( )倍。

A. 2　　　　　　B. 4　　　　　　C. 5　　　　　　D. 10

221. ZBA019　为了提高前方交会法的点位精度,交会角最好为90°,达不到要求时,一般不应小于30°或大于(　　)。
A. 100°　　　　B. 110°　　　　C. 120°　　　　D. 130°

222. ZBA019　前方交会法放样适用于(　　)。
A. 放样点和控制点较近的场地　　　B. 布设施工方格网的施工场地
C. 放样点离控制点较远　　　　　　D. 小范围放样

223. ZBA020　测角交会的方法有(　　)、侧方交会、单三角形和后方交会。
A. 三角交会　　B. 前方交会　　C. 测距交会　　D. 距离交会

224. ZBA020　侧方交会计算过程中,为了检查观测角和观测成果的正确性,一般采用(　　)检核。
A. 检核中误差法　B. 检查最大位移法　C. 检查边法　D. 检查角法

225. ZBA020　有关侧方交会检核说法错误的是(　　)。
A. 如果 Δe 过大,则说明有错误($\Delta e = e_{计} - e_{观}$)
B. 规范规定允许的最大横向位移不大于测图比例尺精度的2倍
C. 通过检查横向位移来检查角是否超限,这种方法能够发现比较全面
D. 如果 $\Delta e \leq \Delta e_{允}$ 即可认为得到的坐标为合格

226. ZBA021　单三角形的图形和(　　)的图形基本一致。
A. 测角交会　　B. 前方交会　　C. 侧方交会　　D. 后方交会

227. ZBA021　单三角形和前方交会的不同之处在于(　　)。
A. 单三角形观测中多了个观测角　　B. 单三角形观测中多了个观测边
C. 单三角形存在角度闭合差　　　　D. 单三角形误差大

228. ZBA021　为了消除单三角形的闭合差,必须将闭合差(　　),以作为各个观测角的改正值。
A. 同号等比分配　B. 同号平均分配　C. 反号平均分配　D. 反号等比分配

229. ZBA022　后方交会是在(　　)上设站。
A. 未知点　　　B. 已知点　　　C. 控制点　　　D. 高程点

230. ZBA022　计算后方交会点坐标的公式很多,一般采用(　　)计算后方交会。
A. 危险圆　　　B. 三角函数　　C. 戎格公式　　D. 高程点

231. ZBA022　当未知点位于危险圆上时,其计算结果为(　　)。
A. 零　　　　　B. 正解　　　　C. 负值　　　　D. 无确定解

232. ZBA023　距离交会是在已知点或待定点上设站,用(　　)测定已知点和待定点之间的距离,来确定待定点的坐标。
A. 经纬仪　　　B. 水准仪　　　C. 电磁波测距仪　D. 钢尺

233. ZBA023　距离交会计算方法有(　　)和利用观测边直接计算坐标。
A. 根据危险圆法计算坐标　　　　　B. 根据观测边反求角度计算坐标
C. 根据观测边和观测角计算坐标　　D. 三角函数计算坐标

234. ZBA023　利用距离交会来计算待定点坐标时,为了检核和提高交会精度,一般要用

( )个已知点向未知点测定边长。
A. 3　　　　　　B. 2　　　　　　C. 1　　　　　　D. 4

235. ZBB001　若干条单一水准路线相互连接构成的网状水准路线称为( )。
A. 水准网　　　B. 高程网　　　C. 边角网　　　D. 控制网

236. ZBB001　工程高程测量,一般采用( )。小测区联测有困难时,亦可用假定高程。
A. 青岛高程系统　B. 吴淞高程系统　C. 黄海高程系统　D. 渤海高程系统

237. ZBB001　各等级路线高程控制网最弱点高程中误差不得大于±25mm,用于跨越水域和深谷的大桥、特大桥的高程控制网最弱点高程中误差不得大于( )。
A. ±20mm　　　B. ±15mm　　　C. ±10mm　　　D. ±5mm

238. ZBB002　城市各等级平面控制点的高程,在平坦地区用四等水准施测,在山区及位于高建筑物上的控制点可采用( )测量方法测定其高程。
A. 三等水准　　B. 四等水准　　C. 等外水准　　D. 三角高程

239. ZBB002　多跨桥梁总长 1000m≤L<3000m 时,选用的高程控制测量等级为( )。
A. 二等水准　　B. 三等水准　　C. 四等水准　　D. 五等水准

240. ZBB002　施工高架桥、高速路、一级公路时,多跨桥梁总长 L<1000m 时,选用的高程控制测量等级为( )。
A. 二等水准　　B. 三等水准　　C. 四等水准　　D. 五等水准

241. ZBB003　水准网平差是消除水准网中由于( )使各观测结果间产生矛盾所进行的测量平差。
A. 重复观测　　B. 往返观测　　C. 随机观测　　D. 多余观测

242. ZBB003　公路桥梁单孔跨径 L_K 为( )范围时,为小桥。
A. 20m≤L_K<40m　B. 15m≤L_K<30m　C. 10m≤L_K<20m　D. 5m≤L_K<20m

243. ZBB003　单跨桥梁长 150m≤L_K<500m 时,选用的高程控制测量等级为( )。
A. 五等水准　　B. 四等水准　　C. 三等水准　　D. 二等水准

244. ZBB004　精密水准仪 DS_1,"S"和"D"分别为水准仪和大地测量的汉语拼音的第一个字母,1是指水准仪每千米水准测量高差中数的( )。
A. 偶然中误差　B. 系统中误差　C. 相对中误差　D. 高程中误差

245. ZBB004　精密水准仪主要用在三方面:一等水准测量;二等水准测量;( )。
A. 四等水准测量　　　　　　　B. 图根水准测量
C. 高精密的工程测量　　　　　D. 三等水准测量

246. ZBB004　严密平差一般分为( )种平差方法。
A. 1　　　　　　B. 2　　　　　　C. 3　　　　　　D. 4

247. ZBB005　在高程控制测量时,各测站高差数字取位为( )。
A. 0.2mm　　　B. 0.1mm　　　C. 2mm　　　　D. 1mm

248. ZBB005　在高程控制测量时,往返测距离总和数字取位为( )。
A. 0.01km　　　B. 0.001km　　C. 0.1km　　　D. 1km

249. ZBB005　在高程控制测量时,往返测高差总和数字取位为( )。
A. 1mm　　　　B. 0.1mm　　　C. 0.01mm　　　D. 0.001mm

250. ZBB006　公路工程施工时,高程控制点应(　　)布设。
　　A. 按公路占地面积　B. 按公路等级　　C. 沿公路路线　　D. 按地形变化情况

251. ZBB006　高程控制点距路线中心的距离应大于50m,宜小于(　　),相邻控制点之间的间距以1~1.5km为宜。
　　A. 200m　　　　　B. 300m　　　　C. 400m　　　　D. 500m

252. ZBB006　工程测量中,高程控制网的布设,首级网应布设(　　)网、加密时宜布设附合路线或结点网。
　　A. 附合　　　　　B. 结点　　　　C. 环形　　　　D. 闭合

253. ZBB007　高程控制测量时,水准仪视准轴与水准管轴的夹角i,在作业开始的第一周内应每天测定一次,i角稳定后可每隔(　　)测定一次,其值不得大于20"。
　　A. 5天　　　　　B. 10天　　　　C. 15天　　　　D. 20天

254. ZBB007　高程控制测量时,如采用二等水准测量,水准观测的方法有中丝读数法、(　　)两种。
　　A. 前后尺读数法　B. 改变仪器高法　C. 光学测微法　D. 精密仪器法

255. ZBB007　高程控制测量中间休息时应设定2个以上的间歇点,重新开始测量前应检测2个间歇点之间的高差,高差之差应小于(　　),否则应从上一个固定点开始测量。
　　A. 基辅面高差较差　　　　　　B. 基辅面读数差
　　C. 基辅面高差　　　　　　　　D. 前后视较差

256. ZBB008　GPS高程控制测量时,高程异常变化平缓的地区可使用(　　)施测高程控制测量,数据采集应采用静态相对定位方法,时间应大于相应等级的平面测量所需的时间。
　　A. 全站仪观测方法　　　　　　B. 精密水准仪观测方法
　　C. GPS观测方法　　　　　　　D. 增加测站的观测方法

257. ZBB008　GPS高程控制测量时,当采用拟合的方法求解高程值时,应在测区周围和测区内联测高一级的水准点。平原区,联测的水准点不宜少于6个点;丘陵或山地不宜少于(　　)点。
　　A. 15个　　　　　B. 12个　　　　C. 10个　　　　D. 8个

258. ZBB008　在平原、微丘区采用三等水准进行GPS高程控制测量,根据求得的GPS点之间的正常高程差,在已知点间组成附合或闭合高程导线,其闭合差应(　　)。
　　A. $\leq 4\sqrt{L}$(mm)　B. $\leq 12\sqrt{L}$(mm)　C. $\leq 20\sqrt{L}$(mm)　D. $\leq 30\sqrt{L}$(mm)

259. ZBB009　三、四等水准测量的工作程序不包括(　　)。
　　A. 水准路线的图上设计　　　　B. 标石的埋设
　　C. 成果表的编制及资料整理　　D. 造标

260. ZBB009　四等水准测量如采用单面尺时,其观测顺序为(　　)。
　　A. 前→后→变更仪器高→前→后　　B. 后→前→变更仪器高→前→后
　　C. 后→前→变更仪器高→后→前　　D. 前→后→变更仪器高→后→前

261. ZBB009　四等水准测量每千米的高差中误差不应超过(　　)。

A. 6mm　　　　B. 8mm　　　　C. 10mm　　　　D. 20mm

262. ZBB010　城市各等级平面控制点的高程,在平坦地区用四等水准施测,在山区及位于高建筑物上的控制点可采用(　　)测量方法测定其高程。

A. 三等水准　　B. 四等水准　　C. 等外水准　　D. 三角高程

263. ZBB010　三角高程测量过程中必须考虑地球弯曲和(　　)的影响。

A. 大气压　　B. 温度　　C. 大气折光　　D. 风速

264. ZBB010　假设 A、B 两点距离不太远,不考虑地球弯曲和大气折光的影响,在 A 点架设仪器,B 点竖立觇标,观测竖直角 α,仪器高为 i,觇标高为 t,A、B 两点间距离 D,那么 H_B 的计算公式为(　　)。

A. $H_B = H_A + D \times \tan\alpha + i - t$　　　　B. $H_B = D \times \tan\alpha + t - i$

C. $H_B = D \times \tan\alpha + i - t$　　　　D. $H_B = H_A + D \times \tan\alpha + t - i$

265. ZBB011　在一点设站向另一点观测竖直角,和其间的距离,就可以求得这两点之间的高差,这种方法称为(　　)。

A. 竖角高程测量　B. 三角高程测量　C. 间接高程测量　D. 直接高程测量

266. ZBB011　在三角高程测量中,竖直角的观测方法有中丝法和(　　)两种。

A. 左盘观测法　　B. 右盘观测法　　C. 三丝法　　D. 正倒镜法

267. ZBB011　三角高程测量竖角观测法中的中丝法,是以望远镜十字丝的(　　)瞄准目标。

A. 下横丝　　B. 上横丝　　C. 竖丝　　D. 中横丝

268. ZBC001　单圆曲线中,交点至圆直点的距离称为(　　)。

A. 曲线长　　B. 外距　　C. 切线长　　D. 弦长

269. ZBC001　单圆曲线中,切线长的计算公式为(　　)。

A. $T = R\tan\alpha$　　B. $T = R\tan(\alpha/2)$　　C. $T = R\tan(\alpha^2)$　　D. $T = (R/2) \cdot \tan\alpha$

270. ZBC001　已知一圆曲线,测得转角为右偏 $25°48'$,圆曲线半径 $R = 300$m,那么该曲线的切线长为(　　)。

A. 145.03m　　B. 68.71m　　C. 130.57m　　D. 34.35m

271. ZBC002　由两个方向(　　)的圆曲线衔接而成的曲线,称为反曲线。

A. 相同　　B. 相反　　C. 平行　　D. 相交

272. ZBC002　单圆曲线中,曲线长的计算公式为(　　)。

A. $L = R\alpha(\pi/2)$　　B. $L = R\alpha(\pi/180°)$　　C. $L = R\alpha(\pi/4)$　　D. $L = R\alpha(\pi/360°)$

273. ZBC002　已知一圆曲线,测得转角为右偏 $25°48'$,圆曲线半径 $R = 300$m,那么该曲线的曲线长为(　　)。

A. 137.42m　　B. 165.80m　　C. 135.09m　　D. 67.55m

274. ZBC003　圆曲线上各点的曲率半径(　　)。

A. 完全不相等　　　　　　　　B. 不完全相等

C. 完全相等　　　　　　　　　D. 按连接形式不同而不同

275. ZBC003　曲线测设中,常用的方法有(　　)。

A. 偏角法、割线法及极坐标法　　B. 偏角法、弦线支距法及极坐标法

C. 偏角法、切线支距法及极坐标法　　　　D. 偏角法、弦线偏距法及极坐标法

276. ZBC003　已知一圆曲线带缓和曲线，交点里程为 JD，测得缓和曲线切线长为 T_H，缓和曲线总长度为 l_s，那么该曲线的直缓点计算公式为(　　)。
A. $ZH=JD+T_H$　　B. $ZH=JD-T_H$　　C. $ZH=JD-l_s$　　D. $ZH=JD+l_s$

277. ZBC004　缓和曲线的起点为 ZH 点，终点为(　　)。
A. ZY 点　　　　B. QZ 点　　　　C. YH 点　　　　D. HY 点

278. ZBC004　缓和曲线的参数表达式为 $\rho \cdot L_P = l_s \cdot R = C$，公式中 l_s 代表从缓和曲线上曲率为零的点至曲率为 $1/R$ 点沿(　　)的长度。
A. 圆曲线　　　　B. 缓和曲线　　　　C. 回旋线　　　　D. 切线

279. ZBC004　已知缓和曲线，交点里程为 JD，直缓点为 ZH，测得缓和曲线切线长为 T_H，缓和曲线总长度为 l_s，那么该曲线的缓圆点计算公式为(　　)。
A. $HY=ZH+T_H$　　B. $HY=ZH-T_H$　　C. $HY=ZH+l_s$　　D. $HY=JD+l_s$

280. ZBC005　道路转折点的偏角大于(　　)时，应测设平曲线。
A. 3°　　　　B. 5°　　　　C. 10°　　　　D. 15°

281. ZBC005　切线支距法是以直缓点 ZH 或缓直点 HZ 为坐标原点，以切线为 x 轴，过原点的半径为 y 轴，利用缓和曲线和圆曲线上各点的 x、y 坐标测设曲线，在缓和曲线范围内曲线上各点 x 轴上坐标公式为(　　)。
A. $x=L-(L^5/40R^2 \cdot l_s)$　　　　B. $x=L-(L^5/40R \cdot l_s^2)$
C. $x=L-(L^5/40R^2 \cdot l_s^2)$　　　　D. $x=L-(L^5/40R \cdot l_s)$

282. ZBC005　已知缓和曲线，交点里程为 JD，直缓点为 ZH，缓圆点为 HY，圆曲线长为 L_Y，缓和曲线总长度为 l_s，那么该曲线的圆缓点计算公式为(　　)。
A. $YH=ZH+L_Y$　　B. $YH=HY+L_Y$　　C. $YH=ZH+l_s$　　D. $YH=HY+l_s$

283. ZBC006　在圆曲线的曲线要素计算公式中，切曲差 q 等于(　　)。
A. $2T-L$　　　　B. $2L-T$　　　　C. $2T+L$　　　　D. $2L+T$

284. ZBC006　缓和曲线上 x 值表示的是以缓和曲线上曲率为零的点为坐标原点，且以通过该点的切线作为 x 轴时，(　　)上某点所对应的横坐标。
A. 圆曲线　　　　B. 缓和曲线　　　　C. 切线　　　　D. 回旋线

285. ZBC006　缓和曲线多用于当由实地地形地物条件所选的(　　)较小时，具有线形缓和、行车缓和、超高加宽缓和的作用。
A. 圆曲线切线长　　B. 圆曲线外矩　　C. 圆曲线半径　　D. 圆曲线曲线长

286. ZBC007　测设圆曲线时，采用(　　)测设时，精度相对较高。
A. 切线支矩法　　B. 偏角法　　　　C. 弦线支距法　　D. 极坐标法

287. ZBC007　缓和曲线上任一点的偏角，与该点至缓和曲线起点的(　　)成正比。
A. 曲线长　　　　B. 曲线长的平方　　C. 切线长　　　　D. 切线长的平方

288. ZBC007　已知圆曲线，交点里程为 JD，各桩到 ZY 或 YZ 的曲线长度为 l_i，那么该曲线的偏角 Δ_i 的计算公式为(　　)。
A. $\Delta_i = l_i \cdot 180°/(R \cdot \pi)$　　　　B. $\Delta_i = l_i \cdot 360°/(R \cdot \pi)$
C. $\Delta_i = l_i \cdot 90°/(R \cdot \pi)$　　　　D. $\Delta_i = l_i^2/(6R)$

289. ZBC008 填方路基称为路堤,平坦地段一路堤,路基设计宽度为 B,填方高度为 h,边坡坡度为 $1:m$,那么路堤边桩至路基中心的距离 D 为( )。

    A. $D=B/2-mh$ B. $D=B/2+mh$ C. $D=B+mh$ D. $D=B-mh$

290. ZBC008 挖方路基为路堑,平坦地段一路堑,路基设计宽度为 B,挖方深度为 h,路堑边沟顶宽 S,边坡坡度为 $1:m$,那么路堑边桩至路基中心的距离 D 为( )。

    A. $D=B/2+S+mh$ B. $D=B/2-S-mh$ C. $D=B+S+mh$ D. $D=B-S-mh$

291. ZBC008 斜坡地段一路堤,路基设计宽度为 B,路基中心桩处填方高度为 $h_中$,斜坡上、下侧边桩与中心桩的高差分别为 $h_上$、$h_下$,边度坡坡度为 $1:m$,那么斜坡下侧路堤边桩至路基中心的距离 $D_下$ 为( )。

    A. $D_下=B/2-m(h_中+h_下)$ B. $D_下=B-m(h_中+h_下)$

    C. $D_下=B/2+m(h_中+h_下)$ D. $D_下=B+m(h_中+h_下)$

292. ZBC009 在山岭重丘区进行基平测量时,每隔( )设置一个水准点。

    A. 1.5~2km   B. 1~1.5km   C. 0.5~1km   D. 2~2.5km

293. ZBC009 在平原微丘区进行基平测量时,每隔( )设置一个水准点。

    A. 0.5~1km   B. 1~2km   C. 2~3km   D. 3~4km

294. ZBC009 基平测量应使用不低于( ),采用一组往返或两组单程在两水准点之间进行观测。

    A. DS_2 水准仪   B. DS_3 水准仪   C. DJ_2 经纬仪   D. DJ_6 经纬仪

295. ZBC010 中平测量一般是以( )为一测段,从一个水准点开始,逐个测定中桩的地面高程,直至闭合于下一个水准点上。

    A. 两水准点间   B. 路线起终点间   C. 两相邻水准点间   D. 1km 路线长度

296. ZBC010 中平测量时,在每一个测站上,应尽量多地观测中桩,还需要在一定距离内设置( )。

    A. 交点   B. 转点   C. 折点   D. 水准点

297. ZBC010 中平测量时,在测站上应( )。

    A. 先观测中间点,后观测转点   B. 先观测水准点后观测转点

    C. 先观测转点,后观测中间点   D. 先观测水准点,再观测中间点

298. ZBC011 竖曲线是指在路线( ),为了行车的平稳和视距的要求而设置的。

    A. 地形变化较大时   B. 路线转弯处

    C. 纵坡变更处   D. 纵坡较大时

299. ZBC011 竖曲线有凸形和凹形两种,一般采用( )。

    A. 回旋线   B. 二次抛物线   C. 抛物线   D. 双曲线

300. ZBC011 有一凸形竖曲线,半径 $R=3000$m,$i_1=+3\%$,$i_2=+1\%$,该竖曲线长度为( )。

    A. 120m   B. 60m   C. 30m   D. 40m

301. ZBC012 有一凹形竖曲线半径为 R,两相邻纵坡坡度为 i_1、i_2,该凹形竖曲线长 L 计算公式为( )。

    A. $L=R(i_1-i_2)$ B. $L=R/2(i_1+i_2)$ C. $L=R(i_1+i_2)$ D. $L=R/2(i_1-i_2)$

302. ZBC012 有一凹形竖曲线半径为 R,曲线上任一点 P 距切线的纵距 y 的计算公式为:

$y=x^2/2R$,式中 x 代表(　　)。

A. 点 P 至竖曲线起点或终点距离

B. 点 P 至竖曲线起点或终点的水平距离

C. 点 P 至竖曲线起点或终点的垂直距离

D. 点 P 至竖曲线起点或终点的曲线长

303. ZBC012　一竖曲线,两相邻纵坡坡度分别为 i_1、i_2,则该竖曲线切线长公式为(　　)。

A. $T=R(i_1-i_2)$　　B. $T=R/2(i_1+i_2)$　　C. $T=R(i_1+i_2)$　　D. $T=R/2(i_1-i_2)$

304. ZBC013　有一斜交平面交叉口,交角 $\alpha=78°/102°$,已知锐角一侧半径 $R=6\text{m}$,则另一侧转弯半径为(　　)。

A. 12m　　　　B. 9m　　　　C. 15m　　　　D. 7m

305. ZBC013　城市主干路平面交叉口转弯半径应为(　　)。

A. 10~20m　　B. 15~20m　　C. 20~30m　　D. 30~40m

306. ZBC013　有消防功能的道路,平面交叉口转弯半径最小应为(　　)。

A. 6m　　　　B. 9m　　　　C. 12m　　　　D. 15m

307. ZBC014　路线里程桩分为整桩和(　　)两种。

A. 分桩　　　B. 加桩　　　C. 直线桩　　D. 千米桩

308. ZBC014　路线里程桩中,整桩是按规定每隔20m、(　　),桩号为整数设置的里程桩。

A. 15m　　　B. 100m　　　C. 25m　　　D. 50m

309. ZBC014　定桩时,对起控制作用的交点、转点、曲线主要桩,桥位桩,均应钉设正桩和(　　)。

A. 分桩　　　B. 标志桩　　C. 直线桩　　D. 千米桩

310. ZBC015　圆曲线又称为(　　)。

A. 公路曲线　B. 整合曲线　C. 单圆曲线　D. 附合曲线

311. ZBC015　圆曲线的测设一般分为两步,先测设曲线的主点,包括曲线的(　　)。

A. 起点、中点、终点　　　　　　B. 起点、终点

C. 起点、交点、终点　　　　　　D. 起点、转点、终点

312. ZBC015　圆曲线主点对整条曲线起着(　　),其测设的正确与否,直接影响曲线的详细测设。

A. 主点作用　B. 整合作用　C. 关键作用　D. 控制作用

313. ZBC016　圆曲线详细测设的方法很多,归纳起来有两种,即直角坐标法和(　　),偶尔也可用距离交会法。

A. 空间坐标法　B. 极坐标法　C. 三维坐标法　D. 三角网法

314. ZBC016　圆曲线要素中不包括(　　)。

A. 半径 R　　B. 里程 Z　　C. 转角 α　　D. 切线长 T

315. ZBC016　圆曲线的半径 R 以及转角 α 均为已知数据,切线长 T 的计算公式为(　　)。

A. $R\cdot\tan(\alpha/2)$　B. $R\cdot\tan\alpha$　C. $R\cdot\alpha\cdot(\pi/180°)$　D. $R\cdot[\sec(\alpha/2)-1]$

316. ZBC017　以曲线起点(ZY)或曲线终点(YZ)为原点,以两端切线为 x 轴,过原点的曲线半径为 y 轴,建立坐标系测设曲线的方法称(　　)。

A. 切线支距法　　　B. 极坐标法　　　C. 前方交会法　　　D. 后方交会法

317. ZBC017　切线支距法适用于开阔的平坦地区,且有测点误差(　　)的特点。

　　A. 无相关性　　　B. 独立　　　　　C. 累积　　　　　D. 不累积

318. ZBC017　用切线支距法测设圆曲线要素时,为了避免支距过长,一般采用由 ZY 点和 YZ 点向(　　)施测。

　　A. ZZ 点　　　　B. ZY 点　　　　C. QZ 点　　　　D. ZD 点

319. ZBC018　设 JD 里程为 K14+982.40,圆曲线元素为:$T=32.55m$, $L=62.47m$, $E=5.71m$, $D=2.63m$,则曲线要素点 ZY 里程为(　　)。

　　A. K14+949.85　　B. K15+012.32　　C. K14+981.09　　D. K14+985.03

320. ZBC018　将仪器置放于交点 JD 上以路线方向定向,自 JD 起沿两边切线方向分别量取切线长 T,即得曲线(　　)。

　　A. 起点 ZY　　　　　　　　　　　　B. 终点 YZ
　　C. 起点 ZY 或终点 YZ　　　　　　　D. 中点 QZ

321. ZBC018　设 JD 里程为 K4+982.40,圆曲线元素为:$T=32.55m$, $L=62.47m$, $E=5.71m$, $D=2.63m$,则曲线要素点 ZY 里程为(　　)。

　　A. K4+985.03　　B. K5+012.32　　C. K4+981.09　　D. K4+949.85

322. ZBC019　在计算圆曲线要素的里程时,一般用 YZ 来表示(　　)。

　　A. 曲中点　　　　B. 直圆点　　　　C. 圆直点　　　　D. 交点

323. ZBC019　设 JD 里程为 K14+982.40,圆曲线元素为:$T=32.55m$, $L=62.47m$, $E=5.71m$, $D=2.63m$,则曲线要素点 YZ 里程为(　　)。

　　A. K14+949.85　　B. K15+012.32　　C. K14+981.09　　D. K14+985.03

324. ZBC019　圆曲线半径 $R=500m$,转角 $\alpha=50°$,如放样该曲线的 YZ 点,需计算曲线长和切线长,经计算切线长 $T=233.15m$,曲线长为(　　)。

　　A. 466.30m　　　B. 436.33m　　　C. 453.62m　　　D. 471.83m

325. ZBC020　设 JD 里程为 K14+982.40,圆曲线元素为:$T=32.55m$, $L=62.47m$, $E=5.71m$, $D=2.63m$,则曲线要素点 QZ 里程为(　　)。

　　A. K14+949.85　　B. K15+012.32　　C. K14+981.09　　D. K14+985.03

326. ZBC020　测设圆曲线元素时,将仪器放置在交点 JD 上,后视 ZY,拨角(　　)得分角线方向,量出外矢距 E 即得曲线中点 QZ。

　　A. $180°-(\alpha/2)$　　B. $(180°-\alpha)/2$　　C. $180°-\alpha$　　D. $180°+\alpha$

327. ZBC020　测设圆曲线元素时,将仪器放置在交点 JD 上,后视 ZY,拨角得分角线方向后,量出(　　)即得曲线中点 QZ。

　　A. 外矢距　　　　B. 曲线长的一半　　　C. 切线长　　　　D. 切曲差

328. ZBC021　圆曲线的半径 R 以及转角 α 均为已知数据,外矢距 E 的计算公式为(　　)。

　　A. $R \cdot \tan(\alpha/2)$　　　　　　　　B. $R \cdot \tan\alpha$
　　C. $R \cdot \alpha \cdot (\pi/180°)$　　　　　　D. $R \cdot [\sec(\alpha/2)-1]$

329. ZBC021　圆曲线半径 $R=300m$,转角 $\alpha=25°48'$,那么该曲线的外矢距为(　　)。

　　A. 2.33m　　　　B. 2.18m　　　　C. 2.24m　　　　D. 2.67m

330. ZBC021　圆曲线要素中,切线长 T 和外矢距 E 主要用于(　　)。
　　A. 里程计算　　　B. 主点设置　　　C. 辅点设置　　　D. JD 点里程计算
331. ZBC022　圆曲线的半径 R 以及转角 α 均为已知数据,切曲差 D 的计算公式为(　　)。
　　A. $D=2T-L$　　B. $D=2T+L$　　C. $D=T-L$　　D. $D=T+L$
332. ZBC022　设 JD 里程为 K14+982.40,圆曲线元素为:$T=32.55m$, $L=62.47m$, $E=5.71m$,则曲线要素切曲差 D 为(　　)。
　　A. −29.92　　　B. 29.92　　　C. 5.71　　　D. 2.63
333. ZBC022　圆曲线主点的里程是根据(　　)推算出来的。
　　A. QZ 点的里程　B. 交点 JD 的里程　C. ZY 点的里程　D. YZ 点的里程
334. ZBC023　按着模板的装拆方法分类,可分为零拼式模板、分片装拆式模板和(　　)。
　　A. 组装式模板　B. 张拉式模板　C. 索模式模板　D. 整体装拆式模板
335. ZBC023　芯模是形成空心所必需的特殊模板,其(　　)直接影响到制作是否简便经济、装拆是否方便、周转率是否高的问题。
　　A. 整体形状　　B. 制作材料　　C. 结构形式　　D. 体积大小
336. ZBC023　将钢模板中的钢制壳板换成水平拼装木壳板,用埋头螺栓连接在(　　)上,在木壳板上再钉一层薄铁皮,这样就做成钢木结合模板,这种模板成本低,而且有较大的刚度和紧密稳固性。
　　A. 钢制直撑　　B. 钢制端模　　C. 角钢竖肋　　D. 角钢斜撑
337. ZBC024　木模板的基本构造由紧贴于混凝土表面的壳板、支承壳板的(　　)和立柱或横档组成。
　　A. 木楔　　　　B. 隔板　　　　C. 肋木　　　　D. 檩条
338. ZBC024　木模板肋木的间距一般为(　　)。
　　A. 0.2~0.5m　　B. 0.3~0.6m　　C. 0.5~1.0m　　D. 0.7~1.5m
339. ZBC024　芯模的骨架和活动撑板,每隔(　　)一道。
　　A. 50cm　　　　B. 60m　　　　C. 70cm　　　　D. 80cm
340. ZBC025　对于桥不太高,架桥孔数又多,沿桥墩两侧铺设轨道不困难的情况,可以采用一台或两台(　　)来架设。
　　A. 悬臂起重机　B. 跨墩门式吊车　C. 桥式吊车　　D. 电动单梁起重机
341. ZBC025　对于高度不大的中、小跨径的桥梁,当桥下地基良好能设置简易轨道时,可采用木制或钢制的(　　)架梁。
　　A. 移动龙门架　B. 小金钢提升机　C. 移动支架　　D. 便携式吊运机
342. ZBC025　自行式吊车架梁时,一般吊装能力为(　　)。
　　A. 20~500kN　　B. 50~700kN　　C. 100~900kN　　D. 150~1000kN
343. ZBC026　从架梁的工艺类别来分,有陆地架设法、(　　)和利用安装导梁或塔架、缆索的高空架设等,每一类架设工艺中,按起重、吊装等机具的不同,又可分成各种独具特色的架设方法。
　　A. 缆索吊装法　B. 桁架伸臂法　C. 浮吊架设法　D. 架桥机架设法
344. ZBC026　在海上和深水大河上修建桥梁时,用可回转的(　　)架梁比较方便。

A. 桁架伸臂法　　B. 伸臂式浮吊法　　C. 缆索吊装法　　D. 悬臂起重机

345. ZBC026　在缺乏大型伸臂式浮吊时,也可用钢制万能杆件或贝雷钢架拼装的(　　)进行架梁。

A. 移动龙门架　　B. 起重塔架　　C. 固定式悬臂浮吊　　D. 桁架伸臂

346. ZBC027　架设中、小跨径的多跨简支梁桥,多采用(　　)架梁,其优点是不受水深和墩高的影响,并且在作业过程中不阻塞通航。

A. 自滑式吊运机　　B. 联合架桥机　　C. 移动龙门架　　D. 缆索吊装法

347. ZBC027　在梁的跨度不大、重量较轻、且预制梁能运抵桥头引道上时,直接采用(　　)来架梁甚为方便。

A. 移动龙门架　　B. 自行式吊车　　C. 便携式吊运机　　D. 蝴蝶架

348. ZBC027　高空架设法中的(　　)架桥机,其结构特点是:在吊机支点处用强大的倒U形支承横梁来支承间距放大布置的两根安装梁,横截面内所有主梁都可由起重横梁上的起重小车横移就位,而不需要墩顶横移的费时工序。

A. 联合　　B. 闸门式　　C. 宽穿巷式　　D. 自行式

349. ZBC028　石拱桥、现浇混凝土拱桥以及混凝土预制块砌筑的拱桥,都采用(　　)的施工方法修建,其主要施工工序有材料的准备,拱圈放样,拱架制作与安装,拱圈及拱上建筑的砌筑等。

A. 小金钢提升机　　B. 有支架　　C. 顶推法　　D. 便携式吊运机

350. ZBC028　砌筑石拱桥及就地浇筑混凝土拱圈等时,需要搭设(　　),以支承全部或部分拱圈和拱上建筑的重量,并保证拱圈的形状符合设计要求。

A. 拱座　　B. 拱架　　C. 底梁　　D. 盖梁

351. ZBC028　修建拱圈时,为了保证在整个施工过程中拱架受力均匀,变形最小,使拱圈的质量符合设计要求,必须选择适当的(　　)和顺序。

A. 装配方法　　B. 预制方法　　C. 砌筑方法　　D. 加工方法

352. ZBC029　在峡谷或水深流急的河段上,或在通航河流上需要满船只的顺利通行,或在洪水季节施工并受漂流物影响等条件下修建拱桥,宜考虑采用(　　)的施工方法。

A. 立式拱架　　B. 缆索吊装　　C. 支架横移法　　D. 斜吊式悬臂

353. ZBC029　拱桥缆索吊装施工大致包括:拱肋的预制、移运和吊装,主拱圈的砌筑,拱上建筑的砌筑和(　　)的施工等主要工序。

A. 立柱　　B. 盖梁　　C. 桥面结构　　D. 腹拱圈

354. ZBC029　缆索吊装设备,按其用途和作用可以分为:主索、工作索、塔架和(　　)等四个基本组成部分。

A. 吊梁　　B. 起闭机构　　C. 锚固装置　　D. 同步器

355. ZBC030　由于拱架费用高,为了提高支架的重复利用率,减少支架数量和费用,于是对于宽桥可以沿桥宽方向分几次施工。这种拱桥的施工方法称为(　　)。

A. 移动龙门架法　　B. 支架横移法　　C. 立柱式拱架法　　D. 撑架式拱架法

356. ZBC030　采用斜吊式悬臂施工法修建大跨径拱桥时,施工技术管理方面值得重视的问题有斜吊钢筋的拉力控制、斜吊钢筋的锚固和地锚地基反力的控制,预拱度的控制和(　　)的控制等几项。

A. 拱顶下沉　　B. 混凝土应力　　C. 拱圈预压力　　D. 拱架弹性变形

357. ZBC030　拱桥的钢骨架施工法是用(　　)作为拱圈的受力钢材,在施工过程中,先把这些钢骨架拼装成拱,作施工钢拱架使用,然后再现浇混凝土,把这些钢骨架埋入拱圈混凝土中,形成钢筋混凝土拱。

A. 圆钢筋　　B. 带肋钢筋　　C. 劲性钢材　　D. 方钢筋

358. ZBD001　建筑物基础施工时,基础开挖前,根据龙门板或轴线控制桩的轴线位置和基础宽度,并顾及基础挖深需要放坡的尺寸,在地面上用石灰放出基槽边线,即(　　)。

A. 基础砌筑线　　B. 基础开挖线　　C. 垫层填筑线　　D. 混凝土基础线

359. ZBD001　开挖基槽时,当基槽挖至槽底 0.3~0.5m 时,用(　　)在槽壁上每隔2m 左右和拐角处设一水平桩,用以控制挖槽深度,以及作为清理槽底和铺设垫层的依据。

A. 钢尺　　B. 皮尺　　C. 水准仪　　D. 测距仪

360. ZBD001　建筑物定位后,所测设的轴线交点桩在开挖基槽时将被破坏,能方便地恢复各轴线的位置,一般把轴线延长到安全的地点,通常采用(　　)和设置轴线控制桩。

A. 设置角点桩　　B. 设置指示标志　　C. 设置龙门板　　D. 固定桩记录

361. ZBD002　在大中型建筑施工场地上,施工控制网一般由正方形或矩形格网组成,称为(　　)。

A. 施工格网　　B. 建筑方格网　　C. 施工条形网　　D. 建筑控制网

362. ZBD002　在面积不大又十分复杂的建筑场地上,常布设一条或数条基线,作为施工测量的平面控制,称为(　　)。

A. 建筑控制线　　B. 建筑基线　　C. 施工基准线　　D. 施工参照线

363. ZBD002　建筑物的高程控制时,为了测设方便和减少误差,在厂房的内部或附近应专门设置(　　),但要注意这些点在设计中高程并不一定相同,因此应严格加以区分。

A. 加密水准点　　B. 专门水准点　　C. ±0.000 水准点　　D. 参照水准点

364. ZBD003　点位的测设包括平面位置测设和(　　)两个方面。

A. 高程位置的测设　　B. 竖向位置的测设
C. 纵断面的测设　　D. 横断面的测设

365. ZBD003　点的平面位置测设,根据控制网形式、现场情况、设计条件以及测设的精度要求等选用适当的方法,常用的方法有(　　)、极坐标法、角度交会法、距离交会法等。

A. 前方交会法　　B. 后方交会法　　C. 直角坐标法　　D. 切线支距法

366. ZBD003　直角坐标法是按直角坐标原理确定(　　)的平面位置的方法。

A. 一条直线　　B. 平面图形　　C. 一点　　D. 多边形

367. ZBD004　极坐标法是在控制点上测设一个水平角和（　　），就可在地面上测设出一点的平面位置。
　　A. 一线段长　　　B. 一段水平距离　　C. 一直线的横坐标　　D. 一直线的纵坐标

368. ZBD004　一极坐标系，A、B 为控制点，坐标为 $A(x_A, y_A)$，$B(x_B, y_B)$，P 为设计的点，坐标为 $P(x_P, y_P)$，AB 的坐标方位角的计算公式为（　　）。
　　A. $\alpha_{AB} = \arctan(y_P - y_A)/(x_P - x_A)$　　B. $\alpha_{AB} = \arctan(y_B - y_A)/(x_B - x_A)$
　　C. $\alpha_{AB} = \arctan(y_P - y_B)/(x_P - x_B)$　　D. $\alpha_{AB} = \arctan(y_A - y_B)/(x_A - x_B)$

369. ZBD004　一极坐标系，A、B 为控制点，P 为设计的点，AB、AP 的坐标方位角分别 α_{AB}、α_{AP}，则 AB 与 AP 之间的水平角 β 为（　　）。
　　A. $\beta = \alpha_{AB} + \alpha_{AP}$　　B. $\alpha_{AB} - \alpha_{AP}$　　C. $\beta = \alpha_{AP} - \alpha_{AB}$　　D. $\alpha_{AP} - \alpha_{AB} - 180°$

370. ZBD005　当需要测设的点位与已知控制点相距较远或不便于量距时，可采用（　　）测设。
　　A. 前方交会法　　B. 角度交会法　　C. 直角坐标法　　D. 极坐标法

371. ZBD005　A、B、C、D、E 为已知平面控制点，1、2 为要测设的点，采用角度交会法测设出点 1 与点 2，测设后，丈量（　　），并与设计值比较，用来做校核。
　　A. 1、2 的方位角　　B. 1、2 的高差　　C. 1、2 的水平角　　D. 1、2 的水平距离

372. ZBD005　用角度交会法测设点位时，两交会方向的夹角称为（　　）。
　　A. 方向角　　　　B. 平面角　　　　C. 交会角　　　　D. 导线角

373. ZBD006　采用距离交会法时，首先要根据控制点的坐标和测设点的坐标，用（　　）分别算出测设点至各控制点的水平距离。
　　A. 角度　　　　B. 坐标　　　　C. 坐标与角度　　D. 坐标与方位角

374. ZBD006　距离交会法适用于场地较平坦，量距又方便，且待定点离控制点的距离一般不应超过（　　）的地区。
　　A. 500m　　　　B. 300m　　　　C. 100m　　　　D. 50m

375. ZBD006　一直角坐标系，B、C 为控制点，坐标为 $B(500, 500)$，$C(480, 520)$，P 为设计的点，坐标为 $P(550, 515)$，B、P 两点间的距离为（　　）。坐标单位为米。
　　A. 28.28m　　　B. 52.20m　　　C. 70.18m　　　D. 39.05m

376. ZBD007　路基边桩放样的方法有图解法、（　　）、逐次逼近法、坡度样板法等。
　　A. 三角函数法　　B. 解析法　　　C. 直角坐标法　　D. 极坐标法

377. ZBD007　傍山路基放样多采用（　　），用此法必须有准确的横断面图。
　　A. 坡度样板法　　B. 解析法　　　C. 逐次逼近法　　D. 图解法

378. ZBD007　在山坡上路基边桩的测设，自然地面往往是起伏不平的，山坡的路基横断面中，路基宽度 B、边沟宽度 s、路基边坡率 m 均为已知，中心桩与边桩的平距随两边桩与中桩的高差而变，实际工作中采用（　　）测设边桩。
　　A. 坡度样板法　　B. 解析法　　　C. 逐次逼近法　　D. 图解法

379. ZBD008　路拱就是将（　　）做成中间高，按一定规律向两侧逐渐降低的表面形状。
　　A. 路面横断面　　B. 路面表面　　C. 路面纵断面　　D. 路面剖面

380. ZBD008　对于四车道高速公路，其路拱形式是从中央分隔带逐渐向两侧做成（　　）

A. 斜坡　　　　B. 降坡　　　　C. 单坡　　　　D. 下坡

381. ZBD008 路拱放样就是控制各结构施工铺筑时,及时准确地确定出反应路拱形式的各控制断面(　　),以便待碾压后能够准确形成路拱形状。
    A. 摊铺形状　　B. 摊铺尺寸　　C. 摊铺标高　　D. 摊铺宽度

382. ZBD009 当桥梁位于干涸、浅水或河面较窄的河段时,可采用(　　)测量桥轴线长度。
    A. 钢尺丈量法　B. 直接丈量法　C. 间接丈量法　D. 光电测距法

383. ZBD009 桥梁轴线定位测量时,由于桥轴线长度的精度要求较高,一般采用(　　)的方法。
    A. 钢尺丈量　　B. 皮尺丈量　　C. 精密丈量　　D. 特殊的丈量

384. ZBD009 桥梁轴线采用直接丈量法时,应计算每一尺段的尺长、温度及倾斜改正,求得改正后的尺段长度,然后将各尺段长度取和,得到桥轴线测量一次的长度。一般应往返丈量至少各一次,称为(　　)。
    A. 一测程　　　B. 一测尺　　　C. 一测回　　　D. 一测段

385. ZBD010 A、B两点为桥中线的方向控制点,由于两点间有丛林、水塘及楼房,无法丈量桥轴线长度,在桥梁一侧,能设平行线时,可采用(　　)测量该桥轴线长度。
    A. 四边形导线测定法　　　　B. 网形导线测定法
    C. 矩形导线测定法　　　　　D. 精密导线测定法

386. ZBD010 A、B两点为桥中线的方向控制点,由于两点间有丛林、水塘及楼房,无法丈量桥轴线长度,在桥梁两侧无法设平行线时,可采用(　　)测量该桥轴线长度。
    A. 四边形导线测定法　　　　B. 网形导线测定法
    C. 矩形导线测定法　　　　　D. 梯形导线测定法

387. ZBD010 桥梁轴线长度测量时,由于地形条件复杂,无直线可测量时,可采用(　　)。
    A. 网形导线测定法　　　　　B. 条形导线测定法
    C. 精密导线测定法　　　　　D. 梯形导线测定法

388. ZBD011 光电测距仪具有作业精度高、速度快、操作和计算简便等优点,且不受地形条件限制,所以多在公路工程中使用,其测距可达(　　)。
    A. 1km　　　　B. 2km　　　　C. 3km　　　　D. 4km

389. ZBD011 采用光电测距仪测桥轴线长度时,布设导线应考虑将导线点位置选在(　　),以便于对桥墩进行交会定位及减少水面折光对测距的影响。
    A. 低处　　　　B. 近处　　　　C. 高处　　　　D. 远处

390. ZBD011 采用光电测距仪测桥轴线长度,测距时应同时测定温度、气压及(　　),用来对测得的斜距进行气象改正和倾斜改正。
    A. 水平角　　　B. 高程　　　　C. 竖直角　　　D. 坐标

391. ZBD012 按着输电线路勘测设计阶段的不同,输电线路设计测量一般分为线路初勘测量、终勘测量和(　　)三个部分。
    A. 输电线施工测量　　　　　B. 输电线选线测量
    C. 杆塔定位测量　　　　　　D. 输电线竣工测量

392. ZBD012 输电线路初步设计阶段,需要求进行线路(　　)。
　　　A. 现场定线　　　B. 带状地形图测量　　C. 纸上定线　　　D. 初勘测量
393. ZBD012 输电线路初勘测量是根据地形图上初步设计选择的路径方案,进行现场(　　)或局部测量,以便确定最合理的路径方案,为初步设计提供必要的资料。
　　　A. 实地踏勘　　　B. 定线　　　C. 勘察　　　D. 定位
394. ZBD013 输电线路测量作业步骤为:室内选线、实地踏勘和(　　)。
　　　A. 现场定线　　　B. 带状地形图测量　　C. 终勘定位　　　D. 纸上定线
395. ZBD013 输电线路测量图上选线时,路径长度要短,一般线路转角在(　　)以下。
　　　A. 5°　　　B. 8°　　　C. 10°　　　D. 12°
396. ZBD013 输电线路与铁路、公路、架空索道平行敷设时,其间距不得小于(　　)。
　　　A. 50m　　　B. 25m　　　C. 一根杆塔的高度　　D. 两根杆塔的高度
397. ZBD014 输电线路跨越的河流较大时,应在跨越处测绘沿路径中线各(　　)宽的带状地形图,测图比例尺为 1/500、1/1000。
　　　A. 25m　　　B. 50m　　　C. 100m　　　D. 120m
398. ZBD014 35~110kV 送电线路跨越居民区的安全垂距是(　　)。
　　　A. 5m　　　B. 7m　　　C. 10m　　　D. 3m
399. ZBD014 110kV 以上的高压送电线路与平行敷设的电力线的最小间距为(　　)。
　　　A. 200m　　　B. 250m　　　C. 100m　　　D. 150m
400. ZBD015 高压输电线路杆塔位置是利用(　　)在线路平断面上排定塔杆位置的。
　　　A. 全站仪　　　B. 横板　　　C. 水准仪　　　D. 钢尺
401. ZBD015 高压输电线路杆塔位置排定后,测量人员便可从平断面上图解得出方向桩与杆塔之间的(　　)。
　　　A. 距离和高差　　B. 平距和高差　　C. 距离　　　D. 高差
402. ZBD015 高压输电线路杆塔位桩的横向偏离值应不大于(　　)。
　　　A. 70mm　　　B. 30mm　　　C. 50mm　　　D. 10mm
403. ZBD016 在公路工程中,假设起点 A 设计高程为 H_A、设计坡度 i、水平距离 d,则桩点的设计高程 H_1 为(　　)。
　　　A. H_A+i　　　B. $H_A+i\times d$　　　C. $H_A-i\times d$　　　D. H_A-i
404. ZBD016 按照水平视线法测设已知坡度的直线时,已知水准点 B_{M1} 高程为 H_{BM1},将仪器安置在 B_{M1} 附近,读后视读数为 a,那么仪器视线高程 $H_视$ 为(　　)。
　　　A. $H_{BM1}+a/100$　B. $H_{BM1}-a/100$　C. $H_{BM1}+a$　　D. $H_{BM1}-a$
405. ZBD016 根据地面坡度的大小,测设坡度现可采用(　　)、倾斜视线法和用经纬仪测设法等。
　　　A. 导线法　　　B. GPS 测设法　　　C. 三角高程测设法　　D. 水平视线法
406. ZBD017 倾斜视线法测设已知坡度的直线是根据视线与设计坡度线平行时(　　)的原理进行的。
　　　A. 高程相同　　　　　　　　B. 竖直距离处处相等
　　　C. 读数相等　　　　　　　　D. 读数差相等

407. ZBD017 已知 A 点高程为 5.250m，AB 直线方向测设坡度为-1%的坡度线，AB 水平距离为 100m，附近水准点 BM_1 的高程 4.500m，那么 B 点的设计高程为（　　）。

　　A. 3.250m　　　　B. 4.250m　　　　C. 6.250m　　　　D. 1.450m

408. ZBD017 已知 A 点高程为 5.250m，AB 直线方向测设坡度为-1%的坡度线，AB 水平距离为 100m，附近水准点 BM_1 的高程 4.500m，$BM1$ 的后视读数为 1.200m，那么此时仪器视线高程 $H_{视}$ 为（　　）。

　　A. 3.250m　　　　B. 4.250m　　　　C. 6.250m　　　　D. 5.700m

409. ZBD018 当已知坡度的直线坡度角较大，水准仪无法达到要求时，则可以用（　　）进行测设。

　　A. 经纬仪测设法　　B. GPS 测设法　　C. 导线测设法　　D. 三角网测设法

410. ZBD018 用经纬仪测设已知坡度的直线是按照（　　）计算出倾斜角 α 的数值。

　　A. $\cos\alpha = i$　　B. $\cot\alpha = i$　　C. $\tan\alpha = i$　　D. $\sin\alpha = i$

411. ZBD018 在两点间通视的情况下，进行两点间定线时，为保证丈量精度，须用（　　）定线。

　　A. 方向架　　　　B. 测距仪　　　　C. 水准仪　　　　D. 经纬仪

412. ZBD019 建斜拉桥索塔等高建筑物时，常需要测设（　　）。

　　A. 向心线　　　　B. 重力线　　　　C. 切线　　　　　D. 铅垂线

413. ZBD019 铅垂线又称为（　　）。

　　A. 重力线　　　　B. 垂准线　　　　C. 切线　　　　　D. 延长线

414. ZBD019 在场地开阔且垂直高度不大时，可以用（　　）得到铅垂线。

　　A. 两台经纬仪　　B. 全站仪　　　　C. 两台水准仪　　D. GPS

415. ZBD020 在道路边桩测设中，边桩的位置是由两侧边桩至中桩的（　　）确定。

　　A. 走向　　　　　B. 斜距　　　　　C. 高差　　　　　D. 距离

416. ZBD020 路基边桩测量是在地面上将每个横断面的路基边坡线和地面的交点用（　　）标定出来。

　　A. 木桩　　　　　B. 钢尺　　　　　C. 花杆　　　　　D. 红油漆

417. ZBD020 图解法是直接在横断面图上量取中桩到（　　）的距离。

　　A. 路边　　　　　B. 路基　　　　　C. 边桩　　　　　D. 边坡点

418. ZBD021 输电线路定线测量方法主要有前视法定线、分中法定线、三角法定线和（　　）。

　　A. 导线法定线　　B. 坐标法定线　　C. 交会法定线　　D. 支距法定线

419. ZBD021 输电线路定线测量的前视法，是观测者通过望远镜利用竖直的竖直面，指挥定线扶杆人员在选定的路径附近移动标杆，直至标杆与（　　）重合。

　　A. 十字丝横丝　　B. 经纬仪照准部　C. 十字丝竖丝　　D. 光学瞄准器

420. ZBD021 若输电线路上有障碍物不能通视时，要采用（　　）间接定线。

　　A. 三角法　　　　B. 支距法　　　　C. 几何法　　　　D. 交会法

421. ZBD022 边角测量是综合应用（　　）来推求各顶点水平位置的测量方法。

　　A. 三角测量　　　B. 三边测量　　　C. GPS 技术　　　D. 三角测量和三边测量

422. ZBD022　三角锁是在地面上由一系列相邻的三角形构成链形的(　　)控制网。
　　　A. 水平　　　　　B. 高程　　　　　C. 水平和高程　　　D. 工程
423. ZBD022　各等级导线的边长,一般均应采用相应精度的(　　)测定。
　　　A. 钢尺量距　　　B. 皮尺量距　　　C. 全站仪　　　　　D. 经纬仪
424. ZBD023　工业建筑柱基础定位是根据工业建筑(　　),将柱基础纵横轴线投测到地面上去,并根据基础图放出柱基挖土边线。
　　　A. 地形图　　　　B. 规划图　　　　C. 平面图　　　　　D. 立面图
425. ZBD023　工业建筑柱基础基坑开挖后,当快要挖到设计标高时,应在基坑的四壁或者坑底边沿及中央打入小木桩,在木桩上引测同一高程的标高,以便根据标高拉线修整坑底和施工垫层,称为基坑(　　)。
　　　A. 引测　　　　　B. 维护　　　　　C. 抄平　　　　　　D. 监测
426. ZBD023　工业建筑柱基础,桩基拆模后,应根据(　　)上柱中心线端点,用经纬仪把柱中线投到杯口顶面,并绘标志标明。
　　　A. 建筑基线　　　B. 建筑方格网　　C. 矩形控制网　　　D. 三角控制网
427. ZBD024　工业建筑钢柱基础垫层混凝土凝结后,应在垫层面上进行中线点投测,并根据中线点弹出墨线,绘出(　　)固定架的位置。
　　　A. 基础垫板　　　B. 钢筋接头　　　C. 地脚螺栓　　　　D. 钢支承板
428. ZBD024　工业建筑钢柱基础,垫层中线抄平是在垫层上绘出螺栓固定架位置后,即在固定架外框四角处测出四点标高,以便用来检查并整平垫层(　　),使其符合设计标高,便于固定架的安装。
　　　A. 基础垫板　　　B. 地脚螺栓　　　C. 混凝土面　　　　D. 钢支承板
429. ZBD024　工业建筑钢柱基础,固定架中线投点前,应对矩形边上的中心线端点进行检查,然后根据相应两端点,将中线投测于固定架(　　)上,并刻绘标志。
　　　A. 垫板　　　　　B. 钢筋接头　　　C. 横梁　　　　　　D. 螺栓
430. ZBD025　混凝土柱基础混凝土凝固拆模后,应根据控制网上的柱子中心线端点,将中心线投测在靠近柱底的基础面上,并在露出的钢筋上标出标高点,以供在(　　)时定柱高及对正中心之用。
　　　A. 安装钢筋笼　　B. 浇筑柱身混凝土　C. 施工支承板　　D. 支柱身模板
431. ZBD025　第一层柱子及平台混凝土浇筑好后,应将(　　)引测到第一层平台上,用钢尺根据柱子下面已有的标高点沿柱身量距向上引测。
　　　A. 标高　　　　　B. 中线　　　　　C. 轴向控制线　　　D. 中线及标高
432. ZBD025　柱身施工时,标高引测的测量允许误差为(　　)。
　　　A. ±2mm　　　　B. ±3mm　　　　C. ±4mm　　　　　D. ±5mm
433. ZBD026　柱子安装时,柱子中心线应与相应的柱列中心线一致,其允许偏差为(　　)。
　　　A. ±3mm　　　　B. ±4mm　　　　C. ±5mm　　　　　D. ±6mm
434. ZBD026　柱子安装时,根据柱列轴线控制桩,用经纬仪将柱列轴线投测到每个(　　)的顶面,弹出墨线,当柱列轴线为边线时,应平移设计尺寸,同样弹出柱子中心线,作为柱子安装定位的依据。

A. 基础垫层　　　　B. 地脚螺栓　　　　C. 杯形基础　　　　D. 露出钢筋

435. ZBD026 进行柱子垂直度校正测量时,应将两台经纬仪安置在柱子(　　)上且距离柱子约为柱高的1.5倍的地方。
　　A. 横向中心轴线　　　　　　　　B. 纵向中心轴线
　　C. 矩形控制网主轴线　　　　　　D. 纵、横中心轴线

436. ZBD027 吊车梁安装测量的目的是保证吊车梁(　　)位置和标高满足设计要求。
　　A. 牛腿中心　　　B. 中心线　　　C. 支座　　　D. 轨道

437. ZBD027 根据工业厂房控制网或柱中心轴线端点,在地面上定出吊车梁中心控制桩,然后用经纬仪将吊车梁中心线投测到每根柱子(　　)上,并弹出墨线。
　　A. 牛腿　　　B. 轨道　　　C. 支座　　　D. 顶面

438. ZBD027 吊车梁安装时,根据(　　)标高线,沿柱子侧面向上量取一段距离,在柱身上定出牛腿面的设计标高点,作为修平牛腿面及加垫板的依据。
　　A. 柱子下端　　　B. ±0.000　　　C. 柱子上端　　　D. 基础中心

439. ZBD028 吊车轨道中心线投点的检查:置经纬仪于吊车梁上,照准预先在墙上或屋架上引测的中心线两端点,用正倒镜法将仪器中心移至轨道中心线上,而后每隔(　　)投测一点,检查轨道的中心是否在一直线上。
　　A. 12m　　　B. 14m　　　C. 16m　　　D. 18m

440. ZBD028 吊车轨道安装标高的检查:根据在柱子上端测设的标高点检查轨顶标高。在两轨道接头处各测一点,中间每隔(　　)测一点。
　　A. 2m　　　B. 4m　　　C. 6m　　　D. 8m

441. ZBD028 吊车轨道安装时,轨道跨距允许误差为(　　)。
　　A. (±2~±3)mm　　B. (±3~±5)mm　　C. (±4~±6)mm　　D. (±5~±7)mm

442. ZBD029 对于钢结构工程,平面控制网离施工现场不能太近,应考虑到钢柱的(　　)、检查和校正。
　　A. 定位　　　B. 垂直度　　　C. 弯曲矢高　　　D. 标高观测

443. ZBD029 高层钢结构工程标高测设极为重要,其精度要求高,故施工场地的高程控制网,应根据城市二等水准点来建立一个独立的(　　),以便在施工过程中直接应用。
　　A. 一等水准网　　B. 二等水准网　　C. 三等水准网　　D. 四等水准网

444. ZBD029 钢结构工程柱间距偏差值应严格控制在(　　)范围内。
　　A. ±2mm　　　B. ±3mm　　　C. ±4mm　　　D. ±5mm

445. ZBD030 管道中线测量的内容包括:管道主点的测设、管道中桩的测设、管线转向角测量以及(　　)绘制等。
　　A. 管道曲线　　B. 管道纵断面　　C. 管道横断面　　D. 里程桩手簿

446. ZBD030 管道主点测设时,根据管道设计所给的条件和精度要求,主点测设数据的采集一般采用图解法和(　　)两种方法。
　　A. 极坐标法　　B. 纸上定线法　　C. 解析法　　D. 直角坐标法

447. ZBD030 在较短的管道上和较长的管道上的永久性水准点之间,每隔(　　),设立一

个临时水准点。

  A. 100~200m   B. 200~300m   C. 300~500m   D. 400~600m

448. ZBD031 地下管线调查,可采用对明显管线点的实地调查、隐蔽管线点的探查、( )等方法确定管线的测量点位。

  A. 区分管线用途   B. 疑难点位开挖   C. 管线间相对位置   D. 明确管线性质

449. ZBD031 地下管线调查时,管线直线段的采点间距,宜为图上( )。

  A. 5~8cm   B. 8~15cm   C. 10~20cm   D. 10~30cm

450. ZBD031 地下管线调查时,隐蔽管线点探查的水平位置偏差 ΔS 应满足要求( )。

  A. $\Delta S \leq 0.03h$ B. $\Delta S \leq 0.05h$ C. $\Delta S \leq 0.07h$ D. $\Delta S \leq 0.10h$

451. ZBD032 地下管线信息系统,可按城镇大区域建立,也可按居民小区、校园、医院、工厂、矿山、民用机场、车站、码头等独立区域建立,必要时还可以按管线的( )类别等分别建立。

  A. 使用范围   B. 专业功能   C. 性质划分   D. 管径大小

452. ZBD032 地下管线信息系统的建立,应包括的内容之一是地下管线图库和( )数据库。

  A. 地下管线埋深   B. 地下管线间距
  C. 地下管线空间信息   D. 地下管线位置信息

453. ZBD032 地下管线信息系统,应具备基本功能之一是管线系统的检索查询、统计分析、量算定位和( )。

  A. 数据处理   B. 三维观察   C. 数据控制   D. 解析计算

454. ZBD033 大型连续生产设备基础中心线及地脚螺栓组中心线很多,为便于施工放线,将槽钢水平地焊在厂房钢柱上,然后根据厂房矩形控制网,将设备基础主要中心线的端点,投测槽钢上,以建立( )。

  A. 坐标系统   B. 内控制网   C. 高程控制网   D. 平面控制网

455. ZBD033 机械设备安装基坑开挖时,根据厂房控制网或场地上其他控制点测定挖土范围线,其测量允许偏差为( )。

  A. ±2mm   B. ±3mm   C. ±4mm   D. ±5mm

456. ZBD033 在连续生产线上安装设备时,应用钢制标高基准点,可用直径为19~25mm,杆长不小于50mm 的铆钉,牢固地埋设在基础表面,铆钉的球形头露出基础表面( )。

  A. 5~7mm   B. 6~8mm   C. 8~10mm   D. 10~14mm

457. ZBD034 预应力混凝土连续梁顶推法施工的构思,源出于( )架设中普遍采用的纵向拖拉法。

  A. 梁式桥   B. 钢桥   C. 拱桥   D. 吊桥

458. ZBD034 桥梁施工的顶推法施工,由于氟板和不锈钢板的摩擦系数约为 0.02~0.05,故对于梁重即使达 10000t,也只需( )以下的力就能推出。

  A. 500tf   B. 600tf   C. 700tf   D. 800tf

459. ZBD034 采用顶推法施工,每一节段从制梁开始到顶推完毕,一个循环约需( )天,全梁顶推完毕后,即可调整、张拉和锚固部分预应力筋,进行灌浆、封端、安装永久支座,主体工程即告完成。

A. 2~4　　　　B. 3~5　　　　C. 6~8　　　　D. 7~10

460. ZBD035　移动式模架逐孔施工法,是将机械化的(　　)支承在长度稍大于两跨、前端作导梁用的承载梁上,然后在桥跨内进行现浇施工,待混凝土达到一定强度后就脱模,并将整孔模架沿导梁前移至下一浇筑桥孔,如此有节奏地逐孔推进直至全桥施工完毕。

A. 钢导梁　　　B. 支架和模板　　C. 托架和滑车　　D. 挂篮

461. ZBD035　移动式模架逐孔施工法适用于跨径达(　　)的等跨和等高度连续梁桥施工。

A. 10~15m　　B. 15~20m　　C. 20~35m　　D. 20~50m

462. ZBD035　采用移动式模架逐孔施工法时,通常将现浇梁段的起讫点设在连续梁(　　)最小的截面处,预应力筋锚固在浇筑缝处,当浇筑下一孔梁段前再用连接器将预应力筋接长。

A. 剪力　　　　B. 压力　　　　C. 弯矩　　　　D. 拉力

463. ZBE001　在工业与民用建筑新建或扩建、改建以及运营管理的过程中,往往需要进行(　　)。

A. 施工测量　　B. 断面测量　　C. 竣工测量　　D. 规划测量

464. ZBE001　在施工过程中,由于设计时没有考虑到的问题而使设计有所变更,这种临时变更设计的情况必须通过(　　)反映到竣工总平面图上。

A. 设计　　　　B. 施工　　　　C. 测量　　　　D. 绘图

465. ZBE001　竣工测量完成后,应提交完整的资料,包括工程名称,施工依据,施工成果,作为编绘竣工(　　)的依据。

A. 横断面图　　B. 地形图　　　C. 竖向布置图　　D. 总平面图

466. ZBE002　竣工总平面图的比例尺,应根据企业的规模大小和工程的密集程度来确定,小区内一般为(　　)。

A. 1∶400 或 1∶800　　　　　　B. 1∶500 或 1∶1000

C. 1∶2000　　　　　　　　　　D. 1∶5000

467. ZBE002　展绘控制点应以图底绘出的坐标方格网为依据,将施工控制网点按坐标展绘在图上。展点对所邻近的方格而言,其允许偏差为(　　)。

A. ±0.2mm　　B. ±0.3mm　　C. ±0.4mm　　D. ±0.5mm

468. ZBE002　由于设计多次变更而无法查对设计资料时,应经(　　)后,再进行竣工总平面图的绘制。

A. 现场实测　　B. 室内计算　　C. 纸上定位　　D. 方格网核对

469. ZBE003　竣工测量主要是检查工程竣工部位平面位置与(　　)是否符合规划设计的要求,作为工程验收和运营管理的基本依据。

A. 纵断面　　　B. 高程位置　　C. 横断面　　　D. 附属设施

470. ZBE003　行列整齐的非生产性建筑物的平面位置测量可测其周围坐标,其间相对位置,可用(　　)的方法测定。

A. 仪器测距　　　　B. 经纬仪测角　　　C. 测距仪测距　　　D. 丈量距离

471. ZBE003　对于不可直接测定中心位置的圆形建筑物的平面位置测量,可根据圆形的大小,采用(　　)或切线法测定其位置。

A. 二点法　　　　　B. 三点法　　　　　C. 四点法　　　　　D. 五点法

472. ZBE004　在进行工程竣工测量的细部测量时,若控制网为方格网,则采用(　　)较为方便。

A. 偏角法　　　　　B. 直角坐标法　　　C. 切线支距法　　　D. 距离交会法

473. ZBE004　在进行工程竣工测量的细部测量时,若控制网为导线网,则采用(　　)更便捷。

A. 角度交会法　　　B. 前方交会法　　　C. 极坐标解析法　　D. 后方交会法

474. ZBE004　进行细部高程位置测量时,公路沿中线每隔(　　)测一高程点,变坡点应加测高程,如有需要尚应测其横断面。

A. 20m　　　　　　B. 30m　　　　　　C. 50m　　　　　　D. 100m

475. ZBE005　铁路应测量车档、岔心交点及进厂房点的(　　),必要时要测算曲线元素。

A. 高程　　　　　　B. 角度　　　　　　C. 距离　　　　　　D. 坐标

476. ZBE005　铁路除了测定车档岔心高程外,直线上每隔50m、曲线上每隔(　　)测一轨顶高程。

A. 5～10m　　　　 B. 10～15m　　　　C. 15～20m　　　　D. 20～30m

477. ZBE005　竣工测量图的比例尺主要应考虑图面负荷、用图方便及图解精度,一般选择(　　)的比例尺,与设计总平面的比例尺一致。

A. 1∶1000　　　　 B. 1∶500　　　　　C. 1∶200　　　　　D. 1∶100

478. ZBE006　厂房竣工测量,要求牛腿面的高程必须等于它的设计高程,柱高在5m以下时,其误差不应超过(　　)。

A. ±8mm　　　　　B. ±6mm　　　　　C. ±5mm　　　　　D. ±3mm

479. ZBE006　厂房竣工测量时,将水准仪安置在吊车梁上,将水准尺立在轨道顶面上,每隔(　　)测一高程点,与设计比较,误差不得超过±2mm。

A. 1m　　　　　　 B. 2m　　　　　　 C. 3m　　　　　　 D. 4m

480. ZBE006　厂房竣工测量时,用钢尺丈量两吊车轨道间的跨距,与设计跨距比较,误差不得超过(　　)。

A. ±5mm　　　　　B. ±4mm　　　　　C. ±3mm　　　　　D. ±1mm

481. ZBE007　输电线路的勘测设计阶段中所进行的测量,称为(　　)。

A. 输电线路勘测　　　　　　　　　　B. 输电线路设计测量
C. 输电线路选线　　　　　　　　　　D. 输电线路走向测量

482. ZBE007　输电线路跨越的河流较大时,应在跨越处测绘沿路径中线各100m宽的带状地形图,测图比例尺为(　　)更便捷。

A. 1/1000～1/1500　　　　　　　　　B. 1/1500～1/2000
C. 1/500～1/1000　　　　　　　　　 D. 1/2500～1/5000

483. ZBE007　输电线路按线路前进方向,转角桩的前一直线的延长线和后一直线所夹的角称为( )。
　　A. 线路偏角　　　B. 线路夹角　　　C. 线路转角　　　D. 线路水平角

484. ZBE008　水泥混凝土路面竣工测量,要求横坡度应不大于( )。
　　A. ±0.4　　　　　B. ±0.3　　　　　C. ±0.2　　　　　D. ±0.15

485. ZBE008　高速公路水泥混凝土路面竣工测量,要求中线偏位应不大于( )。
　　A. 100mm　　　　B. 50mm　　　　C. 20mm　　　　D. 30mm

486. ZBE008　水泥混凝土路面竣工测量,要求纵横缝垂直度应不大于( )。
　　A. 5mm　　　　　B. 7mm　　　　　C. 10mm　　　　D. 20mm

487. ZBE009　城市道路路基压实度大于等于( )。
　　A. 92%　　　　　B. 93%　　　　　C. 94%　　　　　D. 95%

488. ZBE009　高速公路的石方路基,要求中线偏位应不大于( )。
　　A. 150mm　　　　B. 200mm　　　　C. 50mm　　　　D. 100mm

489. ZBE009　公路工程石方路基,要求平整度应不大于( )。
　　A. 10mm　　　　B. 20mm　　　　C. 30mm　　　　D. 40mm

490. ZBE010　隧道地面水准测量时,两洞口间水准路线长度大于36km时,水准尺采用( )。
　　A. 3m 塔尺　　　B. 钢瓦精密水准尺　　C. 5m 塔尺　　　D. 双面尺

491. ZBE010　隧道地面水准测量时,两洞口间水准路线长度在 5~13km 之间时,采用( )水准测量。
　　A. 二等　　　　　B. 三等　　　　　C. 四等　　　　　D. 一等

492. ZBE010　隧道的中线测设方法有直角坐标法和( )。
　　A. 偏角法　　　　B. 角度交会法　　C. 极坐标法　　　D. 切线支距法

493. ZBF001　地下人防工程竣工测量的目的是:将地下人防工程的平面位置与高程测绘注记在( )上,以便为把整个城市地上与地下连成整体,解决各部分之间的相互位置关系,为规划、设计、施工、管理和人防等工作服务。
　　A. 平面图　　　　B. 地形图　　　　C. 纵断面图　　　D. 横断面图

494. ZBF001　变形监测是对被监视的对象或物体进行测量以确定其( )。
　　A. 形状随时间的变化特征　　　　B. 空间位置随时间的变化特征
　　C. 空间位置随形状的变化特征　　D. 形状随空间位置的变化特征

495. ZBF001　工业与民用建筑物的( )包括基础的沉降观测与建筑物本身的变形观测。
　　A. 变形观测　　　B. 扭转观测　　　C. 沉降观测　　　D. 验证观测

496. ZBF002　进行变形观测设计时应考虑四个方面的内容:合理地进行观测点和控制点的布置;确定观测的精度;选择观测的方法;确定观测( )。
　　A. 内容　　　　　B. 数据　　　　　C. 依据　　　　　D. 周期

497. ZBF002　将施工成果和原有管线通过测量记录下来,绘制成图,作为规划、施工、维修和管理的依据称为( )。
　　A. 管道施工测量　B. 管道竣工测量　C. 管道定线测量　D. 管道变形测量

498. ZBF002　沉降观测就是定期地测量观测点相对于水准点的高差以求得观测点的高程,

并进行分析比较,以求出建(构)筑物( )变化情况。
A. 竖向位置　　　B. 横向位置　　　C. 倾斜程度　　　D. 相对位置

499. ZBF003　在工业与民用建筑物的变形观测中,进行工作最多的是( )。
A. 倾斜观测　　　B. 扭转观测　　　C. 基础沉陷观测　　D. 相对位置观测

500. ZBF003　在直接测定建筑物倾斜的各种方法中,最简单的是( )的方法。
A. 采用经纬仪投影　　　　　　B. 悬吊垂球
C. 基础均匀沉陷观测　　　　　D. 相对位置观测

501. ZBF003　竣工测量的原则有( );充分利用已有的设计、施工和测量资料,保持前后衔接;要有足够的精度。
A. 坐标系统应使用国家坐标系　　B. 坐标系统应与原有的系统保持一致
C. 坐标系统应使用当地坐标系　　D. 坐标系统应使用施工坐标系

502. ZBF004　要确保沉降观测成果的准确,应尽量做到:观测人员固定、观测水准仪固定、( )。
A. 观测的导线固定　　　　　　B. 观测的角度固定
C. 观测水准点固定　　　　　　D. 观测的次数固定

503. ZBF004　沉降观测的仪器选择,对于一般精度要求的沉降观测,要求仪器的望远镜放大率不得小于( ),气泡灵敏度不得大于15″/2mm。
A. 20倍　　　B. 24倍　　　C. 30倍　　　D. 40倍

504. ZBF004　高层钢筋混凝土框架结构及地基土质不均匀的重要工程,沉降观测点相对于后视点高差测定的容差为( )。
A. ±4mm　　　B. ±3mm　　　C. ±2mm　　　D. ±1mm

505. ZBF005　若建筑物周围比较空旷,可以采用( )进行倾斜观测。
A. 水平角观测法　B. 投点法　　　C. 竖直角观测法　D. 抛物法

506. ZBF005　建筑物竣工后,要根据沉降量的大小,定期进行沉降观测,开始可隔1~2个月观测一次,以每次沉降量在( )以内为限度,否则应增加观测次数。
A. 5~10mm　　　B. 4~8mm　　　C. 10~15mm　　　D. 1~2mm

507. ZBF005　沉降观测一般用( ),读数时应读基辅分划,基辅分划读数之差应小于0.5mm。
A. DS_{05}型水准仪　B. DS_3型水准仪　C. DS_1型水准仪　D. DS_{10}型水准仪

508. ZBF006　浇灌基础、安置预制板、安装房屋架及设备等增加较大( )之后,要进行沉降观测。
A. 建筑结构　　　B. 体积　　　C. 荷重　　　D. 构造实体

509. ZBF006　对一般厂房的基础或构筑物,往返观测其较差不得超过( )。
A. $10\sqrt{n}$(mm)　B. $2\sqrt{n}$(mm)　C. $\sqrt{n}$(mm)　D. $5\sqrt{n}$(mm)

510. ZBF006　对于高层建筑、重要建筑物及基础较差的建筑物,在施工及使用初期,需要进行相应的( )。
A. 变形观测　　　B. 沉降观测　　　C. 倾斜观测　　　D. 移位观测

511. ZBF007　在山区工程建设中,建筑物附近常有基岩,可在上凿一洞,用水泥砂浆直接将金属标志嵌固于岩层之中,用于观测沉降的( )。

A. 参照物　　B. 高程值　　C. 水准点　　D. 固定点

512. ZBF007　钢筋混凝土结构物上的沉降观测点,事先应确定好其位置,浇筑结构混凝土时将( )埋入。

A. 临时水准点　B. 暂时水准点　C. 固定观测标志　D. 木质水准点

513. ZBF007　沉降观测时,是根据水准点进行的,所以水准点必须坚固稳定,水准点数目标应尽量不少于( )。

A. 2个　　B. 4个　　C. 5个　　D. 3个

514. ZBF008　防止受到振动的影响,水准点应布设在( )的安全地点。

A. 受振区域以内　B. 受振区域以外　C. 噪声区域以外　D. 噪声区域以内

515. ZBF008　水准点埋设应离开公路、铁路、地下管道和滑坡至少( ),避免埋设在低洼积水处及松软土地带。

A. 10m　　B. 15m　　C. 5m　　D. 8m

516. ZBF008　沉降观测时,水准点的埋设深度至少要在冰冻线下( ),防止水准点受到冻胀的影响。

A. 0.2m　　B. 0.3m　　C. 0.4m　　D. 0.5m

517. ZBF009　建筑物基坑壁侧向位移观测,基坑开挖其间应( )天观测一次,位移速率或位移量大时应每天观测1~2次。

A. 1~2　　B. 2~3　　C. 3~4　　D. 4~5

518. ZBF009　建筑物基坑壁侧向位移观测应测定基坑围护结构桩墙顶水平位移和( )。

A. 基坑壁斜率变化　　　　B. 桩墙深层挠曲
C. 基坑围护结构倾斜　　　D. 基坑形状变化

519. ZBF009　裂缝观测中,裂缝宽度数据应量取至( ),每次观测应绘出裂缝的位置、形态和尺寸,注明日期,附必要的照片资料。

A. 0.001mm　B. 0.01mm　C. 0.1mm　D. 1mm

520. ZBF010　建筑场地滑坡观测应测定滑坡的周界、面积、滑动量、滑移方向、主滑线以及滑动速度,并视需要进行滑坡( )。

A. 分析　　B. 预报　　C. 治理　　D. 研究

521. ZBF010　建筑场地滑坡观测时,如为土体上的观测点,可埋设预制混凝土标石,埋深不宜小于1m,在冻土地区应埋至当地冻土线以下( )。

A. 0.2m　　B. 0.3m　　C. 0.4m　　D. 0.5m

522. ZBF010　当建筑物数量多、地形复杂时,滑坡观测宜采用以三方向交会为主的测角前方交会法,交会角宜在( )之间,长短边不宜悬殊。

A. 25°~80°　B. 30°~90°　C. 40°~100°　D. 50°~110°

523. ZBG001　建筑施工图的总平图表示新建、拟建工程的( ),包括具体位置、高程、道路系统、管线、地形、地貌等情况。

A. 建设内容　B. 占地面积　C. 总体布局　D. 相对位置

524. ZBG001　总平面图中的内容,多数是用符号表示的,首先要熟悉( )的意义。

A. 图线种类　　　　B. 图样比例　　　　C. 图例符号　　　　D. 尺寸标注

525. ZBG001　一套建筑施工图一般包括：建筑总平面图、建筑平面图、立面图、剖面图及（　　）等。

A. 管网综合图　　B. 建筑规划图　　C. 建筑施工详图　　D. 建筑单体图

526. ZBG002　建筑平面图表示一个工程的平面布置和尺寸规格，包括由（　　）确定的所有各部位的长宽尺寸，建筑物的外包尺寸以及中间表示门、窗洞口、墙的面宽及墙垛等细部尺寸。

A. 坐标　　　　　B. 红线　　　　　C. 轴线　　　　　D. 尺寸线

527. ZBG002　阅读建筑平面图时，先看图标、图名、图上说明、（　　）等，核对是否属于需要的图纸。

A. 宽度　　　　　B. 长度　　　　　C. 比例　　　　　D. 坐标

528. ZBG002　由于建筑平面图一般讲是总称，若为多层或高层建筑，若干层平面图都是一样的话，就可以用一个图来代表，称为（　　）平面图。

A. 统一体　　　　B. 样板间　　　　C. 标准层　　　　D. 简化型

529. ZBG003　建筑立面图主要是表示建筑物的外观特征，反映建筑各立面的（　　）、门窗形式和位置，各部分的标高、外墙面的装修材料和做法。

A. 尺寸　　　　　B. 彩色　　　　　C. 形状　　　　　D. 造型

530. ZBG003　阅读建筑立面图时，应看图标，了解是哪个方向的立面，各立面图（　　），应与平面图严格一致，并应校核门、窗等所有细部构造是否一致。

A. 轴线编号　　　B. 比例　　　　　C. 尺寸　　　　　D. 轮廓线

531. ZBG003　建筑立面图是根据正投影的原理，将房屋的正面、背面、左侧面、右侧面绘制而成，根据建筑的各个方向的（　　）作出标注。

A. 尺寸线　　　　B. 指北方向　　　C. 首尾轴线　　　D. 坐标值

532. ZBG004　建筑剖面图主要表示房屋内部的（　　）、高度尺寸及内部上下分层的情况。

A. 开间数量　　　B. 结构形式　　　C. 进深长度　　　D. 平面布置

533. ZBG004　建筑剖面图的剖切位置和方向，标注在建筑（　　）上，一般选在平面组合中的较为复杂的部位，并予以编号。

A. 立面图　　　　B. 平面图　　　　C. 侧面图　　　　D. 背面图

534. ZBG004　剖面图中的关键部位不能详细表达清楚的部位，用构造详图来表示，此时在剖面图上的该部位处，画有详图的（　　）符号。

A. 剖切　　　　　B. 对称　　　　　C. 尺寸　　　　　D. 索引

535. ZBG005　为了全面地表示一个建筑物，必须将立体的物体划分为几个面，运用绘制的（　　）图样来全面地表示设计的建筑物。

A. 平面和立面　　B. 平面和剖面　　C. 立面和剖面　　D. 平面、立面、剖面

536. ZBG005　在识读建筑图时，在弄清每种图的内容后，再按一定的步骤联合起来看，逐步就可建立起（　　）的概念。

A. 平面图形　　　B. 空间想象　　　C. 立体尺寸　　　D. 立面图形

537. ZBG005　在识读建筑图时，根据（　　），确定楼地面和屋面的构造以及基础的位置、材

料及埋置深度。
A. 平面图　　　　B. 剖面图　　　　C. 立面图　　　　D. 侧面图

538. ZBG006　一套建筑结构施工图一般包括：设计说明书、平面布置图及（　　）等。
A. 侧面图　　　　B. 构件详图　　　C. 立面图　　　　D. 剖面图

539. ZBG006　结构施工图表示凡需要经过结构（　　）的承重结构构件的形状、大小、材料以及内部构造等。
A. 研究分析　　　B. 选择确定　　　C. 对比优选　　　D. 设计计算

540. ZBG006　建筑结构施工图是放灰线、挖基槽、支模板、绑扎钢筋和（　　）等的重要依据。
A. 浇筑混凝土　　B. 安装构件　　　C. 砌筑墙体　　　D. 张拉钢筋

541. ZBG007　在建筑工程中，常把建筑物埋在地面以下的部分称为（　　）。
A. 基础　　　　　B. 基槽　　　　　C. 剪力墙　　　　D. 桩基

542. ZBG007　建筑基础平面图是施工时确定房屋的（　　）、墙身线、基础底面的长宽线、开挖基坑和基础的依据。
A. 建筑红线　　　B. 建筑基线　　　C. 定位轴线　　　D. 基础灰线

543. ZBG007　建筑基础平面图中只表示基础墙、柱及基础底面的轮廓线，用（　　）表示。
A. 中实线　　　　B. 中虚线　　　　C. 粗实线　　　　D. 粗虚线

544. ZBG008　民用建筑按着用途分为居住建筑和（　　）两类。
A. 工业厂房　　　B. 烟囱、水塔　　C. 车库　　　　　D. 公共建筑

545. ZBG008　民用建筑按着结构类型分为砖木结构、砖混结构、钢筋混凝土结构和（　　）。
A. 预应力混凝土结构　　　　　　　B. 砌体结构
C. 钢结构　　　　　　　　　　　　D. 混合结构

546. ZBG008　民用建筑按着结构的承重方式分为墙承重式、骨架承重式、内骨架承重式和（　　）。
A. 立体结构　　　B. 空间结构　　　C. 砌体式　　　　D. 桩柱式

547. ZBG009　建筑基础是位于建筑物最下部分的承重构件，承受建筑物的（　　），并传给地基。
A. 全部荷载　　　B. 结构自重　　　C. 永久荷载　　　D. 可变荷载

548. ZBG009　墙是建筑物的承重和围护构件，承受（　　）的荷载。
A. 屋顶　　　　　B. 楼层　　　　　C. 屋顶和楼层　　D. 建筑物自重

549. ZBG009　楼板将建筑从（　　）方向分隔成若干层，将楼面上各种荷载传到墙或柱子。
A. 长度　　　　　B. 宽度　　　　　C. 高度　　　　　D. 跨度

550. ZBG010　基础所承受的荷载以及地基土层土壤的性质和冰冻线的深度决定了（　　）、基础底面积的大小以及基础的埋置深度。
A. 基础长度　　　B. 基础宽度　　　C. 基础厚度　　　D. 基础的类型

551. ZBG010　砖砌条形基础由垫层、（　　）和基础墙三部分组成。
A. 基层　　　　　B. 底基层　　　　C. 大放脚　　　　D. 封层

552. ZBG010　钢筋混凝土基础的厚度一般为（　　）。

A. 20～30cm　　　B. 25～40cm　　　C. 30～50cm　　　D. 40～60cm

553. ZBH001　函数 $y=(a^2-3a+3)a^x$ 是指数函数,则有(　　)。

　　A. $a=1$ 或 $a=2$　　B. $a=1$　　C. $a=2$　　D. $a>0$ 且 $a\neq 1$

554. ZBH001　函数 $f(x)=a^x(a>0,$ 且 $a\neq 1)$ 对任意实数 x、y 都有(　　)。

　　A. $f(xy)=f(x)\cdot f(y)$　　　　B. $f(xy)=f(x)+f(y)$
　　C. $f(x+y)=f(x)\cdot f(y)$　　　　D. $f(x+y)=f(x)+f(y)$

555. ZBH001　有理数指数幂的性质中,有 $a^m\cdot a^n=(\quad)$。

　　A. a^{m+n}　　B. $a^{m\cdot n}$　　C. $2a^{m\cdot n}$　　D. $2a^{m+n}$

556. ZBH002　对数 $\log_a a$ 的值等于(　　)。

　　A. a^2　　B. $1/a$　　C. 0　　D. 1

557. ZBH002　函数 $y=\log_a x(a>0$ 且 $a\neq 1)$,当 $a>1, 0<x<1, y$ 取值范围为(　　)。

　　A. $y\in(+\infty,0)$　　B. $y\in(-\infty,0)$　　C. $y\in(0,-\infty)$　　D. $y\in(0,+\infty)$

558. ZBH002　对数的性质中,有 $\log_a(M\cdot N)=(\quad)$。

　　A. $\log_a M\cdot \log_a N$　　　　B. $\log_a M-\log_a N$
　　C. $\log_a M+\log_a N$　　　　D. $\log_a(M+N)$

559. ZBH003　函数 $f(x)=(m^2-m-1)\cdot x^{-5m-3}$,$m$ 为(　　)值时,$f(x)$ 是幂函数。

　　A. -2 或-1　　B. 2 或 1　　C. 2 或-1　　D. 1 或-2

560. ZBH003　数学中二次函数是(　　)函数。

　　A. 指数函数　　B. 对数函数　　C. 代数函数　　D. 幂函数

561. ZBH003　函数①$y=1/x^3$；②$y=3x-2$；③$y=x^4+x^2$；④$y=x^{2/3}$。是幂函数的有(　　)个。

　　A. 1　　B. 2　　C. 3　　D. 4

562. ZBH004　点 $M(x_m,y_m)$ 与圆 $(x-a)^2+(y-b)^2=r^2$,满足 $(x_m-a)^2+(y_m x-b)^2>r^2$ 条件,则点在(　　)。

　　A. 圆上　　B. 圆内　　C. 圆外　　D. 无法判断

563. ZBH004　圆的一般方程为(　　)。

　　A. $x^2+y^3+Dx+Ey+F=0$　　　　B. $x^3+y^3+Dx+Ey+F=0$
　　C. $x^3+y^2+Dx+Ey+F=0$　　　　D. $x^2+y^2+Dx+Ey+F=0$

564. ZBH004　圆的方程性质之一是圆心在任一弦的(　　)上。

　　A. 平分线　　B. 平行线　　C. 垂线　　D. 中垂线

565. ZBH005　已知 α 是三角形一内角,且 $\sin\alpha+\cos\alpha=\dfrac{1}{5}$,那么 $\tan\alpha$ 的值为(　　)。

　　A. -4/3　　B. -3/4　　C. 3/4　　D. 4/3

566. ZBH005　已知 $\tan\alpha=\dfrac{1}{3}$,那么 $\dfrac{\sin\alpha-4\cos\alpha}{5\sin\alpha+2\cos\alpha}$ 的值为(　　)。

　　A. -1/3　　B. -5/3　　C. -1　　D. 1

567. ZBH005　在 $\triangle ABC$ 中,$\cos A=\dfrac{1}{3}$,则 $\sin(B+C)$ 的值为(　　)。

A. 1/2　　　　B. $\dfrac{2\sqrt{2}}{3}$　　　　C. 1/3　　　　D. $\dfrac{\sqrt{2}}{3}$

568. ZBH006　如果 $\sin^2\alpha-\cos^2\alpha=a$，则 $\sin(\alpha+\beta)\cdot\sin(\alpha-\beta)$ 的值为（　　）。
A. $-a/2$　　　B. $a/2$　　　C. $-a$　　　D. a

569. ZBH006　已知第二象限角，$\sin\alpha=\dfrac{3}{5}$，则 $\tan 2\alpha$ 的值为（　　）。
A. $-24/7$　　　B. $-1/7$　　　C. $24/7$　　　D. $1/7$

570. ZBH006　两角和余弦 $\cos(\alpha\pm\beta)$ 等于（　　）。
A. $\sin\alpha\cos\beta\pm\cos\alpha\sin\beta$　　　　B. $\sin\alpha\cos\beta\mp\cos\alpha\sin\beta$
C. $\cos\alpha\cos\beta\mp\sin\alpha\sin\beta$　　　　D. $\cos\alpha\cos\beta\pm\sin\alpha\sin\beta$

571. ZBH007　柱体的底面周长为 15m，高为 5m，则该柱体的体积为（　　）m^3。
A. 85.50　　　B. 95.81　　　C. 89.53　　　D. 46.50

572. ZBH007　锥体的底面积为 $30m^2$，高为 8m，则该柱体的体积为（　　）m^3。
A. 80　　　B. 60　　　C. 120　　　D. 160

573. ZBH007　圆柱的一个底面积是 S，侧面展开图是一个正方形，那么这个圆柱的侧面积是（　　）。
A. $4\pi S$　　　B. $2\pi S$　　　C. πS　　　D. $\dfrac{2\sqrt{3}}{3}\pi S$

574. ZBH008　已知 $A(3,5)$，$B(4,7)$，$C(-1,x)$ 三点共线，则 x 等于（　　）。
A. -1　　　B. 1　　　C. -3　　　D. 3

575. ZBH008　一条直线过点 $(-1,2)$ 且与直线 $2x-3y+4=0$ 垂直，则该直线方程是（　　）。
A. $3x-2y-1=0$　　B. $3x+2y+7=0$　　C. $2x-3y+5=0$　　D. $2x-3y+8=0$

576. ZBH008　已知直线方程为 $3x-5y=4$，该直线在 y 轴上的截距是（　　）。
A. 3/5　　　B. 4/5　　　C. $-3/5$　　　D. $-4/5$

577. ZBH009　计算 arcsin1/2 计算器程序为（　　）。
A. [R] [→] 1÷2 = [SHIFT] [SIN⁻¹]　　　B. [R] 1÷2 [→] = [SHIFT] [SIN⁻¹]
C. [→] [R] 1÷2 [SHIFT] [SIN⁻¹]　　　D. [R] [→] 1÷2 = [SIN⁻¹] [SHIFT]

578. ZBH009　计算 arccos2/3 计算器程序为（　　）。
A. [R] [→] 2÷3 = [SHIFT] [SIN⁻¹]
B. [R] [→] 2÷3 = [SHIFT] [COS⁻¹]
C. [→] [R] 2÷3 [SHIFT] [COS⁻¹]
D. [R] [→] 2÷3 = [SHIFT] [SIN⁻¹]

579. ZBH009　计算 arctan1/4 计算器程序为（　　）。
A. [R] [→] 1÷4 = [TAN⁻¹] [SHIFT]
B. [R] 1÷4 [→] = [SHIFT] [TAN⁻¹]

C. $\boxed{\rightarrow}$ $\boxed{R}$ 1÷4= $\boxed{SHIFT}$ $\boxed{TAN^{-1}}$

D. $\boxed{R}$ $\boxed{\rightarrow}$ 1÷4= $\boxed{SHIFT}$ $\boxed{TAN^{-1}}$

580. ZBH010 计算 $5.6^{2.3}$ 的计算器程序为( )。

A. 2.3 $\boxed{x^y}$ 5.6   B. $\boxed{R}$ 5.6 $\boxed{x^y}$ 2.3   C. $\boxed{R}$ 2.3 $\boxed{x^y}$ 5.6   D. 5.6 $\boxed{x^y}$ 2.3

581. ZBH010 计算 $123^{1/7}$ 的计算器程序为( )。

A. 123 $\boxed{x^y}$ 1÷7   B. 123 $\boxed{SHIFT}$ $\boxed{x^{1/y}}$ 7

C. $\boxed{R}$ 1÷7 $\boxed{SHIFT}$ $\boxed{x^y}$ 123   D. 7 $\boxed{SHIFT}$ $\boxed{x^{1/y}}$ 123

582. ZBH010 计算 $10^{0.4}+5 \cdot e^{-3}$ 的计算器程序为( )。

A. $\boxed{R}$ .4 $\boxed{SHIFT}$ $\boxed{10^x}$ +5×3 $\boxed{+/-}$ $\boxed{SHIFT}$ $\boxed{e^x}$

B. $\boxed{SHIFT}$ .4 $\boxed{10^x}$ +5×3 $\boxed{+/-}$ $\boxed{SHIFT}$ $\boxed{e^x}$

C. .4 $\boxed{SHIFT}$ $\boxed{10^x}$ +5×3 $\boxed{+/-}$ $\boxed{SHIFT}$ $\boxed{e^x}$

D. $\boxed{10^x}$ $\boxed{SHIFT}$ .4 +5×3 $\boxed{+/-}$ $\boxed{SHIFT}$ $\boxed{e^x}$

583. ZBH011 已知 $4^x=64$，求 x 值的计算器程序为( )。

A. $\boxed{R}$ $\boxed{\rightarrow}$ 64÷4 $\boxed{SHIFT}$ $\boxed{log}$ B. 64 $\boxed{log}$ ÷4 $\boxed{log}$

C. $\boxed{\rightarrow}$ $\boxed{R}$ 64÷4 $\boxed{SHIFT}$ $\boxed{log}$ D. $\boxed{R}$ $\boxed{\rightarrow}$ 64÷4 $\boxed{log}$

584. ZBH011 计算 log456÷ln456 计算器程序为( )。

A. $\boxed{R}$ →456 $\boxed{log}$ ÷ $\boxed{MR}$ $\boxed{ln}$ B. $\boxed{R}$ 456 $\boxed{log}$ ÷ $\boxed{SHIFT}$ $\boxed{ln}$

C. 456 $\boxed{SHIFT}$ $\boxed{log}$ ÷ $\boxed{MR}$ $\boxed{ln}$ D. 456 $\boxed{SHIFT}$ $\boxed{MINT}$ $\boxed{log}$ ÷ $\boxed{MR}$ $\boxed{ln}$

585. ZBH011 计算 logsin40°+logcos35° 计算器程序为( )。

A. $\boxed{R}$ 40 $\boxed{SIN}$ $\boxed{log}$ +35 $\boxed{COS}$ $\boxed{log}$ B. $\boxed{SHIFT}$ 40 $\boxed{SIN}$ $\boxed{log}$ +35 $\boxed{COS}$ $\boxed{log}$

C. $\boxed{D}$ 40 $\boxed{SIN}$ $\boxed{log}$ +35 $\boxed{COS}$ $\boxed{log}$ D. 40 $\boxed{SIN}$ $\boxed{log}$ $\boxed{SHIFT}$ +35 $\boxed{COS}$ $\boxed{log}$

586. ZBH012 计算 (53+6)+(23-8)-(56×2) 连续加减的计算器程序为( )。

A. 53+6 $\boxed{MIN}$ 23-8 $\boxed{M+}$ 56×2 $\boxed{M-}$ $\boxed{MR}$

B. 53+6 $\boxed{SHIFT}$ $\boxed{MIN}$ 23-8 $\boxed{M+}$ 56×2 $\boxed{M-}$ $\boxed{MR}$

C. 53+6= $\boxed{SHIFT}$ 23-8 $\boxed{M+}$ 56×2 $\boxed{M-}$ $\boxed{MR}$

D. 53+6= $\boxed{SHIFT}$ $\boxed{MIN}$ 23-8 $\boxed{M+}$ 56×2 $\boxed{M-}$ $\boxed{MR}$

587. ZBH012 计算 7+7-7+(2×3) 的计算器程序为( )。

A. 7 $\boxed{SHIFT}$ $\boxed{MIN}$ 7 $\boxed{M+}$ 7 $\boxed{M-}$ 2×3 $\boxed{M+}$ $\boxed{M+}$ $\boxed{MR}$

B. 7 $\boxed{SHIFT}$ $\boxed{MIN}$ $\boxed{M+}$ $\boxed{SHIFT}$ $\boxed{M-}$ 2×3 $\boxed{M+}$ $\boxed{M+}$ $\boxed{MR}$

C. 7 $\boxed{SHIFT}$ $\boxed{MIN}$ $\boxed{M+}$ $\boxed{SHIFT}$ $\boxed{M-}$ 2×3 $\boxed{M+}$ $\boxed{MR}$

D. 7 [SHIFT] [MIN] 7 [M+] 7 [M−] 2×3 [M+] [MR]

588. ZBH012 计算 7×8×9+4×5×6 的计算器程序为(   )。

   A. 7 [KIN] [1] ×8 [KIN] [2] ×9 [KIN] [3] = [MIN] →4 [KIN] + [1] ×5 [KIN] + [2] ×6 [KIN] + [3] [M+] → [Kout] [1] [Kout] [2] [MR]

   B. 7 [KIN] [1] ×8 [KIN] [2] ×9 [KIN] [3] = [SHIFT] →4 [KIN] + [1] ×5 [KIN] + [2] ×6 [KIN] + [3] [M+] → [Kout] [1] [Kout] [2] [MR]

   C. 7 [KIN] [1] ×8 [KIN] [2] ×9 [KIN] [3] = [SHIFT] [MIN] →4 [KIN] + [1] ×5 [KIN] + [2] ×6 [KIN] + [3] [M+] → [Kout] [1] [2] [MR]

   D. 7 [KIN] [1] ×8 [KIN] [2] ×9 [KIN] [3] = [SHIFT] [MIN] →4 [KIN] + [1] ×5 [KIN] + [2] ×6 [KIN] + [3] [M+] → [Kout] [1] [Kout] [2] [MR]

589. ZBH013 余弦函数 cos30° 的值为(   )。

   A. $\dfrac{1}{2}$ B. $\dfrac{\sqrt{2}}{2}$ C. $\dfrac{\sqrt{3}}{2}$ D. 1

590. ZBH013 余弦函数 cos60° 的值为(   )。

   A. $\dfrac{1}{2}$ B. $\dfrac{\sqrt{2}}{2}$ C. $\dfrac{\sqrt{3}}{2}$ D. 1

591. ZBH013 余弦函数 cos90° 的值为(   )。

   A. $\dfrac{1}{2}$ B. $\dfrac{\sqrt{2}}{2}$ C. $\dfrac{\sqrt{3}}{2}$ D. 0

592. ZBH014 正切函数 tan45° 的值为(   )。

   A. $\dfrac{1}{2}$ B. $\dfrac{\sqrt{3}}{2}$ C. $\dfrac{\sqrt{3}}{3}$ D. 1

593. ZBH014 正切函数 tan60° 的值为(   )。

   A. $\dfrac{1}{2}$ B. $\sqrt{3}$ C. $\dfrac{\sqrt{3}}{3}$ D. 1

594. ZBH014 正切函数 tan0° 的值为(   )。

   A. 0   B. $\dfrac{\sqrt{3}}{2}$ C. $\dfrac{\sqrt{3}}{3}$ D. 1

595. ZBH015 余切函数 cot90° 的值为(   )。

   A. 1   B. $\dfrac{\sqrt{3}}{2}$ C. $\dfrac{\sqrt{3}}{3}$ D. 0

596. ZBH015 余切函数 cot60° 的值为(   )。

   A. 1   B. $\dfrac{\sqrt{3}}{2}$ C. $\dfrac{\sqrt{3}}{3}$ D. 0

597. ZBH015　余切函数 cot30°的值为(　　)。

　　　A. 1　　　　　　B. $\sqrt{3}$　　　　　C. $\dfrac{\sqrt{3}}{3}$　　　　D. 0

598. ZBH016　假设反正切函数 arctan1 为 a，$a\in(-\pi/2,\pi/2)$，则 a 的值为(　　)。

　　　A. 30°　　　　　B. 45°　　　　　C. 60°　　　　　D. 90°

599. ZBH016　反正切函数 arctan1+arctan2+arctan3 的值为(　　)。

　　　A. 180°　　　　B. 45°　　　　　C. 60°　　　　　D. 90°

600. ZBH016　假设反正切函数 arctan$\dfrac{\sqrt{3}}{3}$ 为 a，$a\in(-\pi/2,\pi/2)$，则 a 的值为(　　)。

　　　A. 180°　　　　B. 30°　　　　　C. 60°　　　　　D. 90°

二、判断题（对的画"√"，错的画"×"）

(　　) 1. ZAA001　20世纪80年代利用电磁波测距仪进行的距离测量，其误差仅为分米。

(　　) 2. ZAA002　遥感技术按传感器工作方式可分为主动式遥感和被动式遥感。

(　　) 3. ZAA003　航空遥感可以提供大面积鸟瞰图，但无法从航片上获取地物的精确位置、距离、方位、高度、体积和坡度等量测数据。

(　　) 4. ZAA004　一条直线起点坐标、终点坐标已知，以坐标增量的比值为依据可计算出该直线的坐标方位角。

(　　) 5. ZAA005　在直角坐标系中，在第Ⅰ象限内象限角与方位角相等。

(　　) 6. ZAA006　电磁波测距仪按测量精度划分为Ⅰ、Ⅱ、Ⅲ、Ⅳ级。

(　　) 7. ZAA007　使用测距仪时，测线宜高出地面或障碍物 2m 以上，且选边时不应有反光物体位于测线或其延长线上。

(　　) 8. ZAA008　使用测距仪测距时，先以十字丝照准棱镜后，再以"电照准"检核，在获得最佳返回信号时，才能测距。

(　　) 9. ZAA009　方位角又称地平经度（Azimuth angle，缩写 Az），是在平面上量度物体之间的角度差的方法之一。

(　　) 10. ZAA010　某一目标点的方向线与本初子午线在较为接近的一端之间所夹的角称为象限角。

(　　) 11. ZAA011　电子经纬仪的光栅度盘分为透射式和透明式两种。

(　　) 12. ZAA012　工程测量学按着工程建设阶段划分为三个阶段，这三个阶段对测绘工作有相同的要求。

(　　) 13. ZAA013　工程测量中，对于地面点的高程，我们所说的相对高程就是假定高程。

(　　) 14. ZAA014　平面位置，例如经度和纬度，称为二维坐标，至少需要 2 颗 GPS 卫星的数据来定位二维坐标。

(　　) 15. ZAA015　大地经度和纬度是根据大地起点的大地坐标，通过大地测量所得的数据推算得到的。

(　　) 16. ZAA016　如果测量方向是由 A 到 B，A 是已知高程点，则 A 称为前视点，a 为前视读数；B 称为后视点，b 为后视读数。

(   )17. ZAA017　1954 北京坐标系可以认为是苏联 1942 坐标系的延伸。
(   )18. ZAA018　1980 坐标系的大地原点在我国的北京。
(   )19. ZAB001　通常真值是不知道的,我们通过测量可得到观测值,求得尽量接近真值的最可靠值,如四边内角和的真值只能通过观测求得。
(   )20. ZAB002　水准测量中,水准仪视准轴不平行于水准管轴而产生的读数误差属于系统误差。
(   )21. ZAB003　瞄准误差和对中误差均属于系统误差。
(   )22. ZAB004　钢尺由于制造误差、使用过程中的变形以及丈量时温度和拉力的不同,使得实际长度往往不等于名义长度。
(   )23. ZAB005　水准仪的观测误差有:剩余的角误差、读数误差和水准尺倾斜误差。
(   )24. ZAB006　水准尺倾斜误差属于系统误差。
(   )25. ZAB007　角度中误差是依据三角形内角观测值误差计算求得。
(   )26. ZAB008　量距的精度是采用相对误差的方法表示的。
(   )27. ZAB009　测量误差的来源主要有仪器、人为及环境方面因素引起,所以把它们统称为测量因素。
(   )28. ZAB010　四等水准测量中,前后视距离互差应小于 3m。
(   )29. ZAB011　双面尺法水准测量中,视距差是后视距减去前视距。
(   )30. ZAB012　高差闭合差的调整是按照与路线长度 L 或者测站数 n 成反比反符号分配到各测段高差中。
(   )31. ZAB013　钢尺常用于段距离测量中,精度一般为 1/1000 至 1/5000。
(   )32. ZAB014　钢尺测量中,直线丈量分为直接丈量和辅助丈量。
(   )33. ZAB015　距离测量中,钢尺量距是用钢卷尺沿地面直接丈量地面上两点之间的距离。
(   )34. ZAC001　地形测图时,为了保证图边测绘的精度,在布设图根控制点时,应顾及图边测绘的需要,若图边解析点数量不足时,可增设少量图边公共测站点测出图边,以满足图纸完整的要求。
(   )35. ZAC002　我国法定面积计量单位有平方米、平方厘米、平方千米。
(   )36. ZAC003　当地物变动面积较大,周围地物关系控制不足,如新的住宅为楼群或独立的高大建筑或地貌较复杂时,均应先补设控制点,再进行修测。
(   )37. ZAC004　1∶2000 地形图编绘时,高压电塔应边线、电杆之间不连线。
(   )38. ZAC005　通过对航测优质地图水系结构的判读,可分析许多形态与变形关系的问题。
(   )39. ZAC006　一地形图数字比例尺为 1∶10000,那么该图上 1cm 距离代表实际距离为 10000m。
(   )40. ZAC007　为了用图方便以及减小由于图纸伸缩而引起的误差,在绘制地形图时,常在图上绘制数字比例尺。
(   )41. ZAC008　图例是用一种符号表示地理信息。
(   )42. ZAC009　等高线中的间曲线必须绘制,而且要闭合。

(   )43. ZAC010　一般等高线称为首曲线,每隔 4 条等高线绘制一条加粗曲线为计曲线,在计曲线上加注的高程值称为高程注记。

(   )44. ZAC011　三北方向图绘制时,真子午线北方向需平行南北图廓线,其他方向线按实际关系绘制,实际偏角值通过注记标明。

(   )45. ZAD001　摄影测量学是通过摄影获取的像片,直接获取被摄物体的形状、大小、位置、特性及其相互关系的一门学科。

(   )46. ZAD002　水下摄影测量是指以测绘水下地形或研究水中生物为目的的摄影测量。

(   )47. ZAD003　摄影测量的发展主要体现在传感器的发展上。

(   )48. ZAD004　航空摄影质量要求,因飞机低速产生的最大像点位移在底片上应小于 0.10mm。

(   )49. ZAD005　利用数字地面模型和设计模型计算出填挖土方量和汇水面积,表现设计的科学性与合理性。

(   )50. ZAD006　航空摄影中航带设计应提交的资料之一是公路路线方案地理位置图,图中以坐标标注出航摄区域的范围。

(   )51. ZAD007　航空摄影测量测图的方法主要有综合法、全能法和分工法。

(   )52. ZAD008　采用摄影测量方法进行数据采集时,在植被覆盖密集或阴影严重地区,要求应实地补测地面数据。

(   )53. ZAD009　地形、地物数据文件均应赋予专用信息码。

(   )54. ZAD010　数字正射影像的英文缩写是 DEM。

(   )55. ZAD011　如成图比例尺为 1∶500,那么航摄比例尺可在 1∶4000~1∶6000 范围选择。

(   )56. ZBA001　工程控制网按用途分为测图、施工和竣工观测三种。

(   )57. ZBA002　有一闭合导线,为图根导线,角度闭合差的容许值为:$f_{容} = \pm 40'' \sqrt{n}$（mm）。

(   )58. ZBA003　平面控制网中各等级三角网各内角宜接近 60°,一般不小于 30°,受限制时不应小于 25°。

(   )59. ZBA004　用经纬仪测角时,望远镜绕横轴转动时,视准轴所形成的面应是一水平面。

(   )60. ZBA005　使用经纬仪时,竖直角越大,横轴误差对水平度盘读数的影响就越大,当视线水平时,横轴误差对水平度盘读数无影响。

(   )61. ZBA006　全站仪在迁站时,即使距离很近,也应取下仪器装箱。

(   )62. ZBA007　全站仪测距模式分为精测、快测、粗测三种。

(   )63. ZBA008　从整体上来看,全站仪分成三大部分:一是为采集数据而设置的专用设备;二是测量过程的控制设备;三是数据处理过程的运算设备。

(   )64. ZBA009　全站仪内部设有专用设备,能方便地进行三维坐标测量、放样测量、后方交会、悬高测量等多项工作。

(   )65. ZBA010　徕卡 TS02 型全站仪,无棱镜测程大于 2000m。

( )66. ZBA011 全站仪可直接测出斜距、水平角和竖直角,可自动计算水平距离、高差和坐标增量,自动进行气象改正和自动给出放样数据,有的还可以自动跟踪目标。

( )67. ZBA012 全站仪检验与校正的内容有长水准器、圆水准器、望远镜分划板、视准轴与横轴垂直度、竖盘指标零点自动补偿、光学对中器等六项。

( )68. ZBA013 钢尺量距导线要求,图根导线测角中误差为±20"。

( )69. ZBA014 导线复测的内业计算中,闭合导线纵坐标增量闭合差计算公式为:$f_x = \sum \Delta x_{测} - (x_{终} - x_{始})$。

( )70. ZBA015 导线复测外业工作中,附合导线水平角测量可以测左角或右角。

( )71. ZBA016 适用于控制点加密的小三角网布设形式是中点多边形。

( )72. ZBA017 用于高程测量的光电测距仪,其一测回垂直角观测中误差不得大于5.0"。

( )73. ZBA018 四等水准网城市水准测量要求,每千米高差中误差应为±10mm。

( )74. ZBA019 前方交会法一般采用两个已知点交会所求点位。

( )75. ZBA020 埋设普通三角标石时,柱石和盘石中心应在同一铅垂线上,最大偏差一般不应大于2mm。

( )76. ZBA021 用单三角形定点时,如果已知点坐标抄错了,这个错误可以在计算时发现。

( )77. ZBA022 计算后方交会点坐标的公式很多,余切计算式和仿权计算式为其中的两种计算方式。

( )78. ZBA023 距离交会中,当测边精度相同,交会角∠P = 90°时,待定点 P 的点位精度最高。

( )79. ZBB001 高程控制测量时,如等级为四级,附合水准路线长度超过25km时,应采用双摆站的方法进行测量,但其长就不得大于60km。

( )80. ZBB002 多跨桥梁总长大于等于3000m时,选用的高程控制测量等级为三等。

( )81. ZBB003 特殊结构的构造物,当对测量精度要求较高时,应根据具体要求确定高程控制测量的精度。

( )82. ZBB004 SZ1032 精密水准仪,每千米往返测高差中数的标准偏差为±2mm。

( )83. ZBB005 高程控制测量时,往返测高差中数数字取位为1mm。

( )84. ZBB006 高程控制点布设时,相邻控制点之间的间距以 1～1.5km 为宜,重丘、山岭区可根据需要适当加密。

( )85. ZBB007 高程控制测量观测时,观测结果超限可以进行平差,才能使用测量成果。

( )86. ZBB008 GPS 高程控制测量时,测区明显分几种地形时,应在地形变化部位联测点的坐标。

( )87. ZBB009 单一水准路线的形式有三种:附和水准路线、支水准路线和闭合水准路线。

( )88. ZBB010 采用对向观测可消除地球曲率和大气折光的影响,因此在高程控制测量中均采用对向观测。
(   )89. ZBB011　三角高程的单向观测法一般在地形测量及高精度测量中应用。
(   )90. ZBC001　切线长与曲线长的差称为切曲差。
(   )91. ZBC002　复曲线测设时,它的曲线长等于主曲线的曲线长和副曲线曲线长之和。
(   )92. ZBC003　缓和曲线中,HY 点里程等于 ZH 点里程加上圆曲线长。
(   )93. ZBC004　HY 点是直线与缓和曲线相接点。
(   )94. ZBC005　YH 点是缓和曲线与直线相连的点位。
(   )95. ZBC006　HZ 点是缓和曲线进入直线段的点位。
(   )96. ZBC007　如果曲线为右转角,仪器置于 ZY 上测设曲线为反拨。
(   )97. ZBC008　坡地上路基边桩放样的方法还是采用图解法比较方便。
(   )98. ZBC009　根据由整体到局部的测量原则,中线水准测量是一种沿路线方向设置水准点,建立路线的高程控制,称为基平测量。
(   )99. ZBC010　中平测量要做往返观测,按普通的水准测量精度。
(   )100. ZBC011　《公路工程技术标准》(JTG B01—2014)规定当设计车速为 60km/h,凸形竖曲线的极限值为 1400m,竖曲线最小长度为 50m。
(   )101. ZBC012　一般情况下,凹形竖曲线最低点纵断面设计高程比该点原地面高程低。
(   )102. ZBC013　平面交叉口应按交通组织方式分为平 A 类、平 B 类和平 C 类。
(   )103. ZBC014　里程桩的设置是在中线计算的基础上进行的。
(   )104. ZBC015　圆曲线是具有一定半径的圆弧。
(   )105. ZBC016　圆曲线的半径 R 以及转角 α 均为测设的数据。
(   )106. ZBC017　切线支距法测设圆曲线时,应首先检核三个主点的位置。
(   )107. ZBC018　在计算圆曲线要素的里程时,一般用 ZY 表示圆直点。
(   )108. ZBC019　在计算圆曲线要素的里程时,YZ 里程等于 ZY 里程+L。
(   )109. ZBC020　在测设曲线元素时,一般用 ZD 来表示曲线的中点。
(   )110. ZBC021　圆曲线是根据相应的路线工程设计规范和地形条件所选定的一定半径的圆弧。
(   )111. ZBC022　圆曲线要素中,切曲差又称为超距。
(   )112. ZBC023　目前 T 型梁预制模板常采用分片装拆钢模板结构。
(   )113. ZBC024　在拼装钢模时,所有紧贴混凝土的接缝内都用止浆垫使接缝密闭不漏浆,止浆垫一般采用柔软、耐用和弹性大的 5~8mm 橡胶板或厚 10mm 左右的泡沫塑料。
(   )114. ZBC025　在水深不超过 5m、水流平缓、不通航的中小河流上,也可以搭设便桥并铺设轨道后用自行式吊车架梁。
(   )115. ZBC026　浮吊架梁时需在岸边设置便桥来移运预制梁。
(   )116. ZBC027　采用自行式吊车法架梁,用于孔数多、桥较长的桥梁比较经济。
(   )117. ZBC028　拱上建筑的施工,应在拱圈合拢,混凝土或砂浆达到设计强度 50% 后进行。

(　　)118. ZBC029　缆索吊机的最大单跨跨径已达400m。

(　　)119. ZBC030　拱桥转体施工法可按转动方向分为竖向转体施工法和平面转体施工法。

(　　)120. ZBD001　建筑物基础详图给出基础轴线间的尺寸关系以及编号。

(　　)121. ZBD002　建筑基线也是根据建筑物的分布、场地地形及原有控制点的状况来布置的，其位置应靠近主要建筑物，并与其垂直，以便以后采用直角坐标系法进行测设。

(　　)122. ZBD003　直角坐标法测设点位适用于以方格网或建筑基线为施工控制的场地。

(　　)123. ZBD004　极坐标测量法是在极坐标系中进行的，极坐标系是一个三维坐标系统。

(　　)124. ZBD005　当桥墩所处的位置河水较深时，无法直接丈量，也不便于架设反射棱镜时，可采用极坐标法测设桥墩中心。

(　　)125. ZBD006　在点位测设时，采用距离交会法比角度交会法的精度高。

(　　)126. ZBD007　放样曲线段路基边桩时，用坡度板定出横断面方向，然后按路基中线两侧量距放出路基边桩。

(　　)127. ZBD008　当圆曲线半径小于不设超高的最小半径时，为抵消一部分横向力，将行车道绕旋转轴旋转，逐渐形成外侧高内侧低的单一横向坡度，这种设置称为超高。

(　　)128. ZBD009　桥轴线的直接丈量法在测设时，将经纬仪置于桥轴线一控制桩上，定出轴线方向，每隔一整尺距离钉设一木桩，木桩要钉牢，不能有丝毫晃动。

(　　)129. ZBD010　桥轴线的间接测量法中，精密导线测量的边长精度不宜低于1∶30000。

(　　)130. ZBD011　桥墩位置在水中，要采用交会法定位，这时可将桥轴线作为一条边，布设成双闭合环导线，这时测距仪同样能很方便地测定桥轴线长度。

(　　)131. ZBD012　输电线路终勘测量主要是根据批准的初步设计方案，在现场进行选线测量、定线测量、交叉跨越测量、平断面测量，并绘制纵断面图。

(　　)132. ZBD013　输电线路与铁路、公路、架空索道平行敷设时，其间距不得小于50m。

(　　)133. ZBD014　35~110kV送电线路跨越居民区的安全垂距是10m。

(　　)134. ZBD015　高压输电线路杆塔位置是利用水准仪在线路平断面上排定塔杆位置的。

(　　)135. ZBD016　坡度线的测设方法有水平视线法和倾斜视线法。

(　　)136. ZBD017　倾斜视线法测设坡度线可选用经纬仪或水准仪进行测设。

(　　)137. ZBD018　当使用电子经纬仪或全站仪测设坡度线时，可以将其竖盘显示单位切换为距离单位。

(　　)138. ZBD019　以铅垂线为标准的点和线又称为重力线。

(　　)139. ZBD020　测设路基边桩时，如果填挖土方不大时，一般采用解析法。

(　　)140. ZBD021　输电线路定线测量方法根据路径上障碍的多少以及地形复杂程度采用不同的方法。

( )141. ZBD022　近似平差一般分为直接观测平差、条件观测平差和间接观测平差三种平差方法。

( )142. ZBD023　工业建筑柱基础杯口中心线投点方法之一是将仪器置于中心线上的合适位置,照准控制网上柱基中心线两端点,采用正倒镜法进行投点。

( )143. ZBD024　工业建筑钢柱基础定位方法与工业建筑柱基础定位方法相同。

( )144. ZBD025　柱子模板校正以后,应选择不同行列的五六根柱子,用钢尺从柱子下面已测好的标高点沿柱身向上量距,引测五六个同一高程的点于柱子上端模板上。

( )145. ZBD026　柱子安装时,当柱高≤10m时,柱身垂直允许误差不应大于20mm。

( )146. ZBD027　吊车梁安装时中心线投点误差为±5mm。

( )147. ZBD028　吊车轨道跨距的检查:在两条轨道对称点上,用钢尺精密丈量其跨距尺寸,实测值与设计值相比较。

( )148. ZBD029　定位轴线检查,预检应由业主、监理、土建和安装四方联合进行,作为临时支承标高块调整的依据。

( )149. ZBD030　管道横断面图表示管线两侧的地面起伏情况,供设计时计算土方量和施工确定开挖边界之用。

( )150. ZBD031　地下管线调查时,隐蔽管线点探查的埋深较差ΔH应满足$\Delta H \leqslant 0.07h$。

( )151. ZBD032　预测未知管线数据是地下管线信息系统的功能。

( )152. ZBD033　机械设备基础底层放线包括坑底抄平与垫层厚度放样两项工作,测设成果系提供施工人员安装固定架、地脚螺栓及支模用。

( )153. ZBD034　顶推法施工中采用的主要设备是千斤顶和滑道。

( )154. ZBD035　移动式模架逐孔施工法只能用来建造连续梁桥。

( )155. ZBE001　竣工总平面图的比例尺,宜为1∶500。

( )156. ZBE002　凡按设计坐标定位施工的工程,应以测量定位资料为依据,按设计坐标编绘。

( )157. ZBE003　对于较大的钢结构竣工细部平面位置测量,要测其基础顶面外角两个以上的测点。

( )158. ZBE004　工程竣工时进行的细部高程位置测量只能用水准仪进行。

( )159. ZBE005　铁路竣工测量内容及成果资料的编制应满足高速铁路工程竣工验收的标准。

( )160. ZBE006　竣工总平面图一般采用直角坐标系,其坐标轴应与主要建筑物平行或垂直,图面一般应从主厂区向外分幅,避免主要车间被分幅切割,并要照顾生产系统的完整性,使之尽可能绘制在一幅图纸上。

( )161. ZBE007　输电线路竣工时,需要用经纬仪检查相邻两杆塔之间导线上某点至悬挂点连线的垂直距离,即导地线弧垂。

( )162. ZBE008　水泥混凝土路面竣工测量,路面横坡度检查频率应按路面宽度来定,当路面宽度大于15m时,横向测5点。

( )163. ZBE009　路基工程竣工测量要求,路基宽度不得小于设计值。
( )164. ZBE010　隧道竣工测量工作内容可根据设计要求选择,横向偏差、高程偏差是指相对于路线设计轴线的偏差。
( )165. ZBF001　建筑物的变形,主要指沉降、倾斜和挠度。
( )166. ZBF002　变形监测方案设计包括测量方法的选择、监测网布设和测量精度。
( )167. ZBF003　在直接测定建筑物倾斜的各种方法中,最简单的方法是采用经纬仪投影。
( )168. ZBF004　工程施工期间如有较大荷重增加前后要进行沉降观测。
( )169. ZBF005　建筑物的投点法是进行建筑物的沉降观测。
( )170. ZBF006　建筑物的倾斜程度一般用倾斜率来表示。
( )171. ZBF007　观测急剧沉降的工程结构物时,若不能及时建造水准点,可直接在已有的结构物上设置标志作为水准点。
( )172. ZBF008　一般情况下,可以利用工程施工时使用的永久水准点,作为沉降观测的水准基点。
( )173. ZBF009　日照变形的观测时间宜选在冬季的低温天气进行。
( )174. ZBF010　建筑场地滑坡观测的周期,在雨季可每季度测一次。
( )175. ZBG001　建筑总平面图中可以不绘指北针。
( )176. ZBG002　在同一张图纸上绘制多于一层的建筑平面图时,各层平面图宜按层数由高向低的顺序从左至右或从下至上布置。
( )177. ZBG003　了解外墙各部位建筑装修材料做法可阅读建筑平面图。
( )178. ZBG004　建筑剖面图内应包括剖切面和投影方向可见的建筑构造、构配件以及必要的尺寸、标高等。
( )179. ZBG005　在平面图与立面图上所表示的同一房间、门窗的宽度尺寸应一致。
( )180. ZBG006　在砖混结构中一般采用桩基础、砖承重墙、钢筋混凝土梁板和楼梯以及钢筋混凝土或加气混凝土屋面板。
( )181. ZBG007　凡是基础的槽宽、基础墙厚度、基底标高、大放脚及暖气管沟的做法不同时,都应以不同的剖面图表示。
( )182. ZBG008　在高层及大跨度建筑中通常选用钢结构。
( )183. ZBG009　一般的民用建筑是由基础、墙和柱、楼板、地面、楼梯、屋顶等五大部分所组成。
( )184. ZBG010　一般地下室砖墙的厚度不小于490mm,钢筋混凝土墙的厚度不小于250mm。
( )185. ZBH001　数学函数 $y=a^x$ 称为幂函数。
( )186. ZBH002　对数函数与幂函数互为反函数。
( )187. ZBH003　幂函数 $y=x$ 是增函数。
( )188. ZBH004　两圆内切或外切时,切点与两圆圆心三点不共线。
( )189. ZBH005　同角三角函数有 $\tan\alpha = \dfrac{\cos\alpha}{\sin\alpha}$。

(　　)190. ZBH006　两角和正切公式为：$\tan(\alpha+\beta)=\dfrac{\tan\alpha\pm\tan\beta}{1\mp\tan\alpha\tan\beta}$。

(　　)191. ZBH007　如果两个不重合的平面有一个公共点，那么有两条过该点的公共直线。

(　　)192. ZBH008　两条直线的斜率分别为 k_1、k_2，如果 $k_1\cdot k_2=-1$，那么两条直线平行。

(　　)193. ZBH009　计算器按功能从简单至复杂可分为两类：普通计算器和科学计算器。

(　　)194. ZBH010　科学计算器的 $\boxed{\text{MIN}}$ 键为独立储存器输入功能。

(　　)195. ZBH011　科学计算器的 $\boxed{\text{MODE}}$．RUN 表示计算器可作程序运算。

(　　)196. ZBH012　科学计算器常数存储器中所存内容，在电源关掉之后，内容就被删除了。

(　　)197. ZBH013　在数学三角函数里，余弦函数 cos270°的值为1。

(　　)198. ZBH014　在数学三角函数里，正切函数 tan90°的值为无穷大。

(　　)199. ZBH015　在数学三角函数里，同一角度值的余切函数和正切函数的乘积为0。

(　　)200. ZBH016　反正切函数是根据角度的正切值求取角度值的过程。

答　案

一、单项选择题

1. B	2. B	3. A	4. A	5. B	6. C	7. C	8. B	9. B	10. B
11. A	12. D	13. B	14. C	15. B	16. B	17. A	18. C	19. B	20. D
21. C	22. B	23. D	24. C	25. D	26. B	27. A	28. A	29. B	30. C
31. B	32. A	33. D	34. A	35. D	36. A	37. B	38. C	39. C	40. B
41. D	42. C	43. B	44. A	45. D	46. B	47. B	48. A	49. A	50. C
51. B	52. A	53. B	54. A	55. C	56. D	57. A	58. B	59. C	60. A
61. B	62. C	63. B	64. B	65. B	66. B	67. D	68. A	69. B	70. C
71. D	72. A	73. A	74. D	75. B	76. B	77. C	78. A	79. D	80. A
81. B	82. C	83. C	84. D	85. A	86. B	87. A	88. B	89. A	90. D
91. A	92. B	93. A	94. A	95. C	96. D	97. B	98. D	99. C	100. B
101. B	102. B	103. A	104. C	105. D	106. D	107. B	108. A	109. C	110. B
111. A	112. C	113. D	114. A	115. D	116. B	117. D	118. C	119. B	120. D
121. C	122. A	123. D	124. B	125. D	126. B	127. C	128. C	129. C	130. B
131. D	132. C	133. C	134. D	135. B	136. B	137. A	138. C	139. D	140. B
141. A	142. D	143. B	144. A	145. A	146. C	147. D	148. B	149. A	150. A
151. D	152. B	153. A	154. B	155. B	156. A	157. B	158. A	159. D	160. C
161. A	162. C	163. B	164. D	165. D	166. C	167. B	168. C	169. B	170. D
171. A	172. B	173. D	174. D	175. A	176. B	177. A	178. D	179. D	180. B
181. C	182. A	183. B	184. C	185. A	186. B	187. C	188. B	189. B	190. C
191. A	192. B	193. C	194. B	195. C	196. C	197. B	198. D	199. B	200. B
201. D	202. B	203. C	204. D	205. B	206. D	207. A	208. B	209. D	210. A
211. B	212. C	213. A	214. B	215. C	216. A	217. B	218. C	219. C	220. A
221. C	222. C	223. B	224. D	225. C	226. B	227. A	228. C	229. A	230. C
231. D	232. C	233. B	234. A	235. A	236. C	237. C	238. D	239. B	240. C
241. D	242. D	243. C	244. A	245. C	246. C	247. B	248. C	249. B	250. C
251. B	252. C	253. C	254. C	255. A	256. C	257. C	258. B	259. D	260. B
261. C	262. D	263. C	264. A	265. B	266. C	267. D	268. C	269. B	270. B
271. B	272. B	273. C	274. C	275. C	276. B	277. D	278. C	279. C	280. B
281. C	282. B	283. A	284. D	285. C	286. B	287. B	288. C	289. B	290. A
291. C	292. C	293. B	294. B	295. C	296. B	297. C	298. C	299. B	300. B
301. C	302. B	303. D	304. B	305. C	306. C	307. B	308. C	309. B	310. C

311. A	312. D	313. B	314. B	315. A	316. A	317. D	318. C	319. A	320. C
321. D	322. C	323. B	324. B	325. C	326. B	327. A	328. D	329. A	330. B
331. A	332. D	333. B	334. D	335. C	336. B	337. C	338. C	339. C	340. D
341. C	342. D	343. C	344. B	345. C	346. B	347. B	348. C	349. B	350. B
351. C	352. B	353. C	354. C	355. B	356. C	357. B	358. C	359. C	360. C
361. B	362. B	363. C	364. A	365. C	366. C	367. B	368. B	369. C	370. B
371. D	372. C	373. B	374. D	375. C	376. B	377. B	378. C	379. B	380. C
381. C	382. B	383. C	384. C	385. C	386. D	387. B	388. B	389. C	390. C
391. C	392. D	393. A	394. B	395. A	396. D	397. B	398. C	399. A	400. C
401. A	402. C	403. B	404. C	405. A	406. C	407. B	408. D	409. A	410. C
411. D	412. D	413. B	414. A	415. D	416. A	417. B	418. C	419. B	420. A
421. D	422. A	423. B	424. C	425. C	426. C	427. C	428. C	429. C	430. D
431. B	432. D	433. C	434. C	435. D	436. B	437. A	438. B	439. D	440. C
441. B	442. A	443. C	444. B	445. D	446. C	447. C	448. B	449. D	450. D
451. C	452. C	453. B	454. C	455. C	456. C	457. C	458. A	459. C	460. C
461. D	462. C	463. C	464. C	465. C	466. C	467. C	468. A	469. B	470. D
471. C	472. B	473. C	474. C	475. C	476. B	477. C	478. C	479. C	480. C
481. B	482. C	483. C	484. D	485. C	486. C	487. D	488. C	489. B	490. C
491. C	492. C	493. C	494. B	495. A	496. D	497. C	498. C	499. C	500. C
501. B	502. C	503. B	504. D	505. B	506. A	507. C	508. C	509. B	510. A
511. C	512. C	513. D	514. C	515. C	516. C	517. C	518. B	519. C	520. C
521. D	522. D	523. C	524. C	525. C	526. C	527. C	528. C	529. D	530. A
531. C	532. B	533. B	534. C	535. C	536. C	537. B	538. C	539. C	540. C
541. A	542. C	543. C	544. D	545. C	546. B	547. A	548. C	549. C	550. D
551. C	552. C	553. C	554. C	555. A	556. C	557. B	558. C	559. C	560. C
561. B	562. C	563. D	564. D	565. A	566. C	567. B	568. C	569. D	570. C
571. C	572. A	573. D	574. C	575. C	576. B	577. A	578. B	579. B	580. D
581. B	582. C	583. B	584. D	585. C	586. D	587. B	588. D	589. C	590. A
591. D	592. D	593. B	594. A	595. D	596. C	597. C	598. B	599. A	600. B

二、判断题

1. × 正确答案:20世纪80年代利用电磁波测距仪进行的距离测量,其误差仅为厘米。
2. √ 3. × 正确答案:航空遥感可以提供大面积鸟瞰图,如果对摄影机、胶片和飞行参数选用得当,从航片上还可以获取地物的精确位置、距离、方位、高度、体积和坡度等量测数据。
4. √ 5. √ 6. × 正确答案:电磁波测距仪按测量精度划分为Ⅰ、Ⅱ、Ⅲ级。 7. × 正确答案:使用测距仪时,测线宜高出地面或障碍物1.3m以上,且选边时不应有反光物体位于测线或其延长线上。 8. √ 9. √ 10. × 正确答案:某一目标点的方向线与子午线在较为接近的一端之间所夹的角称为象限角。　11. ×　正确答案:电子经纬仪的光栅度盘分为透射式和反射式两种。　12. ×　正确答案:工程测量学按着工程建设阶段划分为三个阶段,这三个阶段对测绘工作有不同的要求。　13. √　14. ×　正确答案:平面位置,例如经度和纬度,称为二维坐标,至少需要3颗GPS卫星的数据来定位二维坐标。　15. ×　正确答案:大地经度和纬度是根据大地原点的大地坐标,通过大地测量所得的数据推算得到的。　16. ×　正确答案:如果测量方向是由A到B,A是已知高程点,则A称为后视点,a为后视读数;B称为前视点,b为前视读数。　17. √　18. ×　正确答案:1980坐标系的大地原点设在我国西部的陕西省。　19. ×　正确答案:通常真值是不知道的,我们通过测量可得到观测值,求得尽量接近真值的最可靠值,但四边内角和的真值可以通过计算求得。　20. √　21. ×　正确答案:瞄准误差和对中误差均属于偶然误差。　22. √　23. ×　正确答案:水准仪的观测误差有:整平误差、读数误差和水准尺倾斜误差。　24. ×　正确答案:水准尺倾斜误差属于观测误差。　25. ×　正确答案:角度中误差是依据三角形角度闭合差或平差改正数计算求得。　26. √　27. ×　正确答案:测量误差的来源主要有仪器、人为及环境方面因素引起,所以把它们统称为观测条件。　28. ×　正确答案:四等水准测量中,前后视距离互差应小于5m。　29. √　30. ×　正确答案:高差闭合差的调整是按照与路线长度L或者测站数n成正比反符号分配到各测段高差中。　31. √　32. ×　正确答案:钢尺测量中,直线丈量分为直接丈量和间接丈量。　33. √　34. ×　正确答案:地形测图时,为了保证图边测绘的精度,在布设图根控制点时,应顾及图边测绘的需要,若图边解析点数量不足时,可增设少量图边公共测站点测出图边,以满足图边拼接的要求。　35. √　36. ×　正确答案:当地物变动面积较大,周围地物关系控制不足,如新的住宅为楼群或独立的高大建筑或地貌较复杂时,均应先补设图根控制,再进行修测。　37. √　38. ×　正确答案:通过对航测优质地图水系结构的判读,可分析许多形态与成因关系的问题。　39. ×　正确答案:一地形图数字比例尺为1:10000,那么该图上1cm距离代表实际距离为100m。　40. ×　正确答案:为了用图方便以及减小由于图纸伸缩而引起的误差,在绘制地形图时,常在图上绘制图示比例尺。　41. √　42. ×　正确答案:等高线中的间曲线只在需要的位置绘出,可不闭合。　43. √　44. ×　正确答案:三北方向图绘制时,真子午线北方向需垂直南北图廓线,其他方向线按实际关系绘制,实际偏角值通过注记标明。　45. ×　正确答案:摄影测量学是通过摄影获取的像片,经过处理以获取被摄物体的形状、大小、位置、特性及其相互关系的一门学科。　46. ×　正确答案:水下摄影测量是指以测绘水下地形或研究水中物体为目的的摄影测量。　47. √　48. ×　正确答案:航空摄影质量要求,因飞机低速产生的最大像点位移在底片上应小于0.06mm。　49. √　50. ×　正确答案:航空摄影中航带设计应提交的资料之一是公路路线方案地理位置图,图中以经纬度标注出航摄区域的范围。　51. √　52. ×　正确答案:采用摄影测量方法进行数据采集时,在植被覆盖密集或阴影严重地区,要求应实地补测地面三维数据。　53. ×　正确答案:地形、地物数据文件均应赋予特征信息码。　54. ×　正确答案:数字正射影像的英文缩写是DOM。　55. ×　正确答案:如成图比例尺为1:500,那么航摄比例尺可在1:2000~1:3000范围选择。　56. ×　正确答案:工程控制网按用途分为测图、施工和变形观测三种。　57. ×　正确答案:有一闭合导线,为图根导线,角度闭合差的容许值为:$f_{容}=\pm 60''\sqrt{n}$(mm)。　58. √　59. ×　正确答案:用经纬仪测角时,望远镜绕横轴转动时,视准轴所形成的面应是竖直的平面。 60.√ 61.√ 62.× 正确答案:全站仪测距模式分为精测、快测、粗测和跟踪测量四种。 63.× 正确答案:从整体上来看,全站仪分成两大部分:一是为采集数据而设置的专用设备;二是测量过程的控制设备。 64.× 正确答案:全站仪机内设有测量软件,能方便地进行三维坐标测量、放样测量、后方交会、悬高测量等多项工作。 65.× 正确答案:徕卡 TSO2 全站仪,无棱镜测程大于 1000m。 66.√ 67.× 正确答案:全站仪检验与校正的内容有长水准器、圆水准器、望远镜分划板、视准轴与横轴垂直度、竖盘指标零点自动补偿、光学对中器、仪器常数、视准轴拨射电光轴的平行度等八项。 68.√ 69.× 正确答案:导线复测的内业计算中,附合导线纵坐标增量闭合差计算公式为:$f_x = \sum \Delta x_{测}$。 70.√ 71.× 正确答案:适用于控制点加密的小三角网布设形式是线形三角锁。 72.× 正确答案:用于高程测量的光电测距仪,其一测回垂直角观测中误差不得大于 3.0"。 73.√ 74.× 正确答案:前方交会法一般采用三个已知点交会所求点位。 75.× 正确答案:埋设普通三角标石时,柱石和盘石中心应在同一铅垂线上,最大偏差一般不应大于 3mm。 76.× 正确答案:用单三角形定点时,如果已知点坐标抄错了,这个错误无法在计算时发现。 77.√ 78.√ 79.× 正确答案:高程控制测量时,如等级为四级,附合水准路线长度超过 25km 时,应采用双摆站的方法进行测量,但其长就不得大于 50km。 80.× 正确答案:多跨桥梁总长大于等于 3000m 时,选用的高程控制测量等级为二等。 81.√ 82.× 正确答案:SZ1032 精密水准仪,每千米往返测高差中数的标准偏差为±1mm。 83.√ 84.√ 85.× 正确答案:高程控制测量观测时,观测结果超限必须进行重新测量。 86.× 正确答案:GPS 高程控制测量时,测区明显分几种地形时,应在地形变化部位联测几何水准。 87.√ 88.√ 89.× 正确答案:三角高程的单向观测法一般在地形测量及低精度测量中应用。 90.× 正确答案:2 倍切线长与曲线长的差称为切曲差。 91.√ 92.× 正确答案:缓和曲线中,HY 点里程等于 ZH 点里程加上缓和曲线长。 93.× 正确答案:HY 点是缓和曲线与圆曲线相接点。 94.× 正确答案:YH 点是圆曲线与缓和曲线相连的点位。 95.√ 96.× 正确答案:如果曲线为右转角,仪器置于 ZY 上测设曲线为正拨。 97.× 正确答案:坡地上路基边桩放样的方法还是采用坡度板法比较方便。 98.√ 99.× 正确答案:中平测量只做单程观测,按普通的水准测量精度。 100.√ 101.× 正确答案:一般情况下,凹形竖曲线最低点纵断面设计高程比该点原地面高程高。 102.√ 103.× 正确答案:里程桩的设置是在中线丈量的基础上进行的。 104.√ 105.× 正确答案:圆曲线的半径 R 以及转角 α 均为设计人员给定的数据。 106.√ 107.× 正确答案:在计算圆曲线要素的里程时,一般用 ZY 表示直圆点。 108.√ 109.× 正确答案:在测设曲线元素时,一般用 QZ 来表示曲线的中点。 110.√ 111.√ 112.× 正确答案:目前 T 型梁预制模板常采用分片装拆木制模板结构。 113.√ 114.× 正确答案:在水深不超过 5m、水流平缓、不通航的中小河流上,也可以搭设便桥并铺设轨道后用门式吊车架梁。 115.× 正确答案:浮吊架梁时需在岸边设置临时码头来移运预制梁。 116.× 正确答案:采用联合架桥机架梁,用于孔数多、桥较长的桥梁比较经济。 117.× 正确答案:拱上建筑的施工,应在拱圈合拢,混凝土或砂浆达到设计强度 30%后进行。 118.× 正确答案:缆索吊机的最大单跨跨径已达 492m。 119.√ 120.× 正确答案:建筑物基础详图即基础大样图,它给出基础的设计宽度、形式以及基础边线与轴线的尺寸关系。 121.× 正确答案:建筑基线也是根据建筑物的分布、场地地形及原有控制点的状况来布置的,其位置应靠近主要建筑物,并与其平行,以便以后采用直角坐标系法进行测设。 122.√ 123.× 正确答案:极坐标测量法是在极坐标系中进行的,极坐标系是一个二维坐标系统。 124.× 正确答案:当桥墩所处的位置河水较深时,无法直接丈量,也不便于架设反射棱镜时,可采用角度交会法测设桥墩中心。 125.× 正确答案:在点位测设时,采用角度交会法比距离交会法的精度高。 126.× 正确答案:放样曲线段路基边桩时,用求心方向架定出横断面方向,然后按路基中线两侧量距放出路基边桩。 127.√ 128.√ 129.× 正确答案:桥轴线的间接测量法中,精密导线测量的边长精度不宜低于1:25000。 130.× 正确答案:桥墩位置在水中,要采用交会法定位,这时可将桥轴线作为一条边,布设成双闭合环导线,这时采用全站仪进行观测尤为方便,测距和测角可同时进行。 131.× 正确答案:输电线路终勘测量主要是根据批准的初步设计方案,在现场进行选线测量、定线测量、交叉跨越测量、平断面测量,并绘制平断面图。 132.× 正确答案:输电线路与铁路、公路、架空索道平行敷设时,其间距不得小于一根杆塔的高度。 133.× 正确答案:35~110kV送电线路跨越居民区的安全垂距是7m。 134.× 正确答案:高压输电线路杆塔位置是利用横板在线路平断面上排定塔杆位置的。 135.√ 136.√ 137.× 正确答案:当使用电子经纬仪或全站仪测设坡度线时,可以将其竖盘显示单位切换为坡度单位。 138.× 正确答案:以铅垂线为标准的点和线又称为铅垂线。 139.× 正确答案:测设路基边桩时,如果填挖土方不大时,一般采用图解法。 140.√ 141.× 正确答案:严密平差一般分为直接观测平差、条件观测平差和间接观测平差三种平差方法。 142.√ 143.√ 144.× 正确答案:柱子模板校正以后,应选择不同行列的二三根柱子,用钢尺从柱子下面已测好的标高点沿柱身向上量距,引测二三个同一高程的点于柱子上端模板上。 145.× 正确答案:柱子安装时,当柱高≤10m时,柱身垂直允许误差不应大于10mm。 146.× 正确答案:吊车梁安装时中心线投点误差为±3mm。 147.√ 148.√ 149.√ 150.× 正确答案:地下管线调查时,隐蔽管线点探查的埋深较差ΔH应满足$\Delta H \leq 0.15h$。 151.× 正确答案:预测未知管线数据不是地下管线信息系统的功能。 152.× 正确答案:设备基础底层放线包括坑底抄平与垫层中心投点两项工作,测设成果系提供施工人员安装固定架、地脚螺栓及支模用。 153.√ 154.× 正确答案:移动式模架逐孔施工法不仅用来建造连续梁桥,同样也可用来修建多孔简支梁桥。 155.√ 156.× 正确答案:凡按设计坐标定位施工的工程,应以测量定位资料为依据,按设计坐标和标高编绘。 157.× 正确答案:对于较大的钢结构竣工细部平面位置测量,要测其基础顶面外角三个以上的测点。 158.× 正确答案:工程竣工时进行的细部高程位置测量,可以用水准仪进行,也可以用三角高程进行。 159.√ 160.× 正确答案:竣工总平面图一般采用建筑坐标系,其坐标轴应与主要建筑物平行或垂直,图面一般应从主厂区向外分幅,避免主要车间被分幅切割,并要照顾生产系统的完整性,使之尽可能绘制在一幅图纸上。 161.√ 162.× 正确答案:水泥混凝土路面竣工测量,路面横坡度检查频率应按路面宽度来定,当路面宽度大于15m时,横向测7点。 163.√ 164.× 正确答案:隧道竣工测量工作内容可根据设计要求选择,横向偏差、高程偏差是指相对于衬砌环设计轴线的偏差。 165.× 正确答案:建筑物的变形,主要指沉降、倾斜和裂缝。 166.× 正确答案:变形监测方案设计包括测量方法的选择、监测网布设、测量精度和观测周期的确定。 167.× 正确答案:在直接测定建筑物倾斜的各种方法中,最简单的是悬吊垂球的方法。 168.√ 169.× 正确答案:建筑物的投点法是进行建筑物的倾斜观测。 170.√ 171.× 正确答案:观测急剧沉降的工程结构物时,若不能及时建造水准点,可在已有的结构物上设置标志作为水准点,但这些结构物的沉降必须证明已经达到终止。 172.√ 173.× 正确答案:日照变形的观测时间宜选在夏季的高温天气进行。 174.× 正确答案:建筑场地滑坡观测的周期,在雨季宜每半月或一月测一次。 175.× 正确答案:建筑总平面图中必须绘制表示朝向的指北针。 176.× 正确答案:在同一张图纸上绘制多于一层的建筑平面图时,各层平面图宜按层数由低向高的顺序从左至右或从下至上布置。 177.× 正确答案:了解外墙各部位建筑装修材料做法可阅读建筑立面图。 178.√ 179.× 正确答案:在平面图与立面图上所表示的同一房间、门窗的长度尺寸应一致。 180.× 正确答案:在砖混结构中一般采用条形基础、砖承重墙、钢筋混凝土梁板和楼梯以及钢筋混凝土或加气混凝土屋面板。 181.× 正确答案:凡是基础的槽宽、基础墙厚度、基底标高、大放脚及暖气管沟的做法不同时,都应以不同的详图表示。 182.√ 183.× 正确答案:一般的民用建筑是由基础、墙和柱、楼板、地面、楼梯、屋顶、门窗等六大部分所组成。 184.× 正确答案:一般地下室砖墙的厚度不小于490mm,钢筋混凝土墙的厚度不小于100mm。 185.× 正确答案:数学函数 $y=a^x$ 称为指数函数。 186.× 正确答案:对数函数与指函数互为反函数。 187.√ 188.× 正确答案:两圆内切或外切时,切点与两圆圆心三点共线。 189.× 正确答案:同角三角函数有 $\tan\alpha = \dfrac{\cos\alpha}{\sin\alpha}$。 190.√ 191.× 正确答案:如果两个不重合的平面有一个公共点,那么有且只有一条过该点的公共直线。 192.× 正确答案:两条直线的斜率分别为 k_1、k_2,如果 $k_1 \cdot k_2 = -1$,那么两条直线垂直。 193.× 正确答案:计算器按功能从简单至复杂可分为三类:普通计算器、科学计算器、程序计算器和微机式计算器。 194.√ 195.× 正确答案:科学计算器的 MODE 0 LRN 表示计算器可作程序运算。 196.× 正确答案:科学计算器常数存储器中所存内容,即使是电源关掉之后,也会继续保存。 197.√ 198.√ 199.× 正确答案:在数学三角函数里,同一角度值的余切函数和正切函数的乘积为1。 200.× 正确答案:反正切函数是根据角度的正切值和角度的象限范围求取角度值的过程。

附 录

附录1　职业技能等级标准

1　工种概况

1.1　工种名称
工程测量员。

1.2　工种定义
使用全站仪、水准仪、测深仪、断面仪、陀螺经纬仪等仪器设备,对工程建设目标进行测量的人员。

1.3　工种等级
本工种共设五个等级,分别为:初级(国家职业资格五级)、中级(国家职业资格四级)、高级(国家职业资格三级)、技师(国家职业资格二级)、高级技师(国家职业资格一级)。

1.4　工种环境
室外作业,常温,有灰尘。

1.5　工种能力特征
从业人员需身体健康,具有一定的理解、计算、表达及空间想象能力,掌握必备测量知识和技能,能吃苦、肯钻研。

1.6　基本文化程度
高中毕业(或同等学力)。

1.7　培训要求

1.7.1　培训期限
全日制职业学校教育,根据其培养目标和教学计划确定。

晋级培训期限:初级不少于360标准学时;中级不少于300标准学时;高级不少于260标准学时;技师不少于260标准学时;高级技师不少于200标准学时。

1.7.2　培训教师
培训初级、中级的教师,应具有本职业高级以上职业资格证书,或相关专业中级以上(含中级)专业技术职务任职资格;培训高级的教师,应具有本职业技师职业资格证书2年以上,或相关专业中级(含中级)以上专业技术职务任职资格;培训技师与高级技师的教师,应具有本职业技师职业资格证书2年以上,或相关专业高级专业技术职务任职资格。

  1.7.3 培训场地设备

  理论知识培训为标准教室；实际操作培训在具有被测实体的、配备测绘仪器的训练场地。

1.8 鉴定要求

  1.8.1 适用对象

  (1)新入职的操作技能人员；

  (2)在操作技能岗位工作的人员；

  (3)其他需要鉴定的人员。

  1.8.2 申报条件

  具备以下条件之一者可申报初级工：

  (1)新入职完成本职业(工种)培训内容，经考核合格人员。

  (2)从事本工种工作1年及以上的人员。

  具备以下条件之一者可申报中级工：

  (1)从事本工种工作5年以上，并取得本职业(工种)初级工职业技能等级证书。

  (2)各类职业、高等院校大专及以上毕业生从事本工种工作3年及以上，并取得本职业(工种)初级工职业技能等级证书。

  具备以下条件之一者可申报高级工：

  (1)从事本工种工作14年以上，并取得本职业(工种)中级工职业技能等级证书的人员。

  (2)各类职业、高等院校大专及以上毕业生从事本工种工作5年及以上，并取得本职业(工种)中级工职业技能等级证书的人员。

  技师需取得本职业(工种)高级工职业技能等级证书3年以上，工作业绩经企业考核合格的人员。

  高级技师需取得本职业(工种)技师职业技能等级证书3年以上，工作业绩经企业考核合格的人员。

  1.8.3 鉴定方式

  分理论知识考试和操作技能考核。理论知识考试采用闭卷笔试方式为主，推广无纸化考试形式；操作技能考核采用现场操作、模拟操作、实际操作笔试等方式。理论知识考试和操作技能考核均实行百分制，成绩皆达60分以上(含60分)者为合格。技师还需进行综合评审，综合评审包括技术答辩和业绩考核。综合评审成绩是技术答辩和业绩考核两部分的平均分。

  1.8.4 鉴定时间

  理论知识考试90分钟；操作技能考核不少于60分钟；综合评审的技术答辩时间40分钟(论文宣读20分钟，答辩20分钟)。

2 基本要求

2.1 职业道德

(1)爱岗敬业,自觉履行职责;
(2)忠于职守,严于律己;
(3)吃苦耐劳,工作认真负责;
(4)勤奋好学,刻苦钻研业务技术;
(5)谦虚谨慎,团结协作;
(6)安全生产,严格执行生产操作规程;
(7)文明作业,质量环保意识强;
(8)文明守纪,遵纪守法。

2.2 基础知识

2.2.1 测量学知识

(1)测量学简介和测量工作内容;
(2)地面点位的确定方法;
(3)水准测量;
(4)角度测量;
(5)距离测量与直线定向;
(6)遥感测量知识;
(7)GPS 测量知识。

2.2.2 测量误差知识

(1)测量误差的理论知识;
(2)测量工作中的误差分析。

2.2.3 地形图知识

(1)地形图基本知识;
(2)大比例地形图的绘制。

2.2.4 航空摄影测量与数字地面模型

(1)航空摄影测量;
(2)数字地面模型。

2.2.5 HSE 与法律法规简介

(1)HSE 简介;
(2)QC 简介;
(3)法律法规简介。

3 工作要求

本标准对初级、中级、高级、技师与高级技师的技能要求依次递进,高级别包含低级别的要求。

3.1 初级

职业功能	工作内容	技能要求	相关知识
一、布设工程控制网	(一)建立平面控制	1. 能进行水平角的观测; 2. 能进行方向观测; 3. 能进行导线的选点及布设方法; 4. 能建立建筑工程施工控制网; 5. 能操作经纬仪	1. 经纬仪的构造; 2. 经纬仪的轴线关系; 3. 闭合导线、附合导线及支导线的计算方法
	(二)建立高程控制	1. 能闭合水准路线; 2. 能放样点的高程; 3. 能建立高程控制网; 4. 能检验和校正水准仪; 5. 能操作水准仪	1. 水准测量原理; 2. 国家高程基准的内容; 3. 水准仪的构造; 4. 闭合水准路线、附合水准路线及支水准路线的计算方法
二、工程测量的技能	(一)公路路线测量	1. 能进行路线的交接桩工作; 2. 能进行路线的复测工作; 3. 能进行路线的中线测量; 4. 能进行路线的横断面测量; 5. 能进行桥梁的测量	1. 路线中线测量的方法; 2. 纸上定线的方法; 3. 道路纵断面、横断面、竖曲线及横向坡度的内容; 4. 桥梁的基本组成以及梁式桥、拱式桥、刚架桥及吊桥的内容
	(二)施工测量	1. 能进行民用建筑的施工测量; 2. 能进行工业建筑的施工测量; 3. 能进行地下工程的施工测量	1. 施工测量的要求、特点及原则; 2. 民用建筑工程的内容; 3. 工业建筑工程的内容; 4. 地下管道工程的内容
	(三)竣工测量	1. 能进行道路竣工测量; 2. 能进行桥梁竣工测量; 3. 能进行隧道竣工测量; 4. 能进行厂区竣工测量	1. 竣工测量的目的、要求等内容; 2. 道路、桥梁、隧道、厂区等竣工测量的内容
三、测量相关知识与应用	(一)变形测量	1. 能根据不同情况设置变形测量观测点; 2. 能进行柱基础的沉降观测	1. 变形观测点的内容; 2. 柱基础的沉降观测方法
	(二)识图的基本知识	1. 能看懂视图; 2. 能识读工程施工图纸	1. 建筑识图的基本方法; 2. 图线的概念、各种标注的方法
	(三)测量数据处理	1. 能进行三角函数等数学计算; 2. 能使用科学计算器进行导线的计算	1. 三角函数、正弦定理、两点间距离、多边形内角和等数学计算方法; 2. 科学计算器的使用方法

3.2 中级

职业功能	工作内容	技能要求	相关知识
一、布设工程控制网	(一)建立平面控制	1. 能进行平面控制网精度计算; 2. 能进行坐标增量、方位角的计算; 3. 能操作全站仪; 4. 能进行导线内外业计算; 5. 能进行点位的各种交会放样	1. 国家控制网的内容; 2. 平面控制网的精度要求; 3. 全站仪的分类、结构、操作等内容; 4. 前方交会、测方交会、单三角形、后方交会及测边交会的内容
	(二)建立高程控制	1. 能操作精密水准仪; 2. 能进行高程控制的计算; 3. 能进行三角高程计算	1. 高程控制测量的技术要求; 2. 三、四等水准测量的内容; 3. 三角高程的测量原理

续表

职业功能	工作内容	技能要求	相关知识
二、工程测量的技能	（一）公路路线测量	1. 能进行路线的基平测量； 2. 能进行路线的中平测量； 3. 能进行圆曲线的计算； 4. 能进行圆曲线的测设； 5. 能使用梁桥和拱桥的架设方法	1. 圆曲线要素的内容； 2. 路线基平和中平测量的方法； 3. 圆曲线的偏角测量方法； 4. 桥梁模板的分类、构造的内容； 5. 桥梁的陆地架设、浮吊架设等架设的方法
	（二）施工测量	1. 能进行建筑物的点位测设； 2. 能进行输电线路的测量； 3. 能进行工业建筑基础、柱子、吊车梁等测量； 4. 能进行路基边桩放样； 5. 能使用桥梁的顶推施工方法	1. 点位的直角坐标法、极坐标法、角度交会法及距离交会法； 2. 输电线路工程的内容； 3. 工业建筑工程基础、柱子、吊车梁、轨道等内容； 4. 路基、路拱、桥梁等内容
	（三）竣工测量	1. 能进行建筑物细部竣工测量； 2. 能进行铁道竣工测量； 3. 能进行厂房竣工测量； 4. 能进行输电线路竣工测量； 5. 能进行路基、路面的竣工测量	1. 竣工测量的工作内容； 2. 铁道、厂房、输电线路、路基路面等竣工测量的内容
三、测量相关知识与应用	（一）变形测量	1. 能进行沉降水准点布设； 2. 能进行建筑物沉降观测； 3. 能进行建筑物位移观测	1. 变形观测的内容； 2. 建筑物沉降观测的内容； 3. 建筑物位移观测的内容
	（二）识图的基本知识	1. 能识读建筑总平面图、平面图等； 2. 能识读施工图纸	1. 建筑平面图、立面图、剖面图的内容； 2. 建筑分类、构造、基础、结构等的内容
	（三）测量数据处理	1 能进行指数函数、对数函数及幂函数等数学计算； 2. 能使用立体几何、解析几何、反三角函数的计算方法； 3. 能用计算器求反三角函数	1. 指数函数、对数函数及幂函数的计算方法； 2. 立体几何、解析几何、反三角函数的内容； 3. 科学计算器的使用方法

3.3 高级

职业功能	工作内容	技能要求	相关知识
一、布设工程控制网	（一）建立平面控制	1. 能操作全站仪； 2. 能进行 GPS 定位测量； 3. 能进行闭合导线、附合导线的计算； 4. 能进行导线坐标的计算； 5. 能进行小三角网布设	1. 全站仪的测量原理； 2. 静态 GPS、动态 GPS 测量原理； 3. 闭合导线、附合导线的计算方法； 4. 导线坐标的计算方法； 5. 小三角网测量的内容
	（二）地形图应用	1. 能在地形图上确定点的坐标； 2. 能在地形图上确定两点间距离； 3. 能在地形图上确定坐标方位角； 4. 能在地形图上确定点的高程； 5. 能在地形图上确定汇水面积	1. 地形图的基本内容； 2. 地形图的分幅与编号； 3. 等高线的内容； 4. 地形图比例尺、地形图图式的内容； 5. 计算面积的方法

续表

职业功能	工作内容	技能要求	相关知识
二、工程测量的技能	(一)公路路线测量	1. 能用全站仪进行路线基平测量； 2. 能进行公路竖曲线测设； 3. 能进行复曲线测设； 4. 能进行缓和曲线的测设； 5. 能使用测距仪测量导线距离	1. 基平测量精度的要求； 2. 竖曲线的内容； 3. 由圆曲线组成的复曲线要素的计算方法； 4. 缓和曲线的计算方法； 5. 测距仪的分类、误差等内容
	(二)施工测量	1. 能进行厂区控制网的测设； 2. 能进行厂房矩形控制网的测设； 3. 能进行简单的水下地形测量； 4. 能进行桥梁的基础放样； 5. 能进行隧道的控制测量	1. 厂区控制网的内容； 2. 厂房控制网的内容； 3. 水下地形测量的内容； 4. 桥梁基础、桥台、墩身、锥形护坡等内容； 5. 隧道控制测量的内容
三、测量相关知识与应用	(一)变形测量	1. 能进行建筑物的水平位移观测； 2. 能进行隧道的水平位移观测； 3. 能进行建筑物挠度的观测； 4. 能进行建筑物的变形测量； 5. 能进行桥梁的变形测量	1. 基准线法、激光准直法的内容； 2. 分段基准线法、引张线法的内容； 3. 挠度观测及摄影测量的内容； 4. 建筑物水平观测与倾斜观测的内容； 5. 桥梁变形观测的内容
	(二)组织管理	1. 能组织完成单项的测量任务； 2. 能编写测量安全措施	1. 班组的计划、质量、劳动、料具等管理知识； 2. 施工测量安全知识
	(三)测量数据处理	1. 能进行三角函数等数学计算； 2. 能使用 AutoCAD 绘图； 3. 能运用测绘法律法规及工程管理方法	1. 三角函数、正弦定理、两点间距离、多边形内角和等数学计算方法； 2. AutoCAD 绘图的方法； 3. 测绘法律、测绘资质、QC 及 HSE 等内容

3.4 技师

职业功能	工作内容	技能要求	相关知识
一、布设工程控制网	(一)建立平面控制	1. 能进行闭合导线角度闭合差、坐标方位角及坐标增量的计算； 2. 能进行 GPS 定位测量； 3. 能进行 GPS 平面控制网的布设； 4. 能使用 GPS 手持机	1. 闭合导线角度闭合差、坐标方位角及坐标增量的内容； 2. GPS 卫星定位测量原理； 3. GPS 平面控制网的内容； 4. GPS 手持机的测量方法
	(二)地形图应用	1. 能在地形图上确定点的高程； 2. 能在地形图上确定直线的坡度； 3. 能在地形图上采用方格网计算挖填土方量； 4. 能根据地貌特征点绘制地形图	1. 等高线的内容； 2. 地形图上直线坡度的内容； 3. 地形图上计算体积的方法； 4. 等高线的绘制方法
二、工程测量的技能	(一)公路路线测量	1. 能用全站仪测设缓和曲线； 2. 能用 GPS 测设碎部点； 3. 能用 GPS 测设道路横断面、道路边线、缓和曲线等	1. 缓和曲线的测设方法； 2. GPS 测设碎部点方法； 3. 道路横断面、边线等知识
	(二)施工测量	1. 能计算方位角和距离并现场放样； 2. 能用相位式光电测距仪测距； 3. 能用 GPS-RTK 放样长输管线；	1. 方位角和距离计算，极坐标放样方法； 2. 相位式光电测距仪操作方法； 3. 长输管线测量要素知识；

续表

职业功能	工作内容	技能要求	相关知识
二、工程测量的技能	(二)施工测量	4. 能进行管道中线放样; 5. 能根据平面及剖面图确定管线定位方法; 6. 能进行吊车梁安装测量	4. 管道中线测量知识; 5. 管线平面图和剖面图知识及管线定位法; 6. 吊车梁安装测量知识
	(三)地籍测量	1. 能进行简单的地籍调查; 2. 能绘制简单的地籍图; 3. 能进行简单的地籍测量; 4. 能填写地籍调查表	1. 地籍的分类、分幅等内容; 2. 地籍绘制及地籍图修测方法; 3. 地籍测量的内容; 4. 地籍测量的目的、特点、构成等及工作内容
三、测量相关知识与应用	(一)组织管理	1. 能向初级工传授测量技能; 2. 能向中级工传授测量技能; 3. 能向高级工传授测量技能; 4. 能组织施工管理工作	1. 初级工测量技能的内容; 2. 中级工测量技能的内容; 3. 高级工测量技能的内容; 4. 测量管理知识,主要有施工准备工作,施工组织设计,施工任务书,处理施工测量质量与安全事故等
	(二)测量数据处理	1. 能进行电脑操作; 2. 能使用测量软件; 3. 能操作 AutoCAD 绘图软件	1. 电脑基本操作方法; 2. 测量软件的使用方法; 3. AutoCAD 绘图方法
	(三)编写测量方案	1. 能编写恢复定线方案; 2. 能编写中平测量方案; 3. 能编写带状图测量方案	1. 恢复定线的内容; 2. 中平测量的任务; 3. 地形图的组成、比例尺的种类,以及相关管理知识

3.5 高级技师

职业功能	工作内容	技能要求	相关知识
一、布设工程控制网	(一)建立平面控制	1. 能建立桥梁平面控制网; 2. 能用罗盘仪测定磁方位角; 3. 能设置龙门板; 4. 能用轴线法测设方格网; 5. 能进行伺服式全站仪电子校检	1. 平面控制测量知识; 2. 罗盘仪操作方法; 3. 建筑工程控制测知识,包括龙门板、方格网及建筑轴线等; 4. 伺服式全站仪基本结构、功能及使用方法
	(二)地形图应用	1. 能在地形图上沿已知方向绘制断面图; 2. 能进行简单的水下地形测量	1. 等高线与纵断面图知识; 2. 水下地形测量的内容
二、工程测量的技能	(一)公路路线测量	1. 能使用偏角法、切线支距法、弦线支距法和极坐标等测设方法; 2. 能测设遇障碍的曲线; 3. 能用 GPS-RTK 放样桥梁桩基位置; 4. 能用推磨法测设回头曲线; 5. 能用全站仪测设复曲线	1. 偏角法、切线支距法、弦线支距法和极坐标等内容; 2. 曲线测设三角法及等量偏角法; 3. 桥梁桩基放样方法; 4. 回头曲线的测设方法; 5. 复曲线的测设方法
	(二)施工测量	1. 能使用经纬仪引桩投测法; 2. 能用垂准仪投测建筑轴线点; 3. 能利根据平面及剖面图确定管线定位方法; 4. 能进行输电线路测量; 5. 能用经纬仪测量高耸建筑倾斜度	1. 高层建筑高轴线测设知识; 2. 垂准仪操作方法; 3. 管线的定位方法; 4. 输电线路定位的分中法和三角法,以及转角杆塔位移桩测设方法; 5. 高耸建筑测量知识

续表

职业功能	工作内容	技能要求	相关知识
三、测量相关知识与应用	（一）测量数据处理	1. 能使用较复杂测量软件； 2. 能进行建筑、输电线路、道路桥梁、高耸建筑等测量计算	1. 测量软件的综合知识； 2. 多领域的施工测量计算知识
	（二）编写测量方案	1. 能编写隧道施工测量方案； 2. 能编写桥梁施工测量方案； 3. 能编写全站仪测绘地形图测量方案	1. 隧道测量管理知识； 2. 桥梁测量管理知识； 3. 地形图测绘管理知识

4 比重表

4.1 理论知识

项目		初级,%	中级,%	高级,%	技师、高级技师,%
基本要求	基础知识	31.5	27	26	25
相关知识	布设工程控制网	建立平面控制	12	12	18	16
		建立高程控制	5	5		
		地形图应用			5	5
	工程测量技能	公路路线测量	12.5	15	15	12.5
		施工测量	15	18	16	24
		竣工测量	5	5		
		地籍测量				6.5
	测量相关知识与应用	变形测量	3	5	8	
		识图的基本知识	8	5		
		测量数据处理	8	8	8	4
		组织管理			4	4.5
		编写测量方案				2.5
合计		100	100	100	100

4.2 技能操作

项目		初级,%	中级,%	高级,%	技师,%	高级技师,%
技能要求	布设工程控制网	建立平面控制	15	15	15	15	15
		建立高程控制	15	15	15	15	15
	工程测量技能	公路路线测量	15	15	15	25	25
		施工测量	25	25	30	30	30
	测量管理	测量数据处理	30	30	25	5	5
		编写测量方案				10	10
合计		100	100	100	100	100

附录2 初级工理论知识鉴定要素细目表

工种：工程测量员　　　　　　级别：初级工　　　　　　鉴定方式：理论知识

行为领域	代码	鉴定范围（重要程度比例）	鉴定比重	代码	鉴定点	重要程度	备注
基础知识 A 31.5%	A	测量学知识（17：05：02）	12%	001	测量学的含义	X	上岗要求
				002	测量学的任务	Y	
				003	测量学的分类	Y	
				004	测量学的应用	X	上岗要求
				005	测量学的发展阶段	Z	
				006	中国测量学的发展概况	Z	
				007	地球形状的特点	Y	
				008	大地水准面的规定	X	上岗要求
				009	水平面的规定	X	上岗要求
				010	水准面的规定	X	上岗要求
				011	水准点的规定	X	上岗要求
				012	精密水准仪的构造	X	
				013	绝对高程的规定	X	上岗要求
				014	相对高程的规定	X	上岗要求
				015	高差的规定	X	上岗要求
				016	测量的基本工作内容	Y	
				017	DS_3型水准仪的构造	X	上岗要求
				018	水准尺的分类	X	上岗要求
				019	水准器的分类	Y	上岗要求
				020	水平角的含义	X	上岗要求
				021	DJ_6型经纬仪的构造	X	上岗要求
				022	竖直角的规定	X	上岗要求
				023	测量常用术语	X	上岗要求
				024	民用建筑测量的技术名词	X	
	B	测量误差知识（13：01：00）	7%	001	误差的含义	X	上岗要求
				002	误差的分类	Y	
				003	标准误差的规定	X	上岗要求
				004	中误差的规定	X	上岗要求
				005	容许误差的规定	X	上岗要求
				006	相对误差的规定	X	上岗要求

续表

行为领域	代码	鉴定范围 （重要程度比例）	鉴定比重	代码	鉴定点	重要程度	备注
基础知识A 31.5%	B	测量误差知识 （13：01：00）	7%	007	仪器产生的误差	X	上岗要求
				008	观测产生的误差	X	上岗要求
				009	水准测量计算的检核方法	X	上岗要求
				010	观测值的含义	X	上岗要求
				011	同精度观测的内容	X	上岗要求
				012	直接观测平差的内容	X	上岗要求
				013	固定误差的含义	X	上岗要求
				014	钢尺测距误差的分析方法	X	上岗要求
	C	地形图知识 （13：04：03）	10%	001	参考椭球的规定	X	上岗要求
				002	投影的分类	Y	
				003	高斯投影的内容	Y	
				004	高斯平面直角坐标系的内容	X	
				005	6°投影带的划分方法	X	上岗要求
				006	3°投影带的划分方法	X	上岗要求
				007	地图比例尺的含义	X	上岗要求
				008	地图要素的内容	X	上岗要求
				009	子午线的内容	X	上岗要求
				010	地物的内容	X	上岗要求
				011	地貌的内容	X	上岗要求
				012	地图制图的规定	X	
				013	地形图分幅的内容	X	
				014	地形图编号的方法	Z	
				015	等高线的分类	X	上岗要求
				016	地形图图式的表示方法	X	上岗要求
				017	真子午线的含义	Y	上岗要求
				018	碎部点选择的方法	Y	上岗要求
				019	DCH-2型红外测距仪的构造	Z	
				020	磁子午线的含义	Z	
	D	HSE与法律法规简介 （04：01：00）	2.5%	001	行为准则的内容	X	
				002	测绘法律的内容	Y	
				003	测绘资质的内容	X	
				004	QC的含义	X	
				005	HSE的含义	X	
专业知识 B68.5%	A	建立平面控制 （13：07：04）	12%	001	国家平面控制网布设的种类	Y	上岗要求
				002	图根控制网的特点	Z	上岗要求

续表

行为领域	代码	鉴定范围（重要程度比例）	鉴定比重	代码	鉴定点	重要程度	备注
专业知识 B 68.5%	A	建立平面控制（13:07:04）	12%	003	水平角观测的基本原则	X	上岗要求
				004	方向观测的方法	X	上岗要求
				005	闭合导线布设的方法	X	上岗要求
				006	附合导线布设的方法	X	上岗要求
				007	支导线的分类	Y	上岗要求
				008	导线点选点的要求	Z	上岗要求
				009	交桩的内容	X	上岗要求
				010	选点埋石的内容	X	上岗要求
				011	DJ_6经纬仪分微尺测微器的读数方法	Y	
				012	DJ_6经纬仪单平板板玻璃测微器的读数方法	Z	
				013	DJ_6经纬仪的使用要求	X	上岗要求
				014	DJ_2经纬仪的特点	X	上岗要求
				015	经纬仪的保养方法	X	上岗要求
				016	工程测量安全操作注意事项	X	
				017	工程测量的指挥信号	Y	
				018	建筑测量准备工作的内容	X	
				019	高层建筑施工控制网的内容	X	
				020	高层建筑平面控制点确定的内容	X	
				021	高层建筑轴线的投测法	Y	
				022	旗语信号的内容	Z	
				023	经纬仪水准管轴垂直于竖轴检验校正方法	Y	
				024	经纬仪十字丝、光学对中器检验校正方法	Y	
	B	建立高程控制（07:02:01）	5%	001	高程控制的方法	X	上岗要求
				002	黄海高程系的规定	Z	上岗要求
				003	国家高程基准的规定	X	上岗要求
				004	精密水准仪的使用方法	X	上岗要求
				005	精密水准仪的检测方法	X	
				006	水准仪水准轴平行于竖轴的检验校正方法	Y	
				007	水准仪十字丝垂直于竖轴的检验校正方法	Y	
				008	闭合水准路线的特点	X	上岗要求
				009	附合水准路线的特点	X	上岗要求
				010	支水准路线的特点	X	上岗要求

续表

行为领域	代码	鉴定范围 （重要程度比例）	鉴定比重	代码	鉴定点	重要程度	备注
专业知识 B 68.5%	C	公路路线测量 （18:03:04）	12.5%	001	路线勘测阶段测量工作内容	Z	
				002	交接桩的范围	Y	上岗要求
				003	交接桩的程序	X	上岗要求
				004	涵洞的分类与选择	X	上岗要求
				005	导线水平角复测的内容	X	上岗要求
				006	导线边长复测的要求	X	上岗要求
				007	导线点加密的方法	Y	
				008	公路排水沟测量的内容	X	上岗要求
				009	纸上定线的方法	X	
				010	路线中线测量的内容	X	上岗要求
				011	路线拨角放线法的内容	X	
				012	路线的转角测设方法	X	上岗要求
				013	路线导线的含义	X	上岗要求
				014	路基边线的放样方法	X	上岗要求
				015	路面横坡度	X	上岗要求
				016	竖曲线的要求	X	上岗要求
				017	路线直线段的横断面测量方法	X	上岗要求
				018	圆曲线上的横断面测量方法	X	上岗要求
				019	花杆皮尺法	Z	
				020	钓鱼法	Z	
				021	横断面面积的计算方法	X	
				022	桥梁的基本组成	Y	上岗要求
				023	桥梁结构的术语名称	X	
				024	桥梁测量需掌握的技术名称	X	上岗要求
				025	桥梁其他分类	Z	
	D	施工测量 （19:06:05）	15%	001	施工测量的内容	X	上岗要求
				002	施工测量的要求	X	上岗要求
				003	施工测量的特点	X	上岗要求
				004	施工测量的原则	X	上岗要求
				005	特殊建筑工程测量的内容	Z	
				006	先张法简支梁桥的内容	Z	
				007	后张法简支梁桥的内容	Z	
				008	工业厂房施工测量的准备工作	Y	
				009	不同类型工业厂房施工测量的内容	Y	
				010	工业建筑物放样要求	X	

续表

行为领域	代码	鉴定范围（重要程度比例）	鉴定比重	代码	鉴定点	重要程度	备注
专业知识 B 68.5%	D	施工测量（19：06：05）	15%	011	工业建筑物放样精度	X	
				012	工业建筑物放样允许偏差	X	
				013	椭圆形建筑物放线方法	Y	
				014	桥梁施工的悬臂浇筑法	Y	
				015	桥梁施工的悬臂拼装法	Y	
				016	小三角测量角度闭合差的计算方法	X	
				017	路基放样的坡度样板法	X	上岗要求
				018	地下管道中线测设的内容	X	
				019	地下管线里程桩测设要求	X	
				020	地下管线纵、横断面图测绘方法	X	
				021	地下管道的槽口放线法	Z	
				022	地下管道施工控制桩测设方法	Z	
				023	顶管施工测量步骤	X	
				024	顶进过程中测量方法	X	
				025	建筑轴线的测设方法	X	
				026	建筑方格网的测设方法	X	上岗要求
				027	等高线法平整场地的测量方法	X	上岗要求
				028	拨地测量的含义	X	
				029	建筑物定位方法	X	
				030	测设建筑物龙门桩的方法	Y	
	E	竣工测量（06：02：02）	5%	001	竣工测量的含义	X	上岗要求
				002	竣工测量的工作内容	X	上岗要求
				003	竣工测量的目的	X	上岗要求
				004	竣工测量的要求	X	上岗要求
				005	隧道竣工测量	Z	
				006	竣工测量的方法	X	上岗要求
				007	道路竣工测量	X	
				008	桥梁竣工测量	Y	
				009	管道竣工测量	Z	
				010	厂区竣工测量	Y	
	F	变形测量（07：02：01）	3%	001	工程沉降水准点的测设方法	X	
				002	预制墙式观测点的特点	X	
				003	燕尾形观测点的设置方法	Y	
				004	角钢埋设观测点的设置方法	Y	
				005	设备基础观测点的设置方法	Z	
				006	柱基础沉降观测点的设置方法	X	

续表

行为领域	代码	鉴定范围 （重要程度比例）	鉴定比重	代码	鉴定点	重要程度	备注
专业知识 B 68.5%	G	识图的基本知识 （09∶05∶02）	8%	001	建筑识图基本知识	Y	
				002	正投影图	Y	
				003	三视图	Y	
				004	图纸目录	X	上岗要求
				005	标题栏及会签栏	X	上岗要求
				006	图线的种类	Z	
				007	图线的用途	Z	
				008	图样的比例	X	上岗要求
				009	图中符号	X	上岗要求
				010	图中引出线	X	
				011	图中的对称符号与连接符号	Y	
				012	坐标标注的方法	X	上岗要求
				013	标高标注的方法	X	上岗要求
				014	建筑定位轴的内容	Y	
				015	尺寸界线、尺寸线及尺寸起止符号	X	
				016	尺寸排列与布置	X	
	H	测量数据处理 （13∶02∶01）	8%	001	三角函数的计算方法	Y	上岗要求
				002	正弦定理的计算方法	Y	上岗要求
				003	两点间距离公式的计算方法	X	上岗要求
				004	平方和公式的计算方法	X	上岗要求
				005	多边形内角和的计算方法	X	上岗要求
				006	正弦函数的计算方法	X	上岗要求
				007	常用数学符号	X	上岗要求
				008	因式分解	X	上岗要求
				009	代数中实数的运算法则	X	上岗要求
				010	角度换算的方法	X	上岗要求
				011	计算器简单函数的计算方法	X	上岗要求
				012	计算器寄存器的使用方法	X	上岗要求
				013	计算器保留常数的计算方法	X	上岗要求
				014	计算器分类	X	上岗要求
				015	直角坐标与极坐标的互换方法	X	上岗要求
				016	程序的运行方法	Z	

注：X—核心要素；Y—一般要素；Z—辅助要素。

附录3 初级工操作技能鉴定要素细目表

工种:工程测量员　　　　　　　级别:初级工　　　　　　　鉴定方式:操作技能

行为领域	代码	鉴定范围	鉴定比重	代码	鉴定点	重要程度	备注
操作技能 A 100% (16:03:00)	A	布设工程控制网	30%	001	用水准仪计算厂房门口坡道坡度	X	上岗要求
				002	布设闭合水准路线	X	上岗要求
				003	用水准仪配合挂线进行道路施工	Y	上岗要求
				004	经纬仪测定路线转角	X	上岗要求
				005	经纬仪测回法观测水平角	X	上岗要求
				006	经纬仪采用角度交会法定点位	X	上岗要求
	B	掌握工程测量技能	40%	001	安置普通光学经纬仪并精确照准某点	Y	上岗要求
				002	检验经纬横轴垂直于竖轴	X	
				003	安置普通水准仪并读出塔尺读数	X	上岗要求
				004	检验与校正水准仪圆水准轴平行于竖轴	X	
				005	用水准仪由已知高程点测待求点高程	X	上岗要求
				006	用水准仪放样已知高程点	X	上岗要求
				007	经纬仪定曲线交点	X	上岗要求
				008	经纬仪采用极坐标法放样点位	X	上岗要求
	C	测量管理	30%	001	整理闭合水准路线测量成果	Y	上岗要求
				002	根据丈量结果计算尺段实际长度	X	上岗要求
				003	根据已知坐标和距离计算点坐标	Z	上岗要求
				004	计算曲线要素及主点里程	X	上岗要求
				005	整理竖直角观测成果	X	上岗要求
				006	整理附合水准路线测量成果	X	上岗要求

注:X—核心要素;Y——般要素;Z—辅助要素。

附录4 中级工理论知识鉴定要素细目表

工种：工程测量员　　　　　　　级别：中级工　　　　　　　鉴定方式：理论知识

行为领域	代码	鉴定范围（重要程度比例）	鉴定比重	代码	鉴定点	重要程度	备注
基础知识 A 27%	A	测量学知识（12:04:02）	9%	001	世界测量学的发展概况	Z	
				002	遥感的类型	Y	
				003	航空遥感的特点	Y	
				004	坐标增量的含义	X	
				005	象限角、方位角、坐标增量的关系	X	
				006	电磁波测距简介	Y	
				007	测距仪的性能与使用要点	Y	
				008	测距仪操作程序	Z	
				009	方位角的规定	X	
				010	象限角的规定	X	
				011	电子经纬仪简介	X	
				012	测量学的阶段划分方法	X	
				013	假定水准面的含义	X	
				014	坐标系统的含义	X	
				015	经纬度的划分方法	X	
				016	水准测量原理	X	
				017	1954北京坐标系的含义	X	
				018	1980国家大地坐标系的含义	X	
	B	测量误差知识（12:02:01）	8%	001	真误差的概念	Y	
				002	系统误差的概念	X	
				003	偶然误差的概念	X	
				004	钢尺的检定方法	X	
				005	整平误差的概念	X	
				006	水准尺倾斜误差的概念	X	
				007	角度测量中误差的含义	X	
				008	距离丈量精度的要求	X	
				009	误差的来源	X	
				010	水准测量测视距的要求	Z	
				011	水准测量的双面尺法	Y	
				012	高差闭合差的调整方法	X	
				013	量距尺长改正的要求	X	

续表

行为领域	代码	鉴定范围（重要程度比例）	鉴定比重	代码	鉴定点	重要程度	备注
基础知识 A 27%	B	测量误差知识（12∶02∶01）	8%	014	量距温度改正的要求	X	
				015	量距倾斜改正的要求	X	
	C	地形图知识（08∶02∶01）	5%	001	地形图拼接的方法	X	
				002	测量上常用的度量单位	X	
				003	地形图修测的内容	Y	
				004	地形图编绘的方法	Z	
				005	地形图识图的要求	X	
				006	数字比例尺的概念	X	
				007	图示比例尺的概念	X	
				008	图例的内容	X	
				009	等高线的含义	X	
				010	等高线的特征	X	
				011	三北方向图的含义	Y	
	D	摄影测量学（04∶05∶02）	5%	001	摄影测量学的含义	X	
				002	摄影测量学的分类	X	
				003	摄影测量学的发展阶段	Y	
				004	航空摄影质量的要求	Y	
				005	摄影测量学的应用	X	
				006	航空摄影资料提交的内容	Z	
				007	航空摄影测量测图的方法	Y	
				008	数据采集的要求	X	
				009	数据文件的内容	Y	
				010	数字正射影像的内容	Z	
				011	航摄比例尺的选择方法	Y	
专业知识 B 73%	A	建立平面控制（16∶05∶02）	12%	001	国家控制网的形式	Y	
				002	平面控制网的精度要求	X	
				003	平面控制网的布设要求	X	
				004	经纬仪视准轴的校验方法	X	
				005	经纬仪横轴的校验方法	X	
				006	全站仪的概念	X	
				007	全站仪的分类	X	
				008	全站仪的基本结构	Y	
				009	全站仪的特点	Z	
				010	全站仪的技术指标	X	
				011	全站仪的操作方法	X	

续表

行为领域	代码	鉴定范围（重要程度比例）	鉴定比重	代码	鉴定点	重要程度	备注
专业知识B 73%	A	建立平面控制（16∶05∶02）	12%	012	全站仪的检验方法	Z	
				013	钢尺量距图根导线的主要技术要求	Y	
				014	导线复测的内业的计算	X	
				015	导线复测的外业工作	X	
				016	小三角网的布设方法	X	
				017	光电测距三角高程测量的内容	Y	
				018	三、四等水准测量的要求	Y	
				019	前方交会的放样方法	X	
				020	侧方交会的放样方法	X	
				021	单三角形的放样方法	X	
				022	后方交会的放样方法	X	
				023	测边交会的放样方法	X	
	B	建立高程控制（07∶03∶01）	5%	001	高程控制测量的技术要求	Y	
				002	多跨桥梁按长度高程控制等级的要求	Y	
				003	单跨桥梁按长度高程控制等级的要求	Y	
				004	精密水准仪在高程控制测量中的应用	X	
				005	高程测量数字取位的要求	X	
				006	高程控制点布设的要求	X	
				007	高程控制测量观测的方法	X	
				008	GPS高程测量的要求	X	
				009	三、四等水准测量的要求	Z	
				010	三角高程测量的原理	X	
				011	三角高程测量的方法	X	
	C	公路路线测量（20∶05∶05）	15%	001	切线长的计算方法	X	
				002	曲线长的计算方法	X	
				003	ZH点的计算方法	X	
				004	HY点的计算方法	X	
				005	YH点的计算方法	X	
				006	HZ点的计算方法	X	
				007	偏角法的内容	X	
				008	根据路基中心填挖高放样路基边桩的方法	Y	
				009	基平测量的要求	X	
				010	中平测量的要求	X	
				011	凸竖曲线的含义	X	
				012	凹竖曲线的含义	X	
				013	平交道口转弯半径的概念	X	

续表

行为领域	代码	鉴定范围（重要程度比例）	鉴定比重	代码	鉴定点	重要程度	备注
专业知识 B 73%	C	公路路线测量 (20:05:05)	15%	014	路线的里程的含义	X	
				015	单圆曲线要素的组成	X	
				016	单圆曲线的主点测设方法	X	
				017	切线支距法的内容	X	
				018	ZY 点的计算方法	X	
				019	QZ 点的计算方法	X	
				020	YZ 点的计算方法	X	
				021	外距的计算方法	X	
				022	切曲差的计算方法	Y	
				023	梁桥模板的分类	Y	
				024	梁桥模板的构造	Y	
				025	梁桥的陆地架设方法	Z	
				026	梁桥的浮吊架设方法	Z	
				027	梁桥的高空架设方法	Z	
				028	拱桥的有支架施工方法	Z	
				029	拱桥的缆索吊装施工方法	Z	
				030	拱桥的其他施工方法	Y	
	D	施工测量 (20:09:06)	18%	001	建筑物基础施工测量的要求	Y	
				002	建筑物墙体施工测量的要求	Y	
				003	点位测设的直角坐标法	X	
				004	点位测设的极坐标法	X	
				005	点位测设的角度交会法	X	
				006	点位测设的距离交会法	X	
				007	路基边桩放样的方法	X	
				008	路拱放样的方法	X	
				009	轴线长度直接测量的方法	Y	
				010	轴线长度间接测量的方法	Y	
				011	轴线长度光电测距的方法	Y	
				012	输电线路测量的划分阶段	Z	
				013	输电线路测量的要求	Z	
				014	输电线路跨越的要求	Z	
				015	输电线路杆塔定位的内容	Z	
				016	水平视线法测已知坡度直线的方法	X	
				017	倾斜视线法测已知坡度直线的方法	X	
				018	经纬仪测设法测已知坡度直线的方法	X	
				019	铅垂线的测设方法	Y	

续表

行为领域	代码	鉴定范围（重要程度比例）	鉴定比重	代码	鉴定点	重要程度	备注
专业知识 B 73%	D	施工测量（20:09:06）	18%	020	边桩放样的方法	X	
				021	输电线路定线测量的方法	X	
				022	边角测量的方法	X	
				023	工业建筑柱形基础的定位测量内容	Y	
				024	工业建筑钢柱基础的测量内容	X	
				025	工业建筑砼柱基础、柱身与平台的测量内容	Y	
				026	工业建筑柱子安装测量的内容	X	
				027	工业建筑吊车梁安装测量的内容	Z	
				028	工业建筑轨道安装测量的内容	Z	
				029	钢结构工程安装测量的内容	X	
				030	管道工程测量的内容	X	
				031	地下管线调查的内容	X	
				032	地下管线信息系统的内容	X	
				033	机械设备安装测量的内容	X	
				034	桥梁顶推施工的方法	X	
				035	桥梁移动式模架逐孔施工的方法	Y	
	E	竣工测量（07:02:01）	5%	001	竣工总平面图的编绘	X	
				002	竣工总平面图的编绘程序	X	
				003	建筑物竣工细部平面位置测量	X	
				004	建筑物竣工细部高程位置测量	X	
				005	铁道竣工测量	Y	
				006	厂房竣工测量	X	
				007	输电线路竣工测量	Y	
				008	水泥混凝土路面竣工测量	X	
				009	路基工程竣工测量	X	
				010	隧道竣工测量	Z	
	F	变形测量（07:02:01）	5%	001	变形的含义	X	
				002	变形的工作内容	X	
				003	倾斜观测的内容	X	
				004	沉降观测的技术要求	X	
				005	建筑物沉降观测的投点法的内容	X	
				006	建筑物沉降观测的水平角法的内容	X	
				007	沉降观测水准点布设的要求	X	
				008	沉降观测水准点布设的注意事项	Y	
				009	建筑物其他位移观测的内容	Y	
				010	建筑物场地滑坡观测的内容	Z	

续表

行为领域	代码	鉴定范围（重要程度比例）	鉴定比重	代码	鉴定点	重要程度	备注
专业知识 B 73%	G	识图的基本知识（06：03：01）	5%	001	建筑总平面图	X	
				002	建筑平面图	X	
				003	建筑立面图	X	
				004	建筑剖面图	X	
				005	建筑平面、立面、剖面图的关系	Y	
				006	建筑结构施工图	Y	
				007	建筑基础平面图	X	
				008	民用建筑的分类	Z	
				009	民用建筑的构造	Y	
				010	建筑基础分类与构造	X	
	H	测量数据处理（11：03：02）	8%	001	指数函数的计算方法	X	
				002	对数函数的计算方法	X	
				003	幂函数的计算方法	X	
				004	圆的方程计算方法	X	
				005	简单三角函数的计算方法	X	
				006	三角函数和差公式的计算方法	X	
				007	立体几何的计算方法	X	
				008	解析几何的计算方法	Y	
				009	计算器反三角函数的计算程序	Y	
				010	指数的计算程序	Z	
				011	幂函数的计算程序	X	
				012	连续加减的计算程序	X	
				013	余弦函数的计算方法	X	
				014	正切函数的计算方法	X	
				015	余切函数的计算方法	Z	
				016	反正切函数的计算方法	Y	

注：X—核心要素；Y——般要素；Z—辅助要素。

附录5　中级工操作技能鉴定要素细目表

工种：工程测量员　　　　　级别：中级工　　　　　鉴定方式：操作技能

行为领域	代码	鉴定范围	鉴定比重	代码	鉴定点	重要程度	备注
操作技能 A 100% (16∶03∶00)	A	布设工程控制网	30%	001	用水平视线法测设已知坡度的直线	X	
				002	用变更仪器高法进行水准测量	X	
				003	安置普通光学经纬仪在边坡上	Y	
				004	经纬仪和钢尺来固定 JD 点	X	
				005	用全站仪放样已知坐标点	X	
				006	全站仪采用极坐标放样已知坐标点位	Z	
	B	掌握工程测量技能	40%	001	检验水准仪水准管轴平行于视准轴	X	
				002	检验经纬仪横轴垂直于竖轴，并说明校正方法	X	
				003	用经纬仪放样曲线 ZY 点、YZ 点	X	
				004	用全站仪准确照准目标	X	
				005	用全站仪测设两点间距离	X	
				006	野外检定全站仪的加常数值	Y	
				007	用全站仪测已知点到已知直线的最短距离	X	
				008	根据给定交点位置及外距用全站仪确定曲线要素	X	
	C	测量管理	30%	001	整理基平测量成果	X	
				002	整理中平测量成果	X	
				003	计算闭合导线方位角	X	
				004	计算等精度距离测量中误差	X	
				005	计算附合导线坐标方位角	Y	
				006	计算现场给定间距为50m两点连线的中点设计高程并放样该点	X	

注：X—核心要素；Y——般要素；Z—辅助要素。

附录6　高级工理论知识鉴定要素细目表

工种：工程测量员　　　　　　级别：高级工　　　　　　鉴定方式：理论知识

行为领域	代码	鉴定范围（重要程度比例）	鉴定比重	代码	鉴定点	重要程度	备注
基础知识 A 26%	A	测量学知识（13：02：01）	10%	001	经度的含义	X	
				002	纬度的含义	X	
				003	参考椭球的概念	X	JD
				004	地理坐标系的概念	X	
				005	平面直角坐标系的含义	X	JD
				006	遥感的含义	X	
				007	遥感系统的构成	X	JD
				008	全站仪操作键的功能	X	
				009	全站仪的构造	Y	
				010	地球曲率对距离的影响	X	
				011	地球曲率对高程的影响	X	JD
				012	多元信息复合的含义	Z	
				013	电子水准仪简介	X	JD
				014	角度测量的原理	X	JD JS
				015	遥感图像目视解译的原理	Y	
				016	数字图像增强的含义	Y	
	B	测量误差知识（08：01：00）	5%	001	误差精度指标的规定	X	JD
				002	GPS测量误差的内容	X	JD
				003	中误差的含义	X	
				004	水准测量精度的要求	X	JD JS
				005	角度测量误差的来源	X	JS
				006	减小误差的方法	X	JS
				007	误差传播定律的内容	X	JS
				008	权的含义	Y	
				009	加权平均值的含义	X	JS
	C	地形图知识（08：01：00）	6%	001	地图比例尺的分类	X	JD
				002	地形图整饰的规定	Y	
				003	中央子午线的含义	X	JD
				004	地形图分幅的方法	X	JD
				005	地形图地物符号的内容	X	JD

续表

行为领域	代码	鉴定范围（重要程度比例）	鉴定比重	代码	鉴定点	重要程度	备注
基础知识 A 26%	C	地形图知识（08:01:00）	6%	006	地形图图形注记的内容	X	JD
				007	地形图判读的内容	X	JD
				009	地形图上面积的量算方法	X	JD
				010	等高线典型地貌的种类	X	JD
	D	摄影测量学（04:02:02）	5%	001	航摄分区范围的要求	X	
				002	航空像片重叠度的要求	Y	
				003	航空像片旋偏角的要求	Y	
				004	航空摄影质量的控制方法	X	
				005	航带设计的含义	X	
				006	数字地面模型数字采集的内容	X	
				007	数字地面模型地面数据文件的内容	Z	
				008	数字地面模型DTM构建的内容	Z	
专业知识 B 74%	A	建立平面控制（21:06:02）	18%	001	平面控制测量等级的划分方法	X	
				002	经纬仪的测量原理	X	
				003	三维激光扫描仪的分类	X	JD
				004	三维激光扫描仪的原理和使用	X	JD
				005	全站仪测量的原理	X	
				006	全站仪使用注意事项	X	
				007	GPS绝对定位测量	X	
				008	GPS静态相对定位测量	X	
				009	GPS动态相对定位测量	Y	
				010	GPS-RTK定位测量	X	
				011	支导线的含义	X	JS
				012	闭合导线的含义	X	
				013	附合导线的含义	X	JS
				014	导线角度闭合差的含义	X	JS
				015	交会定点测量的方法	X	JS
				016	GPS控制测量的分类	Y	
				017	城市三角网的主要技术要求	Z	
				018	导线控制测量的要求	X	JS
				019	三角控制测量的要求	Y	
				020	三边控制测量的要求	Y	
				021	普通钢尺丈量导线长主要技术要求	X	
				022	经纬仪水平角观测主要技术的要求	X	
				023	测角交会的内容	X	JS

续表

行为领域	代码	鉴定范围（重要程度比例）	鉴定比重	代码	鉴定点	重要程度	备注
专业知识 B 74%	A	建立平面控制（21：06：02）	18%	024	测边交会的内容	X	JS
				025	导线坐标计算基本形式	X	JS
				026	闭合导线坐标计算	X	
				027	小三角网布设形式	X	JS
				028	小三角测量外业	Y	
				029	小三角形测量近似平差计算	Z	
	B	地形图应用（06：01：01）	5%	001	确定点坐标的方法	X	
				002	确定两点间水平距离的方法	X	JS
				003	确定直线坐标方位角的方法	X	
				004	确定点高程的方法	X	
				005	绘出同坡度线的方法	X	
				006	纵断面图的应用	X	
				007	确定汇水区面积的方法	Y	
				008	公路设计纸上定线的内容	Z	
	C	公路路线测量（18：09：02）	15%	001	导线复测的方法	X	
				002	回头曲线的技术要求	Y	
				003	路线基平测量的步骤	X	
				004	路线基平测量的精度要求	X	
				005	全站仪中平测量的要求	X	
				006	竖曲线测设要素	X	JS
				007	经纬仪视距测横断面的方法	Y	
				008	极坐标法的特点	X	JS
				009	抛物线路拱的含义	X	
				010	路面边线的放样方法	X	
				011	由圆曲线组成的复曲线的曲线要素计算方法	X	
				012	纵断面图的绘制方法	X	
				013	用全站仪测设公路中线的要求	X	
				014	公路里程桩的划分方法	X	
				015	公路选线原则	X	
				016	公路选线要点	X	
				017	路线纵断面测量	X	JS
				018	缓和曲线的测设方法	X	
				019	测距仪分类	Z	
				020	圆曲线带缓和曲线主点里程的计算方法	X	

续表

行为领域	代码	鉴定范围 （重要程度比例）	鉴定比重	代码	鉴定点	重要程度	备注
专业知识 B 74%	C	公路路线测量 （18∶09∶02）	15%	021	圆曲线带缓和曲线主点的测设方法	X	
				022	测距仪使用方法	Y	
				023	测距仪误差的种类	Y	
				024	利用设计横断面图放样路基边桩的方法	Y	
				025	板桥的类型及其特点	Y	
				026	梁式桥的测量方法	Y	
				027	拱式桥的测量方法	Y	
				028	刚架桥的测量方法	Y	
				029	吊桥的测量方法	Z	
	D	施工测量 （15∶05∶06）	16%	001	厂区施工控制网的测设方法	X	JD
				002	厂房矩形控制网角桩测设的方法	Y	
				003	厂房矩形控制网主轴线测设的方法	Y	
				004	厂房柱子安装测量的方法	X	
				005	厂房吊车梁和屋架安装测量的方法	Z	
				006	高层建筑施工测量的步骤	X	
				007	水下地形测量的含义	X	
				008	水下地形测量的应用	X	
				009	水下地形测量的要求	Y	
				010	水下测深断面和测深点的布设方法	Z	
				011	水下平面位置断面索定位测量的方法	Z	
				012	水下平面位置交会测量的方法	Y	
				013	水下平面位置极坐标测量的方法	Y	
				014	水下平面位置无线电定位的方法	Z	
				015	直线桥梁墩、台定位的方法	X	
				016	曲线桥梁墩、台定位的方法	X	
				017	明挖基础施工放样的方法	X	
				018	桩基础定位放样的方法	X	
				019	桥台、墩身施工放样的方法	X	
				020	涵洞施工放样的方法	X	
				021	锥形护坡放样的方法	X	
				022	桥梁架设准备阶段测量的要求	Z	
				023	桥梁架设阶段测量的要求	X	
				024	隧道地面控制测量	Z	
				025	施工测量工作的分类	X	
				026	施工测量工作的方法	X	

续表

行为领域	代码	鉴定范围 (重要程度比例)	鉴定比重	代码	鉴定点	重要程度	备注
专业知识 B 74%	E	变形测量 (07:03:02)	8%	001	基准线法测定水平位移的方法	X	
				002	激光准直法测定水平位移的方法	X	
				003	分段基准线观测的要求	Y	
				004	引张线法测定水平位移的方法	Y	
				005	导线法测定建筑物位移的要求	Z	
				006	用前方交会法测定建筑物位移的方法	Z	
				007	挠度观测的方法	X	
				008	摄影测量在变形观测中的应用	Y	
				009	沉降观测的方法	X	
				010	建筑物水平移位观测的内容	X	
				011	建筑物倾斜位移观测的内容	X	
				012	桥梁变形观测的内容	X	
	F	组织管理 (03:01:03)	4%	001	施工管理知识的内容	X	
				002	班组的基本管理	X	
				003	班组的计划管理	X	
				004	班组的质量管理	Z	
				005	班组的劳动管理	Z	
				006	班组的安全管理	Z	
				007	班组的料具管理	Y	
	G	测量数据处理 (02:02:03)	8%	001	操作系统的含义	X	
				002	AutoCAD 基本操作方法	Y	
				003	AutoCAD 高级绘图命令的操作方法	Y	
				004	AutoCAD 高效使用绘图命令的操作方法	Z	
				005	AutoCAD 尺寸标注的操作方法	Z	
				006	AutoCAD 基本绘图命令的操作方法	Z	
				007	计算机应用软件	X	

注:X—核心要素;Y—一般要素;Z—辅助要素。

附录7 高级工操作技能鉴定要素细目表

工种:工程测量员　　　　级别:高级工　　　　鉴定方式:技能操作

行为领域	代码	鉴定范围	鉴定比重	代码	鉴定点	重要程度	备注
操作技能 A 100% (16:03:00)	A	布设工程控制网	30%	001	用经纬仪观测竖直角	X	
				002	采用中心极坐标法放样椭圆形建筑平面	Y	
				003	设置 GPS-RTK 基准站	X	
				004	设置 GPS-RTK 流动站	X	
				005	用 GPS-RTK 测设建筑四角坐标	X	
				006	用全站仪测导线计算未知点坐标	X	
	B	掌握工程测量技能	45%	001	计算路段纵坡及 20m 纵断高程并放样其中一点设计高程	X	
				002	用偏角法放样圆曲线首弧及第一个 20m 两桩点		
				003	用经纬仪采用切线支距法测设圆曲线	X	
				004	检验与校正全站仪光学对中器	X	
				005	检验与校正全站仪视准轴与横轴垂直度	X	
				006	用全站仪进行四边形角度闭合	X	
				007	用圆外基线法测设虚交点圆曲线	X	
				008	用全站仪测设导线进行中桩里程计算	X	
				009	给定主曲线半径及地面四点,实测给出复曲线测设要素	X	
	C	测量管理	25%	001	计算闭合导线坐标	X	
				002	整理偏角法测量成果	X	
				003	整理前方交会测量成果	X	
				004	计算圆曲线要素,确定主点里程、间距为 20m 辅点桩号及分弧长	X	
				005	计算附合导线坐标	Y	

注:X—核心要素;Y—一般要素;Z—辅助要素。

附录8 技师、高级技师理论知识鉴定要素细目表

工种：工程测量员　　　　　　　级别：技师　　　　　　　鉴定方式：理论知识

行为领域	代码	鉴定范围（重要程度比例）	鉴定比重	代码	鉴定点	重要程度	备注
基础知识 A 25%	A	测量学知识（19∶06∶03）	14%	001	GPS 码相位观测量的内容	X	JD
				002	GPS 载波相位观测量的内容	X	JD
				003	航天遥感的特点	X	JD
				004	GPS 网型设计的内容	X	JD
				005	2000 国家大地坐标系的必要性	X	
				006	2000 国家大地坐标系的意义	X	
				007	遥感的发展历史	Y	
				008	遥感平台的概念	X	
				009	遥感图像的特征	Y	
				010	GPS 接收机的组成	X	
				011	地形图测量的内容	X	
				012	GPS 的含义	Z	
				013	遥感系统的内容	Z	JD
				014	遥感信息地面接收的内容	Y	JD
				015	遥感信息预处理的内容	Y	JD
				016	遥感信息分析应用系统的特点	Y	JD
				017	遥感数字图像的计算机分类	Y	JD
				018	遥感影像地图的内容	Z	JD
				019	EOS 计划的内容	X	
				020	地物的空间特征与波谱特征	X	
				021	电磁波的内容	X	
				022	电磁波谱的内容	X	
				023	辐射度学的基本参数	X	
				024	遥感图像监督分类的内容	X	
				025	遥感图像非监督分类的内容	X	
				026	热红外遥感的含义	X	
				027	微波遥感的含义	X	
				028	微波遥感的特征	X	
	B	测量误差知识（07∶02∶01）	5%	001	粗差的概念	X	
				002	偶然误差的特性	X	

续表

行为领域	代码	鉴定范围（重要程度比例）	鉴定比重	代码	鉴定点	重要程度	备注
基础知识 A 25%	B	测量误差知识（07：02：01）	5%	003	容许误差的含义	X	JS
				004	倍数函数误差传播规律的计算方法	X	JS
				005	和差函数误差传播规律的计算方法	X	JS
				006	线性函数误差传播规律的计算方法	X	JS
				007	直方图的概念	X	
				008	加权平均值中误差的含义	Y	JS
				009	与卫星有关GPS测量误差的内容	Y	
				010	与接收设备有关的GPS测量误差的内容	Z	
	C	摄影测量学（05：05：02）	6%	001	航摄分区划分的方法	Y	
				002	航空测量全野外布点的方法	Y	
				003	航空测量航带布点的方法	Y	
				004	航空测量区域网布点的要求	Z	
				005	航空测量特殊情况的布点要求	Z	
				006	航空像控点选刺的要求	X	
				007	航空像控点整饰的要求	Y	
				008	航空像控点的测量的要求	X	
				009	航空测量像片的调绘要求	X	
				010	航空像控转点与加密点的选定方法	X	
				011	影像图的制作与应用	X	
				012	全数字摄影测量限差的要求	Y	
专业知识 B 75%	A	建立平面控制（22：06：04）	16%	001	图根平面控制测量交会法的要求	X	
				002	闭合导线角度闭合差的计算方法	X	
				003	闭合导线坐标方位角的计算方法	X	
				004	闭合导线坐标增量的计算方法	X	
				005	附合导线角度闭合差的计算方法	X	
				006	小三角测量的特点	Y	
				007	小三角网布设的形式	X	
				008	小三角测量的选点原则	Y	
				009	GPS平面控制网的布设要求	Z	
				010	GPS平面控制观测的要求	Z	
				011	桥梁定位测量的内容	Y	JS
				012	桥梁的平面控制测量等级分类	Z	
				013	隧道贯通按长度平面测量等级分类	X	
				014	三角平面控制网的布设要求	X	JD
				015	三边平面控制网的布设要求	X	JS

续表

行为领域	代码	鉴定范围（重要程度比例）	鉴定比重	代码	鉴定点	重要程度	备注
专业知识B 75%	A	建立平面控制（22：06：04）	16%	016	水平角平面控制观测的要求	X	
				017	距离平面控制观测的要求	X	
				018	GPS 的特点	X	
				019	GPS 的卫星星座组成	X	JS
				020	GPS 的卫星星座的功能	X	
				021	GPS 地面监控系统的内容	X	
				022	GPS 用户设备部分的内容	X	
				023	GPS 平面控制测量主要技术要求	Y	
				024	GPS-RTK 施测图根点的要求	Y	
				025	GPS 手持机的含义	X	
				026	GPS 手持机的应用方法	Y	
				027	GPS 定位测量的方法	Z	
				028	伺服式全站仪的基本结构	X	
				029	伺服式全站仪的基本功能	X	
				030	伺服式全站仪的操作方法	X	
				031	GPS 网的布设	X	
				032	卫星定位连续运行基准站网的布设	X	
	B	地形图应用（06：02：02）	5%	001	确定图上点高程的方法	X	JS
				002	确定直线坡度的方法	X	
				003	按限定坡度在图上选定最短路线方法	X	
				004	将场地整理成水平面的土方计算方法	X	
				005	将场地整理一定坡度斜面的土方计算方法	Y	JD
				006	水下地形测量的方法	Z	
				007	水下测量的要求	Z	
				008	地形图精度的要求	X	JS
				009	碎部测量的内容	X	
				010	全站仪测绘地形图的方法	Y	
	C	公路路线测量（18：04：03）	12.5%	001	带虚交点圆曲线测设方法	X	
				002	缓和曲线连接圆曲线的复曲线要素计算方法	X	
				003	回头曲线测设方法	X	
				004	切线角的含义	X	
				005	缓和曲线最小长度的要求	Y	
				006	曲线内移值的含义	Y	
				007	曲线切线增值的含义	Y	
				008	不设超高的圆曲线半径的要求	Z	

续表

行为领域	代码	鉴定范围（重要程度比例）	鉴定比重	代码	鉴定点	重要程度	备注
专业知识 B 75%	C	公路路线测量（18：04：03）	12.5%	009	不设缓和曲线的最小圆曲线半径要求	Z	
				010	切线支距法	X	JS
				011	偏角法	X	JS
				012	弦线支距法	X	
				013	弦线偏距法	X	JD
				014	极坐标法	X	JS
				015	缓和曲线的内容	X	JS
				016	圆曲线带缓和曲线主点里程的计算方法	X	
				017	圆曲线带缓和曲线要素计算方法	X	
				018	缓和曲线的测设方法	X	
				019	曲线遇障碍等量偏角法的测设方法	X	
				020	曲线遇障碍其他的测设方法	X	
				021	缓和曲线测设要求	X	
				022	曲线的组合形式	Y	
				023	曲线两端缓和曲线不等长的测设方法	Z	
				024	复曲线的测设方法	X	JS
				025	道路测量中的断链问题	X	
	D	施工测量（37：07：04）	24%	001	隧道地面控制测量中线法的内容	X	
				002	隧道地面控制测量三角法的内容	X	
				003	隧道洞内导线布设的要求	X	
				004	隧道洞内导线测角测边的方法	Y	
				005	隧道洞内中线测设的方法	Y	
				006	隧道洞内水准测量的要求	Y	
				007	隧道开挖断面放样的要求	Y	
				008	城市测量的要求	X	
				009	铁路测量的要求	Z	
				010	隧道联系测量的内容	X	
				011	隧道高程控制测量的内容	X	
				012	隧道贯通误差的含义	X	
				013	隧道贯通误差的限差要求	X	
				014	隧道贯通误差的来源	X	
				015	隧道竖井联系测量的分类	Z	
				016	隧道竖井联系测量的方法	Z	
				017	隧道中线极坐标放样的方法	X	
				018	隧道坡度放样的方法	X	

续表

行为领域	代码	鉴定范围（重要程度比例）	鉴定比重	代码	鉴定点	重要程度	备注
专业知识 B 75%	D	施工测量（37∶07∶04）	24%	019	隧道断面放样的方法	X	
				020	洞口掘进方向的标定方法	X	
				021	隧道的盾构施工法	Y	
				022	隧道的沉管施工法	Y	
				023	明挖隧道施工法	Y	
				024	水利枢纽的内容	Z	
				025	坝身控制网测设的方法	X	
				026	大坝施工控制网的内容	X	
				027	大坝施工测量的内容	X	
				028	混凝土重力坝立模放样	X	
				029	管道中线测量	X	
				030	管道纵横断面测量	X	
				031	管道施工测量的准备工作	X	
				032	开槽管道施工测量	X	
				033	民用建筑主轴线测设	X	
				034	民用建筑基础施工测量	X	
				035	高层建筑的轴线投测	X	
				036	建筑方格网的精度要求	X	
				037	建筑方格网的布设原则	X	
				038	建筑方格网的测设要求	X	
				039	建筑方格网的测设方法	X	
				040	钢结构安装测量	X	
				041	输电线路平面测量	X	
				042	输电线路的断面选择方法	X	
				043	输电线路的断面测量方法	X	
				044	输电线路的平断面图的绘制	X	
				045	输电线路施工基准面的含义	X	
				046	输电线路复测的内容	X	
				047	输电线路杆塔基础分坑测量	X	
				048	输电线路弧垂检查的要求	X	
	E	地籍测量（08∶03∶02）	6.5%	001	地籍测量的概念	X	
				002	地籍测量的目的	X	
				003	地籍测量的工作任务	X	
				004	地籍测量的内容	X	
				005	地籍测量的特点	Y	

续表

行为领域	代码	鉴定范围（重要程度比例）	鉴定比重	代码	鉴定点	重要程度	备注
专业知识 B 75%	E	地籍测量（08:03:02）	6.5%	006	地籍要素的测量内容	Y	
				007	地籍测量精度的要求	Z	
				008	地籍调查的内容	X	
				009	地籍图的分类	X	
				010	地籍图的分幅方法	Y	
				011	地籍图绘制的方法	X	
				012	地籍图的应用要求	X	
				013	地籍图修测的方法	Z	
	F	组织管理（07:02:00)	4.5%	001	向初级工传授的主要技能	X	
				002	向中级工传授的主要技能	X	
				003	向高级工传授的主要技能	X	
				004	施工准备工作的主要内容	X	
				005	施工组织设计的主要内容	Y	
				006	施工任务书的主要内容	Y	
				007	预防施工测量质量事故的方法	X	
				008	预防施工测量安全事故的方法	X	
				009	处理施工测量质量与安全事故的方法	X	
	G	编写测量方案（05:00:00)	2.5%	001	道路恢复定线测量方案的内容	X	
				002	道路中平测量方案的内容	X	
				003	道路沥青混凝土路面施工测量方案的内容	X	
				004	桥梁施工测量方案的内容	X	
				005	道路带状图测量方案的内容	X	
	H	测量数据处理（07:01:00)	4%	001	Word 的操作方法	X	
				002	文字输入的方法	X	
				003	计算机的软件的种类	Z	
				004	计算机求和的操作方法	X	
				005	测量软件的含义	Y	
				006	Excel 电子表格的操作方法	X	
				007	AutoCAD 的基本概念	Y	
				008	硬件的分类	Z	

注：X—核心要素；Y——般要素；Z—辅助要素。

附录9 技师操作技能鉴定要素细目表

工种:工程测量员　　　　　　级别:技师　　　　　　鉴定方式:操作技能

行为领域	代码	鉴定范围	鉴定比重	代码	鉴定点	重要程度	备注
操作技能 A 100% (18:01:01)	A	布设工程控制网	30%	001	用GPS手持机定点位	X	
				002	用GPS手持机确定目标点的距离	X	
				003	用GPS手持机进行导航	X	
				004	用GPS放样道路起点位置	X	
				005	在地形图上采用方格网计算挖填土方量	Y	
				006	按给定图纸地貌特征点勾绘等高线	X	
	B	掌握工程测量技能	55%	001	全站仪测设缓和曲线	X	
				002	用GPS测设碎部点	X	
				003	用GPS测定道路横断面	X	
				004	用GPS-RTK测定道路边线	X	
				005	用GPS-RTK放样道路缓和曲线	X	
				006	已知点坐标,求两点间方位角和距离并现场放样50m距离点位	X	
				007	吊车梁安装测量	X	
				008	用相位式光电测距仪测距	Z	
				009	用GPS-RTK放样长输管线	X	
				010	管道中线放样	X	
				011	根据平面及剖面图确定管线定位方法	X	
	C	测量管理	15%	001	用GPS测导线坐标计算方位角	X	
				002	编写公路导线复测方案	X	
				003	编写城市道路测量方案	X	

注:X—核心要素;Y——般要素;Z—辅助要素。

附录10　高级技师操作技能鉴定要素细目表

工种:工程测量员　　　　　　级别:高级技师　　　　　　鉴定方式:操作技能

行为领域	代码	鉴定范围	鉴定比重	代码	鉴定点	重要程度	备注
操作技能 A 100% (16:02:02)	A	布设工程控制网	30%	001	建立30m桥梁平面控制网	X	
				002	设置龙门板	X	
				003	用轴线法测设方格网	X	
				004	用罗盘仪测定磁方位角	Z	
				005	伺服式全站仪的电子校检	Y	
				006	在地形图上沿已知方向绘制断面图	X	
	B	掌握工程测量技能	55%	001	用等边三角形法测设有障碍物曲线	X	
				002	用全站仪等量偏角法测设遇障碍时的圆曲线	X	
				003	用全站仪测设复曲线	X	
				004	用GPS-RTK放样桥梁桩基位置	X	
				005	用推磨法测设回头曲线	X	
				006	用激光垂准仪投测建筑轴线点	X	
				007	经纬仪引桩投测法	X	
				008	用经纬仪测量高耸建筑倾斜度	Y	
				009	采用分中法进行输电线路定线测量	X	
				010	输电线路遇障碍时用三角法定线	X	
				011	输电线路转角杆塔位移桩的测设	Z	
	C	测量管理	15%	001	编写隧道施工测量方案	X	
				002	全站仪测绘地形图测量方案	X	
				003	编写桥梁施工测量方案	X	

注:X—核心要素;Y——般要素;Z—辅助要素。

附录11　操作技能考核内容层次结构表

级别	操作技能				合计
	布设工程控制网	掌握工程测量技能	测量管理		
			综合知识	编写测量方案	
初级	30分 10~15min	40分 15~20min	30分 5~10min		100分 30~45min
中级	30分 10~15min	40分 15~20min	30分 5~10min		100分 30~45min
高级	30分 10~15min	45分 20~25min	25分 5~10min		100分 35~50min
技师、高级技师	32.5分 10~15min	55分 20~25min		12.5分 10~15min	100分 40~55min

参 考 文 献

[1] 中国石油天然气集团公司人事服务中心.工程测量工.北京:石油工业出版社,2006.
[2] 国家测绘局职业技能鉴定指导中心.测量基础.哈尔滨:哈尔滨地图出版社,2001.
[3] 国家测绘局职业技能鉴定指导中心.测量学.哈尔滨:哈尔滨地图出版社,2001.
[4] 中国石油天然气集团公司人事服务中心.集输工(下册).北京:石油工业出版社,2005.
[5] 聂让,施锁云,聂泳,等.测量学.北京:中国科学技术出版社,2004.
[6] 刘玉梅,王井利.工程测量.北京:化学工业出版社,2011.
[7] 蒋梦云.公路工程测量员培训教材.北京:中国建材工业出版社,2011.
[8] 王冰.建筑工程测量员培训教材.北京:中国建材工业出版社,2011.
[9] 马遇.测量放线员(初级).北京:机械工业出版社,2006.
[10] 马遇.测量放线员(中级).北京:机械工业出版社,2006.
[11] 马遇.测量放线工(技师、高级技师).北京:机械工业出版社,2006.
[12] 高俊强.测量放线员(初级).北京:机械工业出版社,2014.
[13] 李刚,刘福臻,杜子涛.工程测量.北京:化学工业出版社,2011.
[14] 陆付民,李利.工程测量.北京:中国电力出版社,2009.
[15] 裴玉龙.公路勘测设计.哈尔滨:黑龙江科学技术出版社,1997.
[16] 李小文,刘素红.遥感原理与应用.北京:科学出版社,2008.
[17] 姚玲森.桥梁工程.北京:人民交通出版社,1998.
[18] 刘伯莹,姚祖康.公路设计工程师手册.北京:人民交通出版社,2011.
[19] 吴晓志,杨振.实用计算机基础.北京:石油工业出版社,2011.
[20] 苏建林,张邰生,王新敏.AutoCAD公路与桥梁绘图基础.北京:人民交通出版社,2003.